全国首批"工程类专业学位研究生在线示范课程"

工业和信息化部工程硕博士特色优质课程配套教材

矩阵基本理论与应用

（第 2 版）

王 磊 张继龙 编著

北京航空航天大学出版社

内 容 简 介

本书全面系统地介绍了矩阵的基本理论、方法和典型应用。全书共分 6 章,内容包括线性代数引论、线性映射与矩阵、矩阵分解、矩阵分析、广义逆矩阵及非负矩阵。本书的特色是在每章的最后一节阐释矩阵理论研究与应用。书中精心设计了大量实例,这些实例不仅丰富了教材内容,而且有助于读者理解抽象的理论概念,拓宽知识视野;同时尝试用新视角、新思维来解读经典理论,使教材更具启发性和前瞻性。本书配套慕课课程,已上线国家智慧教育平台研究生板块。

本书可作为高等学校工科硕士研究生教材,也可作为理工科各专业高年级本科生的选修教材,同时对从事矩阵理论教学的教师及工程技术人员也是一本较好的参考书。

图书在版编目(CIP)数据

矩阵基本理论与应用 / 王磊,张继龙编著. -- 2 版.

北京 :北京航空航天大学出版社,2024. 8. -- ISBN
978 - 7 - 5124 - 4402 - 7

Ⅰ. O151.21

中国国家版本馆 CIP 数据核字第 2024W44F85 号

矩阵基本理论与应用(第 2 版)

王 磊 张继龙 编著

策划编辑 董宜斌 责任编辑 王 实

*

北京航空航天大学出版社出版发行

北京市海淀区学院路 37 号(邮编 100191) http://www.buaapress.com.cn
发行部电话:(010)82317024 传真:(010)82328026
读者信箱:copyrights@buaacm.com.cn 邮购电话:(010)82316936

涿州市新华印刷有限公司印装 各地书店经销

*

开本 710×1 000 1/16 印张:19.75 字数:421 千字
2024 年 8 月第 2 版 2025 年 1 月第 2 次印刷
ISBN 978 - 7 - 5124 - 4402 - 7 定价:79.00 元

第 2 版前言

矩阵理论是一门理论上高度抽象,但又极具应用价值的数学基础课程。它不仅是数学的一个重要分支,而且已成为现代各种科学技术领域,如自动化与人工智能、计算机科学、力学与机械工程、管理科学与工程等处理大量有限维空间形式与数量关系的基础工具。因此,学习和掌握矩阵的基本理论和方法,对工科研究生是必不可少的。

本书作为北京航空航天大学工科研究生的必修课程"矩阵理论"的教材已使用多年。该课程在讲授过程中,无论授课对象是谁,课程设置和讲授内容基本都保持不变,因此具有极强的"鲁棒性"。编者于 2017 年起独立承担自动化科学与电气工程学院的"矩阵理论"课程教学,经过八轮次的课程探索与实践,对课程内容的安排作了精心处理,加入了诸多面向信息类专业的应用案例,深受广大学生欢迎。特别是北京航空航天大学于 2023 年开始对全校研究生公共数学课程进行本研贯通改革,编者作为课程负责人主持了"矩阵理论与应用"课程的改革,逐渐形成了"基础理论(共性)+典型应用(个性)"的课程架构;该课程于 2024 年入选工业和信息化部工程硕博士特色优质课程。在撰写本书的过程中,编者力求使其内容既具有一定的理论体系和理论深度,又注重深入浅出、简洁易懂,对大量较为抽象的概念赋予简明的几何意义或具体实例,以便于学生理解并掌握矩阵相关的基本概念、理论和方法,从而实现培养学生的数学思想与思维、应用与创新能力的目的。

本书分为 6 章,比较全面、系统地介绍了矩阵的基本理论、方法和典型应用。第 1 章线性代数引论,是本书的基础理论,主要介绍线性空间与内积空间。第 2 章线性映射与矩阵,是本书的理论核心,阐释了矩阵是有限维线性空间的线性变换的一种表达形式,从而赋予矩阵以几何直观,使得在线性代数课程中难以理解的诸多疑问,如相似矩阵具有相同的特征值、矩阵乘法往往不可以交换等豁然开朗。第 3 章矩阵分解,是应用最广的矩阵理论和方法,主要介绍广泛应用的满秩分解、三角分解、QR 分解、Schur 分解、谱分解和奇异值分解;此外,还介绍了矩阵相抵、相似对角化问题和 Jordan 标准型问题,这些内容是矩阵理论研究、矩阵计算及应用不可缺少的工具和方法。第 4 章矩阵分析,是矩阵理论对数学分析课程的推广,介绍范数理论、矩阵级数理论、矩阵函数与函数矩阵,这些内容已广泛应用于诸多理论分析和工程问题。第 5 章广义逆矩阵,是矩阵理论中比较现代的部分,主要介绍常见的 4 种广义逆矩阵及其在线性方程组中的应用,并分析了正交投影矩阵与广义逆矩阵之间的联系。第 6 章非负矩阵,介绍非负矩阵的一些基本性质,包括正矩阵、素矩阵、不可约非负矩阵和随机矩阵等几类矩阵的性质,这些内容与数理经济学、概率论、组合数学等学科有着密切联系,是矩阵理论中发展活跃的领域之一。

特别地,每章都单独用一节来开展矩阵理论研究与应用。比如,第 1 章讨论了多项式插值与多项式空间的基之间的关系;第 2 章研究了图的矩阵表示问题;第 3 章将诸多应用如线性方程组与线性常微分方程组求解、矩阵特征值与逆矩阵的计算、正交投影与图像压缩等融入各种矩阵分解中;第 4 章研究了主元分析法对数据降维的基本原理;第 5 章讨论了广义逆矩阵在区间线性规划中的应用问题;第 6 章研究了非负矩阵在人口迁移问题中的应用。这些内容具有较强的针对性和实用性,为进一步理解矩阵的基本理论与方法、开展研究和解决工程问题提供了重要案例。

在本书编写过程中,考虑到授课的实际情况,将诸如投影与最佳逼近、Hermite 矩阵、矩阵的 Kronecker 积、线性矩阵方程等问题以片段或应用的形式分散在一些章节中,希望读者在阅读过程中注意总结。

本书第 1~5 章由王磊编写,第 6 章由张继龙编写。

编者特别感谢北京航空航天大学数学科学学院杨小远教授和王永革副教授,自动化科学与电气工程学院林岩教授、秦世引教授和谷海波副教授,兰州大学数学与统计学院孙春友教授,中国科学院数学与系统科学学院李婵颖研究员,他们给予编者很大的鼓励和支持,并仔细审阅了全部书稿,提出了诸多宝贵意见和建议;感谢北京化工大学经济管理学院张强教授、北京航空航天大学自动化科学与电气工程学院铁林副教授,他们仔细审阅了全部书稿,并提出了不少有益的建议;感谢研究生王宏伟、张书源、高燕姗、秦鸿宇、丁祥涛、梁锦威、田挚昆、段安娜、尚威、陈力嘉等协助编辑和校对本书。

由于编者水平有限，书中难免存在不妥之处，敬请批评、指正。

来信请寄：北京市海淀区学院路 37 号北京航空航天大学自动化科学与电气工程学院　王磊，邮编：100191，电子邮箱：lwang@buaa.edu.cn。

本书配套的线上课程入选全国首批"工程类专业学位研究生在线示范课程"，请访问：

国家智慧教育公共服务平台　https://www.gradsmartedu.cn/course/buaa08101A02619；

学堂在线　https://www.xuetangx.com/course/buaaP0854KC00807。

编　者

2024 年 6 月

主要符号表

0	数字零
$\mathbf{0}$	零向量
$\boldsymbol{O}$	零矩阵
$\varnothing$	空集
F	数域 F
$\mathbb{R}$	实数域
$\mathbb{C}$	复数域
$\mathbb{Q}$	有理数域
$\mathbb{N}$	自然数集
$\mathbb{R}^{+}$	正实数集
$\mathbb{R}^{n}$	实数域上 n 维有序数组构成的线性空间(n 维欧氏空间)
$\mathbb{C}^{n}$	复数域上 n 维有序数组构成的线性空间(n 维酉空间)
F^{n}	数域 F 上 n 维有序数组构成的线性空间
$F^{m \times n}$	数域 F 上全体 $m \times n$ 阶矩阵构成的线性空间
$\mathbb{R}^{m \times n}$	全体 $m \times n$ 阶实矩阵构成的线性空间
$\mathbb{C}^{m \times n}$	全体 $m \times n$ 阶复矩阵构成的线性空间
$\mathbb{C}_{r}^{m \times n}$	全体秩为 r 的 $m \times n$ 阶复矩阵集合
$P_{n}(x)$	定义在数域 F 上的多项式空间
$C[a,b]$	区间 $[a,b]$ 上全体实变量连续函数构成的线性空间
$(V, \|\cdot\|)$	赋范线性空间 V
$\dim(W)$	线性空间 W 的维数
$R(f)$	映射 f 的值域
$R(\boldsymbol{A})$	矩阵 $\boldsymbol{A}$ 的列空间或值空间
$N(\boldsymbol{A})$	矩阵 $\boldsymbol{A}$ 的零空间或核空间
$R(T)$	线性映射 T 的像空间或值空间
$N(T)$	线性映射 T 的核空间或零空间
$V \cap W$	线性空间 V 与 W 的交空间
$V + W$	线性空间 V 与 W 的和空间
$V \dotplus W$	线性空间 V 与 W 的直和
$V \oplus W$	线性空间 V 与 W 的正交直和
$W^{\perp}$	线性空间 W 的正交补空间

$E(\lambda)$	特征值 λ 的特征子空间
$\mathcal{L}(V,W)$	从线性空间 V 到 W 的线性映射空间
$\mathcal{L}(V)$	定义在线性空间 V 上的线性变换空间
i	虚数单位，$\mathrm{i}=\sqrt{-1}$
$\bar{z}$	复数 z 的共轭
$\|z\|$	复数 z 的模
$\deg(p(x))$	一元多项式 $p(x)$ 的次数
$f_A(\lambda)$	矩阵 A 的特征多项式
$m_A(\lambda)$	矩阵 A 的最小多项式
$\overrightarrow{OA}$	有向线段
$\boldsymbol{\alpha}$	列向量 $\boldsymbol{\alpha}$
$\{\boldsymbol{x}_k\}$	向量序列 $\boldsymbol{x}_1,\boldsymbol{x}_2,\cdots,\boldsymbol{x}_k,\cdots$
$\boldsymbol{\theta}$	线性空间的零向量
$\boldsymbol{e}_i$	第 i 个分量为 1、其余为 0 的列向量
$(\boldsymbol{\alpha},\boldsymbol{\beta})$	向量 $\boldsymbol{\alpha}$ 与 $\boldsymbol{\beta}$ 的内积
$\langle\boldsymbol{\alpha},\boldsymbol{\beta}\rangle$	向量 $\boldsymbol{\alpha}$ 与 $\boldsymbol{\beta}$ 的夹角
$\mathrm{span}(\boldsymbol{a}_1,\cdots,\boldsymbol{a}_n)$	由向量 $\boldsymbol{a}_1,\cdots,\boldsymbol{a}_n$ 张成的线性子空间
$\|\boldsymbol{\alpha}\|$	向量 $\boldsymbol{\alpha}$ 的长度
$\|\boldsymbol{\alpha}\|_\sigma$	向量 $\boldsymbol{\alpha}$ 的 σ 范数
$\boldsymbol{\alpha}\perp\boldsymbol{\beta}$	向量 $\boldsymbol{\alpha}$ 与 $\boldsymbol{\beta}$ 正交
$\mathrm{Proj}_V\boldsymbol{b}$	向量 $\boldsymbol{b}$ 在线性空间 V 上的（正交）投影
$\boldsymbol{A}(\lambda)$	λ 的矩阵
$\{\boldsymbol{A}_k\}$	矩阵序列 $\boldsymbol{A}_1,\boldsymbol{A}_2,\cdots,\boldsymbol{A}_k,\cdots$
$\overline{\boldsymbol{A}}$	矩阵 $\boldsymbol{A}$ 的所有元素取共轭
$\boldsymbol{A}^\mathrm{T}$	矩阵 $\boldsymbol{A}$ 的转置
$\boldsymbol{A}^\mathrm{H}$	矩阵 $\boldsymbol{A}$ 的共轭转置
$\mathrm{rank}(\boldsymbol{A})$	矩阵 $\boldsymbol{A}$ 的秩
$\mathrm{tr}(\boldsymbol{A})$	方阵 $\boldsymbol{A}$ 的迹
$\boldsymbol{A}^*$	矩阵 $\boldsymbol{A}$ 的伴随矩阵
$\mathrm{vec}(\boldsymbol{A})$	矩阵 $\boldsymbol{A}$ 的列展开
$\rho(\boldsymbol{A})$	矩阵 $\boldsymbol{A}$ 的谱半径
$\boldsymbol{A}^{-1}$	矩阵 $\boldsymbol{A}$ 的逆
$\boldsymbol{A}^+$	矩阵 $\boldsymbol{A}$ 的伪逆或加号逆
$\boldsymbol{A}^-,\boldsymbol{A}^{(1)}$	矩阵 $\boldsymbol{A}$ 的减号逆
$\boldsymbol{A}_l^-,\boldsymbol{A}^{(1,3)}$	矩阵 $\boldsymbol{A}$ 的最小二乘广义逆

A_m^-, $A^{(1,4)}$	矩阵 A 的极小范数广义逆
$A^{(i,j)}$	矩阵 A 的 $\{i,j\}$ 广义逆
$A \otimes B$	矩阵 A 与矩阵 B 的直积(Kronecker 积)
$\mathrm{diag}(\lambda_1, \cdots, \lambda_n)$	对角线元素为 $\lambda_1, \cdots, \lambda_n$ 的 n 阶对角矩阵
$\mathrm{diag}(A_1, \cdots, A_s)$	对角线元素为矩阵 $A_1, \cdots, A_s$ 的对角块矩阵
I_r, I	r 阶单位矩阵,单位矩阵
E_{ij}	在 (i,j) 处为 1、其余元素为零的矩阵
$\lvert A \rvert$	矩阵 A 的行列式,矩阵 A 的非负矩阵(第 6 章)
$\lVert A \rVert_\sigma$	矩阵 A 的 σ 范数
$A(\lambda) \cong B(\lambda)$	矩阵 $A(\lambda)$ 与矩阵 $B(\lambda)$ 相抵
$\forall$	任意
$\Leftrightarrow$	当且仅当
$\stackrel{\mathrm{def}}{=\!=\!=}$	定义为
$\max$, $\min$	最大值,最小值
s.t.	受约束于
$\arg\max f(x)$	当 $f(x)$ 取最大值时, x 的取值

目　　录

第 **1** 章

线性代数引论

在诸如文学、物理学等不同的专业领域中,常见到"空间"一词.不同领域对空间有着不同的定义或理解.在数学中,空间特指一种具有特殊性质及一些额外结构的集合.例如,常说的三维空间,或简称为空间,就是由满足向量加法和数乘封闭性的所有三维向量组成的集合,其在几何直观上表现出长、宽、高三个维度.线性空间就是在我们所熟知的三维空间定义基础上的抽象与推广,是本书研究的基本对象,也是学习本书的基础.本章就是从线性空间这一基本概念讲起,请读者深刻体会并掌握由数学抽象和推广出的线性空间的基本概念,为理解并掌握本章内容奠定重要基础.

1.1 线性空间

我们最熟悉的空间概念,莫过于生活在其间的三维空间.实际上,三维空间是由无穷多个点组成的,且点与点之间存在着相对位置关系.为精确刻画点与点之间的相对位置,需取定空间中的一点 O 作为起点,空间中的任意一点 A 为终点,则以点 O 为起点、点 A 为终点的有向线段 $\overrightarrow{OA}$ 表示空间中的一个向量 $\boldsymbol{\alpha}$,其中向量 $\boldsymbol{\alpha}$ 的长度(或模)和方向由有向线段 $\overrightarrow{OA}$ 的长度和方向确定.基于此,三维空间中的任意一点与上述有向线段定义的向量之间存在着一一对应关系.此时的三维空间就是一个三维向量空间.

为方便表示三维空间中的任一向量,过点 O 作三条互相垂直的数轴,分别记为 $Ox(x$ 轴)、$Oy(y$ 轴)、$Oz(z$ 轴),三条数轴均是以 O 为原点且具有相同的长度单位.由此构建了一个标准的空间直角坐标系,记为 $Oxyz$.在确定坐标系 $Oxyz$ 后,空间中的任意一点 A 均可由一个三元有序数组唯一表示.由此,就建立了三维空间的点、向量与三元有序数组之间的一一对应关系,用三元数组 $(\alpha_1,\alpha_2,\alpha_3)$ 表示三维空间的向量.同理,n 维空间的任一向量可由一个 n 元数组 $(\alpha_1,\alpha_2,\cdots,\alpha_n)$ 表示.当然,当 $n>3$ 时,n 维空间没有直观的几何意义.

定义 1.1.1(n 维向量) 若 n 维向量写成

$$\begin{bmatrix} \alpha_1 \\ \alpha_2 \\ \vdots \\ \alpha_n \end{bmatrix}$$

的形式,则称为n 维列向量;若 n 维向量写成

$$(\alpha_1,\alpha_2,\cdots,\alpha_n)$$

的形式,则称为n 维行向量.这 n 个数称为该向量的 n 个分量,其中 α_i 称为第 i 个分量.

注 1:当 $\alpha_1,\alpha_2,\cdots,\alpha_n$ 是复数时,n 维向量称为n 维复向量;当 $\alpha_1,\alpha_2,\cdots,\alpha_n$ 是实数时,n 维向量称为n 维实向量.n 维空间中的同一向量既可以写成行向量,又可以写成列向量.在实际运算时,我们通常会根据运算需要把 n 维向量写成行向量或列向量的形式.例如,温度场 $T(x,y,z)=x^2+y+2z$ 的各点梯度常用行向量表示为 $\left(\dfrac{\partial T}{\partial x},\dfrac{\partial T}{\partial y},\dfrac{\partial T}{\partial z}\right)=(2x,1,2)$.

显然,n 维列向量是一个 $n\times 1$ 的矩阵,n 维行向量则是一个 $1\times n$ 的矩阵.因此,可以用矩阵的运算来定义向量的运算.

设 n 维实向量 $\boldsymbol{\alpha}=(\alpha_1,\alpha_2,\cdots,\alpha_n)^{\mathrm{T}}$ 和 $\boldsymbol{\beta}=(\beta_1,\beta_2,\cdots,\beta_n)^{\mathrm{T}}$,$k\in\mathbb{R}$,则有:

(1) 加法运算

$$\boldsymbol{\alpha}+\boldsymbol{\beta}=\begin{bmatrix} \alpha_1+\beta_1 \\ \alpha_2+\beta_2 \\ \vdots \\ \alpha_n+\beta_n \end{bmatrix} \tag{1.1.1}$$

(2) 数乘运算

$$k\boldsymbol{\alpha}=\begin{bmatrix} k\alpha_1 \\ k\alpha_2 \\ \vdots \\ k\alpha_n \end{bmatrix} \tag{1.1.2}$$

向量加法运算在几何意义上可视作各向量首尾顺次相接得出的由一个向量起点指向最后一个向量终点的新向量,如图 1.1.1 所示.

向量数乘运算在几何意义上可视作将向量的模值(长度)改为原本的 k 倍,但不改变其方向,如图 1.1.2 所示,其中 $k>0$.

基于向量加法和数乘运算,对向量空间作如下定义:

定义 1.1.2(向量空间) 设 V 是 n 维实向量的非空集合,若 V 对向量的加法和数乘两种运算都封闭,即对任意向量 $\boldsymbol{\alpha},\boldsymbol{\beta}\in V$ 和 $k\in\mathbb{R}$,都有 $\boldsymbol{\alpha}+\boldsymbol{\beta}\in V$($V$ 对向量的加法封闭)和 $k\boldsymbol{\alpha}\in V$($V$ 对向量的数乘封闭),则称集合 V 为向量空间.

图 1.1.1　向量加法示意图

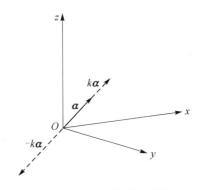

图 1.1.2　向量数乘示意图

例 1.1.1　定义集合 $V_1 = \{(0, \alpha_2, \cdots, \alpha_n)^{\mathrm{T}} \mid \alpha_2, \cdots, \alpha_n \in \mathbb{R}\}$，对集合 V_1 中的任意向量 $\boldsymbol{\alpha} = (0, \alpha_2, \cdots, \alpha_n)^{\mathrm{T}}$ 和 $\boldsymbol{\beta} = (0, \beta_2, \cdots, \beta_n)^{\mathrm{T}}$，以及任意 $k \in \mathbb{R}$，有

$$\boldsymbol{\alpha} + \boldsymbol{\beta} = \begin{pmatrix} 0 \\ \alpha_2 + \beta_2 \\ \vdots \\ \alpha_n + \beta_n \end{pmatrix} \in V_1, \quad k\boldsymbol{\alpha} = \begin{pmatrix} 0 \\ k\alpha_2 \\ \vdots \\ k\alpha_n \end{pmatrix} \in V_1$$

所以，V_1 对向量的加法和数乘运算封闭. 由向量空间定义可知，V_1 是向量空间.

例 1.1.2　集合 $V_2 = \{(1, \alpha_2, \cdots, \alpha_n)^{\mathrm{T}} \mid \alpha_2, \cdots, \alpha_n \in \mathbb{R}\}$，对集合 V_2 中的任意向量 $\boldsymbol{\alpha} = (1, \alpha_2, \cdots, \alpha_n)^{\mathrm{T}}$ 和 $\boldsymbol{\beta} = (1, \beta_2, \cdots, \beta_n)^{\mathrm{T}}$，有

$$\boldsymbol{\alpha} + \boldsymbol{\beta} = \begin{pmatrix} 2 \\ \alpha_2 + \beta_2 \\ \vdots \\ \alpha_n + \beta_n \end{pmatrix} \notin V_2$$

所以，集合 V_2 对向量的加法运算不封闭. 由向量空间定义可知，V_2 不是向量空间.

由定义 1.1.2 可知，n 维向量空间是一个集合，集合中的元素都是 n 维实向量，其定义的两种基本运算——加法运算和数乘运算都是在实数域 $\mathbb{R}$ 内满足指定的规则. 现将向量空间中的**实数域扩展为一般的数域**，将向量集合扩展为一般的非空集合，将向量加法和数乘运算扩展为一般的加法和数乘运算，由此可定义更一般化的"向量空间"，即线性空间.

定义 1.1.3（数域）　设 F 是包含 0 和 1 的非空数集，若 F 中任意两个数的和、差、积、商（除数不为 0）仍在该数集，即对四则运算封闭，则称该数集 F 为一个**数域**.

常见的有理数集 $\mathbb{Q}$、实数集 $\mathbb{R}$ 和复数集 $\mathbb{C}$ 都是数域，分别称为**有理数域**、**实数域**和**复数域**. 但数域并不限于它们. 例如，数集 $\mathbb{Q}(\sqrt{3}) = \{a + b\sqrt{3} \mid a, b \in \mathbb{Q}\}$ 也是一个数域.

注 2：非空数集 F 包含 0 和 1，故基于一般的和差运算可验证任一数域必包含整

数集,再通过整数除法可验证任一数域必包含有理数域.而伽罗瓦域是只包含有限个元素的数域.

定义 1.1.4(线性空间) 设$(V,+)$是一个加群,F是一个数域.在V上定义了一种代数运算,称为**加法**,记为"$+$",使得对V中任意两个元素$\boldsymbol{\alpha},\boldsymbol{\beta}$都有$V$中唯一的元素$\boldsymbol{\alpha}+\boldsymbol{\beta}$与之对应,称为$\boldsymbol{\alpha}$与$\boldsymbol{\beta}$的和;定义了$F$中的数与$V$中元素的一种代数运算,称为**数乘**,记为"$\cdot$",使得对$V$中任意元素$\boldsymbol{\alpha}$和$F$中任意元素$k$有$V$中唯一的元素$k\cdot\boldsymbol{\alpha}$(常简记为$k\boldsymbol{\alpha}$)与之对应,称为$k$与$\boldsymbol{\alpha}$的积.如果加法和数乘满足如下规则:

(1) 交换律:$\boldsymbol{\alpha}+\boldsymbol{\beta}=\boldsymbol{\beta}+\boldsymbol{\alpha}$;

(2) 结合律:$(\boldsymbol{\alpha}+\boldsymbol{\beta})+\boldsymbol{\gamma}=\boldsymbol{\alpha}+(\boldsymbol{\beta}+\boldsymbol{\gamma})$;

(3) 存在零元素:存在元素$\boldsymbol{\theta}\in V$,满足$\forall\boldsymbol{\alpha}\in V,\boldsymbol{\alpha}+\boldsymbol{\theta}=\boldsymbol{\alpha}$;

(4) 存在负元素:$\forall\boldsymbol{\alpha}\in V$,存在一元素,记为$-\boldsymbol{\alpha}$,满足$\boldsymbol{\alpha}+(-\boldsymbol{\alpha})=\boldsymbol{\theta}$;

(5) 数乘的结合律:$k(l\boldsymbol{\alpha})=(kl)\boldsymbol{\alpha}$;

(6) 数乘对加法的分配律:$k(\boldsymbol{\alpha}+\boldsymbol{\beta})=k\boldsymbol{\alpha}+k\boldsymbol{\beta}$;

(7) 数乘对数的加法的分配律:$(k+l)\boldsymbol{\alpha}=k\boldsymbol{\alpha}+l\boldsymbol{\alpha}$;

(8) 数乘的初始条件(单位元素):$1\cdot\boldsymbol{\alpha}=\boldsymbol{\alpha}$.

其中,$\boldsymbol{\alpha},\boldsymbol{\beta},\boldsymbol{\gamma}$是$V$中任一元素,$k$和$l$是数域$F$中任意数,则称$V$是数域$F$上的**线性空间**,记为$(V,+,\cdot)$,$V$中的元素称为**向量**,$F$中的元素称为**标量**.特别地,当$F=\mathbb{R}$时,称$V$为**实线性空间**;当$F=\mathbb{C}$时,称$V$为**复线性空间**.

注 3:满足规则(1)~(4)的加法集合V,称为**加群**,记为$(V,+)$.我们熟知的有理数集$\mathbb{Q}$、实数集$\mathbb{R}$和复数集$\mathbb{C}$均是加群,其中的加法都是指数的加法,但自然数集$\mathbb{N}$不是加群(因为不存在负元素).在高等数学中,闭区间$[a,b]$上的连续函数全体$C[a,b]$在函数加法(即$(f+g)(x)=f(x)+g(x)$)下也构成一个加群.

定义 1.1.4 中的"$\boldsymbol{\alpha}+\boldsymbol{\beta}$"和"$k\boldsymbol{\alpha}$"分别表示通过加法和数乘运算得到的某一向量.注意$\boldsymbol{\alpha}-\boldsymbol{\beta}$(即$\boldsymbol{\alpha}+(-\boldsymbol{\beta})$的简写)表示向量$\boldsymbol{\alpha}$和向量$\boldsymbol{\beta}$的负向量$-\boldsymbol{\beta}$在加法运算下得到的一个向量;当向量$\boldsymbol{\alpha}$和$\boldsymbol{\beta}$退化为一般的数时,$\boldsymbol{\alpha}-\boldsymbol{\beta}$表示数$\boldsymbol{\alpha}$和数$\boldsymbol{\beta}$的相反数$-\boldsymbol{\beta}$在加法运算下得到的数.基于此,我们可理解减法运算为加法运算和向量的负元素共同诱导出的一种运算,这有利于我们从另一角度来理解减法运算.

注 4:特别强调的是,定义 1.1.4 中的"加法"与"数乘"均不限于普通加法与普通乘法.

例 1.1.3 设$V=\mathbb{R}^+,F=\mathbb{R}$,对任意$x,y\in V$和$k\in F$,定义$V$中加法运算为$x\oplus y=xy$;定义$V$中元素与$F$中数的数乘为$k\cdot x=x^k$.证明$(V,\oplus,\cdot)$是实线性空间.

证明 对任意$x,y\in V$和$k\in F$,有$x\oplus y\in V$和$k\cdot x\in V$.现根据定义 1.1.4 一一验证线性空间所须满足的 8 条性质.

(1) 交换律:$x\oplus y=xy=yx=y\oplus x$;

(2) 结合律:$(x \oplus y) \oplus z = xyz = x \oplus (y \oplus z)$;

(3) 存在零元素:存在元素 $1 \in V$ 使得 $\forall x \in V, x \oplus 1 = x$;

(4) 存在负元素:$\forall x \in V, \exists x^{-1} \in V$ 使得 $x \oplus x^{-1} = 1$;

(5) 数乘的结合律:$\forall k, l \in F, k \cdot (l \cdot x) = x^{kl} = (kl) \cdot x$;

(6) 数乘对加法的分配律:$k \cdot (x \oplus y) = x^k y^k = (k \cdot x) \oplus (k \cdot y)$;

(7) 数乘对数的加法的分配律:$(k+l)x = x^{k+l} = (k \cdot x) \oplus (l \cdot x)$;

(8) 数乘的初始条件:$1 \cdot x = x$.

因此,$(V, \oplus, \cdot)$ 是实线性空间.

例 1.1.4 常见的线性空间包括以下例子:

(1) 向量空间 $\mathbb{R}^n (n \geqslant 1)$ 是线性空间的首个例子.

(2) 设 V 为 $\mathbb{C}$ 上所有 $m \times n$ 矩阵构成的集合,即

$$V = \{(a_{ij})_{m \times n} \mid a_{ij} \in \mathbb{C}\}$$

在矩阵加法和数乘运算下,集合 V 构成 $\mathbb{C}$ 上的线性空间,记为 $\mathbb{C}^{m \times n}$. 类似地可定义实矩阵空间 $\mathbb{R}^{m \times n}$.

(3) 正弦函数集合

$$S_{[x]} = \{a \sin(x+b), a, b \in \mathbb{R}\}$$

在函数加法和乘法运算下,集合 $S_{[x]}$ 构成 $\mathbb{R}$ 上的线性空间.

(4) 一元多项式集合

$$P_n(x) = \Big\{ \sum_{i=0}^{n} a_i x^i \mid a_i \in \mathbb{C} \Big\}$$

在多项式加法和数乘运算下,集合 $P_n(x)$ 构成 $\mathbb{C}$ 上的线性空间,称为**多项式空间**.

(5) 分别定义在区间 $[a,b]$ 上全体多项式集合 S_1,全体可微函数集合 S_2,全体连续函数集合 S_3,全体可积函数集合 S_4,全体实函数集合 S_5,则 $S_1 \subset S_2 \subset S_3 \subset S_4 \subset S_5$,且这 5 个集合均为 $\mathbb{R}$ 上的线性空间.

(6) 设 $\boldsymbol{A} \in \mathbb{C}^{m \times n}, \boldsymbol{x} \in \mathbb{C}^n$,齐次线性方程组 $\boldsymbol{Ax} = \boldsymbol{0}$ 的解集构成 $\mathbb{C}$ 上的线性空间,而非齐次线性方程组 $\boldsymbol{Ax} = \boldsymbol{b}$ 的解集则不构成 $\mathbb{C}$ 上的线性空间.

(7) 设 S 是所有双边序列集合,其中双边序列 $\{x_k \mid x_k \in \mathbb{R}, k = 0, \pm 1, \pm 2, \cdots\}$ 表示工程中由测量或采样得到的某一离散时间信号(序列常采用行向量表示). 若序列 $\{y_k\}$ 是集合 S 中的元素,定义 $\{x_k\}$ 与 $\{y_k\}$ 的和为 $\{x_k + y_k\}$,数乘 $c\{x_k\}$ 为 $\{cx_k\}$,则 S 是 $\mathbb{R}$ 上的线性空间,并称为**离散时间信号空间**.

注 5:设 V 是数域 F 上的线性空间,有

(1) 零向量是唯一的;

(2) 任一向量的负元素是唯一的;

(3) 对任意 $k \in F$ 和 $\boldsymbol{\alpha} \in V, 0\boldsymbol{\alpha} = \boldsymbol{\theta}, (-1)\boldsymbol{\alpha} = -\boldsymbol{\alpha}, k\boldsymbol{\theta} = \boldsymbol{\theta}$;

(4) 若 $k\boldsymbol{\alpha} = \boldsymbol{\theta}$,则 $k = 0$ 或 $\boldsymbol{\alpha} = \boldsymbol{\theta}$.

证明 （1）反证法. 假设存在两个不等的零向量，分别记为 $\boldsymbol{\theta}_1$ 和 $\boldsymbol{\theta}_2$. 根据零向量性质有：$\boldsymbol{\theta}_1 = \boldsymbol{\theta}_1 + \boldsymbol{\theta}_2$. 由交换律知 $\boldsymbol{\theta}_1 + \boldsymbol{\theta}_2 = \boldsymbol{\theta}_2 + \boldsymbol{\theta}_1$，故 $\boldsymbol{\theta}_1 = \boldsymbol{\theta}_2 + \boldsymbol{\theta}_1$. 又知 $\boldsymbol{\theta}_2 = \boldsymbol{\theta}_2 + \boldsymbol{\theta}_1$，故 $\boldsymbol{\theta}_1 = \boldsymbol{\theta}_2$.

（2）反证法. 假设对 V 中任意向量 $\boldsymbol{\alpha}$ 的负元素是不唯一的，即存在两个不等的向量 $\boldsymbol{\beta}_1$ 和 $\boldsymbol{\beta}_2$ 满足 $\boldsymbol{\alpha} + \boldsymbol{\beta}_1 = \boldsymbol{\theta}, \boldsymbol{\alpha} + \boldsymbol{\beta}_2 = \boldsymbol{\theta}$. 此时有 $\boldsymbol{\beta}_1 = \boldsymbol{\beta}_1 + \boldsymbol{\theta} = \boldsymbol{\beta}_1 + (\boldsymbol{\alpha} + \boldsymbol{\beta}_2) = (\boldsymbol{\beta}_1 + \boldsymbol{\alpha}) + \boldsymbol{\beta}_2 = (\boldsymbol{\alpha} + \boldsymbol{\beta}_1) + \boldsymbol{\beta}_2 = \boldsymbol{\theta} + \boldsymbol{\beta}_2 = \boldsymbol{\beta}_2 + \boldsymbol{\theta} = \boldsymbol{\beta}_2$. 故 $\boldsymbol{\alpha}$ 的负元素唯一.

（3）由数乘对数的加法的分配律知，$\boldsymbol{\alpha} + 0\boldsymbol{\alpha} = (1 + 0)\boldsymbol{\alpha} = \boldsymbol{\alpha}$；又由零向量唯一性知，$0\boldsymbol{\alpha} = \boldsymbol{\theta}$.

由数乘对数的加法的分配律知，$\boldsymbol{\alpha} + (-1)\boldsymbol{\alpha} = (1 - 1)\boldsymbol{\alpha} = 0\boldsymbol{\alpha} = \boldsymbol{\theta}$；又由负元素唯一性知，$(-1)\boldsymbol{\alpha} = -\boldsymbol{\alpha}$.

当 $k = 0$ 时，有 $0\boldsymbol{\alpha} = \boldsymbol{\theta}$ 成立；当 $k \neq 0$ 时，$\boldsymbol{\alpha} + k\boldsymbol{\theta} = k\left(\dfrac{1}{k}\boldsymbol{\alpha} + \boldsymbol{\theta}\right) = k\left(\dfrac{1}{k}\boldsymbol{\alpha}\right) = \boldsymbol{\alpha}$；由零向量唯一性知，$k\boldsymbol{\theta} = \boldsymbol{\theta}$. 因此，$k\boldsymbol{\theta} = \boldsymbol{\theta}$ 恒成立.

（4）当 $k = 0$ 时，由 $0\boldsymbol{\alpha} = \boldsymbol{\theta}$ 知，$k\boldsymbol{\alpha} = \boldsymbol{\theta}$；当 $k \neq 0$ 时，由等式两侧同乘 $\dfrac{1}{k}$ 知，$\boldsymbol{\alpha} = \dfrac{1}{k}\boldsymbol{\theta} = \boldsymbol{\theta}$. 故 $k = 0$ 或 $\boldsymbol{\alpha} = \boldsymbol{\theta}$.

证毕.

注 6：线性空间中的两种运算（加法和数乘）合称为**线性运算**. 若线性空间 V 的向量 $\boldsymbol{\alpha}$ 可由 V 的一组向量 $\boldsymbol{\alpha}_1, \cdots, \boldsymbol{\alpha}_n$ 通过线性运算获得，即存在 $k_i \in F, i = 1, \cdots, n$，满足

$$\boldsymbol{\alpha} = k_1\boldsymbol{\alpha}_1 + \cdots + k_n\boldsymbol{\alpha}_n$$

则称向量 $\boldsymbol{\alpha}$ 是向量组 $\boldsymbol{\alpha}_1, \cdots, \boldsymbol{\alpha}_n$ 的一个**线性组合**，或者说，$\boldsymbol{\alpha}$ 可由向量组 $\boldsymbol{\alpha}_1, \cdots, \boldsymbol{\alpha}_n$ **线性表示**.

例 1.1.5 试判断矩阵 $\boldsymbol{A}^2$ 是否可由 $\boldsymbol{A}$ 和 $\boldsymbol{I}$ 线性表示，其中

$$\boldsymbol{A} = \begin{bmatrix} 1 & 1 \\ 0 & 1 \end{bmatrix}$$

解 由于

$$\boldsymbol{A}^2 = \begin{bmatrix} 1 & 2 \\ 0 & 1 \end{bmatrix} = 2\boldsymbol{A} - \boldsymbol{I}$$

因此，矩阵 $\boldsymbol{A}^2$ 可以由 $\boldsymbol{A}$ 和 $\boldsymbol{I}$ 线性表示.

【思考】 对一般的 n 阶复方阵 $\boldsymbol{A}$，它的幂矩阵 $\boldsymbol{A}^n$ 是否可由 $\boldsymbol{I}, \boldsymbol{A}, \boldsymbol{A}^2, \cdots, \boldsymbol{A}^{n-1}$ 线性表示？

【应用】 **混凝土配料案例.** 普通混凝土一般是由水泥、粗骨料（碎石或卵石）、细骨料（砂）、外加剂和水拌合，经硬化而成的一种人造石材. 砂、石在混凝土中起骨架作用，并抑制水泥的收缩；水泥和水形成水泥浆，包裹在粗细骨料表面并填充骨料间的空隙. 假设某企业可生产存储 3 种基本类型的混凝土，其配方如表 1.1.1 所列.

表 1.1.1　混凝土原料配比

原　料	混凝土 A	混凝土 B	混凝土 C
水泥	20	18	12
水	10	10	10
砂	20	25	15
碎石	10	5	15
外加剂	0	2	8

若客户订购的混凝土要求 5 种成分的配方分别是 16,12,19,9,4,则这种混凝土能用 A,B,C 3 种类型配成吗?

分析　从线性运算的角度看,3 种基本类型的混凝土以及客户要求的混凝土相当于 $\mathbb{R}^5$ 空间的 4 个向量,分别记为

$$\boldsymbol{v}_A = \begin{pmatrix} 20 \\ 10 \\ 20 \\ 10 \\ 0 \end{pmatrix}, \quad \boldsymbol{v}_B = \begin{pmatrix} 18 \\ 10 \\ 25 \\ 5 \\ 2 \end{pmatrix}, \quad \boldsymbol{v}_C = \begin{pmatrix} 12 \\ 10 \\ 15 \\ 15 \\ 8 \end{pmatrix}, \quad \boldsymbol{w} = \begin{pmatrix} 16 \\ 12 \\ 19 \\ 9 \\ 4 \end{pmatrix}$$

那么,客户的要求即是向量 $\boldsymbol{w}$ 是否可由向量 $\boldsymbol{v}_A, \boldsymbol{v}_B, \boldsymbol{v}_C$ 线性表示;

从线性空间的角度看,客户的要求即是向量 $\boldsymbol{w}$ 是否在由向量 $\boldsymbol{v}_A, \boldsymbol{v}_B, \boldsymbol{v}_C$ 张成的线性空间中;

从方程的角度看,客户的要求即是非齐次线性方程

$$k_A \boldsymbol{v}_A + k_B \boldsymbol{v}_B + k_C \boldsymbol{v}_C = \boldsymbol{w}$$

是否有解. 通过计算知,上述方程无解,故客户订购的混凝土无法用 A,B,C 三种类型配成.

1.2　线性子空间

在诸多实际问题中,我们关心的仅仅是 $\mathbb{R}^n$(或 $\mathbb{C}^n$)空间中由部分向量构成的子集. 此时,无须根据线性空间的定义判定该子集是否为线性空间,而只须验证子集中的线性运算是否封闭即可. 这就是线性子空间的判别法.

定义 1.2.1(线性子空间)　设 V 是 F 上的线性空间,W 是 V 的一个非空子集. 若 W 中的向量关于 V 的加法和数乘运算也构成 F 上的线性空间,则称 W 是 V 的**线性子空间**.

例 1.2.1　取定矩阵 $\boldsymbol{A} \in \mathbb{C}^{m \times n}$,集合 $W = \{\boldsymbol{x} \in \mathbb{C}^n \mid \boldsymbol{A}\boldsymbol{x} = \boldsymbol{0}\}$ 是 $\mathbb{C}$ 上的线性空间. 注意到集合 W 是 n 维向量空间 $\mathbb{C}^n$ 的子集,故 W 是 $\mathbb{C}^n$ 的子空间.

例 1.2.2　仅由线性空间 V 的零向量组成的集合是 V 的一个子空间,称为零子

空间,记为$\{\boldsymbol{\theta}\}$(注意与零元素$\boldsymbol{\theta}$的区别);线性空间V本身也是V的一个子空间.零子空间$\{\boldsymbol{\theta}\}$和子空间V称为V的平凡子空间.

例 1.2.3 向量空间$\mathbb{R}^2$不是向量空间$\mathbb{R}^3$的子空间,因为$\mathbb{R}^2$不是$\mathbb{R}^3$的子集($\mathbb{R}^3$中的向量是三元有序数组,而$\mathbb{R}^2$中的向量为二元有序数组).集合$W=\{(\alpha_1,\alpha_2,0)^{\mathrm{T}},\alpha_1,\alpha_2\in\mathbb{R}\}$是$\mathbb{R}^3$的一个子集,尽管它很像$\mathbb{R}^2$(见图1.2.1(左)),但可以证明$W$是$\mathbb{R}^3$的一个子空间.

图 1.2.1 $\mathbb{R}^3$的子空间:$x_1 x_2$平面(左),不是$\mathbb{R}^2$子空间的直线L(右)

例 1.2.4 $\mathbb{R}^3$中不通过原点的平面不是$\mathbb{R}^3$的子空间,这是因为此平面不包含$\mathbb{R}^3$的零向量;类似地,$\mathbb{R}^2$中不通过原点的直线L(见图1.2.1(右))也不是$\mathbb{R}^2$的子空间.

命题 1.2.1 若V_1,V_2是数域F上线性空间V的两个非平凡子空间,则在V中存在向量$\boldsymbol{\alpha}$满足$\boldsymbol{\alpha}\notin V_1$且$\boldsymbol{\alpha}\notin V_2$.

证明 由于V_1和V_2是V的两个非平凡子空间,故V中存在$\boldsymbol{\alpha}_1\notin V_1,\boldsymbol{\alpha}_2\notin V_2$.若$\boldsymbol{\alpha}_1\notin V_2$,则该命题得证.同理,若$\boldsymbol{\alpha}_2\notin V_1$,则该命题得证.于是设$\boldsymbol{\alpha}_1\in V_2,\boldsymbol{\alpha}_2\in V_1$,此时有$\boldsymbol{\alpha}_1\notin V_1,\boldsymbol{\alpha}_1\in V_2$及$\boldsymbol{\alpha}_2\notin V_2,\boldsymbol{\alpha}_2\in V_1$.令$\boldsymbol{\alpha}=\boldsymbol{\alpha}_1+\boldsymbol{\alpha}_2$,则$\boldsymbol{\alpha}\notin V_1$且$\boldsymbol{\alpha}\notin V_2$.这是因为,若$\boldsymbol{\alpha}\in V_1$,又$\boldsymbol{\alpha}_2\in V_1$,便有$\boldsymbol{\alpha}_1\in V_1$,这与假设矛盾,故$\boldsymbol{\alpha}\notin V_1$,同理可证$\boldsymbol{\alpha}\notin V_2$.

命题 1.2.2 若$V_1,V_2,\cdots,V_s$是数域F上线性空间V的s个非平凡子空间,则在V中存在向量$\boldsymbol{\alpha}$满足$\boldsymbol{\alpha}$不属于$V_1,V_2,\cdots,V_s$中任何一个子空间.

命题1.2.2可采用数学归纳法并结合命题1.2.1加以证明.根据命题1.2.2,我们明确线性空间V中取定有限个非平凡子空间,则一定可以找到无穷多个向量均不在V取定的这些子空间中.若结合1.3节基的概念做进一步推导,一定可以找到V的一组基的每个向量都不在V取定的这些子空间中.

定理 1.2.1(子空间判别法) 设V是F上的线性空间,W是V的一个非空子集.以下命题等价:

(1) W是V的子空间.

(2) a. $\forall k\in F,\boldsymbol{\alpha}\in W$,有$k\boldsymbol{\alpha}\in W$;

 b. $\forall\boldsymbol{\alpha},\boldsymbol{\beta}\in W$,有$\boldsymbol{\alpha}+\boldsymbol{\beta}\in W$.

(3) $\forall k,l\in F$和$\boldsymbol{\alpha},\boldsymbol{\beta}\in W$,有$k\boldsymbol{\alpha}+l\boldsymbol{\beta}\in W$.

例 1.2.1(续) 证明集合$W=\{\boldsymbol{x}\in\mathbb{C}^n\,|\,\boldsymbol{A}\boldsymbol{x}=\boldsymbol{0}\}$是$\mathbb{C}$上的线性空间.

证明 集合 W 是 n 维向量空间 $\mathbb{C}^n$ 的子集,且对任意 $k,l\in F$ 和 $\boldsymbol{\alpha},\boldsymbol{\beta}\in W$,有

$$A(k\boldsymbol{\alpha}+l\boldsymbol{\beta})=kA\boldsymbol{\alpha}+lA\boldsymbol{\beta}=0$$

因此,$k\boldsymbol{\alpha}+l\boldsymbol{\beta}\in W$. 由定理 1.2.1 知,$W$ 是 V 的子空间. 证毕.

注 1: 若 W 是 V 的子空间,线性空间 V 的零向量也必在 W 中. 因此,检验子空间首先观察零向量是否属于 W,具体参考例 1.2.4.

例 1.2.5 在数字信号处理中,**线性滤波器**常用 n 阶线性差分方程描述:

$$y_k=a_n u_{k+n}+a_{n-1}u_{k+n-1}+\cdots+a_1 u_{k+1}+a_0 u_k \tag{1.2.1}$$

式中:$k=0,\pm 1,\pm 2,\cdots$,$\{y_k\}$ 是输出信号,$\{u_k\}$ 是输入信号,$a_i\in\mathbb{R}(i=0,1,\cdots,n)$. 若 $\{y_k\}$ 是零序列,则称差分方程 (1.2.1) 是齐次的.

考察齐次差分方程

$$u_{k+n}+a_{n-1}u_{k+n-1}+\cdots+a_1 u_{k+1}+a_0 u_k=0 \tag{1.2.2}$$

定义方程 (1.2.2) 的解集为 $\widetilde{S}$,则 $\widetilde{S}$ 是非空集合 (零序列是方程 (1.2.2) 的一个解) 且它是信号空间 $S(S$ 的定义见例 1.1.4) 的子集. 对任意输入信号 $\{u_k\},\{v_k\}\in\widetilde{S}$ 和 μ, $\lambda\in\mathbb{R},\{\mu u_k+\lambda v_k\}$ 也是差分方程 (1.2.2) 的解. 因此,差分方程 (1.2.2) 的解集 $\widetilde{S}$ 是信号空间 S 的子空间.

例 1.2.6 设 W_1 和 W_2 是 V 的子空间,定义三个集合

$$W_1\bigcap W_2=\{x\in V\mid x\in W_1 \text{ 且 } x\in W_2\}$$
$$W_1\bigcup W_2=\{x\in V\mid x\in W_1 \text{ 或 } x\in W_2\}$$
$$W_1+W_2=\{x_1+x_2\mid x_1\in W_1,x_2\in W_2\}$$

试判断它们是否为 V 的子空间.

解 由于 W_1 和 W_2 是 V 的子空间,则 $\boldsymbol{\theta}\in W_1$ 且 $\boldsymbol{\theta}\in W_2$. 故 $W_1\bigcap W_2$ 是 V 的非空子集. 又知对任意 $k,l\in F$ 和 $\boldsymbol{\alpha},\boldsymbol{\beta}\in(W_1\bigcap W_2)$,有

$$k\boldsymbol{\alpha}+l\boldsymbol{\beta}\in W_1 \text{ 且 } k\boldsymbol{\alpha}+l\boldsymbol{\beta}\in W_2$$

根据定理 1.2.1 知,$W_1\bigcap W_2$ 是 V 的子空间. 同理,W_1+W_2 也是 V 的子空间.

对于集合 $W_1\bigcup W_2$,若 $\boldsymbol{\alpha}\in W_1$,$\boldsymbol{\beta}\in W_2$,则 $\boldsymbol{\alpha},\boldsymbol{\beta}\in(W_1\bigcup W_2)$. 而 $\boldsymbol{\alpha}+\boldsymbol{\beta}$ 无法保证仍在集合 $W_1\bigcup W_2$ 中. 因此,$W_1\bigcup W_2$ 不是线性空间.

关于例 1.2.6 的一个具体示例. 设 V 是 $\mathbb{R}$ 上的三维向量空间,W_1 是 xOy 平面, W_2 是 Oz 轴,则 $W_1\bigcap W_2=\{\boldsymbol{\theta}\}$ 是零子空间,$W_1+W_2=V$ 是三维空间;而 $W_1\bigcup W_2$ 表示位于 xOy 平面和 Oz 轴所有向量的集合,这显然不是一个线性空间.

定理 1.2.2(和空间与交空间) 设 W_1 和 W_2 是数域 F 上线性空间 V 的子空间,则集合 $W_1\bigcap W_2 \xlongequal{\text{def}} \{\boldsymbol{\alpha}\mid\boldsymbol{\alpha}\in(W_1\bigcap W_2)\}$ 和 $W_1+W_2\xlongequal{\text{def}}\{\boldsymbol{\alpha}_1+\boldsymbol{\alpha}_2\mid\boldsymbol{\alpha}_1\in W_1$, $\boldsymbol{\alpha}_2\in W_2\}$ 是 V 的子空间,分别称为 W_1 与 W_2 的交(或**交空间**)与和(或**和空间**).

证明 因为 $\boldsymbol{\theta}\in(W_1\bigcap W_2)$,所以 $W_1\bigcap W_2$ 非空. 对任意 $\boldsymbol{\alpha},\boldsymbol{\beta}\in(W_1\bigcap W_2)$,有 $\boldsymbol{\alpha}$, $\boldsymbol{\beta}\in W_1$ 且 $\boldsymbol{\alpha},\boldsymbol{\beta}\in W_2$.

又知,W_1 和 W_2 是 V 的子空间,则对任意 $k\in F$ 有

$$\boldsymbol{\alpha}+\boldsymbol{\beta}\in W_1,\quad k\boldsymbol{\alpha}\in W_1$$
$$\boldsymbol{\alpha}+\boldsymbol{\beta}\in W_2,\quad k\boldsymbol{\alpha}\in W_2$$

从而有$(\boldsymbol{\alpha}+\boldsymbol{\beta})\in(W_1\bigcap W_2),k\boldsymbol{\alpha}\in(W_1\bigcap W_2)$. 因此,$W_1\bigcap W_2$ 是 V 的子空间.

因为 $\boldsymbol{\theta}\in(W_1+W_2)$,所以 W_1+W_2 非空. 对 $\forall\boldsymbol{\alpha},\boldsymbol{\beta}\in(W_1+W_2)$,必有
$$\boldsymbol{\alpha}=\boldsymbol{\alpha}_1+\boldsymbol{\alpha}_2,\quad \boldsymbol{\beta}=\boldsymbol{\beta}_1+\boldsymbol{\beta}_2$$
其中 $\boldsymbol{\alpha}_1,\boldsymbol{\beta}_1\in W_1,\boldsymbol{\alpha}_2,\boldsymbol{\beta}_2\in W_2$.

那么,$\forall k\in F$ 有
$$\boldsymbol{\alpha}+\boldsymbol{\beta}=(\boldsymbol{\alpha}_1+\boldsymbol{\beta}_1)+(\boldsymbol{\alpha}_2+\boldsymbol{\beta}_2)\in(W_1+W_2)$$
$$k\boldsymbol{\alpha}=k\boldsymbol{\alpha}_1+k\boldsymbol{\alpha}_2\in(W_1+W_2)$$
因此,W_1+W_2 是 V 的子空间. 证毕.

同样地,我们可定义多个子空间的交与和.

例 1.2.7 取 $V=\mathbb{R}^{n\times n}$,$W_1=\{A\in V|A^\mathrm{T}=A\}$,$W_2=\{A\in V|A^\mathrm{T}=-A\}$. 证明:$W_1$ 和 W_2 是 V 的线性子空间,且 $V=W_1+W_2$.

证明 对任意 $k,l\in\mathbb{R}$ 和 $A,B\in W_1$,有 $(kA+lB)^\mathrm{T}=kA+lB$. 故 W_1 是 V 的线性子空间. 同理可证,W_2 是 V 的线性子空间.

又知,对 V 的任一矩阵 A 可分解为
$$A=\frac{1}{2}(A^\mathrm{T}+A)+\frac{1}{2}(-A^\mathrm{T}+A)\tag{1.2.3}$$
式中:$\frac{1}{2}(A^\mathrm{T}+A)\in W_1$,$\frac{1}{2}(-A^\mathrm{T}+A)\in W_2$. 故 $V=W_1+W_2$.

例 1.2.7 表明任一实(复)方阵可分解为对称矩阵和反对称矩阵之和. 实际上这种分解是唯一的(参考 1.5 节).

为方便刻画子空间,令 $\boldsymbol{\alpha}_1,\cdots,\boldsymbol{\alpha}_n$ 是线性空间 V 的一组向量,并记集合
$$W=\{k_1\boldsymbol{\alpha}_1+\cdots+k_n\boldsymbol{\alpha}_n\mid k_i\in F,i=1,\cdots,n\}\tag{1.2.4}$$
则有如下定理:

定理 1.2.3 若 $\boldsymbol{\alpha}_1,\cdots,\boldsymbol{\alpha}_n$ 是线性空间 V 的一组向量,则由式(1.2.4)定义的集合 W 是 V 的一个线性子空间,并称 W 是由向量组 $\boldsymbol{\alpha}_1,\cdots,\boldsymbol{\alpha}_n$ 张成(或生成)的子空间,记为 $\mathrm{span}(\boldsymbol{\alpha}_1,\cdots,\boldsymbol{\alpha}_n)$.

定理 1.2.3 可利用定理 1.2.1 加以证明.

现考察方程组 $\begin{cases}x_1+2x_2=6\\x_1-x_2=0\end{cases}$,若定义
$$A=\begin{bmatrix}1&2\\1&-1\end{bmatrix},\quad b=\begin{pmatrix}6\\0\end{pmatrix},\quad x=\begin{pmatrix}x_1\\x_2\end{pmatrix}$$
则原方程组可改写为
$$Ax=b$$
此时需找到合适的向量 x 满足 $Ax=b$. 图 1.2.2(a)展示了方程组的求解过程,其中

两条直线分别代表了方程组的两个方程,两直线交点的坐标就是方程组的解.

若换个角度考察这一方程组,记 $\boldsymbol{\alpha}_1 = \begin{pmatrix} 1 \\ 1 \end{pmatrix}, \boldsymbol{\alpha}_2 = \begin{pmatrix} 2 \\ -1 \end{pmatrix}, \boldsymbol{b} = \begin{pmatrix} 6 \\ 0 \end{pmatrix}$,此时原方程组可改写为

$$\boldsymbol{\alpha}_1 x_1 + \boldsymbol{\alpha}_2 x_2 = \boldsymbol{b}$$

求解方程组即可找到数 x_1, x_2 使得向量 $\boldsymbol{\alpha}_1, \boldsymbol{\alpha}_2$ 的线性组合恰好等于向量 $\boldsymbol{b}$,如图 1.2.2(b)所示.

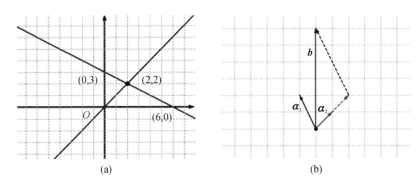

(a)　　　　　　　　　　(b)

图 1.2.2　方程组求解过程

也可用如下表达式说明:方程 $\boldsymbol{Ax} = \boldsymbol{b}$ 有解的充分必要条件为 $\boldsymbol{b} \in \mathrm{span}(\boldsymbol{\alpha}_1, \boldsymbol{\alpha}_2)$,这一充分必要条件与 $\mathrm{rank}(\boldsymbol{A}) = \mathrm{rank}(\boldsymbol{A}, \boldsymbol{b})$ 等价.

下面介绍两个与矩阵相关的重要子空间:矩阵的零空间和列空间.

定义 1.2.2(矩阵零空间)　设 $\boldsymbol{A} \in \mathbb{C}^{m \times n}$,则矩阵 $\boldsymbol{A}$ 的**零空间**(或核空间)定义为齐次线性方程组 $\boldsymbol{Ax} = \boldsymbol{0}$ 的解集,记为

$$N(\boldsymbol{A}) = \{\boldsymbol{x} \in \mathbb{C}^n \mid \boldsymbol{Ax} = \boldsymbol{0}\}$$

定义 1.2.3(矩阵列空间)　设 $\boldsymbol{A} \in \mathbb{C}^{m \times n}$,则矩阵 $\boldsymbol{A}$ 的**列空间**(或值空间)是由 $\boldsymbol{A}$ 的列的所有线性组合组成的集合,即

$$R(\boldsymbol{A}) = \{\boldsymbol{y} \in \mathbb{C}^m \mid \boldsymbol{y} = \boldsymbol{Ax}, \forall \boldsymbol{x} \in \mathbb{C}^n\}$$

若将矩阵 $\boldsymbol{A}$ 进行列分块,并记为 $\boldsymbol{A} = \begin{bmatrix} \boldsymbol{\alpha}_1 & \cdots & \boldsymbol{\alpha}_n \end{bmatrix}$,则 $\boldsymbol{A}$ 的列空间可表示为

$$R(\boldsymbol{A}) = \mathrm{span}(\boldsymbol{\alpha}_1, \cdots, \boldsymbol{\alpha}_n)$$

注 2:矩阵 $\boldsymbol{A}$ 的零空间是 $\mathbb{C}^n$ 的子空间,矩阵 $\boldsymbol{A}$ 的列空间是 $\mathbb{C}^m$ 的子空间.矩阵 $\boldsymbol{A}$ 的零空间是隐式定义的,通常求解方程 $\boldsymbol{Ax} = \boldsymbol{0}$ 以获得它的显式表达.与零空间不同,矩阵的列空间是显式定义的.

例 1.2.8　求矩阵 $\boldsymbol{A} = \begin{bmatrix} 1 & 1 & 2 \\ -2 & 3 & 1 \end{bmatrix}$ 的零空间和列空间.

解　$R(\boldsymbol{A}) = \mathrm{span}(\boldsymbol{\alpha}_1, \boldsymbol{\alpha}_2, \boldsymbol{\alpha}_3)$,其中 $\boldsymbol{\alpha}_1 = (1, -2)^{\mathrm{T}}, \boldsymbol{\alpha}_2 = (1, 3)^{\mathrm{T}}, \boldsymbol{\alpha}_3 = (2, 1)^{\mathrm{T}}$.
对矩阵 $\boldsymbol{A}$ 进行初等行变换得

$$\begin{bmatrix} 1 & 1 & 2 \\ -2 & 3 & 1 \end{bmatrix} \rightarrow \begin{bmatrix} 1 & 0 & 1 \\ 0 & 1 & 1 \end{bmatrix}$$

由此, $Ax=0$ 的一个基础解系为 $\boldsymbol{\beta}=(1,1,-1)^{\mathrm{T}}$, 故 $N(A)=\mathrm{span}(\boldsymbol{\beta})$.

【思考】 设 $A\in\mathbb{C}^{n\times n}$, 其零空间和列空间有可能相同吗? 若这两个空间相同, 则矩阵 A 具有何性质?

矩阵的零空间在电路中也有着明确的物理意义: 可以揭示电路中的电流流向关系, 整个零空间表示电路中所有可能的电流流向情况, 而零空间中的每个基础解都指明了电路中的回路个数, 以及在每个回路中的电流流向. 因此可以用电路的零空间来研究电路的结构问题. 举例如下:

如图 1.2.3 所示的电路网络, 有 4 个节点、5 条边, 以箭头指向表示电流方向. 设电流出发点为 $+1$, 到达点为 -1, 则可以通过矩阵来表示上述电路结构:

$$A=\begin{bmatrix} 1 & -1 & 0 & 0 \\ 0 & 1 & -1 & 0 \\ 1 & 0 & -1 & 0 \\ 1 & 0 & 0 & -1 \\ 0 & 0 & 1 & -1 \end{bmatrix}$$

矩阵 A^{T} 的零空间为 $N(A^{\mathrm{T}})=\{y\in\mathbb{R}^5\,|\,A^{\mathrm{T}}y=0\}$. 可以发现, $A^{\mathrm{T}}y=0$ 是这个电路的基尔霍夫电流定律的矩阵表达形式. 解出对应的零空间为 $N(A^{\mathrm{T}})=\{k\cdot(1,1,-1,0,0)^{\mathrm{T}}+l\cdot(0,0,1,-1,1)^{\mathrm{T}}\,|\,k,l\in\mathbb{R}\}$. 对于其中一个基础解 $\boldsymbol{\alpha}=(1,1,-1,0,0)^{\mathrm{T}}$, 其对应的是支路 1,2,3 组成的回路①, $y_1=1,y_2=1$ 为正值, 表示支路 1,2 中的电流方向与图中标注的方向相同, $y_3=-1$ 为负值, 表示支路 3 中的电流方向与图示相反. 同理, 对于 $\boldsymbol{\beta}=(0,0,1,-1,1)^{\mathrm{T}}$, 其对应的是支路 3,1,4 组成的回路②, 如图 1.2.4 所示.

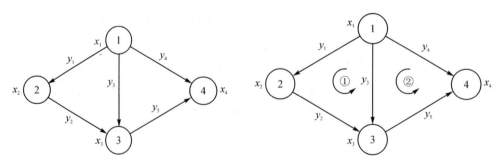

图 1.2.3 电路网络　　　　　图 1.2.4 电路网络中的回路

因此, 电路矩阵 A^{T} 的零空间揭示了电路中基本回路的电流关系, 两个基本解正好对应电路中的两个回路.

1.3 基与坐标

采用 $\mathrm{span}(\boldsymbol{\alpha}_1,\cdots,\boldsymbol{\alpha}_n)$ 描述线性（子）空间意味着已知该（子）空间的所有向量均可由向量组 $\boldsymbol{\alpha}_1,\cdots,\boldsymbol{\alpha}_n$ 线性表示.那么如何找到一组包含向量数目最少的向量组用于描述线性（子）空间呢？这就涉及线性相关和线性无关这对概念.实际上,线性空间中线性相关和线性无关的定义与向量空间中的定义并无区别.这里作简要回顾.

定义 1.3.1（线性相关与线性无关） 设 V 是 F 上的线性空间,$\boldsymbol{\alpha}_1,\cdots,\boldsymbol{\alpha}_n$ 是 V 中一组向量.若向量方程

$$k_1\boldsymbol{\alpha}_1+\cdots+k_n\boldsymbol{\alpha}_n=\boldsymbol{\theta}, \quad k_1,\cdots,k_n\in F$$

只有平凡解,即 $k_1=k_2=\cdots=k_n=0$,则称向量组 $\boldsymbol{\alpha}_1,\cdots,\boldsymbol{\alpha}_n$ **线性无关**；否则,称向量组 $\boldsymbol{\alpha}_1,\cdots,\boldsymbol{\alpha}_n$ **线性相关**.

从几何意义上看,两向量线性相关当且仅当它们落在通过原点的同一直线上.

例 1.3.1 考察多项式空间 $P_1(x)$,并令 $p_1(x)=1,p_2(x)=x,p_3(x)=4-x$. 由于 $p_3=4p_1-p_2$,即 p_1,p_2,p_3 是线性相关的.

例 1.3.2 考察定义在 $\mathbb{C}$ 上的线性空间 $\mathbb{C}$,讨论空间中向量 i 和向量 1 的线性相关性。

分析 考察方程 $k_1\cdot\mathrm{i}+k_2\cdot1=\boldsymbol{\theta},k_1,k_2\in\mathbb{C}$,显然,$k_1=-1,k_2=\mathrm{i}$ 是方程的一组解,即向量 i 和向量 1 线性相关.

【思考】 若考察定义在 $\mathbb{R}$ 上的线性空间 $\mathbb{C}$ 呢？

此时 $k_1\cdot\mathrm{i}+k_2\cdot1=\boldsymbol{\theta}$ 在实数域无解,即向量 i 和向量 1 线性无关.

例 1.3.3 设信号子空间 $\widetilde{S}=\mathrm{span}(\{x_k\},\{y_k\},\{z_k\})$,其中 $x_k=(-1)^k,y_k=2^k,z_k=3^k$.试判断信号 $\{x_k\},\{y_k\},\{z_k\}$ 的线性相关性.

解 假设存在常数 l_1,l_2,l_3 对 $k=0,\pm1,\pm2,\cdots$ 均满足

$$l_1x_k+l_2y_k+l_3z_k=0 \tag{1.3.1}$$

显然,当且仅当 $l_1=l_2=l_3=0$ 时上式成立.因此,信号 $\{x_k\},\{y_k\},\{z_k\}$ 线性无关.

实际上,由于式(1.3.1)有 3 个未知数,可建立如下方程组：

$$\begin{bmatrix} x_k & y_k & z_k \\ x_{k+1} & y_{k+1} & z_{k+1} \\ x_{k+2} & y_{k+2} & z_{k+2} \end{bmatrix}\begin{pmatrix} l_1 \\ l_2 \\ l_3 \end{pmatrix}=\mathbf{0}, \quad \forall\,k=0,\pm1,\pm2,\cdots \tag{1.3.2}$$

方程组(1.3.2)的系数矩阵称为信号的**Casorati 矩阵**,其行列式称为 $\{x_k\},\{y_k\},\{z_k\}$ 的**Casorati 行列式**.显然,如果对至少一个 k 值有 Casorati 行列式非零,则说明这3个信号是线性无关的.

当 $x_k=(-1)^k,y_k=2^k,z_k=3^k$ 时,取 $k=0$ 时的 Casorati 矩阵为

$$C = \begin{bmatrix} 1 & 1 & 1 \\ -1 & 2 & 3 \\ 1 & 4 & 9 \end{bmatrix}$$

该矩阵可逆. 因此,信号 $\{x_k\}$,$\{y_k\}$,$\{z_k\}$ 线性无关.

注1:线性无关向量组的任一子集是线性无关的;线性相关向量组的任一扩集是线性相关的.

注2:单个零向量线性相关;单个非零向量线性无关. 这一结论可利用定义 1.3.1 证得.

定理1.3.1 设线性空间 V 的向量组 $\boldsymbol{\alpha}_1,\cdots,\boldsymbol{\alpha}_n$ 线性无关,而向量组 $\boldsymbol{\alpha}_1,\cdots,\boldsymbol{\alpha}_n,\boldsymbol{\beta}$ 线性相关($\boldsymbol{\beta}\neq\boldsymbol{\theta}$),则向量 $\boldsymbol{\beta}$ 可由向量组 $\boldsymbol{\alpha}_1,\cdots,\boldsymbol{\alpha}_n$ 线性表示且表示法唯一.

证明 由向量组 $\boldsymbol{\alpha}_1,\cdots,\boldsymbol{\alpha}_n,\boldsymbol{\beta}$ 线性相关知,必存在不全为零的数 $k_1,\cdots,k_n,k_{n+1}$ 使得

$$k_1\boldsymbol{\alpha}_1 + \cdots + k_n\boldsymbol{\alpha}_n + k_{n+1}\boldsymbol{\beta} = \boldsymbol{\theta} \tag{1.3.3}$$

若 $k_{n+1}=0$,则式(1.3.3)退化为

$$k_1\boldsymbol{\alpha}_1 + \cdots + k_n\boldsymbol{\alpha}_n = \boldsymbol{\theta} \tag{1.3.4}$$

又知,向量组 $\boldsymbol{\alpha}_1,\cdots,\boldsymbol{\alpha}_n$ 线性无关,则式(1.3.4)成立的充分必要条件是 $k_1=\cdots=k_n=0$. 此时,向量组 $\boldsymbol{\alpha}_1,\cdots,\boldsymbol{\alpha}_n,\boldsymbol{\beta}$ 线性无关,这与已知条件矛盾. 故 $k_{n+1}\neq 0$,即 $\boldsymbol{\beta}$ 可由向量组 $\boldsymbol{\alpha}_1,\cdots,\boldsymbol{\alpha}_n$ 线性表示,且有

$$\boldsymbol{\beta} = -\frac{k_1}{k_{n+1}}\boldsymbol{\alpha}_1 - \cdots - \frac{k_n}{k_{n+1}}\boldsymbol{\alpha}_n$$

下面证明唯一性. 假设向量 $\boldsymbol{\beta}$ 的表示法不唯一,不妨设 $\boldsymbol{\beta}$ 有两种不同表示:

$$\boldsymbol{\beta} = l_1\boldsymbol{\alpha}_1 + \cdots + l_n\boldsymbol{\alpha}_n = k_1\boldsymbol{\alpha}_1 + \cdots + k_n\boldsymbol{\alpha}_n \tag{1.3.5}$$

式中:l_i 和 k_i($i=1,\cdots,n$)不同时全为零.

对式(1.3.5)处理,得

$$(l_1-k_1)\boldsymbol{\alpha}_1 + \cdots + (l_n-k_n)\boldsymbol{\alpha}_n = \boldsymbol{\theta}$$

由于 $\boldsymbol{\alpha}_1,\cdots,\boldsymbol{\alpha}_n$ 线性无关,故 $l_i=k_i$($i=1,\cdots,n$),即 $\boldsymbol{\beta}$ 表示法唯一. 证毕.

在考察向量组时,我们不仅关心向量之间是否线性无关,而且关心这组向量中最多线性无关的向量个数. 为此,引入如下定义:

定义1.3.2(极大线性无关组与秩) 设 $\boldsymbol{\alpha}_1,\cdots,\boldsymbol{\alpha}_n$ 是线性空间 V 中一组向量. 若 $\boldsymbol{\alpha}_1,\cdots,\boldsymbol{\alpha}_n$ 中存在 r 个线性无关的向量 $\boldsymbol{\alpha}_{i_1},\cdots,\boldsymbol{\alpha}_{i_r}$($1\leqslant i_j\leqslant n$,$j=1,\cdots,r$),且 $\boldsymbol{\alpha}_1,\cdots,\boldsymbol{\alpha}_n$ 中任一向量均可由向量组 $\boldsymbol{\alpha}_{i_1},\cdots,\boldsymbol{\alpha}_{i_r}$ 线性表示,则称向量组 $\boldsymbol{\alpha}_{i_1},\cdots,\boldsymbol{\alpha}_{i_r}$ 为向量组 $\boldsymbol{\alpha}_1,\cdots,\boldsymbol{\alpha}_n$ 的极大线性无关组,数 r 称为向量组 $\boldsymbol{\alpha}_1,\cdots,\boldsymbol{\alpha}_n$ 的秩,记为 $\text{rank}(\boldsymbol{\alpha}_1,\cdots,\boldsymbol{\alpha}_n)=r$.

注3:任一 $m\times n$ 阶矩阵均可看作包含 n 个 m 维列向量的向量组,此时矩阵的(列)秩就是这一向量组的秩. 同理,任一 $m\times n$ 阶矩阵也可看成包含 m 个 n 维行向量的向量组,此时矩阵的(行)秩即是这一向量组的秩.

例1.3.4 求向量组 $\boldsymbol{\alpha}_1, \boldsymbol{\alpha}_2, \boldsymbol{\alpha}_3$ 的极大线性无关组,其中

$$\boldsymbol{\alpha}_1 = \begin{pmatrix} 1 \\ -1 \end{pmatrix}, \quad \boldsymbol{\alpha}_2 = \begin{pmatrix} i \\ 1 \end{pmatrix}, \quad \boldsymbol{\alpha}_3 = \begin{pmatrix} i-1 \\ 0 \end{pmatrix}$$

解 令 $k_1\boldsymbol{\alpha}_1 + k_2\boldsymbol{\alpha}_2 = \boldsymbol{0}$,其中 $k_1, k_2 \in \mathbb{C}$. 将 $\boldsymbol{\alpha}_1, \boldsymbol{\alpha}_2$ 代入向量方程解得 $k_1 = 0$, $k_2 = 0$. 由此,向量组 $\boldsymbol{\alpha}_1, \boldsymbol{\alpha}_2$ 线性无关. 又知,$\boldsymbol{\alpha}_3 = i\boldsymbol{\alpha}_1 + i\boldsymbol{\alpha}_2$,故 $\boldsymbol{\alpha}_3$ 可由 $\boldsymbol{\alpha}_1, \boldsymbol{\alpha}_2$ 线性表示. 因此,$\boldsymbol{\alpha}_1, \boldsymbol{\alpha}_2, \boldsymbol{\alpha}_3$ 线性相关且 $\boldsymbol{\alpha}_1, \boldsymbol{\alpha}_2$ 是向量组 $\boldsymbol{\alpha}_1, \boldsymbol{\alpha}_2, \boldsymbol{\alpha}_3$ 的一个极大线性无关组.

注4:向量组 $\boldsymbol{\alpha}_1, \cdots, \boldsymbol{\alpha}_n$ 的极大线性无关组一般不唯一.

【思考】 两组极大线性无关组之间有什么关系?

类比于向量组的极大线性无关组的定义,我们对线性空间引入基的概念.

定义1.3.3(基) 设 V 是数域 F 上的线性空间,$\boldsymbol{\alpha}_1, \cdots, \boldsymbol{\alpha}_n$ 是 V 中一组向量. 若

(1) 向量组 $\boldsymbol{\alpha}_1, \cdots, \boldsymbol{\alpha}_n$ 线性无关;

(2) V 中任一向量均可由 $\boldsymbol{\alpha}_1, \cdots, \boldsymbol{\alpha}_n$ 线性表示,

则称 $\boldsymbol{\alpha}_1, \cdots, \boldsymbol{\alpha}_n$ 是 V 的一个基底(或一组基).

例1.3.5 单位矩阵 $\boldsymbol{I}$ 的 n 列可构成 $\mathbb{R}^n$(或 $\mathbb{C}^n$)的一组基. 特别地,令 $e_1, \cdots, e_n$ 是单位矩阵的 n 列,则向量组 $e_1, \cdots, e_n$ 称为 $\mathbb{R}^n$(或 $\mathbb{C}^n$)的**标准基**.

例1.3.6 已知 $\boldsymbol{A} = \begin{bmatrix} 1 & 0 & 1 \\ 1 & 1 & 1 \end{bmatrix}$,求 $N(\boldsymbol{A})$ 的一组基.

解 对矩阵 $\boldsymbol{A}$ 作初等行变换,得

$$\boldsymbol{A} = \begin{bmatrix} 1 & 0 & 1 \\ 1 & 1 & 1 \end{bmatrix} \rightarrow \begin{bmatrix} 1 & 0 & 1 \\ 0 & 1 & 0 \end{bmatrix}$$

因此,方程组 $\boldsymbol{Ax} = \boldsymbol{0}$ 的解为 $x_1 = -x_3, x_2 = 0$,其基础解系取为 $(-1, 0, 1)^T$. 这意味着 $(-1, 0, 1)^T$ 是零空间 $N(\boldsymbol{A})$ 的一组基.

【思考】 线性空间 V 的一组基的重要意义是什么?

以 $\mathbb{R}^2$ 平面为例,之所以能够确定平面上的每一点,就在于平面上的每一点都与其坐标一一对应,因此可采用点的坐标来表示点本身. 从线性空间的角度来看,坐标系 xOy 表明 $\mathbb{R}^2$ 空间通过选定标准基 e_1, e_2 来构建坐标系,由此,空间中的任一点都可由这组基唯一确定,如图1.3.1所示. 因此,对于一般的线性空间,**明确一组基的重要原因在于强加了一个"坐标系"**. 在此坐标系下,线性空间中的任一向量均可以唯一

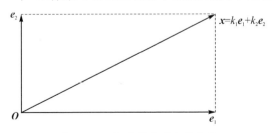

图1.3.1 标准基实现向量表示

表示,这就是向量的唯一表示定理,其证明与定理 1.3.1 类似.

定理 1.3.2(唯一表示定理) 设 $x_1,\cdots,x_n$ 是线性空间 V 的一组基,则 V 中任一向量 x 均可由基 $x_1,\cdots,x_n$ 唯一表示.

定义 1.3.4(坐标) 设 $x_1,\cdots,x_n$ 是数域 F 上线性空间 V 的一组基,对任意向量 $x\in V$,令

$$x=\sum_{i=1}^{n}\alpha_i x_i=(x_1,\cdots,x_n)\begin{pmatrix}\alpha_1\\\vdots\\\alpha_n\end{pmatrix}$$

称有序数组 $(\alpha_1,\cdots,\alpha_n)^{\mathrm{T}}\in F^n$ 是向量 x 在基 $x_1,\cdots,x_n$ 下的**坐标**,它由向量 x 与基 $x_1,\cdots,x_n$ 唯一确定.

例 1.3.7 证明 $E_{ij}\in\mathbb{R}^{2\times 2}(i,j=1,2)$ 是 $\mathbb{R}^{2\times 2}$ 的一组基,并求矩阵 $A=\begin{bmatrix}1&2\\3&4\end{bmatrix}$ 在该组基下的坐标.

解 考察方程
$$k_1 E_{11}+k_2 E_{12}+k_3 E_{21}+k_4 E_{22}=O$$
解得 $k_1=k_2=k_3=k_4=0$,从而 $E_{11},E_{12},E_{21},E_{22}$ 线性无关.

对任意矩阵 $A=[a_{ij}]\in\mathbb{R}^{2\times 2}$,有
$$A=a_{11}E_{11}+a_{12}E_{12}+a_{21}E_{21}+a_{22}E_{22}$$
根据基的定义知,$E_{11},E_{12},E_{21},E_{22}$ 是 $\mathbb{R}^{2\times 2}$ 的一组基.

又知 $A=E_{11}+2E_{12}+3E_{21}+4E_{22}$,故矩阵 A 在 $E_{11},E_{12},E_{21},E_{22}$ 下的坐标为 $[1,2,3,4]^{\mathrm{T}}$.

定义 1.3.5(过渡矩阵) 设 $x_1,\cdots,x_n$ 和 $y_1,\cdots,y_n$ 是数域 F 上线性空间 V 的两组基,令

$$y_i=a_{1i}x_1+\cdots+a_{ni}x_n=(x_1,\cdots,x_n)\begin{pmatrix}a_{1i}\\\vdots\\a_{ni}\end{pmatrix},\quad i=1,\cdots,n$$

引入矩阵表示:
$$(y_1,\cdots,y_n)=(x_1,\cdots,x_n)A$$
式中:$A=(a_{ij})_{n\times n}\in F^{n\times n}$,称 A 是由基 $x_1,\cdots,x_n$ 到基 $y_1,\cdots,y_n$ 的**过渡矩阵**(或**变换矩阵**).

命题 1.3.1(过渡矩阵的性质) 设 V 是数域 F 上的线性空间,$A\in F^{n\times n}$ 是由基 $x_1,\cdots,x_n$ 到基 $y_1,\cdots,y_n$ 的过渡矩阵,则以下命题成立:

(1) 过渡矩阵 A 可逆(利用反证法证明);

(2) 由基 $y_1,\cdots,y_n$ 到基 $x_1,\cdots,x_n$ 的过渡矩阵为 A^{-1};

(3) $\forall x\in V$,设 $x=\sum_{i=1}^{n}\alpha_i x_i=\sum_{i=1}^{n}\beta_i y_i$,则

$$\begin{pmatrix} \beta_1 \\ \vdots \\ \beta_n \end{pmatrix} = \boldsymbol{A}^{-1} \begin{pmatrix} \alpha_1 \\ \vdots \\ \alpha_n \end{pmatrix} \text{ 或 } \begin{pmatrix} \alpha_1 \\ \vdots \\ \alpha_n \end{pmatrix} = \boldsymbol{A} \begin{pmatrix} \beta_1 \\ \vdots \\ \beta_n \end{pmatrix}$$

例 1.3.8 设 $f(x) \in P_n(x)$，且 $f(x)$ 在基 $1, x, \cdots, x^n$ 下的坐标为

$$\left[f(0), f'(0), \cdots, \frac{f^{(n)}(0)}{n!} \right]^{\mathrm{T}}$$

即 $f(x)$ 的表达式为

$$f(x) = f(0) + f'(0)x + \cdots + \frac{f^{(n)}(0)}{n!} x^n$$

另一方面，向量组 $1, x - x_0, \cdots, (x - x_0)^n$ 也构成 $P_n(x)$ 的一组基，则 $f(x)$ 在该组基下的坐标为

$$\left[f(x_0), f'(x_0), \cdots, \frac{f^{(n)}(x_0)}{n!} \right]^{\mathrm{T}}$$

设由基 $1, x, \cdots, x^n$ 到基 $1, x - x_0, \cdots, (x - x_0)^n$ 的过渡矩阵为 $\boldsymbol{A} = [a_{ij}]_{(n+1) \times (n+1)}$，则有

$$[1, x - x_0, \cdots, (x - x_0)^n] = (1, x, \cdots, x^n) \begin{bmatrix} 1 & -x_0 & \cdots & (-x_0)^n \\ 0 & 1 & \cdots & n(-x_0)^{n-1} \\ \vdots & \vdots & \ddots & \vdots \\ 0 & 0 & 0 & 1 \end{bmatrix}$$

其中，矩阵 $\boldsymbol{A}$ 的元素可根据二项式定理确定．

实际上，例 1.3.8 说明了数学分析中泰勒公式和麦克劳林公式仅仅是选取了不同的基而导致的公式形式不同，其本质上都是对同一空间中向量的表达．

定义 1.3.6（维数） 在线性空间 V 中，不同线性无关组中向量个数最大者叫作 V 的**维数**，记为 $\dim V$. 当 $\dim V < \infty$ 时，称 V 为**有限维空间**，否则称为**无限维空间**，记为 $\dim V = \infty$.

例 1.3.9 离散时间信号空间 $S = \{\{x_k\} = (\cdots, x_{-2}, x_{-1}, x_0, x_1, x_2, \cdots) \mid x_i \in \mathbb{R}\}$ 是 $\mathbb{R}$ 上的无限维线性空间．原因在于向量组 $\{1^k, 2^k, \cdots\}$ 是线性无关的，且该集合包含无穷多个线性无关的向量．

【思考】 由例 1.2.5 知，齐次线性差分方程 (1.2.2) 的解集 $\widetilde{S}$ 是离散时间信号空间 S 的子空间．请读者思考 $\widetilde{S}$ 的维数是多少．（具体分析见 2.3 节）

定理 1.3.3（维数与基的关系） 设 V 是有限维线性空间，则 $\dim V = n$ 当且仅当 V 中任一组基有 n 个线性无关的向量．

证明 必要性．由 $\dim V = n$ 知，线性空间 V 中必存在一组线性无关的向量 $\boldsymbol{x}_1, \cdots, \boldsymbol{x}_n$. 假设对任意向量 $\boldsymbol{y} \in V$，有

$$k_1 \boldsymbol{x}_1 + \cdots + k_n \boldsymbol{x}_n + k_{n+1} \boldsymbol{y} = \boldsymbol{\theta}$$

若 $k_{n+1}=0$,则必有 $k_1=\cdots=k_n=0$. 由此,$\boldsymbol{x}_1,\cdots,\boldsymbol{x}_n,\boldsymbol{y}$ 线性无关,这表明线性空间 V 的维数大于 n,故与 $\dim V=n$ 矛盾.因此,$k_{n+1}\neq 0$ 且有

$$\boldsymbol{y}=-\frac{k_1}{k_{n+1}}\boldsymbol{x}_1-\cdots-\frac{k_n}{k_{n+1}}\boldsymbol{x}_n$$

即 V 中任一向量均可由 $\boldsymbol{x}_1,\cdots,\boldsymbol{x}_n$ 线性表示,所以向量组 $\boldsymbol{x}_1,\cdots,\boldsymbol{x}_n$ 是 V 的一组基.

充分性.设 $\boldsymbol{x}_1,\cdots,\boldsymbol{x}_n$ 是 V 的一组基,则 $\dim V\geqslant n$. 现假设 $\dim V=m>n$,则存在一组线性无关的向量 $\boldsymbol{y}_1,\cdots,\boldsymbol{y}_m$,它们可由基 $\boldsymbol{x}_1,\cdots,\boldsymbol{x}_n$ 表示,即

$$\begin{cases} \boldsymbol{y}_1=a_{11}\boldsymbol{x}_1+a_{12}\boldsymbol{x}_2+\cdots+a_{1n}\boldsymbol{x}_n \\ \qquad\vdots \\ \boldsymbol{y}_m=a_{m1}\boldsymbol{x}_1+a_{m2}\boldsymbol{x}_2+\cdots+a_{mn}\boldsymbol{x}_n \end{cases}$$

由于 $\boldsymbol{y}_1,\cdots,\boldsymbol{y}_m$ 是线性无关的,所以 $l_1\boldsymbol{y}_1+\cdots+l_m\boldsymbol{y}_m=\boldsymbol{\theta}$ 只有零解,即

$$(l_1a_{11}+\cdots+l_ma_{m1})\boldsymbol{x}_1+\cdots+(l_1a_{1n}+\cdots+l_ma_{mn})\boldsymbol{x}_n=\boldsymbol{\theta}$$

又知,$\boldsymbol{x}_1,\cdots,\boldsymbol{x}_n$ 线性无关,所以

$$\begin{bmatrix} a_{11} & a_{21} & \cdots & a_{m1} \\ a_{12} & a_{22} & \cdots & a_{m2} \\ \vdots & \vdots & & \vdots \\ a_{1n} & a_{2n} & \cdots & a_{mn} \end{bmatrix}\begin{bmatrix} l_1 \\ l_2 \\ \vdots \\ l_m \end{bmatrix}=\boldsymbol{0} \qquad (1.3.6)$$

注意到 $\mathrm{rank}(\boldsymbol{A})\leqslant n<m$,故方程组(1.3.6)必有非零解,这与方程 $l_1\boldsymbol{y}_1+\cdots+l_m\boldsymbol{y}_m=\boldsymbol{\theta}$ 只有零解矛盾.因此,$\dim V=n$. 证毕.

例 1.3.10 求线性空间 $\mathbb{C}$ 在实数域 $\mathbb{R}$ 和复数域 $\mathbb{C}$ 上的维数.

解 复数域 $\mathbb{C}$ 中任一复数均可由复数 1 和 i 线性表示.现考察方程

$$k_1\cdot 1+k_2\cdot \mathrm{i}=0$$

若 $k_1,k_2\in\mathbb{R}$,则上式成立当且仅当 $k_1=k_2=0$,这意味着 1 和 i 线性无关;换而言之,向量组 1 和 i 构成 $\mathbb{C}$ 的一组基.此时,实数域 $\mathbb{R}$ 上的线性空间 $\mathbb{C}$ 的维数为 2. 若 $k_1,k_2\in\mathbb{C}$,则有 $k_1=\mathrm{i},k_2=-1$ 时,$k_1\cdot 1+k_2\cdot \mathrm{i}=0$. 这意味着 1 和 i 线性相关.也就是说,复数 1 和复数 i 分别构成 $\mathbb{C}$ 的一组基.此时,复数域 $\mathbb{C}$ 上的线性空间 $\mathbb{C}$ 的维数为 1.

例 1.3.11 设矩阵 $\boldsymbol{A}\in\mathbb{C}^{m\times n}$,求 $R(\boldsymbol{A})$ 和 $N(\boldsymbol{A})$ 的维数.

解 根据 $R(\boldsymbol{A})$ 定义知,$R(\boldsymbol{A})$ 是由矩阵 $\boldsymbol{A}$ 的列所张成的线性空间,这表明 $\boldsymbol{A}$ 的列构成的向量组的极大线性无关组构成空间 $R(\boldsymbol{A})$ 的一组基,即 $\dim R(\boldsymbol{A})=\mathrm{rank}(\boldsymbol{A})$.

另一方面,$N(\boldsymbol{A})$ 表示齐次线性方程组 $\boldsymbol{A}\boldsymbol{x}=\boldsymbol{0}$ 的解空间,该空间的维数等于 $n-\mathrm{rank}(\boldsymbol{A})$.

推论 1.3.1(基扩充定理) n 维线性空间中任意 n 个线性无关的向量均为 V 的一个基底,且任一线性无关向量组 $\boldsymbol{x}_1,\cdots,\boldsymbol{x}_r(1\leqslant r<n)$ 可扩充为 V 的一个基底.

注5:基扩充定理是分析多个线性子空间与基或维数相关结果的重要理论基础.

须特别注意的是,在构造子空间的一组基时,优先利用"加法"原则(即可依据基的扩充定理增加线性无关的向量),尽量避免"减法"原则(即由空间的一组基通过删除某些向量后作为另一空间的一组基).

定理 1.3.4(维数定理)　设 V 是数域 F 上的线性空间,W_1 和 W_2 是 V 的两个子空间,则

$$\dim(W_1 + W_2) = \dim W_1 + \dim W_2 - \dim(W_1 \cap W_2)$$

证明　设 W_1,W_2 和 $W_1 \cap W_2$ 的维数分别为 n_1,n_2 和 r. 取 $W_1 \cap W_2$ 的一组基为 $x_1,x_2,\cdots,x_r$(优先利用"加法"原则),并将这组向量分别扩充成为 W_1 和 W_2 的一组基,记为

$$x_1,\cdots,x_r,y_{r+1},\cdots,y_{n_1};\quad x_1,\cdots,x_r,z_{r+1},\cdots,z_{n_2}$$

于是

$$W_1 = \text{span}(x_1,\cdots,x_r,y_{r+1},\cdots,y_{n_1})$$
$$W_2 = \text{span}(x_1,\cdots,x_r,z_{r+1},\cdots,z_{n_2})$$
$$W_1 + W_2 = \text{span}(x_1,\cdots,x_r,y_{r+1},\cdots,y_{n_1},z_{r+1},\cdots,z_{n_2})$$

现考察方程

$$\lambda_1 x_1 + \cdots + \lambda_r x_r + \mu_{r+1} y_{r+1} + \cdots + \mu_{n_1} y_{n_1} +$$
$$\xi_{r+1} z_{r+1} + \cdots + \xi_{n_2} z_{n_2} = \theta \tag{1.3.7}$$

式中:$\lambda_1,\cdots,\lambda_r,\mu_{r+1},\cdots,\mu_{n_1},\xi_{r+1},\cdots,\xi_{n_2} \in F$ 为待定系数.

令 $w = \lambda_1 x_1 + \cdots + \lambda_r x_r + \mu_{r+1} y_{r+1} + \cdots + \mu_{n_1} y_{n_1}$,则 $w \in W_1$. 又由式(1.3.7)知

$$w = -(\xi_{r+1} z_{r+1} + \cdots + \xi_{n_2} z_{n_2}) \in W_2$$

所以,$w \in (W_1 \cap W_2)$.这表明,w 可由基 $x_1,x_2,\cdots,x_r$ 线性表示.

由于向量 w 可由线性无关向量组 $x_1,\cdots,x_r,y_{r+1},\cdots,y_{n_1}$ 线性表示,故 $\mu_{r+1} = \cdots = \mu_{n_1} = 0$.进一步,式(1.3.7)可改写为

$$\lambda_1 x_1 + \cdots + \lambda_r x_r + \xi_{r+1} z_{r+1} + \cdots + \xi_{n_2} z_{n_2} = \theta \tag{1.3.8}$$

又知,$x_1,\cdots,x_r,z_{r+1},\cdots,z_{n_2}$ 线性无关,故式(1.3.8)成立的条件为

$$\lambda_1 = \cdots = \lambda_r = \xi_{r+1} = \cdots = \xi_{n_2} = 0$$

这表明,方程(1.3.7)成立条件为 $\lambda_1 = \cdots = \lambda_r = \mu_{r+1} = \cdots = \mu_{n_1} = \xi_{r+1} = \cdots = \xi_{n_2} = 0$,即 $x_1,\cdots,x_r,y_{r+1},\cdots,y_{n_1},z_{r+1},\cdots,z_{n_2}$ 线性无关.注意到 $W_1 + W_2$ 的任一向量均可由向量组 $x_1,\cdots,x_r,y_{r+1},\cdots,y_{n_1},z_{r+1},\cdots,z_{n_2}$ 线性表示,故该向量组是 $W_1 + W_2$ 的一组基,即

$$\dim(W_1 + W_2) = n_1 + n_2 - r$$

证毕.

例 1.3.12　设 $W_1 = \text{span}(\alpha_1,\alpha_2,\alpha_3)$,$W_2 = \text{span}(\beta_1,\beta_2)$,其中 $\alpha_1 = (1,2,1,0)^T$,$\alpha_2 = (1,1,1,0)^T$,$\alpha_3 = (1,0,1,1)^T$,$\beta_1 = (2,1,0,0)^T$,$\beta_2 = (0,1,0,0)^T$,求 $\dim(W_1 + W_2)$ 和 $\dim(W_1 \cap W_2)$.

解 观察易知,$\boldsymbol{\alpha}_1,\boldsymbol{\alpha}_2,\boldsymbol{\alpha}_3$ 线性无关,$\boldsymbol{\beta}_1,\boldsymbol{\beta}_2$ 线性无关,故有

$$\dim(W_1)=3, \quad \dim(W_2)=2$$

再对如下矩阵进行初等变换,得

$$[\boldsymbol{\alpha}_1,\boldsymbol{\alpha}_2,\boldsymbol{\alpha}_3,\boldsymbol{\beta}_1,\boldsymbol{\beta}_2]=\begin{bmatrix}1&1&1&2&0\\2&1&0&1&1\\1&1&1&0&0\\0&0&1&0&0\end{bmatrix}\rightarrow\begin{bmatrix}1&0&0&0&1\\0&1&0&0&-1\\0&0&1&0&0\\0&0&0&1&0\end{bmatrix}$$

于是,

$$\dim(W_1+W_2)=\mathrm{rank}(\boldsymbol{\alpha}_1,\boldsymbol{\alpha}_2,\boldsymbol{\alpha}_3,\boldsymbol{\beta}_1,\boldsymbol{\beta}_2)=4$$

由维数定理可知,$\dim(W_1\bigcap W_2)=3+2-4=1$.

在例 1.3.12 中,和空间 W_1+W_2 的维数是通过计算向量组 $\boldsymbol{\alpha}_1,\boldsymbol{\alpha}_2,\boldsymbol{\alpha}_3,\boldsymbol{\beta}_1,\boldsymbol{\beta}_2$ 的极大线性无关组来确认的,这一计算方法可推广至一般情况.

【推广】 若将维数定理推广至多个子空间,则有如下定理:

定理 1.3.5 设 $W_1,W_2,\cdots,W_s$ 是线性空间 W 的 s 个有限维子空间,则

$$\sum_{i=1}^{s}\dim W_i=\dim\sum_{i=1}^{s}W_i+\dim(W_1\bigcap W_2)+$$

$$\dim((W_1+W_2)\bigcap W_3)+\cdots+\dim\left(\left(\sum_{i=1}^{s-1}W_i\right)\bigcap W_s\right)$$

$$\sum_{i=1}^{s}\dim W_i=\dim\sum_{i=1}^{s}W_i+\dim(W_1+W_2)+$$

$$\dim((W_1\bigcap W_2)+W_3)+\cdots+\dim\left(\left(\bigcap_{i=1}^{s-1}W_i\right)+W_s\right)$$

定理 1.3.5 给出的两个推广形式是等价的.从表达式可以看出,交"$\bigcap$"与和"$+$"(或"$\sum$")是对称的,这充分反映了数学的内在美.

1.4 内积空间

我们已熟知二维空间和三维空间中长度、距离和垂直等几何概念,本节将在线性空间中引入类似的定义,这些定义为解决诸多实际问题提供了有力的几何工具.实际上,长度、距离和垂直这三个基本概念都建立在内积的概念上,因此本节将从内积开始讲述.

定义 1.4.1(内积空间) 设 F 是实数域或复数域,V 是 F 上的线性空间,若对 V 中任意两个向量 $\boldsymbol{\alpha}$ 和 $\boldsymbol{\beta}$,定义了一个数 $(\boldsymbol{\alpha},\boldsymbol{\beta})\in F$,使得对任意向量 $\boldsymbol{x},\boldsymbol{y},\boldsymbol{z}\in V$ 和 $k\in F$ 满足以下性质:

(1) 共轭对称性 $(\boldsymbol{x},\boldsymbol{y})=\overline{(\boldsymbol{y},\boldsymbol{x})}$;

(2) 可加性 $(\boldsymbol{x}+\boldsymbol{y},\boldsymbol{z})=(\boldsymbol{x},\boldsymbol{z})+(\boldsymbol{y},\boldsymbol{z})$;

(3) 齐次性　$(k\boldsymbol{x},\boldsymbol{y})=k(\boldsymbol{x},\boldsymbol{y})$；

(4) 正定性　$(\boldsymbol{x},\boldsymbol{x})\geqslant 0$，当且仅当 $\boldsymbol{x}=\boldsymbol{\theta}$ 时有 $(\boldsymbol{x},\boldsymbol{x})=0$.

此时，V 称为**内积空间**，数 $(\boldsymbol{x},\boldsymbol{y})$ 称为 $\boldsymbol{x}$ 与 $\boldsymbol{y}$ 的**内积**. 有限维的实内积空间称为**欧几里得空间**(简称**欧氏空间**). 有限维的复内积空间称为**酉空间**.

注 1：欧氏(酉)空间的维数指它作为线性空间的维数；欧氏(酉)空间的子空间仍是欧氏(酉)子空间.

注 2：定义 1.4.1 中性质(3)齐次性仅对内积的第一个变元成立，对第二个变元则是"**共轭齐次性**".

例 1.4.1　设 V 是 F 上的线性空间，$\forall \boldsymbol{x},\boldsymbol{y},\boldsymbol{z}\in V$ 和 $k\in F$，有

$$(\boldsymbol{x},\boldsymbol{y}+\boldsymbol{z})=\overline{(\boldsymbol{y}+\boldsymbol{z},\boldsymbol{x})}$$
$$=\overline{(\boldsymbol{y},\boldsymbol{x})}+\overline{(\boldsymbol{z},\boldsymbol{x})}=(\boldsymbol{x},\boldsymbol{y})+(\boldsymbol{x},\boldsymbol{z})$$
$$(\boldsymbol{x},k\boldsymbol{y})=\bar{k}\,\overline{(\boldsymbol{y},\boldsymbol{x})}=\bar{k}(\boldsymbol{x},\boldsymbol{y})$$

【思考】　$\forall \boldsymbol{y}\in V,(\boldsymbol{\theta},\boldsymbol{y})=?$

分析　$(\boldsymbol{\theta},\boldsymbol{y})=(0\cdot\boldsymbol{\theta},\boldsymbol{y})=0(\boldsymbol{\theta},\boldsymbol{y})=0$.

例 1.4.2　在 $\mathbb{R}^n$ 空间中，取 $\boldsymbol{x}=(x_1,\cdots,x_n)^{\mathrm{T}}$，$\boldsymbol{y}=(y_1,\cdots,y_n)^{\mathrm{T}}$，令

$$(\boldsymbol{x},\boldsymbol{y})=\boldsymbol{y}^{\mathrm{T}}\boldsymbol{x}=x_1y_1+\cdots+x_ny_n \tag{1.4.1}$$

易验证式(1.4.1)满足内积的四条性质，故 $\mathbb{R}^n$ 是欧氏空间，仍记为 $\mathbb{R}^n$.

例 1.4.3　在 $\mathbb{C}^n$ 空间中，取 $\boldsymbol{x}=(x_1,\cdots,x_n)^{\mathrm{T}}$，$\boldsymbol{y}=(y_1,\cdots,y_n)^{\mathrm{T}}$，令

$$(\boldsymbol{x},\boldsymbol{y})=\boldsymbol{y}^{\mathrm{H}}\boldsymbol{x}=x_1\bar{y}_1+\cdots+x_n\bar{y}_n \tag{1.4.2}$$

式中：$\boldsymbol{y}^{\mathrm{H}}=(\bar{y}_1,\cdots,\bar{y}_n)$ 为向量 $\boldsymbol{y}$ 的**共轭转置**. 易验证式(1.4.2)满足内积的四条性质，故 $\mathbb{C}^n$ 为酉空间，仍记为 $\mathbb{C}^n$.

为讨论方便，这里引入 Hermite 矩阵和正定矩阵的定义.

定义 1.4.2(Hermite 矩阵)　设矩阵 $\boldsymbol{A}=(a_{ij})\in\mathbb{C}^{n\times n}$，若 $\boldsymbol{A}^{\mathrm{H}}=\boldsymbol{A}$，则称矩阵 $\boldsymbol{A}$ 是 **Hermite 矩阵**；若 $\boldsymbol{A}^{\mathrm{H}}=-\boldsymbol{A}$，则称 $\boldsymbol{A}$ 是**反 Hermite 矩阵**，其中 $\boldsymbol{A}^{\mathrm{H}}=(\bar{\boldsymbol{A}})^{\mathrm{T}}$.

定义 1.4.3(正定矩阵)　设 $\boldsymbol{x}=(x_1,\cdots,x_n)^{\mathrm{T}}\in\mathbb{C}^n$ 是未定元向量，$\boldsymbol{A}=(a_{ij})\in\mathbb{C}^{n\times n}$ 是 Hermite 矩阵，定义关于 $x_1,\cdots,x_n,\bar{x}_1,\cdots,\bar{x}_n$ 的复系数二次多项式为

$$f(\boldsymbol{x})=\sum_{i=1}^n\sum_{j=1}^n a_{ij}\bar{x}_ix_j$$

或等价写成

$$f(\boldsymbol{x})=\boldsymbol{x}^{\mathrm{H}}\boldsymbol{A}\boldsymbol{x}$$

称为**复二次型**，$\boldsymbol{A}$ 称为复二次型 $f(\boldsymbol{x})$ 的矩阵. 若对任意向量 $\boldsymbol{x}\in\mathbb{C}^n$，有 $f(\boldsymbol{x})\geqslant 0$，且有 $f(\boldsymbol{x})=0$ 当且仅当 $\boldsymbol{x}=\boldsymbol{0}$，则称 $f(\boldsymbol{x})$ 是**正定二次型**，$\boldsymbol{A}$ 是**正定矩阵**. 若对任意向量 $\boldsymbol{x}\in\mathbb{C}^n$，有 $f(\boldsymbol{x})\geqslant 0$，则称 $f(\boldsymbol{x})$ 是**半正定二次型**，$\boldsymbol{A}$ 是**半正定矩阵**. 类似地，可定义"**负定二次型**""**负定矩阵**""**半负定二次型**"和"**半负定矩阵**".

注 3：与实对称矩阵相对应的复矩阵不是复对称矩阵，而是复共轭对称矩阵，习

惯上称为 Hermite 矩阵. 实对称矩阵是 Hermite 矩阵的特例,同样也可定义正定矩阵、半正定矩阵等.

例 1.4.4 设复二次型 $f(\boldsymbol{x}) = \boldsymbol{x}^{\mathrm{H}} \boldsymbol{A} \boldsymbol{x}$,其中,$\boldsymbol{x} = (x_1, x_2)^{\mathrm{T}} \in \mathbb{C}^2$,复二次型 $f(\boldsymbol{x})$ 的矩阵 $\boldsymbol{A}$ 为

$$\boldsymbol{A} = \begin{bmatrix} 1 & \mathrm{i} \\ -\mathrm{i} & 2 \end{bmatrix}$$

则 $f(\boldsymbol{x}) = |x_1 + \mathrm{i} x_2|^2 + |x_2|^2$. 显然,$f(\boldsymbol{x}) \geqslant 0$;当且仅当 $\boldsymbol{x} = \boldsymbol{0}$ 时,$f(\boldsymbol{x}) = 0$. 因此,$f(\boldsymbol{x})$ 是正定二次型,$\boldsymbol{A}$ 是正定矩阵.

若复二次型 $f(\boldsymbol{x})$ 的矩阵 $\boldsymbol{A}$ 为

$$\boldsymbol{A} = \begin{bmatrix} 1 & \mathrm{i} \\ -\mathrm{i} & 1 \end{bmatrix}$$

则 $f(\boldsymbol{x}) = |x_1 + \mathrm{i} x_2|^2$. 显然,$f(\boldsymbol{x}) \geqslant 0$;当且仅当 $x_1 + \mathrm{i} x_2 = 0$ 时,$f(\boldsymbol{x}) = 0$. 因此,$f(\boldsymbol{x})$ 是半正定二次型,$\boldsymbol{A}$ 是半正定矩阵.

【思考】 设实二次型 $f(\boldsymbol{x}) = \boldsymbol{x}^{\mathrm{T}} \boldsymbol{A} \boldsymbol{x}$,$\boldsymbol{x} = (x_1, \cdots, x_n)^{\mathrm{T}} \in \mathbb{R}^n$ 是未定元向量. 是否存在非实对称矩阵 $\boldsymbol{A}$ 使得 $f(\boldsymbol{x})$ 是正定二次型?

分析 例如 $\boldsymbol{A} = \begin{bmatrix} 1 & 1 \\ 0 & 1 \end{bmatrix}$,此时 $f(\boldsymbol{x}) = x_1^2 + x_2^2 + x_1 x_2 = \left(x_1 + \dfrac{1}{2} x_2\right)^2 + \dfrac{3}{4} x_2^2$ 是正定二次型.

例 1.4.5 在 $\mathbb{C}^n$ 空间中,取 $\boldsymbol{x} = (x_1, \cdots, x_n)^{\mathrm{T}}$,$\boldsymbol{y} = (y_1, \cdots, y_n)^{\mathrm{T}}$,并设 Hermite 矩阵 $\boldsymbol{A} \in \mathbb{C}^{n \times n}$ 是正定的. 令

$$(\boldsymbol{x}, \boldsymbol{y}) = \boldsymbol{y}^{\mathrm{H}} \boldsymbol{A} \boldsymbol{x} \tag{1.4.3}$$

则易验证式(1.4.3)满足内积的四条性质,故 $\mathbb{C}^n$ 是酉空间.

注 4:同一线性空间可定义不同的内积. 若无特殊说明,$\mathbb{R}^n$ 空间的内积采用式(1.4.1),$\mathbb{C}^n$ 空间的内积采用式(1.4.2).

【思考】 为什么在酉空间中采用共轭转置而不用普通的向量转置?

分析 例如,若 $\boldsymbol{x} = (\mathrm{i}, \mathrm{i})^{\mathrm{T}} \in \mathbb{C}^2$,则 $\boldsymbol{x}^{\mathrm{T}} \boldsymbol{x} = -2 < 0$. 显然,$(\boldsymbol{x}, \boldsymbol{y}) = \boldsymbol{y}^{\mathrm{T}} \boldsymbol{x}$ 不满足内积的正定性要求. 而采用共轭转置,则保证了内积正定性要求.

例 1.4.6 设实值函数 $f, g \in C[a, b]$,定义内积 $(f, g) = \displaystyle\int_a^b f(x) g(x) \mathrm{d}x$,则 $C[a, b]$ 为欧氏空间.

定义 1.4.4(度量矩阵) 设 $\boldsymbol{\epsilon}_1, \cdots, \boldsymbol{\epsilon}_n$ 是内积空间 V 中的一组基,称 n 阶矩阵

$$\boldsymbol{A} = [a_{ij}]_{n \times n} = [(\boldsymbol{\epsilon}_j, \boldsymbol{\epsilon}_i)]_{n \times n} = \begin{bmatrix} (\boldsymbol{\epsilon}_1, \boldsymbol{\epsilon}_1) & (\boldsymbol{\epsilon}_2, \boldsymbol{\epsilon}_1) & \cdots & (\boldsymbol{\epsilon}_n, \boldsymbol{\epsilon}_1) \\ (\boldsymbol{\epsilon}_1, \boldsymbol{\epsilon}_2) & (\boldsymbol{\epsilon}_2, \boldsymbol{\epsilon}_2) & \cdots & (\boldsymbol{\epsilon}_n, \boldsymbol{\epsilon}_2) \\ \vdots & \vdots & & \vdots \\ (\boldsymbol{\epsilon}_1, \boldsymbol{\epsilon}_n) & (\boldsymbol{\epsilon}_2, \boldsymbol{\epsilon}_n) & \cdots & (\boldsymbol{\epsilon}_n, \boldsymbol{\epsilon}_n) \end{bmatrix}$$

为 V 关于基 $\boldsymbol{\epsilon}_1, \cdots, \boldsymbol{\epsilon}_n$ 的**度量矩阵**(或 **Gram 矩阵**),常记为 $\boldsymbol{G}(\boldsymbol{\epsilon}_1, \cdots, \boldsymbol{\epsilon}_n)$.

注 5：内积空间中内积(已确定基)与度量矩阵是一一对应的.

设 $\epsilon_1, \cdots, \epsilon_n$ 是内积空间 V 中的一组基,对 V 中任意向量 x 和 y 有

$$x = \sum_{i=1}^{n} \xi_i \epsilon_i$$

$$y = \sum_{i=1}^{n} \eta_i \epsilon_i$$

$$(x, y) = \sum_{i,j=1}^{n} \xi_i \bar{\eta}_j (\epsilon_i, \epsilon_j)$$

式中：$\boldsymbol{\xi} = (\xi_1, \cdots, \xi_n)^{\mathrm{T}}$ 和 $\boldsymbol{\eta} = (\eta_1, \cdots, \eta_n)^{\mathrm{T}}$ 分别是向量 x 和 y 在基 $\epsilon_1, \cdots, \epsilon_n$ 下的坐标.

于是

$$(x, y) = \boldsymbol{\eta}^{\mathrm{H}} A \boldsymbol{\xi} \tag{1.4.4}$$

式中：$A = [(\epsilon_i, \epsilon_j)]_{n \times n}$ 为度量矩阵.

将式(1.4.4)代入 $(x, y) = \overline{(y, x)}$,得

$$\boldsymbol{\eta}^{\mathrm{H}} A \boldsymbol{\xi} = \boldsymbol{\eta}^{\mathrm{H}} A^{\mathrm{H}} \boldsymbol{\xi} \tag{1.4.5}$$

由于式(1.4.5)对任意向量 $\boldsymbol{\xi}$ 和 $\boldsymbol{\eta}$ 都成立,因此 $A = A^{\mathrm{H}}$,即 A 是 Hermite 矩阵.

再由内积正定性知,$(x, x) = \boldsymbol{\xi}^{\mathrm{H}} A \boldsymbol{\xi} \geqslant 0$,当且仅当 $\boldsymbol{\xi} = \mathbf{0}$ 时取等号. 因此,Hermite 矩阵 A 是正定矩阵.

命题 1.4.1(度量矩阵的性质)　设 $G(\varepsilon_1, \cdots, \varepsilon_n)$ 和 $G(\epsilon_1, \cdots, \epsilon_n)$ 均为内积空间 V 的度量矩阵,则有

(1) $G(\varepsilon_1, \cdots, \varepsilon_n)$ 和 $G(\epsilon_1, \cdots, \epsilon_n)$ 是正定 Hermite 矩阵；

(2) $G(\varepsilon_1, \cdots, \varepsilon_n)$ 和 $G(\epsilon_1, \cdots, \epsilon_n)$ 合同(或相合),即存在非奇异矩阵 P 使得

$$P^{\mathrm{H}} G(\varepsilon_1, \cdots, \varepsilon_n) P = G(\epsilon_1, \cdots, \epsilon_n)$$

式中：P 是由基 $\varepsilon_1, \cdots, \varepsilon_n$ 到基 $\epsilon_1, \cdots, \epsilon_n$ 的过渡矩阵.

证明　性质(1)由上述分析整理可得,这里仅证明性质(2).

对 V 中任意向量 x 和 y 有

$$x = \sum_{i=1}^{n} \xi_i \varepsilon_i = \sum_{i=1}^{n} \xi'_i \epsilon_i$$

$$y = \sum_{i=1}^{n} \eta_i \varepsilon_i = \sum_{i=1}^{n} \eta'_i \epsilon_i$$

式中：$\boldsymbol{\xi} = (\xi_1, \cdots, \xi_n)^{\mathrm{T}}$ 和 $\boldsymbol{\xi}' = (\xi'_1, \cdots, \xi'_n)^{\mathrm{T}}$ 是向量 x 分别在基 $\varepsilon_1, \cdots, \varepsilon_n$ 和基 $\epsilon_1, \cdots, \epsilon_n$ 下的坐标,$\boldsymbol{\eta} = (\eta_1, \cdots, \eta_n)^{\mathrm{T}}$ 和 $\boldsymbol{\eta}' = (\eta'_1, \cdots, \eta'_n)^{\mathrm{T}}$ 是向量 y 在基 $\varepsilon_1, \cdots, \varepsilon_n$ 和基 $\epsilon_1, \cdots, \epsilon_n$ 下的坐标.

由此,

$$(x, y) = \boldsymbol{\eta}^{\mathrm{H}} A \boldsymbol{\xi} = (\boldsymbol{\eta}')^{\mathrm{H}} A' \boldsymbol{\xi}' \tag{1.4.6}$$

式中：$A = G(\varepsilon_1, \cdots, \varepsilon_n)$,$A' = G(\epsilon_1, \cdots, \epsilon_n)$.

再设 P 是由基 $\varepsilon_1,\cdots,\varepsilon_n$ 到基 $\epsilon_1,\cdots,\epsilon_n$ 的过渡矩阵,则有 $\boldsymbol{\xi}=\boldsymbol{P}\boldsymbol{\xi}'$ 和 $\boldsymbol{\eta}=\boldsymbol{P}\boldsymbol{\eta}'$. 将其代入式(1.4.6)得

$$(\boldsymbol{\eta}')^{\mathrm{H}}\boldsymbol{P}^{\mathrm{H}}\boldsymbol{A}\boldsymbol{P}\boldsymbol{\xi}'=(\boldsymbol{\eta}')^{\mathrm{H}}\boldsymbol{A}'\boldsymbol{\xi}'$$

由于度量矩阵是由基唯一确定的,故 $\boldsymbol{P}^{\mathrm{H}}\boldsymbol{A}\boldsymbol{P}=\boldsymbol{A}'$,即度量矩阵 $\boldsymbol{G}(\varepsilon_1,\cdots,\varepsilon_n)$ 和 $\boldsymbol{G}(\epsilon_1,\cdots,\epsilon_n)$ 合同. 证毕.

定义1.4.5(长度) 设 F 是实数域或复数域,V 是内积空间,对 V 中任意向量 $\boldsymbol{x}$,非负实数 $\sqrt{(\boldsymbol{x},\boldsymbol{x})}$ 称为向量 $\boldsymbol{x}$ 的**长度**(模),记为 $\|\boldsymbol{x}\|$. 长度为1的向量称为**单位向量**.

命题1.4.2(长度性质) 设 V 是内积空间,则 $\forall \boldsymbol{x},\boldsymbol{y}\in V$ 和 $k\in F$ 有

(1) 正定性:$\|\boldsymbol{x}\|\geqslant 0$,$\|\boldsymbol{x}\|=0$ 当且仅当 $\boldsymbol{x}=\boldsymbol{\theta}$;

(2) 齐次性:$\|k\boldsymbol{x}\|=|k|\,\|\boldsymbol{x}\|$;

(3) 三角不等式:$\|\boldsymbol{x}+\boldsymbol{y}\|\leqslant\|\boldsymbol{x}\|+\|\boldsymbol{y}\|$;

(4) 平行四边形法则:$\|\boldsymbol{x}+\boldsymbol{y}\|^2+\|\boldsymbol{x}-\boldsymbol{y}\|^2=2(\|\boldsymbol{x}\|^2+\|\boldsymbol{y}\|^2)$.

注6:命题1.4.2的前两条性质可由内积的正定性和齐次性直接证明;第三条性质三角不等式可由定理1.4.1 Cauchy不等式证明;第四条性质平行四边形法则可由内积性质证得,这里不再赘述,它的几何直观如图1.4.1所示.

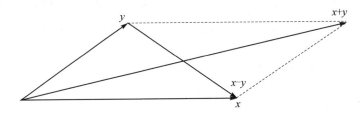

图1.4.1 平行四边形法则几何直观

定理1.4.1(Cauchy不等式) 设 V 是数域 F 上的内积空间,对 V 中任意向量 $\boldsymbol{x}$ 和 $\boldsymbol{y}$,有

$$|(\boldsymbol{x},\boldsymbol{y})|\leqslant\|\boldsymbol{x}\|\,\|\boldsymbol{y}\|$$

式中:$|(\boldsymbol{x},\boldsymbol{y})|=\|\boldsymbol{x}\|\,\|\boldsymbol{y}\|$ 当且仅当 $\boldsymbol{x}$ 和 $\boldsymbol{y}$ 线性相关时成立.

证明 当 $\boldsymbol{x}=\boldsymbol{\theta}$ 时,该不等式显然成立. 当 $\boldsymbol{x}\neq\boldsymbol{\theta}$ 时,$\forall \boldsymbol{x},\boldsymbol{y}\in V$ 及 $a\in F$,有 $a\boldsymbol{x}+\boldsymbol{y}\in V$ 且 $(a\boldsymbol{x}+\boldsymbol{y},a\boldsymbol{x}+\boldsymbol{y})\geqslant 0$. 由此,

$$|a|^2\|\boldsymbol{x}\|^2+a(\boldsymbol{x},\boldsymbol{y})+\bar{a}(\boldsymbol{y},\boldsymbol{x})+\|\boldsymbol{y}\|^2\geqslant 0$$

取 $a=-\dfrac{(\boldsymbol{y},\boldsymbol{x})}{\|\boldsymbol{x}\|^2}$,并代入上式可得

$$|(\boldsymbol{x},\boldsymbol{y})|\leqslant\|\boldsymbol{x}\|\,\|\boldsymbol{y}\|$$

现考虑等号成立条件. 当 $\boldsymbol{x}$ 和 $\boldsymbol{y}$ 线性相关时,存在数 $k\in F$ 使得 $\boldsymbol{x}=k\boldsymbol{y}$,则有 $|(\boldsymbol{x},\boldsymbol{y})|=\|\boldsymbol{x}\|\,\|\boldsymbol{y}\|$. 反之,当 $|(\boldsymbol{x},\boldsymbol{y})|=\|\boldsymbol{x}\|\,\|\boldsymbol{y}\|$ 时,若 $\boldsymbol{x}=\boldsymbol{\theta}$ 或 $\boldsymbol{y}=\boldsymbol{\theta}$,则 $\boldsymbol{x}$ 和 $\boldsymbol{y}$ 线性相关;若 $\boldsymbol{x}$ 和 $\boldsymbol{y}$ 均为非零向量,且假设 $\boldsymbol{x},\boldsymbol{y}$ 线性无关,则对任意 $\lambda\in F$ 有 $\lambda\boldsymbol{x}+\boldsymbol{y}\neq\boldsymbol{\theta}$,即

$$(\lambda \boldsymbol{x} + \boldsymbol{y}, \lambda \boldsymbol{x} + \boldsymbol{y}) > 0$$

取 $\lambda = -\dfrac{(\boldsymbol{y}, \boldsymbol{x})}{\|\boldsymbol{x}\|^2}$,并代入上式可得

$$|(\boldsymbol{x}, \boldsymbol{y})|^2 < \|\boldsymbol{x}\|^2 \|\boldsymbol{y}\|^2$$

与假设 $|(\boldsymbol{x}, \boldsymbol{y})| = \|\boldsymbol{x}\| \|\boldsymbol{y}\|$ 矛盾,故假设 $\boldsymbol{x}, \boldsymbol{y}$ 线性无关不成立,即 $\boldsymbol{x}$ 和 $\boldsymbol{y}$ 线性相关.
证毕.

推论 1.4.1(三角不等式) 设 V 是内积空间,则对 V 中任意向量 $\boldsymbol{x}$ 和 $\boldsymbol{y}$,有
$$\|\boldsymbol{x} + \boldsymbol{y}\| \leqslant \|\boldsymbol{x}\| + \|\boldsymbol{y}\|$$

注 7:Cauchy 不等式有着广泛的应用.根据不同的内积可得到不同的 Cauchy 不等式.

(1) 对 $\mathbb{R}^n$ 中任意两向量 $\boldsymbol{x} = (x_1, \cdots, x_n)^{\mathrm{T}}$ 和 $\boldsymbol{y} = (y_1, \cdots, y_n)^{\mathrm{T}}$,有

$$\left| \sum_{i=1}^{n} x_i y_i \right| \leqslant \sqrt{\sum_{i=1}^{n} x_i^2} \sqrt{\sum_{i=1}^{n} y_i^2}$$

(2) 对 $C[a, b]$ 中任意两函数 $f(x)$ 和 $g(x)$,有

$$\left| \int_a^b f(x) g(x) \,\mathrm{d}x \right| \leqslant \sqrt{\int_a^b f^2(x) \,\mathrm{d}x} \sqrt{\int_a^b g^2(x) \,\mathrm{d}x}$$

基于 Cauchy 不等式,我们进一步讨论三角形中的余弦定理.在平面几何中,利用余弦定理可建立夹角和边长间的关系.若将 $\triangle ABC$(见图 1.4.2)的两边用 $\mathbb{R}^2$ 空间的两向量 $\overrightarrow{AC}$ 和 $\overrightarrow{AB}$ 表示,则向量 $\overrightarrow{AC}$ 和 $\overrightarrow{AB}$ 间的夹角 α 满足

$$\cos \alpha = \frac{\|\overrightarrow{AC}\|^2 + \|\overrightarrow{AB}\|^2 - \|\overrightarrow{AC} - \overrightarrow{AB}\|^2}{2\|\overrightarrow{AC}\| \|\overrightarrow{AB}\|}$$

利用长度的平行四边形法则整理得

$$\cos \alpha = \frac{(\overrightarrow{AC}, \overrightarrow{AB})}{\|\overrightarrow{AC}\| \|\overrightarrow{AB}\|}$$

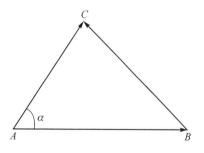

上式即是 $\mathbb{R}^2$ 空间两向量夹角的余弦.由于在 $\mathbb{R}^2$ 空间中,$|(\overrightarrow{AC}, \overrightarrow{AB})| \leqslant \|\overrightarrow{AC}\| \|\overrightarrow{AB}\|$,故 $|\cos \alpha| \leqslant 1$,这也说明用上式定义夹角的余弦是合理的.基于此,我们将平面中向量的夹角定义扩展至一般的内积空间.

图 1.4.2 △ABC 示意图

定义 1.4.6(向量夹角) 设 V 是内积空间,对 V 中任意向量 $\boldsymbol{x}$ 和 $\boldsymbol{y}$,定义向量 $\boldsymbol{x}$ 和 $\boldsymbol{y}$ 的夹角为

$$\alpha = \langle \boldsymbol{x}, \boldsymbol{y} \rangle = \arccos \frac{(\boldsymbol{x}, \boldsymbol{y})}{\|\boldsymbol{x}\| \|\boldsymbol{y}\|}$$

特别地,当 V 是欧氏空间时,$\alpha \in [0, \pi]$;当 V 是酉空间时,由于 $(\boldsymbol{x}, \boldsymbol{y})$ 是复数,故 $\cos \alpha$ 的模值不再属于 $[0, 1]$.为保证这一条件,有时将定义 1.4.6 中的 $(\boldsymbol{x}, \boldsymbol{y})$ 改为 $|(\boldsymbol{x}, \boldsymbol{y})|$.

正是内积定义的引入才有了向量长度和向量夹角的概念,也才有了对线性空间

"图形化"的理解,这使得线性空间的结构更加丰富多彩.

例 1.4.7 设 x_1, x_2 是 $\mathbb{R}^2$ 的一组基,则 $\mathbb{R}^2$ 关于 x_1, x_2 的度量矩阵为

$$G(x_1, x_2) = \begin{bmatrix} (x_1, x_1) & (x_2, x_1) \\ (x_1, x_2) & (x_2, x_2) \end{bmatrix}$$

考察 $G(x_1, x_2)$ 的行列式 $|G(x_1, x_2)|$ 得

$$|G(x_1, x_2)| = \|x_1\|^2 \|x_2\|^2 - (x_1, x_2)^2$$

令向量 x_1 与 x_2 的夹角为 α,则上式可改写为

$$|G(x_1, x_2)| = \|x_1\|^2 \|x_2\|^2 - \|x_1\|^2 \|x_2\|^2 \cos^2\alpha = \|x_1\|^2 \|x_2\|^2 \sin^2\alpha$$

上式表明,行列式 $|G(x_1, x_2)|$ 恰好是以向量 x_1 与 x_2 为邻边的平行四边形的面积的平方.

实际上,若设 $x_1, \cdots, x_k$ 是 n 维欧氏空间的一组线性无关向量,并记 k 维子空间 $W = \text{span}(x_1, \cdots, x_k)$ 关于基 $x_1, \cdots, x_k$ 的度量矩阵为 $G(x_1, \cdots, x_k)$,则该矩阵的行列式 $|G(x_1, \cdots, x_k)|$ 的几何含义为 k 维超平行体体积的平方.

在二维或三维欧氏空间中,若两个非零向量的夹角满足 $\cos\alpha = 0$ 即 $\alpha = \dfrac{\pi}{2}$,则称两向量垂直. 从向量夹角的定义而言,"垂直"关系在几何空间中非常重要,如在力学或运动学分析中,常将向量 x, y, z 设置为三条互相垂直的坐标轴来进行力或运动的分解. 在内积空间有如下定义:

定义 1.4.7(正交向量和正交向量组) 设 V 是内积空间,若 V 中两向量 x 和 y,有 $(x, y) = 0$,则称向量 x 与 y **正交**,记为 $x \perp y$. 若一组非零向量两两正交,则称为**正交向量组**. 由单位向量构成的正交向量组称为**标准正交向量组**.

注 8:零向量 θ 与任意向量均正交. 正交向量组要求向量均为非零向量.

注 9:向量 x 与 y 正交当且仅当 y 与 x 正交,当且仅当 $\|x+y\|^2 = \|x\|^2 + \|y\|^2$,这就是广为熟知的**勾股定理**. 该结果可推广至一般情形:若 $x_1, \cdots, x_k$ 是 V 中正交向量组,则

$$\|x_1 + \cdots + x_k\|^2 = \|x_1\|^2 + \cdots + \|x_k\|^2$$

例 1.4.8 求 $\mathbb{R}^4$ 中的单位向量 x 使它与 $\alpha_1 = (1, 1, -1, 1)^T$, $\alpha_2 = (1, -1, -1, 1)^T$, $\alpha_3 = (2, 1, 1, 3)^T$ 均正交.

解 设 $x = (x_1, x_2, x_3, x_4)^T$,则有

$$\begin{cases} x_1{}^2 + x_2{}^2 + x_3{}^2 + x_4{}^2 = 1 \\ x_1 + x_2 - x_3 + x_4 = 0 \\ x_1 - x_2 - x_3 + x_4 = 0 \\ 2x_1 + x_2 + x_3 + 3x_4 = 0 \end{cases}$$

解得 $x = \left(\dfrac{2\sqrt{26}}{13}, 0, \dfrac{\sqrt{26}}{26}, -\dfrac{3\sqrt{26}}{26} \right)^T$.

定理 1.4.2 正交向量组必线性无关.

证明 设向量组 $\boldsymbol{x}_1, \boldsymbol{x}_2, \cdots, \boldsymbol{x}_s$ 是内积空间 V 的正交向量组,现考察方程

$$k_1\boldsymbol{x}_1 + k_2\boldsymbol{x}_2 + \cdots + k_s\boldsymbol{x}_s = \boldsymbol{\theta} \tag{1.4.7}$$

式中:$k_1, k_2, \cdots, k_s \in F$ 为待定系数.

用 $\boldsymbol{x}_i (i=1,2,\cdots,s)$ 与式(1.4.7)两端作内积得

$$(k_1\boldsymbol{x}_1 + k_2\boldsymbol{x}_2 + \cdots + k_s\boldsymbol{x}_s, \boldsymbol{x}_i) = (\boldsymbol{\theta}, \boldsymbol{x}_i) = 0 \tag{1.4.8}$$

由于 $\boldsymbol{x}_1, \boldsymbol{x}_2, \cdots, \boldsymbol{x}_s$ 是正交向量组,所以当 $j \neq i$ 时有 $(\boldsymbol{x}_j, \boldsymbol{x}_i) = 0$,当 $j = i$ 时有 $(\boldsymbol{x}_j, \boldsymbol{x}_i) \neq 0 (j, i = 1, 2, \cdots, s)$.因此,式(1.4.8)可得

$$k_i(\boldsymbol{x}_i, \boldsymbol{x}_i) = 0$$

即 $k_i = 0 (i = 1, 2, \cdots, s)$.因此,向量组 $\boldsymbol{x}_1, \boldsymbol{x}_2, \cdots, \boldsymbol{x}_s$ 线性无关.证毕.

推论 1.4.2 在 n 维内积空间中,正交向量组中的向量不会超过 n 个.

定义 1.4.8(标准正交基) 在 n 维内积空间中,由 n 个向量组成的正交向量组称为**正交基**.由单位向量组成的正交基称为**标准正交基**.

例 1.4.9 考察 $[-\pi, \pi]$ 上的三角函数组 $1, \cos t, \sin t, \cdots, \cos kt, \sin kt, \cdots$ 是否为正交向量组.

解 事实上,对任意 $m, n, l \in \mathbb{N}$ 且 $m \neq n$ 有

$$\int_{-\pi}^{\pi} \cos mt \cdot \cos nt \, \mathrm{d}t = 0$$

$$\int_{-\pi}^{\pi} \sin mt \cdot \sin nt \, \mathrm{d}t = 0$$

$$\int_{-\pi}^{\pi} \cos mt \cdot \sin lt \, \mathrm{d}t = 0$$

因此,在区间 $[-\pi, \pi]$ 上的三角函数组 $1, \cos t, \sin t, \cdots, \cos kt, \sin kt, \cdots$,是正交向量组.我们将 $[-\pi, \pi]$ 上的光滑函数 $f(x)$ 展开为

$$f(x) = \frac{a_0}{2} + \sum_{n=1}^{\infty} (a_n \cos nx + b_n \sin nx)$$

式中:

$$a_n = \frac{1}{\pi} \int_{-\pi}^{\pi} f(x) \cos nx \, \mathrm{d}x, \quad n = 0, 1, \cdots,$$

$$b_n = \frac{1}{\pi} \int_{-\pi}^{\pi} f(x) \sin nx \, \mathrm{d}x, \quad n = 1, 2, \cdots,$$

上述展开称为**傅里叶三角级数**.由此,$1, \cos t, \sin t, \cdots, \cos kt, \sin kt, \cdots$ 是线性空间 $C[-\pi, \pi]$ 的一组正交基.

注 10: 将内积空间的一组正交基进行单位化处理即可得到标准正交基.线性空间 V 的向量组 $\boldsymbol{\epsilon}_1, \cdots, \boldsymbol{\epsilon}_n$ 是标准正交基,当且仅当 V 关于 $\boldsymbol{\epsilon}_1, \cdots, \boldsymbol{\epsilon}_n$ 的度量矩阵为单位矩阵.在标准正交基下,内积的运算变得更加简单.

例 1.4.10 设 $\boldsymbol{\epsilon}_1, \cdots, \boldsymbol{\epsilon}_n$ 是线性空间 V 的标准正交基,并定义 $\boldsymbol{\alpha} = (\alpha_1, \alpha_2, \cdots,$

$\alpha_n)^{\mathrm{T}}$ 和 $\boldsymbol{\beta}=(\beta_1,\beta_2,\cdots,\beta_n)^{\mathrm{T}}$ 分别是 V 中向量 x 和 y 在基 $\epsilon_1,\cdots,\epsilon_n$ 下的坐标,则

$$(x,y)=\boldsymbol{\beta}^{\mathrm{H}}\boldsymbol{\alpha}$$

定义 1.4.9(向量正交于集合) 设 V 是内积空间,W 是 V 的子集,若 V 中向量 x 满足对 W 中任意向量 y 有 $x\perp y$,则称向量 x **正交于集合** W,记为 $x\perp W$.

定义 1.4.10(两集合正交) 设 W_1 与 W_2 是内积空间 V 的两个子集,若对 W_1 中任意向量 x 和 W_2 中任意向量 y 有 $x\perp y$,则称 W_1 与 W_2 是**正交的**,记为 $W_1\perp W_2$.

特别地,当上述定义中的子集是内积空间 V 的线性子空间,则有向量正交于子空间和两子空间正交的定义.

例 1.4.11 在直角坐标系 $Oxyz$ 中,定义过坐标原点的向量 x(位于直线上)和过坐标原点的平面 W_1 和 W_2.若直线 x 在几何意义下垂直于平面 W_1,则有 $x\perp W_1$(在垂直和内积意义下正交均成立);若平面 W_1 与 W_2 在几何意义下相互垂直,则 W_1 不正交于 W_2.实际上,在 $\mathbb{R}^3$ 空间中,不可能存在两平面 W_1 和 W_2 正交(请思考为什么).

定义 1.4.11(子空间正交补) 设 W 是内积空间 V 的线性子空间,则集合 $W^\perp=\{x\in V|x\perp W\}$ 称为 W 的**正交补**.

定理 1.4.3 设 W 是内积空间 V 的线性子空间,则集合 $W^\perp$ 是 V 的线性子空间.

证明 对任意向量 $x,y\in W^\perp$,$z\in W$ 和 $\lambda,\mu\in F$,有

$$(\lambda x+\mu y,z)=\lambda(x,z)+\mu(y,z)=0$$

故 $(\lambda x+\mu y)\in W^\perp$,因此 $W^\perp$ 是 V 的线性子空间.证毕.

【思考】 与线性子空间 W 正交的子空间是 W 的正交补空间吗?

分析 在直角坐标系 $Oxyz$ 中,假设 W 是位于 Ox 轴上所有向量的集合,W_1 是位于 Oy 轴上所有向量的集合,W_2 是 yOz 平面.显然,$W\perp W_1$,但 W_1 并不是 W 的正交补空间,W_2 才是 W 的正交补空间.因此,在说明子空间 W_2 是另一子空间 W 的正交补空间时,不仅须说明子空间 W_2 和 W 是正交的,而且须说明所有与子空间 W 正交的向量都在子空间 W_2 中.这一要求可由如下定理表达.

定理 1.4.4 设 W 是内积空间 V 的线性子空间,则 $V=W+W^\perp$.

证明 由定理 1.4.3 知,W 和 $W^\perp$ 均是 V 的线性子空间,故 $W+W^\perp$ 也是 V 的线性子空间.不妨设 $x_1,\cdots,x_m$ 是 W 的一组正交基,则 $\forall u\in V$,$\exists v\in W$,

$$v=(u,x_1)x_1+\cdots+(u,x_m)x_m$$

将 $u-v$ 与 W 的 m 个基底分别求内积,得

$$(u-v,x_i)=(u,x_i)-(v,x_i)=(u,x_i)-(u,x_i)(x_i,x_i)=0$$

因此,$u-v$ 与 W 的 m 个基底正交 $u-v\in W^\perp$,即 V 中任意向量可写作 W 和 $W^\perp$ 中向量之和.$V=W+W^\perp$,证毕.

于是，$\boldsymbol{u}$ 和 $\boldsymbol{v}$ 可分别由 W 的基 $\boldsymbol{x}_1,\cdots,\boldsymbol{x}_m$ 和 $W^{\perp}$ 的基 $\boldsymbol{x}_{m+1},\cdots,\boldsymbol{x}_n$ 线性表示，即

$$\boldsymbol{u}=k_1\boldsymbol{x}_1+\cdots+k_m\boldsymbol{x}_m$$

$$\boldsymbol{v}=k_{m+1}\boldsymbol{x}_{m+1}+\cdots+k_n\boldsymbol{x}_n$$

那么，向量 $\boldsymbol{x}$ 一定可以由正交向量组 $\boldsymbol{x}_1,\cdots,\boldsymbol{x}_m,\boldsymbol{x}_{m+1},\cdots,\boldsymbol{x}_n$ 线性表示。这表明向量组 $\boldsymbol{x}_1,\cdots,\boldsymbol{x}_m,\boldsymbol{x}_{m+1},\cdots,\boldsymbol{x}_n$ 是 V 的一组正交基，即

$$\dim(V)=\dim(W+W^{\perp})$$

因此，$V=W+W^{\perp}$。证毕。

注 11 说明线性空间 V 的两个子空间 W_1 和 W_2 相等常采用以下两种方法：

(1) W_1 和 W_2 均是由同一向量组所张成的子空间，或更确切地说它们有相同的一组基；

(2) W_1 是 W_2 的子集(或 W_2 是 W_1 的子集)且 W_1 和 W_2 的维数相等。

1.5 直和与投影

由定理 1.4.4 知，和空间可分解为子空间和它的正交补空间之和。这一分解极具特殊性：(1) 子空间和它的正交补空间正交；(2) 和空间中的任一向量唯一地分解为子空间的一个向量和它的正交补空间的一个向量。特别是(2)中的向量唯一表示法是向量(正交)投影的理论基础。本节将具体阐述这一问题。

定义 1.5.1(直和与正交直和) 设 W_1 与 W_2 是线性空间 V 的子空间，若和空间 W_1+W_2 中任意向量均唯一地表示成 W_1 中的一个向量和 W_2 中的一个向量之和，则称 W_1+W_2 是 W_1 与 W_2 的**直和**，记为 $W_1\dotplus W_2$。进一步，若 $W_1\perp W_2$，则称直和 $W_1\dotplus W_2$ 是 W_1 与 W_2 的**正交直和**，记为 $W_1\oplus W_2$。

例 1.5.1 在直角坐标系 $Oxyz$ 中，若 $W_1=xOy$ 平面，$W_2=yOz$ 平面，试判断 W_1+W_2 是否为直和。

解 设 y 轴上任一点坐标为 $(0,a,0)^{\mathrm{T}}$，对于任意非零实数 μ 有

$$\begin{pmatrix}0\\a\\0\end{pmatrix}=\begin{pmatrix}0\\\mu+a\\0\end{pmatrix}+\begin{pmatrix}0\\-\mu\\0\end{pmatrix}$$

式中：$(0,\mu+a,0)^{\mathrm{T}}\in W_1$，$(0,-\mu,0)^{\mathrm{T}}\in W_2$。这说明 y 轴上的点的表示方法不唯一。故 W_1+W_2 不是直和。

若 $W_1=x$ 轴，$W_2=yOz$ 平面，则对 W_1+W_2 空间任一点 $(a,b,c)^{\mathrm{T}}$ 有

$$\begin{pmatrix}a\\b\\c\end{pmatrix}=\begin{pmatrix}a\\0\\0\end{pmatrix}+\begin{pmatrix}0\\b\\c\end{pmatrix}$$

式中：$(a,0,0)^{\mathrm{T}}\in W_1$，$(0,b,c)^{\mathrm{T}}\in W_2$。上式表示唯一，故 W_1+W_2 是直和。

定理 1.5.1(直和判定定理) 设 W_1 与 W_2 是线性空间 V 的两个子空间,则以下命题等价:

(1). W_1+W_2 是直和;

(2) W_1+W_2 中零元素表示法唯一;

(3) $W_1\bigcap W_2=\{\boldsymbol{\theta}\}$;

(4) $\dim(W_1+W_2)=\dim W_1+\dim W_2$.

证明 (1)$\Rightarrow$(2). 由于 $\boldsymbol{\theta}\in(W_1+W_2)$,则根据定义 1.5.1 知,表达式

$$\boldsymbol{\theta}=\boldsymbol{\theta}_1+\boldsymbol{\theta}_2,\quad \boldsymbol{\theta}_1\in W_1,\boldsymbol{\theta}_2\in W_2$$

唯一,即 W_1+W_2 中零元素表示法唯一.

(2)$\Rightarrow$(3). 对任意向量 $\boldsymbol{\alpha}\in(W_1\bigcap W_2)$,有

$$\boldsymbol{\theta}=\boldsymbol{\alpha}+(-\boldsymbol{\alpha})$$

式中:$\boldsymbol{\alpha}\in W_1,-\boldsymbol{\alpha}\in W_2$.

又知零元素表示法唯一,故 $\boldsymbol{\alpha}=\boldsymbol{\theta}$. 因此,$W_1\bigcap W_2=\{\boldsymbol{\theta}\}$.

(3)$\Rightarrow$(4). 若 $W_1\bigcap W_2=\{\boldsymbol{\theta}\}$,则有 $\dim(W_1\bigcap W_2)=0$.根据维数定理得

$$\dim(W_1+W_2)=\dim W_1+\dim W_2$$

(4)$\Rightarrow$(1). 采用反证法证明. 假设存在向量 $\boldsymbol{\alpha}\in(W_1+W_2)$ 的表示法不唯一,即

$$\boldsymbol{\alpha}=\boldsymbol{\alpha}_1+\boldsymbol{\alpha}_2=\boldsymbol{\beta}_1+\boldsymbol{\beta}_2$$

式中:$\boldsymbol{\alpha}_1,\boldsymbol{\beta}_1\in W_1,\boldsymbol{\alpha}_2,\boldsymbol{\beta}_2\in W_2$.

根据线性子空间定义知,$-\boldsymbol{\beta}_1\in W_1,-\boldsymbol{\alpha}_2\in W_2$. 于是

$$\boldsymbol{\alpha}_1-\boldsymbol{\beta}_1\in W_1,\quad -\boldsymbol{\alpha}_2+\boldsymbol{\beta}_2\in W_2$$

且有

$$\boldsymbol{\alpha}_1-\boldsymbol{\beta}_1=\boldsymbol{\alpha}_1+\boldsymbol{\alpha}_2-\boldsymbol{\beta}_1-\boldsymbol{\alpha}_2=\boldsymbol{\beta}_2-\boldsymbol{\alpha}_2$$

于是

$$\boldsymbol{\alpha}_1-\boldsymbol{\beta}_1\in(W_1\bigcap W_2)$$

$$\boldsymbol{\beta}_2-\boldsymbol{\alpha}_2\in(W_1\bigcap W_2)$$

根据 $\dim(W_1+W_2)=\dim W_1+\dim W_2$,得 $\dim(W_1\bigcap W_2)=0$,即 $W_1\bigcap W_2=\{\boldsymbol{\theta}\}$,进而 $\boldsymbol{\alpha}_1=\boldsymbol{\beta}_1$ 且 $\boldsymbol{\beta}_2=\boldsymbol{\alpha}_2$. 这表明 $\boldsymbol{\alpha}$ 表示法唯一,即 W_1+W_2 是直和.

证毕.

例 1.5.2 取 $V=\mathbb{R}^{n\times n}$,$W_1=\{A\in V|A^{\mathrm{T}}=A\}$,$W_2=\{A\in V|A^{\mathrm{T}}=-A\}$,则 $V=W_1\dot{+}W_2$.

证明 由例 1.2.7 知,$V=W_1+W_2$. 设 $B\in(W_1\bigcap W_2)$,则 $B=-B$,即 $B=O$.根据定理 1.5.1 知,$V=W_1\dot{+}W_2$.证毕.

例 1.5.3 定义 $\mathbb{R}^{2\times 2}$ 的两个线性子空间分别为

$$W_1=\left\{\begin{bmatrix} x_1 & x_2 \\ x_3 & x_4 \end{bmatrix}\in\mathbb{R}^{2\times 2}\ \middle|\ \begin{matrix} 2x_1+3x_2-x_3=0 \\ x_1+2x_2+3x_3-x_4=0 \end{matrix}\right\}$$

$$W_2=\mathrm{span}\left(\begin{bmatrix} 2 & -1 \\ a+2 & 1 \end{bmatrix},\begin{bmatrix} -1 & 2 \\ 4 & a+8 \end{bmatrix}\right)$$

（1）求 W_1 的一组基；

（2）当 a 取何值时，W_1+W_2 是直和.

解 （1）根据齐次线性方程组

$$\begin{cases} 2x_1+3x_2-x_3=0 \\ x_1+2x_2+3x_3-x_4=0 \end{cases}$$

得到方程组的基础解系为 $\boldsymbol{\alpha}_1=(1,-1,-1,-4)^T$ 和 $\boldsymbol{\alpha}_2=(-3,2,0,1)^T$. 因此，$W_1$ 的一组基为

$$\begin{pmatrix} 1 & -1 \\ -1 & -4 \end{pmatrix}, \quad \begin{pmatrix} -3 & 2 \\ 0 & 1 \end{pmatrix}$$

（2）若要求 W_1+W_2 是直和，则须满足 $\dim(W_1+W_2)=4$. 又知 $\dim(W_1)=2$ 和 $\dim(W_2)=2$，故向量组

$$\begin{pmatrix} 1 & -1 \\ -1 & -4 \end{pmatrix}, \begin{pmatrix} -3 & 2 \\ 0 & 1 \end{pmatrix}, \begin{pmatrix} 2 & -1 \\ a+2 & 1 \end{pmatrix}, \begin{pmatrix} -1 & 2 \\ 4 & a+8 \end{pmatrix}$$

须线性无关，即如下矩阵非奇异：

$$A=\begin{bmatrix} 1 & -3 & 2 & -1 \\ -1 & 2 & -1 & 2 \\ -1 & 0 & a+2 & 4 \\ -4 & 1 & 1 & a+8 \end{bmatrix}$$

经计算知，当 $a\neq -1$ 且 $a\neq 7$ 时，$|A|\neq 0$，即 W_1+W_2 是直和.

例 1.5.4 设 $A\in\mathbb{C}^{n\times n}$ 且满足 $A^2=A$，试证明 $\mathbb{C}^n=R(A)\dot{+}R(I-A)$.

解 $\forall x\in\mathbb{C}^n$，有

$$x=Ax+(I-A)x$$

式中：$Ax\in R(A)$，$(I-A)x\in R(I-A)$. 故 $\mathbb{C}^n=R(A)+R(I-A)$.

设 $y\in(R(A)\bigcap R(I-A))$，则必存在向量 $x,z\in\mathbb{C}^n$ 满足

$$y=Ax=(I-A)z$$

对上式左右两端同时乘以 A 得

$$A^2x=A(I-A)z$$

整理得 $y=\boldsymbol{\theta}$. 故 $R(A)\bigcap R(I-A)=\{\boldsymbol{\theta}\}$. 因此，$R(A)+R(I-A)$ 是直和.

注1：若需说明三个或三个以上线性子空间的和空间是直和的，则不可简单地利用定理 1.5.1(3) 进行判断. 例如，设 V 是二维平面，W_1、W_2 和 W_3 是三条过原点且不重合的直线，即它们都是 V 的线性子空间. 尽管 W_1、W_2 和 W_3 两两空间的交只包含零向量，但 $\dim(W_1+W_2+W_3)=2<\sum_{i=1}^{3}\dim(W_i)$，故它们的和空间不是直和.

定理 1.5.2 若 W_1 与 W_2 是线性空间 V 的两个子空间，且 $W_1\perp W_2$，则

$$W_1+W_2=W_1\dot{+}W_2$$

证明　因为 $W_1 \perp W_2$,所以对任意向量 $\boldsymbol{\alpha} \in W_1$ 和 $\boldsymbol{\beta} \in W_2$,有 $(\boldsymbol{\alpha}, \boldsymbol{\beta}) = 0$. 假设存在向量 $\boldsymbol{x} \in (W_1 \bigcap W_2)$,则必有 $(\boldsymbol{x}, \boldsymbol{x}) = 0$,即 $\boldsymbol{x} = \boldsymbol{\theta}$. 这表明 $W_1 \bigcap W_2 = \{\boldsymbol{\theta}\}$,即 $W_1 + W_2 = W_1 \dotplus W_2$. 证毕.

推论 1.5.1　设 W 是线性空间 V 的线性子空间,则 $V = W \oplus W^\perp$.

证明　由定理 1.4.3 知,$W^\perp$ 是 V 的线性子空间. 又知 $W \perp W^\perp$,故 $W + W^\perp = W \oplus W^\perp$.

不妨设 V 的维数为 n,W 的维数为 m. 由定理 1.5.1 知,$\dim(W \oplus W^\perp) = \dim W + \dim W^\perp$. 又知 $W \oplus W^\perp$ 是 V 的子空间,故 $\dim W^\perp \leqslant n - m$.

采用反证法证明 $\dim W^\perp = n - m$. 假设 $W^\perp$ 的维数小于 $n - m$,不妨设 $W^\perp$ 的维数为 l,其中 $l < n - m$. 再设 $\boldsymbol{x}_1, \cdots, \boldsymbol{x}_m$ 是 W 的一组标准正交基,$\boldsymbol{x}_{m+1}, \cdots, \boldsymbol{x}_{m+l}$ 是 $W^\perp$ 的一组标准正交基,则向量组 $\boldsymbol{x}_1, \cdots, \boldsymbol{x}_m, \cdots, \boldsymbol{x}_{m+l}$ 必线性无关. 考虑到 V 的维数为 n,则根据推论 1.3.1 知,V 中必存在 $n - m - l$ 个非零向量记为 $\boldsymbol{y}_1, \cdots, \boldsymbol{y}_{n-m-l}$,使得向量组 $\boldsymbol{x}_1, \cdots, \boldsymbol{x}_{m+l}, \boldsymbol{y}_1, \cdots, \boldsymbol{y}_{n-m-l}$ 构成 V 的一组基,其中 $\boldsymbol{y}_i \notin (W \oplus W^\perp), i = 1, \cdots, n - m - l$.

定义向量 $\boldsymbol{\alpha}_i = (\boldsymbol{y}_i, \boldsymbol{x}_1)\boldsymbol{x}_1 + \cdots + (\boldsymbol{y}_i, \boldsymbol{x}_m)\boldsymbol{x}_m, i = 1, \cdots, n - m - l$,则 $\boldsymbol{\alpha}_i \in W$.

对于 $j = 1, \cdots, m$,有

$$(\boldsymbol{y}_i - \boldsymbol{\alpha}_i, \boldsymbol{x}_j) = (\boldsymbol{y}_i, \boldsymbol{x}_j) - (\boldsymbol{y}_i, \boldsymbol{x}_j)(\boldsymbol{x}_j, \boldsymbol{x}_j) = 0$$

故 $\boldsymbol{y}_i - \boldsymbol{\alpha}_i$ 与 $\boldsymbol{x}_j$ 正交,从而 $(\boldsymbol{y}_i - \boldsymbol{\alpha}_i) \in W^\perp$. 注意到 $\boldsymbol{\alpha}_i \in W$,故 $\boldsymbol{y}_i \in (W \oplus W^\perp)$. 这与 $\boldsymbol{y}_i \notin (W \oplus W^\perp)$ 矛盾,故假设 $W^\perp$ 的维数不等于 $n - m$ 不成立,即 $\dim W^\perp = n - m$. 这表明空间 V 与和空间 $W + W^\perp$ 的维数相等,即 $V = W \oplus W^\perp$. 证毕.

该推论亦可由定理 1.4.4 和定理 1.5.2 直接推导出.

定义 1.5.2(直和分解与正交直和分解)　设 W_1 与 W_2 是线性空间 V 的两个子空间,且 $V = W_1 \dotplus W_2$,则称表达式 $V = W_1 \dotplus W_2$ 为**直和分解**. 若 $V = W_1 \oplus W_2$,则称表达式 $V = W_1 \oplus W_2$ 为**正交直和分解**,且有 $W_2 = W_1^\perp$.

注2:在直和分解中,若线性子空间 W_1 给定,则 W_2 不唯一;而在正交直和分解中,若线性子空间 W_1 给定,则 W_2 是唯一的且只能等于 $W_1^\perp$. 因此,正交直和分解是唯一的.

例 1.5.5　在直角坐标系 $Oxyz$ 中,假设 W_1 是位于 Ox 轴上所有向量的集合,W_2 是过坐标原点且不包括 Ox 轴的任一平面,则 $\mathbb{R}^3 = W_1 \dotplus W_2$ (直和分解不唯一). 假若定义 $W_1^\perp = yOz$ 平面,则此时,$V = W_1 \oplus W_1^\perp$ (正交直和分解).

定理 1.5.3　设 $\boldsymbol{A} = [a_{ij}] \in \mathbb{C}^{n \times n}$,则 $N(\boldsymbol{A}) \oplus R(\boldsymbol{A}^H) = \mathbb{C}^n$ 且 $R(\boldsymbol{A}^H) = (N(\boldsymbol{A}))^\perp$.

证明　$\forall \boldsymbol{y} \in R(\boldsymbol{A}^H)$,存在向量 $\boldsymbol{z} \in \mathbb{C}^n$ 使得 $\boldsymbol{y} = \boldsymbol{A}^H \boldsymbol{z}$,那么对任意向量 $\boldsymbol{x} \in N(\boldsymbol{A})$ 和 $\boldsymbol{y} \in R(\boldsymbol{A}^H)$,有

$$(\boldsymbol{x}, \boldsymbol{y}) = \boldsymbol{y}^H \boldsymbol{x} = \boldsymbol{z}^H \boldsymbol{A} \boldsymbol{x} = \boldsymbol{0}$$

即 $N(\boldsymbol{A})\perp R(\boldsymbol{A}^{\mathrm{H}})$.

另一方面,$N(\boldsymbol{A})$ 和 $R(\boldsymbol{A}^{\mathrm{H}})$ 均是 $\mathbb{C}^n$ 的子空间,故 $N(\boldsymbol{A})+R(\boldsymbol{A}^{\mathrm{H}})$ 也是 $\mathbb{C}^n$ 的子空间. 又知

$$\dim(N(\boldsymbol{A})+R(\boldsymbol{A}^{\mathrm{H}}))=\dim(N(\boldsymbol{A}))+\dim(R(\boldsymbol{A}^{\mathrm{H}}))$$
$$\dim(R(\boldsymbol{A}^{\mathrm{H}}))=\mathrm{rank}(\boldsymbol{A})$$

故有

$$\dim(N(\boldsymbol{A})+R(\boldsymbol{A}^{\mathrm{H}}))=\dim(\mathbb{C}^n)$$

上式表明 $N(\boldsymbol{A})+R(\boldsymbol{A}^{\mathrm{H}})=\mathbb{C}^n$. 综上所述,$N(\boldsymbol{A})\oplus R(\boldsymbol{A}^{\mathrm{H}})=\mathbb{C}^n$ 且 $R(\boldsymbol{A}^{\mathrm{H}})=(N(\boldsymbol{A}))^{\perp}$. 证毕.

注 3:说明两空间的和是正交直和,常有如下思路:首先说明这两个空间正交(由定理 1.5.2 知,两子空间正交意味着它们的和空间必为直和),然后再说明它们的和空间是整个 V 空间,或说明两个子空间的维数之和等于 V 空间的维数.请读者尝试采用不同方法证明本章习题 38、39,以加深对直和与正交直和的理解.

基于子空间的直和分解和正交直和分解,可以定义向量在子空间的投影和正交投影.

定义 1.5.3(投影与正交投影)　设 W_1 与 W_2 是线性空间 V 的两个子空间,且 $V=W_1\dot{+}W_2$,对任意向量 $\boldsymbol{x}\in V$ 均可唯一地分解成 $\boldsymbol{x}=\boldsymbol{y}+\boldsymbol{z}$,其中 $\boldsymbol{y}\in W_1,\boldsymbol{z}\in W_2$,此时称向量 $\boldsymbol{y}$ 为向量 $\boldsymbol{x}$ 在 W_1 上的**投影**.特别地,若 $V=W_1\oplus W_2$,则称向量 $\boldsymbol{y}$ 为向量 $\boldsymbol{x}$ 在 W_1 上的**正交投影**.

之所以能利用(正交)直和分解定义向量(正交)投影的核心,就在于向量分解的唯一性.

例 1.5.6　设 $V=W_1\dot{+}W_2$,其中 $W_1=\mathrm{span}\{(1,0,1)^{\mathrm{T}}\}$,$W_2=\{(x_1,x_2,x_3)^{\mathrm{T}}\mid x_3=0,\forall x_1,x_2\in\mathbb{R}\}$,试求向量 $\boldsymbol{x}=(1,1,1)^{\mathrm{T}}$ 在 W_1 和 W_2 上的投影.

解　取 W_1 的一组基 $\boldsymbol{\varepsilon}_1=(1,0,1)^{\mathrm{T}}$,取 W_2 的一组基 $\boldsymbol{\varepsilon}_2=(1,0,0)^{\mathrm{T}}$,$\boldsymbol{\varepsilon}_3=(0,1,0)^{\mathrm{T}}$.则 $\boldsymbol{\varepsilon}_1,\boldsymbol{\varepsilon}_2,\boldsymbol{\varepsilon}_3$ 构成 V 的一组基.

定义 $\boldsymbol{x}=k_1\boldsymbol{\varepsilon}_1+k_2\boldsymbol{\varepsilon}_2+k_3\boldsymbol{\varepsilon}_3$,则 $\boldsymbol{x}$ 在 W_1 和 W_2 上的投影分别为

$$\boldsymbol{y}=k_1\boldsymbol{\varepsilon}_1,\quad \boldsymbol{z}=k_2\boldsymbol{\varepsilon}_2+k_3\boldsymbol{\varepsilon}_3$$

分别计算 $\boldsymbol{x}$ 与 $\boldsymbol{\varepsilon}_1,\boldsymbol{\varepsilon}_2,\boldsymbol{\varepsilon}_3$ 的内积,有

$$\begin{pmatrix}(\boldsymbol{x},\boldsymbol{\varepsilon}_1)\\(\boldsymbol{x},\boldsymbol{\varepsilon}_2)\\(\boldsymbol{x},\boldsymbol{\varepsilon}_3)\end{pmatrix}=\begin{bmatrix}(\boldsymbol{\varepsilon}_1,\boldsymbol{\varepsilon}_1)&(\boldsymbol{\varepsilon}_1,\boldsymbol{\varepsilon}_2)&(\boldsymbol{\varepsilon}_1,\boldsymbol{\varepsilon}_3)\\(\boldsymbol{\varepsilon}_2,\boldsymbol{\varepsilon}_1)&(\boldsymbol{\varepsilon}_2,\boldsymbol{\varepsilon}_2)&(\boldsymbol{\varepsilon}_2,\boldsymbol{\varepsilon}_3)\\(\boldsymbol{\varepsilon}_3,\boldsymbol{\varepsilon}_1)&(\boldsymbol{\varepsilon}_3,\boldsymbol{\varepsilon}_2)&(\boldsymbol{\varepsilon}_3,\boldsymbol{\varepsilon}_3)\end{bmatrix}\begin{pmatrix}k_1\\k_2\\k_3\end{pmatrix}$$

$$\begin{pmatrix}k_1\\k_2\\k_3\end{pmatrix}=\boldsymbol{G}^{-1}\begin{bmatrix}\boldsymbol{\varepsilon}_1&\boldsymbol{\varepsilon}_2&\boldsymbol{\varepsilon}_3\end{bmatrix}\begin{pmatrix}(\boldsymbol{x},\boldsymbol{\varepsilon}_1)\\(\boldsymbol{x},\boldsymbol{\varepsilon}_2)\\(\boldsymbol{x},\boldsymbol{\varepsilon}_3)\end{pmatrix}=\begin{pmatrix}1\\0\\1\end{pmatrix}$$

因此,$\boldsymbol{x}$ 在 W_1 上的投影 $\boldsymbol{y}=\boldsymbol{\varepsilon}_1=(1,0,1)^{\mathrm{T}}$,在 W_2 上的投影 $\boldsymbol{z}=\boldsymbol{\varepsilon}_3=(0,1,0)^{\mathrm{T}}$.

例 1.5.7 定义 $\mathbb{R}^3$ 的线性子空间 $W=\operatorname{span}(\boldsymbol{x}_1,\boldsymbol{x}_2)$，其中，$\boldsymbol{x}_1=(2,5,-1)^{\mathrm{T}}$，$\boldsymbol{x}_2=(-2,1,1)^{\mathrm{T}}$. 求向量 $\boldsymbol{y}=(1,2,3)^{\mathrm{T}}$ 在 W 和 $W^\perp$ 的正交投影.

解法 1 由 $\dim(W)=2$ 知 $\dim(W^\perp)=1$，令 $W^\perp=\operatorname{span}(\boldsymbol{x}_3)$，其中 $\boldsymbol{x}_3$ 满足 $(\boldsymbol{x}_1,\boldsymbol{x}_3)=(\boldsymbol{x}_2,\boldsymbol{x}_3)=0$. 经计算得 $\boldsymbol{x}_3=(1,0,2)^{\mathrm{T}}$.

又知向量 $\boldsymbol{y}$ 在 $W^\perp$ 上的正交投影可利用向量 $\boldsymbol{y}$ 与 $\boldsymbol{x}_3$ 的夹角 α 求得，即

$$\operatorname{Proj}_{W^\perp}\boldsymbol{y}=\|\boldsymbol{y}\|\cos\alpha\,\frac{\boldsymbol{x}_3}{\|\boldsymbol{x}_3\|}=\frac{(\boldsymbol{y},\boldsymbol{x}_3)}{\|\boldsymbol{x}_3\|}\frac{\boldsymbol{x}_3}{\|\boldsymbol{x}_3\|}=\left(\frac{7}{5},0,\frac{14}{5}\right)^{\mathrm{T}}$$

利用直和分解的唯一性知，

$$\operatorname{Proj}_W\boldsymbol{y}=\boldsymbol{y}-\operatorname{Proj}_{W^\perp}\boldsymbol{y}=\left(-\frac{2}{5},2,\frac{1}{5}\right)^{\mathrm{T}}$$

解法 2 向量 $\boldsymbol{y}$ 在向量 $\boldsymbol{x}_1$ 和 $\boldsymbol{x}_2$ 的正交投影分别为

$$\operatorname{Proj}_{\boldsymbol{x}_1}\boldsymbol{y}=\frac{(\boldsymbol{y},\boldsymbol{x}_1)}{\|\boldsymbol{x}_1\|^2}\boldsymbol{x}_1,\quad \operatorname{Proj}_{\boldsymbol{x}_2}\boldsymbol{y}=\frac{(\boldsymbol{y},\boldsymbol{x}_2)}{\|\boldsymbol{x}_2\|^2}\boldsymbol{x}_2$$

由于 $\boldsymbol{x}_1$ 和 $\boldsymbol{x}_2$ 正交，故

$$\operatorname{Proj}_W\boldsymbol{y}=\frac{(\boldsymbol{y},\boldsymbol{x}_1)}{\|\boldsymbol{x}_1\|^2}\boldsymbol{x}_1+\frac{(\boldsymbol{y},\boldsymbol{x}_2)}{\|\boldsymbol{x}_2\|^2}\boldsymbol{x}_2=\left(-\frac{2}{5},2,\frac{1}{5}\right)^{\mathrm{T}}$$

利用直和分解的唯一性求得

$$\operatorname{Proj}_{W^\perp}\boldsymbol{y}=\boldsymbol{y}-\operatorname{Proj}_W\boldsymbol{y}=\left(\frac{7}{5},0,\frac{14}{5}\right)^{\mathrm{T}}$$

命题 1.5.1 若 W 是内积空间 V 的子空间，$\boldsymbol{x}_1,\cdots,\boldsymbol{x}_n$ 是 W 的一组正交基. 对于 V 中任一向量 $\boldsymbol{y}$ 均可唯一地表示为

$$\boldsymbol{y}=\operatorname{Proj}_W\boldsymbol{y}+\operatorname{Proj}_{W^\perp}\boldsymbol{y} \tag{1.5.1}$$

式中：$\operatorname{Proj}_W\boldsymbol{y}$ 和 $\operatorname{Proj}_{W^\perp}\boldsymbol{y}$ 分别为向量 $\boldsymbol{y}$ 在空间 W 和补空间 $W^\perp$ 上的正交投影，且

$$\operatorname{Proj}_W\boldsymbol{y}=\frac{(\boldsymbol{y},\boldsymbol{x}_1)}{(\boldsymbol{x}_1,\boldsymbol{x}_1)}\boldsymbol{x}_1+\cdots+\frac{(\boldsymbol{y},\boldsymbol{x}_n)}{(\boldsymbol{x}_n,\boldsymbol{x}_n)}\boldsymbol{x}_n \tag{1.5.2}$$

特别地，若 $\boldsymbol{x}_1,\cdots,\boldsymbol{x}_n$ 是 W 的一组标准正交基，则

$$\operatorname{Proj}_W\boldsymbol{y}=(\boldsymbol{y},\boldsymbol{x}_1)\boldsymbol{x}_1+\cdots+(\boldsymbol{y},\boldsymbol{x}_n)\boldsymbol{x}_n \tag{1.5.3}$$

【应用】 现利用正交投影研究内积空间中标准正交基的存在性问题. 已知 n 维内积空间的一组基，能否利用这组基找到空间的一组标准正交基呢？

定理 1.5.4 有限维内积空间必存在标准正交基.

证明 采用构造方法证明. 设 $\boldsymbol{x}_1,\cdots,\boldsymbol{x}_n$ 是内积空间 V 的一组基，现依次构造正交向量组 $\boldsymbol{y}_1,\cdots,\boldsymbol{y}_n$，并将其单位化得 $\boldsymbol{z}_1,\cdots,\boldsymbol{z}_n$，使它们成为 V 的一组标准正交基.

为此，定义

$$\boldsymbol{y}_1=\boldsymbol{x}_1$$

$$\boldsymbol{z}_1=\frac{\boldsymbol{y}_1}{\|\boldsymbol{y}_1\|}$$

则 z_1 是单位向量.

如图 1.5.1 所示，设向量 x_2 在 z_1 的正交投影为 $\text{Proj}_{z_1} x_2$，则有

$$\text{Proj}_{z_1} x_2 = (x_2, z_1) z_1$$

于是，向量 $(x_2 - \text{Proj}_{z_1} x_2)$ 必正交于向量 z_1. 为此，定义

$$y_2 = x_2 - \text{Proj}_{z_1} x_2$$

$$z_2 = \frac{y_2}{\|y_2\|}$$

则 z_1, z_2 是单位正交向量组.

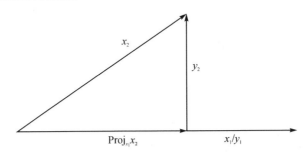

图 1.5.1　二维内积空间正交基构造

假设根据向量组 $x_1, \cdots, x_{k-1}$ 已求得向量组 $z_1, \cdots, z_{k-1}$ 是单位正交向量组. 现计算向量 z_k 使得 $z_1, \cdots, z_{k-1}, z_k$ 是单位正交向量组. 设向量 x_k 在 $z_1, \cdots, z_{k-1}$ 的正交投影分别为 $\text{Proj}_{z_1} x_k, \cdots, \text{Proj}_{z_{k-1}} x_k$，则有

$$\text{Proj}_{z_i} x_k = (x_k, z_i) z_i, \quad i = 1, \cdots, k-1$$

由此可定义向量

$$y_k = x_k - \sum_{i=1}^{k-1} (x_k, z_i) z_i$$

$$z_k = \frac{y_k}{\|y_k\|}$$

则 $z_1, \cdots, z_k$ 是单位正交向量组.

以此类推，可构造单位正交向量组 $z_1, \cdots, z_n$，它们即是 V 的一组标准正交基. 证毕.

注 4：定理 1.5.4 的证明方法提供了一种内积空间标准正交基的计算方法，称之为 Gram-Schmidt **正交化方法**.

注 5：在上述证明中，$x_1, \cdots, x_n$ 和 $z_1, \cdots, z_n$ 均是 n 维内积空间 V 的一组基，且由 Gram-Schmidt 正交化方法知，$y_k = x_k - \sum\limits_{i=1}^{k-1} (x_k, z_i) z_i, k = 1, \cdots, n$. 将其改写成矩阵形式

$$(x_1, \cdots, x_n) = (z_1, \cdots, z_n) A \tag{1.5.4}$$

式中：A 是由 $z_1, \cdots, z_n$ 到基 $x_1, \cdots, x_n$ 的过渡矩阵，定义为

$$A = \begin{bmatrix} \|\boldsymbol{y}_1\| & (\boldsymbol{x}_2, \boldsymbol{z}_1) & \cdots & (\boldsymbol{x}_n, \boldsymbol{z}_1) \\ & \|\boldsymbol{y}_2\| & \cdots & (\boldsymbol{x}_n, \boldsymbol{z}_2) \\ & & \ddots & \vdots \\ \boldsymbol{0} & & & \|\boldsymbol{y}_n\| \end{bmatrix}$$

例 1.5.8 已知 $\mathbb{R}^4$ 中的一组基 $\boldsymbol{x}_1 = (1,1,0,0)^T, \boldsymbol{x}_2 = (1,0,1,0)^T, \boldsymbol{x}_3 = (-1,0,0,1)^T, \boldsymbol{x}_4 = (1,-1,-1,1)^T$,求 $\mathbb{R}^4$ 的一组标准正交基.

解 令 $\boldsymbol{y}_1 = \boldsymbol{x}_1 = (1,1,0,0)^T$,则

$$\boldsymbol{z}_1 = \frac{1}{\|\boldsymbol{y}_1\|} \boldsymbol{y}_1 = \left(\frac{1}{\sqrt{2}}, \frac{1}{\sqrt{2}}, 0, 0 \right)^T$$

根据 Gram-Schmidt 正交化方法知

$$\boldsymbol{y}_2 = \boldsymbol{x}_2 - \frac{(\boldsymbol{x}_2, \boldsymbol{y}_1)}{(\boldsymbol{y}_1, \boldsymbol{y}_1)} \boldsymbol{y}_1 = \left(\frac{1}{2}, -\frac{1}{2}, 1, 0 \right)^T$$

$$\boldsymbol{y}_3 = \boldsymbol{x}_3 - \frac{(\boldsymbol{x}_3, \boldsymbol{y}_2)}{(\boldsymbol{y}_2, \boldsymbol{y}_2)} \boldsymbol{y}_2 - \frac{(\boldsymbol{x}_3, \boldsymbol{y}_1)}{(\boldsymbol{y}_1, \boldsymbol{y}_1)} \boldsymbol{y}_1 = \left(-\frac{1}{3}, \frac{1}{3}, \frac{1}{3}, 1 \right)^T$$

$$\boldsymbol{y}_4 = \boldsymbol{x}_4 - \frac{(\boldsymbol{x}_4, \boldsymbol{y}_3)}{(\boldsymbol{y}_3, \boldsymbol{y}_3)} \boldsymbol{y}_3 - \frac{(\boldsymbol{x}_4, \boldsymbol{y}_2)}{(\boldsymbol{y}_2, \boldsymbol{y}_2)} \boldsymbol{y}_2 - \frac{(\boldsymbol{x}_4, \boldsymbol{y}_1)}{(\boldsymbol{y}_1, \boldsymbol{y}_1)} \boldsymbol{y}_1 = (1, -1, -1, 1)^T$$

再依次进行单位化处理,得

$$\boldsymbol{z}_2 = \left(\frac{1}{\sqrt{6}}, -\frac{1}{\sqrt{6}}, \frac{2}{\sqrt{6}}, 0 \right)^T$$

$$\boldsymbol{z}_3 = \left(-\frac{1}{\sqrt{12}}, \frac{1}{\sqrt{12}}, \frac{1}{\sqrt{12}}, \frac{3}{\sqrt{12}} \right)^T$$

$$\boldsymbol{z}_4 = \left(\frac{1}{2}, -\frac{1}{2}, -\frac{1}{2}, \frac{1}{2} \right)^T$$

因此,向量组 $\boldsymbol{z}_1, \boldsymbol{z}_2, \boldsymbol{z}_3, \boldsymbol{z}_4$ 是 $\mathbb{R}^4$ 的一组标准正交基.

【应用】 正交直和分解的另一典型应用是求解最佳逼近问题.

定义 1.5.3(最佳逼近) 设 W 是线性空间 V 的非空子集, $\boldsymbol{\alpha} \in V$ 为给定向量,若存在向量 $\boldsymbol{\gamma} \in W$ 满足如下不等式:
$$\|\boldsymbol{\alpha} - \boldsymbol{\gamma}\| \leqslant \|\boldsymbol{\alpha} - \boldsymbol{x}\|, \quad \forall \boldsymbol{x} \in W$$
则称向量 $\boldsymbol{\gamma}$ 是向量 $\boldsymbol{\alpha}$ 在 W 的**最佳逼近(最佳近似)向量**.

定理 1.5.5(最佳逼近定理) 设 W 是有限维内积空间 V 的线性子空间,则 V 中任一向量 $\boldsymbol{x}$ 在 W 上都有唯一的最佳逼近向量,且 $\boldsymbol{x}$ 在 W 的最佳逼近向量是 $\boldsymbol{x}$ 在 W 上的正交投影.

证明 $\forall \boldsymbol{x} \in V, \boldsymbol{z} \in W$,定义 $\boldsymbol{y}$ 是 $\boldsymbol{x}$ 在 W 上的正交投影,有
$$\|\boldsymbol{x} - \boldsymbol{z}\|^2 = \|(\boldsymbol{x} - \boldsymbol{y}) + (\boldsymbol{y} - \boldsymbol{z})\|^2$$
注意到 $(\boldsymbol{y} - \boldsymbol{z}) \in W$ 且 $(\boldsymbol{x} - \boldsymbol{y}) \in W^{\perp}$,故 $(\boldsymbol{x} - \boldsymbol{y}, \boldsymbol{y} - \boldsymbol{z}) = 0$,即
$$\|\boldsymbol{x} - \boldsymbol{z}\|^2 = \|\boldsymbol{x} - \boldsymbol{y}\|^2 + \|\boldsymbol{y} - \boldsymbol{z}\|^2 \geqslant \|\boldsymbol{x} - \boldsymbol{y}\|^2$$

因此，$\boldsymbol{y}$ 是 $\boldsymbol{x}$ 在 W 的最佳逼近.

现采用反证法证明最佳逼近的唯一性. 假设 $\boldsymbol{x}^* \in W$ 也是 $\boldsymbol{x}$ 在 W 的最佳逼近，则 $\boldsymbol{x}^*$ 不是 $\boldsymbol{x}$ 在 W 的正交投影(因为 $\boldsymbol{x}$ 在 W 的正交投影是唯一的). 显然，W 中必存在一非零单位向量 $\boldsymbol{\alpha}$ 使得 $(\boldsymbol{x}-\boldsymbol{x}^*,\boldsymbol{\alpha}) \neq 0$. 不妨设 $(\boldsymbol{x}-\boldsymbol{x}^*,\boldsymbol{\alpha})=a$，并定义 $\boldsymbol{\gamma}=\boldsymbol{x}^*+a\boldsymbol{\alpha}$，则 $\boldsymbol{\gamma} \in W$ 且有

$$\|\boldsymbol{x}-\boldsymbol{\gamma}\|^2 = (\boldsymbol{x}-\boldsymbol{x}^*-a\boldsymbol{\alpha},\boldsymbol{x}-\boldsymbol{x}^*-a\boldsymbol{\alpha}) = \|\boldsymbol{x}-\boldsymbol{x}^*\|^2 - |a|^2$$

又知 $\boldsymbol{y}$ 也是 $\boldsymbol{x}$ 在 W 的最佳逼近，且 $\forall \boldsymbol{z} \in W$，有 $\|\boldsymbol{x}-\boldsymbol{z}\|^2 \geqslant \|\boldsymbol{x}-\boldsymbol{y}\|^2$，故当 $\boldsymbol{\gamma} \in W$ 时，

$$\|\boldsymbol{x}-\boldsymbol{\gamma}\|^2 \geqslant \|\boldsymbol{x}-\boldsymbol{y}\|^2$$

显然，$\|\boldsymbol{x}-\boldsymbol{x}^*\|^2 \geqslant \|\boldsymbol{x}-\boldsymbol{y}\|^2 + |a|^2$. 注意到 $a \neq 0$，故 $\|\boldsymbol{x}-\boldsymbol{x}^*\| > \|\boldsymbol{x}-\boldsymbol{y}\|^2$. 因此，$\boldsymbol{x}^*$ 不是 $\boldsymbol{x}$ 在 W 的最佳逼近，即 $\boldsymbol{x}$ 在 W 的最佳逼近是唯一的. 证毕.

例 1.5.9(最小二乘问题) 在许多实际观测数据的处理问题中，若已知变量 y 与变量 $x_1,\cdots,x_n$ 之间呈线性关系，即

$$y = \lambda_1 x_1 + \cdots + \lambda_n x_n$$

但系数 $\lambda_1,\cdots,\lambda_n$ 未知. 为确定这些系数，通常做 m 次试验(其中 $m \geqslant n$)，得到 m 组观测数据

$$(x_1^{(k)}, x_2^{(k)}, \cdots, x_n^{(k)}, y^{(k)}), \quad k=1,\cdots,m$$

通常按如下要求确定系数：求 $\lambda_1,\cdots,\lambda_n$ 使得 $\sum\limits_{k=1}^{m} \left| y^{(k)} - \sum\limits_{i=1}^{n} \lambda_i x_i^{(k)} \right|^2$ 最小，这是典型的**最小二乘问题**. 实际上，最小二乘问题的目标函数可进一步改写为

$$\sum_{k=1}^{m} \left| y^{(k)} - \sum_{i=1}^{n} \lambda_i x_i^{(k)} \right|^2 = \left[\overline{y^{(1)} - \sum_{i=1}^{n} \lambda_i x_i^{(1)}} \quad \cdots \quad \overline{y^{(m)} - \sum_{i=1}^{n} \lambda_i x_i^{(m)}} \right] \begin{bmatrix} y^{(1)} - \sum\limits_{i=1}^{n} \lambda_i x_i^{(1)} \\ \vdots \\ y^{(m)} - \sum\limits_{i=1}^{n} \lambda_i x_i^{(m)} \end{bmatrix}$$

$$= \left(\begin{bmatrix} y^{(1)} \\ y^{(2)} \\ \vdots \\ y^{(m)} \end{bmatrix} - \begin{bmatrix} x_1^{(1)} & x_2^{(1)} & \cdots & x_n^{(1)} \\ x_1^{(2)} & x_2^{(2)} & \cdots & x_n^{(2)} \\ \vdots & \vdots & & \vdots \\ x_1^{(m)} & x_2^{(m)} & \cdots & x_n^{(m)} \end{bmatrix} \begin{bmatrix} \lambda_1 \\ \lambda_2 \\ \vdots \\ \lambda_n \end{bmatrix} \right)^{\mathrm{H}} \cdot$$

$$\left(\begin{bmatrix} y^{(1)} \\ y^{(2)} \\ \vdots \\ y^{(m)} \end{bmatrix} - \begin{bmatrix} x_1^{(1)} & x_2^{(1)} & \cdots & x_n^{(1)} \\ x_1^{(2)} & x_2^{(2)} & \cdots & x_n^{(2)} \\ \vdots & \vdots & & \vdots \\ x_1^{(m)} & x_2^{(m)} & \cdots & x_n^{(m)} \end{bmatrix} \begin{bmatrix} \lambda_1 \\ \lambda_2 \\ \vdots \\ \lambda_n \end{bmatrix} \right)$$

定义

$$b = \begin{bmatrix} y^{(1)} \\ y^{(2)} \\ \vdots \\ y^{(m)} \end{bmatrix} \in F^m, \quad x = \begin{bmatrix} \lambda_1 \\ \lambda_2 \\ \vdots \\ \lambda_n \end{bmatrix} \in F^n$$

并记

$$A = \begin{bmatrix} x_1^{(1)} & x_2^{(1)} & \cdots & x_n^{(1)} \\ x_1^{(2)} & x_2^{(2)} & \cdots & x_n^{(2)} \\ \vdots & \vdots & & \vdots \\ x_1^{(m)} & x_2^{(m)} & \cdots & x_n^{(m)} \end{bmatrix} \in F^{m \times n}$$

则最小二乘问题目标函数的矩阵形式可等价记为

$$\min_{\lambda_k \in F} \sum_{k=1}^{m} \left| y^{(k)} - \sum_{i=1}^{n} \lambda_i x_i^{(k)} \right|^2 = \min_{x \in F^n} \| Ax - b \|^2 \tag{1.5.5}$$

最小二乘问题也可以看作求解向量 b 在 $R(A)$ 空间的最佳逼近问题. 后续章节将对这一问题从不同角度进行阐述.

【思考】 在例 1.5.9(最小二乘问题)中,已知变量 y 与变量 $x_1, \cdots, x_n$ 之间呈线性关系. 若变量 y 与变量 $x_1, \cdots, x_n$ 之间呈非线性关系,比如

$$y = \lambda_1 x_1 + \cdots + \lambda_n x_n + \mu_1 x_1^2 + \cdots + \mu_n x_n^2$$

此时,能否利用式(1.5.5)求解待定系数 $\lambda_1, \cdots, \lambda_n$ 和 $\mu_1, \cdots, \mu_n$?

1.6 应用:多项式插值

在科学研究和工程中,如汽车制造、机械工业等,常常会遇到计算函数值这类问题:通过观测或实验得到一组数据,确定了与自变量的某些点相应的函数值,而需要获得未观察到的点的函数值. 当然,这类问题的函数关系往往难以得到明显的解析表达式,需要我们构造一个适当的、比较简单的函数近似地代替寻求的函数. 这就是插值法,用数学语言可表述如下:

设函数 $y = f(x)$ 定义在区间 $[a, b]$ 上,$x_0, x_1, \cdots, x_n$ 是 $[a, b]$ 上取定的 $n+1$ 个互异点,且仅在这些点处的函数值 $y_i = f(x_i)$ 已知,要构造一个函数 $g(x)$ 使得

$$g(x_i) = y_i, \quad i = 0, 1, \cdots, n \tag{1.6.1}$$

且要求误差

$$r(x) = f(x) - g(x)$$

的绝对值在区间 $[a, b]$ 上比较小,即函数 $g(x)$ 能较好地逼近 $f(x)$. 点 $x_0, x_1, \cdots, x_n$ 称为**插值基点**,由插值基点确定的区间(即以 $\min(x_0, x_1, \cdots, x_n)$,$\max(x_0, x_1, \cdots, x_n)$ 为端点的区间)称为**插值区间**,$f(x)$ 称为**求插函数**,$g(x)$ 称为**插值函数**,$r(x)$ 称为**插值余项**.

已知 $C[a,b]$ 是无限维线性空间, 要线性表示 $C[a,b]$ 中的一个连续函数 $f(x)$, 需要给定该空间的一组基. 最常见的基莫过于 $1,x,x^2,\cdots,x^n,\cdots$. 对于足够光滑的函数 $f(x)$, 总可以进行泰勒展开, 并可以用有限维多项式空间 $P_n(x)$ 中的一个多项式进行逼近. 基于此, 我们同样考虑用 $P_n(x)$ 的一个多项式函数作为插值函数. 若选定 $P_n(x)$ 中的一组基为 $1,x,x^2,\cdots,x^n$, 则

$$g(x)=a_0+a_1x+a_2x^2+\cdots+a_nx^n \tag{1.6.2}$$

将约束条件式(1.6.1)代入式(1.6.2), 得如下方程组:

$$\boldsymbol{D}^{\mathrm{T}}\boldsymbol{\alpha}=\boldsymbol{y} \tag{1.6.3}$$

式中: $\boldsymbol{\alpha}=(a_0,a_1,\cdots,a_n)^{\mathrm{T}}$ 为待定向量, $\boldsymbol{y}=(y_0,y_1,\cdots,y_n)^{\mathrm{T}}$ 为给定向量, 系数矩阵 $\boldsymbol{D}$ 定义为

$$\boldsymbol{D}=\begin{bmatrix} 1 & x_0 & \cdots & x_0^n \\ 1 & x_1 & \cdots & x_1^n \\ \vdots & \vdots & & \vdots \\ 1 & x_n & \cdots & x_n^n \end{bmatrix}$$

在线性代数中, 形如 $\boldsymbol{D}$ 的矩阵称为Vandermonde 矩阵, 它的行列式称为Vandermonde 行列式. 已知 $x_0,x_1,\cdots,x_n$ 是 $[a,b]$ 上取定的 $n+1$ 个互异点且

$$|\boldsymbol{D}^{\mathrm{T}}|=|\boldsymbol{D}|=\prod_{0\leqslant j<i\leqslant n}(x_i-x_j)$$

则 $\boldsymbol{D}$ 是可逆矩阵. 相应地, 方程组(1.6.3)有唯一解 $\boldsymbol{\alpha}=(\boldsymbol{D}^{\mathrm{T}})^{-1}\boldsymbol{y}$. 因此, 根据约束条件式(1.6.1), 可以唯一地确定插值函数 $g(x)$.

上述插值法看似简单, 但涉及矩阵求逆, 故计算比较烦琐. 为避开矩阵求逆, 可重新选取 $P_n(x)$ 空间的中一组基(本章习题 23)

$$l_i(x)=\prod_{\substack{j=0,\\j\neq i}}^{n}\frac{(x-x_j)}{(x_i-x_j)},\quad i=1,\cdots,n \tag{1.6.4}$$

它们都是 n 次多项式, 称为Lagrange 基本多项式. 显然, $l_i(x)$ 满足关系

$$l_i(x_k)=\begin{cases}0, & k\neq i\\1, & k=i\end{cases}$$

令插值函数 $g(x)$ 满足如下表达式:

$$g(x)=\sum_{i=0}^{n}b_il_i(x) \tag{1.6.5}$$

并将约束条件式(1.6.1)代入式(1.6.5), 得

$$b_i=y_i,\quad i=1,\cdots,n$$

因此, 将

$$p_n(x)=\sum_{i=0}^{n}f(x_i)l_i(x)$$

称为Lagrange 插值多项式. 显然, Lagrange 插值法比由式(1.6.2)确定的插值法简单

得多.

采用多项式插值在低次时是比较简单方便的,在高次时则有数值不稳定的缺点.因此,当插值基点较多时,首先将插值区间分段,然后采用低次插值且须保证在分点处的连续性,这就是局部化的分段插值.局部化分段插值存在一个严重缺点就是,插值函数在子区间的端点处不光滑,即导数不连续.对于一些实际问题,如汽车、飞机、船体等的外形的流线型设计,不但要求一阶导数连续,还要求二阶导数也连续.此时就要采用样条插值.

样条本来是工程设计中用来描绘光滑曲线的简单工具,是一条富有弹性的细长木条.使用时,将它固定在一些给定点处,在其他地方任其自然弯曲,并稍作调整,使样条具有满意的形状,然后沿样条画出曲线,称为样条曲线.样条函数就是对样条曲线进行数学模拟得到的.最常见的就是**三次样条插值**,即采用 $P_3(x)$ 空间的多项式函数作为插值函数.

设 $f(x)$ 是定义在区间 $[a,b]$ 上的二次连续可微函数,给定区间 $[a,b]$ 上的一个划分(可由插值基点确定):

$$a = x_0 < x_1 < \cdots < x_n = b$$

则插值函数 $g(x)$ 在区间 $[a,b]$ 上可表示为

$$g(x) = \begin{cases} g_1(x), x \in [x_0, x_1] \\ \quad\quad \vdots \\ g_i(x), x \in [x_{i-1}, x_i] \\ \quad\quad \vdots \\ g_n(x), x \in [x_{n-1}, x_n] \end{cases}$$

式中:$g_i(x) \in P_3(x)$ 且 $g(x)$ 满足式(1.6.1).此时,插值函数 $g(x)$ 称为**三次样条插值函数**,简称**三次样条**.

由于三次样条 $g(x)$ 的二阶导数 $g''(x)$ 在每一个区间 $[x_{i-1}, x_i](i=0,1,\cdots,n)$ 都是线性函数.为讨论方便,我们采用 Lagrange 基本多项式定义 $g''(x)$,得

$$g''_i(x) = m_{i-1}\frac{x_i - x}{h_i} + m_i\frac{x - x_{i-1}}{h_i}, \quad x \in [x_{i-1}, x_i] \tag{1.6.6}$$

式中:$h_i = x_i - x_{i-1}$,m_{i-1} 和 m_i 是待定系数.

根据要求,$g(x)$ 须满足以下条件:对 $i = 0,1,\cdots,n$,有

$$\begin{cases} g(x_i) = f(x_i) \\ g(x_i^-) = g(x_i^+) \\ g'(x_i^-) = g'(x_i^+) \\ g''(x_i^-) = g''(x_i^+) \end{cases} \tag{1.6.7}$$

由于 $g(x)$ 在每个区间都是一个三次多项式,故须确定 4 个参数;一共有 n 个区间,故应确定 $4n$ 个参数.由式(1.6.7)中 4 个等式可依次确定 $n+1$、$n-1$、$n-1$ 和 $n-1$

个方程,因此还须补充两个条件.通常会根据具体问题,在区间的两个端点处给出条件,称为**边界条件**.

例 1.6.1 观测到函数 $f(x)$ 在若干点的值见表 1.6.1.求 $f(x)$ 的三次样条函数及 $f(3)$ 的近似值.

表 1.6.1 已有观测值

i	x_i	$f(x_i)$	$f'(x_i)$
1	0	0	8
2	2	16	/
3	4	36	/
4	6	54	/
5	10	82	7

解 由式(1.6.7)列出方程组

$$\begin{bmatrix} 4 & 2 & 0 & 0 & 0 \\ 2 & 8 & 8 & 0 & 0 \\ 0 & 2 & 2 & 2 & 0 \\ 0 & 0 & 0 & 12 & 4 \\ 0 & 0 & 0 & 4 & 8 \end{bmatrix} \begin{bmatrix} m_1 \\ m_2 \\ m_3 \\ m_4 \\ m_5 \end{bmatrix} = \begin{bmatrix} 0 \\ 2 \\ -1 \\ -2 \\ 0 \end{bmatrix}$$

解得 $m_1 = -1, m_2 = 2, m_3 = -1, m_4 = -1, m_5 = \dfrac{1}{2}$.因此可得

$$g(x) = \begin{cases} 8 - \dfrac{1}{2}x^2 + \dfrac{1}{4}x^3, & x \in [0,2] \\[2mm] 16 + 9(x-2) + (x-2)^2 - \dfrac{1}{4}(x-2)^3, & x \in [2,4] \\[2mm] 36 + 10(x-4) - \dfrac{1}{2}(x-4)^2, & x \in [4,6] \\[2mm] 54 + 8(x-6) - \dfrac{1}{2}(x-6)^2 + \dfrac{1}{16}(x-6)^3, & x \in [6,10] \end{cases}$$

相应地,$g(3) = 25.75$.

对插值法感兴趣的读者,可阅读参考文献[15-16].

本章习题

1. 判断以下命题是否为真:

(1) 内积空间可定义不同的内积,由此导致向量的夹角也可能不同.

(2) 矩阵空间 $\mathbb{R}^{2\times 2}$ 的子集 $V = \{X \in \mathbb{R}^{2\times 2} \mid AXB = O,$ 其中 $A, B \in \mathbb{R}^{2\times 2}\}$ 是 $\mathbb{R}^{2\times 2}$ 的子空间.

(3) $\mathbb{R}^4$ 的子集 $V=\{\boldsymbol{\alpha}=(\alpha_1,\alpha_2,\alpha_3,\alpha_4)\mid\alpha_1+2\alpha_2\alpha_3=0\}$ 是 $\mathbb{R}^4$ 的子空间.

2. 设 $\boldsymbol{A}$ 是 n 阶实方阵,若在实数域上定义通常实矩阵的加法和数乘运算,则下列集合不是实线性空间的是:

A. $\{\boldsymbol{A}\mid\boldsymbol{A}$ 的行列式为 $0\}$.　　　　B. $\{\boldsymbol{A}\mid\boldsymbol{A}$ 是对角元为 0 的矩阵$\}$.

C. $\{\boldsymbol{A}\mid\boldsymbol{A}$ 是上三角矩阵$\}$.　　　　D. $\{\boldsymbol{A}\mid\boldsymbol{A}$ 是对称矩阵$\}$.

3. 定义 $\mathbb{R}^+$ 上的加法和数乘运算如下:
$$\oplus:\alpha,\beta\in\mathbb{R}^+,\quad\alpha\oplus\beta=\alpha\beta;$$
$$\circ:\alpha\in\mathbb{R}^+,k\in\mathbb{R},\quad k\circ\alpha=\alpha^k.$$
试判断 $(\mathbb{R}^+,\oplus,\circ)$ 是否为线性空间.

4. 证明数集 $\mathbb{Q}(\sqrt{3})$ 是其自身上的线性空间.

5. 若 W 是有限维线性空间 V 的子空间,且 $\dim(W)=\dim(V)$,证明 $W=V$.

6. 令 H 是所有形如 $(a-3b,b-a,a,b)^\mathrm{T}$ 的向量的集合,其中,a 和 b 是任意实数,证明 H 是 $\mathbb{C}^4$ 的一个线性子空间.

7. 在 $\mathbb{R}^{2\times3}$ 中,求子空间 $W=\left\{\begin{bmatrix}x&y&0\\z&0&t\end{bmatrix}\middle|x+y+z=0,x,y,z,t\in\mathbb{R}\right\}$ 的维数和一组基.

8. 证明在线性空间 V 中,同一向量在不同基下的坐标可以相同.

9. 判断 $x^2+2x,x^2-2x,x+4$ 是否为多项式空间 $P_2(x)$ 的一组基.

10. 已知 $\boldsymbol{A}\in\mathbb{C}^{5\times5}$,$\mathrm{rank}(\boldsymbol{A})=3$,判断子空间 $S_A=\{\boldsymbol{B}\in\mathbb{C}^{5\times5}\mid\boldsymbol{AB}=\boldsymbol{O}\}$ 的维数.

11. 向量空间 $\mathbb{R}^2$ 的子集 $V=\left\{\boldsymbol{\alpha}\middle|\boldsymbol{\alpha}=\left(b,\frac{1}{2}(b+1)\right)^\mathrm{T},b\in\mathbb{R}\right\}$ 是 $\mathbb{R}^2$ 的子空间吗?请给出具体理由.

12. 已知 $\boldsymbol{A}=\begin{bmatrix}1&0\\2&1\end{bmatrix}$,$S_A=\left\{\sum_{i=0}^{10^3}\alpha_i\boldsymbol{A}^i,\alpha_i\in\mathbb{R}\right\}$,则 S_A 是否为 $\mathbb{R}$ 上的线性空间?若是,计算其维数.

13. 证明 $V=\{\boldsymbol{X}\in\mathbb{R}^{10\times10}\mid\boldsymbol{X\alpha}=\boldsymbol{0},\boldsymbol{\alpha}=(1,1,\cdots,1)^\mathrm{T}\}$ 是欧氏空间,并计算其维数.

14. 设 $V_1=\{\boldsymbol{x}=(x_1,x_2,\cdots,x_n)^\mathrm{T}\in\mathbb{C}^n\mid x_1+x_2+\cdots+x_n=0\}$,$V_2=\{\boldsymbol{x}=(x_1,x_2,\cdots,x_n)^\mathrm{T}\in\mathbb{C}^n\mid x_1=x_2=\cdots=x_n\}$,计算 V_1+V_2 的维数.

15. 设 $V_1=\{\boldsymbol{x}=(x_1,x_2,\cdots,x_n)^\mathrm{T}\in\mathbb{R}^n\mid x_1+2x_2+x_3=0\}$,$V_2=\mathrm{span}((0,1,1,1)^\mathrm{T},(1,1,1,0)^\mathrm{T})$,计算 $V_1+V_2,V_1\cap V_2$ 的维数.

16. 设 $\boldsymbol{A}\in\mathbb{C}^{n\times n}$,记集合 $W=\{\boldsymbol{X}\in\mathbb{C}^{n\times n}\mid\boldsymbol{AX}=\boldsymbol{XA}\}$.

(1) 证明 W 是 $\mathbb{C}^{n\times n}$ 的一个子空间;

(2) 当 $\boldsymbol{A}=\mathrm{diag}(1,2,\cdots,n)$ 时,求 W 的维数和一组基.

17. 下列命题正确的是:

A. 若两向量正交,则其线性无关.

B. 在实线性空间的子空间中,向量 1 可被定义为空间的零向量.

C. 在欧氏空间 $\mathbb{R}$ 中, 向量 1 的长度为 1.

D. 在 n 维线性空间中, 一定存在一组标准正交基.

18. 若矩阵 $A \in \mathbb{C}^{n \times n}$, 则下列命题错误的是:

A. 若 $A^2 = A$, 则 $R\{I - A\} = N(A)$.

B. 若 $R\{I - A\} = N(A)$, 则 $A^2 = A$.

C. 若 $A^2 = A$, 则 $R(A) + N(A) = \mathbb{C}^n$.

D. 若 $R(A) + N(A) = \mathbb{C}^n$, 则 $A^2 = A$.

19. 设 $A = \begin{bmatrix} 1 & 2 & 3 \\ 4 & 5 & 6 \\ 7 & 8 & 9 \end{bmatrix}$, 求 $N(A) \bigcap R(A)$ 和 $N(A) + R(A)$.

20. 设 $A \in \mathbb{R}^{m \times n}, b \in \mathbb{R}^m$, 若非齐次线性方程组 $Ax = b$ 有解, 证明在 $R(A^{\mathrm{T}})$ 中, 有且仅有 $Ax = b$ 的一个解向量.

21. 设 $A \in \mathbb{C}^{m \times n}, b \in \mathbb{R}^m$, 且 $\mathrm{rank}(A) = r$, 若非齐次线性方程组 $Ax = b$ 有特解 $x = \xi$, 记方程组的解集为 V, 求 V 的极大线性无关组向量个数.

22. 证明 $R(A) = R(AB)$ 成立的充分必要条件是存在适当阶数的矩阵 C 使得 $ABC = A$.

23. 设 $x_0, x_1, \cdots, x_n$ 是 $[a, b]$ 上取定的 $n+1$ 个已知互异点, 定义

$$l_i(x) = \prod_{\substack{j=0, \\ j \neq i}}^{n} \frac{(x - x_j)}{(x_i - x_j)}, \quad i = 1, \cdots, n$$

则 $l_i(x), i = 1, \cdots, n$ 是 $P_n(x)$ 空间中的一组基.

24. 取 $P_2(t)$ 的一组基为 $1 + t, t - 2, t^2$, 求多项式 $p(t) = 2t^2 - t + 1$ 在该组基下的坐标.

25. 在 $\mathbb{R}^{2 \times 2}$ 中求向量 $A = \begin{bmatrix} 1 & 2 \\ 1 & 0 \end{bmatrix}$ 在基 $\begin{bmatrix} 1 & 1 \\ 1 & 1 \end{bmatrix}, \begin{bmatrix} 1 & 1 \\ 1 & 0 \end{bmatrix}, \begin{bmatrix} 1 & 0 \\ 0 & 1 \end{bmatrix}, \begin{bmatrix} 1 & 0 \\ 1 & 1 \end{bmatrix}$ 下的坐标.

26. 设多项式空间 $P_2(x)$, 证明 $1, (x-1), (x-1)^2$ 是 $P_2(x)$ 的一组基; 并求从基 $1, x, x^2$ 到基 $1, (x-1), (x-1)^2$ 的过渡矩阵.

27. 设 $A = \begin{bmatrix} 0 & 2 & 2 & 2 \\ -1 & 4 & 5 & 3 \end{bmatrix}$, 求 $N(A)$ 和 $R(A)$ 的维数与基.

28. 设齐次线性方程组 $Ax = 0$, 其中 $A \in \mathbb{R}^{40 \times 42}, x \in \mathbb{R}^{42}$. 若该方程组的基础解系由两个线性无关的解向量构成, 请判断非齐次线性方程组 $Ax = b$ 是否有解.

29. 证明命题 1.3.1 过渡矩阵的性质.

30. 设 $P_2(x)$ 是 $\mathbb{R}$ 上的线性空间, 定义函数

$$(f, g) = \int_{-1}^{1} f(x) g(x) \mathrm{d}x, \quad f(x), g(x) \in P_2(x)$$

(1) 证明 $P_2(x)$ 是欧氏空间;

(2) 求 $P_2(x)$ 关于基 $1, x, x^2$ 的度量矩阵;

(3) 计算 $f(x)=1-x+x^2$ 和 $g(x)=1-4x-5x^2$ 的内积.

31. 设 $t_0,\cdots,t_n$ 是不同实数,$P_n(x)$ 是 $\mathbb{R}$ 上的多项式空间. 定义

$$(f,g)=\sum_{i=0}^{b}f(t_i)g(t_i),\quad f(x),g(x)\in P_n(x)$$

(1) 证明 $P_n(x)$ 是欧氏空间;

(2) 设 $t_0=-2,t_1=-1,t_2=0,t_3=0,t_4=1,t_5=2$,求 $\text{span}(1,x,x^2)$ 的一组标准正交基;

(3) 求 $f(x)=5-\dfrac{1}{2}t^4$ 到空间 $\text{span}(1,x,x^2)$ 的最佳逼近向量.

32. 在欧氏空间 V 中,设 W 是 V 的线性子空间,$\boldsymbol{\alpha}=(\alpha_1,\alpha_2,\alpha_3)^T$ 为给定向量,分别求 $\boldsymbol{\alpha}$ 在 XOY 平面与 X 轴上的最佳逼近.

33. 设 Hermite 矩阵 $A=\begin{bmatrix}1 & 1+\mathrm{i} & \mathrm{i}\\ 1-\mathrm{i} & 5 & 0\\ -\mathrm{i} & 0 & 2\end{bmatrix}$,判断矩阵 A 的正负定.

34. 设 $A=\begin{bmatrix}1 & \lambda & -1\\ \lambda & 1 & -2\\ -1 & -2 & 5\end{bmatrix}$ 是实对称正定矩阵,求 λ 的取值.

35. 设 A,B 均为 Herimite 半正定矩阵,判断如下命题是否为真:若 $\text{tr}(AB)=0$,则 $AB=O$.

36. 设 $A\in\mathbb{C}^{n\times n}$ 是 Hermite 矩阵,证明

(1) A 的所有特征值均为实数;

(2) 若 A 是正定矩阵,则 A 的所有特征值均为正实数.

37. 设 $V=\{a\cos t+b\sin t\mid a,b\in\mathbb{R}\}$. $\forall f,g\in V$,定义

$$(f,g)-f(0)g(0)+f\left(\frac{\pi}{2}\right)g\left(\frac{\pi}{2}\right)$$

(1) 证明 V 是二维实线性空间;

(2) 证明 (f,g) 是 V 上的内积;

(3) 求 $h(t)=3\cos(t+7)+4\sin(t+9)$ 的长度.

38. 设 $A\in\mathbb{C}^{n\times n}$ 且满足 $A^2=A$,证明 $\mathbb{C}^n=N(A)\dot{+}N(A-I)$.

39. 设 $A\in\mathbb{C}^{n\times n}$ 且满足 $A^2=A=A^H$,证明 $\mathbb{C}^n=N(A)\oplus N(A-I)$.

40. 设 $A\in\mathbb{C}^{n\times n}$ 且 $\text{rank}(A)=\text{rank}(A^2)$,证明 $R(A)+N(A)$ 是直和.

41. 设 $\boldsymbol{x}=(1,2,3)^T$,$W=\text{span}((2,5,-1)^T,(-2,1,1)^T)$,求 $\boldsymbol{x}$ 在 $W^\perp$ 中的正交投影.

42. 设 $A\in\mathbb{C}^{n\times n}$ 且 $A=A^2$,则下列命题正确的是:

A. $R(A)+R(I-A)$ 是直和. B. $R(I-A)=N(A)$.

C. $R(A)\perp N(A)$. D. $\dim(R(I-A))=n-\text{rank}(A)$.

43. 设 V 是由所有次数小于 n 的实系数多项式组成的线性空间,$U=\{f(x)\in$

$V|f(1)=0\}$，$W=\{f(x)\in V|f(2)=0\}$，判断下列命题的正确性：

(1) $\dim(U)=\dim(W)=n-1$.

(2) $U+W=V$.

(3) $\dim(U+W)=n$.

(4) $V=U\oplus W$.

44. 设 $A\in\mathbb{C}^{m\times n}$，判断下列命题的正确性：

(1) $R(A)$ 与 $N(A)$ 可能相等.

(2) $\dim(N(A))=m-\mathrm{rank}(A)$.

(3) 若 $\dim(N(A))=0$，则 A 列满秩.

(4) $R(A)$ 与 $N(A)$ 的零向量相同.

45. $\mathbb{R}^n$ 中的点 y 到 $\mathbb{R}^n$ 的子空间 W 的距离定义为从 y 到空间 W 中的点的最小距离. 试求 y 到空间 $W=\mathrm{span}\{x_1,x_2\}$ 的距离，其中

$$y=\begin{pmatrix}-1\\-5\\10\end{pmatrix}, \quad x_1=\begin{pmatrix}5\\-2\\1\end{pmatrix}, \quad x_2=\begin{pmatrix}1\\2\\-1\end{pmatrix}$$

若选取 $x_2=(1,2,1)^\mathrm{T}$，重新求该距离.

46. 设 $\epsilon_1,\epsilon_2,\epsilon_3,\epsilon_4,\epsilon_5$ 是欧氏空间 $\mathbb{R}^5$ 的一组标准正交基，令 $\alpha_1=\epsilon_1+\epsilon_5$，$\alpha_2=\epsilon_1-\epsilon_2+\epsilon_4$，$\alpha_3=2\epsilon_1+\epsilon_2+\epsilon_3$. 求 $W=\mathrm{span}(\alpha_1,\alpha_2,\alpha_3)$ 的一组标准正交基.

47. 已知数据点 $(2,1),(5,2),(7,3),(8,3)$，求最小二乘直线方程 $y=\mu_0+\mu_1t$.

48. 为测量飞机起飞性能，飞机的水平位置从 $t=0$ 到 $t=10$ s 每秒测量一次，具体位置(英尺)是：$0,8.8,29.9,62.0,104.7,159.1,222.0,294.5,380.4,471.1,571.7$. 试求这组数据的最小二乘立方曲线

$$y=\mu_0+\mu_1t+\mu_2t^2+\mu_3t^3$$

49. 请编写三次样条函数的程序.

50. 酒精测试仪通过测量驾驶员呼出气体的酒精含量来判断其是否饮酒. 半导体传感器因响应速度快、驱动简单、成本低而在酒精测试仪中广泛应用. 但它通常受环境温度影响较大，这需要在实际应用中通过算法进行补偿. 已知环境温度为 30 ℃ 时的酒精浓度值为 0.211 mg/L，在不同温度下的酒精浓度值如题表1所列，试给出在 20～50 ℃ 间的浓度值.

题表1 不同温度下的酒精浓度值

温度/℃	浓度/(mg · L^{-1})	温度/℃	浓度/(mg · L^{-1})
20	0.301	35	0.189
25	0.248	40	0.163
30	0.211	50	0.037

第 **2** 章

线性映射与矩阵

在线性代数中,可以引入矩阵简洁地表示线性方程组 $Ax=b$. 对于二元或三元线性方程组,其解集有直观的几何意义,即表示若干直线或平面的交集. 当然,也可以从映射角度重新理解线性方程组 $Ax=b$:将 $x \rightarrow Ax$ 视作从 F^n 到 F^m 的映射 T,向量 b 是向量 x 在映射 T 下的像,向量 x 是向量 b 的原像. 由此,解方程组 $Ax=b$ 就是求 F^m 中像为 b 的原像 x. 这也表明,矩阵 A 与映射 $T:F^n \rightarrow F^m$ 之间有着特殊的天然联系. 本章的核心目的就是揭示矩阵与映射之间的关系.

2.1　预备知识

定义 2.1.1(映射)　设 V 和 W 是两个非空集合,若存在一个 V 到 W 的对应法则 f,使得 V 中每个元素 x 都有 W 中唯一的元素 y 与之对应,则称 f 是 V 到 W 的一个**映射**,记为 $y=f(x)$. 元素 $y \in W$ 称为元素 $x \in V$ 在映射 f 下的**像**,称 x 为 y 的**原像**. 集合 V 称为映射 f 的**定义域**. 当 V 中元素改变时,x 在映射 f 下的像的全体作为 W 的一个子集,称为映射 f 的**值域**,记为 $R(f)$.

我们通常用记号

$$f:V \rightarrow W$$

抽象地表示 f 是 V 到 W 的一个映射;而用记号

$$f:x \rightarrow f(x)$$

表示映射 f 所规定的元素之间的具体对应关系.

定义 2.1.2(单射、满射与双射)　设 V 和 W 是两个非空集合,f 是 V 到 W 的一个映射. 若对任意 $x_1, x_2 \in V$,当 $x_1 \neq x_2$ 时有 $f(x_1) \neq f(x_2)$,则称 f 是 V 到 W 的**单映射**(简称**单射**);若对任意 $y \in W$ 都有一个元素 $x \in V$ 使得 $f(x)=y$(即 $R(f)=W$),则称 f 是 V 到 W 的**满映射**(简称**满射**);若映射 f 既是单映射又是满映射,则称 f 是 V 到 W 的**一一映射**或**双映射**(简称**双射**).

定义 2.1.3（映射相等）　设 f_1 是集合 V_1 到集合 W_1 的一个映射，f_2 是集合 V_2 到集合 W_2 的一个映射. 若 $V_1=V_2,W_1=W_2$，且对任意 $x\in V_1$ 有 $f_1(x)=f_2(x)$，则称映射 f_1 和 f_2 **相等**，记为 $f_1=f_2$.

定义 2.1.4（映射乘积）　设 V_1,V_2 和 V_3 是三个非空集合，并设 f_1 是 V_1 到 V_2 的一个映射，f_2 是 V_2 到 V_3 的一个映射. 由 f_1 和 f_2 确定的 V_1 到 V_3 的映射 $f_3:x\rightarrow f_2(f_1(x))$，$x\in V_1$，称为映射 f_1 和 f_2 的**乘积**，记为 $f_3=f_2\cdot f_1$，或简写为 $f_3=f_2f_1$.

一般而言，映射 f_1 和 f_2 的乘积不具有交换律，即映射 f_1 和 f_2 的乘积与映射 f_2 和 f_1 的乘积不同.

例 2.1.1　设映射 $f_1:\mathbb{R}\rightarrow\mathbb{R},f_2:\mathbb{R}\rightarrow\mathbb{R}$，且 $f_1(x)=x^2,f_2(x)=2x$. 则

$$f_1\cdot f_2(x)=f_1(2x)=4x^2$$
$$f_2\cdot f_1(x)=f_2(x^2)=2x^2$$

故有 $f_1\cdot f_2\neq f_2\cdot f_1$，这表明映射 f_1 和 f_2 的乘积不满足交换律.

定义 2.1.5（可逆映射）　设映射 $f_1:V\rightarrow W$，若存在映射 $f_2:W\rightarrow V$ 使得

$$f_2\cdot f_1=I_V,\quad f_1\cdot f_2=I_W$$

式中：$I_V:x\rightarrow x,x\in V$ 为 V 上的恒等映射，I_W 是 W 上的恒等映射. 我们称 f_2 为 f_1 的**逆映射**，记为 f_1^{-1}. 若映射 f_1 有逆映射，则称 f_1 为**可逆映射**.

定理 2.1.1　设映射 $f:V\rightarrow W$ 是可逆的，则 f 的逆映射 f^{-1} 是唯一的.

证明　反证法. 设映射 $f:V\rightarrow W$ 存在两个不同的逆映射 $f_1:W\rightarrow V,f_2:W\rightarrow V$. 考虑映射 $f_1\cdot f\cdot f_2$，由结合律有

$$f_1\cdot f\cdot f_2=(f_1\cdot f)\cdot f_2=I_Vf_2=f_2$$

又有

$$f_1\cdot f\cdot f_2=f_1\cdot(f\cdot f_2)=f_1I_W=f_1$$

故有 $f_1\cdot f\cdot f_2=f_1=f_2$，即唯一性得证.

定理 2.1.2　映射 $f:V\rightarrow W$ 是可逆映射的充分必要条件是 f 是双射.

证明　充分性. 由 f 为双射，即对于任意 $y\in W$，存在唯一的 $x\in V$ 使得 $f(x)=y$，可定义映射

$$g:W\rightarrow V,\quad g(y)=x$$

则

$$(f\cdot g)(y)=f(g(y))=f(x)=y$$

即 $f\cdot g=I_W$，且对任意 $x\in V$ 有

$$(g\cdot f)(x)=g(f(x))=g(y)=x$$

即 $g\cdot f=I_V$. 由定义 2.1.5，证得 f 逆映射 $f^{-1}=g$ 存在，即 f 是可逆映射.

必要性. $\forall x_1,x_2\in V$，若有 $f(x_1)=f(x_2)$，则有

$$x_1=f^{-1}f(x_1)=f^{-1}f(x_2)=x_2$$

即证得 f 为单射. $\forall y\in W$，显然存在 $x=f^{-1}(y),x\in V$，于是有

$$f(x) = f(f^{-1}(y)) = (ff^{-1})(y) = y$$

即证得 f 为满射. 综上，f 为双射.

定义 2.1.6（变换） 设 V 是一个非空集合，V 到自身的映射称为 V 的**变换**；V 到自身的双射称为 V 的**一一变换**；若 V 是有限集，V 的一一变换称为 V 的**置换**.

定义 2.1.7（一元多项式） 设 F 是数域，n 是自然数，λ 是一个文字（或符号），则表达式

$$g(\lambda) = a_n \lambda^n + a_{n-1} \lambda^{n-1} + \cdots + a_1 \lambda + a_0 \tag{2.1.1}$$

称为数域 F 上的一元多项式，式中 $a_i \in F (i=0,1,\cdots,n)$. 如果 $a_n \neq 0$，则称 $a_n \lambda^n$ 为多项式的首项，n 称为 $g(\lambda)$ 的次数，记为 $\deg(g(\lambda)) = n$，a_n 称为 $g(\lambda)$ 的首项系数. 若 $a_n = 1$，则称 $g(\lambda)$ 为**首 1 多项式**.

注 1：定义 2.1.7 中"λ 是一个文字"是指不能把 λ 看成一个数字，也不能把 λ 看成一个参数.

对于多项式 $g(\lambda) = \sum\limits_{i=0}^{n} a_{n-i} \lambda^{n-i}$ 和 $h(\lambda) = \sum\limits_{i=0}^{m} b_{m-i} \lambda^{m-i} (n \geqslant m)$，$g(\lambda)$ 与 $h(\lambda)$ 的加减、乘积分别定义为

$$g(\lambda) \pm h(\lambda) = \sum_{i=0}^{n} (a_{n-i} \pm b_{n-i}) \lambda^{n-i}$$

$$g(\lambda) h(\lambda) = \sum_{i=0}^{n+m} c_{n+m-i} \lambda^{n+m-i}$$

式中：$c_k = \sum\limits_{i+j=k} a_i b_j$，$b_n = b_{n-1} = \cdots = b_{m+1} = 0$.

由上述定义易知，两个多项式经过加、减、乘运算后所得结果仍是数域 F 上的多项式，且加法和乘法分别符合交换律、结合律、乘法对加法的分配律和乘法消去律. 一般来说，两个多项式不能随便作除法，但有如下定理.

定理 2.1.3 设 $g(\lambda)$ 和 $h(\lambda)$ 是数域 F 上的多项式且 $h(\lambda) \neq 0$，则存在唯一的多项式 $p(\lambda)$ 和 $q(\lambda)$ 使得

$$g(\lambda) = p(\lambda) h(\lambda) + q(\lambda)$$

式中：$q(\lambda) = 0$ 或 $\deg(q(\lambda)) < \deg(h(\lambda))$.

证明 存在性. 若 $g(\lambda) = 0$，显然令 $p(\lambda) = q(\lambda) = 0$ 即可. 若 $g(\lambda) \neq 0$，记 $\deg(h(\lambda)) = m$，$\deg(g(\lambda)) = n$，且定义

$$g(\lambda) = a_n \lambda^n + a_{n-1} \lambda^{n-1} + \cdots + a_1 \lambda + a_0$$

$$h(\lambda) = b_m \lambda^m + b_{m-1} \lambda^{n-1} + \cdots + b_1 \lambda + b_0$$

式中：$a_n \neq 0$ 且 $b_m \neq 0$.

对 $g(\lambda)$ 的次数 n 作如下讨论：

(1) 若 $n < m$，显然令 $p(\lambda) = 0$ 和 $q(\lambda) = g(\lambda)$，则原式成立.

(2) 若 $n \geqslant m$，定义 $g_1(\lambda) = g(\lambda) - a_n b_m^{-1} \lambda^{n-m} h(\lambda)$，则 $\deg(g_1(\lambda)) \leqslant n-1$. 记 $p_1(\lambda) = a_n b_m^{-1} \lambda^{n-m}$，有 $g(\lambda) = p_1(\lambda) h(\lambda) + g_1(\lambda)$.

同样地,若 $\deg(g_1(\lambda))<m$,则令 $q(\lambda)=g(\lambda)$;若 $\deg(g_1(\lambda))\geqslant m$,则存在 $p_2(\lambda)$ 使得 $g_1(\lambda)=p_2(\lambda)h(\lambda)+g_2(\lambda)$. 其中,$\deg(g_2(\lambda))\leqslant n-2$,且有 $g(\lambda)=[p_1(\lambda)+p_2(\lambda)]h(\lambda)+g_1(\lambda)$.

由数学归纳法知,存在 $g_k(\lambda)$ 与 $p_1(\lambda),p_2(\lambda),\cdots,p_{k-1}(\lambda)$ 使得 $\deg(g_k(\lambda))\leqslant n-k<m$,且

$$g(\lambda)=\sum_{i=1}^{k-1}p_i(\lambda)h(\lambda)+g_k(\lambda)$$

取 $p(\lambda)=\sum_{i=1}^{k-1}p_i(\lambda),h(\lambda)=g_k(\lambda)$,则存在性得证.

唯一性. 若存在两组不同多项式 $p_1(\lambda),q_1(\lambda)$ 与 $p_2(\lambda),q_2(\lambda)$ 均使原式成立,则有

$$g(\lambda)=p_1(\lambda)h(\lambda)+q_1(\lambda)=p_2(\lambda)h(\lambda)+q_2(\lambda)$$

式中:$q_i(\lambda)=0$ 或 $\deg(q_i(\lambda))<\deg(h_i(\lambda)),i=1,2$,则有

$$[p_1(\lambda)-p_2(\lambda)]h(\lambda)=q_2(\lambda)-q_1(\lambda)$$

此时,若 $q_2(\lambda)-q_1(\lambda)\neq0$,则由 $h(\lambda)\neq0$ 知 $p_1(\lambda)-p_2(\lambda)\neq0$,且有

$$\deg(q_2(\lambda)-q_1(\lambda))\geqslant\deg(h(\lambda)) \tag{2.1.2}$$

而 $\deg(q_1(\lambda))<\deg(h(\lambda)),\deg(q_2(\lambda))<\deg(h(\lambda))$,故应有

$$\deg(q_2(\lambda)-q_1(\lambda))<\deg(h(\lambda))$$

这与式(2.1.2)矛盾. 故假设不成立,唯一性得证.

例 2.1.2　设多项式 $g(\lambda)=\lambda^5+4\lambda^4+3\lambda^3+2\lambda^2+\lambda+1,h(\lambda)=\lambda^3+\lambda$,求多项式 $p(\lambda)$ 和 $q(\lambda)$ 使得 $g(\lambda)=p(\lambda)h(\lambda)+q(\lambda)$,其中 $\deg(q(\lambda))<\deg(h(\lambda))$ 或 $q(\lambda)=0$.

使用多项式除法

$$
\begin{array}{r}
\lambda^2+4\lambda+2 \\
\lambda^3+\lambda\,\overline{\smash{)}\,\lambda^5+4\lambda^4+3\lambda^3+2\lambda^2+\lambda+1} \\
\underline{\lambda^5\qquad+\lambda^3}\\
4\lambda^4+2\lambda^3+2\lambda^2+\lambda+1\\
\underline{4\lambda^4\qquad+4\lambda^2}\\
2\lambda^3-2\lambda^2+\lambda+1\\
\underline{2\lambda^3\qquad+2\lambda}\\
-2\lambda^2-\lambda+1
\end{array}
$$

故有

$$p(\lambda)=\lambda^2+4\lambda+2$$
$$q(\lambda)=-2\lambda^2-\lambda+1$$

定义 2.1.8(多项式整除)　设 $g(\lambda)$ 和 $h(\lambda)$ 是数域 F 上的多项式,若存在多项式 $p(\lambda)$ 使得 $g(\lambda)=p(\lambda)h(\lambda)$,则称**多项式 $h(\lambda)$ 整除 $g(\lambda)$**,记为 $h(\lambda)\,|\,g(\lambda)$,$h(\lambda)$ 是 $g(\lambda)$ 的**因式**,$g(\lambda)$ 是 $h(\lambda)$ 的**倍式**.

定义 2.1.9(公因式) 设 $g(\lambda)$ 和 $h(\lambda)$ 是数域 F 上的多项式,若多项式 $p(\lambda)$ 既是 $g(\lambda)$ 的因式,又是 $h(\lambda)$ 的因式,则称 $p(\lambda)$ 是 $g(\lambda)$ 与 $h(\lambda)$ 的公因式. 若多项式 $d(\lambda)$ 是 $g(\lambda)$ 与 $h(\lambda)$ 的公因式,且 $g(\lambda)$ 与 $h(\lambda)$ 的任一公因式都是 $d(\lambda)$ 的因式,则称 $d(\lambda)$ 是 $g(\lambda)$ 与 $h(\lambda)$ 的一个**最大公因式**.

定义 2.1.10(公倍式) 设 $g(\lambda)$ 和 $h(\lambda)$ 是数域 F 上的多项式,若多项式 $p(\lambda)$ 既是 $g(\lambda)$ 的倍式,又是 $h(\lambda)$ 的倍式,则称 $p(\lambda)$ 是 $g(\lambda)$ 与 $h(\lambda)$ 的**公倍式**. 若多项式 $d(\lambda)$ 是 $g(\lambda)$ 与 $h(\lambda)$ 的公倍式,且 $g(\lambda)$ 与 $h(\lambda)$ 的任一公倍式都是 $d(\lambda)$ 的倍式,则称 $d(\lambda)$ 是 $g(\lambda)$ 与 $h(\lambda)$ 的一个**最小公倍式**.

注 2:若无特殊说明,最大公因式和最小公倍式均是指首 1 多项式.

定义 2.1.11(友矩阵) 设 $f(\lambda)$ 是数域 F 上的首 1 多项式,其表达式为
$$f(\lambda) = \lambda^n + a_{n-1}\lambda^{n-1} + \cdots + a_1\lambda + a_0$$
定义 n 阶矩阵

$$\boldsymbol{A} = \begin{bmatrix} 0 & 1 & 0 & \cdots & 0 \\ 0 & 0 & 1 & \cdots & 0 \\ \vdots & \vdots & \vdots & & \vdots \\ 0 & 0 & 0 & \cdots & 1 \\ -a_0 & -a_1 & -a_2 & \cdots & -a_{n-1} \end{bmatrix} \text{ 或 } \boldsymbol{A} = \begin{bmatrix} 0 & 0 & \cdots & 0 & -a_0 \\ 1 & 0 & \cdots & 0 & -a_1 \\ 0 & 1 & \cdots & 0 & -a_2 \\ \vdots & \vdots & & \vdots & \vdots \\ 0 & 0 & \cdots & 1 & -a_{n-1} \end{bmatrix}$$

称其为多项式 $f(\lambda)$ 的**友矩阵**(或伴侣矩阵).

定理 2.1.4 设多项式 $f(\lambda)$ 的友矩阵为 $\boldsymbol{A}$,则 $\boldsymbol{A}$ 的特征多项式为 $f(\lambda)$.

证明 定义行列式

$$D_i = \begin{vmatrix} \lambda & -1 & 0 & \cdots & 0 \\ 0 & \lambda & -1 & \cdots & 0 \\ \vdots & \vdots & \vdots & & \vdots \\ 0 & 0 & 0 & \cdots & -1 \\ a_i & a_{i+1} & a_{i+2} & \cdots & \lambda + a_{n-1} \end{vmatrix}, \quad i \in [0, n-1],$$

则有 $|\lambda\boldsymbol{I} - \boldsymbol{A}| = D_0$,$D_{n-1} = \lambda + a_{n-1}$.

将行列式 D_i 按第一列展开,有
$$D_i = \lambda D_{i+1} + (-1)^{n-i+1} a_i (-1)^{n-i-1} = \lambda D_{i+1} + a_i$$

由此,有
$$\begin{aligned} D_0 &= \lambda D_1 + a_0 = \lambda(\lambda D_2 + a_1) + a_0 \\ &= \lambda^2(\lambda D_3 + a_2) + \lambda a_1 + a_0 \\ &= \cdots \\ &= \lambda^n + a_{n-1}\lambda^{n-1} + \cdots + a_1\lambda + a_0. \end{aligned}$$

即 $|\lambda\boldsymbol{I} - \boldsymbol{A}| = \lambda^n + a_{n-1}\lambda^{n-1} + \cdots + a_1\lambda + a_0$. 证毕.

2.2　线性映射

定义 2.2.1(线性映射)　设 V 和 W 是数域 F 上的线性空间,若映射 $T:V{\to}W$ 满足下述性质:

(1) 可加性: $\forall\,\boldsymbol{x},\boldsymbol{y}\in V, T(\boldsymbol{x}+\boldsymbol{y})=T(\boldsymbol{x})+T(\boldsymbol{y})$;

(2) 齐次性: $\forall\lambda\in F, T(\lambda\boldsymbol{x})=\lambda T(\boldsymbol{x})$,

则称 T 为 V 到 W 的一个**线性映射**.特别地,当 $V=W$ 时,映射 T 为 V 到自身的线性映射,称 T 为 V 上的**线性变换**(或线性算子).

例 2.2.1　设 V 是数域 F 上的线性空间,定义映射 $T:V{\to}V$,分别满足

(1) $T(\boldsymbol{x})=\boldsymbol{\theta}, \forall\,\boldsymbol{x}\in V$;

(2) $T(\boldsymbol{x})=\boldsymbol{x}, \forall\,\boldsymbol{x}\in V$;

(3) $T(\boldsymbol{x})=-\boldsymbol{x}, \forall\,\boldsymbol{x}\in V$,

则以上三个映射均为线性变换,分别称为**零变换**、**恒等变换**和**负变换**.

例 2.2.2　定义映射 $T:\mathbb{R}^2{\to}\mathbb{R}^2, \boldsymbol{x}=(x_1,x_2)^{\mathrm{T}}\in\mathbb{R}^2$,它分别满足

(1) $T(\boldsymbol{x})=\begin{bmatrix}k_1&0\\0&k_2\end{bmatrix}\boldsymbol{x}, k_1$ 和 k_2 为正常数;

(2) $T(\boldsymbol{x})=(x_1,-x_2)^{\mathrm{T}}$;

(3) $T(\boldsymbol{x})=\begin{bmatrix}\cos\varphi&\sin\varphi\\-\sin\varphi&\cos\varphi\end{bmatrix}\boldsymbol{x}, \varphi$ 为旋转角(逆时针取正),

则以上三个映射均为线性变换,分别称为**平面伸缩变换**、**平面反射变换**和**平面旋转变换**,它们是常见的图形变换.例如,取 $\boldsymbol{x}=(\cos\theta,\sin\theta)^{\mathrm{T}}$ 时,它在平面旋转变换下的像为

$$T(\boldsymbol{x})=\begin{bmatrix}\cos\varphi&\sin\varphi\\-\sin\varphi&\cos\varphi\end{bmatrix}\begin{pmatrix}\cos\theta\\\sin\theta\end{pmatrix}=\begin{pmatrix}\cos(\varphi+\theta)\\\sin(\varphi+\theta)\end{pmatrix}$$

如图 2.2.1 所示,原像 $\boldsymbol{x}$ 通过逆时针旋转角度 φ 即得到像 $T(\boldsymbol{x})$.

例 2.2.3　在多项式空间 $P_n(x)$ 中,定义映射 $T:P_n{\to}P_n$ 满足

$$T(p(x))=\frac{\mathrm{d}p(x)}{\mathrm{d}x}, \quad \forall\,p(x)\in P_n(x)$$

则映射 T 是 $P_n(x)$ 上的线性变换,称为**微分变换**(或微分算子).

例 2.2.4　在 $C[a,b]$ 空间中,定义映射 $T:C[a,b]{\to}C[a,b]$ 满足

$$T(f(x))=\int_a^x f(t)\mathrm{d}t, \quad \forall\,f(x)\in C[a,b]$$

则映射 T 是 $C[a,b]$ 上的线性变换,称为**积分变换**(或积分算子).

拉普拉斯变换是一种典型的积分变换,其定义如下:设 $f(t)$ 为定义在 $\mathbb{R}^+$ 的实值函数,且存在实数 τ 使得当 $s>\tau$ 时,广义积分

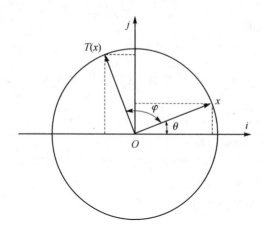

图 2.2.1　旋转变换示意图

$$F(s) = \int_0^{+\infty} f(t) e^{-st} \, dt$$

收敛,则称上式右端的积分函数为 $f(t)$ 的拉普拉斯变换,$F(s)$ 称为 $f(t)$ 在拉普拉斯变换下的像函数,常记为 $\mathcal{L}(f(t))$,$f(t)$ 称为 $F(s)$ 的原函数. 又知

$$\mathcal{L}(f_1(t) + f_2(t)) = \int_0^{+\infty} [f_1(t) + f_2(t)] e^{-st} \, dt = \int_0^{+\infty} f_1(t) e^{-st} \, dt + \int_0^{+\infty} f_2(t) e^{-st} \, dt$$

$$= \mathcal{L}(f_1(t)) + \mathcal{L}(f_2(t))$$

$$\mathcal{L}(k f(t)) = \int_0^{+\infty} [k f(t)] e^{-st} \, dt = k \int_0^{+\infty} f(t) e^{-st} \, dt = k \mathcal{L}(f(t))$$

因此,拉普拉斯变换是一种线性映射,且这种映射将函数空间中一时域信号映射为函数空间中一复频域信号,故拉普拉斯变换为函数空间上的线性变换.

例 2.2.5　设 W 是内积空间 V 的非平凡子空间,定义映射 T 为

$$T(\boldsymbol{x}) = \operatorname{Proj}_W \boldsymbol{x}, \quad \forall \boldsymbol{x} \in V$$

则映射 T 是 V 上的线性变换,称为<u>正交投影变换</u>.

证明　设向量组 $\boldsymbol{\alpha}_1, \cdots, \boldsymbol{\alpha}_p$ 是 W 的一组标准正交基,则 V 中任一向量 $\boldsymbol{x}$ 在 W 上的正交投影可表示为

$$\operatorname{Proj}_W \boldsymbol{x} = (\boldsymbol{x}, \boldsymbol{\alpha}_1)\boldsymbol{\alpha}_1 + \cdots + (\boldsymbol{x}, \boldsymbol{\alpha}_p)\boldsymbol{\alpha}_p$$

因此,

$$T(\boldsymbol{x}) = \sum_{i=1}^{p} (\boldsymbol{x}, \boldsymbol{\alpha}_i)\boldsymbol{\alpha}_i$$

那么,对任意向量 $\boldsymbol{x}, \boldsymbol{y} \in V$ 和任意数 $\lambda, \mu \in F$ 有

$$T(\lambda \boldsymbol{x} + \mu \boldsymbol{y}) = \sum_{i=1}^{p} (\lambda \boldsymbol{x} + \mu \boldsymbol{y}, \boldsymbol{\alpha}_i)\boldsymbol{\alpha}_i$$

$$= \lambda \sum_{i=1}^{p} (\boldsymbol{x}, \boldsymbol{\alpha}_i)\boldsymbol{\alpha}_i + \mu \sum_{i=1}^{p} (\boldsymbol{y}, \boldsymbol{\alpha}_i)\boldsymbol{\alpha}_i$$

$$= \lambda T(\boldsymbol{x}) + \mu T(\boldsymbol{y})$$

综上可知,映射 T 是 V 上的线性变换.

例 2.2.6　设 V 是数域 F 上的线性空间,$\boldsymbol{\varepsilon}_1,\cdots,\boldsymbol{\varepsilon}_n$ 和 $\boldsymbol{\eta}_1,\cdots,\boldsymbol{\eta}_n$ 是 V 的两组基,定义映射 $T:V \to V$ 为

$$T(\boldsymbol{\alpha}) = (\boldsymbol{\eta}_1,\cdots,\boldsymbol{\eta}_n)(a_1,\cdots,a_n)^{\mathrm{T}}, \quad \forall \boldsymbol{\alpha} \in V$$

式中:$(a_1,\cdots,a_n)^{\mathrm{T}}$ 是向量 $\boldsymbol{\alpha}$ 在基 $\boldsymbol{\varepsilon}_1,\cdots,\boldsymbol{\varepsilon}_n$ 下的坐标.根据定义 2.2.1 易证,映射 T 是 V 上的线性变换.注意到 $(\boldsymbol{\eta}_1,\cdots,\boldsymbol{\eta}_n) = (\boldsymbol{\varepsilon}_1,\cdots,\boldsymbol{\varepsilon}_n)\boldsymbol{A}$,其中矩阵 $\boldsymbol{A}$ 是从基 $\boldsymbol{\varepsilon}_1,\cdots,\boldsymbol{\varepsilon}_n$ 到基 $\boldsymbol{\eta}_1,\cdots,\boldsymbol{\eta}_n$ 的过渡矩阵,则映射 T 可改写为

$$T(\boldsymbol{\alpha}) = (\boldsymbol{\varepsilon}_1,\cdots,\boldsymbol{\varepsilon}_n)\boldsymbol{A}(a_1,\cdots,a_n)^{\mathrm{T}}, \quad \forall \boldsymbol{\alpha} \in V$$

这表明映射 T 实际上是将 V 中向量的坐标 $(a_1,\cdots,a_n)^{\mathrm{T}}$ 映射为 $\boldsymbol{A}(a_1,\cdots,a_n)^{\mathrm{T}}$.

例 2.2.7　设 $\boldsymbol{\alpha}_1,\boldsymbol{\alpha}_2,\boldsymbol{\alpha}_3$ 是线性空间 V 的一组基,定义映射 T 为

$$T(k_1\boldsymbol{\alpha}_1 + k_2\boldsymbol{\alpha}_2 + k_3\boldsymbol{\alpha}_3) = (k_1 + k_2 + k_3)\boldsymbol{\alpha}_1 + (k_2 + k_3)\boldsymbol{\alpha}_2 + k_3\boldsymbol{\alpha}_3$$

式中:$k_1,k_2,k_3 \in F$.

(1) 证明映射 T 是 $V \to V$ 的线性变换.

(2) 若 $\boldsymbol{\beta}_0 = 2\boldsymbol{\alpha}_1 + \boldsymbol{\alpha}_2 + 3\boldsymbol{\alpha}_3$,求 $T(\boldsymbol{\beta}_0)$.

解　(1) 首先证明映射 T 是 $V \to V$ 的线性变换. $\forall \boldsymbol{x},\boldsymbol{y} \in V$,令 $\boldsymbol{x} = x_1\boldsymbol{\alpha}_1 + x_2\boldsymbol{\alpha}_2 + x_3\boldsymbol{\alpha}_3, \boldsymbol{y} = y_1\boldsymbol{\alpha}_1 + y_2\boldsymbol{\alpha}_2 + y_3\boldsymbol{\alpha}_3$,则有

$$\begin{aligned} T(\boldsymbol{x} + \boldsymbol{y}) &= T((x_1 + y_1)\boldsymbol{\alpha}_1 + (x_2 + y_2)\boldsymbol{\alpha}_2 + (x_3 + y_3)\boldsymbol{\alpha}_3) \\ &= [(x_1 + y_1) + (x_2 + y_2) + (x_3 + y_3)]\boldsymbol{\alpha}_1 + \\ &\quad [(x_2 + y_2) + (x_3 + y_3)]\boldsymbol{\alpha}_2 + (x_3 + y_3)\boldsymbol{\alpha}_3 \\ &= T(\boldsymbol{x}) + T(\boldsymbol{y}) \end{aligned}$$

对任意 $\boldsymbol{x} \in V$ 和 $k \in F$,有

$$\begin{aligned} T(k\boldsymbol{x}) &= T(kx_1\boldsymbol{\alpha}_1 + kx_2\boldsymbol{\alpha}_2 + kx_3\boldsymbol{\alpha}_3) \\ &= (kx_1 + kx_2 + kx_3)\boldsymbol{\alpha}_1 + (kx_2 + kx_3)\boldsymbol{\alpha}_2 + kx_3\boldsymbol{\alpha}_3 \\ &= kT(\boldsymbol{x}) \end{aligned}$$

因此,映射 T 是 V 上的线性变换.

(2) 求解 $T(\boldsymbol{\beta}_0)$.

解法 1　令 $x_1 = 2, x_2 = 1, x_3 = 3$,则

$$\begin{aligned} T(\boldsymbol{\beta}_0) &= (2 + 1 + 3)\boldsymbol{\alpha}_1 + (1 + 3)\boldsymbol{\alpha}_2 + 3\boldsymbol{\alpha}_3 \\ &= 6\boldsymbol{\alpha}_1 + 4\boldsymbol{\alpha}_2 + 3\boldsymbol{\alpha}_3 \end{aligned}$$

解法 2　$\forall \boldsymbol{x} = (x_1,x_2,x_3)^{\mathrm{T}} \in F^3$,有

$$T(x_1\boldsymbol{\alpha}_1 + x_2\boldsymbol{\alpha}_2 + x_3\boldsymbol{\alpha}_3) = (\boldsymbol{\alpha}_1,\boldsymbol{\alpha}_2,\boldsymbol{\alpha}_3)\begin{bmatrix} 1 & 1 & 1 \\ 0 & 1 & 1 \\ 0 & 0 & 1 \end{bmatrix}\boldsymbol{x}$$

由于向量 $\boldsymbol{\beta}_0$ 在基 $\boldsymbol{\alpha}_1,\boldsymbol{\alpha}_2,\boldsymbol{\alpha}_3$ 下的坐标为 $\boldsymbol{x} = (2,1,3)^{\mathrm{T}}$,将其代入上式得

$$T(\boldsymbol{\beta}_0) = (\boldsymbol{\alpha}_1, \boldsymbol{\alpha}_2, \boldsymbol{\alpha}_3) \begin{bmatrix} 1 & 1 & 1 \\ 0 & 1 & 1 \\ 0 & 0 & 1 \end{bmatrix} \begin{pmatrix} 2 \\ 1 \\ 3 \end{pmatrix} = 6\boldsymbol{\alpha}_1 + 4\boldsymbol{\alpha}_2 + 3\boldsymbol{\alpha}_3$$

例 2.2.8 设 $\mathbb{Q}(\sqrt{3})$ 表示定义在数域 $\mathbb{Q}(\sqrt{3})$ 上的线性空间,定义变换 $T:\mathbb{Q}(\sqrt{3}) \to \mathbb{Q}(\sqrt{3})$ 满足

$$T(a_1 + a_2\sqrt{3}) = 3^{a_1} + a_2\sqrt{3}, \quad \forall a_1, a_2 \in \mathbb{Q}$$

则映射 T 不是线性变换. 这是因为 $T(2(1+\sqrt{3})) = 3^2 + 2\sqrt{3} \neq 2T(1+\sqrt{3})$.

定理 2.2.1 设 T 是数域 F 上线性空间 V 到 W 的线性映射,若 $\boldsymbol{\alpha}_1, \cdots, \boldsymbol{\alpha}_p$ 是 V 的一组向量,$k_1, \cdots, k_p \in F$,则

$$T(k_1\boldsymbol{\alpha}_1 + \cdots + k_p\boldsymbol{\alpha}_p) = k_1 T(\boldsymbol{\alpha}_1) + \cdots + k_p T(\boldsymbol{\alpha}_p)$$

该定理可由定义 2.2.1 直接得到,并有如下推论.

推论 2.2.1 设 T 是线性空间 V 到线性空间 W 的线性映射,则

(1) $T(\boldsymbol{\theta}) = \boldsymbol{\theta}'$,$\boldsymbol{\theta} \in V$,$\boldsymbol{\theta}' \in W$;

(2) $T(-\boldsymbol{x}) = -T(\boldsymbol{x})$,$\forall \boldsymbol{x} \in V$;

(3) 若 $\boldsymbol{\alpha}_1, \cdots, \boldsymbol{\alpha}_p$ 是 V 中一组线性相关向量,则 $T(\boldsymbol{\alpha}_1), \cdots, T(\boldsymbol{\alpha}_p)$ 是 W 中一组线性相关向量;

(4) 若 $T(\boldsymbol{\alpha}_1), \cdots, T(\boldsymbol{\alpha}_p)$ 是 W 中一组线性无关向量,则 $\boldsymbol{\alpha}_1, \cdots, \boldsymbol{\alpha}_p$ 是 V 中一组线性无关向量.

注1:推论 2.2.1 性质(1)的几何意义是线性映射必须保持原点不动. 因此,解析几何中常见的平移变换一般不是线性变换. 性质(3)和性质(4)互为逆否命题.

定理 2.2.2 设 T 是数域 F 上线性空间 V 到线性空间 W 的线性映射,当且仅当 T 是单射时,V 中线性无关向量组的像是 W 中线性无关向量组.

证明 充分性. 设 $\boldsymbol{\alpha}_1, \cdots, \boldsymbol{\alpha}_p$ 是 V 中一组线性无关向量,则对任一不全为零的数组 $k_1, \cdots, k_p \in F$,有 $k_1\boldsymbol{\alpha}_1 + \cdots + k_p\boldsymbol{\alpha}_p \neq \boldsymbol{\theta}$. 由于 T 是单射且 $T(\boldsymbol{\theta}) = \boldsymbol{\theta}$,从而

$$T(k_1\boldsymbol{\alpha}_1 + \cdots + k_p\boldsymbol{\alpha}_p) = k_1 T(\boldsymbol{\alpha}_1) + \cdots + k_p T(\boldsymbol{\alpha}_p) \neq \boldsymbol{\theta}$$

上式说明 $T(\boldsymbol{\alpha}_1), \cdots, T(\boldsymbol{\alpha}_p)$ 是 W 中一组线性无关向量.

必要性. 设 $\boldsymbol{\epsilon}_1, \cdots, \boldsymbol{\epsilon}_n$ 是 V 中一组基,则 V 中任意向量 $\boldsymbol{\alpha}$ 和 $\boldsymbol{\beta}$ 可表示为

$$\boldsymbol{\alpha} = a_1\boldsymbol{\epsilon}_1 + \cdots + a_n\boldsymbol{\epsilon}_n, \quad \boldsymbol{\beta} = b_1\boldsymbol{\epsilon}_1 + \cdots + b_n\boldsymbol{\epsilon}_n$$

式中:$\boldsymbol{a} = (a_1, \cdots, a_n)^{\mathrm{T}}$ 和 $\boldsymbol{b} = (b_1, \cdots, b_n)^{\mathrm{T}}$ 分别是向量 $\boldsymbol{\alpha}$ 和 $\boldsymbol{\beta}$ 在基 $\boldsymbol{\epsilon}_1, \cdots, \boldsymbol{\epsilon}_n$ 下的坐标.

于是,

$$T(\boldsymbol{\alpha}) = a_1 T(\boldsymbol{\epsilon}_1) + \cdots + a_n T(\boldsymbol{\epsilon}_n)$$
$$T(\boldsymbol{\beta}) = b_1 T(\boldsymbol{\epsilon}_1) + \cdots + b_n T(\boldsymbol{\epsilon}_n)$$

且有

$$T(\boldsymbol{\alpha}) - T(\boldsymbol{\beta}) = (a_1 - b_1)T(\boldsymbol{\epsilon}_1) + \cdots + (a_n - b_n)T(\boldsymbol{\epsilon}_n)$$

当 $\boldsymbol{\alpha}\neq\boldsymbol{\beta}$ 时,若有 $T(\boldsymbol{\alpha})=T(\boldsymbol{\beta})$,则根据上式得

$$(a_1-b_1)T(\boldsymbol{\epsilon}_1)+\cdots+(a_n-b_n)T(\boldsymbol{\epsilon}_n)=\boldsymbol{\theta}$$

由于 $T(\boldsymbol{\epsilon}_1),\cdots,T(\boldsymbol{\epsilon}_n)$ 线性无关,故 $a_i=b_i,i=1,\cdots,n$,即 $\boldsymbol{a}=\boldsymbol{b}$. 由于 $\boldsymbol{\alpha}\neq\boldsymbol{\beta}$,故其坐标 $\boldsymbol{a}\neq\boldsymbol{b}$.

因此,当 $\boldsymbol{\alpha}\neq\boldsymbol{\beta}$ 时,$T(\boldsymbol{\alpha})\neq T(\boldsymbol{\beta})$. 这表明映射 T 是单射.证毕.

推论 2.2.2　设线性空间 V 和 W 的维数相同,且 T 是线性空间 V 到线性空间 W 的线性映射,当且仅当 T 是单射时,V 中一组基的像是 W 中一组基.此时映射 T 是双射.

注 2：线性映射和单射(双射)是两个不同的概念.例如,例 2.2.1 定义的零映射是线性映射但不是单射;而例 2.2.8 是单射但不是线性映射.

若无特殊说明,我们用 $\mathcal{L}(V,W)$ 表示线性空间 V 到线性空间 W 的所有线性映射的集合;用 $\mathcal{L}(V,V)$ 表示定义在线性空间 V 的所有线性变换的集合,简记为 $\mathcal{L}(V)$.

定义 2.2.2(线性映射的加法运算)　设 $T_1,T_2\in\mathcal{L}(V,W)$,定义 T_1 与 T_2 的和为

$$(T_1+T_2)(\boldsymbol{x})=T_1(\boldsymbol{x})+T_2(\boldsymbol{x}),\quad \boldsymbol{x}\in V$$

式中：等式右端的"$+$"表示线性空间 W 的加法运算.

定义 2.2.3(线性映射的数乘运算)　设 $T\in\mathcal{L}(V,W),\lambda\in F$,定义 λ 与 T 的数乘 $\lambda\cdot T$ 为

$$(\lambda T)(\boldsymbol{x})=\lambda\cdot T(\boldsymbol{x}),\quad \boldsymbol{x}\in V$$

式中：等式右端的"$\cdot$"表示线性空间 W 的数乘运算,可省略.

定理 2.2.3　集合 $\mathcal{L}(V,W)$ 对定义 2.2.2 的加法和定义 2.2.3 的数乘构成数域 F 上的线性空间,称为**线性映射空间**.特别地,$\mathcal{L}(V)$ 称为**线性变换空间**.

证明　对任意映射 $T_1,T_2\in\mathcal{L}(V,W)$,任意向量 $\boldsymbol{x},\boldsymbol{y}\in V$ 和任意数 $\lambda,\mu\in F$,有

$$\begin{aligned}(T_1+T_2)(\lambda\boldsymbol{x}+\mu\boldsymbol{y})&=T_1(\lambda\boldsymbol{x}+\mu\boldsymbol{y})+T_2(\lambda\boldsymbol{x}+\mu\boldsymbol{y})\\&=\lambda T_1(\boldsymbol{x})+\mu T_1(\boldsymbol{y})+\lambda T_2(\boldsymbol{x})+\mu T_2(\boldsymbol{y})\\&=\lambda[T_1(\boldsymbol{x})+T_2(\boldsymbol{x})]+\mu[T_1(\boldsymbol{y})+T_2(\boldsymbol{y})]\\&=\lambda(T_1+T_2)(\boldsymbol{x})+\mu(T_1+T_2)(\boldsymbol{y})\end{aligned}$$

因此,T_1+T_2 是 V 到 W 的线性映射.同理可证,对任意 $T\in\mathcal{L}(V,W)$ 和任意数 $\lambda\in F,\lambda T$ 是 V 到 W 的线性映射.

我们还可验证线性映射的加法符合交换律和结合律,零映射是零元,$(-T)$ 是映射 T 的负元;并易证线性映射的数乘运算满足四条规则,即对任意映射 $T_1,T_2,T\in\mathcal{L}(V,W)$ 和任意数 $\lambda,\mu\in F$,有

(1) $\lambda(T_1+T_2)=\lambda T_1+\lambda T_2$;

(2) $(\lambda+\mu)T=\lambda T+\mu T$;

(3) $\lambda(\mu T)=(\lambda\mu)T$;

(4) $1 \cdot T = T$,

综上所述,$\mathcal{L}(V, W)$是数域 F 上的线性空间.

【思考】 线性空间 $\mathcal{L}(V, W)$ 的维数是多少?

此处请读者自行思考,2.3 节将给出详细解答.

线性映射伴随着两类重要的线性子空间,分别为线性映射的值空间和核空间.

定理 2.2.4(线性映射值空间和核空间) 设 $T \in \mathcal{L}(V, W)$,定义

$$N(T) = \{x \in V \mid T(x) = \theta\}$$
$$R(T) = \{y \in W \mid y = T(x), \forall x \in V\}$$

则 $N(T)$ 是 V 的子空间,$R(T)$ 是 W 的子空间. 我们称 $N(T)$ 是线性映射 T 的**核空间**(或零空间),$R(T)$ 是线性映射 T 的**像空间**(或值空间);并称 $\dim N(T)$ 为线性映射 T 的**零度**(或亏),$\dim R(T)$ 为线性映射 T 的**秩**.

证明 (1) 当 $x = \theta$ 时,$T(x) = \theta$. 故 $\theta \in R(T)$,即 $R(T)$ 是 W 的非空子集.

对任意 $T(\boldsymbol{\alpha}), T(\boldsymbol{\beta}) \in R(T)$ 和 $k \in F$,有

$$T(\boldsymbol{\alpha}) + T(\boldsymbol{\beta}) = T(\boldsymbol{\alpha} + \boldsymbol{\beta}) \in R(T)$$
$$kT(\boldsymbol{\alpha}) = T(k\boldsymbol{\alpha}) \in R(T)$$

由线性子空间定义可知,$R(T)$ 为 W 的子空间.

(2) 因为 $T(\theta) = \theta$,故 $\theta \in N(T)$,即 $N(T)$ 是 V 的非空子集. 对任意向量 $\boldsymbol{\alpha}, \boldsymbol{\beta} \in N(T)$ 和 $k \in F$,有

$$T(\boldsymbol{\alpha} + \boldsymbol{\beta}) = T(\boldsymbol{\alpha}) + T(\boldsymbol{\beta}) = \theta$$
$$T(k\boldsymbol{\alpha}) = kT(\boldsymbol{\alpha}) = k\theta = \theta$$

因此,$N(T)$ 是 V 的子空间.

线性映射的值空间和核空间的维数有着特殊关系,这一关系满足亏加秩定理.

定理 2.2.5(亏加秩定理) 设 $T \in \mathcal{L}(V, W)$,则

$$\dim N(T) + \dim R(T) = \dim V$$

即线性映射 T 的亏加秩等于其定义域 V 空间的维数.

证明 设线性空间 V 的维数为 n,其子空间 $N(T)$ 的维数为 m. 在 $N(T)$ 中取一组基 $\boldsymbol{\alpha}_1, \cdots, \boldsymbol{\alpha}_m$,并把其扩充为 V 的一组基 $\boldsymbol{\alpha}_1, \cdots, \boldsymbol{\alpha}_m, \boldsymbol{\alpha}_{m+1}, \cdots, \boldsymbol{\alpha}_n$,则对任意向量 $x \in V$ 有

$$x = \sum_{i=1}^{n} k_i \boldsymbol{\alpha}_i, \quad k_i \in F$$

从而

$$T(x) = \sum_{i=1}^{n} k_i T(\boldsymbol{\alpha}_i)$$

即

$$R(T) = \mathrm{span}(T(\boldsymbol{\alpha}_1), \cdots, T(\boldsymbol{\alpha}_m), T(\boldsymbol{\alpha}_{m+1}), \cdots, T(\boldsymbol{\alpha}_n)) \qquad (2.2.1)$$

注意到 $\boldsymbol{\alpha}_1, \cdots, \boldsymbol{\alpha}_m \in N(T)$,故 $T(\boldsymbol{\alpha}_1) = \cdots = T(\boldsymbol{\alpha}_m) = \theta$. 由此,式(2.2.1)可改

写为

$$R(T) = \mathrm{span}(T(\boldsymbol{\alpha}_{m+1}), \cdots, T(\boldsymbol{\alpha}_n)) \tag{2.2.2}$$

现只须证明 $T(\boldsymbol{\alpha}_{m+1}), \cdots, T(\boldsymbol{\alpha}_n)$ 线性无关,即可说明 $T(\boldsymbol{\alpha}_{m+1}), \cdots, T(\boldsymbol{\alpha}_n)$ 是 $R(T)$ 的一组基.

假设存在一组数 $l_i \in F, i = m+1, \cdots, n$,使得

$$\sum_{i=m+1}^{n} l_i T(\boldsymbol{\alpha}_i) = \boldsymbol{\theta}$$

则根据线性映射定义知

$$T\left(\sum_{i=m+1}^{n} l_i \boldsymbol{\alpha}_i\right) = \boldsymbol{\theta}$$

即

$$\sum_{i=m+1}^{n} l_i \boldsymbol{\alpha}_i \in N(T)$$

又知向量组 $\boldsymbol{\alpha}_1, \cdots, \boldsymbol{\alpha}_m$ 是 $N(T)$ 的一组基,故向量 $\displaystyle\sum_{i=m+1}^{n} l_i \boldsymbol{\alpha}_i$ 一定可由向量组 $\boldsymbol{\alpha}_1, \cdots, \boldsymbol{\alpha}_m$ 线性表示,即

$$\sum_{i=m+1}^{n} l_i \boldsymbol{\alpha}_i = \sum_{k=1}^{m} l_k \boldsymbol{\alpha}_k$$

整理得

$$\sum_{k=1}^{m} l_k \boldsymbol{\alpha}_k + \sum_{i=m+1}^{n} (-l_i \boldsymbol{\alpha}_i) = \boldsymbol{\theta}$$

当 $i = 1, \cdots, m$ 时,令 $l_i' = l_i$,当 $i = m+1, \cdots, n$ 时,令 $l_i' = -l_i$,从而有

$$\sum_{i=1}^{n} l_i' \boldsymbol{\alpha}_i = \boldsymbol{\theta}$$

已知向量组 $\boldsymbol{\alpha}_1, \cdots, \boldsymbol{\alpha}_m, \boldsymbol{\alpha}_{m+1}, \cdots, \boldsymbol{\alpha}_n$ 线性无关,故上式成立的充分必要条件为 $l_i' = 0, i = 1, \cdots, n$. 因此,我们推断出 $T(\boldsymbol{\alpha}_{m+1}), \cdots, T(\boldsymbol{\alpha}_n)$ 线性无关,即 $\dim R(T) = n - m$. 证毕.

【思考】　对任意 $\boldsymbol{A} \in \mathbb{R}^{m \times n}$,定义映射 $T: \mathbb{R}^{m \times n} \to \mathbb{R}^{n \times m}$ 使得

$$T(\boldsymbol{A}) = \boldsymbol{A}^{\mathrm{T}}$$

问:映射 T 是线性映射吗?请读者思考并说明原因.

2.3　矩阵与同构

现引入矩阵来研究线性映射.矩阵与线性映射密不可分,具体如下.

定义 2.3.1(矩阵)　设 V 和 W 均是数域 F 上的线性空间,向量组 $\boldsymbol{\varepsilon}_1, \cdots, \boldsymbol{\varepsilon}_n$ 和 $\boldsymbol{\eta}_1, \cdots, \boldsymbol{\eta}_m$ 分别是 V 和 W 的一组基,且 $T \in \mathscr{L}(V, W)$. 则 $T(\boldsymbol{\varepsilon}_i)(i = 1, \cdots, n)$ 一定可由基 $\boldsymbol{\eta}_1, \cdots, \boldsymbol{\eta}_m$ 线性表示.不妨设为

$$\begin{cases} T(\boldsymbol{\varepsilon}_1) = a_{11}\boldsymbol{\eta}_1 + a_{21}\boldsymbol{\eta}_2 + \cdots + a_{m1}\boldsymbol{\eta}_m \\ T(\boldsymbol{\varepsilon}_2) = a_{12}\boldsymbol{\eta}_1 + a_{22}\boldsymbol{\eta}_2 + \cdots + a_{m2}\boldsymbol{\eta}_m \\ \qquad\qquad\qquad\vdots \\ T(\boldsymbol{\varepsilon}_n) = a_{1n}\boldsymbol{\eta}_1 + a_{2n}\boldsymbol{\eta}_2 + \cdots + a_{mn}\boldsymbol{\eta}_m \end{cases}$$

则上式可记为

$$T(\boldsymbol{\varepsilon}_1,\cdots,\boldsymbol{\varepsilon}_n) \xlongequal{\text{def}} [T(\boldsymbol{\varepsilon}_1) \quad \cdots \quad T(\boldsymbol{\varepsilon}_n)] = [\boldsymbol{\eta}_1 \quad \cdots \quad \boldsymbol{\eta}_m]\boldsymbol{A} \qquad (2.3.1)$$

式中:

$$\boldsymbol{A} = \begin{bmatrix} a_{11} & a_{12} & \cdots & a_{1n} \\ a_{21} & a_{22} & \cdots & a_{2n} \\ \vdots & \vdots & & \vdots \\ a_{m1} & a_{m2} & \cdots & a_{mn} \end{bmatrix} \in F^{m\times n}$$

矩阵 $\boldsymbol{A}$ 称为线性映射 T 在 V 的基 $\boldsymbol{\varepsilon}_1,\cdots,\boldsymbol{\varepsilon}_n$ 和 W 的基 $\boldsymbol{\eta}_1,\cdots,\boldsymbol{\eta}_m$ 下的矩阵.特别地, 若 $V=W$,式(2.3.1)可改写为

$$T(\boldsymbol{\varepsilon}_1,\cdots,\boldsymbol{\varepsilon}_n) \xlongequal{\text{def}} [T(\boldsymbol{\varepsilon}_1) \quad \cdots \quad T(\boldsymbol{\varepsilon}_n)] = [\boldsymbol{\varepsilon}_1 \quad \cdots \quad \boldsymbol{\varepsilon}_n]\boldsymbol{A} \qquad (2.3.2)$$

式中:

$$\boldsymbol{A} = \begin{bmatrix} a_{11} & a_{12} & \cdots & a_{1n} \\ a_{21} & a_{22} & \cdots & a_{2n} \\ \vdots & \vdots & & \vdots \\ a_{n1} & a_{n2} & \cdots & a_{nn} \end{bmatrix} \in F^{n\times n}$$

矩阵 $\boldsymbol{A}$ 称为线性变换 T 在 V 的基 $\boldsymbol{\varepsilon}_1,\cdots,\boldsymbol{\varepsilon}_n$ 下的矩阵.

定义 2.3.1 给出了矩阵具体明确的定义,下面通过例子加以说明.

例 2.3.1 定义平面旋转变换 $T:\mathbb{R}^2 \to \mathbb{R}^2$,满足

$$T(\boldsymbol{x}) = \begin{bmatrix} \cos\varphi & \sin\varphi \\ -\sin\varphi & \cos\varphi \end{bmatrix}\boldsymbol{x}, \quad \forall\, \boldsymbol{x} = (x_1,x_2)^{\mathrm{T}} \in \mathbb{R}^2$$

取定 $\mathbb{R}^2$ 中的标准基 $\boldsymbol{e}_1,\boldsymbol{e}_2$,则有

$$T(\boldsymbol{e}_1) = \begin{bmatrix} \cos\varphi & \sin\varphi \\ -\sin\varphi & \cos\varphi \end{bmatrix}\begin{pmatrix} 1 \\ 0 \end{pmatrix} = \begin{pmatrix} \cos\varphi \\ -\sin\varphi \end{pmatrix} = [\boldsymbol{e}_1 \quad \boldsymbol{e}_2]\begin{pmatrix} \cos\varphi \\ -\sin\varphi \end{pmatrix}$$

$$T(\boldsymbol{e}_2) = \begin{bmatrix} \cos\varphi & \sin\varphi \\ -\sin\varphi & \cos\varphi \end{bmatrix}\begin{pmatrix} 0 \\ 1 \end{pmatrix} = \begin{pmatrix} \sin\varphi \\ \cos\varphi \end{pmatrix} = [\boldsymbol{e}_1 \quad \boldsymbol{e}_2]\begin{pmatrix} \sin\varphi \\ \cos\varphi \end{pmatrix}$$

根据式(2.3.2)得

$$T(\boldsymbol{e}_1,\boldsymbol{e}_2) = [\boldsymbol{e}_1 \quad \boldsymbol{e}_2]\begin{bmatrix} \cos\varphi & \sin\varphi \\ -\sin\varphi & \cos\varphi \end{bmatrix}$$

因此,平面旋转变换 T 在标准基 $\boldsymbol{e}_1,\boldsymbol{e}_2$ 下的矩阵为

$$\boldsymbol{A} = \begin{bmatrix} \cos\varphi & \sin\varphi \\ -\sin\varphi & \cos\varphi \end{bmatrix}$$

注 1：若线性映射记为 $T(\boldsymbol{x})=\boldsymbol{A}\boldsymbol{x}$ 的形式,如例 2.3.1 所示,此时式中 $\boldsymbol{A}$ 矩阵并不是线性映射 T 的矩阵. 这是因为矩阵与取定的基有关. 在例 2.3.1 中,当取定的基为 $\boldsymbol{e}_1,\boldsymbol{e}_2$ 时,T 在该组基下的矩阵恰好等于 $\boldsymbol{A}$；当取定的基为 $\boldsymbol{e}_2,\boldsymbol{e}_1$ 时,T 在该组基下的矩阵就不再是 $\boldsymbol{A}$ 矩阵了.

例 2.3.2　在多项式空间 $P_n(x)$ 中,定义微分映射 $T:P_n \rightarrow P_{n-1}$：

$$T(p(x))=\frac{\mathrm{d}p(x)}{\mathrm{d}x}, \quad \forall\, p(x) \in P_n(x)$$

取定 $P_n(x)$ 的一组基 $1,x,x^2,\cdots,x^n$ 和 $P_{n-1}(x)$ 的一组基 $1,x,x^2,\cdots,x^{n-1}$,则有

$$T(1)=0=(1,x,x^2,\cdots,x^{n-1})(0,0,\cdots,0)^{\mathrm{T}}$$
$$T(x)=1=(1,x,x^2,\cdots,x^{n-1})(1,0,\cdots,0)^{\mathrm{T}}$$
$$T(x^2)=2x=(1,x,x^2,\cdots,x^{n-1})(0,2,\cdots,0)^{\mathrm{T}}$$
$$\vdots$$
$$T(x^n)=nx^{n-1}=(1,x,x^2,\cdots,x^{n-1})(0,0,\cdots,n)^{\mathrm{T}}$$

于是微分映射 T 在 $P_n(x)$ 基 $x_1,x_2,\cdots,x_n$ 下和 $P_{n-1}(x)$ 基 $x_1,x_2,\cdots,x_{n-1}$ 下的矩阵为

$$\boldsymbol{A}=\begin{bmatrix} 0 & 1 & 0 & \cdots & 0 \\ 0 & 0 & 2 & \cdots & 0 \\ \vdots & \vdots & \vdots & & \vdots \\ 0 & 0 & 0 & \cdots & n \end{bmatrix}$$

注 2：矩阵 $\boldsymbol{A}$ 的阶数是由线性空间 V 和 W 的维数决定的,即若 V 的维数为 n,W 的维数为 m,则 $\boldsymbol{A}$ 矩阵的阶数为 $m\times n$. 故例 2.3.2 中的矩阵阶数为 $n\times(n+1)$；若例 2.3.2 中定义的是微分变换 $T:P_n \rightarrow P_n$,则线性变换 T 在基 $1,x,x^2,\cdots,x^n$ 下的矩阵是 $(n+1)$ 阶方阵.

例 2.3.3　设 V 是数域 F 上的线性空间,$\boldsymbol{\varepsilon}_1,\cdots,\boldsymbol{\varepsilon}_n$ 和 $\boldsymbol{\eta}_1,\cdots,\boldsymbol{\eta}_n$ 是 V 的两组基,定义线性变换 $T:V \rightarrow V$ 为

$$T(\boldsymbol{x})=\begin{bmatrix} \boldsymbol{\eta}_1 & \cdots & \boldsymbol{\eta}_n \end{bmatrix}(x_1,\cdots,x_n)^{\mathrm{T}}, \quad \forall\, \boldsymbol{x} \in V$$

式中：$(x_1,\cdots,x_n)^{\mathrm{T}}$ 是 $\boldsymbol{x}$ 在基 $\boldsymbol{\varepsilon}_1,\cdots,\boldsymbol{\varepsilon}_n$ 下的坐标. 求 T 在基 $\boldsymbol{\varepsilon}_1,\cdots,\boldsymbol{\varepsilon}_n$ 下的矩阵.

解　由线性变换 T 的定义式知

$$T(\boldsymbol{\varepsilon}_i)=\begin{bmatrix} \boldsymbol{\eta}_1 & \cdots & \boldsymbol{\eta}_n \end{bmatrix}\boldsymbol{e}_i$$

于是

$$T(\boldsymbol{\varepsilon}_1,\cdots,\boldsymbol{\varepsilon}_n)=\begin{bmatrix} \boldsymbol{\eta}_1 & \cdots & \boldsymbol{\eta}_n \end{bmatrix}\begin{bmatrix} 1 & & 0 \\ & \ddots & \\ 0 & & 1 \end{bmatrix}$$

即 $T(\boldsymbol{\varepsilon}_1,\cdots,\boldsymbol{\varepsilon}_n)=\begin{bmatrix} \boldsymbol{\eta}_1 & \cdots & \boldsymbol{\eta}_n \end{bmatrix}$.

设矩阵 $\boldsymbol{A}$ 是基 $\boldsymbol{\varepsilon}_1,\cdots,\boldsymbol{\varepsilon}_n$ 到基 $\boldsymbol{\eta}_1,\cdots,\boldsymbol{\eta}_n$ 的过渡矩阵,则

$$\begin{bmatrix} \boldsymbol{\eta}_1 & \cdots & \boldsymbol{\eta}_n \end{bmatrix}=\begin{bmatrix} \boldsymbol{\varepsilon}_1 & \cdots & \boldsymbol{\varepsilon}_n \end{bmatrix}\boldsymbol{A}$$

因此,

$$T(\boldsymbol{\varepsilon}_1,\cdots,\boldsymbol{\varepsilon}_n) = \begin{bmatrix} \boldsymbol{\varepsilon}_1 & \cdots & \boldsymbol{\varepsilon}_n \end{bmatrix} \boldsymbol{A}$$

上式表明 T 在基 $\boldsymbol{\varepsilon}_1,\cdots,\boldsymbol{\varepsilon}_n$ 下的矩阵恰好为基 $\boldsymbol{\varepsilon}_1,\cdots,\boldsymbol{\varepsilon}_n$ 到基 $\boldsymbol{\eta}_1,\cdots,\boldsymbol{\eta}_n$ 的过渡矩阵.

显然,在明确线性空间 V 和 W 的基的前提下,矩阵 $\boldsymbol{A}$ 由线性映射 T 唯一确定. 或者说,矩阵是线性映射在某组基下的表达(或坐标化的线性变换). 反过来,若给定 $m \times n$ 阶矩阵 $\boldsymbol{A}$,是否存在线性映射 $T \in \mathcal{L}(V,W)$ 使其在给定基下的矩阵恰为 $\boldsymbol{A}$? 若存在的话,我们可找到多少个线性映射呢?

定理 2.3.1 设 V 和 W 是数域 F 上的线性空间,取定 $\boldsymbol{\varepsilon}_1,\cdots,\boldsymbol{\varepsilon}_n$ 和 $\boldsymbol{\eta}_1,\cdots,\boldsymbol{\eta}_m$ 分别是 V 和 W 的一组基. 任取 $\boldsymbol{A} = (a_{ij}) \in F^{m \times n}$,则有且仅有一个线性映射 $T \in \mathcal{L}(V,W)$ 使其在 V 的基 $\boldsymbol{\varepsilon}_1,\cdots,\boldsymbol{\varepsilon}_n$ 和 W 的基 $\boldsymbol{\eta}_1,\cdots,\boldsymbol{\eta}_m$ 下的矩阵恰为 $\boldsymbol{A}$.

证明 不妨设

$$\boldsymbol{x} = \sum_{j=1}^{n} \alpha_j \boldsymbol{\varepsilon}_j$$

式中: $\boldsymbol{\alpha} = (\alpha_1,\cdots,\alpha_n)^{\mathrm{T}}$ 是向量 $\boldsymbol{x}$ 在基 $\boldsymbol{\varepsilon}_1,\cdots,\boldsymbol{\varepsilon}_n$ 下的坐标.

定义映射 $T \in \mathcal{L}(V,W)$,使得对 V 中的任意向量 $\boldsymbol{x}$ 满足

$$T(\boldsymbol{x}) = \begin{bmatrix} \boldsymbol{\eta}_1 & \cdots & \boldsymbol{\eta}_m \end{bmatrix} \boldsymbol{A} \begin{pmatrix} \alpha_1 \\ \vdots \\ \alpha_n \end{pmatrix}, \quad \boldsymbol{x} \in V$$

则对任意 $\boldsymbol{x}, \boldsymbol{y} \in V$ 和 $\lambda, \mu \in F$,有

$$\begin{aligned} T(\lambda \boldsymbol{x} + \mu \boldsymbol{y}) &= \sum_{j=1}^{n} \sum_{i=1}^{m} (\lambda \alpha_j + \mu \beta_j) a_{ij} \boldsymbol{\eta}_i \\ &= \lambda \sum_{j=1}^{n} \sum_{i=1}^{m} \alpha_j a_{ij} \boldsymbol{\eta}_i + \mu \sum_{j=1}^{n} \sum_{i=1}^{m} \beta_j a_{ij} \boldsymbol{\eta}_i \\ &= \lambda T(\boldsymbol{x}) + \mu T(\boldsymbol{y}) \end{aligned}$$

式中: $\boldsymbol{\beta} = (\beta_1,\cdots,\beta_n)^{\mathrm{T}}$ 是向量 $\boldsymbol{y}$ 在基 $\boldsymbol{\varepsilon}_1,\cdots,\boldsymbol{\varepsilon}_n$ 下的坐标.

因此,T 是线性映射. 现证明映射 T 在 V 的基 $\boldsymbol{\varepsilon}_1,\cdots,\boldsymbol{\varepsilon}_n$ 和 W 的基 $\boldsymbol{\eta}_1,\cdots,\boldsymbol{\eta}_m$ 下的矩阵为 $\boldsymbol{A}$. 由映射 T 定义式知,$\forall k = 1,\cdots,n$,有

$$T(\boldsymbol{\varepsilon}_k) = \sum_{i=1}^{m} a_{ik} \boldsymbol{\eta}_i = \begin{bmatrix} \boldsymbol{\eta}_1 & \cdots & \boldsymbol{\eta}_m \end{bmatrix} \begin{pmatrix} a_{1k} \\ \vdots \\ a_{mk} \end{pmatrix}$$

于是

$$\begin{bmatrix} T(\boldsymbol{\varepsilon}_1) & \cdots & T(\boldsymbol{\varepsilon}_n) \end{bmatrix} = \begin{bmatrix} \boldsymbol{\eta}_1 & \cdots & \boldsymbol{\eta}_m \end{bmatrix} \boldsymbol{A}$$

上式表明映射 T 在 V 的基 $\boldsymbol{\varepsilon}_1,\cdots,\boldsymbol{\varepsilon}_n$ 和 W 的基 $\boldsymbol{\eta}_1,\cdots,\boldsymbol{\eta}_m$ 下的矩阵为 $\boldsymbol{A}$.

为证明线性映射 T 的唯一性,假设存在另一个线性映射 $\tilde{T}$,且它在 V 的基 $\boldsymbol{\varepsilon}_1,\cdots,\boldsymbol{\varepsilon}_n$ 和 W 的基 $\boldsymbol{\eta}_1,\cdots,\boldsymbol{\eta}_m$ 下的矩阵也为 $\boldsymbol{A}$. 根据矩阵 $\boldsymbol{A}$ 的定义,有

$$\widetilde{T}(\boldsymbol{\varepsilon}_k) = \begin{bmatrix} \boldsymbol{\eta}_1 & \cdots & \boldsymbol{\eta}_m \end{bmatrix} \begin{pmatrix} a_{1k} \\ \vdots \\ a_{mk} \end{pmatrix}, \quad \forall k = 1, \cdots, n$$

即 $T(\boldsymbol{\varepsilon}_k) = \widetilde{T}(\boldsymbol{\varepsilon}_k), k = 1, \cdots, n$. 因此, $T = \widetilde{T}$ (本章习题 9), 即线性映射 T 是唯一的. 证毕.

定理 2.3.1 表明线性映射 $T \in \mathscr{L}(V, W)$ 和 $\boldsymbol{A} = (a_{ij}) \in F^{m \times n}$ 存在着一一对应的关系, 即存在双射 $f: \mathscr{L}(V, W) \to F^{m \times n}$, 满足

$$f(T) = \boldsymbol{A}$$

实际上, 映射 f 不仅是双射, 而且还是线性映射, 具体原因如下.

设 $T_1, T_2 \in \mathscr{L}(V, W)$, 并令 T_1 和 T_2 在 V 的基 $\boldsymbol{\varepsilon}_1, \cdots, \boldsymbol{\varepsilon}_n$ 和 W 的基 $\boldsymbol{\eta}_1, \cdots, \boldsymbol{\eta}_m$ 下的矩阵分别为 $\boldsymbol{A}_1$ 和 $\boldsymbol{A}_2$, 则对任意 $\lambda, \mu \in F$, 有 $\lambda T_1 + \mu T_2$ 是线性映射, 且

$$\begin{aligned}
(\lambda T_1 + \mu T_2)(\boldsymbol{\varepsilon}_1, \cdots, \boldsymbol{\varepsilon}_n) &= \begin{bmatrix} (\lambda T_1 + \mu T_2)(\boldsymbol{\varepsilon}_1) & \cdots & (\lambda T_1 + \mu T_2)(\boldsymbol{\varepsilon}_n) \end{bmatrix} \\
&= \begin{bmatrix} \lambda T_1(\boldsymbol{\varepsilon}_1) + \mu T_2(\boldsymbol{\varepsilon}_1) & \cdots & \lambda T_1(\boldsymbol{\varepsilon}_n) + \mu T_2(\boldsymbol{\varepsilon}_n) \end{bmatrix} \\
&= \lambda \begin{bmatrix} T_1(\boldsymbol{\varepsilon}_1) & \cdots & T_1(\boldsymbol{\varepsilon}_n) \end{bmatrix} + \mu \begin{bmatrix} T_2(\boldsymbol{\varepsilon}_1) & \cdots & T_2(\boldsymbol{\varepsilon}_n) \end{bmatrix} \\
&= \lambda \begin{bmatrix} \boldsymbol{\eta}_1 & \cdots & \boldsymbol{\eta}_m \end{bmatrix} \boldsymbol{A}_1 + \mu \begin{bmatrix} \boldsymbol{\eta}_1 & \cdots & \boldsymbol{\eta}_m \end{bmatrix} \boldsymbol{A}_2 \\
&= \begin{bmatrix} \boldsymbol{\eta}_1 & \cdots & \boldsymbol{\eta}_m \end{bmatrix} (\lambda \boldsymbol{A}_1 + \mu \boldsymbol{A}_2)
\end{aligned}$$

上式表明线性映射 $\lambda T_1 + \mu T_2$ 在 V 的基 $\boldsymbol{\varepsilon}_1, \cdots, \boldsymbol{\varepsilon}$ 和 W 的基 $\boldsymbol{\eta}_1, \cdots, \boldsymbol{\eta}_m$ 下的矩阵为 $\lambda \boldsymbol{A}_1 + \mu \boldsymbol{A}_2$, 即

$$f(\lambda T_1 + \mu T_2) = \lambda \boldsymbol{A}_1 + \mu \boldsymbol{A}_2$$

基于此, 我们引入同构映射定义.

定义 2.3.2(同构映射)　设 V 和 W 是数域 F 上的线性空间, 若存在双射 $f: V \to W$ 满足

(1) $f(\boldsymbol{x} + \boldsymbol{y}) = f(\boldsymbol{x}) + f(\boldsymbol{y}), \forall \boldsymbol{x}, \boldsymbol{y} \in V$;

(2) $f(\lambda \boldsymbol{x}) = \lambda f(\boldsymbol{x}), \forall \lambda \in F$,

则称 f 是 V 到 W 的**同构映射**, 并称线性空间 **V 与 W 同构**.

定理 2.3.2　设 V 和 W 是数域 F 上的线性空间, 它们的维数分别为 n 和 m, 则线性映射空间 $\mathscr{L}(V, W)$ 和矩阵空间 $F^{m \times n}$ 同构.

命题 2.3.1(同构映射的性质)　设 V 和 W 是数域 F 上的线性空间, $T: V \to W$ 是同构映射, 则

(1) $T(\boldsymbol{\theta}) = \boldsymbol{\theta}', \boldsymbol{\theta} \in V, \boldsymbol{\theta}' \in W$;

(2) $T(-\boldsymbol{x}) = -T(\boldsymbol{x}), \forall \boldsymbol{x} \in V$;

(3) $T\left(\sum k_i \boldsymbol{x}_i\right) = \sum k_i T(\boldsymbol{x}_i), \forall k_i \in F$ 和 $\boldsymbol{x}_i \in V$;

(4) V 的向量组 $\boldsymbol{x}_1, \cdots, \boldsymbol{x}_r$ 线性相关, 当且仅当其像 $T(\boldsymbol{x}_1), \cdots, T(\boldsymbol{x}_r)$ 线性相关;

(5) 若 $\boldsymbol{\varepsilon}_1, \cdots, \boldsymbol{\varepsilon}_n$ 是 V 的一组基, 则 $T(\boldsymbol{\varepsilon}_1), \cdots, T(\boldsymbol{\varepsilon}_n)$ 是 W 的一组基;

(6) T 的逆映射 $T^{-1}: W \rightarrow V$ 存在且是同构映射.

证明 由于同构映射 T 是线性映射,故性质(1)~(4)由推论 2.2.1 可得.再证明性质(5).由定理 2.2.2 知,若 $\varepsilon_1, \cdots, \varepsilon_n$ 是 V 的一组基,则向量组 $T(\varepsilon_1), \cdots,$ $T(\varepsilon_n)$ 必线性无关.又知对任意向量 $y \in W$,必存在 $x \in V$ 使得 $T(x) = y$,其中 x 可由基 $\varepsilon_1, \cdots, \varepsilon_n$ 线性表示为 $x = \sum_{j=1}^{n} \alpha_j \varepsilon_j$. 由此,

$$y = T\left(\sum_{j=1}^{n} \alpha_j \varepsilon_j\right) = \sum_{j=1}^{n} \alpha_j T(\varepsilon_j)$$

即 W 中任意向量 y 总可由向量组 $T(\varepsilon_1), \cdots, T(\varepsilon_n)$ 线性表示.于是,$T(\varepsilon_1), \cdots,$ $T(\varepsilon_n)$ 是 W 的一组基.这同时表明线性空间 W 的维数与线性空间 V 的维数相同.

再证明性质(6).由定理 2.1.1 和定理 2.1.2 知,同构映射存在唯一的逆映射 T^{-1} 且它也是双射.于是,对任意向量 $x, y \in V$ 和 $\lambda, \mu \in F$,有

$$T^{-1}(T(x)) = x$$
$$T^{-1}(T(y)) = y$$
$$T^{-1}(T(\lambda x + \mu y)) = \lambda x + \mu y$$

进一步,得

$$T^{-1}(\lambda T(x) + \mu T(y)) = \lambda T^{-1}(T(x)) + \mu T^{-1}(T(y))$$

即 T^{-1} 是线性映射.因此,T^{-1} 是同构映射.

定理 2.3.3 有限维线性空间同构当且仅当它们的维数相等.

证明 必要性由命题 2.3.1 性质(5)证得.这里仅证明充分性.设 V 和 W 均是数域 F 上的 n 维线性空间,向量组 $\varepsilon_1, \cdots, \varepsilon_n$ 和 $\eta_1, \cdots, \eta_n$ 分别是 V 和 W 的一组基.

定义映射 $T: V \rightarrow W$ 满足

$$T(x) = \sum_{i=1}^{n} \alpha_i \eta_i, \quad \forall x \in V$$

式中:$\alpha = (\alpha_1, \cdots, \alpha_n)^T$ 是向量 x 在基 $\varepsilon_1, \cdots, \varepsilon_n$ 下的坐标.

由此,对任意 $x, y \in V$ 和 $\lambda, \mu \in F$,有

$$T(\lambda x + \mu y) = \sum_{i=1}^{n} (\lambda \alpha_i + \mu \beta_i) \eta_i = \lambda T(x) + \mu T(y)$$

式中:$\beta = (\beta_1, \cdots, \beta_n)^T$ 是向量 y 在基 $\varepsilon_1, \cdots, \varepsilon_n$ 下的坐标.上式表明 T 是线性映射.

若 $T(x) = T(y)$,即

$$T(x) - T(y) = \sum_{i=1}^{n} (\alpha_i - \beta_i) \eta_i = \theta$$

则有 $\alpha = \beta$,即 $x = y$.于是当 $x \neq y$ 时,$T(x) \neq T(y)$,这表明线性映射 T 是单射.

对任意向量 $z \in W$ 有

$$z = \sum_{i=1}^{n} \gamma_i \eta_i$$

式中：$\boldsymbol{\gamma}=(\gamma_1,\cdots,\gamma_n)^{\mathrm{T}}$ 是向量 $\boldsymbol{z}$ 在基 $\boldsymbol{\eta}_1,\cdots,\boldsymbol{\eta}_n$ 下的坐标.

定义

$$\tilde{\boldsymbol{x}}=\sum_{j=1}^{n}\gamma_j\boldsymbol{\varepsilon}_j$$

则有 $\tilde{\boldsymbol{x}}\in V$，且 $T(\tilde{\boldsymbol{x}})=\boldsymbol{z}$. 这表明线性映射 T 是满射.

综上所述，映射 T 是同构映射，即空间 V 和 W 是同构的. 证毕.

推论 2.3.1　任一实（复）n 维线性空间均与 $\mathbb{R}^n(\mathbb{C}^n)$ 同构.

推论 2.3.2　设 V 和 W 是数域 F 上的线性空间，它们的维数分别为 n 和 m，则
$$\dim(\mathcal{L}(V,W))=\dim(F^{m\times n})=mn.$$

推论 2.3.3　设 V 是数域 $\mathbb{R}$（或 $\mathbb{C}$）上的 n 维线性空间，则线性变换空间 $\mathcal{L}(V)$ 与 $\mathbb{R}^{n\times n}$（或 $\mathbb{C}^{n\times n}$）同构.

线性空间同构的概念比较抽象，下面我们分别用定理并结合实例说明线性空间同构的意义.

定理 2.3.4　设映射 T 是 n 维线性空间 V 到 m 维线性空间 W 的线性映射，T 在 V 的基 $\boldsymbol{\varepsilon}_1,\cdots,\boldsymbol{\varepsilon}_n$ 和 W 的基 $\boldsymbol{\eta}_1,\cdots,\boldsymbol{\eta}_m$ 下的矩阵为 $\boldsymbol{A}$，则对任意向量 $\boldsymbol{x}\in V$，有
$$\boldsymbol{\beta}=\boldsymbol{A}\boldsymbol{\alpha}$$
式中：$\boldsymbol{\beta}\in F^m$ 是像 $T(\boldsymbol{x})$ 在 W 的基 $\boldsymbol{\eta}_1,\cdots,\boldsymbol{\eta}_m$ 下的坐标；$\boldsymbol{\alpha}\in F^n$ 是原像 $\boldsymbol{x}$ 在 V 的基 $\boldsymbol{\varepsilon}_1,\cdots,\boldsymbol{\varepsilon}_n$ 下的坐标.

证明　对任意向量 $\boldsymbol{x}\in V$，定义
$$\boldsymbol{x}=\sum_{j=1}^{n}\alpha_j\boldsymbol{\varepsilon}_j$$
式中：$\boldsymbol{\alpha}=(\alpha_1,\cdots,\alpha_n)^{\mathrm{T}}$ 是向量 $\boldsymbol{x}$ 在基 $\boldsymbol{\varepsilon}_1,\cdots,\boldsymbol{\varepsilon}_n$ 下的坐标.

由矩阵 $\boldsymbol{A}$ 的定义知
$$T(\boldsymbol{x})=\sum_{j=1}^{n}\alpha_j T(\boldsymbol{\varepsilon}_j)=\begin{bmatrix}T(\boldsymbol{\varepsilon}_1)&\cdots&T(\boldsymbol{\varepsilon}_n)\end{bmatrix}\boldsymbol{\alpha}$$
$$=\begin{bmatrix}\boldsymbol{\eta}_1&\cdots&\boldsymbol{\eta}_m\end{bmatrix}\boldsymbol{A}\boldsymbol{\alpha}$$
即向量 $\boldsymbol{A}\boldsymbol{\alpha}$ 是像 $T(\boldsymbol{x})$ 在基 $\boldsymbol{\eta}_1,\cdots,\boldsymbol{\eta}_m$ 下的坐标. 由于向量在同一组基下的坐标是唯一的，故 $\boldsymbol{\beta}=\boldsymbol{A}\boldsymbol{\alpha}$.

例 2.3.4　考察 $\mathbb{R}$ 上的多项式空间，定义微分映射 $T:P_3\rightarrow P_2$：
$$T(p(x))=\frac{\mathrm{d}p(x)}{\mathrm{d}x},\quad\forall p(x)\in P_3(x)$$
取定 $P_3(x)$ 的一组基 $1,x,x^2,x^3$，则 T 在 $P_3(x)$ 的一组基 $1,x,x^2,x^3$ 和 $P_2(x)$ 的一组基 $1,x,x^2$ 下的矩阵为
$$\boldsymbol{A}=\begin{bmatrix}0&1&0&0\\0&0&2&0\\0&0&0&3\end{bmatrix}_{3\times4}$$

对于多项式空间 $P_3(x)$ 中任一多项式 $p(x)=a_0+a_1x+a_2x^2+a_3x^3$,$a_i\in$
$\mathbb{R}(i=0,1,2,3)$,我们有

$$T(p(x))=a_1+2a_2x+3a_3x^2=(1,x,x^2)\begin{pmatrix}a_1\\2a_2\\3a_3\end{pmatrix}$$

由于 $\dim(P_3(x))=4$,故多项式空间 $P_3(x)$ 和 $\mathbb{R}^4$ 同构. 不妨设 f 是 $P_3(x)$ 到 $\mathbb{R}^4$
的同构映射,则

$$f(p(x))=\begin{vmatrix}a_0\\a_1\\a_2\\a_3\end{vmatrix}=\boldsymbol{\alpha}$$

式中:$\boldsymbol{\alpha}\in\mathbb{R}^4$ 是向量 $\boldsymbol{p}(\boldsymbol{x})$ 在 $P_3(x)$ 的一组基 $1,x,x^2,x^3$ 下的坐标.

又知

$$\boldsymbol{A\alpha}=\begin{bmatrix}0&1&0&0\\0&0&2&0\\0&0&0&3\end{bmatrix}\begin{bmatrix}a_0\\a_1\\a_2\\a_3\end{bmatrix}=\begin{pmatrix}a_1\\2a_2\\3a_3\end{pmatrix}\xlongequal{\text{def}}\boldsymbol{\beta}\in\mathbb{R}^3$$

式中:$\boldsymbol{\beta}\in\mathbb{R}^3$ 是 $p(x)$ 的像 $T(p(x))$ 在 $P_2(x)$ 的一组基 $1,x,x^2$ 下的坐标.

上述过程如图 2.3.1 所示.

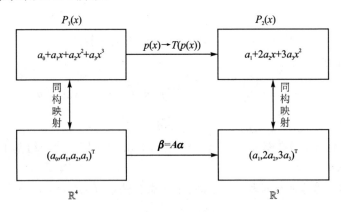

图 2.3.1　线性映射与矩阵的关系

由此,$m\times n$ 阶矩阵和 n 维向量相乘意味着某一 n 维线性空间的向量在作线性
映射;反过来,任一 n 维线性空间内的线性运算都可等价为 $\mathbb{R}^n(\mathbb{C}^n)$ 空间的线性运算
(n 维线性空间与 $\mathbb{R}^n$ 或 $\mathbb{C}^n$ 同构);任两线性空间定义的线性映射都可以等价为
$\mathbb{R}^{m\times n}(\mathbb{C}^{m\times n})$ 中的矩阵与 $\mathbb{R}^n(\mathbb{C}^n)$ 空间的向量作乘法运算(线性映射空间与其对应的
矩阵空间同构). 基于此,我们可视同构空间为同一个线性空间.

我们已经了解到若取定线性空间中一组基,则矩阵和线性映射是一一对应的.一般而言,同一线性映射在不同基下的矩阵是不同的.下面回答同一线性映射在不同基下的矩阵之间的关系.

定理 2.3.5 设 V 和 W 是数域 F 上的 n 维和 m 维线性空间,$\boldsymbol{\varepsilon}_1,\cdots,\boldsymbol{\varepsilon}_n$ 和 $\boldsymbol{\varepsilon}'_1,\cdots,\boldsymbol{\varepsilon}'_n$ 是 V 的两组基,由 $\boldsymbol{\varepsilon}_1,\cdots,\boldsymbol{\varepsilon}_n$ 到 $\boldsymbol{\varepsilon}'_1,\cdots,\boldsymbol{\varepsilon}'_n$ 的过渡矩阵为 $\boldsymbol{Q}$;$\boldsymbol{\eta}_1,\cdots,\boldsymbol{\eta}_m$ 和 $\boldsymbol{\eta}'_1,\cdots,\boldsymbol{\eta}'_m$ 是 W 的两组基,由 $\boldsymbol{\eta}_1,\cdots,\boldsymbol{\eta}_m$ 到 $\boldsymbol{\eta}'_1,\cdots,\boldsymbol{\eta}'_m$ 的过渡矩阵为 $\boldsymbol{P}$;设线性映射 $T\in\mathcal{L}(V,W)$ 在 V 的基 $\boldsymbol{\varepsilon}_1,\cdots,\boldsymbol{\varepsilon}_n$ 和 W 的基 $\boldsymbol{\eta}_1,\cdots,\boldsymbol{\eta}_m$ 下的矩阵为 $\boldsymbol{A}$,T 在 V 的基 $\boldsymbol{\varepsilon}'_1,\cdots,\boldsymbol{\varepsilon}'_n$ 和 W 的基 $\boldsymbol{\eta}'_1,\cdots,\boldsymbol{\eta}'_m$ 下的矩阵为 $\boldsymbol{B}$,则

$$B = P^{-1}AQ$$

证明 根据已知条件知

$$T(\boldsymbol{\varepsilon}_1,\cdots,\boldsymbol{\varepsilon}_n) = \begin{bmatrix} \boldsymbol{\eta}_1 & \cdots & \boldsymbol{\eta}_m \end{bmatrix} A$$
$$T(\boldsymbol{\varepsilon}'_1,\cdots,\boldsymbol{\varepsilon}'_n) = \begin{bmatrix} \boldsymbol{\eta}'_1 & \cdots & \boldsymbol{\eta}'_m \end{bmatrix} B$$
$$\begin{bmatrix} \boldsymbol{\varepsilon}'_1 & \cdots & \boldsymbol{\varepsilon}'_n \end{bmatrix} = \begin{bmatrix} \boldsymbol{\varepsilon}_1 & \cdots & \boldsymbol{\varepsilon}_n \end{bmatrix} Q$$
$$\begin{bmatrix} \boldsymbol{\eta}'_1 & \cdots & \boldsymbol{\eta}'_m \end{bmatrix} = \begin{bmatrix} \boldsymbol{\eta}_1 & \cdots & \boldsymbol{\eta}_m \end{bmatrix} P$$

又知(见本章习题 20)

$$T(\boldsymbol{\varepsilon}'_1,\cdots,\boldsymbol{\varepsilon}'_n) = T(\boldsymbol{\varepsilon}_1,\cdots,\boldsymbol{\varepsilon}_n)Q$$

则

$$T(\boldsymbol{\varepsilon}'_1,\cdots,\boldsymbol{\varepsilon}'_n) = \begin{bmatrix} \boldsymbol{\eta}_1 & \cdots & \boldsymbol{\eta}_m \end{bmatrix} AQ = \begin{bmatrix} \boldsymbol{\eta}'_1 & \cdots & \boldsymbol{\eta}'_m \end{bmatrix} P^{-1}AQ$$

由于线性映射 T 的矩阵由基唯一确定,所以

$$B = P^{-1}AQ$$

注 1:矩阵 $A\in F^{m\times n}$ 经过有限次初等行变换或初等列变换变成矩阵 B,则称矩阵 A 与 B 相抵(或等价),记为 $A\cong B$.这表明线性映射在不同基下的矩阵是相抵的;反过来,若两矩阵相抵,则意味着它们是同一线性映射在不同基下的矩阵.

推论 2.3.4 设 V 是数域 F 上的 n 维线性空间,$\boldsymbol{\varepsilon}_1,\cdots,\boldsymbol{\varepsilon}_n$ 和 $\boldsymbol{\varepsilon}'_1,\cdots,\boldsymbol{\varepsilon}'_n$ 是 V 的两组基,由 $\boldsymbol{\varepsilon}_1,\cdots,\boldsymbol{\varepsilon}_n$ 到 $\boldsymbol{\varepsilon}'_1,\cdots,\boldsymbol{\varepsilon}'_n$ 的过渡矩阵为 $\boldsymbol{P}$,线性变换 $T\in\mathcal{L}(V)$ 在基 $\boldsymbol{\varepsilon}_1,\cdots,\boldsymbol{\varepsilon}_n$ 和基 $\boldsymbol{\varepsilon}'_1,\cdots,\boldsymbol{\varepsilon}'_n$ 下的矩阵分别为 $\boldsymbol{A}$ 和 $\boldsymbol{B}$,则

$$B = P^{-1}AP$$

注 2:相似矩阵反映的是同一个线性变换.故相似矩阵所具有的共同性质是线性变换所具有的.

例 2.3.5 设平面旋转变换 $T\in\mathcal{L}(\mathbb{R}^2)$,其定义为

$$T(\boldsymbol{x}) = \begin{bmatrix} \cos\varphi & \sin\varphi \\ -\sin\varphi & \cos\varphi \end{bmatrix} \boldsymbol{x}, \quad \forall \boldsymbol{x}\in\mathbb{R}^2$$

式中:φ 为旋转角.经计算知

$$T(\boldsymbol{e}_1,\boldsymbol{e}_2) = \begin{bmatrix} \boldsymbol{e}_1 & \boldsymbol{e}_2 \end{bmatrix} \begin{bmatrix} \cos\varphi & \sin\varphi \\ -\sin\varphi & \cos\varphi \end{bmatrix}$$

故 T 在 $\mathbb{R}^2$ 标准基 $\boldsymbol{e}_1,\boldsymbol{e}_2$ 下的矩阵为

$$A = \begin{bmatrix} \cos\varphi & \sin\varphi \\ -\sin\varphi & \cos\varphi \end{bmatrix}$$

若选取向量 $\boldsymbol{\epsilon}_1 = (\cos\varphi, \sin\varphi)^{\mathrm{T}}$ 和 $\boldsymbol{\epsilon}_2 = (-\sin\varphi, \cos\varphi)^{\mathrm{T}}$ 为 $\mathbb{R}^2$ 的一组基,则有

$$T(\boldsymbol{\epsilon}_1) = \begin{pmatrix} 1 \\ 0 \end{pmatrix}$$

$$T(\boldsymbol{\epsilon}_2) = \begin{pmatrix} 0 \\ 1 \end{pmatrix}$$

$$T(\boldsymbol{\epsilon}_1, \boldsymbol{\epsilon}_2) = I_2 = \begin{bmatrix} \boldsymbol{\epsilon}_1 & \boldsymbol{\epsilon}_2 \end{bmatrix} \begin{bmatrix} \cos\varphi & \sin\varphi \\ -\sin\varphi & \cos\varphi \end{bmatrix}$$

故 T 在 $\mathbb{R}^2$ 基 $\boldsymbol{\epsilon}_1, \boldsymbol{\epsilon}_2$ 下的矩阵为

$$B = \begin{bmatrix} \cos\varphi & \sin\varphi \\ -\sin\varphi & \cos\varphi \end{bmatrix}$$

定义从基 e_1, e_2 到 $\mathbb{R}^2$ 基 $\boldsymbol{\epsilon}_1, \boldsymbol{\epsilon}_2$ 的过渡矩阵 P 为

$$P = \begin{bmatrix} \cos\varphi & -\sin\varphi \\ \sin\varphi & \cos\varphi \end{bmatrix}$$

则 $B = P^{-1}AP$ 成立.

我们引入两个重要的子空间:线性映射的值空间和核空间. 在线性映射空间的同构空间——矩阵空间 $F^{m \times n}$ 中,我们同样有矩阵的值空间(列空间)和核空间(零空间),这里讨论它们之间的关系.

定理 2.3.6 设 V 和 W 分别是数域 F 上的 n 维和 m 维线性空间. 若 $T \in \mathcal{L}(V, W)$ 在 V 的基 $\boldsymbol{\varepsilon}_1, \cdots, \boldsymbol{\varepsilon}_n$ 和 W 的基 $\boldsymbol{\eta}_1, \cdots, \boldsymbol{\eta}_m$ 下的矩阵为 A,则

(1) $\dim N(T) = \dim N(A)$;

(2) $\dim R(T) = \dim R(A) = \mathrm{rank}(A)$;

(3) $\dim N(A) + \dim R(A) = n$. (亏加秩)

证明 不妨设

$$x = \sum_{j=1}^{n} \alpha_j \boldsymbol{\varepsilon}_j$$

式中: $\boldsymbol{\alpha} = (\alpha_1, \cdots, \alpha_n)^{\mathrm{T}}$ 是向量 x 在基 $\boldsymbol{\varepsilon}_1, \cdots, \boldsymbol{\varepsilon}_n$ 下的坐标.

注意到

$$T(x) = \begin{bmatrix} T(\boldsymbol{\varepsilon}_1) & \cdots & T(\boldsymbol{\varepsilon}_n) \end{bmatrix} \boldsymbol{\alpha} = \begin{bmatrix} \boldsymbol{\eta}_1 & \cdots & \boldsymbol{\eta}_n \end{bmatrix} A\boldsymbol{\alpha}$$

故 $T(x) = \boldsymbol{\theta}$ 当且仅当 $A\boldsymbol{\alpha} = \mathbf{0}$. 基于此,定义映射 $f_1 : N(T) \to N(A)$ 满足

$$f_1(x) = \boldsymbol{\alpha}, \quad \forall x \in V$$

不难证明,f_1 是 $N(T)$ 到 $N(A)$ 的同构映射,因此 $\dim N(T) = \dim N(A)$.

同理,定义映射 $f_2 : R(T) \to R(A)$ 满足

$$f_2(y) = A\boldsymbol{\alpha}, \quad \forall y \in W$$

则 f_2 是 $R(T)$ 到 $R(A)$ 的同构映射,即 $\dim R(T) = \dim R(A)$.

再根据性质(1)(2)以及定理 2.2.5 即得性质(3).

例 2.3.6 考察齐次线性差分方程

$$u_{k+n} + a_{n-1}u_{k+n-1} + \cdots + a_1 u_{k+1} + a_0 u_k = 0 \qquad (2.3.3)$$

$k = 0, \pm 1, \pm 2, \cdots$. 方程(2.3.3)的解集 $\widetilde{S}$ 是信号空间 S 的一个线性子空间. 若定义

$$\boldsymbol{x}_k = \begin{bmatrix} u_k \\ u_{k+1} \\ \vdots \\ u_{k+n-1} \end{bmatrix} \in \mathbb{R}^n, \quad \boldsymbol{A} = \begin{bmatrix} 0 & 1 & 0 & \cdots & 0 \\ 0 & 0 & 1 & \cdots & 0 \\ \vdots & \vdots & \vdots & & \vdots \\ 0 & 0 & 0 & \cdots & 1 \\ -a_0 & -a_1 & -a_2 & \cdots & -a_{n-1} \end{bmatrix} \in \mathbb{R}^{n \times n}$$

则式(2.3.3)可改写为

$$\boldsymbol{x}_{k+1} = \boldsymbol{A}\boldsymbol{x}_k, \quad k = 0, \pm 1, \pm 2, \cdots \qquad (2.3.4)$$

此时, 矩阵 $\boldsymbol{A}$ 恰好是多项式 $g(\lambda) = \lambda^n + a_{n-1}\lambda^{n-1} + \cdots + a_1\lambda + a_0$ 的友矩阵.

由式(2.3.4)易验证, 当 $\boldsymbol{x}_0$ 给定, 序列 $\{u_k\}$ 唯一确定. 因此, 定义映射 $T: \widetilde{S} \to \mathbb{R}^n$ 满足

$$T(\{u_k\}) = \boldsymbol{x}_0$$

易证 T 是同构映射. 因此, $\dim(\widetilde{S}) = \dim(\mathbb{R}^n) = n$, 即 $\widetilde{S}$ 是线性空间 S 的一个 n 维线性子空间.

基于此, 我们只需找到 $\widetilde{S}$ 的一组基, 即可将差分方程(2.3.3)的通解表示出来. 实际上, 由差分方程(2.3.3)可构造如下特征方程:

$$\lambda^n + a_{n-1}\lambda^{n-1} + \cdots + a_1\lambda + a_0 = 0$$

由此特征方程解得 n 个特征根 $\lambda_i, i = 1, \cdots, n$, 则 $u_k = \lambda_i^k$ 一定是方程(2.3.3)的解. 若这 n 个特征根互异, 则 λ_i^k 与 λ_j^k 线性无关 ($i \neq j$); 此时 $\{\lambda_i^k\}$ ($i = 1, \cdots, n$) 是 $\widetilde{S}$ 的一组基, 差分方程(2.3.3)的通解也可由这组基线性表示出来.

例 2.3.7 设 $T_1, T_2 \in \mathcal{L}(\mathbb{R}^{1 \times 3})$, $\forall (x_1, x_2, x_3) \in \mathbb{R}^{1 \times 3}$, 有 $T_1((x_1, x_2, x_3)) = (-x_2, -x_1, 0)$, $T_2((x_1, x_2, x_3)) = (x_1, -x_2, x_3)$. 求 T_1, T_2 在基 $(1,1,1),(1,1,0),(1,0,0)$ 下的矩阵.

解 由定义知,

$$T_1((1,1,1)) = (-1, -1, 0)$$
$$T_1((1,1,0)) = (-1, -1, 0)$$
$$T_1((1,0,0)) = (0, -1, 0)$$

现考察向量 $(-1, -1, 0)$ 在基 $(1,1,1),(1,1,0),(1,0,0)$ 下的坐标 $\boldsymbol{\alpha}_1 = (a_{11}, a_{12}, a_{13})^{\mathrm{T}}$, 则有

$$(-1, -1, 0) = a_{11}(1,1,1) + a_{12}(1,1,0) + a_{13}(1,0,0)$$

解得 $a_{11} = 0, a_{12} = -1, a_{13} = 0$, 即 $\boldsymbol{\alpha}_1 = (0, -1, 0)^{\mathrm{T}}$.

同理,解得向量 $(-1,-1,0)$ 和 $(0,-1,0)$ 在基 $(1,1,1),(1,1,0),(1,0,0)$ 下的坐标分别为 $\boldsymbol{\alpha}_2=(0,-1,0)^{\mathrm{T}}$ 和 $\boldsymbol{\alpha}_3=(0,-1,1)^{\mathrm{T}}$.

根据 $T_1((1,1,1),(1,1,0),(1,0,0))=[(1,1,1),(1,1,0),(1,0,0)]$ $[\boldsymbol{\alpha}_1 \quad \boldsymbol{\alpha}_2 \quad \boldsymbol{\alpha}_3]$,可得 T_1 在基 $(1,1,1),(1,1,0),(1,0,0)$ 下的矩阵为

$$A_1=\begin{bmatrix} 0 & 0 & 0 \\ -1 & -1 & -1 \\ 0 & 0 & 1 \end{bmatrix}$$

同理,T_2 在基 $(1,1,1),(1,1,0),(1,0,0)$ 下的矩阵为

$$A_2=\begin{bmatrix} 1 & 0 & 0 \\ -2 & -1 & 0 \\ 2 & 2 & 1 \end{bmatrix}$$

【思考】 若要进一步求解 T_1T_2 在基 $(1,1,1),(1,1,0),(1,0,0)$ 下的矩阵,又该如何呢?

这里采用两种不同的方法进行求解.

第一种方法是采用定义法进行计算.具体如下:

$$\begin{aligned} T_1T_2((x_1,x_2,x_3)) &= T_1(T_2((x_1,x_2,x_3))) \\ &= T_1((x_1,-x_2,x_3))=(x_2,-x_1,0) \end{aligned}$$

由定义 2.3.1 知

$$T_1T_2((1,1,1))=(1,-1,0)$$
$$T_1T_2((1,1,0))=(1,-1,0)$$
$$T_1T_2((1,0,0))=(0,-1,0)$$

再由矩阵定义得

$$T_1T_2((1,1,1),(1,1,0),(1,0,0))$$
$$=[(1,1,1),(1,1,0),(1,0,0)]\begin{bmatrix} 0 & 0 & 0 \\ -1 & -1 & -1 \\ 2 & 2 & 1 \end{bmatrix}$$

因此,T_1T_2 在基 $(1,1,1),(1,1,0),(1,0,0)$ 下的矩阵为

$$B=\begin{bmatrix} 0 & 0 & 0 \\ -1 & -1 & -1 \\ 2 & 2 & 1 \end{bmatrix}$$

第二种方法是直接利用矩阵 A_1 和 A_2 的定义来进行计算.

$$T_1T_2((1,1,1),(1,1,0),(1,0,0))$$
$$=T_1(T_2((1,1,1),(1,1,0),(1,0,0)))$$
$$=T_1(((1,1,1),(1,1,0),(1,0,0))A_2)$$
$$=T_1((1,1,1),(1,1,0),(1,0,0))A_2$$
$$=[(1,1,1),(1,1,0),(1,0,0)]A_1A_2$$

又知

$$A_1A_2 = \begin{bmatrix} 0 & 0 & 0 \\ -1 & -1 & -1 \\ 2 & 2 & 1 \end{bmatrix}$$

故 T_1T_2 在基 $(1,1,1),(1,1,0),(1,0,0)$ 下的矩阵为

$$A_1A_2 = \begin{bmatrix} 0 & 0 & 0 \\ -1 & -1 & -1 \\ 2 & 2 & 1 \end{bmatrix}$$

该结果与第一种方法的结果相同.

实际上,我们有 T_2T_1 在基 $(1,1,1),(1,1,0),(1,0,0)$ 下的矩阵为 A_2A_1. 这表明,线性映射乘积在某一基下的矩阵恰好是每个线性映射在这组基下的矩阵的乘积. 根据线性映射和矩阵的同构关系知,矩阵作乘法运算表明作线性映射的乘积.

2.4　特征值与特征向量

考察线性变换 $T: \boldsymbol{x} \to \boldsymbol{Ax}$,其中 $\boldsymbol{A} = \begin{bmatrix} 3 & -2 \\ 1 & 0 \end{bmatrix}$. 若原像 $\boldsymbol{x}$ 分别取为 $\boldsymbol{u} = \begin{pmatrix} -2 \\ -4 \end{pmatrix}$ 和 $\boldsymbol{v} = \begin{pmatrix} 2 \\ 1 \end{pmatrix}$,则其像分别为

$$\boldsymbol{Au} = \begin{pmatrix} 2 \\ -2 \end{pmatrix}, \quad \boldsymbol{Av} = \begin{pmatrix} 4 \\ 2 \end{pmatrix}$$

如图 2.4.1 所示,像 $\boldsymbol{Au}$ 与它的原像 $\boldsymbol{u}$ 存在一定的夹角,而像 $\boldsymbol{Av}$ 与它的原像 $\boldsymbol{v}$ 则是线性相关的,即向量 $\boldsymbol{v}$ 在线性变换前后仅其长度发生了伸缩,方向保持不变. 这表明,

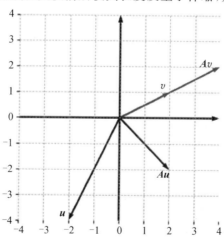

图 2.4.1　线性变换前后原像与像示意图

存在着一些向量在线性变换前后方位保持不变(或变换前后向量始终在一条直线上),这就是我们常提到的特征向量.

定义 2.4.1(线性变换的特征值和特征向量) 设线性变换 $T \in \mathcal{L}(V)$,若存在 $\lambda_0 \in F$ 和 V 的非零向量 ξ 使得 $T(\xi) = \lambda_0 \xi$,则称 λ_0 是 T 的一个**特征值**,称 ξ 为 T 的属于特征值 λ_0 的一个**特征向量**.

例 2.4.1 设 V 是数域 F 上的 n 维线性空间,定义恒等变换 $T_1(x) = x, \forall x \in V$ 和零变换 $T_2(x) = \theta, \forall x \in V$,则 V 中任意非零向量 ξ 都是 T_1 的属于特征值 $\lambda_0 = 1$ 的特征向量和 T_2 的属于特征值 $\lambda_0 = 0$ 的特征向量.

注1:从几何角度看,**特征向量在线性变换作用下保持共线**,即在同一直线上(有可能反向).

注2:设 ξ 是 T 的属于特征值 λ_0 的一个特征向量,则 $k\xi$ 也是 T 的属于特征值 λ_0 的特征向量,其中 $k \in F$ 且 $k \neq 0$.

注3:若 $\xi \in N(T)$ 且 $\xi \neq \theta$,则 ξ 是线性变换 T 的属于特征值 0 的特征向量.

注4:设 $T \in \mathcal{L}(V)$,$\xi_1, \cdots, \xi_n$ 是 V 的一组基,且 $T(\xi_i) = \lambda_i \xi_i (i = 1, \cdots, n)$,则 T 在基 $\xi_1, \cdots, \xi_n$ 下的矩阵为对角矩阵.

现考察一般情况:取定线性空间 V 的一组基 $\xi_1, \cdots, \xi_n$,并有

$$T(\xi_1 \quad \cdots \quad \xi_n) = [\xi_1 \quad \cdots \quad \xi_n]A$$

式中:$A \in F^{n \times n}$ 是 T 在基 $\xi_1, \cdots, \xi_n$ 下的矩阵.

再设 λ 是 T 的一个特征值,ξ 是 T 的属于特征值 λ 的一个特征向量,则

$$T(\xi) = \lambda \xi$$

且 ξ 可由基 $\xi_1, \cdots, \xi_n$ 线性表示,即 $\xi = [\xi_1 \quad \cdots \quad \xi_n]\alpha, \alpha \in F^n$. 由此,

$$T(\xi) = T(\xi_1 \quad \cdots \quad \xi_n)\alpha = [\xi_1 \quad \cdots \quad \xi_n]A\alpha$$

$$\lambda \xi = \lambda [\xi_1 \quad \cdots \quad \xi_n]\alpha$$

由 $T(\xi) = \lambda \xi$ 得

$$[\xi_1 \quad \cdots \quad \xi_n]A\alpha = \lambda [\xi_1 \quad \cdots \quad \xi_n]\alpha$$

由向量坐标的唯一性知,$A\alpha = \lambda \alpha$.这说明特征向量 ξ 在基 $\xi_1, \cdots, \xi_n$ 下的坐标满足齐次线性方程组

$$(\lambda I - A)\alpha = 0 \tag{2.4.1}$$

因为 $\xi \neq 0$,所以 $\alpha \neq 0$,即齐次线性方程组(2.4.1)有非零解.方程组(2.4.1)有非零解的充分必要条件是它的系数矩阵行列式为零,即

$$|\lambda I - A| = 0 \tag{2.4.2}$$

定义 2.4.2(矩阵的特征值和特征向量) 设 $A \in F^{n \times n}$,λ 为一文字,矩阵 $\lambda I - A$ 称为 A 的**特征矩阵**,其行列式 $|\lambda I - A|$ 称为 A 的**特征多项式**,方程 $|\lambda I - A| = 0$ 的根称为 A 的**特征值**(或特征根).方程 $(\lambda I - A)\alpha = 0$ 的非零解向量 α 称为属于特征值 λ 的**特征向量**.

注5:λ 是线性变换 T 的特征值当且仅当 λ 是 A 的特征值;向量 ξ 是线性变换

T 的特征向量当且仅当 $\boldsymbol{\alpha}$ 是 $\boldsymbol{A}$ 的特征向量,其中 $\boldsymbol{\xi}=[\boldsymbol{\xi}_1 \quad \cdots \quad \boldsymbol{\xi}_n]\boldsymbol{\alpha}$,$\boldsymbol{\alpha}$ 是 $\boldsymbol{\xi}$ 在线性空间 V 的基 $\boldsymbol{\xi}_1,\cdots,\boldsymbol{\xi}_n$ 下的坐标.

例 2.4.2 设 $T\in\mathscr{L}(\mathbb{R}^3)$,它在基 $\boldsymbol{\xi}_1,\boldsymbol{\xi}_2,\boldsymbol{\xi}_3$ 下的矩阵 $\boldsymbol{A}$ 为

$$\begin{bmatrix} 2 & -2 & 2 \\ -2 & -1 & 4 \\ 2 & 4 & -1 \end{bmatrix}$$

求 T 的特征值和特征向量.

解 经计算得,$\boldsymbol{A}$ 阵的特征多项式为

$$f_{\boldsymbol{A}}(\lambda)=|\lambda\boldsymbol{I}-\boldsymbol{A}|=(\lambda-3)^2(\lambda+6)$$

解得 $\lambda_1=\lambda_2=3,\lambda_3=-6$,它们是矩阵 $\boldsymbol{A}$ 的三个特征值,也是 T 的三个特征值.

对于特征值 $\lambda_1=\lambda_2=3$,齐次方程组 $(3\boldsymbol{I}-\boldsymbol{A})\boldsymbol{\alpha}=\boldsymbol{0}$ 的基础解系为

$$\boldsymbol{\alpha}_1=(-2,1,0)^{\mathrm{T}}, \quad \boldsymbol{\alpha}_2=(2,0,1)^{\mathrm{T}}$$

因此,线性变换 T 属于特征值 $\lambda_1=\lambda_2=3$ 的有两个线性无关的特征向量,分别为 $\boldsymbol{\beta}_1=-2\boldsymbol{\xi}_1+\boldsymbol{\xi}_2$ 和 $\boldsymbol{\beta}_2=2\boldsymbol{\xi}_1+\boldsymbol{\xi}_3$.

同理,对矩阵 $\boldsymbol{A}$ 而言,属于 $\lambda_3=-6$ 的特征向量为 $\boldsymbol{\beta}_3=(1,2,-2)^{\mathrm{T}}$. 故线性变换 T 属于 $\lambda_3=-6$ 的特征向量为 $\boldsymbol{\beta}_3=\boldsymbol{\xi}_1+2\boldsymbol{\xi}_2-2\boldsymbol{\xi}_3$.

综上,线性变换 T 属于特征值 3 的全部特征向量为 $k_1\boldsymbol{\beta}_1+k_2\boldsymbol{\beta}_2$,属于特征值 -6 的全部特征向量 $k_3\boldsymbol{\beta}_3$,其中,$k_1,k_2,k_3\in\mathbb{R}$,k_1,k_2 不同时为零且 k_3 不等于零.

例 2.4.3 定义线性变换:

$$T(\boldsymbol{X})=\begin{bmatrix} a & 2a \\ 3a & 4a \end{bmatrix}, \quad \forall \boldsymbol{X}\in\mathbb{C}^{2\times 2}$$

式中:a 为矩阵 $\boldsymbol{X}$ 的对角线元素之和. 求 T 的特征值.

解 取 $\mathbb{C}^{2\times 2}$ 的一组基为 $[\boldsymbol{\varepsilon}_1 \quad \boldsymbol{\varepsilon}_2 \quad \boldsymbol{\varepsilon}_3 \quad \boldsymbol{\varepsilon}_4]=\begin{bmatrix}\begin{bmatrix}1 & 0 \\ 0 & 0\end{bmatrix} & \begin{bmatrix}0 & 1 \\ 0 & 0\end{bmatrix} & \begin{bmatrix}0 & 0 \\ 1 & 0\end{bmatrix} & \begin{bmatrix}0 & 0 \\ 0 & 1\end{bmatrix}\end{bmatrix}$,

于是有

$$T[\boldsymbol{\varepsilon}_1 \quad \boldsymbol{\varepsilon}_2 \quad \boldsymbol{\varepsilon}_3 \quad \boldsymbol{\varepsilon}_4]=\begin{bmatrix}\begin{bmatrix}1 & 2 \\ 3 & 4\end{bmatrix} & \begin{bmatrix}0 & 0 \\ 0 & 0\end{bmatrix} & \begin{bmatrix}0 & 0 \\ 0 & 0\end{bmatrix} & \begin{bmatrix}1 & 2 \\ 3 & 4\end{bmatrix}\end{bmatrix}$$

$$=[\boldsymbol{\varepsilon}_1 \quad \boldsymbol{\varepsilon}_2 \quad \boldsymbol{\varepsilon}_3 \quad \boldsymbol{\varepsilon}_4]\begin{bmatrix} 1 & 0 & 0 & 1 \\ 2 & 0 & 0 & 2 \\ 3 & 0 & 0 & 3 \\ 4 & 0 & 0 & 4 \end{bmatrix}$$

由定义 2.3.1 知,线性变换 T 在基 $\boldsymbol{\varepsilon}_1,\boldsymbol{\varepsilon}_2,\boldsymbol{\varepsilon}_3,\boldsymbol{\varepsilon}_4$ 下的矩阵为

$$\boldsymbol{A}=\begin{bmatrix} 1 & 0 & 0 & 1 \\ 2 & 0 & 0 & 2 \\ 3 & 0 & 0 & 3 \\ 4 & 0 & 0 & 4 \end{bmatrix}$$

计算得 A 的特征多项式 $f_A(\lambda)=\lambda^3(\lambda-5)$,即线性变换 T 的特征值为 $0,0,0,5$.

【思考】 矩阵 $A\in F^{n\times n}$ 一定有 n 个特征值吗?

例 2.4.4 考察矩阵 $A=\begin{bmatrix} 0 & -1 \\ 1 & 0 \end{bmatrix}$,其特征多项式为 $f_A(\lambda)=\begin{vmatrix} \lambda & 1 \\ -1 & \lambda \end{vmatrix}=\lambda^2+1$.

若 $F=\mathbb{C}$,则 A 矩阵有两个特征值,分别为 $\pm i$;若 $F=\mathbb{R}$,则方程 $\lambda^2+1=0$ 无实根,即 A 矩阵在数域 $\mathbb{R}$ 上无特征值.因此,矩阵的特征值依赖于 V 所在的数域 F.

定理 2.4.1 设 $\lambda_1,\cdots,\lambda_n$ 是矩阵 $A=(a_{ij})\in\mathbb{C}^{n\times n}$ 的特征值,则

$$\prod_{i=1}^n \lambda_i = |A|$$

$$\sum_{i=1}^n \lambda_i = \sum_{i=1}^n a_{ii} = \mathrm{tr}(A)$$

式中:$\mathrm{tr}(A)$ 称为矩阵 A 的**迹**.

请读者自行证明定理 2.4.1.

例 2.4.5 设 λ 是可逆复方阵 A 的特征值,试证明:

(1) λ^{-1} 是 A^{-1} 的特征值;

(2) $\lambda^{-1}|A|$ 是 A^* 的特征值.

证明 (1) 当 A 矩阵可逆时,则 $\lambda\neq 0$.令 x 是属于特征值 λ 的特征向量,则有

$$Ax=\lambda x$$

对上式左右两端同乘以 A^{-1},并整理得

$$A^{-1}x=\lambda^{-1}x$$

故 λ^{-1} 是 A^{-1} 的特征值.

(2) 根据 $AA^*=|A|I$ 知,$A^*=|A|A^{-1}$,故 $\lambda^{-1}|A|$ 是 A^* 的特征值.

定义 2.4.3(特征子空间) 设 λ 是矩阵 $A\in\mathbb{C}^{n\times n}$ 的一个特征值,定义集合

$$E(\lambda)=\{x\in\mathbb{C}^n\,|\,Ax=\lambda x\}$$

则 $E(\lambda)$ 是 $\mathbb{C}^n$ 的线性子空间,称为属于特征值 λ 的**特征子空间**,$\dim(E(\lambda))$ 为特征值 λ 的**几何重数**.

注 6:特征子空间 $E(\lambda)$ 是齐次线性方程组 $(\lambda I-A)x=0$ 的解空间,也是矩阵 $(\lambda I-A)$ 的零空间.

注 7:由一元 n 次多项式方程在复数域内有且仅有 n 个根知,n 阶矩阵 A 在复数域内必有 n 个特征值,记为 $\lambda_1,\cdots,\lambda_n$,其中 λ_i 作为特征方程根的重数,称为 λ_i 的**代数重数**.

例 2.4.6 求如下矩阵特征值的代数重数和几何重数:

$$J_1=\begin{bmatrix} 1 & 0 & 0 \\ 0 & 1 & 0 \\ 0 & 0 & 1 \end{bmatrix}, \quad J_2=\begin{bmatrix} 1 & 1 & 0 \\ 0 & 1 & 0 \\ 0 & 0 & 1 \end{bmatrix}, \quad J_3=\begin{bmatrix} 1 & 1 & 0 \\ 0 & 1 & 1 \\ 0 & 0 & 1 \end{bmatrix}$$

解 根据代数重数定义知,矩阵 J_1,J_2 和 J_3 的特征值 1 的代数重数均为 3.

又知 $\mathrm{rank}(I-J_1)=0,\mathrm{rank}(I-J_2)=1,\mathrm{rank}(I-J_3)=2$，故由亏加秩定理知，$J_1,J_2$ 和 J_3 的特征值 1 的几何重数分别为 3,2 和 1.

定理 2.4.2 复方阵的任一特征值的几何重数不超过它的代数重数.

证明 设 λ_0 为 n 阶矩阵 $A\in\mathbb{C}^{n\times n}$ 的一个特征值，其代数重数和几何重数分别为 m 和 k. 由此，设 $p_1,\cdots,p_k$ 是特征子空间 $E(\lambda_0)$ 的一组基. 由基扩充定理知，可将其扩充为 $\mathbb{C}^n$ 的一组基，记为 $p_1,\cdots,p_k,p_{k+1},\cdots,p_n$.

定义 $P=\begin{bmatrix} p_1 & \cdots & p_k & p_{k+1} & \cdots & p_n \end{bmatrix}\in\mathbb{C}^{n\times n}$，则 P 必可逆且有

$$P^{-1}AP=\begin{bmatrix} \Lambda_0 & B_1 \\ O & B_2 \end{bmatrix}\xlongequal{\mathrm{def}} B$$

式中：Λ_0 是以 λ_0 为对角元素的 k 阶矩阵，B_2 为 $(n-k)$ 阶矩阵.

由于 A 与 B 两矩阵相似，故它们具有完全相同的特征值. 注意到 B 矩阵的特征多项式为

$$|\lambda I_n-B|=(\lambda-\lambda_0)^k|\lambda I_{n-k}-B_2|$$

即 λ_0 在 B 中的代数重数至少为 k，故它在 A 矩阵中的代数重数也至少为 k，于是 $m\geqslant k$. 证毕.

注 8：当矩阵 A 的某一特征值的代数重数为 1 时，其几何重数也只能为 1. 即属于该特征值的特征向量有且只有一个线性无关的向量.

对于相似矩阵还有如下结论.

命题 2.4.1 若 n 阶方阵 A 与 B 相似，则

（1）A 与 B 有相同的特征多项式与特征值；

（2）A 与 B 有相同的秩与行列式；

（3）A 与 B 有相同的迹.

注 9：线性变换的矩阵的特征多项式与基的选取无关，它直接由线性变换决定，故可称为**线性变换的特征多项式**.

关于矩阵的特征向量有如下结论.

定理 2.4.3 矩阵 A 的属于不同特征值的特征向量线性无关.

证明 设 $\lambda_1,\cdots,\lambda_r$ 是 n 阶矩阵 A 的 $r(2\leqslant r\leqslant n)$ 个互异的特征值，$\alpha_1,\cdots,\alpha_r$ 是分别属于特征值 $\lambda_1,\cdots,\lambda_r$ 的特征向量.

考察向量方程

$$k_1\alpha_1+\cdots+k_r\alpha_r=0 \tag{2.4.3}$$

式中：$k_1,\cdots,k_r\in F$ 为待定系数.

对式(2.4.3)两端同时左乘矩阵 $A,A^2,\cdots,A^{r-1}$，得如下方程组：

$$k_1\lambda_1\alpha_1+\cdots+k_r\lambda_r\alpha_r=0$$
$$k_1\lambda_1^2\alpha_1+\cdots+k_r\lambda_r^2\alpha_r=0$$
$$\vdots$$
$$k_1\lambda_1^{r-1}\alpha_1+\cdots+k_r\lambda_r^{r-1}\alpha_r=0$$

联合式(2.4.3),我们有

$$[k_1\boldsymbol{\alpha}_1 \quad \cdots \quad k_r\boldsymbol{\alpha}_r]\boldsymbol{D}^{\mathrm{T}}=\boldsymbol{O} \tag{2.4.4}$$

式中:

$$\boldsymbol{D}=\begin{bmatrix} 1 & 1 & \cdots & 1 \\ \lambda_1 & \lambda_2 & \cdots & \lambda_r \\ \vdots & \vdots & & \vdots \\ \lambda_1^{r-1} & \lambda_2^{r-1} & \cdots & \lambda_r^{r-1} \end{bmatrix}$$

注意:$\boldsymbol{D}$ 是 Vandermonde 矩阵(定义见 1.6 节),则 $|\boldsymbol{D}|=\prod\limits_{1\leqslant j<i\leqslant r}(\lambda_i-\lambda_j)$,故 $\boldsymbol{D}$ 为可逆矩阵.对式(2.4.4)两端右乘矩阵 $(\boldsymbol{D}^{\mathrm{T}})^{-1}$ 得

$$[k_1\boldsymbol{\alpha}_1 \quad \cdots \quad k_r\boldsymbol{\alpha}_r]=\boldsymbol{O}$$

即 $k_i\boldsymbol{\alpha}_i=\boldsymbol{0}(i=1,\cdots,r)$.由于 $\boldsymbol{\alpha}_i$ 为非零向量,故 $k_i=0(i=1,\cdots,r)$.因此,$\boldsymbol{\alpha}_1,\cdots,\boldsymbol{\alpha}_r$ 线性无关.证毕.

【应用】 力学和工程技术的很多问题都可归结为求解矩阵的最大特征值和相应的特征向量.为讨论方便,设 $\boldsymbol{A}\in\mathbb{R}^{n\times n}$ 的 n 个特征值满足

$$|\lambda_1|>|\lambda_2|\geqslant|\lambda_3|\geqslant\cdots\geqslant|\lambda_n|$$

且属于它们的特征向量 $\boldsymbol{x}_1,\cdots,\boldsymbol{x}_n$ 线性无关.则 $\forall\boldsymbol{x}\in\mathbb{R}^n$,有

$$\boldsymbol{x}=a_1\boldsymbol{x}_1+a_2\boldsymbol{x}_2+\cdots+a_n\boldsymbol{x}_n$$

于是

$$\boldsymbol{A}\boldsymbol{x}=a_1\lambda_1\boldsymbol{x}_1+a_2\lambda_2\boldsymbol{x}_2+\cdots+a_n\lambda_n\boldsymbol{x}_n$$

同理,$\forall k\in\mathbb{N}$ 有

$$\boldsymbol{A}^k\boldsymbol{x}=a_1\lambda_1^k\boldsymbol{x}_1+a_2\lambda_2^k\boldsymbol{x}_2+\cdots+a_n\lambda_n^k\boldsymbol{x}_n \tag{2.4.5}$$

对式(2.4.4)左右两端同除以 λ_1^k 得

$$\frac{1}{\lambda_1^k}\boldsymbol{A}^k\boldsymbol{x}=a_1\boldsymbol{x}_1+a_2\left(\frac{\lambda_2}{\lambda_1}\right)^k\boldsymbol{x}_2+\cdots+a_n\left(\frac{\lambda_n}{\lambda_1}\right)^k\boldsymbol{x}_n$$

当 k 趋于无穷大,且有 $a_1\neq0$ 时,

$$\lim_{k\to\infty}\frac{1}{\lambda_1^k}\boldsymbol{A}^k\boldsymbol{x}=a_1\boldsymbol{x}_1$$

上式表明对于足够大的 k 值,向量 $\boldsymbol{A}^k\boldsymbol{x}$ 与特征向量 $\boldsymbol{x}_1$ 在几何上几乎共线.因此,我们可以通过计算 $\boldsymbol{A}^k\boldsymbol{x}$ 估计特征向量 $\boldsymbol{x}_1$.基于此,我们设计如下算法:

算法 2.4.1 计算矩阵模值最大的特征值.

输入:矩阵 $\boldsymbol{A}$,精度 ε
输出:模值最大特征值的估值 λ_1,对应特征向量估值 $\boldsymbol{x}_1$

Begin

$k \leftarrow 0$

$\boldsymbol{x}^{(0)} \leftarrow$ 最大分量为 1 的任意向量, $\mu_{(-1)} \leftarrow 1$

$\mu_0 \leftarrow \boldsymbol{A} \boldsymbol{x}^{(0)}$ 模值最大的分量

$\boldsymbol{x}^{(1)} \leftarrow \boldsymbol{A} \boldsymbol{x}^{(0)} / \mu_0$

while $|\mu_k - \mu_{k-1}| \geqslant \varepsilon$ **do**

　$k \leftarrow k+1$

　$\mu_k \leftarrow \boldsymbol{A} \boldsymbol{x}^{(k)}$ 模值最大的分量

　$\boldsymbol{x}^{(k+1)} \leftarrow \boldsymbol{A} \boldsymbol{x}^{(k)} / \mu_k$

end while

$\lambda_1 \leftarrow \mu_k, \boldsymbol{x}_1 \leftarrow \boldsymbol{x}^{(k+1)}$

return $\lambda_1, \boldsymbol{x}_1$

End

算法 2.4.1 是近似计算实矩阵模值最大的特征值及其特征向量的方法, 我们常称之为**幂法**.

例 2.4.7　设 $\boldsymbol{A} = \begin{bmatrix} 1 & 2 \\ 3 & 4 \end{bmatrix}, \boldsymbol{x}^{(0)} = \begin{pmatrix} 1 \\ 0 \end{pmatrix}$, 试利用幂法求 $\boldsymbol{A}$ 的模值最大的特征值及其特征向量的近似值(定义精度 $\varepsilon = 0.001$).

解　由幂法算法知

$$\boldsymbol{A} \boldsymbol{x}^{(0)} = \begin{pmatrix} 1 \\ 3 \end{pmatrix}, \quad \mu_0 = 3$$

$$\boldsymbol{x}^{(1)} = \begin{pmatrix} 0.333\,3 \\ 1 \end{pmatrix}$$

$$\boldsymbol{A} \boldsymbol{x}^{(1)} = \begin{pmatrix} 2.333\,3 \\ 5 \end{pmatrix}, \quad \mu_1 = 5$$

$$\boldsymbol{x}^{(2)} = \begin{pmatrix} 0.466\,7 \\ 1 \end{pmatrix}$$

$$\boldsymbol{A} \boldsymbol{x}^{(2)} = \begin{pmatrix} 2.466\,7 \\ 5.4 \end{pmatrix}, \quad \mu_2 = 5.4$$

$$\boldsymbol{x}^{(3)} = \begin{pmatrix} 0.456\,8 \\ 1 \end{pmatrix}$$

$$\boldsymbol{A} \boldsymbol{x}^{(3)} = \begin{pmatrix} 2.456\,8 \\ 5.370\,4 \end{pmatrix}, \quad \mu_3 = 5.370\,4$$

$$\boldsymbol{x}^{(4)} = \begin{pmatrix} 0.457\,6 \\ 1 \end{pmatrix}$$

$$\bm{A}\bm{x}^{(4)} = \begin{pmatrix} 2.457\ 5 \\ 5.372\ 4 \end{pmatrix}, \quad \mu_4 = 5.372\ 4$$

$$\bm{x}^{(5)} = \begin{pmatrix} 0.457\ 4 \\ 1 \end{pmatrix}$$

$$\bm{A}\bm{x}^{(5)} = \begin{pmatrix} 2.457\ 4 \\ 5.372\ 3 \end{pmatrix}, \quad \mu_5 = 5.372\ 3$$

$$\bm{x}^{(6)} = \begin{pmatrix} 0.457\ 4 \\ 1 \end{pmatrix}$$

因此,$\mu_5 = 5.372\ 3$ 是矩阵 $\bm{A}$ 的模值最大的特征值估计,其特征向量估计为 $\bm{x}^{(6)}$. 这一结果与数值计算结果一致.

幂法的优点是方法简单,但其收敛速度与矩阵模值最大和次大特征值的比值有关,因此对于某些矩阵其收敛速度较慢.

【思考】 若初始向量 $\bm{x}^{(0)}$ 与 $\bm{x}_1$ 正交对结果会有影响吗?

【思考】 在已知特征值的一个较好的估计值后,如何进一步提高特征值的估计精度?

我们常用反幂法进行求解. 设矩阵 $\bm{A}$ 的特征值 λ_i 的估计值为 α_i,则令

$$\bm{B} = (\bm{A} - \alpha_i \bm{I})^{-1}$$

根据例 2.4.4 知,$\bm{B}$ 的特征值为

$$\frac{1}{\lambda_1 - \alpha_i}, \cdots, \frac{1}{\lambda_n - \alpha_i}$$

且 $\bm{A}$ 的属于特征值 $\lambda_1, \cdots, \lambda_n$ 的特征向量恰是 $\bm{B}$ 的属于上式这些特征值的特征向量(本章习题 38). 假设 α_i 更接近特征值 λ_i,而不接近矩阵 $\bm{A}$ 的其他特征值,那么 $(\lambda_i - \alpha_i)^{-1}$ 就成为矩阵 $\bm{B}$ 的模值最大的特征值. 此时,利用幂法进行求解会快速地逼近 λ_i. 这就是反幂法的基本原理,具体算法如下:

算法 2.4.2 反幂法.

输入:矩阵 $\bm{A}$,特征值 λ 的估计值 α,精度 ε

输出:特征值 λ 的新估值 λ_1,对应特征向量的估值 $\bm{x}_1$

Begin

$k \leftarrow 0$

$\bm{x}^{(0)} \leftarrow$ 最大分量为 1 的任意向量,$v_{(-1)} \leftarrow \alpha$

$\bm{y}^{(0)} \leftarrow (\bm{A} - v_{(-1)} \bm{I}) \bm{y} = \bm{x}^{(0)}$ 的解 $\bm{y}$

$\mu_0 \leftarrow \bm{y}^{(0)}$ 模值最大的分量

$v_0 \leftarrow \alpha + 1/\mu_0,\ \bm{x}^{(1)} \leftarrow \bm{y}^{(0)}/\mu_0$

```
while |v_k - v_{k-1}| ≥ ε do
    k ← k + 1
    y^{(k)} ← (A - v_{(k-1)}I)y = x^{(k)} 的解 y
    μ_k ← y^{(k)} 模值最大的分量
    v_k ← v_0 + 1/μ_k, x^{(k+1)} ← y^{(k)}/μ_k
end while
λ_1 ← v_k, x_1 ← x^{(k+1)}
return λ_1, x_1
End
```

对于多数简单情况,幂法和反幂法是实用的;另一个更全面、更广泛使用的迭代算法是 QR 算法,详见 3.4 节内容.

【思考】 请阅读论文《Eigenvectors from eigenvalues》[19],试比较文献中所提及的计算矩阵特征向量的方法与定义法、幂法的优劣.

2.5 酉变换与酉矩阵

本节主要介绍一种重要的线性变换——酉变换,它在诸多理论分析和工程实践中有着广泛的应用.

定义 2.5.1(正交变换和酉变换) 若欧氏(酉)空间中的线性变换 T 保持向量的内积不变,即对 V 中任意向量 x 与 y 有

$$(T(x), T(y)) = (x, y)$$

则称 T 为**正交(酉)变换**.

注 1:实际上,我们可将定义 2.5.1 中的"线性"二字去掉,改为:若内积空间中的变换 T 保持向量的内积不变,即对 V 中任意向量 x 与 y 有

$$(T(x), T(y)) = (x, y)$$

则称 T 为**正交(酉)变换**.这是因为保持向量内积不变的变换必为线性变换,具体证明如下:对任意 $x, y \in V$ 和 $k \in F$,有

$$
\begin{aligned}
\|T(x+y) - T(x) - T(y)\|^2 &= (T(x+y))^2 + (T(x))^2 + (T(y))^2 - \\
&\quad (T(x+y), T(x)) - (T(x+y), T(y)) - \\
&\quad (T(x), T(x+y)) - (T(y), T(x+y)) + \\
&\quad (T(x), T(y)) + (T(y), T(x)) \\
&= (x+y, x+y) + (x, x) + (y, y) - \\
&\quad (x+y, x) - (x+y, y) - \\
&\quad (x, x+y) - (y, x+y) + \\
&\quad (x, y) + (y, x) = 0
\end{aligned}
$$

$$\|T(k\boldsymbol{x}) - kT(\boldsymbol{x})\|^2 = (T(k\boldsymbol{x}))^2 + k^2(T(\boldsymbol{x}))^2 -$$
$$k(T(k\boldsymbol{x}), T(\boldsymbol{x})) - k(T(\boldsymbol{x}), T(k\boldsymbol{x}))$$
$$= k^2(\boldsymbol{x}, \boldsymbol{x}) + k^2(\boldsymbol{x}, \boldsymbol{x}) - k^2(\boldsymbol{x}, \boldsymbol{x}) - k^2(\boldsymbol{x}, \boldsymbol{x}) = 0$$

定义 2.5.2(正交矩阵和酉矩阵) 若 n 阶实方阵 $\boldsymbol{A}$ 满足 $\boldsymbol{A}^{\mathrm{T}}\boldsymbol{A} = \boldsymbol{I}$ 或 $\boldsymbol{A}\boldsymbol{A}^{\mathrm{T}} = \boldsymbol{I}$,则称 $\boldsymbol{A}$ 为正交矩阵;若 n 阶复方阵 $\boldsymbol{A}$ 满足 $\boldsymbol{A}^{\mathrm{H}}\boldsymbol{A} = \boldsymbol{I}$ 或 $\boldsymbol{A}\boldsymbol{A}^{\mathrm{H}} = \boldsymbol{I}$,则称 $\boldsymbol{A}$ 为酉矩阵.

定理 2.5.1 设 V 是 n 维欧氏(酉)空间,$T \in \mathcal{L}(V)$,则以下命题等价:

(1) T 是正交(酉)变换;

(2) T 保持长度不变,即 $\|T(\boldsymbol{x})\| = \|\boldsymbol{x}\|$;

(3) 若 $\boldsymbol{\xi}_1, \cdots, \boldsymbol{\xi}_n$ 是 V 中一组标准正交基,则 $T(\boldsymbol{\xi}_1), \cdots, T(\boldsymbol{\xi}_n)$ 也是 V 中一组标准正交基;

(4) T 在 V 的任一标准正交基下的矩阵 $\boldsymbol{A}$ 为正交(酉)矩阵.

证明 (1)$\Rightarrow$(2). 由于 T 是正交(酉)变换,故 $(T(\boldsymbol{x}), T(\boldsymbol{x})) = (\boldsymbol{x}, \boldsymbol{x})$,两边开方得 $\|T(\boldsymbol{x})\| = \|\boldsymbol{x}\|$,即正交(酉)变换 T 保持长度不变;

(2)$\Rightarrow$(3). 设 $\boldsymbol{\xi}_1, \cdots, \boldsymbol{\xi}_n$ 是 V 中一组标准正交基,则对 $i = 1, \cdots, n$,有 $\|T(\boldsymbol{\xi}_i)\| = \|\boldsymbol{\xi}_i\| = 1$. 当 $i \neq j$ 时,有

$$\|\boldsymbol{\xi}_i + \boldsymbol{\xi}_j\|^2 = \|\boldsymbol{\xi}_i\|^2 + \|\boldsymbol{\xi}_j\|^2$$
$$\|T(\boldsymbol{\xi}_i + \boldsymbol{\xi}_j)\|^2 = (T(\boldsymbol{\xi}_i + \boldsymbol{\xi}_j), T(\boldsymbol{\xi}_i + \boldsymbol{\xi}_j))$$
$$= \|T(\boldsymbol{\xi}_i)\|^2 + (T(\boldsymbol{\xi}_i), T(\boldsymbol{\xi}_j)) +$$
$$(T(\boldsymbol{\xi}_j), T(\boldsymbol{\xi}_i)) + \|T(\boldsymbol{\xi}_j)\|^2$$

又知 $\|T(\boldsymbol{\xi}_i + \boldsymbol{\xi}_j)\| = \|\boldsymbol{\xi}_i + \boldsymbol{\xi}_j\|$ 和 $\|T(\boldsymbol{\xi}_i)\| = \|\boldsymbol{\xi}_i\|$,故

$$(T(\boldsymbol{\xi}_i), T(\boldsymbol{\xi}_j)) + (T(\boldsymbol{\xi}_j), T(\boldsymbol{\xi}_i)) = 0 \tag{2.5.1}$$

用 $\mathrm{i}\boldsymbol{\xi}_j$ 替换式(2.5.1)中的 $\boldsymbol{\xi}_j$,得

$$-(T(\boldsymbol{\xi}_i), T(\boldsymbol{\xi}_j)) + (T(\boldsymbol{\xi}_j), T(\boldsymbol{\xi}_i)) = 0 \tag{2.5.2}$$

联立式(2.5.1)和式(2.5.2),得

$$(T(\boldsymbol{\xi}_i), T(\boldsymbol{\xi}_j)) = 0$$

所以,向量组 $T(\boldsymbol{\xi}_1), \cdots, T(\boldsymbol{\xi}_n)$ 是 V 的一组标准正交基.

(3)$\Rightarrow$(4). 设矩阵 $\boldsymbol{A} = (a_{ij})_{n \times n}$ 是由标准正交基 $\boldsymbol{\xi}_1, \cdots, \boldsymbol{\xi}_n$ 到标准正交基 $T(\boldsymbol{\xi}_1), \cdots, T(\boldsymbol{\xi}_n)$ 的过渡矩阵,则对 $i = 1, \cdots, n$,有

$$T(\boldsymbol{\xi}_i) = \begin{bmatrix} \boldsymbol{\xi}_1 & \cdots & \boldsymbol{\xi}_n \end{bmatrix} \begin{pmatrix} a_{1i} \\ \vdots \\ a_{ni} \end{pmatrix}$$

于是,根据式(1.4.4)有

$$(T(\boldsymbol{\xi}_i), T(\boldsymbol{\xi}_j)) = (\bar{a}_{1j}, \cdots, \bar{a}_{nj})\boldsymbol{G}(\boldsymbol{\xi}_1 \quad \cdots \quad \boldsymbol{\xi}_n)\begin{pmatrix} a_{1i} \\ \vdots \\ a_{ni} \end{pmatrix}$$

其中,$G(\xi_1,\cdots,\xi_n)$ 为 V 关于标准正交基 $\xi_1,\cdots,\xi_n$ 的度量矩阵,这是一个单位矩阵.

因此,

$$(T(\xi_i),T(\xi_j))=(\bar{a}_{1j},\cdots,\bar{a}_{nj})\begin{pmatrix}a_{1i}\\ \vdots \\ a_{ni}\end{pmatrix}$$

$$=\sum_{k=1}^{n}\bar{a}_{kj}a_{ki}$$

$$=(\mathbf{A}^{\mathrm{H}}\mathbf{A})_{ji}=\begin{cases}1,&i=j\\0,&i\neq j\end{cases}\qquad(2.5.3)$$

所以,$\mathbf{A}^{\mathrm{H}}\mathbf{A}=\mathbf{I}$,即 $\mathbf{A}$ 为正交(酉)矩阵.

(4)$\Rightarrow$(1). 设 $T(\xi_1,\cdots,\xi_n)=[\xi_1\quad\cdots\quad\xi_n]\mathbf{A}$,其中 $\mathbf{A}$ 为酉(或正交)矩阵. 由式(2.5.3)知,$T(\xi_1),\cdots,T(\xi_n)$ 是 V 的一组标准正交基.

对 V 中任意向量 x,y,定义 $x=\sum_{i=1}^{n}a_i\xi_i,y=\sum_{i=1}^{n}b_i\xi_i$,有

$$(T(x),T(y))=\left(\sum_{i=1}^{n}a_iT(\xi_i),\sum_{i=1}^{n}b_iT(\xi_i)\right)$$

$$=\sum_{i,j=1}^{n}a_i\bar{b}_j(T(\xi_i),T(\xi_j))=\sum_{i=1}^{n}a_i\bar{b}_i=(x,y)$$

即 T 是正交(酉)变换. 证毕.

注 2：正交(酉)变换的等价命题不限于定理 2.5.1,例如：

(1) $\forall x,y\in V,\forall k\in\mathbb{C}$ 均有 $\|T(x)+kT(y)\|=\|x+ky\|$.

(2) $\forall x,y\in V,\|T(x)-T(y)\|=\|x-y\|$ 且 $T(\theta)=\theta$ 且 $T(ix)=iT(x)$.

【思考】　正交矩阵 $\mathbf{A}$ 的特征值一定是 ±1 吗?

分析　设 λ 是矩阵 $\mathbf{A}$ 的任一特征值,x 是属于特征值 λ 的特征向量,则有

$$\mathbf{A}x=\lambda x\qquad(2.5.4)$$

对式(2.5.4)两端取转置,得

$$x^{\mathrm{T}}\mathbf{A}^{\mathrm{T}}=\lambda x^{\mathrm{T}}\qquad(2.5.5)$$

将式(2.5.4)和式(2.5.5)相乘得

$$x^{\mathrm{T}}\mathbf{A}^{\mathrm{T}}\mathbf{A}x=\lambda^2 x^{\mathrm{T}}x\qquad(2.5.6)$$

由 $\mathbf{A}^{\mathrm{T}}\mathbf{A}=\mathbf{I}$ 得

$$(\lambda^2-1)x^{\mathrm{T}}x=0\qquad(2.5.7)$$

注意到 $x^{\mathrm{T}}x\neq0$,故 $\lambda^2=1$,即 $\lambda=\pm1$.

注意上述分析是错误的. 这是在矩阵分析中极易犯的错误. 错误的根源在于 $x^{\mathrm{T}}x\neq0$. 尽管 $x^{\mathrm{T}}x$ 看起来是向量内积的形式,但这是在欧氏空间定义的,在酉空间没有这种定义. 例如,令 $x=(1,i)^{\mathrm{T}}$,则 $x^{\mathrm{T}}x=0$. 在上述分析中,若特征值 λ 不是实数,则特征向量 x 一定不是实向量. 我们利用 $x^{\mathrm{T}}x\neq0$ 这一结论实际上就已经认定了 x

是实向量,自然也就得出了 λ 是实特征值这一结论.因此,证明过程应改为:

对式(2.5.4)两端取共轭转置,得

$$\boldsymbol{x}^H\boldsymbol{A}^H = \bar{\lambda}\boldsymbol{x}^H \tag{2.5.8}$$

将式(2.5.4)和式(2.5.8)相乘得

$$\boldsymbol{x}^H\boldsymbol{A}^H\boldsymbol{A}\boldsymbol{x} = |\lambda|^2\boldsymbol{x}^H\boldsymbol{x}$$

由 $\boldsymbol{A}^H\boldsymbol{A} = \boldsymbol{I}$ 得

$$(|\lambda|^2 - 1)\boldsymbol{x}^H\boldsymbol{x} = 0$$

注意到 $\boldsymbol{x}^H\boldsymbol{x} \neq 0$,故 $|\lambda|^2 = 1$,即 $|\lambda| = 1$.

例如,$\boldsymbol{A} = \begin{bmatrix} 0 & 0 & 1 \\ 1 & 0 & 0 \\ 0 & 1 & 0 \end{bmatrix}$ 是正交矩阵,但其特征值为 $-\dfrac{1}{2} \pm \mathrm{i}\dfrac{\sqrt{3}}{2}$ 和 1.

命题 2.5.1 正交(酉)矩阵 $\boldsymbol{A}$ 满足如下性质:

(1) 正交矩阵的行列式必为 ± 1,酉矩阵的行列式的模值为 1;

(2) $\boldsymbol{A}^{-1} = \boldsymbol{A}^T$(或 $\boldsymbol{A}^H$)均为正交阵;

(3) 正交(酉)矩阵的乘积仍为正交(酉)矩阵;

(4) $\boldsymbol{A}$ 的所有特征值的模值为 1.

定理 2.5.2 矩阵 $\boldsymbol{A}$ 是 n 阶正交(酉)矩阵当且仅当矩阵 $\boldsymbol{A}$ 的 n 个列(行)向量构成 n 维欧氏(酉)空间的一组标准正交基.

证明 必要性.设酉矩阵 $\boldsymbol{A} \in \mathbb{C}^{n \times n}$,对 $\boldsymbol{A}$ 进行列分块,并记为 $\boldsymbol{A} = [\boldsymbol{\alpha}_1 \quad \cdots \quad \boldsymbol{\alpha}_n]$,其中 $\boldsymbol{\alpha}_i \in \mathbb{C}^n$.由等式 $\boldsymbol{A}^H\boldsymbol{A} = \boldsymbol{I}$ 得

$$\begin{bmatrix} \boldsymbol{\alpha}_1^H \\ \vdots \\ \boldsymbol{\alpha}_n^H \end{bmatrix} [\boldsymbol{\alpha}_1 \quad \cdots \quad \boldsymbol{\alpha}_n] = \boldsymbol{I}$$

进而

$$\boldsymbol{\alpha}_i^H\boldsymbol{\alpha}_j = \begin{cases} 1, & i = j \\ 0, & i \neq j \end{cases} \tag{2.5.9}$$

式(2.5.9)表明,$\boldsymbol{\alpha}_1,\cdots,\boldsymbol{\alpha}_n$ 是酉空间 $\mathbb{C}^n$ 的一组单位正交向量组,它们也构成了 n 维酉空间的一组标准正交基.

充分性.设 $\boldsymbol{A} = [\boldsymbol{\alpha}_1 \quad \cdots \quad \boldsymbol{\alpha}_n]$,其中 $\boldsymbol{\alpha}_i \in \mathbb{C}^n$.若 $\boldsymbol{A}$ 矩阵的这 n 个列向量构成 $\mathbb{C}^n$ 的一组标准正交基,则式(2.5.9)成立,进而 $\boldsymbol{A}^H\boldsymbol{A} = \boldsymbol{I}$.证毕.

例 2.5.1 考察平面旋转变换 $T:\mathbb{R}^2 \to \mathbb{R}^2$:

$$T(\boldsymbol{x}) = \begin{bmatrix} \cos\varphi & \sin\varphi \\ -\sin\varphi & \cos\varphi \end{bmatrix}\boldsymbol{x}, \quad \forall \boldsymbol{x} = (x_1, x_2)^T \in \mathbb{R}^2$$

式中:φ 为旋转角(逆时针取正).

T 在标准基 $\boldsymbol{e}_1, \boldsymbol{e}_2$ 下的矩阵为

$$A = \begin{bmatrix} \cos\varphi & \sin\varphi \\ -\sin\varphi & \cos\varphi \end{bmatrix}$$

由于 A 是正交矩阵,故 T 是正交变换. 将这一定义扩展到更在一般的 n 维欧氏空间中,有

$$T(i,j) = (t_{kl}(i,j))_{n\times n} = \begin{bmatrix} 1 & & & & & & & & \\ & \ddots & & & & & & & \\ & & 1 & & & & & & \\ & & & \cos\varphi & 0 & \cdots & 0 & \sin\varphi & \\ & & & 0 & 1 & & & 0 & \\ & & & \vdots & & \ddots & & \vdots & \\ & & & 0 & & & 1 & 0 & \\ & & & -\sin\varphi & 0 & \cdots & 0 & \cos\varphi & \\ & & & & & & & & 1 & \\ & & & & & & & & & \ddots \\ & & & & & & & & & & 1 \end{bmatrix}$$

式中: $t_{ii}(i,j) = t_{jj}(i,j) = \cos\varphi, t_{ij}(i,j) = \sin\varphi, t_{ji}(i,j) = -\sin\varphi$,其中 $i < j$ 且对于任意 $k\neq i,j$ 和 $l\neq i,j, t_{kl}(i,j) = 0$. 我们将矩阵 $T(i,j)$ 称为Givens 矩阵(或初等旋转矩阵).

命题 2.5.2　设 $T(i,j)\in\mathbb{R}^{n\times n}$ 是 Givens 矩阵,则以下命题成立:

(1) $T(i,j)$ 是正交矩阵且 $(T(i,j))^{-1} = (T(i,j))^{\mathrm{T}}$;

(2) 设 $x = (x_1,\cdots,x_n)^{\mathrm{T}}$,若 $y = T(i,j)x = (y_1,\cdots,y_n)^{\mathrm{T}}$,则

$$y_k = x_k, \quad k\neq i,j$$
$$y_i = \cos\varphi x_i + \sin\varphi x_j$$
$$y_j = -\sin\varphi x_i + \cos\varphi x_j$$

注 3:命题 2.5.2 性质(2)表明,若 $x_i^2 + x_j^2 \neq 0$,定义

$$\cos\varphi = \frac{x_i}{\sqrt{x_i^2 + x_j^2}}, \quad \sin\varphi = \frac{x_j}{\sqrt{x_i^2 + x_j^2}}$$

则 $y_i = \sqrt{x_i^2 + x_j^2}, y_j = 0$. 此时,若定义 $y = T(1,j)x$,则向量 y 的第 1 个分量为 $\sqrt{x_1^2 + x_j^2}$,第 j 个分量为 0. 进一步,必存在有限个 Givens 矩阵的乘积,记为 T,使得 $Tx = \|x\|e_1$,该性质可用于在向量或矩阵中置入零元素.

例 2.5.2　设 $x = (0,1,1)^{\mathrm{T}}$,取 Givens 矩阵

$$T(1,2) = \begin{vmatrix} 0 & 1 & 0 \\ -1 & 0 & 0 \\ 0 & 0 & 1 \end{vmatrix}, \quad T(1,2)x = \begin{pmatrix} 1 \\ 0 \\ 1 \end{pmatrix}$$

再取 Givens 矩阵

$$T(1,3) = \begin{bmatrix} \dfrac{\sqrt{2}}{2} & 0 & \dfrac{\sqrt{2}}{2} \\ 0 & 1 & 0 \\ -\dfrac{\sqrt{2}}{2} & 0 & \dfrac{\sqrt{2}}{2} \end{bmatrix}$$

定义 $T = T(1,3)T(1,2)$ 得

$$T = \begin{bmatrix} 0 & \dfrac{\sqrt{2}}{2} & \dfrac{\sqrt{2}}{2} \\ -1 & 0 & 0 \\ 0 & -\dfrac{\sqrt{2}}{2} & \dfrac{\sqrt{2}}{2} \end{bmatrix}$$

则有 $Tx = \|x\| e_1$.

另一类重要的酉矩阵是 Householder 矩阵,其定义和性质如下.

定义 2.5.3(Householder 矩阵) 设 $w \in \mathbb{C}^n$ 是单位向量,定义矩阵

$$H(w) = I - 2ww^{\mathrm{H}}$$

称为 Householder 矩阵(或初等反射矩阵).

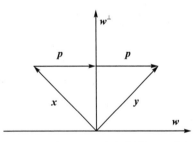

图 2.5.1 例 2.5.3 各向量关系示意图

例 2.5.3 设 $w \in \mathbb{C}^n$ 是给定单位向量,定义映射 $T:\mathbb{C}^n \to \mathbb{C}^n$,使得对任意 $x \in \mathbb{C}^n$,有 $T(x) = y$,其中,y 是向量 x 关于空间 $W^{\perp}$ 的对称向量,$W = \mathrm{span}(w)$,如图 2.5.1 所示

$$x + 2p = y$$
$$x + p = \mathrm{Proj}_{W^{\perp}} x = x - (x,w)w$$

由此,解得

$$y = x - 2ww^{\mathrm{H}}x = H(w)x \tag{2.5.10}$$

式中: $H(w)$ 是 Householder 矩阵.

根据式(2.5.10)知,T 是线性映射,且在标准基下的矩阵为 $H(w)$. 因此,Householder 矩阵与 $\mathbb{C}^n$ 中向量 x 相乘表示向量 x 沿向量 w 作为镜面的反射向量.

命题 2.5.3 Householder 矩阵 $H(w)$ 具有以下性质:

(1) $|H(w)| = -1$;

(2) $(H(w))^{\mathrm{H}} = H(w) = (H(w))^{-1}$;

(3) 设 $x,y \in \mathbb{C}^n$ 且 $x \neq y$,则存在单位向量 w 使得 $H(w)x = y$ 的充分必要条件是

$$x^{\mathrm{H}}x = y^{\mathrm{H}}y, \quad x^{\mathrm{H}}y = y^{\mathrm{H}}x$$

并且若上述条件成立,则使 $H(w)x = y$ 成立的单位向量 w 可取为

$$w = \frac{e^{i\theta}}{\|x-y\|}(x-y)$$

其中 θ 为任一实数.

证明 (1) 由 $H(w)w = w - 2ww^{H}w = -w$ 知，-1 是 $H(w)$ 的一个特征值，w 是属于特征值 -1 的特征向量.

另一方面，$\mathbb{C}^n$ 中一定存在 $n-1$ 个与向量 w 正交的非零向量. 不妨设这 $n-1$ 个向量为 $\alpha_i, i = 1, \cdots, n-1$，则

$$H(w)\alpha_i = \alpha_i - 2ww^{H}\alpha_i = \alpha_i$$

故 1 是 $H(w)$ 的特征值，α_i 是属于特征值 1 的特征向量. 注意到 $\alpha_i, i = 1, \cdots, n-1$ 是 $n-1$ 个线性无关的特征向量，因此特征值 1 的几何重数是 $n-1$.

综上，$H(w)$ 的 n 个特征值为 1 个 -1 和 $n-1$ 个 1. 根据矩阵特征值与行列式的关系知，$|H(w)| = -1$.

(2) 由于

$$(H(w))^{H} = (I - 2ww^{H})^{H} = I - 2ww^{H} = H(w)$$

$$H(w)H(w) = (I - 2ww^{H})(I - 2ww^{H}) = I - 4ww^{H} + 4ww^{H}ww^{H} = I$$

因此，$(H(w))^{H} = H(w) = (H(w))^{-1}$.

(3) 充分性. 取 $w = \dfrac{e^{i\theta}}{\|x-y\|}(x-y)$，则

$$H(w) = I - 2\frac{e^{i\theta}}{\|x-y\|}(x-y)\left[\frac{e^{i\theta}}{\|x-y\|}(x-y)\right]^{H}$$

$$= I - 2\frac{(x-y)(x-y)^{H}}{(x-y)^{H}(x-y)} = I - \frac{(x-y)(x-y)^{H}}{x^{H}(x-y)}$$

进一步，有

$$H(w)x = x - \frac{(x-y)(x-y)^{H}x}{x^{H}(x-y)}$$

$$= \frac{xx^{H}(x-y)}{x^{H}(x-y)} - \frac{(x-y)(x-y)^{H}x}{x^{H}(x-y)}$$

$$= \frac{yx^{H}x - yy^{H}x}{x^{H}(x-y)} = y$$

必要性. 若存在单位向量 w 使得 $H(w)x = y$，则

$$y^{H}y = (H(w)x)^{H}H(w)x = x^{H}x$$

$$x^{H}y = x^{H}H(w)x = y^{H}x$$

证毕.

例 2.5.4 设 $x = (0,1,1)^{T}$，取 $y = (\sqrt{2},0,0)^{T}$，并定义

$$w = \frac{1}{\|x-y\|}(x-y) = \begin{bmatrix} -\dfrac{\sqrt{2}}{2} \\ \dfrac{1}{2} \\ \dfrac{1}{2} \end{bmatrix}$$

有 Householder 矩阵

$$H(w) = I - 2ww^{\mathrm{H}} = \begin{bmatrix} 0 & \dfrac{\sqrt{2}}{2} & \dfrac{\sqrt{2}}{2} \\ \dfrac{\sqrt{2}}{2} & \dfrac{1}{2} & -\dfrac{1}{2} \\ \dfrac{\sqrt{2}}{2} & -\dfrac{1}{2} & \dfrac{1}{2} \end{bmatrix}$$

则 $H(w)x = \|x\|e_1$. 对比例 2.5.2 可以看出,尽管最终结果相同,但利用 Givens 矩阵和 Householder 矩阵的性质得到的变换矩阵却不相同.

　　Givens 矩阵和 Householder 矩阵是矩阵计算的重要工具之一. 利用 Givens 变换和 Householder 变换是矩阵进行 QR 分解的重要技术手段.

　　【思考】 给定实方阵 A,是否存在有限个 Givens 矩阵或 Householder 矩阵的乘积,记为 T,使得 TA 变成如下形式:

$$\begin{bmatrix} \lambda_1 & * & \cdots & * \\ 0 & \lambda_2 & \cdots & \vdots \\ \vdots & \vdots & & * \\ 0 & \cdots & 0 & \lambda_n \end{bmatrix}$$

式中: $*$ 为任意实数,$\lambda_1,\cdots,\lambda_n$ 是 n 个非负实数.

2.6　应用:图的矩阵表示

　　目前普遍认为,图论是从 1736 年著名数学家欧拉研究哥尼斯堡七桥问题开始的. 如图 2.6.1 所示,哥尼斯堡被河流分割为四个地区(A,B,C 和 D),它们通过河上的七座桥连接. 欧拉在哥尼斯堡发现当地市民正从事一项非常有趣的消遣活动:在星期六做一次走过所有七座桥的散步,每座桥只能经过一次而且起点与终点必须是同一地点. 这就是我们小时候玩的"一笔画游戏". 欧拉把每个地区抽象为一个点,称为图的"节点",将每座桥抽象为两个节点间的一条边. 基于这种简化,欧拉解析证明了这种一次遍历七座桥的路径不存在. 欧拉对图的这种抽象表示至今仍在沿用.

　　定义 2.6.1(图)　图 G 是有序三元组,记作 $G = (V(G), E(G), \varphi_G)$,其中,非空集合 $V(G)$ 是 G 的**节点集**,其元素称为**节点**(或结点,顶点),集合 $E(G)$ 是 G 的**边集**,

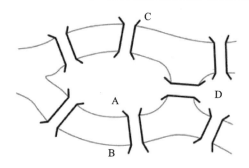

图 2.6.1　哥尼斯堡七桥问题

其元素称为**边**,而 φ_G 是集合 E 到集合 V 中元素有序对 $V\times V$ 的函数,称为**关联函数**.若 $V\times V$ 中元素全是无序对,则图 G 称为**无向图**;若 $V\times V$ 中元素全是有序对,则图 G 称为**有向图**.设边 $e\in E(G)$,则存在 $x,y\in V(G)$ 和有序对 $(x,y)\in V\times V$ 使得 $\varphi_G(e)=(x,y)$,e 称为从 x 到 y 的**有向边**,x 称为边 e 的**起点**,y 称为边 e 的**终点**.在无向图中,x 和 y 称为边 e 的**端点**.去掉有向图 G 边上的方向得到的无向图称为 G 的**基础图**.

例 2.6.1　如图 2.6.2 所示,$G_1=(V(G_1),E(G_1),\varphi_{G_1})$,其中,

$$V(G_1)=\{v_1,v_2,v_3,v_4,v_5\}$$
$$E(G_1)=\{e_{12},e_{23},e_{34},e_{45},e_{15}\}$$

而关联函数 φ_{G_1} 定义为

$$\varphi_{G_1}(e_{12})=(v_1,v_2)$$
$$\varphi_{G_1}(e_{23})=(v_2,v_3)$$
$$\varphi_{G_1}(e_{34})=(v_3,v_4)$$
$$\varphi_{G_1}(e_{45})=(v_4,v_5)$$
$$\varphi_{G_1}(e_{15})=(v_1,v_5)$$

对于 $G_2=(V(G_2),E(G_2),\varphi_{G_2})$,有

$$V(G_2)=\{v_1,v_2,v_3,v_4,v_5\}$$
$$E(G_2)=\{e_{12},e_{32},e_{34},e_{43},e_{54},e_{15}\}$$

而关联函数 φ_{G_2} 定义为

$$\varphi_{G_2}(e_{12})=(v_1,v_2)$$
$$\varphi_{G_2}(e_{32})=(v_3,v_2)$$
$$\varphi_{G_2}(e_{34})=(v_3,v_4)$$
$$\varphi_{G_2}(e_{43})=(v_4,v_3)$$
$$\varphi_{G_2}(e_{54})=(v_5,v_4,)$$
$$\varphi_{G_2}(e_{15})=(v_1,v_5)$$

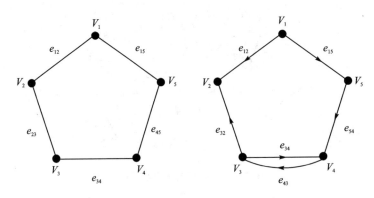

图 2.6.2　例 2.6.1 中的 G_1(左)和 G_2(右)

定义 2.6.2(度)　设 $G=(V(G),E(G),\varphi_G)$ 是无向图,$v\in V(G)$ 的节点度定义为 G 中与 v 关联边的数目,记为 $d_G(v)$.

定义 2.6.3(路)　设 u 和 v 是图 G 的任意节点,图 G 的一条 $u-v$ 链是有限的节点和边交替序列 $u_0 e_1 u_1 e_2 \cdots u_{n-1} e_n u_n (u=u_0,v=u_n)$,其中与边 $e_i (1 \leqslant i \leqslant n)$ 相邻的两节点 u_{i-1} 和 u_i 正好是 e_i 的两个端点.数 n(链中出现的边数)称为链的**长度**. $u(u_0)$ 和 $v(u_n)$ 称为链的**端点**,其余节点称为链的**内部点**.一条 $u-v$ 链,当 $u \neq v$ 时,称它为**开的**,否则称为**闭的**.边互不同的链称为**迹**,内部点互不同的链称为**路**.

定义 2.6.4(连通图)　如果无向图 G 中每一对不同的节点 x 和 y 都有一条路,则称 G 是**连通图**,反之称为**非连通图**.

定义 2.6.5(连通分支)　设 $V_i,i=1,\cdots,m$ 是图 $G=(V(G),E(G),\varphi_G)$ 的节点集 $V(G)$ 的子集,满足(1) $\bigcup_i V_i = V(G)$;(2) 对 $i \neq j$,有 $V_i \bigcap V_j = \varnothing$.若对于任意的 $V_i(i=1,\cdots,m)$,当且仅当两节点 v 和 u 属于同一子集 V_i 时,节点 v 和 u 间存在一条路,则 V_i 在 G 中导出的子图 G_i(以 V_i 为节点集,以两两端点均在 V_i 中的全体边为边集合的 G 的子图)称为 G 的**连通分支**,m 称为 G 的**连通分支数**.

由上述定义可知,图的数学抽象是三元组,还可知道图的形象直观的图形表示.为便于计算,我们介绍图的矩阵表示.

定义 2.6.6(邻接矩阵)　设图 $G=(V(G),E(G),\varphi_G)$,$V(G)=\{x_1,x_2,\cdots,x_n\}$.若 a_{ij} 是图 G 中以 x_i 为起点且以 x_j 为终点的边的数目,则 n 阶方阵 $A=(a_{ij})$ 称为 G 的**邻接矩阵**.

定义 2.6.7(关联矩阵)　设无向图 $G=(V(G),E(G),\varphi_G)$,$V(G)=\{x_1,x_2,\cdots,x_n\}$,$E=\{e_1,e_2,\cdots,e_m\}$.若定义

$$m_{ij}=\begin{cases}2, & e_j \text{ 关联于 } x_i,e_j \text{ 是自环}\\ 1, & e_j \text{ 关联于 } x_i,e_j \text{ 不是自环}\\ 0, & e_j \text{ 与 } x_i \text{ 不关联}\end{cases}$$

则称 $n \times m$ 阶矩阵 $M=(m_{ij})$ 为无向图 G 的**关联矩阵**.

定义 2.6.8(拉普拉斯矩阵) 设无向图 $G=(V(G),E(G),\varphi_G)$ 无自环,$V(G)=\{x_1,x_2,\cdots,x_n\}$,则称 n 阶方阵 $L=D-A$ 是图 G 的**拉普拉斯矩阵**,其中,A 是图 G 的邻接矩阵,D 是 n 阶对角矩阵,其对角线元素是对应节点的度.

例 2.6.2 给出如图 2.6.3 所示图 G 的关联矩阵、邻接矩阵和拉普拉斯矩阵.

解 图 G 的关联矩阵为

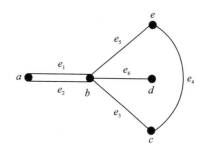

$$\begin{array}{c} \\ x_1 \\ x_2 \\ x_3 \\ x_4 \\ x_5 \end{array} \begin{array}{cccccc} e_1 & e_2 & e_3 & e_4 & e_5 & e_6 \\ \begin{bmatrix} 1 & 1 & 0 & 0 & 0 & 0 \\ 1 & 1 & 1 & 0 & 1 & 1 \\ 0 & 0 & 1 & 1 & 0 & 0 \\ 0 & 0 & 0 & 0 & 0 & 1 \\ 0 & 0 & 0 & 1 & 1 & 0 \end{bmatrix} \end{array}$$

图 2.6.3 例 2.6.2 图 G

图 G 的节点顺序为 a,b,c,d,e 的邻接矩阵和拉普拉斯矩阵是

$$A=\begin{bmatrix} 0 & 2 & 0 & 0 & 0 \\ 2 & 0 & 1 & 1 & 1 \\ 0 & 1 & 0 & 0 & 1 \\ 0 & 1 & 0 & 0 & 0 \\ 0 & 1 & 1 & 0 & 0 \end{bmatrix}, \quad L=\begin{bmatrix} 2 & -2 & 0 & 0 & 0 \\ -2 & 5 & -1 & -1 & -1 \\ 0 & -1 & 2 & 0 & -1 \\ 0 & -1 & 0 & 1 & 0 \\ 0 & -1 & -1 & 0 & 2 \end{bmatrix}$$

定理 2.6.1 设无向图 $G=(V(G),E(G),\varphi_G)$,$V(G)=\{x_1,x_2,\cdots,x_n\}$,且 $A=(a_{ij})_{n\times n}$ 为 G 的邻接矩阵,则 A^k 中的 i 行 j 列元素 $a_{ij}^{(k)}$ 是图 G 中以 x_i 和 x_j 为端点且长度为 k 的链的数目.

定理 2.6.2 设图 G 的邻接矩阵为 $A\in\mathbb{R}^{n\times n}$,作方阵 $R=A+A^2+\cdots+A^{n-1}$,则图 G 连通的充分必要条件为 R 中的每个元素都不为零.

定理 2.6.3 设图 G 有 n 个节点和 k 个连通分支,则 $\text{rank}(M)=n-k$,其中 M 是图 G 的关联矩阵.

定义 2.6.9(不可约矩阵) 如果存在 n 阶排列矩阵 P 使得

$$PAP^{\mathrm{T}}=\begin{bmatrix} A_{11} & A_{12} \\ O & A_{22} \end{bmatrix}$$

式中:$A_{11}\in\mathbb{R}^{k\times k}(1\leqslant k\leqslant n-1)$,则称矩阵 A 是**可约矩阵**;否则称 A 为**不可约矩阵**.

定理 2.6.4 无向图 G 是连通的当且仅当它的拉普拉斯矩阵 L 不可约.

定理 2.6.5 无向图 G 的拉普拉斯矩阵 $L=(l_{ij})\in\mathbb{R}^{n\times n}$ 具有以下性质:

(1) L 是半正定实对称矩阵.

(2) $\text{rank}(L)=n-k$,其中 k 为图的连通分支数;特别地,若 G 是连通图,则 0 是矩阵 L 的单根.

(3) 对任意向量 $x=(x_1,\cdots,x_n)^{\mathrm{T}}\in\mathbb{R}^n$,有

$$\boldsymbol{x}^{\mathrm{T}}\boldsymbol{L}\boldsymbol{x}=-\frac{1}{2}\sum_{i,j=1}^{n}l_{ij}(x_i-x_j)^2$$

这里仅给出定理 2.6.5(3)的证明. 将上式右端展开,得

$$-\frac{1}{2}\sum_{i,j=1}^{n}l_{ij}(x_i-x_j)^2=-\frac{1}{2}\sum_{i,j=1}^{n}l_{ij}(x_i^2+x_j^2)+\sum_{i,j=1}^{n}l_{ij}x_ix_j$$

注意到

$$\sum_{i,j=1}^{n}l_{ij}x_i^2=\sum_{i=1}^{n}x_i^2(\sum_{j=1}^{n}l_{ij})=0$$

$$\sum_{i,j=1}^{n}l_{ij}x_j^2=\sum_{j=1}^{n}x_j^2(\sum_{i=1}^{n}l_{ij})=0$$

故

$$-\frac{1}{2}\sum_{i,j=1}^{n}l_{ij}(x_i-x_j)^2=\sum_{i,j=1}^{n}l_{ij}x_ix_j=\boldsymbol{x}^{\mathrm{T}}\boldsymbol{L}\boldsymbol{x}$$

上述结论是拉普拉斯特征映射方法的核心理论基础,它从图的角度去构建数据之间的关系,是数据降维的常用方法. 有兴趣的读者可阅读参考文献[20].

本章习题

1. 证明若 $\boldsymbol{x}$ 是矩阵 $\boldsymbol{A}$ 的特征向量,则 $\boldsymbol{x}$ 必为矩阵多项式 $f(\boldsymbol{A})$ 的特征向量.

2. 设 T 是数域 F 上 n 维线性空间 V 到 m 维线性空间 W 的线性映射,若某一线性无关向量组的像是 W 中线性无关向量组,判断 T 是否为单射或满射.

3. 设 T 是数域 F 上 n 维线性空间 V 到 m 维线性空间 W 的线性映射,且 T 是单射,判断 m 与 n 的大小关系.

4. 设任意矩阵 $\boldsymbol{A}\in\mathbb{R}^{n\times n}$,给定矩阵 $\boldsymbol{C}\in\mathbb{R}^{n\times n}$,定义变换 $T(\boldsymbol{A})=\boldsymbol{CA}-\boldsymbol{AC}$,判断 T 是否为 $\mathbb{R}^{n\times n}$ 的线性变换.

5. 判断如下命题的正确性:设 T 是数域 $\mathbb{R}$ 上 n 维线性空间 V 的线性变换,若 T 在任一组基下的矩阵都相同,则 T 是数乘变换.

6. 设 $T\in\mathscr{L}(\mathbb{R}^3)$,$\boldsymbol{x}_1=(-1,1,1)^{\mathrm{T}}$,$\boldsymbol{x}_2=(1,0,-1)^{\mathrm{T}}$,$\boldsymbol{x}_3=(0,1,1)^{\mathrm{T}}$,$T$ 在基 $\boldsymbol{x}_1,\boldsymbol{x}_2,\boldsymbol{x}_3$ 下的矩阵为

$$\boldsymbol{A}=\begin{bmatrix}1&0&0\\1&1&0\\-1&2&1\end{bmatrix}$$

计算线性变换 T 在基 $\boldsymbol{e}_1=(1,1,1)^{\mathrm{T}}$,$\boldsymbol{e}_2=(1,1,0)^{\mathrm{T}}$,$\boldsymbol{e}_3=(1,0,0)^{\mathrm{T}}$ 下的矩阵.

7. 设 V_1,V_2 和 V_3 均是数域 F 上的线性空间,若 $T_1\in\mathscr{L}(V_1,V_2)$,$T_2\in\mathscr{L}(V_2,V_3)$,证明 $T_2T_1\in\mathscr{L}(V_1,V_3)$.

8. 设 $T_1,T_2\in\mathscr{L}(\mathbb{R}^{1\times2})$,对任意 $(x_1,x_2)\in\mathbb{R}^{1\times2}$,有 $T_1((x_1,x_2))=(x_2,-x_1)$,$T_2((x_1,x_2))=(x_1,-x_2)$,试求 T_1+T_2,T_1T_2 和 T_2T_1.

9. 设 V 和 W 均是数域 F 上的线性空间，$\boldsymbol{\epsilon}_1,\cdots,\boldsymbol{\epsilon}_n$ 是 V 的一组基. 若 $T_1,T_2\in$ $\mathcal{L}(V,W)$，且 $\forall k=1,\cdots,n$，$T_1(\boldsymbol{\epsilon}_k)=T_2(\boldsymbol{\epsilon}_k)$. 证明 $T_1=T_2$.

10. 复数域 $\mathbb{C}$ 是 $\mathbb{R}$ 上的线性空间，证明 $\mathbb{C}\cong\mathbb{R}^2$.

11. 设 T 是 $\mathbb{R}^3$ 的线性变换，定义为 $T((a_1,a_2,a_3)^{\mathrm{T}})=(0,a_1,a_2)^{\mathrm{T}}$，判断 T^2 的像空间、核空间的维数.

12. 设 T 是 $\mathbb{R}^3$ 的线性变换，定义为 $T((a_1,a_2,a_3)^{\mathrm{T}})=(a_1+a_2-a_3,a_2+a_3,a_1+2a_2)^{\mathrm{T}}$，判断 T 的像空间、核空间的维数.

13. 设 T 是 n 维线性空间 V_1 到 m 维线性空间 V_2 的线性映射. 证明存在一组 V_1 和 V_2 的基，使得 T 在这两组基下的矩阵为

$$\begin{bmatrix} \boldsymbol{I}_r & \boldsymbol{O} \\ \boldsymbol{O} & \boldsymbol{O} \end{bmatrix}$$

14. 设 T 是 n 维线性空间 V 的线性变换，如果存在向量 $\boldsymbol{\xi}$ 使得 $\boldsymbol{A}^{n-1}\boldsymbol{\xi}\neq\boldsymbol{0}$，$\boldsymbol{A}^n\boldsymbol{\xi}=\boldsymbol{0}$，证明如下命题：

（1）$\boldsymbol{\xi},\boldsymbol{A\xi},\cdots,\boldsymbol{A}^{n-1}\boldsymbol{\xi}$ 线性无关.

（2）T 在某组基下的矩阵为

$$\begin{bmatrix} \boldsymbol{O} & \boldsymbol{O} \\ \boldsymbol{I}_{r-1} & \boldsymbol{O} \end{bmatrix}$$

15. 判断题：设 $\boldsymbol{\alpha}_1,\boldsymbol{\alpha}_2$ 是 2 维线性空间 V 的一组基，T_1 和 T_2 是 V 的线性变换，其中 $T_1(\boldsymbol{\alpha}_1)=\boldsymbol{\alpha}_1^{\mathrm{T}}$，$T_1(\boldsymbol{\alpha}_2)=\boldsymbol{\alpha}_2^{\mathrm{T}}$，且 $T_2(\boldsymbol{\alpha}_1+\boldsymbol{\alpha}_2)=\boldsymbol{\alpha}_1^{\mathrm{T}}+\boldsymbol{\alpha}_2^{\mathrm{T}}$，$T_2(\boldsymbol{\alpha}_1-\boldsymbol{\alpha}_2)=\boldsymbol{\alpha}_1^{\mathrm{T}}-\boldsymbol{\alpha}_2^{\mathrm{T}}$，则 $T_1=T_2$.

16. 设 T 是线性空间 V 的线性变换，判断下列命题的正确性：

（1）$T^m \stackrel{\text{def}}{=\!=\!=} T^{m-1}T$，$m=2,3,\cdots$ 也是 V 的线性变换.

（2）线性变换 T 和方阵 $\boldsymbol{A}$ 一一对应.

（3）若 T 在欧氏空间 V 的一组标准正交基 $\boldsymbol{x}_1,\cdots,\boldsymbol{x}_n$ 的矩阵是对称矩阵，则 $(T\boldsymbol{x}_i,\boldsymbol{x}_j)=(\boldsymbol{x}_i,T\boldsymbol{x}_j)$.

17. 下列命题中是"线性变换 T 为正交变换"的必要不充分条件的是：

A. 线性变换 T 使任意向量变换前后长度保持不变.

B. 线性变换 T 使一组标准正交基变换后也为一组标准正交基.

C. 线性变换 T 使任意两向量变换前后两向量夹角保持不变.

D. 线性变换 T 在任意一组标准正交基下的矩阵为正交矩阵.

18. 设 $\boldsymbol{\alpha}_1,\boldsymbol{\alpha}_2$ 是酉空间 V 的标准正交基，T 是 V 上的酉变换，且满足

$$\begin{cases} T\boldsymbol{\alpha}_1 = a\boldsymbol{\alpha}_1 + \mathrm{i}\boldsymbol{\alpha}_2 \\ T\boldsymbol{\alpha}_2 = \boldsymbol{\alpha}_1 + b\boldsymbol{\alpha}_2 \end{cases}$$

求 a,b 的值.

19. 设 T 是变换，$\boldsymbol{A}$ 是复方阵，判断以下定义的 T 是否为线性变换：

(1) $T(A)=A^*$, A^* 是 A 的伴随矩阵.

(2) $T(A)=A^T$.

(3) $T(A)=A^H$.

(4) $T(A)=AB$, B 是已知复方阵.

20. 设线性映射 $T \in \mathscr{L}(V,W)$, 若 $\varepsilon_1, \cdots, \varepsilon_n$ 和 $\varepsilon'_1, \cdots, \varepsilon'_n$ 是 V 的两组基, 由 $\varepsilon_1, \cdots, \varepsilon_n$ 到 $\varepsilon'_1, \cdots, \varepsilon'_n$ 的过渡矩阵为 Q, 证明 $T(\varepsilon'_1, \cdots, \varepsilon'_n)=T(\varepsilon_1, \cdots, \varepsilon_n)Q$.

21. 设 $T_1 \in \mathscr{L}(V_1, V_2)$, $T_2 \in \mathscr{L}(V_2, V_3)$, $\varepsilon_1, \cdots, \varepsilon_n, \eta_1, \cdots, \eta_m$ 和 $\zeta_1, \cdots, \zeta_l$ 分别是 V_1, V_2 和 V_3 的基, T_1 在 V_1 的基 $\varepsilon_1, \cdots, \varepsilon_n$ 和 V_2 的基 $\eta_1, \cdots, \eta_m$ 下的矩阵为 A, T_2 在 V_2 的基 $\eta_1, \cdots, \eta_m$ 和 V_3 的基 $\zeta_1, \cdots, \zeta_l$ 下的矩阵为 B, 求线性映射 $T_2 T_1$ 在 V_1 的基 $\varepsilon_1, \cdots, \varepsilon_n$ 和 V_3 的基 $\zeta_1, \cdots, \zeta_l$ 下的矩阵. (理解矩阵相乘)

22. 设 V 是 n 维欧氏空间, $T \in \mathscr{L}(V)$, 若对任意向量 $x, y \in V$ 有
$$(T(x), y)=(x, T(y))$$
则称 T 是 V 上的对称变换. 证明 T 在 V 的一组标准正交基下的矩阵为对称阵.

23. 设 $T_1, T_2 \in \mathscr{L}(\mathbb{R}^n)$, 若对任意向量 $x, y \in \mathbb{R}^n$ 均有
$$(T_1(x), y)=(x, T_2(y))$$
则称 T_2 是 T_1 的一个伴随变换. 试证明线性变换 T_1 的伴随变换 T_2 存在且唯一.

24. 设 $T_1 \in \mathscr{L}(\mathbb{R}^2)$ 且满足
$$T_1: (x, y)^T \rightarrow (a_1 x + b_1 y, a_2 x + b_2 y)^T$$
求 T_1 和 T_1 的伴随变换 T_2 在标准基下的矩阵. (理解伴随变换可看作转置矩阵的几何意义)

25. 证明 n 阶方阵 A 的属于特征值 λ 的全部特征向量再加上零向量构成 F^n 的一个线性子空间.

26. 设实数域上的多项式空间 $P_3(x)$ 中的多项式 $f(x)=a_0+a_1 t+a_2 t^2+a_3 t^3$ 在线性变换 T 下的像为 $T(f(x))=(a_0-a_1)+(a_1-a_2)t+(a_2-a_3)t^2+(a_3-a_0)t^3$, 求 T 像空间和核空间的维数.

27. 设 T_1 和 T_2 是线性空间 V 的线性变换, 且 $T_1^2=T_1$, $T_2^2=T_2$. 证明 $R(T_1)=R(T_2)$ 的充分必要条件是 $T_1 T_2=T_2$ 且 $T_2 T_1=T_1$.

28. 在多项式空间 $P_n(x)$ 中, 定义映射 $T: P_n \rightarrow P_n$ 为微分变换, 证明 T 在任一基下的矩阵都是不可对角化的.

29. X、Y 为 n 阶复方阵, 定义映射 $T: X \rightarrow \operatorname{tr}(X)$, 证明 T 是线性空间 $\mathbb{R}^n \rightarrow R$ 的满足 $T(XY)=T(YX)$ 且 $T(I)=n$ 的唯一线性映射.

30. 判断题: 设 T_1 和 T_2 是线性空间 V 的线性变换, 且 $T_1 T_2=T_1+T_2$, 则 T_1 有一特征值为 1.

31. 设 A 是秩为 r 的 n 阶幂等矩阵, 求 $|A+2I|$.

32. 设 A 是 n 阶复方阵, 且 $A^k=O$, 其中 k 为自然数, 求 $|A+I|$.

33. 设 $\lambda_1, \cdots, \lambda_n$ 是 $A=(a_{ij}) \in \mathbb{C}^{n \times n}$ 的特征值, 则

（1）$\prod_{i=1}^{n} \lambda_i = |\boldsymbol{A}|$.

（2）$\sum_{i=1}^{n} \lambda_i = \sum_{i=1}^{n} a_{ii} = \mathrm{tr}(\boldsymbol{A})$.

34. 设 $\boldsymbol{A} \in \mathbb{C}^{m \times n}, \boldsymbol{B} \in \mathbb{C}^{n \times m}$，试证：
$$\lambda^n |\lambda \boldsymbol{I}_m - \boldsymbol{AB}| = \lambda^m |\lambda \boldsymbol{I}_n - \boldsymbol{BA}|$$

35. 设矩阵 $\boldsymbol{A} \in \mathbb{C}^{n \times n}$ 有 s 个互异特征值，分记为 $\lambda_1, \cdots, \lambda_s$，则以下两个集合：
$$E(\lambda_1) + E(\lambda_2) + \cdots + E(\lambda_s)$$
$$E(\lambda_1) \bigcap E(\lambda_2) \bigcap \cdots \bigcap E(\lambda_s)$$
是 $\mathbb{C}^n$ 的线性子空间吗？若是的话，求它们的维数.

36. 设 $T \in \mathscr{L}(V)$，W 是 V 的子空间. 若对任意 $\boldsymbol{\alpha} \in W$，都有 $T(\boldsymbol{\alpha}) \in W$，则称 W 是 T 的不变子空间. 证明 T 可对角化的充分必要条件是 V 可以分解为 T 的一维不变子空间的直和.

37. 设 T 是欧氏空间 V 的一个正交变换，V_1 是 T 的不变子空间. 证明如下命题：V_1 的正交补 $V_1^{\perp}$ 也是 T 的不变子空间.

38. 设 λ 是 $\boldsymbol{A} \in \mathbb{R}^{n \times n}$ 的特征值，$\boldsymbol{x} \in \mathbb{R}^n$ 是属于 λ 的特征向量. 若 $\mu \in \mathbb{R}$ 不是 $\boldsymbol{A}$ 的特征值，令 $\boldsymbol{B} = (\boldsymbol{A} - \mu \boldsymbol{I})^{-1}$，证明 $(\lambda - \mu)^{-1}$ 是 $\boldsymbol{B}$ 的特征值，$\boldsymbol{x}$ 是其对应的特征向量.

39. 证明对于任意 n 阶矩阵 $\boldsymbol{A}$，有 $\mathrm{rank}(\boldsymbol{A}^n) = \mathrm{rank}(\boldsymbol{A}^{n+1})$.

40. 若两矩阵 $\boldsymbol{A}, \boldsymbol{B}$ 满足 $\boldsymbol{AB} = \boldsymbol{BA}$，证明 $\boldsymbol{A}$ 与 $\boldsymbol{B}$ 存在至少一个相同的特征向量.

41. 对于两矩阵 $\boldsymbol{A} \in \mathbb{C}^{n \times m}, \boldsymbol{B} \in \mathbb{C}^{m \times n}$，判断下列命题是否为真：

（1）$\boldsymbol{AB}$ 与 $\boldsymbol{BA}$ 具有相同的非零特征根.

（2）$\mathrm{tr}(\boldsymbol{AB}) = \mathrm{tr}(\boldsymbol{BA})$.

（3）$\mathrm{rank}(\boldsymbol{AB}) = \mathrm{rank}(\boldsymbol{BA})$.

（4）若 $\boldsymbol{AB} = \boldsymbol{BA}, m = n$，且 $\boldsymbol{\xi}$ 是矩阵 $\boldsymbol{B}$ 属于特征值 λ 的特征向量，则 $\boldsymbol{A\xi}$ 必为矩阵 $\boldsymbol{B}$ 属于特征值 λ 的特征向量.

42. 设两矩阵 $\boldsymbol{A}, \boldsymbol{B}$ 是 n 阶复方阵，证明如下命题：

（1）$\mathrm{tr}(\boldsymbol{A}^k) = \sum_{i=1}^{n} \lambda^k$，其中 λ 为 $\boldsymbol{A}$ 的特征值.

（2）$\mathrm{tr}[(\boldsymbol{AB})^k] = \mathrm{tr}[(\boldsymbol{BA})^k], k = 1, 2, \cdots$.

43. 设矩阵 $\boldsymbol{A}, \boldsymbol{B}, \boldsymbol{C}$ 分别为 $m \times n, n \times k, k \times p$ 维矩阵，证明 $\mathrm{rank}(\boldsymbol{ABC}) \geqslant \mathrm{rank}(\boldsymbol{AB}) + \mathrm{rank}(\boldsymbol{BC}) - \mathrm{rank}(\boldsymbol{B})$.

44. 证明若 n 阶矩阵 $\boldsymbol{A}$ 满足 $\boldsymbol{A}^2 = k\boldsymbol{A}(k \neq 0)$，则 $\boldsymbol{A}$ 相似于对角矩阵.

45. 若 n 阶矩阵 $\boldsymbol{A}$ 满足 $\boldsymbol{A} \neq \boldsymbol{O}$ 且 $\boldsymbol{A}^k = \boldsymbol{O}$，$k$ 为一正整数，则 $\boldsymbol{A}$ 是否一定可相似于对角矩阵？若不是，给出反例.

46. 设 $\boldsymbol{A} = \begin{bmatrix} 1 & 0 & 0 \\ 1 & 0 & 1 \\ 0 & 1 & 0 \end{bmatrix}$，证明当 $n \geqslant 3$ 时，$\boldsymbol{A}^n = \boldsymbol{A}^{n-2} + \boldsymbol{A}^2 - \boldsymbol{I}$.

47. 矩阵 $A = \begin{bmatrix} 1 & 1 \\ 1 & 1 \end{bmatrix}$, 证明存在常数 c 使得 $A^4 - 8A^3 - 2A^2 + 2A = cA$.

48. 设欧氏空间 V 的基 $x_1, x_2, \cdots, x_n$ 的度量矩阵为 G, 正交变换 T 在这组基下的矩阵为 A, 试证明 $A^\top G A = G$.

49. 证明 Givens 矩阵可分解为两个 Householder 矩阵的乘积.

50. 近年来对众多实际网络的研究发现, 它们存在一个共同的特征, 称为网络中的社团结构. 它是指网络中的节点可以分成组, 组内节点间的连接比较稠密, 组间节点的连接比较稀疏. 社团结构在实际系统中有着重要的意义. 在引文网中, 不同社团可能代表了不同的研究领域; 在万维网中, 不同社团可能表示了不同主题的主页; 在新陈代谢网络、神经网络中, 社团可能反映了功能单位; 在食物链网中, 社团可能反映了生态系统中的子系统. 在网络性质和功能的研究中, 社团结构也有显著的表现. 请读者思考利用拉普拉斯矩阵的特征值对题图 1 中网络进行社团划分(显然, 我们可划分为三个社团). 更多关于社团研究的论文请读者阅读参考文献[21-22]及其后引用文献.

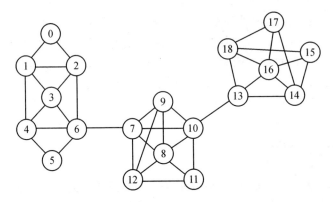

题图 1   社团划分

第3章

矩阵分解

矩阵分解是将矩阵拆解为多个矩阵的乘积或求和的形式.矩阵分解的一个常见类比是整数的因子分解,例如将数字 12 分解为 2×6 或 3×4 或 $2 \times 2 \times 3$ 等形式.类似于整数因子分解的多样性,矩阵分解也有多种技术.确定矩阵在不同情况下的分解形式,对矩阵相关的理论分析和数值计算有着极为重要的意义.因为矩阵的这些分解形式,一般能明显地反映出原矩阵的某些特征(从线性变换的角度看,分解形式反映了原线性变换的某些特征),其涉及的分解方法、过程等可提供行之有效的理论分析或数值计算依据.本章主要讲述了常见的矩阵分解,包括基本理论和重要应用.

3.1 相抵分解

矩阵相抵是同一线性映射在不同基下的矩阵之间的关系,这种关系也可以看作一种矩阵分解.这里作简要回顾.

引理 3.1.1 设矩阵 $A, B \in F^{m \times n}$,则以下表述等价:

(1) A 与 B 相抵;

(2) 存在可逆矩阵 $P \in F^{m \times m}$ 和 $Q \in F^{n \times n}$ 使得 $A = PBQ$;

(3) 矩阵 A 与 B 均可通过有限次初等行列变换得到同一个矩阵;

(4) $\mathrm{rank}(A) = \mathrm{rank}(B)$.

注 1:引理 3.1.1 性质(3)经初等行列变换所得矩阵的最简形式为 $\begin{bmatrix} I_r & O \\ O & O \end{bmatrix}$,称为矩阵 A(或 B)的**相抵标准形**,其中 r 为矩阵 A(或 B)的秩.

引理 3.1.2 设 $A \in F_r^{m \times n}$,则存在可逆矩阵 $P \in F^{m \times m}$ 和 $Q \in F^{n \times n}$ 使得

$$A = P \begin{bmatrix} I_r & O \\ O & O \end{bmatrix} Q \tag{3.1.1}$$

式(3.1.1)称为矩阵 A 的**相抵分解式**.

【应用】 矩阵相抵分解适用于任何矩阵,因此它是一种基本的矩阵分解. 相抵分解常用于解决矩阵秩相关的命题. 例如 $A \in \mathbb{C}^{m \times n}$,利用矩阵的相抵分解和矩阵乘积的转置公式容易证明矩阵的转置(或共轭转置)不改变矩阵的秩.

例 3.1.1 设 $A \in \mathbb{C}^{m \times n}, B \in \mathbb{C}^{n \times p}$,证明:$\operatorname{rank}(A) + \operatorname{rank}(B) - n \leqslant \operatorname{rank}(AB) \leqslant \min(\operatorname{rank}(A), \operatorname{rank}(B))$.

证明 首先证明第二个不等号成立. 设 $A = P \begin{bmatrix} I_r & O \\ O & O \end{bmatrix} Q$,并将矩阵 QB 按行分块,记为 $QB = \begin{bmatrix} C \\ D \end{bmatrix}$,则有

$$AB = P \begin{bmatrix} I_r & O \\ O & O \end{bmatrix} \begin{bmatrix} C \\ D \end{bmatrix} = P \begin{bmatrix} C \\ O \end{bmatrix} \tag{3.1.2}$$

式中:$P \in \mathbb{C}^{m \times m}$ 和 $Q \in \mathbb{C}^{n \times n}$ 是可逆矩阵,$C \in \mathbb{C}^{r \times p}, D \in \mathbb{C}^{(n-r) \times p}, r = \operatorname{rank}(A)$.

由式(3.1.2)得

$$\operatorname{rank}(AB) = \operatorname{rank}\left(\begin{bmatrix} C \\ O \end{bmatrix} \right) = \operatorname{rank}(C)$$

又知 $\operatorname{rank}(C) \leqslant r$ 且 $\operatorname{rank}(C) \leqslant \operatorname{rank}(QB) = \operatorname{rank}(B)$,则 $\operatorname{rank}(AB) \leqslant \operatorname{rank}(B)$.

同理,可证 $\operatorname{rank}(AB) \leqslant \operatorname{rank}(A)$,因此,$\operatorname{rank}(AB) \leqslant \min(\operatorname{rank}(A), \operatorname{rank}(B))$.

然后证明第一个不等号成立. 由 $QB = \begin{bmatrix} C \\ D \end{bmatrix}$ 知,$\operatorname{rank}(QB) \leqslant \operatorname{rank}(D) + \operatorname{rank}(C)$,故

$$\operatorname{rank}(B) \leqslant \operatorname{rank}(D) + \operatorname{rank}(AB)$$

又知 $\operatorname{rank}(D) \leqslant n - r$. 因此,$\operatorname{rank}(A) + \operatorname{rank}(B) - n \leqslant \operatorname{rank}(AB)$. 证毕.

例 3.1.1 中的两个不等式是矩阵分析的重要不等式,在分析诸多涉及矩阵乘积和矩阵秩的关系的问题时,往往需要根据这两个不等式进行放缩. 请利用例 3.1.1 中的结论证明本章的习题 1.

例 3.1.2 设 $A \in F^{n \times n}, \operatorname{rank}(A) = r$,证明存在 $B, C \in F^{n \times n}$,使得 $AB = CA = A$. 其中 $\operatorname{rank}(B) = \operatorname{rank}(C) = r$.

证明 由相抵分解,存在可逆矩阵 P, Q 使得

$$A = P \begin{bmatrix} I_r & O \\ O & O \end{bmatrix} Q$$

令 $B = Q^{-1} \begin{bmatrix} I_r & O \\ O & O \end{bmatrix} Q, C = P \begin{bmatrix} I_r & O \\ O & O \end{bmatrix} P^{-1}$,有 $\operatorname{rank}(B) = \operatorname{rank}(C) = r$,且 $AB = CA = A$.

例 3.1.3 设 $A \in F_r^{n \times n}$,且 $r < n$,证明:

(1) 存在 Hermite 矩阵 $B \in F^{n \times n}$ 和可逆矩阵 $C \in F^{n \times n}$ 使得 $A = BC$;

(2) 存在可逆矩阵 $D \in F^{n \times n}$ 和 Hermite 矩阵 $H \in F^{n \times n}$ 使得 $A = DH$.

证明　由相抵分解知,存在可逆矩阵 P,Q 使得

$$A = P\begin{bmatrix} I_r & O \\ O & O \end{bmatrix}Q = P\begin{bmatrix} I_r & O \\ O & O \end{bmatrix}P^{\mathrm{H}}(P^{\mathrm{H}})^{-1}Q$$

令 $B = P\begin{bmatrix} I_r & O \\ O & O \end{bmatrix}P^{\mathrm{H}}, C = (P^{\mathrm{H}})^{-1}Q$,有 $A = BC$,其中 B 为 Hermite 矩阵,C 为可逆矩阵,(1)得证.

又有

$$A = P\begin{bmatrix} I_r & O \\ O & O \end{bmatrix}Q = P(Q^{\mathrm{H}})^{-1}Q^{\mathrm{H}}\begin{bmatrix} I_r & O \\ O & O \end{bmatrix}Q$$

令 $D = P(Q^{\mathrm{H}})^{-1}, H = Q^{\mathrm{H}}\begin{bmatrix} I_r & O \\ O & O \end{bmatrix}Q$,有 $A = DH$,其中 D 为可逆矩阵,H 为 Hermite 矩阵,(2)得证.

例 3.1.4　设 $A \in F_r^{n \times n}$,且 $r < n$,证明:

(1) 存在矩阵 $B \neq O$,rank$(B) = n - r$,使得 $AB = O$.

(2) 存在矩阵 $B \neq O$,rank$(B) = n - r$,使得 $BA = O$.

(3) 存在矩阵 $B \neq O$,rank$(B) = n - r$,使得 $AB = BA = O$.

证明　由相抵分解,存在可逆矩阵 P,Q 使得

$$A = P\begin{bmatrix} I_r & O \\ O & O \end{bmatrix}Q$$

令 $B = Q^{-1}\begin{bmatrix} O & O \\ O & I_{n-r} \end{bmatrix}$,则 $B \neq O$,rank$(B) = n - r$,且 $AB = O$,(1)得证.

令 $B = \begin{bmatrix} O & O \\ O & I_{n-r} \end{bmatrix}P^{-1}$,则 $B \neq O$,rank$(B) = n - r$,且 $BA = O$,(2)得证.

令 $B = Q^{-1}\begin{bmatrix} O & O \\ O & I_{n-r} \end{bmatrix}P^{-1}$,则 $B \neq O$,rank$(B) = n - r$,且 $AB = BA = O$,(3)得证.

例 3.1.5　设 $A \in F_r^{n \times n}$,且 $r < n$,证明存在矩阵 $A_1, A_2, \cdots, A_r$,使得

$$A = A_1 + A_2 + \cdots + A_r$$

式中:rank$(A_i) = 1, i = 1, 2, \cdots, r$.

证明　由相抵分解,存在可逆矩阵 P,Q 使得

$$A = P\begin{bmatrix} I_r & O \\ O & O \end{bmatrix}Q$$

于是有

$$A = P(E_{11} + E_{22} + \cdots + E_{rr})Q = PE_{11}Q + PE_{22}Q + \cdots + PE_{rr}Q$$

式中:E_{ii} 表示第 i 行第 i 列元素为 1,其余元素均为 0 的矩阵.

令 $A_i = PE_{ii}Q$，$i=1,2,\cdots,r$，有 $\mathrm{rank}(A_i)=1$ 且 $A=A_1+A_2+\cdots+A_r$. 证毕.

在矩阵分解中，我们关心的一个基础问题是分解的唯一性问题. 在随后的矩阵分解章节中，我们总会讨论这一问题. 下面简单讨论相抵分解的唯一性问题. 实际上，根据矩阵相抵的定义就能初步断定，由于初等行列变换次序不同可能会导致不同的相抵分解. 例如，

$$A = P\begin{bmatrix} I_r & O \\ O & O \end{bmatrix}Q = \left(P\begin{bmatrix} I_r & X \\ O & I \end{bmatrix}\right)\begin{bmatrix} I_r & O \\ O & O \end{bmatrix}\left(\begin{bmatrix} I_r & O \\ Y & I \end{bmatrix}Q\right) \tag{3.1.3}$$

式中：X 和 Y 是适当阶数的任意矩阵. 由此，矩阵 A 的**相抵分解是不唯一的**.

【应用】 相抵分解的一个典型应用是求解矩阵的广义逆，请读者完成本章习题 2. 矩阵广义逆及相关知识将在第 5 章详细展开，这里不再具体介绍.

相抵分解亦可用于线性方程组的求解问题. 考察线性方程组 $Ax=b$ 的求解问题，其中 $A \in \mathbb{R}^{m \times n}$ 和 $b \in \mathbb{R}^m$ 已知，$x \in \mathbb{R}^n$ 是未知向量.

首先将矩阵 A 进行相抵分解，得

$$P\begin{bmatrix} I_r & O \\ O & O \end{bmatrix}Qx = b \tag{3.1.4}$$

再令 $y=Qx$，式(3.1.4)改写为

$$\begin{bmatrix} I_r & O \\ O & O \end{bmatrix}y = P^{-1}b \tag{3.1.5}$$

由式(3.1.5)可解得 y，再根据 $x=Q^{-1}y$ 求出 x，其中 P^{-1} 和 Q^{-1} 可通过如下变换求得：

$$\begin{bmatrix} P^{-1} & O \\ O & I \end{bmatrix}\begin{bmatrix} A & I \\ I & * \end{bmatrix}\begin{bmatrix} Q^{-1} & O \\ O & I \end{bmatrix} = \begin{bmatrix} A_{11} & P^{-1} \\ Q^{-1} & * \end{bmatrix} \tag{3.1.6}$$

式中：$A_{11} = \begin{bmatrix} I_r & O \\ O & O \end{bmatrix}$.

例 3.1.6 求解线性方程组 $Ax=b$，其中

$$A = \begin{bmatrix} 1 & 1 & 1 \\ 1 & 1 & 2 \end{bmatrix}, \quad b = \begin{pmatrix} 1 \\ 2 \end{pmatrix}$$

解 由 A 的表达式易知，$\mathrm{rank}(A)=2$，并对如下分块矩阵进行初等变换：

$$\begin{bmatrix} A & I \\ I & * \end{bmatrix} = \begin{bmatrix} 1 & 1 & 1 & 1 & 0 \\ 1 & 1 & 2 & 0 & 1 \\ 1 & 0 & 0 & & \\ 0 & 1 & 0 & & * \\ 0 & 0 & 1 & & \end{bmatrix} \rightarrow \begin{bmatrix} 1 & 0 & 0 & 1 & 0 \\ 0 & 1 & 0 & -1 & 1 \\ 1 & -1 & -1 & & \\ 0 & 0 & 1 & & * \\ 0 & 1 & 0 & & \end{bmatrix}$$

进而得

$$P^{-1} = \begin{bmatrix} 1 & 0 \\ -1 & 1 \end{bmatrix}, \quad Q^{-1} = \begin{bmatrix} 1 & -1 & -1 \\ 0 & 0 & 1 \\ 0 & 1 & 0 \end{bmatrix}, \quad P^{-1}b = \begin{pmatrix} 1 \\ 1 \end{pmatrix}$$

由方程组(3.1.5)易得 $y=(1,1,a)^{\mathrm{T}}$,进而解得

$$x=Q^{-1}y=\begin{pmatrix} -a \\ a \\ 1 \end{pmatrix}$$

上式即为线性方程组 $Ax=b$ 的解,其中 a 为任意实数.

3.2　满秩分解

满秩分解是一种基本的矩阵分解,其分解定理如下.

定理 3.2.1(满秩分解定理)　设 $A\in\mathbb{C}_r^{m\times n}(r>0)$,则存在列满秩矩阵 B 和行满秩矩阵 C 使得 $A=BC$.

证明

证法一:利用相抵分解证明.由 $A=P\begin{bmatrix} I_r & O \\ O & O \end{bmatrix}Q$ 和 $\begin{bmatrix} I_r & O \\ O & O \end{bmatrix}=\begin{bmatrix} I_r \\ O \end{bmatrix}\begin{bmatrix} I_r & O \end{bmatrix}$ 知,

$$A=P\begin{bmatrix} I_r \\ O \end{bmatrix}\begin{bmatrix} I_r & O \end{bmatrix}Q$$

令 $B=P\begin{bmatrix} I_r \\ O \end{bmatrix}$,$C=\begin{bmatrix} I_r & O \end{bmatrix}Q$,则易证 B 和 C 分别是列满秩矩阵和行满秩矩阵.

证法二:利用线性空间性质证明.将矩阵 A 作列分块,并令 $A=[a_1 \quad \cdots \quad a_n]$,则有 $R(A)=\mathrm{span}(a_1,\cdots,a_n)$ 且 $\mathrm{rank}(A)=\dim(R(A))$,其中 $a_i\in\mathbb{C}^m,i=1,\cdots,n$.

任取 $R(A)$ 的一组基 $b_1,\cdots,b_r$,则 a_i 必可由基 $b_1,\cdots,b_r$ 线性表示,即

$$a_i=[b_1 \quad \cdots \quad b_r]c_i$$

式中: $c_i\in\mathbb{C}^r$ 是 a_i 在基 $b_1,\cdots,b_r$ 下的坐标,$i=1,\cdots,n$.

进一步,定义矩阵 $B=[b_1 \quad \cdots \quad b_r]$,$C=[c_1 \quad \cdots \quad c_n]$,有

$$A=[a_1 \quad \cdots \quad a_n]=[b_1 \quad \cdots \quad b_r][c_1 \quad \cdots \quad c_n]=BC$$

式中: $\mathrm{rank}(B)=\dim(R(B))=r$.

又知

$$\mathrm{rank}(C)\geqslant\mathrm{rank}(A)=r \text{ 且 } \mathrm{rank}(C)\leqslant r$$

故 $\mathrm{rank}(C)=r$.综上所述,矩阵 A 可分解为列满秩矩阵 B 和行满秩矩阵 C 的乘积.

注 1:由于列空间 $R(A)$ 的基选取不同,矩阵 A 的满秩分解也不唯一.实际上,证法二也提供了一种满秩分解的计算方法.

例 3.2.1　求矩阵 $A=\begin{bmatrix} \mathrm{i} & 1 & 1 \\ 1 & -\mathrm{i} & 1 \end{bmatrix}$ 的满秩分解.

解　$a_1=\begin{pmatrix} \mathrm{i} \\ 1 \end{pmatrix}$ 和 $a_2=\begin{pmatrix} 1 \\ -\mathrm{i} \end{pmatrix}$ 线性相关,$a_1=\begin{pmatrix} \mathrm{i} \\ 1 \end{pmatrix}$ 和 $a_3=\begin{pmatrix} 1 \\ 1 \end{pmatrix}$ 线性无关,故可选取 a_1

和 a_3 构成列空间 $R(A)$ 的一组基.

定义

$$B = \begin{bmatrix} a_1 & a_3 \end{bmatrix} = \begin{bmatrix} i & 1 \\ 1 & 1 \end{bmatrix}$$

则向量 a_1, a_2, a_3 在基 a_1, a_3 下的坐标 c_1, c_2, c_3 分别为

$$c_1 = \begin{pmatrix} 1 \\ 0 \end{pmatrix}, \quad c_2 = \begin{pmatrix} -i \\ 0 \end{pmatrix}, \quad c_3 = \begin{pmatrix} 0 \\ 1 \end{pmatrix}$$

因此,定义

$$C = \begin{bmatrix} c_1 & c_2 & c_3 \end{bmatrix} = \begin{bmatrix} 1 & -i & 0 \\ 0 & 0 & 1 \end{bmatrix}$$

则 $A = BC$ 是矩阵 A 的满秩分解.

若选取

$$B = \begin{bmatrix} a_2 & a_3 \end{bmatrix} = \begin{bmatrix} 1 & 1 \\ -i & 1 \end{bmatrix}$$

则矩阵 C 为如下形式:

$$C = \begin{bmatrix} i & 1 & 0 \\ 0 & 0 & 1 \end{bmatrix}$$

注 2:在挑选列空间 $R(A)$ 的基时,并不一定从矩阵 A 的列向量中选取. 比如在例 3.2.1 中,列满秩矩阵 B 也可选取为单位矩阵(单位矩阵的列向量不是矩阵 A 的任一列向量),则 $A = I_2 A$ 也是 A 阵的满秩分解. 之所以出现 $A = IA$ 形式的满秩分解,原因在于矩阵 A 本身是行满秩矩阵. 实际上,若 A 是列满秩矩阵,则 $A = AI$ 是 A 的满秩分解形式.

尽管满秩分解不唯一,但同一矩阵的不同满秩分解之间存在着一定关系.

定理 3.2.2 设 $A \in \mathbb{C}_r^{m \times n}$ $(r > 0)$,$A = B_1 C_1$ 和 $A = B_2 C_2$ 是矩阵 A 的两种不同满秩分解,则存在可逆矩阵 $D \in \mathbb{C}^{r \times r}$ 使得 $B_1 = B_2 D$ 和 $C_1 = D^{-1} C_2$.

证明 将矩阵 B_1 和 B_2 进行列分块,并记为

$$B_1 = \begin{bmatrix} b_{11} & \cdots & b_{1r} \end{bmatrix}, \quad B_2 = \begin{bmatrix} b_{21} & \cdots & b_{2r} \end{bmatrix}$$

由于 B_1 和 B_2 均为列满秩矩阵,因此向量组 $b_{11}, \cdots, b_{1r}$ 和向量组 $b_{21}, \cdots, b_{2r}$ 均构成列空间 $R(A)$ 的一组基. 根据同一线性空间中不同基的关系,得

$$\begin{bmatrix} b_{11} & \cdots & b_{1r} \end{bmatrix} = \begin{bmatrix} b_{21} & \cdots & b_{2r} \end{bmatrix} D$$

式中:D 是从基 $b_{21}, \cdots, b_{2r}$ 到基 $b_{11}, \cdots, b_{1r}$ 的过渡矩阵.

因此,存在可逆矩阵 D 使得 $B_1 = B_2 D$. 再根据坐标与过渡矩阵的关系,易证 $C_1 = D^{-1} C_2$. 证毕.

注 3:定理 3.2.2 表明,只要找到矩阵 A 的一个满秩分解表达式就可以构造无数个满秩分解.

【应用】 满秩分解是研究矩阵广义逆的一个强有力的工具. 请读者尝试完成本章习题 2,关于矩阵广义逆的内容将在第 5 章详细介绍.

例 3.2.2　求满足等式 $AB = I$ 或 $BA = I$ 的矩阵 B，其中，矩阵 A 分别为

(1) $A = \begin{bmatrix} 1 & 0 & 0 \\ 1 & 0 & 0 \end{bmatrix}$；(2) $A = \begin{bmatrix} 1 & 0 & 0 \\ 0 & 1 & 0 \end{bmatrix}$；(3) $A = \begin{bmatrix} 1 & 0 \\ 0 & 1 \\ 0 & 0 \end{bmatrix}$.

解　经计算知，对于(1)中的矩阵 A，不存在矩阵 B 使得 $AB = I$ 或 $BA = I$；对于

(2)中的矩阵 A，存在矩阵 $B = \begin{bmatrix} 1 & 0 \\ 0 & 1 \\ 0 & 0 \end{bmatrix}$，使得 $AB = I$；对于(3)中的矩阵 A，存在矩阵

$B = \begin{bmatrix} 1 & 0 & 0 \\ 0 & 1 & 0 \end{bmatrix}$，使得 $BA = I$.

由例 3.2.2 知，尽管对于(2)、(3)中的矩阵 A 存在矩阵 B 使得 $AB = I$ 或 $BA = I$，但矩阵 B 却不是相应矩阵 A 的逆矩阵(由于逆矩阵须同时满足 $AB = I$ 和 $BA = I$ 两个等式；对非方矩阵而言，最多只能满足这两个等式其中之一).

定理 3.2.3(右逆和左逆)　矩阵 $A \in \mathbb{C}_r^{m \times n}(r > 0)$ 有右逆(即存在矩阵 B 使得 $AB = I$)的充分必要条件是 A 为行满秩矩阵；矩阵 A 有左逆(即存在矩阵 B 使得 $BA = I$)的充分必要条件是 A 为列满秩矩阵.

证明　首先证明右逆存在的必要性. 由 $AB = I_m$ 可知，$\text{rank}(AB) = m$，从而 $\text{rank}(A) \geqslant m$. 注意到 $A \in \mathbb{C}^{m \times n}$，有 $\text{rank}(A) \leqslant m$. 因此 $\text{rank}(A) = m$，即 A 为行满秩矩阵.

然后证明右逆存在的充分性. 对 $A \in \mathbb{C}_m^{m \times n}$ 作相抵分解，得

$$A = P \begin{bmatrix} I_m & O \end{bmatrix} Q$$

式中：$P \in \mathbb{C}^{m \times m}$ 和 $Q \in \mathbb{C}^{n \times n}$ 均为可逆矩阵. 由上式可得

$$A Q^{-1} \begin{bmatrix} I_m \\ O \end{bmatrix} P^{-1} = P \begin{bmatrix} I_m & O \end{bmatrix} Q Q^{-1} \begin{bmatrix} I_m \\ O \end{bmatrix} P^{-1} = I_m$$

定义 $B = Q^{-1} \begin{bmatrix} I_m \\ O \end{bmatrix} P^{-1}$，则 $AB = I_m$.

对于左逆存在性的证明，只需仿照上述证明右逆存在性的方法进行证明即可. 证毕.

定理 3.2.3 给出了矩阵左逆和右逆存在性的充分必要条件，但并未指出矩阵左逆或右逆的唯一性结果. 回顾例 3.2.2，对于(2)中的矩阵 A，其右逆不唯一，可表示为

$$B = \begin{bmatrix} 1 & 0 \\ 0 & 1 \\ * & * \end{bmatrix}$$

式中：$*$ 为任意复数.

矩阵基本理论与应用(第2版)

实际上,只有当矩阵 A 为可逆矩阵时,其左逆和右逆才是唯一的;对于其他矩阵,其左逆或右逆或不存在,或存在但不唯一.

注4:设 $A \in \mathbb{C}_r^{r \times n}$,则 AA^H 是 r 阶非奇异矩阵.根据 $AA^H(AA^H)^{-1} = I$,得 $A^H(AA^H)^{-1}$ 是矩阵 A 的一个右逆.同理,当 $A \in \mathbb{C}_r^{m \times r}$ 时,$(A^HA)^{-1}A^H$ 是矩阵 A 的一个左逆.

注4用到了矩阵理论的一个重要结论,即命题3.2.1所述矩阵 A 与矩阵 AA^H 秩的关系的结论.

命题 3.2.1 设 $A \in \mathbb{C}_r^{m \times n}$,则 $\text{rank}(A) = \text{rank}(A^HA)$.

证明 $\forall x \in N(A^HA)$,有
$$x \in N(A^HA) \Leftrightarrow A^HAx = 0 \Leftrightarrow x^HA^HAx = 0 \Leftrightarrow Ax = 0 \Leftrightarrow x \in N(A)$$
即 $N(A^HA) = N(A)$.

由定理2.3.6知
$$\text{rank}(A^HA) = n - \dim N(A^HA) = n - \dim N(A) = \text{rank}(A)$$
证毕.

注5:由命题3.2.1知,$\text{rank}(A) = \text{rank}(A^H) = \text{rank}(A^HA) = \text{rank}(AA^H)$,以及 $N(A^HA) = N(A), N(AA^H) = N(A^H)$.

下面利用满秩分解考察齐次线性方程组.

定理 3.2.4 设 $A = BC$ 是矩阵 A 的一个满秩分解表达式,那么齐次线性方程组 $Ax = 0$ 和 $Cx = 0$ 是同解方程组.

证明 若 $Cx = 0$,则 $BCx = 0$,即 $Ax = 0$.这表明齐次线性方程组 $Cx = 0$ 的解一定是方程组 $Ax = 0$ 的解.

另一方面,若 $Ax = 0$,则有 $BCx = 0$.定义 $y = Cx$,则 $By = 0$.现考察齐次线性方程组 $By = 0$.由于 B 为列满秩矩阵,故 $By = 0$ 有唯一解 $y = 0$,即 $Cx = 0$.

因此,齐次线性方程组 $Ax = 0$ 和 $Cx = 0$ 是同解方程组.证毕.

注6:定理3.2.4表明 $N(A) = N(C)$.实际上,我们还有 $R(A) = R(B)$.请读者自行证明.

3.3 三角分解

三角分解是求解大型线性方程组常采用的一种基本方法.本节简要讲述三角分解的理论基础和简要应用.

定义 3.3.1(三角矩阵) 设矩阵 $A = [a_{ij}] \in \mathbb{C}^{n \times n}$,若矩阵 A 的对角线上(下)方的元素全为零,即 $\forall i < j, a_{ij} = 0(\forall i > j, a_{ij} = 0)$,则称矩阵 A 为下(上)三角矩阵.通常将下三角矩阵和上三角矩阵统称为**三角矩阵**.进一步,将对角线元素全为正实数的三角矩阵称为**正线三角矩阵**,将对角线元素全为1的三角矩阵称为**单位三角矩阵**.

三角矩阵是一类特殊矩阵,其特殊之处在于任意两个下(上)三角矩阵的和、积以

及逆(若逆存在)仍是下(上)三角矩阵.特别地,任意两个单位下(上)三角矩阵的积和
逆(若逆存在)仍是单位下(上)三角矩阵.但下三角矩阵和上三角矩阵的和或积一般
不是三角矩阵.

定理 3.3.1(LU 分解定理)　设 $A=[a_{ij}]\in\mathbb{C}^{n\times n}$ 是非奇异矩阵,则存在唯一的
单位下三角矩阵 L 和上三角矩阵 U 使得 $A=LU$ 成立的充分必要条件是 A 的所有顺
序主子式均非零,即

$$\Delta_i(A)=\begin{vmatrix} a_{11} & a_{12} & \cdots & a_{1i} \\ a_{21} & a_{22} & \cdots & a_{2i} \\ \vdots & \vdots & & \vdots \\ a_{i1} & a_{i2} & \cdots & a_{ii} \end{vmatrix}\neq 0,\quad i=1,\cdots,n$$

式中:分解式 $A=LU$ 称为矩阵 A 的 **LU 分解**(或三角分解).

证明　必要性.已知存在唯一的单位下三角矩阵 L 和上三角矩阵 U 使得 $A=$
LU,须证明矩阵 A 的所有顺序主子式非零(可考虑将矩阵 A 分块,然后通过分块矩
阵找到矩阵 A 的顺序主子式矩阵).

将矩阵 A、L 和 U 作如下分块:

$$A=\begin{bmatrix} A_{i1} & A_{i2} \\ A_{i3} & A_{i4} \end{bmatrix}=\begin{bmatrix} L_{i1} & O \\ L_{i3} & L_{i4} \end{bmatrix}\begin{bmatrix} U_{i1} & U_{i2} \\ O & U_{i4} \end{bmatrix} \tag{3.3.1}$$

式中:A_{i1},L_{i1} 和 U_{i1} 分别为矩阵 A,L 和 U 的 i 阶顺序主子式矩阵,$i=1,\cdots,n$.

由式(3.3.1)知,$A_{i1}=L_{i1}U_{i1}$.从而有

$$|A_{i1}|=|L_{i1}U_{i1}|=|U_{i1}|=u_{11}\cdot u_{22}\cdot\cdots\cdot u_{ii}$$

式中:u_{ii} 是上三角矩阵 U 的第 i 个对角元素,$i=1,\cdots,n$.

由矩阵 A 可逆推断出矩阵 U 可逆,进而 $u_{11}\cdot u_{22}\cdot\cdots\cdot u_{ii}\neq 0$.因此,$u_{ii}\neq 0$,
$\forall i=1,\cdots,n$,即矩阵 A 的所有顺序主子式非零.

【充分性分析】　矩阵分解的存在性证明一般通过找出具体的分解式来说明.因
此,这类问题通常采用构造、归纳等方法.这里采用归纳法加以说明.

充分性.当矩阵 A 的阶数为 1 时,结论显然成立.假设对任意 $i-1$ 阶矩阵 A_{i-1}
都有 LU 分解,即

$$A_{i-1}=L_{i-1}U_{i-1},\quad i=2,\cdots,n$$

式中:L_{i-1} 是 $i-1$ 阶单位下三角矩阵,U_{i-1} 是 $i-1$ 阶上三角矩阵.

现考察任意 n 阶矩阵 A.为利用 $n-1$ 阶矩阵的 LU 分解式,我们对矩阵 A 可作
如下分块处理:

$$A=\begin{bmatrix} A_{n-1} & \beta \\ \alpha^{\mathrm{T}} & a_{nn} \end{bmatrix}$$

式中:A_{n-1} 是矩阵 A 的 $n-1$ 阶顺序主子式矩阵,α 和 β 均是 $n-1$ 维列向量,a_{nn} 是

标量.

若矩阵 $\boldsymbol{A}$ 可作 LU 分解,则须满足

$$\begin{bmatrix} \boldsymbol{A}_{n-1} & \boldsymbol{\beta} \\ \boldsymbol{\alpha}^{\mathrm{T}} & a_{nn} \end{bmatrix} = \begin{bmatrix} \boldsymbol{L}_{n-1} & \boldsymbol{0} \\ \boldsymbol{\alpha}_L^{\mathrm{T}} & 1 \end{bmatrix} \begin{bmatrix} \boldsymbol{U}_{n-1} & \boldsymbol{\beta}_U \\ \boldsymbol{0} & u_{nn} \end{bmatrix}$$

式中:$\boldsymbol{\alpha}_L^{\mathrm{T}}, \boldsymbol{\beta}_U$ 和 u_{nn} 待定且须满足如下条件:

$$\boldsymbol{\beta} = \boldsymbol{L}_{n-1}\boldsymbol{\beta}_U$$

$$\boldsymbol{\alpha}^{\mathrm{T}} = \boldsymbol{\alpha}_L^{\mathrm{T}}\boldsymbol{U}_{n-1}$$

$$a_{nn} = \boldsymbol{\alpha}_L^{\mathrm{T}}\boldsymbol{\beta}_U + u_{nn}$$

由此解得 $\boldsymbol{\beta}_U = \boldsymbol{L}_{n-1}^{-1}\boldsymbol{\beta}, \boldsymbol{\alpha}_L^{\mathrm{T}} = \boldsymbol{\alpha}^{\mathrm{T}}\boldsymbol{U}_{n-1}^{-1}$ 和 $u_{nn} = a_{nn} - \boldsymbol{\alpha}^{\mathrm{T}}\boldsymbol{A}_{n-1}^{-1}\boldsymbol{\beta}$,从而构造出 n 阶矩阵 $\boldsymbol{A}$ 的 LU 分解,即分解存在性得证.

【注意】 该定理的充分性分析尚未结束.上述证明仅给出了存在性说明,还须证明分解的唯一性.矩阵分解的唯一性证明常采用反证法.

这里采用反证法证明.假设上述分解是不唯一的,即存在两种不同的 LU 分解,并表示为

$$\boldsymbol{A} = \boldsymbol{L}_1\boldsymbol{U}_1 = \boldsymbol{L}_2\boldsymbol{U}_2$$

对上式作等价变换得

$$\boldsymbol{L}_2^{-1}\boldsymbol{L}_1 = \boldsymbol{U}_2\boldsymbol{U}_1^{-1} \tag{3.3.2}$$

其中,等式(3.3.2)左边是单位下三角矩阵,等式右边是上三角矩阵.

为保证式(3.3.2)成立,则有

$$\boldsymbol{L}_2^{-1}\boldsymbol{L}_1 = \boldsymbol{U}_2\boldsymbol{U}_1^{-1} = \boldsymbol{I}$$

由此,$\boldsymbol{L}_1 = \boldsymbol{L}_2, \boldsymbol{U}_1 = \boldsymbol{U}_2$,分解唯一性得证.证毕.

例 3.3.1 求矩阵 $\boldsymbol{A} = \begin{bmatrix} 1 & 2 & -1 \\ 3 & 1 & 0 \\ -1 & -1 & -2 \end{bmatrix}$ 的 LU 分解.

分析 我们利用初等变换求 LU 分解,即

$$[\boldsymbol{A}, \boldsymbol{I}] \rightarrow [\boldsymbol{U}, \boldsymbol{L}^{-1}]$$

解 对 $[\boldsymbol{A}, \boldsymbol{I}]$ 进行初等变换得

$$\begin{bmatrix} 1 & 2 & -1 & 1 & 0 & 0 \\ 3 & 1 & 0 & 0 & 1 & 0 \\ -1 & -1 & -2 & 0 & 0 & 1 \end{bmatrix} \rightarrow \begin{bmatrix} 1 & 2 & -1 & 1 & 0 & 0 \\ 0 & -5 & 3 & -3 & 1 & 0 \\ 0 & 0 & -\dfrac{12}{5} & \dfrac{2}{5} & \dfrac{1}{5} & 1 \end{bmatrix}$$

于是

$$\boldsymbol{U} = \begin{bmatrix} 1 & 2 & -1 \\ 0 & -5 & 3 \\ 0 & 0 & -\dfrac{12}{5} \end{bmatrix}, \quad \boldsymbol{L}^{-1} = \begin{bmatrix} 1 & 0 & 0 \\ -3 & 1 & 0 \\ \dfrac{2}{5} & \dfrac{1}{5} & 1 \end{bmatrix}$$

利用 L^{-1} 求出单位下三角矩阵 L,得

$$L = \begin{bmatrix} 1 & 0 & 0 \\ 3 & 1 & 0 \\ -1 & -\dfrac{1}{5} & 1 \end{bmatrix}$$

注 1:非奇异上三角矩阵 U 可进一步分解为对角矩阵和单位上三角矩阵的乘积,即

$$
\begin{bmatrix}
u_{11} & u_{12} & \cdots & u_{1,n-1} & u_{1n} \\
0 & u_{22} & \cdots & u_{2,n-1} & u_{2n} \\
\vdots & \vdots & & \vdots & \vdots \\
0 & 0 & \cdots & u_{n-1,n-1} & u_{n-1,n} \\
0 & 0 & \cdots & 0 & u_{nn}
\end{bmatrix} =
$$

$$
\begin{bmatrix}
u_{11} & & & \boldsymbol{O} \\
& u_{22} & & \\
& & \ddots & \\
\boldsymbol{O} & & & u_{n-1,n-1} \\
& & & & u_{nn}
\end{bmatrix}
\begin{bmatrix}
1 & \dfrac{u_{12}}{u_{11}} & \dfrac{u_{12}}{u_{11}} & \cdots & \dfrac{u_{1n}}{u_{11}} \\
& 1 & \dfrac{u_{23}}{u_{22}} & \cdots & \dfrac{u_{2n}}{u_{22}} \\
& & \ddots & \ddots & \vdots \\
\boldsymbol{O} & & & 1 & \dfrac{u_{n-1,n}}{u_{n-1,n-1}} \\
& & & & 1
\end{bmatrix}
\tag{3.3.3}
$$

因此,总结如下定理:

定理 3.3.2(LDU 分解定理)　设 $A = [a_{ij}] \in \mathbb{C}^{n \times n}$ 是非奇异矩阵,则存在唯一的单位下三角矩阵 L、对角矩阵 D 和单位上三角矩阵 U 使得 $A = LDU$ 成立的充分必要条件是 A 的所有顺序主子式均非零,即

$$\Delta_i(\boldsymbol{A}) = \begin{vmatrix} a_{11} & a_{12} & \cdots & a_{1i} \\ a_{21} & a_{22} & \cdots & a_{2i} \\ \vdots & \vdots & & \vdots \\ a_{i1} & a_{i2} & \cdots & a_{ii} \end{vmatrix} \neq 0, \quad i = 1, \cdots, n$$

分解式 $A = LDU$ 称为矩阵 A 的 LDU 分解.

注 2:定理 3.3.2 中对角矩阵 $\boldsymbol{D} = \mathrm{diag}(d_1, \cdots, d_n)$ 可由矩阵 A 的顺序主子式求得

$$d_1 = a_{11}$$

$$d_i = \frac{\Delta_i(\boldsymbol{A})}{\Delta_{i-1}(\boldsymbol{A})}, \quad i = 2, \cdots, n$$

注 3:若定义 $\widetilde{L} = LD$,矩阵 A 的分解式为 $A = \widetilde{L}U$,其中,$\widetilde{L}$ 是下三角矩阵,U 是单位上三角矩阵.这是定理 3.3.1 的另一种表达,常称为 **Crout 分解**.定理 3.3.1 常称为 **Doolittle 分解**.

注 4：在定理 3.3.1 和定理 3.3.2 中，矩阵 $\boldsymbol{A}$ 的非奇异性仅作为相应定理的已知条件，并非分解存在性的充分必要条件．换而言之，若矩阵 $\boldsymbol{A}$ 是奇异矩阵且可作 LU 分解，但其分解是不唯一的(见例 3.3.2)；若矩阵 $\boldsymbol{A}$ 是非奇异矩阵，其 LU 分解可能不存在(见例 3.3.3)．

例 3.3.2 求矩阵 $\boldsymbol{A}_1$ 和 $\boldsymbol{A}_2$ 的 LU 分解，其中

$$\boldsymbol{A}_1 = \begin{bmatrix} 0 & 1 \\ 0 & 2 \end{bmatrix}, \quad \boldsymbol{A}_2 = \begin{bmatrix} 0 & 0 \\ 1 & 1 \end{bmatrix}$$

解 矩阵 $\boldsymbol{A}_1$ 和 $\boldsymbol{A}_2$ 可分解为如下表达式：

$$\boldsymbol{A}_1 = \begin{bmatrix} 0 & 1 \\ 0 & 2 \end{bmatrix} = \begin{bmatrix} 1 & 0 \\ x & 1 \end{bmatrix} \begin{bmatrix} 0 & 1 \\ 0 & y \end{bmatrix}$$

$$\boldsymbol{A}_2 = \begin{bmatrix} 0 & 0 \\ 1 & 1 \end{bmatrix} = \begin{bmatrix} 1 & 0 \\ * & 1 \end{bmatrix} \begin{bmatrix} 0 & 0 \\ 0 & z \end{bmatrix}$$

式中：$x + y = 2$．故矩阵 $\boldsymbol{A}_1$ 的 LU 分解不唯一；注意到 $*$ 不存在，故矩阵 $\boldsymbol{A}_2$ 不能作 LU 分解．

例 3.3.3 求矩阵 $\boldsymbol{A} = \begin{bmatrix} 0 & 4 & 6 \\ 0 & -3 & -5 \\ 1 & -3 & -6 \end{bmatrix}$ 的 LU 分解．

解 若对矩阵 $\boldsymbol{A}$ 作 LU 分解，则

$$\begin{bmatrix} 0 & 4 & 6 \\ 0 & -3 & -5 \\ 1 & -3 & -6 \end{bmatrix} = \begin{bmatrix} 1 & 0 & 0 \\ l_{21} & 1 & 0 \\ l_{31} & l_{32} & 1 \end{bmatrix} \begin{bmatrix} 0 & 4 & 6 \\ 0 & u_{22} & u_{23} \\ 0 & 0 & u_{33} \end{bmatrix}$$

式中：l_{31} 不存在，故矩阵 $\boldsymbol{A}$ 不能作 LU 分解．

推论 3.3.1（Cholesky 分解） 若 n 阶实对称矩阵 $\boldsymbol{A}$ 是正定的，则存在唯一的正线上三角矩阵 $\boldsymbol{R}$ 使得 $\boldsymbol{A} = \boldsymbol{R}^{\mathrm{T}} \boldsymbol{R}$．

分析 矩阵 $\boldsymbol{A}$ 是非奇异矩阵且其所有顺序主子式均大于零，因此可利用 LDU 分解证明(分析发现 LU 分解并不适合)．由定理 3.3.2 知，$\boldsymbol{A} = \boldsymbol{LDU}$．利用矩阵 $\boldsymbol{A}$ 为实对称矩阵得，$\boldsymbol{A} = \boldsymbol{A}^{\mathrm{T}} = \boldsymbol{U}^{\mathrm{T}} \boldsymbol{D} \boldsymbol{L}^{\mathrm{T}}$．根据 LDU 分解的唯一性可推导出

$$\boldsymbol{L} = \boldsymbol{U}^{\mathrm{T}}, \quad \boldsymbol{U} = \boldsymbol{L}^{\mathrm{T}}$$

因此，$\boldsymbol{A} = \boldsymbol{U}^{\mathrm{T}} \boldsymbol{D} \boldsymbol{U}$．注意到对角矩阵 $\boldsymbol{D}$ 中元素均大于零，故可将 $\boldsymbol{D}$ 分解为两个正定对角矩阵的乘积：

$$\boldsymbol{D} = \boldsymbol{D}^{\frac{1}{2}} \boldsymbol{D}^{\frac{1}{2}}, \quad \boldsymbol{D}^{\frac{1}{2}} = \mathrm{diag}(\sqrt{d_1}, \cdots, \sqrt{d_n})$$

显然，推论 3.3.1 中的 $\boldsymbol{R}$ 可定义为 $\boldsymbol{R} = \boldsymbol{D}^{\frac{1}{2}} \boldsymbol{U}$．Cholesky 分解的唯一性可通过反证法证明．

假设 n 阶实对称正定矩阵 $\boldsymbol{A}$ 有两种不同的 Cholesky 分解，即

$$\boldsymbol{A} = \boldsymbol{R}^{\mathrm{T}} \boldsymbol{R} = \boldsymbol{G}^{\mathrm{T}} \boldsymbol{G} \tag{3.3.4}$$

式中：R 和 G 均为正线上三角矩阵.

对式(3.3.4)两边左乘 G^{-T}，右乘 R^{-1}，得

$$G^{-T}R^T = GR^{-1}$$

即 $(RG^{-1})^T = (RG^{-1})^{-1}$.

由于 R 和 G 均为正线上三角矩阵，因此 $(RG^{-1})^{-1}$ 为上三角矩阵，$(RG^{-1})^T$ 为下三角矩阵.要使等式成立，则 RG^{-1} 只能为对角阵且对角线元素均为正实数.

不妨设 $RG^{-1} = \mathrm{diag}(d_1, \cdots, d_n), d_i > 0$.将其代入 $(RG^{-1})^T = (RG^{-1})^{-1}$ 得到 $d_i = d_i^{-1}$.由于 $d_i > 0$，则 $d_i = 1, i = 1, \cdots, n$.因此 $RG^{-1} = I, R = G$.所以矩阵 A 有且仅有一种 Cholesky 分解.唯一性得证.

例 3.3.4　求正定矩阵 $A = \begin{bmatrix} 2 & 1 \\ 1 & 2 \end{bmatrix}$ 的 Cholesky 分解.

解法一　将矩阵 A 作 LDU 分解，得

$$A = \begin{bmatrix} 1 & 0 \\ \frac{1}{2} & 1 \end{bmatrix} \begin{bmatrix} 2 & 0 \\ 0 & \frac{3}{2} \end{bmatrix} \begin{bmatrix} 1 & \frac{1}{2} \\ 0 & 1 \end{bmatrix}$$

令

$$R = \begin{bmatrix} \sqrt{2} & 0 \\ 0 & \frac{\sqrt{6}}{2} \end{bmatrix} \begin{bmatrix} 1 & \frac{1}{2} \\ 0 & 1 \end{bmatrix} = \begin{bmatrix} \sqrt{2} & \frac{\sqrt{2}}{2} \\ 0 & \frac{\sqrt{6}}{2} \end{bmatrix}$$

则有 $A = R^T R$.

解法二　设上三角矩阵 $R = [r_{ij}]_{2\times2}$，直接比较 $A = R^T R$ 的两端可知

$$a_{11} = r_{11}^2, \quad a_{12} = r_{11}r_{12}, \quad a_{22} = r_{12}^2 + r_{22}^2$$

解得

$$r_{11} = \sqrt{2}, \quad r_{12} = \frac{\sqrt{2}}{2}, \quad r_{22} = \frac{\sqrt{6}}{2}$$

例 3.3.4 求解的解法二称为 **Cholesky 算法**.请读者自行设计一般 n 阶正定实对称矩阵的 Cholesky 算法.

【应用】　Cholesky 分解的应用之一可参考本章习题 11.下面讨论 LU 分解在线性方程组求解方面的应用.设线性方程组为 $Ax = b$.若系数矩阵 A 有 LU 分解，则

$$Ax = (LU)x = L(Ux) = b$$

由此，方程组 $Ax = b$ 等价转化为系数矩阵均是三角矩阵的两个线性方程组，即

$$\begin{cases} Ly = b \\ Ux = y \end{cases} \tag{3.3.5}$$

显然，方程组(3.3.4)的求解不需要对一般矩阵 A 作求逆计算，仅需利用迭代法

即可简单快速求解.这是因为 n 阶稠密矩阵的 LU 分解大约需要 $\frac{2}{3}n^3$ 次浮点运算,而求 A^{-1} 约需要 $2n^3$ 次浮点运算.若 A 是稀疏矩阵,则矩阵 L 和 U 可能也是稀疏的,但 A^{-1} 可能是稠密的;这时用 LU 分解求解方程组 $Ax=b$ 很可能比用 A^{-1} 快很多,故计算机求解大型线性方程组常采用这一方法.更详细的内容请读者了解 Gauss 消元法,这里不再赘述.

例 3.3.5　求解线性方程组

$$\begin{bmatrix} 1 & -1 & 5 \\ 1 & 2 & -1 \\ 2 & 3 & 4 \end{bmatrix}\begin{pmatrix} x_1 \\ x_2 \\ x_3 \end{pmatrix}=\begin{pmatrix} 3 \\ 0 \\ 5 \end{pmatrix}$$

解　将系数矩阵作 LU 分解得

$$\begin{bmatrix} 1 & -1 & 5 \\ 1 & 2 & -1 \\ 2 & 3 & 4 \end{bmatrix}=\begin{bmatrix} 1 & 0 & 0 \\ 1 & 1 & 0 \\ 2 & \frac{5}{3} & 1 \end{bmatrix}\begin{bmatrix} 1 & -1 & 5 \\ 0 & 3 & -6 \\ 0 & 0 & 4 \end{bmatrix}$$

故原方程组可化为以下两个方程组:

$$\begin{bmatrix} 1 & 0 & 0 \\ 1 & 1 & 0 \\ 2 & \frac{5}{3} & 1 \end{bmatrix}\begin{pmatrix} y_1 \\ y_2 \\ y_3 \end{pmatrix}=\begin{pmatrix} 3 \\ 0 \\ 5 \end{pmatrix},\quad \begin{bmatrix} 1 & -1 & 5 \\ 0 & 3 & -6 \\ 0 & 0 & 4 \end{bmatrix}\begin{pmatrix} x_1 \\ x_2 \\ x_3 \end{pmatrix}=\begin{pmatrix} y_1 \\ y_2 \\ y_3 \end{pmatrix}$$

依次求解两个方程组,得

$$\begin{pmatrix} y_1 \\ y_2 \\ y_3 \end{pmatrix}=\begin{pmatrix} 3 \\ -3 \\ 4 \end{pmatrix},\quad \begin{pmatrix} x_1 \\ x_2 \\ x_3 \end{pmatrix}=\begin{pmatrix} -1 \\ 1 \\ 1 \end{pmatrix}$$

【思考】　若将例 3.3.5 中的系数矩阵 A 替换为如下矩阵:

$$A=\begin{bmatrix} 0 & 4 & 6 \\ 0 & -3 & -5 \\ 1 & -3 & -6 \end{bmatrix}$$

则由例 3.3.3 知,无法利用 LU 分解求解线性方程组 $Ax=b$.但实际上,由于系数矩阵 A 是非奇异的,该方程组一定存在唯一解 $x=A^{-1}b$.这与矩阵 A 无法作 LU 分解相矛盾,此时应如何处理呢?

分析　在求解方程组的过程中,调整方程的顺序并不会改变未知变量和方程的解.因此,解决方案之一是对系数矩阵 A 作初等行变换,使得变换后矩阵的所有顺序主子式均非零.这样就可以对系数矩阵 A 作 LU 分解了.现对例 3.3.3 中的矩阵 A 作初等行变换(将第 1 行和第 3 行互换)得到

$$\widetilde{A} = \begin{bmatrix} 1 & -3 & -6 \\ 0 & -3 & -5 \\ 0 & 4 & 6 \end{bmatrix}$$

显然,矩阵 $\widetilde{A}$ 的所有顺序主子式均非零,可作 LU 分解. 那么,所有的非奇异矩阵都可以通过初等行变换实现变换后矩阵的所有顺序主子式非零吗? 为解决这一问题,下面引入排列矩阵的定义.

定义 3.3.2(排列矩阵)　设 e_i 是 n 阶单位矩阵 I 的第 i 个列向量,则矩阵 $P = [\begin{matrix} e_{i_1} & \cdots & e_{i_n} \end{matrix}]$ 称为一个 n 阶**排列矩阵**(或置换矩阵),其中,$i_1,\cdots,i_n$ 是 $1,\cdots,n$ 的一个排列.

命题 3.3.1　若 P 是排列矩阵,则 P^{T} 和 P^{-1} 也是排列矩阵,且 $P^{\mathrm{T}} = P^{-1}$.

注 5:将矩阵 A 的行按照 $i_1,\cdots,i_n$ 的次序重排,即排列矩阵 $[\begin{matrix} e_{i_1} & \cdots & e_{i_n} \end{matrix}]$ 左乘矩阵 A;将矩阵 A 的列按照 $i_1,\cdots,i_n$ 的次序重排,即排列矩阵 $[\begin{matrix} e_{i_1} & \cdots & e_{i_n} \end{matrix}]$ 右乘矩阵 A.

引理 3.3.1　设 $A = [a_{ij}] \in \mathbb{C}^{n \times n}$ 是非奇异矩阵,则存在排列矩阵 P 使得 PA 的所有顺序主子式均非零.

证明　若 $a_{11} = 0$,则必定存在 $a_{1j} \neq 0, j \in \{2,\cdots,n\}$(若不存在,则矩阵 A 奇异). 定义

$$P_1 = [\begin{matrix} e_j & e_2 & \cdots & e_{j-1} & e_1 & e_{j+1} & \cdots & e_n \end{matrix}]$$

则矩阵 $P_1 A$ 的 1 阶顺序主子式不为零. 若 $a_{11} \neq 0$,则定义 $P_1 = I$.

假设矩阵 $P_1 A$ 的 i 阶顺序主子式 $|D_i| \neq 0$,其中,$i = 1,\cdots,i^*$,而 $|D_{i^*+1}| = 0$(若矩阵 $P_1 A$ 不存在满足条件的 i^*,则意味着 $P_1 A$ 的所有顺序主子式均非零,结论自然成立). 现证明存在排列矩阵 P_{i^*} 使得 $\forall i = 1,\cdots,i^*+1$,矩阵 $P_{i^*} P_1 A$ 的 i 阶顺序主子式均不为零.

由于矩阵 $P_1 A$ 的 i^* 阶顺序主子式 $|D_{i^*}| \neq 0$,故 $P_1 A$ 的 i^* 阶顺序主子式矩阵 $D_{i^*} \in \mathbb{C}^{i^* \times i^*}$ 是非奇异矩阵,即矩阵 D_{i^*} 的 i^* 个列向量线性无关. 当考察 $P_1 A$ 的 (i^*+1) 阶顺序主子式矩阵 D_{i^*+1} 时,该矩阵前 i^* 行向量必线性无关(由于该矩阵的前 i^* 列向量线性无关,当这 i^* 列向量构成的向量组再增加一行时,由新向量组构成的矩阵要么秩保持不变,要么秩增加 1. 注意到新向量组构成的矩阵是 $i^*(i^*+1)$ 阶矩阵,其秩不会超过 i^*,故该矩阵的秩只能是 i^*).

注意到 $P_1 A$ 是非奇异矩阵(A 是 n 阶非奇异矩阵),故 $P_1 A$ 的前 (i^*+1) 列向量线性无关,即由 $P_1 A$ 前 (i^*+1) 列向量构成的矩阵 A_{i^*+1} 的秩为 (i^*+1). 又知矩阵 A_{i^*+1} 的前 i^* 行向量线性无关,则必可从矩阵 A_{i^*+1} 余下的 $(n-i^*)$ 行向量找到与前 i^* 行向量均线性无关的向量(若不存在,则 A_{i^*+1} 的秩为 i^*). 不妨设 A_{i^*+1} 第 k 行向量与前 i^* 行向量均线性无关($i^*+1 \leq k \leq n$),则定义

$$P_{i^*} = [\begin{matrix} e_1 & \cdots & e_{i^*} & e_k & e_{i^*+2} & \cdots & e_{k-1} & e_{i^*+1} & e_{k+1} & \cdots & e_n \end{matrix}]$$

有 $\forall i = 1, \cdots, i^* + 1$,矩阵 $\boldsymbol{P}_{i^*} \boldsymbol{P}_1 \boldsymbol{A}$ 的 i 阶顺序主子式 $|\boldsymbol{D}_i| \neq 0$.

同理,存在若干个排序矩阵 $\boldsymbol{P}_n \cdots \boldsymbol{P}_{i^*} \boldsymbol{P}_1 \boldsymbol{A}$ 使得 $\boldsymbol{P}_n \cdots \boldsymbol{P}_{i^*} \boldsymbol{P}_1 \boldsymbol{A}$ 的顺序主子式均非零.定义 $\boldsymbol{P} = \boldsymbol{P}_n \cdots \boldsymbol{P}_{i^*} \boldsymbol{P}_1$,则 $\boldsymbol{P}$ 仍是一个排列矩阵.证毕.

引理 3.3.1 从理论上解决了非奇异矩阵的 LU 分解问题.

例 3.3.6 求解线性方程组

$$\begin{bmatrix} 0 & 4 & 6 \\ 0 & -3 & -5 \\ 1 & -3 & -6 \end{bmatrix} \begin{pmatrix} x_1 \\ x_2 \\ x_3 \end{pmatrix} = \begin{pmatrix} 2 \\ -2 \\ 2 \end{pmatrix}$$

解 由于系数矩阵 $\boldsymbol{A}$ 的 1 阶和 2 阶顺序主子式均等于零,故定义排列矩阵为

$$\boldsymbol{P} = \begin{bmatrix} 0 & 0 & 1 \\ 0 & 1 & 0 \\ 1 & 0 & 0 \end{bmatrix}$$

则有

$$\boldsymbol{PA} = \begin{bmatrix} 1 & -3 & -6 \\ 0 & -3 & -5 \\ 0 & 4 & 6 \end{bmatrix}$$

对矩阵 $\boldsymbol{PA}$ 作 LU 分解得

$$\begin{bmatrix} 1 & -3 & -6 \\ 0 & -3 & -5 \\ 0 & 4 & 6 \end{bmatrix} = \begin{bmatrix} 1 & 0 & 0 \\ 0 & 1 & 0 \\ 0 & -\dfrac{4}{3} & 1 \end{bmatrix} \begin{bmatrix} 1 & -3 & -6 \\ 0 & -3 & -5 \\ 0 & 0 & -\dfrac{2}{3} \end{bmatrix}$$

然后仿照例 3.3.5 步骤进行求解,得

$$\begin{pmatrix} x_1 \\ x_2 \\ x_3 \end{pmatrix} = \begin{pmatrix} 1 \\ -1 \\ 1 \end{pmatrix}$$

3.4 QR 分解

矩阵的 QR 分解在矩阵计算中占据重要的地位,它适用于所有的非奇异复方阵.基于 QR 分解的 QR 算法是计算矩阵的特征值、特征向量的一种有效方法.

定义 3.4.1(QR 分解) 若复方阵 $\boldsymbol{A}$ 可分解为 $\boldsymbol{A} = \boldsymbol{QR}$,其中,$\boldsymbol{Q}$ 为酉矩阵,$\boldsymbol{R}$ 为上三角矩阵,则称矩阵 $\boldsymbol{A}$ 可作**QR 分解**(或**酉三角分解**).若在分解式 $\boldsymbol{A} = \boldsymbol{QR}$ 中,矩阵 $\boldsymbol{A}$ 是实方阵,矩阵 $\boldsymbol{Q}$ 为正交矩阵,矩阵 $\boldsymbol{R}$ 为上三角矩阵,则称分解式 $\boldsymbol{A} = \boldsymbol{QR}$ 为**正交三角分解**.

定理 3.4.1(QR 分解定理) 若实方阵 $\boldsymbol{A}$ 满秩,则存在正交矩阵 $\boldsymbol{Q}$ 和正线上三角矩阵 $\boldsymbol{R}$ 满足 $\boldsymbol{A} = \boldsymbol{QR}$ 且分解唯一.

证明 将实方阵 A 按列分块,并记为 $A = [a_1 \quad \cdots \quad a_n]$,则向量组 $a_1, \cdots, a_n$ 是 $\mathbb{R}^n$ 空间的一组基.由 Gram-Schmidt 正交化方法知,根据基 $a_1, \cdots, a_n$ 可构造出 $\mathbb{R}^n$ 的一组标准正交基 $z_1, \cdots, z_n$,且这两组基有如下关系:

$$[a_1 \quad \cdots \quad a_n] = [z_1 \quad \cdots \quad z_n] R \qquad (3.4.1)$$

式中:$y_k = a_k - \sum\limits_{i=1}^{k-1} (a_k, z_i) z_i$,$k = 1, \cdots, n$,过渡矩阵 R 定义为

$$R = \begin{bmatrix} \|y_1\| & (a_2, z_1) & \cdots & (a_n, z_1) \\ & \|y_2\| & \cdots & (a_n, z_2) \\ & & \ddots & \vdots \\ O & & & \|y_n\| \end{bmatrix}$$

进一步将式(3.4.1)写成矩阵形式,即 $A = QR$,其中,$Q = [z_1 \quad \cdots \quad z_n]$.显然,矩阵 Q 是正交矩阵,矩阵 R 是正线上三角矩阵.

现采用反证法证明 QR 分解的唯一性.假设存在两种不同的 QR 分解,即

$$A = Q_1 R_1 = Q_2 R_2$$

令 $\tilde{Q} = Q_2^{\mathsf{T}} Q_1$,$\tilde{R} = R_2 R_1^{-1}$,则有 $\tilde{Q} = \tilde{R}$,且 $\tilde{Q}$ 和 $\tilde{R}$ 既为正交矩阵,又为正线上三角矩阵.另记

$$\tilde{R} = \begin{bmatrix} \tilde{r}_{11} & \tilde{r}_{12} & \cdots & \tilde{r}_{1n} \\ & \tilde{r}_{22} & \cdots & \tilde{r}_{2n} \\ & & \ddots & \vdots \\ O & & & \tilde{r}_{nn} \end{bmatrix}$$

根据 $\tilde{R}^{\mathsf{T}} \tilde{R} = I$,得

$$\begin{cases} \tilde{r}_{ii}^2 = 1, & i = 1, \cdots, n \\ \tilde{r}_{ij} = 0, & j \neq i; i, j = 1, \cdots, n \end{cases} \qquad (3.4.2)$$

由于 $\tilde{R}$ 的所有对角元素是正数,解得 $\tilde{r}_{ii} = 1$,$i = 1, \cdots, n$.进而 $\tilde{R} = I$,即 $R_1 = R_2$.同时推导出 $Q_1 = Q_2$.因此,QR 分解是唯一的.证毕.

注 1: 若一实方阵既是正交矩阵又是正线上三角矩阵,则该矩阵一定是单位矩阵.

注 2: 上三角矩阵 R 的对角元素若不要求全为正实数,则方程(3.4.2)的解不唯一,进而导致矩阵 A 的 QR 分解不唯一.例如,考察 2 阶单位矩阵 I_2 的 QR 分解问题.显然,

$$A = \begin{bmatrix} 1 & 0 \\ 0 & 1 \end{bmatrix} = \begin{bmatrix} 1 & 0 \\ 0 & 1 \end{bmatrix} \begin{bmatrix} 1 & 0 \\ 0 & 1 \end{bmatrix} \xlongequal{\text{def}} QR$$

是矩阵 A 的 QR 分解,

$$A = \begin{bmatrix} 1 & 0 \\ 0 & 1 \end{bmatrix} = \begin{bmatrix} -1 & 0 \\ 0 & 1 \end{bmatrix} \begin{bmatrix} -1 & 0 \\ 0 & 1 \end{bmatrix} \stackrel{\text{def}}{=\!=\!=} Q_1 R_1$$

也是矩阵 A 的 QR 分解.

类似地,对于可逆复方阵 $A \in \mathbb{C}^{n \times n}$,有如下定理.

定理 3.4.2 设复方阵 A 可逆,则存在酉矩阵 U 及正线上三角矩阵 R 满足 $A = UR$ 且分解唯一.

定理 3.4.2 的证明可参考定理 3.4.1. 这里不再具体展开.

【思考】 非方矩阵是否可作类似的 QR 分解?

分析 考察 A 和 B 两个矩阵

$$A = \begin{bmatrix} 3 & 0 \\ 0 & 1 \\ 4 & 0 \end{bmatrix}, \quad B = \begin{bmatrix} 3 & 3 \\ 0 & 0 \\ 4 & 4 \end{bmatrix}$$

根据 Gram-Schmidt 正交化方法,矩阵 A 和 B 分别有如下分解:

$$A = \begin{bmatrix} 3 & 0 \\ 0 & 1 \\ 4 & 0 \end{bmatrix} = \begin{bmatrix} \dfrac{3}{5} & 0 \\ 0 & 1 \\ \dfrac{4}{5} & 0 \end{bmatrix} \begin{bmatrix} 5 & 0 \\ 0 & 1 \end{bmatrix}$$

$$B = \begin{bmatrix} 3 & 3 \\ 0 & 0 \\ 4 & 4 \end{bmatrix} = \begin{bmatrix} \dfrac{3}{5} \\ 0 \\ \dfrac{4}{5} \end{bmatrix} \begin{bmatrix} 5 & 5 \end{bmatrix}$$

由于矩阵 A 列满秩,故其分解式为列正交规范矩阵(满足 $Q_1^{\mathrm{H}} Q_1 = I_n$ 的 $m \times n$ 阶矩阵 Q_1 称为**列正交规范矩阵**,Q_1^{H} 称为**行正交规范矩阵**)与正线上三角矩阵的乘积(注意,非列满秩矩阵 B 则没有类似结论). 因此,推广至一般的列满秩矩阵有如下分解:

$$A = \tilde{U} R \tag{3.4.3}$$

式中:$A \in \mathbb{C}_n^{m \times n}$,$\tilde{U} \in \mathbb{C}^{m \times n}$ 的列向量是列空间 $R(A)$ 的一组标准正交基,$R \in \mathbb{C}^{n \times n}$ 是正线上三角矩阵.

若将矩阵 A 和 B 分解为酉矩阵与类上三角矩阵(类上三角矩阵的阶数与矩阵 A 和 B 相同,一般为非方矩阵)的乘积,则将上述分解中的正交规范矩阵的列向量补齐为 $\mathbb{C}^m$ 空间中的一组标准正交基即可. 此时,矩阵 A 和 B 可分解为

$$A = \begin{bmatrix} 3 & 0 \\ 0 & 1 \\ 4 & 0 \end{bmatrix} = \begin{bmatrix} \dfrac{3}{5} & 0 & -\dfrac{4}{5} \\ 0 & 1 & 0 \\ \dfrac{4}{5} & 0 & \dfrac{3}{5} \end{bmatrix} \begin{bmatrix} 5 & 0 \\ 0 & 1 \\ 0 & 0 \end{bmatrix}$$

$$B = \begin{bmatrix} 3 & 3 \\ 0 & 0 \\ 4 & 4 \end{bmatrix} = \begin{bmatrix} \dfrac{3}{5} & 0 & -\dfrac{4}{5} \\ 0 & 1 & 0 \\ \dfrac{4}{5} & 0 & \dfrac{3}{5} \end{bmatrix} \begin{bmatrix} 5 & 5 \\ 0 & 0 \\ 0 & 0 \end{bmatrix}$$

显然,对于行数不小于列数的矩阵 A,总可以分解为酉矩阵 U 和类三角矩阵 R 的乘积,其中 $R = \begin{bmatrix} R_1 \\ O \end{bmatrix}_{m \times n}$,$R_1$ 为上三角矩阵.进一步,若矩阵 A 为列满秩矩阵,则矩阵 R_1 为正线上三角矩阵;否则矩阵 R_1 为奇异上三角矩阵.因此,有如下推论.

推论 3.4.1　矩阵 $A \in \mathbb{C}_n^{m \times n}$ 可分解为 $A = UR$,其中,U 是 m 阶酉矩阵,$R = \begin{bmatrix} R_1 \\ O \end{bmatrix}_{m \times n}$,$R_1$ 为正线上三角矩阵,$n \leqslant m$.

【应用】　QR 分解在矩阵计算中占据重要的地位.利用 QR 分解可解决诸多应用所涉及的最小二乘、特征值等问题.这里以线性方程组的求解应用和特征值的计算为例作简要说明.

(1) 应用于线性方程组 $Ax = b$ 的求解.若对系数矩阵 A 作 QR 分解,则原线性方程组可等价为如下两个方程组:

$$Qy = b \tag{3.4.4}$$

$$Rx = y \tag{3.4.5}$$

式中:方程组(3.4.4)的解为 $y = Q^H b$(Q 为酉矩阵,其逆矩阵只需通过共轭转置即可求得);方程组(3.4.5)中的矩阵 R 为上三角矩阵,故可先求解方程组(3.4.5)中最后一个方程,然后自此向前逐步求解每一个方程.

(2) 求矩阵的特征值、特征向量的一种有效方法:QR 算法是 20 世纪在科学和工程领域有重大贡献与影响的十大算法之一,有兴趣的读者可阅读参考文献[23].该算法是计算小规模矩阵所有特征值的稳定有效方法.

QR 算法的核心思想是:给定可逆矩阵 $A \in \mathbb{R}^{n \times n}$,定义 $A_1 = A$. 对 A_1 作 QR 分解 $A_1 = Q_1 R_1$,其中,Q_1 为正交矩阵,R_1 为上三角矩阵.由此,定义 A_2 为

$$A_2 = R_1 Q_1 = Q_1^T A_1 Q_1 \tag{3.4.6}$$

则矩阵 A_1 与 A_2(酉)相似.于是,矩阵 A_1 与 A_2 具有完全相同的特征值.

对矩阵 A_2 再作 QR 分解 $A_2 = Q_2 R_2$,可定义矩阵 $A_3 = R_2 Q_2$.

重复上述过程,可定义矩阵序列 $\{A_k, k = 1, 2, \cdots\}$.QR 算法的收敛性分析比较复

杂,这里不作详细介绍.一个简单的结论是:若非奇异矩阵的各特征值具有不同的模值,则 QR 算法定义的矩阵序列收敛于上三角矩阵.在有等模特征值(包括重实特征值、单对共轭复特征值或多对共轭复特征值等)的情况下,QR 算法的收敛性比较复杂,可参考例 3.4.1.

例 3.4.1　利用 QR 算法求以下矩阵的特征值,其中:

$$A = \begin{bmatrix} 2 & 1 & 0 \\ 1 & 3 & 1 \\ 0 & 1 & 4 \end{bmatrix}, \quad B = \begin{bmatrix} 4 & 1 & -3 \\ -2 & 1 & 1 \\ 2 & 1 & -1 \end{bmatrix}$$

解　(1) 令 $A = A_1$,并对矩阵 A_1 进行 QR 分解:$A_1 = Q_1 R_1$,其中:

$$Q_1 = \begin{bmatrix} -0.894\,4 & 0.408\,2 & 0.182\,6 \\ -0.447\,2 & -0.816\,5 & -0.356\,1 \\ 0 & -0.408\,2 & 0.912\,9 \end{bmatrix}$$

$$R_1 = \begin{bmatrix} -2.236\,1 & -2.236\,1 & -0.447\,2 \\ 0 & -2.449\,5 & -2.449\,5 \\ 0 & 0 & 3.286\,3 \end{bmatrix}$$

构造矩阵 $A_2 = R_1 Q_1$,并对矩阵 A_2 进行 QR 分解:$A_2 = Q_2 R_2$,其中:

$$A_2 = \begin{bmatrix} 3.000\,0 & 1.095\,4 & 0 \\ 1.095\,4 & 3.000\,0 & -1.341\,6 \\ 0 & -1.341\,6 & 3.000\,0 \end{bmatrix}$$

$$Q_2 = \begin{bmatrix} -0.961\,1 & 0.223\,5 & -0.129\,3 \\ -0.258\,2 & -0.836\,2 & 0.483\,9 \\ 0 & 0.500\,8 & 0.865\,5 \end{bmatrix}$$

$$R_2 = \begin{bmatrix} -2.898\,3 & -1.512\,3 & 0.412\,4 \\ 0 & -3.189\,1 & 2.408\,8 \\ 0 & 0 & 1.081\,9 \end{bmatrix}$$

同理,可得

$$A_{10} = \begin{bmatrix} 4.728\,5 & 0.078\,1 & 0 \\ 0.078\,1 & 3.003\,5 & -0.002\,0 \\ 0 & -0.002\,0 & 1.268\,0 \end{bmatrix}$$

$$A_{20} = \begin{bmatrix} 4.732\,1 & 0.000\,8 & 0 \\ 0.000\,8 & 3.000\,0 & 0 \\ 0 & 0 & 1.267\,9 \end{bmatrix}$$

读者可与矩阵 A 的精确特征值作对比,其中它的精确特征值分别为 $\lambda_1 = 3 + \sqrt{3} \approx 4.732\,1$,$\lambda_2 = 3$,$\lambda_3 = 3 - \sqrt{3} \approx 1.267\,9$.

(2) 矩阵 B 的计算结果如下:

$$\boldsymbol{B}_2 = \begin{bmatrix} 2.333\ 3 & 0.356\ 3 & 5.455\ 4 \\ -0.712\ 7 & 1.238\ 1 & 0.583\ 2 \\ -0.218\ 2 & -0.233\ 3 & 0.428\ 6 \end{bmatrix}$$

$$\boldsymbol{B}_{10} = \begin{bmatrix} 2.049\ 6 & 1.046\ 4 & 3.778\ 1 \\ -0.022\ 6 & 1.521\ 9 & 3.978\ 4 \\ -0.015\ 1 & -0.319\ 1 & 0.428\ 6 \end{bmatrix}$$

$$\boldsymbol{B}_{20} = \begin{bmatrix} 1.999\ 2 & -0.818\ 7 & 3.655\ 0 \\ -0.002\ 2 & -0.332\ 6 & 3.723\ 3 \\ -0.000\ 7 & -0.745\ 4 & 2.333\ 3 \end{bmatrix}$$

$$\boldsymbol{B}_{100} = \begin{bmatrix} 2.000\ 0 & -0.816\ 5 & 3.651\ 5 \\ 0 & -0.333\ 3 & 3.726\ 8 \\ 0 & -0.745\ 4 & 2.333\ 3 \end{bmatrix}$$

从计算结果看,矩阵序列 $\{\boldsymbol{B}_k, k=1,2,\cdots\}$ 未收敛于上三角矩阵,计算其右下角 2 阶矩阵的特征值为 $1\pm\mathrm{i}$;矩阵 $\boldsymbol{B}$ 另外一个特征值为 2. 矩阵 $\boldsymbol{B}$ 的精确特征值为 $\lambda_1 = 2, \lambda_{2,3} = 1\pm\mathrm{i}$.

在实际使用 QR 算法之前,一般会对矩阵作处理,然后再使用 QR 算法进行计算,这样可大大节省计算量.

【思考】 能否利用 Givens 矩阵或 Householder 矩阵将满秩矩阵作 QR 分解?

例 3.4.2 利用 Givens 矩阵求矩阵 $\boldsymbol{A} = \begin{bmatrix} 2 & 1 & 0 \\ 1 & 3 & 1 \\ 0 & 1 & 4 \end{bmatrix}$ 的 QR 分解.

解 使用 Givens 矩阵左乘原矩阵,可使新矩阵第 i 列的第 j 个元素为 0,利用该性质,可得到若干个 Givens 矩阵,其乘积为 $\boldsymbol{Q}$,上三角矩阵为 $\boldsymbol{R}$.

为使第 2 行第 1 列元素为 0,令 $\cos\varphi_1 = \dfrac{2}{\sqrt{4+1}} = \dfrac{2}{\sqrt{5}}$,$\sin\varphi_1 = \dfrac{1}{\sqrt{4+1}} = \dfrac{1}{\sqrt{5}}$,则

$$\boldsymbol{T}(1,2) = \begin{bmatrix} \cos\varphi_1 & \sin\varphi_1 & 0 \\ -\sin\varphi_1 & \cos\varphi_1 & 0 \\ 0 & 0 & 1 \end{bmatrix} = \begin{bmatrix} \dfrac{2}{\sqrt{5}} & \dfrac{1}{\sqrt{5}} & 0 \\ -\dfrac{1}{\sqrt{5}} & \dfrac{2}{\sqrt{5}} & 0 \\ 0 & 0 & 1 \end{bmatrix}$$

有

$$T(1,2)A = \begin{bmatrix} \sqrt{5} & \sqrt{5} & \dfrac{1}{\sqrt{5}} \\ 0 & \sqrt{5} & \dfrac{2}{\sqrt{5}} \\ 0 & 1 & 4 \end{bmatrix}$$

为使第 3 行第 2 列元素为 0,令 $\cos\varphi_2 = \dfrac{\sqrt{5}}{\sqrt{5+1}} = \dfrac{\sqrt{5}}{\sqrt{6}}$,$\sin\varphi_2 = \dfrac{1}{\sqrt{5+1}} = \dfrac{1}{\sqrt{6}}$,则

$$T(2,3) = \begin{bmatrix} 1 & 0 & 0 \\ 0 & \cos\varphi_2 & \sin\varphi_2 \\ 0 & -\sin\varphi_2 & \cos\varphi_2 \end{bmatrix} = \begin{bmatrix} 1 & 0 & 0 \\ 0 & \dfrac{\sqrt{5}}{\sqrt{6}} & \dfrac{1}{\sqrt{6}} \\ 0 & -\dfrac{1}{\sqrt{6}} & \dfrac{\sqrt{5}}{\sqrt{6}} \end{bmatrix}$$

有 $T(2,3)T(1,2)A = \begin{bmatrix} \sqrt{5} & \sqrt{5} & \dfrac{1}{\sqrt{5}} \\ 0 & \sqrt{6} & \sqrt{6} \\ 0 & 0 & \dfrac{18}{\sqrt{30}} \end{bmatrix} = R$ 为正线上三角矩阵;

$T(2,3)T(1,2) = Q = \begin{bmatrix} \dfrac{2}{\sqrt{5}} & \dfrac{1}{\sqrt{5}} & 0 \\ -\dfrac{1}{\sqrt{6}} & \dfrac{2}{\sqrt{6}} & \dfrac{1}{\sqrt{6}} \\ \dfrac{1}{\sqrt{30}} & -\dfrac{2}{\sqrt{30}} & \dfrac{\sqrt{5}}{\sqrt{6}} \end{bmatrix}$ 为正交(酉)矩阵.

类似地,使用 Householder 矩阵也可使各列的下三角元素为 0,从而得到 QR 分解结果.

3.5　Schur 分解

矩阵的 Schur 分解(Schur 引理)在理论分析中具有重要地位,是诸多重要定理证明的出发点. Schur 分解适用于所有的复方阵,相关结论如下.

定理 3.5.1(Schur 引理)　任意 n 阶复方阵 A 相似于上三角矩阵 Λ,即存在可逆矩阵 P 使得 $\Lambda = P^{-1}AP$ 为上三角矩阵,其中上三角矩阵 Λ 的对角元素是矩阵 A 的特征值.

证明　采用数学归纳法证明必存在 m 个可逆矩阵 $P_1, \cdots, P_m$ 使得

$$P_m^{-1} \cdot \cdots \cdot P_1^{-1} A P_1 \cdot \cdots \cdot P_m = \begin{bmatrix} T_m & C_m \\ O & A_m \end{bmatrix}$$

式中：T_m 是以 $\lambda_1, \cdots, \lambda_m$ 为对角线的上三角矩阵；A_m 是 $n-m$ 阶方阵，其特征值为 $\lambda_{m+1}, \cdots, \lambda_n$；$m = 1, \cdots, n-1$.

当 $m = 1$ 时，令 $\boldsymbol{\zeta}_1$ 是属于特征值 λ_1 的单位特征向量. 利用基扩充定理将其扩充为 $\mathbb{C}^n$ 空间的一组标准正交基 $\boldsymbol{\zeta}_1, \boldsymbol{g}_2, \cdots, \boldsymbol{g}_n$，并记 $P_1 = [\boldsymbol{\zeta}_1 \quad \boldsymbol{g}_2 \quad \cdots \quad \boldsymbol{g}_n]$. 于是有

$$P_1^{-1} A P_1 = \begin{bmatrix} \lambda_1 & C_1 \\ 0 & A_1 \end{bmatrix}$$

由于矩阵 A 与 $P_1^{-1} A P_1$ 相似，故矩阵 $A_1 \in \mathbb{C}^{(n-1) \times (n-1)}$ 的特征值为 $\lambda_2, \cdots, \lambda_n$.

假设当 $m = k \in \{1, \cdots, n-2\}$ 时存在可逆矩阵 $P_1, \cdots, P_k$ 使得

$$P_k^{-1} \cdot \cdots \cdot P_1^{-1} A P_1 \cdot \cdots \cdot P_k = \begin{bmatrix} T_k & C_k \\ O & A_k \end{bmatrix}$$

当 $m = k+1$ 时，仿照 P_1 的构造方法知，存在 $n-k$ 阶矩阵 V_{k+1} 使得

$$V_{k+1}^{-1} A_k V_{k+1} = \begin{bmatrix} \lambda_{k+1} & C_{k+1} \\ 0 & A_{k+1} \end{bmatrix}$$

定义 $P_{k+1} = \begin{bmatrix} I_k & O \\ O & V_{k+1} \end{bmatrix}$，则有

$$P_{k+1}^{-1} P_k^{-1} \cdot \cdots \cdot P_1^{-1} A P_1 \cdot \cdots \cdot P_k P_{k+1} = \begin{bmatrix} T_{k+1} & C_{k+1} \\ O & A_{k+1} \end{bmatrix}$$

因此，存在 $n-1$ 个可逆矩阵 $P_1, \cdots, P_{n-1}$ 使得

$$P_{n-1}^{-1} \cdot \cdots \cdot P_1^{-1} A P_1 \cdot \cdots \cdot P_{n-1} = \begin{bmatrix} T_{n-1} & C_{n-1} \\ O & \lambda_n \end{bmatrix}$$

记 $P = P_1 \cdot \cdots \cdot P_{n-1}$，则上式右端为上三角矩阵. 证毕.

注 1：Schur 引理表明，任意复方阵都相似于上三角矩阵，但并不是所有复方阵都相似于对角矩阵.

定理 3.5.2（Schur 引理）　任意复方阵 A 酉相似于上三角矩阵 $\boldsymbol{\Lambda}$，即存在一酉矩阵 U 使得 $\boldsymbol{\Lambda} = U^H A U$ 为上三角矩阵.

证明　由定理 3.5.1 知，存在可逆矩阵 P 使得

$$P^{-1} A P = \boldsymbol{\Lambda} \tag{3.5.1}$$

式中：$\boldsymbol{\Lambda}$ 为上三角矩阵.

再对可逆矩阵 P 作 QR 分解，得

$$P = UR \tag{3.5.2}$$

式中：U 为酉矩阵，R 为正线上三角矩阵.

将式(3.5.2)代入式(3.5.1)，得

$$R^{-1}U^{H}AUR = \Lambda \tag{3.5.3}$$

整理得到

$$U^{H}AU = R\Lambda R^{-1} \tag{3.5.4}$$

由于 R、R^{-1} 和 Λ 均为上三角矩阵,故 $R\Lambda R^{-1}$ 仍是上三角矩阵. 证毕.

注 2:与定理 3.5.1 相比,定理 3.5.2 进一步说明了 Schur 分解中的可逆矩阵 P 可以是酉矩阵. 由于酉矩阵的逆矩阵是其共轭转置,因此不需要复杂计算,这为简化分析提供了重要的技术支持.

【思考】 是否存在正交矩阵 Q 使得实方阵 A 具有如下 Schur 分解:

$$Q^{T}AQ = \Lambda = \begin{bmatrix} \lambda_1 & & * \\ & \ddots & \\ O & & \lambda_n \end{bmatrix}$$

分析 考察矩阵 $A = \begin{bmatrix} 0 & -1 \\ 1 & 0 \end{bmatrix}$ 的 Schur 分解问题. 首先计算矩阵 A 的特征值(因为上三角矩阵的对角线为矩阵 A 的特征值). 由特征多项式 $|\lambda I - A| = \lambda^2 + 1 = 0$ 得,$\lambda = \pm i$ 是矩阵 A 的两个特征值. 由此,矩阵 Λ 必定为复矩阵而非实矩阵.

现假设存在正交矩阵 Q 使得 $Q^{T}AQ = \Lambda$,则 $Q^{T}AQ$ 必为实矩阵,而矩阵 Λ 是非实矩阵,显然假设不成立,即不一定存在正交矩阵 Q 使得 $Q^{T}AQ$ 为上三角矩阵.

出现这一问题的根源在于实矩阵 A 的特征值不一定全是实数,可能会成对共轭复根. 因此,在处理实矩阵特别是关联到矩阵特征值问题时,不要轻易地直接引用复矩阵的结论.

定理 3.5.3(实方阵 Schur 引理) 设 $A \in \mathbb{R}^{n \times n}$ 的特征值均为实数,则存在正交矩阵 Q 使得

$$Q^{T}AQ = Q^{-1}AQ = \begin{bmatrix} \lambda_1 & & * \\ & \ddots & \\ O & & \lambda_n \end{bmatrix}$$

下面利用 Schur 引理研究矩阵多项式.

定义 3.5.1(矩阵多项式) 设 $A \in \mathbb{C}^{n \times n}$,$\varphi(\lambda) = a_n \lambda^n + a_{n-1} \lambda^{n-1} + \cdots + a_1 \lambda + a_0$,$a_i \in \mathbb{C}(i = 0, 1, \cdots, n)$ 是数域 $\mathbb{C}$ 上的多项式,则

$$\varphi(A) = a_n A^n + a_{n-1} A^{n-1} + \cdots + a_1 A + a_0 I$$

称为**矩阵多项式**.

推论 3.5.1 设矩阵 $A \in \mathbb{C}^{n \times n}$ 的 n 个特征值为 $\lambda_1, \cdots, \lambda_n$,$\varphi(\lambda)$ 为任一多项式,则矩阵多项式 $\varphi(A)$ 的 n 个特征值为 $\varphi(\lambda_1), \cdots, \varphi(\lambda_n)$.

证明 根据定理 3.5.2 知,存在一酉矩阵 U 使得 $U^{H}AU = \Lambda$,其中 Λ 为上三角矩阵,其对角线元素为矩阵 A 的特征值,记为 $\lambda_1, \cdots, \lambda_n$. 注意到

$$\varphi(A) = \varphi(U\Lambda U^{H}) = U\varphi(\Lambda)U^{H}$$

式中：上三角矩阵 $\varphi(\boldsymbol{\Lambda})$ 的对角线元素为 $\varphi(\lambda_1),\cdots,\varphi(\lambda_n)$. 由于 $\varphi(\boldsymbol{A})$ 酉相似于上三角矩阵 $\varphi(\boldsymbol{\Lambda})$，故矩阵多项式 $\varphi(\boldsymbol{A})$ 的 n 个特征值为 $\varphi(\lambda_1),\cdots,\varphi(\lambda_n)$. 证毕.

注 3：n 阶矩阵 $\boldsymbol{A}$ 的属于特征值 λ_i 的特征向量 $\boldsymbol{\alpha}_i$ 也是 $\varphi(\boldsymbol{A})$ 的属于特征值 $\varphi(\lambda_i)$ 的特征向量.

推论 3.5.2　设矩阵 $\boldsymbol{A}\in\mathbb{C}^{n\times n}$ 的 n 个特征值为 $\lambda_1,\cdots,\lambda_n$，则矩阵 $\boldsymbol{A}^m$ 的 n 个特征值为 $\lambda_1^m,\cdots,\lambda_n^m,m\in\mathbb{N}$.

【思考】　设 $f_A(\lambda)=\lambda^n+a_{n-1}\lambda^{n-1}+\cdots+a_1\lambda+a_0$ 是矩阵 $\boldsymbol{A}$ 的特征多项式，求矩阵多项式 $f_A(\boldsymbol{A})$.

分析　以矩阵 $\boldsymbol{A}=\begin{bmatrix}0 & -1\\1 & 0\end{bmatrix}$ 为例. 矩阵 $\boldsymbol{A}$ 的特征多项式为 $f_A(\lambda)=\lambda^2+1$. 计算矩阵多项式 $f_A(\boldsymbol{A})$ 得，$f_A(\boldsymbol{A})=\boldsymbol{A}^2+\boldsymbol{I}=\boldsymbol{O}$.

实际上，这一结论对一般的复方阵同样成立. 这就是著名的 Hamilton-Cayley 定理.

定理 3.5.4（Hamilton-Cayley 定理）　设矩阵 $\boldsymbol{A}\in\mathbb{C}^{n\times n}$ 的特征多项式为 $f_A(\lambda)=|\lambda\boldsymbol{I}-\boldsymbol{A}|$，则 $f_A(\boldsymbol{A})=\boldsymbol{O}$.

证明　设矩阵 $\boldsymbol{A}$ 的特征多项式为 $f_A(\lambda)=(\lambda-\lambda_1)\cdots(\lambda-\lambda_n)$（注意方阵 $\boldsymbol{A}$ 的特征多项式的定义方式）. 由定理 3.5.2 知，存在酉矩阵 $\boldsymbol{U}$ 使得 $\boldsymbol{U}^H\boldsymbol{A}\boldsymbol{U}=\boldsymbol{\Lambda}$，其中，$\boldsymbol{\Lambda}$ 为上三角矩阵，其对角元素为 $\lambda_1,\cdots,\lambda_n$. 进而，矩阵多项式 $f_A(\boldsymbol{A})$ 可写成

$$f_A(\boldsymbol{A})=\boldsymbol{U}f(\boldsymbol{\Lambda})\boldsymbol{U}^H=\boldsymbol{U}(\boldsymbol{\Lambda}-\lambda_1\boldsymbol{I})\cdots(\boldsymbol{\Lambda}-\lambda_n\boldsymbol{I})\boldsymbol{U}^H$$

经计算知，$(\boldsymbol{\Lambda}-\lambda_1\boldsymbol{I})\cdots(\boldsymbol{\Lambda}-\lambda_n\boldsymbol{I})=\boldsymbol{O}$，故 $f_A(\boldsymbol{A})=\boldsymbol{O}$. 证毕.

注 4：由于 $L(V)\cong\mathbb{C}^{n\times n}$，故对线性变换 T 有平行的结果：$\forall T\in L(V)$ 且 $f_A(\lambda)$ 为 T 的特征多项式，则 $f_A(T)$ 为零变换.

例 3.5.1　已知 $\boldsymbol{A}=\begin{bmatrix}-1 & -2 & 6\\-1 & 0 & 3\\-1 & -1 & 4\end{bmatrix}$，计算矩阵多项式 $\boldsymbol{A}^4-2\boldsymbol{A}^2+\boldsymbol{I}$.

解　矩阵 $\boldsymbol{A}$ 的特征多项式为

$$f_A(\lambda)=\begin{vmatrix}\lambda+1 & 2 & -6\\1 & \lambda & -3\\1 & 1 & \lambda-4\end{vmatrix}=(\lambda-1)^3$$

令 $g(\lambda)=\lambda^4-2\lambda^2+1$，由多项式除法可得

$$g(\lambda)=f_A(\lambda)(\lambda+3)+4(\lambda-1)^2$$

由定理 3.5.4 知，$g(\boldsymbol{A})=4(\boldsymbol{A}-\boldsymbol{I})^2$. 将矩阵 $\boldsymbol{A}$ 的表达式代入上式得 $g(\boldsymbol{A})=\boldsymbol{O}$.

【应用】　Hamilton-Cayley 定理的一个有趣且重要的应用是计算矩阵的逆矩阵.

推论 3.5.3　设复方阵 $\boldsymbol{A}$ 可逆，其特征多项式为 $f_A(\lambda)=\lambda^n+a_{n-1}\lambda^{n-1}+\cdots+a_1\lambda+a_0$，则矩阵 $\boldsymbol{A}$ 的逆矩阵计算公式为

$$A^{-1} = -\frac{1}{a_0}(A^{n-1} + a_{n-1}A^{n-2} + \cdots + a_1 I)$$

证明该结论只需将矩阵多项式方程 $f_A(A) = O$ 两端同时左乘(或右乘)A^{-1} 即可. 该推论表明任一 n 阶矩阵的逆矩阵(若存在)可由一个不超过 $n-1$ 次的矩阵多项式表示.

例 3.5.2 求矩阵 $A = \begin{bmatrix} 1 & 1 & 0 \\ 0 & 1 & 1 \\ 0 & 0 & 1 \end{bmatrix}$ 的逆.

解 矩阵 A 的特征多项式为 $f_A(\lambda) = \lambda^3 - 3\lambda^2 + 3\lambda - 1$. 由推论 3.5.3 知,

$$A^{-1} = A^2 - 3A + 3I = \begin{bmatrix} 1 & -1 & 0 \\ 0 & 1 & -1 \\ 0 & 0 & 1 \end{bmatrix}$$

定义 3.5.2(零化多项式) 给定 n 阶复方阵 $A \in \mathbb{C}^{n \times n}$,若存在多项式 $g(\lambda)$ 使得 $g(A) = O$,则称 $g(\lambda)$ 为 A 的**零化多项式(或化零多项式)**.

定义 3.5.3(最小多项式) 复方阵 A 的所有零化多项式中次数最小的首 1 多项式称为 A 的**最小多项式**,记为 $m_A(\lambda)$.

【思考】 特征多项式 $f_A(\lambda)$ 是矩阵 A 的零化多项式,那么 $f_A(\lambda)$ 是 A 的最小多项式吗?

分析 以 $A = I_2$ 为例,其最小多项式为 $m_A(\lambda) = \lambda - 1$,而 $f_A(\lambda) = (\lambda - 1)^2$. 因此,特征多项式并不一定是矩阵的最小多项式,但两者有一定的关系,详见如下定理.

定理 3.5.5(最小多项式的性质) 设 $A \in \mathbb{C}^{n \times n}$,则

(1) 矩阵 A 的最小多项式 $m_A(\lambda)$ 是唯一的,且可整除矩阵 A 的任一零化多项式. 特别地,有 $m_A(\lambda) \mid f_A(\lambda)$.

(2) 矩阵 A 的特征多项式 $f_A(\lambda)$ 与最小多项式 $m_A(\lambda)$ 具有相同的根(不计重数).

证明 (1) 由定理 2.1.3 知,对任意多项式 $g(\lambda)$ 和 $h(\lambda)$,必存在多项式 $q(\lambda)$ 以及多项式 $r(\lambda)$ 使得

$$g(\lambda) = h(\lambda)q(\lambda) + r(\lambda) \tag{3.5.5}$$

式中:$r(\lambda) = 0$ 或 $\deg(r(\lambda)) < \deg(h(\lambda))$.

若 $g(\lambda)$ 和 $h(\lambda)$ 分别定义为矩阵 A 的特征多项式 $f_A(\lambda)$ 或任一零化多项式和最小多项式 $m_A(\lambda)$,则代入式(3.5.5)得 $r(A) = O$,即 $m_A(\lambda) \mid f_A(\lambda)$.

再证唯一性. 假设 $m(\lambda)$ 也是 A 的最小多项式且 $m(\lambda) \neq m_A(\lambda)$,则 $m_A(\lambda) \mid m(\lambda)$ 和 $m(\lambda) \mid m_A(\lambda)$ 均成立. 由于 $m(\lambda)$ 和 $m_A(\lambda)$ 次数相同且都是首 1 多项式,故 $m(\lambda) = m_A(\lambda)$.

(2) 由 $m_A(\lambda) \mid f_A(\lambda)$ 知,满足方程 $m_A(\lambda) = 0$ 的根 λ_i 一定是方程 $f(\lambda) = 0$ 的根,故只需证明 $f_A(\lambda) = 0$ 的根是 $m_A(\lambda) = 0$ 的根即可.

设 λ_i 是矩阵 $\pmb{A}$ 的特征值, $\pmb{x}_i$ 是属于 λ_i 的特征向量. 根据推论 3.5.1 知, $m_A(\lambda_i)$ 是矩阵多项式 $m_A(\pmb{A})$ 的特征值, 且 $\pmb{x}_i$ 是属于 $m_A(\pmb{A})$ 的特征向量, 即

$$m_A(\pmb{A})\pmb{x}_i = m_A(\lambda_i)\pmb{x}_i$$

由于 $m_A(\pmb{A})$ 是矩阵 $\pmb{A}$ 的零化多项式, 故 $m_A(\pmb{A})=\pmb{O}$, 进而有 $m_A(\lambda_i)\pmb{x}_i=\pmb{0}$. 又知 $\pmb{x}_i$ 是非零向量, 故 $m_A(\lambda_i)=0$.

综上知, 矩阵 $\pmb{A}$ 的特征多项式 $f_A(\lambda)$ 与最小多项式 $m_A(\lambda)$ 有相同的根. 证毕.

例 3.5.3　求矩阵 $\pmb{A}=\begin{bmatrix} 2 & -2 & 2 \\ -2 & -1 & 4 \\ 2 & 4 & -1 \end{bmatrix}$ 的最小多项式.

解　矩阵 $\pmb{A}$ 的特征多项式为 $f_A(\lambda)=(\lambda-3)^2(\lambda+6)$. 根据定理 3.5.5 知, 矩阵 $\pmb{A}$ 的最小多项式只能是 $(\lambda-3)(\lambda+6)$ 或 $(\lambda-3)^2(\lambda+6)$.

通过计算知, $(\pmb{A}-3\pmb{I})(\pmb{A}+6\pmb{I})=\pmb{O}$. 因此, $m_A(\lambda)=(\lambda-3)(\lambda+6)$.

再次考察例 3.5.1, 由矩阵 $\pmb{A}$ 的特征多项式 $f_A(\lambda)=(\lambda-1)^3$ 知, 矩阵 $\pmb{A}$ 的最小多项式只能是 $(\lambda-1),(\lambda-1)^2$ 或 $(\lambda-1)^3$. 显然, $\pmb{A}\ne\pmb{I}$; 又知 $(\pmb{A}-\pmb{I})^2=\pmb{O}$, 则

$$m_A(\lambda)=(\lambda-1)^2$$

令 $g(\lambda)=\lambda^4-2\lambda^2+1$, 由多项式除法可得 $g(\lambda)=m_A(\lambda)(\lambda+1)^2$. 因此, $g(\pmb{A})=\pmb{O}$. 与例 3.5.1 相比, 利用最小多项式计算矩阵多项式会更简单些.

同理, 利用最小多项式也可计算可逆矩阵的逆矩阵. 换而言之, 推论 3.5.3 可改写为任一 n 阶可逆矩阵的逆矩阵, 可由一个不超过其最小多项式次数减 1 的矩阵多项式表示. 这一结论对矩阵的幂矩阵同样成立, 这里以例 3.5.4 进行说明.

例 3.5.4　已知 $\pmb{A}=\begin{bmatrix} 2 & 1 \\ 2 & 3 \end{bmatrix}$, 求 $\pmb{A}^{100}$.

解　由 $f_A(\lambda)=(\lambda-1)(\lambda-4)$ 知, $\pmb{A}^2=5\pmb{A}-4\pmb{I}$. 利用该式进行迭代, 得

$$\pmb{A}^3=5(5\pmb{A}-4\pmb{I})-4\pmb{A}=21\pmb{A}-20\pmb{I}$$
$$\pmb{A}^4=21(5\pmb{A}-4\pmb{I})-20\pmb{A}=85\pmb{A}-84\pmb{I}$$
$$\vdots$$

归纳得

$$\pmb{A}^m=\left(\frac{4^m-1}{3}\right)\pmb{A}+\left(\frac{4-4^m}{3}\right)\pmb{I}, \quad m=0,1,\cdots$$

由此,

$$\pmb{A}^{100}=\begin{bmatrix} \dfrac{2+4^{100}}{3} & \dfrac{-1+4^{100}}{3} \\[3mm] \dfrac{-2+2\times 4^{100}}{3} & \dfrac{1+2\times 4^{100}}{3} \end{bmatrix}$$

实际上, 逆矩阵和幂矩阵都可看作矩阵函数的特例, 我们将在 4.7 节矩阵函数中详细展开论述.

3.6 对角化分解

对角化分解是我们在线性代数课程中已掌握的一种基本矩阵分解.本节将补充论述这一分解的相关扩展.

定义 3.6.1(单纯矩阵) 若 n 阶复方阵 A 相似于对角矩阵,则称矩阵 A 为**单纯矩阵**(或**可对角化矩阵**).

定义 3.6.1 隐含着单纯矩阵的对角化分解.对角化分解实际上是 Schur 分解的一种特殊表达.单纯矩阵的对角化分解是常见的矩阵分解,其涉及的对角矩阵是一类特殊方阵:对角矩阵的和、积、逆(若存在)仍是对角矩阵,其对角元素就是它的特征值.

【思考】 若线性变换 T 在某组基下的矩阵为对角矩阵,这里的某组基如何确定?

下面给出复方阵为单纯矩阵的若干充分必要条件.

定理 3.6.1 设 $A \in \mathbb{C}^{n \times n}$ 的全部互异特征根为 $\lambda_1, \cdots, \lambda_m (m \leqslant n)$,则以下表达等价:

(1) A 是单纯矩阵;

(2) A 有 n 个线性无关的特征向量;

(3) 特征值 $\lambda_i (i=1,\cdots,m)$ 的代数重数等于其几何重数;

(4) $\sum\limits_{i=1}^{m} \dim E(\lambda_i) = n$;

(5) 最小多项式 $m_A(\lambda)$ 无重根.

证明 证明过程为(1)⇔(2);(1)⇒(3)⇒(4)⇒(1);(1)⇒(5),(4)⇐(5).

(1)⇒(2).假设存在可逆矩阵 P 使得

$$P^{-1}AP = \mathrm{diag}(\mu_1, \cdots, \mu_n) \tag{3.6.1}$$

式中: $\mu_1, \cdots, \mu_n$ 是矩阵 A 的 n 个特征值.

将矩阵 P 作列分块,并记为 $P = [\boldsymbol{p}_1 \quad \boldsymbol{p}_2 \quad \cdots \quad \boldsymbol{p}_n]$.式(3.6.1)可改写为

$$A[\boldsymbol{p}_1 \quad \boldsymbol{p}_2 \quad \cdots \quad \boldsymbol{p}_n] = [\boldsymbol{p}_1 \quad \boldsymbol{p}_2 \quad \cdots \quad \boldsymbol{p}_n]\mathrm{diag}(\mu_1, \cdots, \mu_n) \tag{3.6.2}$$

即 $A\boldsymbol{p}_i = \mu_i\boldsymbol{p}_i (i=1,\cdots,n)$,这表明, $\boldsymbol{p}_i$ 是矩阵 A 的属于特征值 μ_i 的特征向量.注意, P 是可逆矩阵,故矩阵 A 有 n 个线性无关的特征向量.

(1)⇐(2).设 $\boldsymbol{p}_1, \boldsymbol{p}_2, \cdots, \boldsymbol{p}_n$ 是矩阵 A 的 n 个线性无关特征向量,且有 $A\boldsymbol{p}_i = \mu_i\boldsymbol{p}_i (i=1,\cdots,n)$.定义 $P = [\boldsymbol{p}_1 \quad \boldsymbol{p}_2 \quad \cdots \quad \boldsymbol{p}_n]$,则 P 可逆且式(3.6.2)成立.根据定义 3.6.1 知, A 是单纯矩阵.

(1)⇒(3)⇒(4)⇒(1).设矩阵 A 的特征多项式为

$$f_A(\lambda) = (\lambda - \lambda_1)^{d_1}(\lambda - \lambda_2)^{d_2} \cdots \cdot (\lambda - \lambda_m)^{d_m}$$

且存在可逆矩阵 P 使得

$$P^{-1}AP = \Lambda = \mathrm{diag}(\underbrace{\lambda_1, \cdots, \lambda_1}_{d_1}, \cdots, \underbrace{\lambda_m, \cdots, \lambda_m}_{d_m})$$

式中：$d_1 + d_2 + \cdots + d_m = n$，$d_i$ 是特征值 λ_i 的代数重数.

又知

$$\lambda_i I - A = P(\lambda_i I - \Lambda)P^{-1}$$
$$= P\,\mathrm{diag}(\lambda_i - \lambda_1, \cdots, \lambda_i - \lambda_{i-1}, \underbrace{0, \cdots, 0}_{d_i}, \lambda_i - \lambda_{i+1}, \cdots, \lambda_i - \lambda_m)P^{-1}$$

从而

$$\mathrm{rank}(\lambda_i I - A) = n - d_i$$

这表明特征值 λ_i 的特征子空间 $E(\lambda_i)$ 的维数为

$$\dim E(\lambda_i) = n - \mathrm{rank}(\lambda_i I - A) = d_i, \quad i = 1, \cdots, m$$

因此，特征值 λ_i 的代数重数等于其几何重数. 注意到代数重数之和为 n，故几何重数之和也为 n.

由于 m 个特征子空间的维数之和为 n，故可从这 m 个特征子空间找出 n 个线性无关的特征向量，故 A 是单纯矩阵.

(1)⇒(5). 考察矩阵多项式

$$g(A) = (A - \lambda_1 I) \cdot \cdots \cdot (A - \lambda_m I) \tag{3.6.3}$$

由于 A 是单纯矩阵，故存在可逆矩阵 P 使得 $P^{-1}AP = \Lambda$，其中，Λ 是对角矩阵. 将其代入式(3.6.3)，得

$$g(A) = P(\Lambda - \lambda_1 I) \cdot \cdots \cdot (\Lambda - \lambda_m I)P^{-1} = O$$

显然，$g(\lambda)$ 是矩阵 A 的一个零化多项式. 根据定理 3.5.5 知，$g(\lambda)$ 必是矩阵 A 的最小多项式，故矩阵 A 的最小多项式 $m_A(\lambda)$ 无重根.

(4)⇐(5). 设矩阵 A 的最小多项式为 $m_A(\lambda) = (\lambda - \lambda_1) \cdot \cdots \cdot (\lambda - \lambda_m)$，则

$$m_A(A) = (A - \lambda_1 I) \cdot \cdots \cdot (A - \lambda_m I) = O \tag{3.6.4}$$

由等式(3.6.4)知(见本章习题 1)

$$\mathrm{rank}(A - \lambda_1 I) + \cdots + \mathrm{rank}(A - \lambda_m I) \leqslant (m-1)n \tag{3.6.5}$$

根据不等式(3.6.5)进一步得

$$\dim E(\lambda_1) + \cdots + \dim E(\lambda_m) \geqslant n \tag{3.6.6}$$

由于 m 个特征子空间的和空间是 $\mathbb{C}^n$ 空间的线性子空间，因此不等式(3.6.6)只能取等号，即 $\sum\limits_{i=1}^{m} \dim E(\lambda_i) = n$. 证毕.

例 3.6.1　设线性变换 $T \in \mathcal{L}(\mathbb{R}^3)$ 在 $\mathbb{R}^3$ 空间的一组基 $\zeta_1, \zeta_2, \zeta_3$ 下的矩阵为 A，即 $T[\zeta_1, \zeta_2, \zeta_3] = [\zeta_1 \quad \zeta_2 \quad \zeta_3]A$，其中

$$A = \begin{bmatrix} 1 & 0 & -2 \\ 0 & 0 & 0 \\ -2 & 0 & 4 \end{bmatrix}$$

问:(1) 线性变换 T 可否对角化;(2) 若 T 可对角化,试求可逆矩阵 P 使 $P^{-1}AP$ 为对角矩阵.

解 (1) 解法一:由矩阵 A 的特征多项式 $f_A(\lambda)=\lambda^2(\lambda-5)$ 得,$\lambda_1=\lambda_2=0,\lambda_3=5$.又知 $A(A-5I)=O$,所以矩阵 A 的最小多项式为 $m_A(\lambda)=\lambda(\lambda-5)$.注意到 $m_A(\lambda)$ 无重根,故矩阵 A 可对角化,即线性变换 T 可对角化.

解法二:矩阵 A 的特征多项式为 $f_A(\lambda)=\lambda^2(\lambda-5)$,得到特征值 $\lambda_1=\lambda_2=0$,$\lambda_3=5$.由于

$$n-\mathrm{rank}(0I-A)=3-1=2$$
$$n-\mathrm{rank}(5I-A)=3-2=1$$

$\dim E(0)+\dim E(5)=3$,故线性变换 T 可对角化.

(2) 对于 $\lambda_1=\lambda_2=0$,解方程组 $(0I-A)x=0$ 得到两个线性无关的特征向量,分别为 $x_1=(2,0,1)^T,x_2=(0,1,0)^T$;

对于 $\lambda_3=5$,解方程组 $(5I-A)x=0$ 得到一个特征向量为 $x_3=(1,0,-2)^T$.

令 $P=\begin{bmatrix} x_1 & x_2 & x_3 \end{bmatrix}$,故 P 为可逆矩阵,且满足 $P^{-1}AP=\mathrm{diag}(0,0,5)$.

例 3.6.2 若 $A\in\mathbb{C}^{n\times n}$ 且 $A^2=A$,试判断矩阵 A 是否为单纯矩阵.

解 由 $A^2=A$ 知,$g(\lambda)=\lambda^2-\lambda$ 是矩阵 A 的一个零化多项式(注意 $g(\lambda)$ 不一定是矩阵 A 的最小多项式).由定理 3.5.5 知,矩阵 A 的最小多项式 $m_A(\lambda)$ 只能是 $m_A(\lambda)=\lambda$ 或 $m_A(\lambda)=\lambda-1$ 或 $m_A(\lambda)=\lambda^2-\lambda$.无论 $m_A(\lambda)$ 是哪一种表达式,它均无重根.因此,矩阵 A 是单纯矩阵.

推论 3.6.1 若复方阵 A 的零化多项式 $g(\lambda)$ 无重根,则矩阵 A 是单纯矩阵.

推论 3.6.2 若 n 阶复方阵 A 恰好有 n 个互异特征值,则它必可对角化;反之,则不然.

注1:推论 3.6.1 和推论 3.6.2 仅是复方阵 A 为单纯矩阵的充分而非必要条件.

【应用】 单纯矩阵的对角化分解常用于矩阵的高次幂计算和线性常微分方程组的求解等问题.这里通过两个例题分别说明.

例 3.6.3 设 $A=\begin{bmatrix} 2 & 1 \\ 2 & 3 \end{bmatrix}$,求 A^{100}.

解 矩阵 A 的特征多项式 $f_A(\lambda)=(\lambda-1)(\lambda-4)$,其特征值为 $\lambda_1=1,\lambda_2=4$,对应的特征向量分别为 $p_1=(1,-1)^T,p_2=(1,2)^T$.

令 $P=\begin{bmatrix} p_1 & p_2 \end{bmatrix}=\begin{bmatrix} 1 & 1 \\ -1 & 2 \end{bmatrix}$,有 $P^{-1}AP=\mathrm{diag}(1,4)$.所以

$$A^{100}=P\begin{bmatrix} 1 & 0 \\ 0 & 4^{100} \end{bmatrix}P^{-1}=\begin{bmatrix} \dfrac{2+4^{100}}{3} & \dfrac{-1+4^{100}}{3} \\ \dfrac{-2+2\times 4^{100}}{3} & \dfrac{1+2\times 4^{100}}{3} \end{bmatrix}$$

例 3.6.4 求解常系数线性常微分方程组

$$\begin{cases} \dot{x}_1 = x_1 - 3x_2 + 3x_3 \\ \dot{x}_2 = 3x_1 - 5x_2 + 3x_3 \\ \dot{x}_3 = 6x_1 - 6x_2 + 4x_3 \end{cases}$$

解 记

$$\boldsymbol{x}(t) = \begin{pmatrix} x_1(t) \\ x_2(t) \\ x_3(t) \end{pmatrix}, \quad \boldsymbol{A} = \begin{bmatrix} 1 & -3 & 3 \\ 3 & -5 & 3 \\ 6 & -6 & 4 \end{bmatrix}$$

则原微分方程组可写成矩阵形式

$$\dot{\boldsymbol{x}}(t) = \boldsymbol{A}\boldsymbol{x}(t)$$

计算矩阵 $\boldsymbol{A}$ 的特征多项式为 $f_A(\lambda) = (\lambda - 4)(\lambda + 2)^2$, 解得 $\lambda_1 = 4, \lambda_2 = \lambda_3 = -2$; 分别计算特征值对应的特征向量得

$$\boldsymbol{p}_1 = (1,1,2)^{\mathrm{T}}, \quad \boldsymbol{p}_2 = (1,1,0)^{\mathrm{T}}, \quad \boldsymbol{p}_3 = (0,1,1)^{\mathrm{T}}$$

因此, 矩阵 $\boldsymbol{A}$ 是单纯矩阵.

令 $\boldsymbol{P} = \begin{bmatrix} \boldsymbol{p}_1 & \boldsymbol{p}_2 & \boldsymbol{p}_3 \end{bmatrix} = \begin{bmatrix} 1 & 1 & 0 \\ 1 & 1 & 1 \\ 2 & 0 & 1 \end{bmatrix}$, 有

$$\boldsymbol{P}^{-1}\boldsymbol{A}\boldsymbol{P} = \begin{bmatrix} 4 & 0 & 0 \\ 0 & -2 & 0 \\ 0 & 0 & -2 \end{bmatrix}$$

定义 $\boldsymbol{y}(t) = \boldsymbol{P}^{-1}\boldsymbol{x}(t)$, 则常微分方程组 $\dot{\boldsymbol{x}}(t) = \boldsymbol{A}\boldsymbol{x}(t)$ 可等价变换为

$$\dot{\boldsymbol{y}}(t) = \begin{bmatrix} 4 & 0 & 0 \\ 0 & -2 & 0 \\ 0 & 0 & -2 \end{bmatrix} \boldsymbol{y}(t)$$

定义 $\boldsymbol{y}(t) = (y_1(t), y_2(t), y_3(t))^{\mathrm{T}}$, 则上式可进一步写成

$$\begin{pmatrix} \dot{y}_1 \\ \dot{y}_2 \\ \dot{y}_3 \end{pmatrix} = \begin{bmatrix} 4 & 0 & 0 \\ 0 & -2 & 0 \\ 0 & 0 & -2 \end{bmatrix} \begin{pmatrix} y_1 \\ y_2 \\ y_3 \end{pmatrix}$$

解得

$$\begin{cases} y_1 = c_1 \mathrm{e}^{4t} \\ y_2 = c_2 \mathrm{e}^{-2t} \\ y_3 = c_3 \mathrm{e}^{-2t} \end{cases}$$

再由 $\boldsymbol{y}(t) = \boldsymbol{P}^{-1}\boldsymbol{x}(t)$ 解得

$$\begin{cases} x_1(t) = c_1 e^{4t} + c_2 e^{-2t} \\ x_2(t) = c_1 e^{4t} + (c_2 + c_3) e^{-2t} \\ x_3(t) = 2 c_1 e^{4t} + c_3 e^{-2t} \end{cases}$$

式中：c_1、c_2 和 c_3 是任意常数.

上例通过定义线性变换 $y(t) = P^{-1} x(t)$ 求解线性常微分方程组. 实际上, 还可以利用其他的线性变换求解线性常微分方程组, 最典型的莫过于拉普拉斯变换. 有兴趣的读者可尝试利用拉普拉斯变换求解上例.

【思考】 若定义 3.6.1 中的相似变换矩阵是酉矩阵, 则此时的单纯矩阵会表现出何种性质?

分析 假设存在酉矩阵 U 使得 $U^H A U = \mathrm{diag}(\lambda_1, \cdots, \lambda_n)$, 并令 $U = [u_1 \quad \cdots \quad u_n]$, 则有

$$A[u_1 \quad \cdots \quad u_n] = [u_1 \quad \cdots \quad u_n] \mathrm{diag}(\lambda_1, \cdots, \lambda_n)$$

我们整理得 $A u_i = \lambda_i u_i (i = 1, \cdots, n)$, 即 u_i 是属于特征值 λ_i 的特征向量. 注意到特征向量 u_i 和 $u_j (i \neq j)$ 两两正交, 这表明矩阵 A 有 n 个相互正交的特征向量.

进一步, 考察特征子空间 $E(\lambda_i)$ 和 $E(\lambda_j)$, 其中 $\lambda_i \neq \lambda_j$. 为方便讨论, 不妨设

$$E(\lambda_i) = \mathrm{span}(u_{i_1}, \cdots, u_{i_{d_i}}), \quad E(\lambda_j) = \mathrm{span}(u_{j_1}, \cdots, u_{j_{d_j}})$$

容易验证和空间 $E(\lambda_i) + E(\lambda_j)$ 是正交直和. 这表明属于不同特征值的特征向量必正交.

现考察一类特殊的矩阵：Hermite 矩阵. 设复方阵 A 是 Hermite 矩阵, 利用 Schur 引理可得

$$U^H A U = \Lambda \tag{3.6.7}$$

式中：U 是酉矩阵, Λ 是上三角矩阵.

对式(3.6.7)左右两端取共轭转置, 得

$$U^H A U = \Lambda^H \tag{3.6.8}$$

由此, $\Lambda = \Lambda^H$, 故 Λ 只能是对角矩阵, 且对角线元素等于其共轭. 因此, 有如下结论：

推论 3.6.3 设 $A \in \mathbb{C}^{n \times n}$, 则矩阵 A 是 Hermite 矩阵当且仅当矩阵 A 的所有特征值 $\lambda_1, \cdots, \lambda_n$ 均为实数, 且存在 n 阶酉矩阵 $U \in \mathbb{C}^{n \times n}$ 使得 $U^H A U = \mathrm{diag}(\lambda_1, \cdots, \lambda_n)$.

推论 3.6.4 设 $A \in \mathbb{R}^{n \times n}$, 则矩阵 A 是实对称矩阵当且仅当矩阵 A 的所有特征值 $\lambda_1, \cdots, \lambda_n$ 均为实数, 且存在 n 阶正交矩阵 Q 使得 $Q^T A Q = \mathrm{diag}(\lambda_1, \cdots, \lambda_n)$.

例 3.6.5 求正交矩阵 Q 使得 $Q^T B Q$ 为对角阵, 其中

$$B = \begin{bmatrix} -1 & -3 & 3 & -3 \\ -3 & -1 & -3 & 3 \\ 3 & -3 & -1 & -3 \\ -3 & 3 & -3 & -1 \end{bmatrix}$$

解 由 $|\lambda I - B| = (\lambda - 8)(\lambda + 4)^3 = 0$ 解得 $\lambda_1 = 8, \lambda_2 = \lambda_3 = \lambda_4 = -4$.

对于 $\lambda_1 = 8$,解得属于它的特征向量为 $\boldsymbol{\alpha}_1 = (-1,1,-1,1)^{\mathrm{T}}$.

对于 $\lambda_2 = \lambda_3 = \lambda_4 = -4$,解得属于它的特征向量分别为

$$\boldsymbol{\alpha}_2 = (1,1,0,0)^{\mathrm{T}}, \quad \boldsymbol{\alpha}_3 = (1,0,-1,0)^{\mathrm{T}}, \quad \boldsymbol{\alpha}_4 = (1,0,0,1)^{\mathrm{T}}$$

令 $V_1 = \mathrm{span}(\boldsymbol{\alpha}_1)$,$V_2 = \mathrm{span}(\boldsymbol{\alpha}_2, \boldsymbol{\alpha}_3, \boldsymbol{\alpha}_4)$,则 $V_1 \perp V_2$. 故我们只需对 $\boldsymbol{\alpha}_1$ 作单位化处理,对向量组 $\boldsymbol{\alpha}_2, \boldsymbol{\alpha}_3, \boldsymbol{\alpha}_4$ 作 Gram-Schmidt 正交化处理,分别得到

$$\boldsymbol{\eta}_1 = \left(-\frac{1}{2}, \frac{1}{2}, -\frac{1}{2}, \frac{1}{2}\right)^{\mathrm{T}}, \quad \boldsymbol{\eta}_2 = \left(\frac{1}{\sqrt{2}}, \frac{1}{\sqrt{2}}, 0, 0\right)^{\mathrm{T}}$$

$$\boldsymbol{\eta}_3 = \left(-\frac{1}{\sqrt{6}}, \frac{1}{\sqrt{6}}, \frac{2}{\sqrt{6}}, 0\right)^{\mathrm{T}}, \quad \boldsymbol{\eta}_4 = \left(\frac{1}{2\sqrt{3}}, -\frac{1}{2\sqrt{3}}, \frac{1}{2\sqrt{3}}, \frac{3}{2\sqrt{3}}\right)^{\mathrm{T}}$$

令 $\boldsymbol{Q} = [\boldsymbol{\eta}_1 \quad \boldsymbol{\eta}_2 \quad \boldsymbol{\eta}_3 \quad \boldsymbol{\eta}_4]$,则有 $\boldsymbol{Q}^{\mathrm{T}} \boldsymbol{B} \boldsymbol{Q} = \mathrm{diag}(8, -4, -4, -4)$.

注 2:求 Hermite 矩阵 $\boldsymbol{A}$ 酉相似于对角矩阵的步骤如下:

(1) 求出矩阵 $\boldsymbol{A}$ 的全部互异特征值及其重数;

(2) 对于每个特征值 λ,求方程组 $(\lambda \boldsymbol{I} - \boldsymbol{A}) \boldsymbol{x} = \boldsymbol{0}$ 的一个基础解系,并对其作单位正交化处理;

(3) 由标准正交特征向量生成酉矩阵 $\boldsymbol{Q}$,则 $\boldsymbol{Q}^{\mathrm{T}} \boldsymbol{A} \boldsymbol{Q}$ 是对角矩阵.

【思考】 除了 Hermite 矩阵外,还有哪些矩阵可作酉相似对角化?

例如,$\boldsymbol{A} = \begin{bmatrix} 0 & i \\ i & 0 \end{bmatrix}$,其特征值为 $\lambda_{1,2} = \pm i$,对应的特征向量分别为

$$\boldsymbol{x}_1 = \left(\frac{1}{\sqrt{2}}, \frac{1}{\sqrt{2}}\right)^{\mathrm{T}}, \quad \boldsymbol{x}_2 = \left(\frac{1}{\sqrt{2}}, -\frac{1}{\sqrt{2}}\right)^{\mathrm{T}}$$

定义 $\boldsymbol{U} = \begin{bmatrix} \dfrac{1}{\sqrt{2}} & \dfrac{1}{\sqrt{2}} \\ \dfrac{1}{\sqrt{2}} & -\dfrac{1}{\sqrt{2}} \end{bmatrix}$,有 $\boldsymbol{U}^{\mathrm{H}} \boldsymbol{A} \boldsymbol{U} = \mathrm{diag}(i, -i)$. 显然,矩阵 $\boldsymbol{A}$ 可酉相似对角化.

定义 3.6.2(正规矩阵) 设 $\boldsymbol{A} \in \mathbb{C}^{n \times n}$,若 $\boldsymbol{A}^{\mathrm{H}} \boldsymbol{A} = \boldsymbol{A} \boldsymbol{A}^{\mathrm{H}}$,则称矩阵 $\boldsymbol{A}$ 为**正规矩阵**(或**规范矩阵**).

实对称矩阵、实反对称矩阵、Hermite 矩阵、反 Hermite 矩阵、正交矩阵、酉矩阵等都是正规矩阵. 再如,$\boldsymbol{B} = \boldsymbol{U}^{\mathrm{H}} \mathrm{diag}(3+5i, 2-i) \boldsymbol{U}$ 也是正规矩阵,其中 $\boldsymbol{U}$ 为任意二阶酉矩阵.

定理 3.6.2 复方阵 $\boldsymbol{A}$ 是正规矩阵当且仅当矩阵 $\boldsymbol{A}$ 酉相似于对角矩阵,即 $\boldsymbol{A}^{\mathrm{H}} \boldsymbol{A} = \boldsymbol{A} \boldsymbol{A}^{\mathrm{H}}$ 当且仅当存在酉矩阵 $\boldsymbol{U}$ 使得 $\boldsymbol{U}^{\mathrm{H}} \boldsymbol{A} \boldsymbol{U} = \mathrm{diag}(\lambda_1, \cdots, \lambda_n)$.

证明 必要性. 由 Schur 引理知,对任意复方阵 $\boldsymbol{A}$,必存在酉矩阵 $\boldsymbol{U}$ 使得

$$\boldsymbol{U}^{\mathrm{H}} \boldsymbol{A} \boldsymbol{U} = \boldsymbol{\Lambda} = \begin{bmatrix} \lambda_1 & a_{12} & \cdots & a_{1n} \\ 0 & \lambda_2 & \cdots & a_{2n} \\ \vdots & \ddots & \ddots & \vdots \\ 0 & \cdots & 0 & \lambda_n \end{bmatrix}$$

将上式代入等式 $A^H A = AA^H$,得 $\Lambda^H \Lambda = \Lambda \Lambda^H$,即

$$
\begin{bmatrix}
\bar{\lambda}_1 & 0 & \cdots & 0 \\
\bar{a}_{12} & \bar{\lambda}_2 & \cdots & 0 \\
\vdots & \vdots & & \vdots \\
\bar{a}_{1n} & \bar{a}_{2n} & \cdots & \bar{\lambda}_n
\end{bmatrix}
\begin{bmatrix}
\lambda_1 & a_{12} & \cdots & a_{1n} \\
0 & \lambda_2 & \cdots & a_{2n} \\
\vdots & \ddots & \ddots & \vdots \\
0 & \cdots & 0 & \lambda_n
\end{bmatrix}
$$

$$
=
\begin{bmatrix}
\lambda_1 & a_{12} & \cdots & a_{1n} \\
0 & \lambda_2 & \cdots & a_{2n} \\
\vdots & \ddots & \ddots & \vdots \\
0 & \cdots & 0 & \lambda_n
\end{bmatrix}
\begin{bmatrix}
\bar{\lambda}_1 & 0 & \cdots & 0 \\
\bar{a}_{12} & \bar{\lambda}_2 & \cdots & 0 \\
\vdots & \vdots & & \vdots \\
\bar{a}_{1n} & \bar{a}_{2n} & \cdots & \bar{\lambda}_n
\end{bmatrix}
$$

根据上式左右两端矩阵对角线元素相等,得

$$|\lambda_1|^2 = |\lambda_1|^2 + |a_{12}|^2 + \cdots + |a_{1n}|^2$$
$$|\lambda_2|^2 + |a_{12}|^2 = |\lambda_2|^2 + |a_{23}|^2 + \cdots + |a_{2n}|^2$$
$$\vdots$$
$$|\lambda_n|^2 + |a_{1n}|^2 + |a_{2n}|^2 + \cdots + |a_{(n-1)n}|^2 = |\lambda_n|^2$$

依次求解得 $a_{12} = \cdots = a_{1n} = 0, a_{23} = \cdots = a_{2n} = 0, \cdots, a_{(n-1)n} = 0$.

由此,上三角矩阵 Λ 退化为对角矩阵,即 A 酉相似于对角矩阵 Λ.

充分性. 已知存在酉矩阵 U 使得矩阵 A 酉相似于对角阵 Λ,即 $\Lambda = U^H AU$. 所以, $A^H A = U\Lambda^H \Lambda U^H, AA^H = U\Lambda \Lambda^H U^H$. 由 Λ 是对角矩阵,得 $\Lambda^H \Lambda = \Lambda \Lambda^H$. 因此, $A^H A = AA^H$. 证毕.

推论 3.6.5 复方阵 A 是正规矩阵当且仅当 A 有 n 个特征向量构成 $\mathbb{C}^n$ 空间的一组标准正交基,且属于矩阵 A 的不同特征值的特征向量正交.

证明 必要性. 若矩阵 A 是正规矩阵,则根据定理 3.6.2 知,矩阵 A 可酉相似对角化,即一定存在 n 个线性无关的特征向量构成 $\mathbb{C}^n$ 的一组标准正交基. 显然,属于不同特征值的特征子空间正交,即矩阵 A 的属于不同特征值的特征向量正交.

充分性. 矩阵 A 有 n 个标准正交特征向量也就是矩阵 A 可酉相似对角化. 根据定理 3.6.2,矩阵 A 是正规矩阵,由此得证.

例 3.6.6 设 $A = \begin{bmatrix} 0 & i & -1 \\ -i & 0 & i \\ -1 & -i & 0 \end{bmatrix}$,验证 A 是正规矩阵,并求酉矩阵 U 使得 $U^H AU$ 为对角矩阵.

解 由于

$$
AA^H = \begin{bmatrix} 2 & i & -1 \\ -i & 2 & i \\ -1 & -i & 2 \end{bmatrix} = A^H A
$$

故 A 是正规矩阵.

由矩阵 A 的特征多项式 $f_A(\lambda)=(\lambda-2)(\lambda+1)^2$ 知,矩阵 A 的特征值为 $\lambda_1=2$, $\lambda_2=\lambda_3=-1$.

对于 $\lambda_1=2$,计算其特征向量为 $\boldsymbol{x}_1=(1,-\mathrm{i},-1)^{\mathrm{T}}$;

对于 $\lambda_2=\lambda_3=-1$,计算其特征向量为 $\boldsymbol{x}_2=(1,0,1)^{\mathrm{T}}$,$\boldsymbol{x}_3=(1,\mathrm{i},0)^{\mathrm{T}}$;

对向量 $\boldsymbol{x}_1$ 作单位化处理、对向量组 $\boldsymbol{x}_2,\boldsymbol{x}_3$ 作 Gram-Schmidt 正交化处理,得

$$\boldsymbol{\alpha}_1=\left(\frac{1}{\sqrt{3}},-\frac{\mathrm{i}}{\sqrt{3}},-\frac{1}{\sqrt{3}}\right)^{\mathrm{T}},\quad \boldsymbol{\alpha}_2=\left(\frac{1}{\sqrt{2}},0,\frac{1}{\sqrt{2}}\right)^{\mathrm{T}},\quad \boldsymbol{\alpha}_3=\left(-\frac{1}{\sqrt{2}}\mathrm{i},-\sqrt{2},\frac{1}{\sqrt{2}}\mathrm{i}\right)^{\mathrm{T}}$$

令 $\boldsymbol{U}=[\boldsymbol{\alpha}_1\ \ \boldsymbol{\alpha}_2\ \ \boldsymbol{\alpha}_3]$,则 $\boldsymbol{U}^{\mathrm{H}}\boldsymbol{A}\boldsymbol{U}=\mathrm{diag}(2,-1,-1)$.

推论 3.6.6 实方阵 A 是正交矩阵当且仅当矩阵 A 的所有特征值的模值均为 1,且存在酉矩阵 $\boldsymbol{U}$ 使得 $\boldsymbol{U}^{\mathrm{H}}\boldsymbol{A}\boldsymbol{U}=\mathrm{diag}(\lambda_1,\cdots,\lambda_n)$,其中 $\lambda_1,\cdots,\lambda_n$ 是矩阵 A 的 n 个特征值.

证明 必要性.设 λ 是矩阵 A 的特征值,$\boldsymbol{x}$ 是属于特征值 λ 的特征向量,则有 $\boldsymbol{A}\boldsymbol{x}=\lambda\boldsymbol{x}$.进一步,

$$(\boldsymbol{A}\boldsymbol{x},\boldsymbol{A}\boldsymbol{x})=\boldsymbol{x}^{\mathrm{H}}\boldsymbol{A}^{\mathrm{H}}\boldsymbol{A}\boldsymbol{x}=|\lambda|^2\boldsymbol{x}^{\mathrm{H}}\boldsymbol{x}$$

又知矩阵 A 是正交矩阵,故 $\boldsymbol{A}^{\mathrm{H}}\boldsymbol{A}=\boldsymbol{I}$.上式可进一步改写为

$$\boldsymbol{x}^{\mathrm{H}}\boldsymbol{x}=|\lambda|^2\boldsymbol{x}^{\mathrm{H}}\boldsymbol{x}$$

注意到特征向量 $\boldsymbol{x}$ 为非零向量,故 $\boldsymbol{x}^{\mathrm{H}}\boldsymbol{x}\neq0$. 因此,$|\lambda|^2=1$,即 $|\lambda|=1$. 由于正交矩阵必为正规矩阵,故矩阵 A 可酉相似对角化.

充分性. 由 $\boldsymbol{A}=\boldsymbol{U}\mathrm{diag}(\lambda_1,\cdots,\lambda_n)\boldsymbol{U}^{\mathrm{H}}$,得

$$\boldsymbol{A}\boldsymbol{A}^{\mathrm{H}}=\boldsymbol{U}\begin{bmatrix}\lambda_1 & & \boldsymbol{O}\\ & \ddots & \\ \boldsymbol{O} & & \lambda_n\end{bmatrix}\begin{bmatrix}\bar{\lambda}_1 & & \boldsymbol{O}\\ & \ddots & \\ \boldsymbol{O} & & \bar{\lambda}_n\end{bmatrix}\boldsymbol{U}^{\mathrm{H}}=\boldsymbol{I}$$

因此,矩阵 A 是正交矩阵.

注3:正交矩阵酉相似对角化时的变换矩阵是酉矩阵,不一定是正交矩阵.

推论 3.6.7 设 $A\in\mathbb{C}^{n\times n}$,则矩阵 A 是酉矩阵当且仅当矩阵 A 的所有特征值的模值均为 1,且存在酉矩阵 $\boldsymbol{U}$ 使得 $\boldsymbol{U}^{\mathrm{H}}\boldsymbol{A}\boldsymbol{U}=\mathrm{diag}(\lambda_1,\cdots,\lambda_n)$,其中 $\lambda_1,\cdots,\lambda_n$ 是矩阵 A 的 n 个特征值.

请读者注意推论 3.6.6 和推论 3.6.7 的区别.

3.7 谱分解

由定理 3.6.2 知,复方阵 A 是正规矩阵当且仅当 A 酉相似于对角矩阵,即存在酉矩阵 $\boldsymbol{U}$ 使得

$$U^H A U = \mathrm{diag}(\underbrace{\lambda_1, \cdots, \lambda_1}_{d_1}, \cdots, \underbrace{\lambda_m, \cdots, \lambda_m}_{d_m}) \tag{3.7.1}$$

式中:$\lambda_1, \cdots, \lambda_m$ 是矩阵 A 的 m 个互异特征值,其代数重数分别为 $d_1, \cdots, d_m$,且有 $d_1 + \cdots + d_m = n$.

为进一步研究分解式(3.7.1),定义 $u_{j1}, \cdots, u_{jd_j}$ 是属于特征值 λ_j 的 d_j 个单位正交特征向量,$j = 1, \cdots, m$,则式(3.7.1)中的酉矩阵可定义为

$$U = \begin{bmatrix} u_{11} & \cdots & u_{1d_1} & \cdots & u_{m1} & \cdots & u_{md_m} \end{bmatrix} \in \mathbb{C}^{n \times n}$$

于是,式(3.7.1)可改写为

$$A = \begin{bmatrix} u_{11} & \cdots & u_{md_m} \end{bmatrix} \begin{bmatrix} \lambda_1 & & O \\ & \ddots & \\ O & & \lambda_m \end{bmatrix} \begin{bmatrix} u_{11}^H \\ \vdots \\ u_{md_m}^H \end{bmatrix}$$

$$= \lambda_1 u_{11} u_{11}^H + \cdots + \lambda_m u_{md_m} u_{md_m}^H$$

$$= \lambda_1 \left(\sum_{i=1}^{d_1} u_{1i} u_{1i}^H \right) + \cdots + \lambda_m \left(\sum_{i=1}^{d_m} u_{mi} u_{mi}^H \right) \tag{3.7.2}$$

定义 $E_j = \sum_{i=1}^{d_j} u_{ji} u_{ji}^H, j = 1, \cdots, m$,有

$$A = \lambda_1 E_1 + \cdots + \lambda_m E_m \tag{3.7.3}$$

分解式(3.7.3)是酉矩阵 Schur 分解式(3.7.1)的另一等价形式,常称式(3.7.3)为酉矩阵 A 的谱分解式,并有如下定义.

定义 3.7.1(正规矩阵谱分解) 设 $\lambda_1, \cdots, \lambda_m$ 是正规矩阵 $A \in \mathbb{C}^{n \times n}$ 的 m 个互异特征值,其代数重数分别为 $d_1, \cdots, d_m$ 且 $d_1 + \cdots + d_m = n$,则矩阵 A 的谱分解式为

$$A = \sum_{j=1}^{m} \lambda_j E_j$$

式中:$E_j = \sum_{i=1}^{d_j} u_{j_i} u_{j_i}^H, j = 1, \cdots, m$,称为矩阵 A 的**谱阵**,$u_{j1}, \cdots, u_{jd_j}$ 是属于特征值 λ_j 的 d_j 个单位正交特征向量.

注1:正规矩阵特征值的代数重数等于其几何重数.

例 3.7.1 求正规矩阵 $A = \begin{bmatrix} 0 & 1 & 1 & -1 \\ 1 & 0 & -1 & 1 \\ 1 & -1 & 0 & 1 \\ -1 & 1 & 1 & 0 \end{bmatrix}$ 的谱分解式.

解 计算矩阵 A 的特征值与特征向量,分别为 $\lambda_1 = \lambda_2 = \lambda_3 = 1, \beta_1 = (1, 1, 0, 0)^T, \beta_2 = (1, 0, 1, 0)^T, \beta_3 = (-1, 0, 0, 1)^T; \lambda_4 = -3, \beta_4 = (1, -1, -1, 1)^T$.

将向量 β_1, β_2 和 β_3 单位正交化,并将 β_4 单位化,得

$$\alpha_1 = \left(\frac{1}{\sqrt{2}}, \frac{1}{\sqrt{2}}, 0, 0 \right)^T$$

$$\boldsymbol{\alpha}_2 = \left(\frac{1}{\sqrt{6}}, -\frac{1}{\sqrt{6}}, \frac{2}{\sqrt{6}}, 0\right)^{\mathrm{T}}$$

$$\boldsymbol{\alpha}_3 = \left(-\frac{1}{\sqrt{12}}, \frac{1}{\sqrt{12}}, \frac{1}{\sqrt{12}}, \frac{3}{\sqrt{12}}\right)^{\mathrm{T}}$$

$$\boldsymbol{\alpha}_4 = \left(\frac{1}{2}, -\frac{1}{2}, -\frac{1}{2}, \frac{1}{2}\right)^{\mathrm{T}}$$

定义 $\boldsymbol{E}_1 = \boldsymbol{\alpha}_1\boldsymbol{\alpha}_1^{\mathrm{H}} + \boldsymbol{\alpha}_2\boldsymbol{\alpha}_2^{\mathrm{H}} + \boldsymbol{\alpha}_3\boldsymbol{\alpha}_3^{\mathrm{H}}$，$\boldsymbol{E}_2 = \boldsymbol{\alpha}_4\boldsymbol{\alpha}_4^{\mathrm{H}}$，则 $\boldsymbol{A} = \boldsymbol{E}_1 - 3\boldsymbol{E}_2$ 是矩阵 $\boldsymbol{A}$ 的谱分解式，其中

$$\boldsymbol{E}_1 = \begin{bmatrix} \dfrac{3}{4} & \dfrac{1}{4} & \dfrac{1}{4} & -\dfrac{1}{4} \\ \dfrac{1}{4} & \dfrac{3}{4} & -\dfrac{1}{4} & \dfrac{1}{4} \\ \dfrac{1}{4} & -\dfrac{1}{4} & \dfrac{3}{4} & \dfrac{1}{4} \\ -\dfrac{1}{4} & \dfrac{1}{4} & \dfrac{1}{4} & \dfrac{3}{4} \end{bmatrix}, \quad \boldsymbol{E}_2 = \begin{bmatrix} \dfrac{1}{4} & -\dfrac{1}{4} & -\dfrac{1}{4} & \dfrac{1}{4} \\ -\dfrac{1}{4} & \dfrac{1}{4} & \dfrac{1}{4} & -\dfrac{1}{4} \\ -\dfrac{1}{4} & \dfrac{1}{4} & \dfrac{1}{4} & -\dfrac{1}{4} \\ \dfrac{1}{4} & -\dfrac{1}{4} & -\dfrac{1}{4} & \dfrac{1}{4} \end{bmatrix}$$

定理 3.7.1（正规矩阵谱阵的性质）　设正规矩阵 $\boldsymbol{A} \in \mathbb{C}^{n \times n}$ 有谱分解式 $\boldsymbol{A} = \sum\limits_{j=1}^{m} \lambda_j \boldsymbol{E}_j$，其中，$\lambda_1, \cdots, \lambda_m$ 是 $\boldsymbol{A}$ 的 m 个互异特征值，$\boldsymbol{E}_1, \cdots, \boldsymbol{E}_m$ 是 $\boldsymbol{A}$ 的 m 个谱阵，则对任意 $i, j = 1, \cdots, m$ 且 $i \neq j$，有如下性质：

（1）$\boldsymbol{E}_j = \boldsymbol{E}_j^{\mathrm{H}} = (\boldsymbol{E}_j)^2$；

（2）$\boldsymbol{E}_i\boldsymbol{E}_j = \boldsymbol{O}$；

（3）$\boldsymbol{E}_i\boldsymbol{A} = \boldsymbol{A}\boldsymbol{E}_i = \lambda_i\boldsymbol{E}_i$；

（4）$\sum\limits_{k=1}^{m} \boldsymbol{E}_k = \boldsymbol{I}$；

（5）谱阵集合 $\{\boldsymbol{E}_1, \cdots, \boldsymbol{E}_m\}$ 唯一.

证明　由正规矩阵的谱分解知，矩阵 $\boldsymbol{A}$ 的谱阵为

$$\boldsymbol{E}_j = \sum_{i=1}^{d_j} \boldsymbol{u}_{ji}\boldsymbol{u}_{ji}^{\mathrm{H}}, \quad j = 1, \cdots, m \tag{3.7.4}$$

式中：$\boldsymbol{u}_{j1}, \cdots, \boldsymbol{u}_{jd_j}$ 是属于特征值 λ_j 的 d_j 个单位正交特征向量.

性质（1）、（2）. 由式（3.7.4）易证对任意 $i, j = 1, \cdots, m$ 且 $i \neq j$

$$\boldsymbol{E}_j = \boldsymbol{E}_j^{\mathrm{H}} = (\boldsymbol{E}_j)^2$$

$$\boldsymbol{E}_i\boldsymbol{E}_j = \boldsymbol{O}$$

性质（3）. 又知

$$\boldsymbol{E}_i\boldsymbol{A} = \boldsymbol{E}_i\left(\sum_{j=1}^{m} \lambda_j\boldsymbol{E}_j\right) = \lambda_i(\boldsymbol{E}_i)^2 = \lambda_i\boldsymbol{E}_i$$

$$\boldsymbol{A}\boldsymbol{E}_i = \left(\sum_{j=1}^{m} \lambda_j\boldsymbol{E}_j\right)\boldsymbol{E}_i = \lambda_i(\boldsymbol{E}_i)^2 = \lambda_i\boldsymbol{E}_i$$

故 $E_i A = A E_i = \lambda_i E_i$.

性质(4). 令 $U = [u_{11} \quad \cdots \quad u_{1d_1} \quad \cdots \quad u_{m1} \quad \cdots \quad u_{md_m}] \in \mathbb{C}^{n \times n}$, 并由 $U U^H = I$ 得

$$\sum_{j=1}^{m} \sum_{i=1}^{d_j} u_{j_i} u_{j_i}^H = I$$

即 $\sum_{j=1}^{m} E_j = I$.

采用反证法证明性质(5). 假设存在两个不同的谱阵集合满足谱分解式, 两谱阵

集合分别记为 $\{E_1, \cdots, E_m\}$ 和 $\{G_1, \cdots, G_m\}$, 故 $A = \sum_{i=1}^{m} \lambda_i E_i = \sum_{i=1}^{m} \lambda_i G_i$.

由性质(3)知, $A E_i = \lambda_i E_i$ 和 $A G_j = \lambda_j G_j$. 分别利用这两个等式考察得

$$A E_i G_j = \lambda_i E_i G_j$$
$$A E_i G_j = E_i A G_j = \lambda_j E_i G_j$$

即 $\lambda_i E_i G_j = \lambda_j E_i G_j$. 特别地, 当 $i \neq j$ 时, 有 $\lambda_i \neq \lambda_j$, 故 $E_i G_j = O, i, j = 1, \cdots, m$.

又知, 对任意 $i = 1, \cdots, m$,

$$E_i = E_i I = E_i \left(\sum_{j=1}^{m} G_j \right) = E_i G_i = \left(\sum_{j=1}^{m} E_j \right) G_i = G_i$$

因此, 正规矩阵 A 的谱阵集合 $\{E_1, \cdots, E_m\}$ 唯一.

证毕.

定理 3.7.2 设 n 阶复方阵 A 有 m 个互异特征值 $\lambda_1, \cdots, \lambda_m$, 则矩阵 A 为正规矩阵当且仅当存在 m 个 n 阶矩阵 $E_1, \cdots, E_m$ 使得对任意 $i, j = 1, \cdots, m$ 且 $i \neq j$, 有如下性质:

(1) $A = \sum_{k=1}^{m} \lambda_k E_k$;

(2) $E_j = E_j^H = (E_j)^2$;

(3) $E_i E_j = O$;

(4) $E_i A = A E_i = \lambda_i E_i$;

(5) $\sum_{k=1}^{m} E_k = I$;

(6) 谱阵集合 $\{E_1, \cdots, E_m\}$ 唯一.

定理 3.7.2 的必要性由定理 3.7.1 保证, 其充分性简要证明如下:

$$A A^H = \left(\sum_{i=1}^{m} \lambda_i E_i \right) \left(\sum_{i=1}^{m} \lambda_i E_j \right)^H$$

$$= \left(\sum_{i=1}^{m} \lambda_i E_i \right) \left(\sum_{i=1}^{m} \bar{\lambda}_j E_j \right)$$

$$= \sum_{k=1}^{m} |\lambda_k|^2 E_k$$

另一方面,

$$A^{\mathrm{H}}A = \sum_{k=1}^{m} |\lambda_k|^2 E_k$$

故 $AA^{\mathrm{H}} = A^{\mathrm{H}}A$，即矩阵 A 是正规矩阵.

显然，谱分解中的谱阵是一类特殊矩阵，我们常将其称为幂等矩阵. 为此，引入幂等矩阵定义.

定义 3.7.2(幂等矩阵)　设 $E \in \mathbb{C}^{n \times n}$，若 $E^2 = E$，则称 E 为**幂等矩阵**(或**投影矩阵**). Hermite 幂等矩阵称为**正交投影矩阵**.

定理 3.7.3(幂等矩阵性质)　若 $E \in \mathbb{C}_r^{n \times n}$ 是幂等矩阵，则

(1) E 为单纯矩阵且相似于 $\begin{bmatrix} I_r & O \\ O & O \end{bmatrix}$；

(2) $\mathrm{tr}(E) = r$；

(3) $Ex = x \Leftrightarrow x \in R(E)$，其中 $x \in \mathbb{C}^n$.

证明　性质(1). 由 $E^2 = E$ 可知 $\varphi(\lambda) = \lambda(\lambda - 1)$ 是矩阵 E 的零化多项式，故 E 为单纯矩阵，且它的特征值只能为 0 或 1. 又知 $\mathrm{rank}(E) = r$，故矩阵 E 的特征值 1 有 r 重根. 综上可知，E 相似于 $\begin{bmatrix} I_r & O \\ O & O \end{bmatrix}$.

性质(2). 由性质(1)知，存在可逆矩阵 P 使得

$$P^{-1}EP = \begin{bmatrix} I_r & O \\ O & O \end{bmatrix}$$

又知 $\mathrm{tr}(E) = \mathrm{tr}(P^{-1}EP)$，故 $\mathrm{tr}(E) = r$.

性质(3). 由 $Ex = x$ 知，$x \in R(E)$；反之，若 $x \in R(E)$，则存在向量 $y \in \mathbb{C}^n$ 满足 $x = Ey$，故 $Ex = E(Ey) = E^2 y = Ey = x$. 证毕.

注 2：定理 3.7.3 性质(3)的几何解释为，向量 $x \in R(E)$ 当且仅当向量 x 在线性空间 $R(E)$ 的投影恰为它本身.

【思考】　设向量 $x \in \mathbb{C}^n$，$E \in \mathbb{C}^{n \times n}$ 是幂等矩阵，则向量 Ex 是向量 x 在 $R(E)$ 上的投影. 注意，在讨论投影时离不开直和分解. 请大家思考如下问题：当我们说 Ex 是投影时，此时对应于 $\mathbb{C}^n$ 空间的直和分解是什么？

分析　由于向量 x 在直和空间中的分解是唯一的，根据 $x = Ex + (I - E)x$ 知，$R(E) + R(I - E) = \mathbb{C}^n$.

例 3.7.2　求向量 $b \in \mathbb{C}^n$ 在 $V_m = \mathrm{span}(a_1, \cdots, a_m)$ 上的正交投影，其中向量组 $a_1, \cdots, a_m$ 是 $\mathbb{C}^n$ 空间的 m 个线性无关向量，且 $m \leqslant n$.

解　定义矩阵 $A = [a_1 \quad \cdots \quad a_m] \in \mathbb{C}^{n \times m}$，则矩阵 A 为列满秩矩阵. 由此，$A^{\mathrm{H}}A$ 为可逆矩阵，并可定义矩阵 $P = A(A^{\mathrm{H}}A)^{-1}A^{\mathrm{H}}$. 显然，$P^{\mathrm{H}} = P$ 且

$$P^2 = A(A^{\mathrm{H}}A)^{-1}A^{\mathrm{H}}A(A^{\mathrm{H}}A)^{-1}A^{\mathrm{H}} = A(A^{\mathrm{H}}A)^{-1}A^{\mathrm{H}} = P$$

因此，P 是正交投影矩阵.

考察向量 Pb 和空间 V_m，易得以下结论：

(1) $R(\boldsymbol{P})=V_m$;

(2) $N(\boldsymbol{P})=R(\boldsymbol{P})^{\perp}$;

(3) $\boldsymbol{Pb}\in R(\boldsymbol{P})$;

(4) $\boldsymbol{b}=\boldsymbol{Pb}+(\boldsymbol{I}-\boldsymbol{P})\boldsymbol{b}$;

(5) $(\boldsymbol{I}-\boldsymbol{P})\boldsymbol{b}\in N(\boldsymbol{P})$.

由此,我们可推断出向量 $\boldsymbol{Pb}$ 是向量 $\boldsymbol{b}$ 在空间 V_m 上的投影.

【思考】 若例 3.7.2 中的向量组 $\boldsymbol{a}_1,\cdots,\boldsymbol{a}_m$ 线性相关,应如何求解?

注3:求取向量的(正交)投影可先找到(正交)投影矩阵,然后用(正交)投影矩阵乘以该向量即可得到其(正交)投影.倘若(正交)投影矩阵不易获得,可优先考虑向量在其(正交)补空间的(正交)投影矩阵,然后再利用(正交)投影求出向量的(正交)投影.

例 3.7.3 求向量 $\boldsymbol{b}\in\mathbb{C}^n$ 在 $W=\{\boldsymbol{x}\in\mathbb{C}^n\,|\,\boldsymbol{Ax}=\boldsymbol{0},\boldsymbol{A}\in\mathbb{C}_m^{m\times n}\}$ 上的正交投影.

解 已知向量 $\boldsymbol{b}$ 在 $R(\boldsymbol{A}^{\mathrm{H}})$ 的正交投影(利用例 3.7.2 结果)为

$$\mathrm{Proj}_{R(\boldsymbol{A}^{\mathrm{H}})}\boldsymbol{b}=\boldsymbol{A}^{\mathrm{H}}(\boldsymbol{AA}^{\mathrm{H}})^{-1}\boldsymbol{Ab}$$

又知 $N(\boldsymbol{A})\oplus R(\boldsymbol{A}^{\mathrm{H}})=\mathbb{C}^n$,则向量 $\boldsymbol{b}\in\mathbb{C}^n$ 在 $N(\boldsymbol{A})$ 的正交投影为

$$\mathrm{Proj}_{N(\boldsymbol{A})}\boldsymbol{b}=\boldsymbol{b}-\boldsymbol{A}^{\mathrm{H}}(\boldsymbol{AA}^{\mathrm{H}})^{-1}\boldsymbol{Ab}$$

【应用】 诸多工程应用的最优问题求解都可以归结为提取某个希望的信号,同时抑制其他所有干扰或噪声.投影是解决这类问题的重要数学工具.下面以最小二乘问题为例进行简单说明.

例 3.7.4(最小二乘问题) 考察线性方程组 $\boldsymbol{Ax}=\boldsymbol{b}$,其中,$\boldsymbol{A}\in\mathbb{C}_n^{m\times n}$ 和 $\boldsymbol{b}\in\mathbb{C}^m$ 给定,$\boldsymbol{x}\in\mathbb{C}^n$ 待定.求向量 $\boldsymbol{x}$ 使得 $\|\boldsymbol{Ax}-\boldsymbol{b}\|$ 最小.

解 设向量 $\boldsymbol{b}$ 在 $R(\boldsymbol{A})$ 空间的正交投影为 $\mathrm{Proj}_{R(\boldsymbol{A})}\boldsymbol{b}$,则由图 3.7.1 所示,向量 $\boldsymbol{b}$ 可分解为 $\boldsymbol{b}=\mathrm{Proj}_{R(\boldsymbol{A})}\boldsymbol{b}+(\boldsymbol{b}-\mathrm{Proj}_{R(\boldsymbol{A})}\boldsymbol{b})$,且有

图 3.7.1 最小二乘问题示意图

$$\|\boldsymbol{Ax}-\boldsymbol{b}\|=\|(\boldsymbol{Ax}-\mathrm{Proj}_{R(\boldsymbol{A})}\boldsymbol{b})-(\boldsymbol{b}-\mathrm{Proj}_{R(\boldsymbol{A})}\boldsymbol{b})\| \tag{3.7.5}$$

式中:$\boldsymbol{b}-\mathrm{Proj}_{R(\boldsymbol{A})}\boldsymbol{b}$ 为常向量.

对式(3.7.5)两边平方,得

$$\|\boldsymbol{Ax}-\boldsymbol{b}\|^2=\|\boldsymbol{Ax}-\mathrm{Proj}_{R(\boldsymbol{A})}\boldsymbol{b}\|^2+\|\boldsymbol{b}-\mathrm{Proj}_{R(\boldsymbol{A})}\boldsymbol{b}\|^2+$$
$$[\boldsymbol{Ax}-\mathrm{Proj}_{R(\boldsymbol{A})}\boldsymbol{b}]^{\mathrm{H}}[\boldsymbol{b}-\mathrm{Proj}_{R(\boldsymbol{A})}\boldsymbol{b}]+$$
$$[\boldsymbol{b}-\mathrm{Proj}_{R(\boldsymbol{A})}\boldsymbol{b}]^{\mathrm{H}}[\boldsymbol{Ax}-\mathrm{Proj}_{R(\boldsymbol{A})}\boldsymbol{b}] \tag{3.7.6}$$

注意到向量 $[\boldsymbol{Ax}-\mathrm{Proj}_{R(\boldsymbol{A})}\boldsymbol{b}]$ 与向量 $[\boldsymbol{b}-\mathrm{Proj}_{R(\boldsymbol{A})}\boldsymbol{b}]$ 正交(请代入 $\mathrm{Proj}_{R(\boldsymbol{A})}\boldsymbol{b}$ 表达式自行证明),式(3.7.6)可改写为

$$\|\boldsymbol{Ax}-\boldsymbol{b}\|^2=\|\boldsymbol{Ax}-\mathrm{Proj}_{R(A)}\boldsymbol{b}\|^2+\|\boldsymbol{b}-\mathrm{Proj}_{R(A)}\boldsymbol{b}\|^2\geqslant\|\boldsymbol{b}-\mathrm{Proj}_{R(A)}\boldsymbol{b}\|^2$$

上式等号成立的充分必要条件为 $\boldsymbol{Ax}=\mathrm{Proj}_{R(A)}\boldsymbol{b}$.

又知 $\mathrm{Proj}_{R(A)}\boldsymbol{b}=\boldsymbol{A}(\boldsymbol{A}^{\mathrm{H}}\boldsymbol{A})^{-1}\boldsymbol{A}^{\mathrm{H}}\boldsymbol{b}$. 因此，求使 $\|\boldsymbol{Ax}-\boldsymbol{b}\|$ 最小的向量 $\boldsymbol{x}$ 可等价转化为求解线性方程组

$$\boldsymbol{Ax}=\boldsymbol{A}(\boldsymbol{A}^{\mathrm{H}}\boldsymbol{A})^{-1}\boldsymbol{A}^{\mathrm{H}}\boldsymbol{b} \tag{3.7.7}$$

令方程组(3.7.7)左右两端同时乘以 $\boldsymbol{A}^{\mathrm{H}}$，得

$$\boldsymbol{A}^{\mathrm{H}}\boldsymbol{Ax}=\boldsymbol{A}^{\mathrm{H}}\boldsymbol{b} \tag{3.7.8}$$

由矩阵 $\boldsymbol{A}$ 列满秩可知，方程组(3.7.8)有唯一解 $\boldsymbol{x}=(\boldsymbol{A}^{\mathrm{H}}\boldsymbol{A})^{-1}\boldsymbol{A}^{\mathrm{H}}\boldsymbol{b}$. 因此，方程组(3.7.7)的解为

$$\boldsymbol{x}=(\boldsymbol{A}^{\mathrm{H}}\boldsymbol{A})^{-1}\boldsymbol{A}^{\mathrm{H}}\boldsymbol{b}$$

仿照酉矩阵的谱分解方法，一般的单纯矩阵也有类似的结果.

定义 3.7.3（单纯矩阵谱分解）　设 $\lambda_1,\cdots,\lambda_m$ 是单纯矩阵 $\boldsymbol{A}\in\mathbb{C}^{n\times n}$ 的 m 个互异特征值，其代数重数分别为 $d_1,\cdots,d_m$，且 $d_1+\cdots+d_m=n$，则矩阵 $\boldsymbol{A}$ 的谱分解式定义为

$$\boldsymbol{A}=\sum_{j=1}^{m}\lambda_j\boldsymbol{E}_j$$

式中：$\boldsymbol{E}_j=\sum_{i=1}^{d_j}\boldsymbol{\alpha}_{ji}\boldsymbol{\beta}_{ji}^{\mathrm{H}}$，$j=1,\cdots,m$，称为 $\boldsymbol{A}$ 的谱阵，$\boldsymbol{\alpha}_{j1},\cdots,\boldsymbol{\alpha}_{jd_j}$ 是属于特征值 λ_j 的 d_j 个线性无关的特征向量，行向量 $\boldsymbol{\beta}_{jk}^{\mathrm{H}}(k=1,\cdots,d_j)$ 是矩阵 $[\boldsymbol{\alpha}_{11}\ \cdots\ \boldsymbol{\alpha}_{1d_1}\ \cdots\ \boldsymbol{\alpha}_{m1}\ \cdots\ \boldsymbol{\alpha}_{md_m}]^{-1}$ 的第 $(\sum_{i=1}^{j-1}d_i+k)$ 行(令 $d_0=0$).

注 4：在定义 3.7.3 中，所有列向量 $\boldsymbol{\alpha}_{ji}$ 构成的 n 阶方阵恰好构成可逆变换矩阵 $\boldsymbol{P}$，而由所有行向量 $\boldsymbol{\beta}_{ji}^{\mathrm{H}}$ 构成的 n 阶方阵恰好是 $\boldsymbol{P}^{-1}$.

例 3.7.5　求矩阵 $\boldsymbol{A}=\begin{bmatrix}4&6&0\\-3&-5&0\\-3&-6&1\end{bmatrix}$ 的谱分解.

解　计算矩阵 $\boldsymbol{A}$ 的特征值分别为 $\lambda_1=\lambda_2=1,\lambda_3=-2$，其特征向量分别为

$$\boldsymbol{\alpha}_1=(2,-1,0)^{\mathrm{T}},\quad\boldsymbol{\alpha}_2=(0,0,1)^{\mathrm{T}},\quad\boldsymbol{\alpha}_3=(-1,1,1)^{\mathrm{T}}$$

于是

$$\boldsymbol{P}=\begin{bmatrix}2&0&-1\\-1&0&1\\0&1&1\end{bmatrix},\quad\boldsymbol{P}^{-1}=\begin{bmatrix}1&1&0\\-1&-2&1\\1&2&0\end{bmatrix}$$

根据定义 3.7.3 知，$\boldsymbol{\beta}_1=(1,1,0)^{\mathrm{T}},\boldsymbol{\beta}_2=(-1,-2,1)^{\mathrm{T}},\boldsymbol{\beta}_3=(1,2,0)^{\mathrm{T}}$.

定义

$$\boldsymbol{E}_1=\boldsymbol{\alpha}_1\boldsymbol{\beta}_1^{\mathrm{H}}+\boldsymbol{\alpha}_2\boldsymbol{\beta}_2^{\mathrm{H}}=\begin{bmatrix}2&2&0\\-1&-1&0\\-1&-2&1\end{bmatrix}$$

$$E_2 = \boldsymbol{\alpha}_3 \boldsymbol{\beta}_3^{\mathrm{H}} = \begin{bmatrix} -1 & -2 & 0 \\ 1 & 2 & 0 \\ 1 & 2 & 0 \end{bmatrix}$$

因此,$A = E_1 - 2E_2$ 是矩阵 A 的谱分解.

定理 3.7.4 设 n 阶复方阵 A 有 m 个互异特征值 $\lambda_1, \cdots, \lambda_m$,则 A 是单纯矩阵当且仅当存在 m 个 n 阶矩阵 $E_1, \cdots, E_m$ 使得对任意 $i, j = 1, \cdots, m$ 且 $i \neq j$,有如下性质:

(1) $A = \sum\limits_{k=1}^{m} \lambda_k E_k$;

(2) $E_j = (E_j)^2$;

(3) $E_i E_j = O$;

(4) $E_i A = A E_i = \lambda_i E_i$;

(5) $\sum\limits_{k=1}^{m} E_k = I$;

(6) 谱阵集合 $\{E_1, \cdots, E_m\}$ 唯一.

证明 必要性. 由定义 3.7.3 易证性质(1),且有

$$\begin{bmatrix} \boldsymbol{\alpha}_{11} & \cdots & \boldsymbol{\alpha}_{md_m} \end{bmatrix} \begin{bmatrix} \boldsymbol{\beta}_{11}^{\mathrm{H}} \\ \vdots \\ \boldsymbol{\beta}_{md_m}^{\mathrm{H}} \end{bmatrix} = I \tag{3.7.9}$$

$$\begin{bmatrix} \boldsymbol{\beta}_{11}^{\mathrm{H}} \\ \vdots \\ \boldsymbol{\beta}_{md_m}^{\mathrm{H}} \end{bmatrix} \begin{bmatrix} \boldsymbol{\alpha}_{11} & \cdots & \boldsymbol{\alpha}_{md_m} \end{bmatrix} = I \tag{3.7.10}$$

由式(3.7.9)知,

$$\sum_{j=1}^{m} \sum_{i=1}^{d_j} \boldsymbol{\alpha}_{ji} \boldsymbol{\beta}_{ji}^{\mathrm{H}} = I$$

即性质(5)成立.

定义

$$\boldsymbol{X}_j = \begin{bmatrix} \boldsymbol{\alpha}_{j1} & \cdots & \boldsymbol{\alpha}_{jd_j} \end{bmatrix} \in \mathbb{C}^{n \times d_j}, \quad \boldsymbol{Y}_j = \begin{bmatrix} \boldsymbol{\beta}_{j1}^{\mathrm{H}} \\ \vdots \\ \boldsymbol{\beta}_{jd_j}^{\mathrm{H}} \end{bmatrix} \in \mathbb{C}^{d_j \times n}$$

则 $E_j = X_j Y_j$ 且式(3.7.10)可改写为

$$\begin{bmatrix} \boldsymbol{Y}_1 \\ \vdots \\ \boldsymbol{Y}_m \end{bmatrix} \begin{bmatrix} \boldsymbol{X}_1 & \cdots & \boldsymbol{X}_m \end{bmatrix} = I. \tag{3.7.11}$$

由式(3.7.11)知,当 $i, j = 1, \cdots, m$ 且 $i \neq j$ 时,$\boldsymbol{Y}_j \boldsymbol{X}_j = \boldsymbol{I}_{d_j}$,$\boldsymbol{Y}_i \boldsymbol{X}_j = \boldsymbol{O}$. 于是,性质(2)

和性质(3)成立.进而,

$$E_iA = E_i\Big(\sum_{j=1}^{m}\lambda_j E_j\Big) = \lambda_i E_i$$

$$AE_i = \Big(\sum_{j=1}^{m}\lambda_j E_j\Big)E_i = \lambda_i E_i$$

即性质(4)成立.

性质(6)可参考定理 3.7.2 中证明,这里不再赘述.

充分性.设 $\mathrm{rank}(E_j) = d_j$, $j = 1,\cdots,m$,则有

$$\sum_{j=1}^{m}d_j = \sum_{j=1}^{m}\mathrm{tr}(E_j) = \mathrm{tr}\Big(\sum_{j=1}^{m}E_j\Big) = \mathrm{tr}(I_n) = n$$

由 $\dim(R(E_j)) = d_j$ 可取列空间 $R(E_j)$ 的一组基 $\boldsymbol{\alpha}_{j1},\cdots,\boldsymbol{\alpha}_{jd_j}$,并定义

$$X_j = \begin{bmatrix} \boldsymbol{\alpha}_{j1} & \cdots & \boldsymbol{\alpha}_{jd_j} \end{bmatrix} \in \mathbb{C}^{n\times d_j}$$

$$X = \begin{bmatrix} X_1 & \cdots & X_m \end{bmatrix} \in \mathbb{C}^{n\times n}$$

由满秩分解知, $E_j = X_j Y_j$,其中, $Y_j \in \mathbb{C}^{d_j\times n}$, $j = 1,\cdots,m$. 由此,定义

$$Y = \begin{bmatrix} Y_1 \\ \vdots \\ Y_m \end{bmatrix} \in \mathbb{C}^{n\times n}$$

则有 $XY = \sum_{j=1}^{m}X_j Y_j = \sum_{j=1}^{m}E_j = I_n$,故 X 是可逆矩阵.

再由 $YX = I_n$ 得,当 $i,j = 1,\cdots,m$ 且 $i \neq j$ 时, $Y_j X_j = I_{d_j}$, $Y_i X_j = O$. 由此,计算 $E_j X_i$ 得

$$E_j X_i = X_j Y_j X_i = \begin{cases} X_j, & i = j \\ O, & i \neq j \end{cases}$$

考察矩阵 AX：

$$AX = \Big(\sum_{j=1}^{m}\lambda_j E_j\Big)\begin{bmatrix} X_1 & \cdots & X_m \end{bmatrix} = \begin{bmatrix} \sum_{j=1}^{m}\lambda_j E_j X_1 & \cdots & \sum_{j=1}^{m}\lambda_j E_j X_m \end{bmatrix}$$

$$= \begin{bmatrix} \lambda_1 X_1 & \cdots & \lambda_m X_m \end{bmatrix} = \mathrm{diag}(\lambda_1,\cdots,\lambda_m)\begin{bmatrix} X_1 & \cdots & X_m \end{bmatrix}$$

即 $AX = \mathrm{diag}(\lambda_1,\cdots,\lambda_m)X$. 因此,矩阵 A 是单纯矩阵. 证毕.

注 5：同正规矩阵的谱阵相比,单纯矩阵的谱阵是幂等矩阵,但不再是正交投影矩阵.

例 3.7.6　设 $A = \begin{bmatrix} 1 & 0 & -2 \\ 0 & 0 & 0 \\ -2 & 0 & 4 \end{bmatrix}$,求 $\sum_{i=1}^{100}A^i$.

解　矩阵 A 的特征多项式为 $f_A(\lambda) = \lambda^2(\lambda - 5)$,则 $\lambda_1 = \lambda_2 = 0$ 和 $\lambda_3 = 5$. 它们对应的单位特征向量分别为

$$\boldsymbol{\alpha}_1 = \begin{bmatrix} \dfrac{2}{\sqrt{5}} \\ 0 \\ \dfrac{1}{\sqrt{5}} \end{bmatrix}, \quad \boldsymbol{\alpha}_2 = \begin{pmatrix} 0 \\ 1 \\ 0 \end{pmatrix}, \quad \boldsymbol{\alpha}_3 = \begin{bmatrix} \dfrac{1}{\sqrt{5}} \\ 0 \\ -\dfrac{2}{\sqrt{5}} \end{bmatrix}$$

故矩阵 $\boldsymbol{A}$ 的谱分解式为 $\boldsymbol{A} = \lambda_1 \boldsymbol{E}_1 + \lambda_2 \boldsymbol{E}_2 = 5\boldsymbol{E}_2$,其中

$$\boldsymbol{E}_2 = \boldsymbol{\alpha}_3 \boldsymbol{\alpha}_3^{\mathrm{H}} = \begin{bmatrix} \dfrac{1}{5} & 0 & -\dfrac{2}{5} \\ 0 & 0 & 0 \\ -\dfrac{2}{5} & 0 & \dfrac{4}{5} \end{bmatrix}$$

由此,

$$\sum_{i=1}^{100} \boldsymbol{A}^i = \left(\sum_{i=1}^{100} \lambda_2^i\right) \boldsymbol{E}_2 = \frac{(5^{101}-5)}{4} \begin{bmatrix} \dfrac{1}{5} & 0 & -\dfrac{2}{5} \\ 0 & 0 & 0 \\ -\dfrac{2}{5} & 0 & \dfrac{4}{5} \end{bmatrix}$$

推论 3.7.1 设单纯矩阵 $\boldsymbol{A} \in \mathbb{C}^{n \times n}$ 的谱分解为 $\boldsymbol{A} = \sum_{j=1}^{m} \lambda_j \boldsymbol{E}_j$, $f(\lambda)$ 为数域 $\mathbb{C}$ 上的任一多项式,则

$$f(\boldsymbol{A}) = \sum_{j=1}^{m} f(\lambda_j) \boldsymbol{E}_j$$

式中:$\lambda_1, \cdots, \lambda_m$ 为矩阵 $\boldsymbol{A}$ 的 m 个互异特征值,$\boldsymbol{E}_j (j = 1, \cdots, m)$ 是矩阵 $\boldsymbol{A}$ 的谱阵.

证明 首先用数学归纳法证明对 $k = 0, 1, 2, \cdots$,有

$$\boldsymbol{A}^k = \lambda_1^k \boldsymbol{E}_1 + \lambda_2^k \boldsymbol{E}_2 + \cdots + \lambda_m^k \boldsymbol{E}_m$$

当 $k = 0$ 和 $k = 1$ 时,上式显然成立.假设当 $k = p$ 时,有

$$\boldsymbol{A}^p = \lambda_1^p \boldsymbol{E}_1 + \lambda_2^p \boldsymbol{E}_2 + \cdots + \lambda_m^p \boldsymbol{E}_m$$

现考察 $k = p + 1$.此时,

$$\begin{aligned} \boldsymbol{A}^{p+1} &= (\lambda_1^p \boldsymbol{E}_1 + \lambda_2^p \boldsymbol{E}_2 + \cdots + \lambda_m^p \boldsymbol{E}_m)\boldsymbol{A} \\ &= \lambda_1^p \boldsymbol{E}_1 \boldsymbol{A} + \lambda_2^p \boldsymbol{E}_2 \boldsymbol{A} + \cdots + \lambda_m^p \boldsymbol{E}_m \boldsymbol{A} \\ &= \lambda_1^{p+1} \boldsymbol{E}_1 + \lambda_2^{p+1} \boldsymbol{E}_2 + \cdots + \lambda_m^{p+1} \boldsymbol{E}_m \end{aligned}$$

于是

$$\boldsymbol{A}^k = \lambda_1^k \boldsymbol{E}_1 + \lambda_2^k \boldsymbol{E}_2 + \cdots + \lambda_m^k \boldsymbol{E}_m, \quad k = 0, 1, 2, \cdots \tag{3.7.12}$$

设 $f(\lambda) = a_n \lambda^n + a_{n-1} \lambda^{n-1} + \cdots + a_1 \lambda + a_0$,则

$$f(\boldsymbol{A}) = a_n \boldsymbol{A}^n + a_{n-1} \boldsymbol{A}^{n-1} + \cdots + a_1 \boldsymbol{A} + a_0 \boldsymbol{I}$$

将式(3.7.12)代入上式得

$$f(\boldsymbol{A}) = (a_n\lambda_1^n + a_{n-1}\lambda_1^{n-1} + \cdots + a_1\lambda_1 + a_0)\boldsymbol{E}_1 + \cdots +$$
$$(a_n\lambda_m^n + a_{n-1}\lambda_m^{n-1} + \cdots + a_1\lambda_m + a_0)\boldsymbol{E}_m$$

注意到 $f(\lambda_i) = a_n\lambda_i^n + a_{n-1}\lambda_i^{n-1} + \cdots + a_1\lambda_i + a_0$,故 $f(\boldsymbol{A}) = \displaystyle\sum_{j=1}^{m} f(\lambda_j)\boldsymbol{E}_j$. 证毕.

推论 3.7.2　设单纯矩阵 $\boldsymbol{A} \in \mathbb{C}^{n \times n}$ 的谱分解为 $\boldsymbol{A} = \displaystyle\sum_{j=1}^{m}\lambda_j\boldsymbol{E}_j$,则

$$\boldsymbol{E}_i = \frac{1}{\displaystyle\prod_{l=1,l\neq i}^{m}(\lambda_i - \lambda_l)} \prod_{l=1,l\neq i}^{m}(\boldsymbol{A} - \lambda_l\boldsymbol{I}), \quad i = 1,\cdots,m$$

证明　令 $f_i(\lambda) = \displaystyle\prod_{l=1,l\neq i}^{m}(\lambda - \lambda_l)$,则由推论 3.7.1 知

$$f_i(\boldsymbol{A}) = f_i(\lambda_1)\boldsymbol{E}_1 + \cdots + f_i(\lambda_m)\boldsymbol{E}_m$$

其中,

$$f_i(\lambda_j) = \begin{cases} 0, & j \neq i \\ f_i(\lambda_i), & j = i \end{cases}$$

因此,$f_i(\boldsymbol{A}) = f_i(\lambda_i)\boldsymbol{E}_i$,即 $\boldsymbol{E}_i = f_i(\boldsymbol{A})/f_i(\lambda_i)$. 证毕.

例 3.7.7　求矩阵 $\boldsymbol{A} = \begin{bmatrix} 4 & 6 & 0 \\ -3 & -5 & 0 \\ -3 & -6 & 1 \end{bmatrix}$ 的谱分解.

解　矩阵 $\boldsymbol{A}$ 的特征值为 $\lambda_1 = \lambda_2 = 1, \lambda_3 = -2$. 通过判断矩阵 $\boldsymbol{I} - \boldsymbol{A}$ 知,

$$\boldsymbol{I} - \boldsymbol{A} = \begin{bmatrix} -3 & -6 & 0 \\ 3 & 6 & 0 \\ 3 & 6 & 0 \end{bmatrix}$$

$\mathrm{rank}(\boldsymbol{I} - \boldsymbol{A}) = 1$,故 $\dim(\boldsymbol{E}(1)) = 3 - 1 = 2$. 显然,矩阵 $\boldsymbol{A}$ 是单纯矩阵.

定义 $f_1(\lambda) = \lambda + 2, f_2(\lambda) = \lambda - 1$,则

$$\boldsymbol{E}_1 = \frac{1}{f_1(\lambda_1)}f_1(\boldsymbol{A}) = \begin{bmatrix} 2 & 2 & 0 \\ -1 & -1 & 0 \\ -1 & -2 & 1 \end{bmatrix}$$

$$\boldsymbol{E}_2 = \frac{1}{f_2(\lambda_2)}f_2(\boldsymbol{A}) = \begin{bmatrix} -1 & -2 & 0 \\ 1 & 2 & 0 \\ 1 & 2 & 0 \end{bmatrix}$$

因此,$\boldsymbol{A} = \boldsymbol{E}_1 - 2\boldsymbol{E}_2$.

通过对比例 3.7.5 和例 3.7.7 知,利用推论 3.7.2 计算单纯矩阵的谱分解比利用定义法计算简单得多. 因此,推论 3.7.2 为我们提供了一种计算单纯矩阵谱分解的简单方法.

3.8 Jordan 分解

由 Schur 引理知,任一复方阵相似于上三角矩阵.显然,最简单的上三角矩阵就是对角矩阵,但复方阵相似于对角矩阵的充分必要条件表明并非所有的复方阵都相似于对角矩阵.此时,同一线性变换下的矩阵的最简形式会是什么? 为研究这一问题,我们引入 λ 矩阵的概念和理论.

定义 3.8.1(λ 矩阵)   以关于 λ 的一元多项式为元素的矩阵称为**λ 矩阵**,记为 $A(\lambda)$,即 $A(\lambda)=[a_{ij}(\lambda)]_{p\times q}$,其中 $a_{ij}(\lambda)\in P_n(\lambda)$.

例 3.8.1   判断 $A(\lambda)$ 和 $B(\lambda)$ 是否为 λ 矩阵,其中

$$A(\lambda)=\begin{bmatrix} 1-\lambda & \lambda^2 & \lambda \\ \lambda & \lambda & -\lambda \\ 1+\lambda^2 & \lambda^2 & -\lambda^2 \end{bmatrix}, \quad B(\lambda)=\begin{bmatrix} \lambda & \lambda^2 & \lambda \\ \lambda & \lambda & -\lambda \\ \lambda^{-2} & \lambda^2 & -\lambda^2 \end{bmatrix}$$

解 $A(\lambda)$ 是 λ 矩阵;由于 λ^{-2} 不是一元多项式,故 $B(\lambda)$ 不是 λ 矩阵.

注 1:数字矩阵是特殊的 λ 矩阵,它不是 λ 矩阵取 λ=0 得到的,而是 λ 矩阵中每一元素都是次数为 0 的多项式得到的;复方阵 A 的特征矩阵 $\lambda I-A$ 是 λ 矩阵.

注 2:λ 矩阵和数字矩阵一样有加、减、乘等运算且有相同的运算规律.我们同样可定义正方 λ 矩阵的行列式、子式以及 λ 矩阵的秩等.

定义 3.8.2(λ 矩阵的秩)   λ 矩阵 $A(\lambda)$ 中非零子式的最高阶数 r 定义为 $A(\lambda)$ 的秩,记为 $\text{rank}(A(\lambda))=r$.

例 3.8.2   求 $A(\lambda)=\begin{bmatrix} \lambda & 0 \\ 0 & \lambda+1 \end{bmatrix}$ 的行列式和秩.

解 $|A(\lambda)|=\lambda(\lambda+1)\neq 0$,故 $\text{rank}(A(\lambda))=2$(注意:在 λ 矩阵理论中,"当 λ=0 或 -1 时,λ 矩阵的秩为 1,其余情况矩阵的秩为 2"这种说法是错误的).

例 3.8.3   设 $A\in\mathbb{C}^{n\times n}$,则 $f_A(\lambda)=|\lambda I-A|$ 是关于 λ 的一元 n 次多项式.因此,矩阵 A 的特征矩阵 $\lambda I-A$ 的秩为 n,即 $\lambda I-A$ 总是满秩的.

定义 3.8.3(λ 矩阵的逆矩阵)   设 $A(\lambda)$ 是 n 阶 λ 方阵,若存在 n 阶 λ 方阵 $B(\lambda)$ 满足 $A(\lambda)B(\lambda)=B(\lambda)A(\lambda)=I$,则称 λ 矩阵 $A(\lambda)$ 是可逆的,并称 $B(\lambda)$ 为 $A(\lambda)$ 的**逆矩阵**,记作 $A^{-1}(\lambda)$.

【思考】   在数字矩阵中,满秩方阵和可逆矩阵是等价命题.这一结论适用于 λ 矩阵吗?

由例 3.8.2 知,$A(\lambda)$ 满秩.若 $A(\lambda)$ 可逆,则其逆矩阵应为

$$B(\lambda) = \begin{bmatrix} \dfrac{1}{\lambda} & 0 \\ 0 & \dfrac{1}{\lambda+1} \end{bmatrix}$$

但 $B(\lambda)$ 不是 λ 矩阵. 因此, λ 矩阵可逆不仅要求矩阵满秩, 还须增加条件.

定理 3.8.1　n 阶 λ 方阵 $A(\lambda)$ 可逆的充分必要条件是它的行列式 $|A(\lambda)|$ 为非零常数.

证明　必要性. 若 λ 方阵 $A(\lambda)$ 可逆, 则存在 λ 方阵 $B(\lambda)$ 满足 $A(\lambda)B(\lambda) = I$. 对等式两端取行列式得 $|A(\lambda)||B(\lambda)| = 1$. 因为 $|A(\lambda)|$ 和 $|B(\lambda)|$ 均是 λ 的多项式, 则 $|A(\lambda)|$ 和 $|B(\lambda)|$ 只能是 λ 的零次多项式, 即行列式 $|A(\lambda)|$ 为非零常数.

充分性. 设 $|A(\lambda)| = \tau \neq 0$, $(A(\lambda))^*$ 是 $A(\lambda)$ 的伴随矩阵, 则

$$A(\lambda)(A(\lambda))^* = (A(\lambda))^* A(\lambda) = \tau I_n$$

注意到 $\dfrac{1}{\tau}(A(\lambda))^*$ 也是 n 阶 λ 矩阵, 故根据上式知, $\dfrac{1}{\tau}(A(\lambda))^*$ 是 $A(\lambda)$ 的逆矩阵. 证毕.

与数字矩阵类似, 我们引入 λ 矩阵的初等变换.

定义 3.8.4(初等变换)　下列三种变换称为 λ 矩阵的**初等变换**:

(1) λ 矩阵的两行(列)互换位置;

(2) λ 矩阵的某一行(列)乘以非零常数 k;

(3) λ 矩阵的某一行(列)的 $\varphi(\lambda)$ 倍加到另一行(列), 其中 $\varphi(\lambda) \in P_n(\lambda)$.

对单位矩阵施行上述三种初等变换得到相应的三种 λ 矩阵的初等矩阵, 分别记为 $P(i,j)$, $P(i(k))$ 和 $P(i,j(\varphi))$, 并表示为

$$P(i,j) = \begin{bmatrix} 1 & & & & & & & & \\ & \ddots & & & & & & & \\ & & 1 & & & & & & \\ & & & 0 & \cdots & 1 & \cdots & \cdots & \\ & & & & 1 & & & & \\ & & & \vdots & & \ddots & \vdots & & \\ & & & & & & 1 & & \\ & & & 1 & \cdots & 0 & \cdots & \cdots & \\ & & & & & & & 1 & \\ & & & & & & & & \ddots \\ & & & & & & & & & 1 \end{bmatrix} \begin{matrix} \\ \\ \\ \text{第 } i \text{ 行} \\ \\ \\ \\ \text{第 } j \text{ 行} \\ \\ \\ \end{matrix}$$

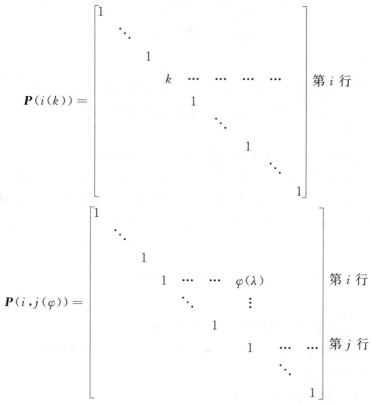

与数字矩阵一样,对 λ 矩阵作一次初等行变换意味着左乘相应的初等矩阵,对 λ 矩阵作一次初等列变换则意味着右乘相应的初等矩阵. 由于三种初等矩阵的行列式均为非零常数,故初等矩阵都是可逆的且对 λ 矩阵作初等变换不改变它的秩.

定义 3.8.5(λ 矩阵相抵) 若 λ 矩阵 $A(\lambda)$ 经过有限次初等变换化为 $B(\lambda)$,则称 $A(\lambda)$ 与 $B(\lambda)$ 相抵,记为 $A(\lambda) \cong B(\lambda)$.

注 3:λ 矩阵相抵则其秩相同,反之则不然. 这与数字矩阵是有区别的.

例 3.8.4 考察 $A(\lambda)$ 和 $B(\lambda)$ 是否相抵,其中

$$A(\lambda) = \begin{bmatrix} \lambda & 0 \\ 0 & \lambda \end{bmatrix}, \quad B(\lambda) = \begin{bmatrix} 1 & -\lambda \\ 1 & \lambda \end{bmatrix}$$

解 $|A(\lambda)| = \lambda^2$,$|B(\lambda)| = 2\lambda$,故两 λ 矩阵的秩均为 2. 由于初等变换是可逆的,则两个相抵的 λ 方阵的行列式只能相差一非零常数,故 $A(\lambda)$ 和 $B(\lambda)$ 不相抵.

定义 3.8.6(行列式因子) 设 λ 矩阵 $A(\lambda)$ 的秩为 r,对于正整数 $k(1 \leqslant k \leqslant r)$,$A(\lambda)$ 的全部 k 阶子式的首 1 最大公因式称为 $A(\lambda)$ 的 k 阶行列式因子,记为 $D_k(\lambda)$.

例 3.8.5 求 $A(\lambda)=\begin{bmatrix} 1-\lambda & \lambda^2 & \lambda \\ \lambda & \lambda & -\lambda \\ 1+\lambda^2 & \lambda^2 & -\lambda^2 \end{bmatrix}$ 的各阶行列式因子.

解 $A(\lambda)$ 的一阶子式为 $1-\lambda,\lambda^2,\lambda,\lambda,\lambda,-\lambda,1+\lambda^2,\lambda^2,-\lambda^2$. 一阶子式的首 1 最大公因式为 $D_1(\lambda)=1$.

$A(\lambda)$ 的二阶子式共 9 个, 分别为 $\lambda(1-\lambda-\lambda^2),-\lambda,-\lambda(\lambda^2+\lambda),-\lambda(\lambda^2+\lambda^3),$ $-\lambda(\lambda+1),-\lambda(\lambda^3-\lambda^2),-\lambda,\lambda,0$. 二阶子式的首 1 最大公因式 $D_2(\lambda)=\lambda$.

$A(\lambda)$ 的三阶子式共 1 个, 即 $D_3(\lambda)=|A(\lambda)|=\lambda^3+\lambda^2$.

定理 3.8.2 相抵的 λ 矩阵具有相同的秩和相同的各阶行列式因子.

分析 只需证明 λ 矩阵经过一次初等变换, 其秩和行列式因子保持不变, 即可说明经过有限次初等变换(即相抵的 λ 矩阵), 其秩和行列式因子仍保持不变.

设 λ 矩阵 $A(\lambda)$ 经过一次初等行变换变为 $B(\lambda)$, $f(\lambda)$ 与 $g(\lambda)$ 分别是 $A(\lambda)$ 与 $B(\lambda)$ 的 k 阶行列式因子. 我们分三种情况讨论以证明 $f(\lambda)=g(\lambda)$.

(1) $P(i,j)A(\lambda)=B(\lambda)$: $B(\lambda)$ 的每个 k 阶子式或等于 $A(\lambda)$ 的某个 k 阶子式, 或与 $A(\lambda)$ 的某一个 k 阶子式反号, 故 $f(\lambda)$ 是 $B(\lambda)$ 的 k 阶子式的首 1 公因式, 从而 $f(\lambda)\mid g(\lambda)$.

(2) $P(i(c))A(\lambda)=B(\lambda)$: $B(\lambda)$ 的每个 k 阶子式或等于 $A(\lambda)$ 的某个 k 阶子式, 或是 $A(\lambda)$ 的某一个 k 阶子式的 c 倍, 故 $f(\lambda)$ 是 $B(\lambda)$ 的 k 阶子式的首 1 公因式, 从而 $f(\lambda)\mid g(\lambda)$.

(3) $P(i,j(\varphi))A(\lambda)=B(\lambda)$: $B(\lambda)$ 中所有同时包含 i 行与 j 行的 k 阶子式和所有不包含 i 行的 k 阶子式都等于 $A(\lambda)$ 中对应的 k 阶子式; $B(\lambda)$ 中所有包含 i 行但不包含 j 行的 k 阶子式, 等于 $A(\lambda)$ 的一个 k 阶子式与另一个 k 阶子式的 $\mp\varphi(\lambda)$ 倍的和; 此时, $f(\lambda)$ 是 $B(\lambda)$ 的 k 阶子式的公因式, 从而 $f(\lambda)\mid g(\lambda)$.

如果 $A(\lambda)$ 经过一次初等列变换变成 $B(\lambda)$, 同理有 $f(\lambda)\mid g(\lambda)$. 注意到初等变换具有可逆性, $B(\lambda)$ 也可以经过一次初等变换变成 $A(\lambda)$. 由上述讨论, 同样有 $g(\lambda)\mid f(\lambda)$. 因此, $f(\lambda)=g(\lambda)$.

定理 3.8.3(Smith 标准形) 设 λ 矩阵 $A(\lambda)$ 的秩为 r, 则

$$A(\lambda)\cong\begin{bmatrix} d_1(\lambda) & & & & & & \\ & \ddots & & & \boldsymbol{O} & & \\ & & d_r(\lambda) & & & & \\ & & & 0 & & & \\ & \boldsymbol{O} & & & \ddots & \\ & & & & & 0 \end{bmatrix}$$

式中: $d_i(\lambda)$ 是首 1 多项式 $(i=1,\cdots,r)$, 且 $d_i(\lambda)\mid d_{i+1}(\lambda)$ $(i=1,\cdots,r-1)$, 称此矩阵为 $A(\lambda)$ 的 Smith 标准形.

例 3.8.6 设 $A(\lambda)=\begin{bmatrix}1-\lambda & \lambda^2 & \lambda \\ \lambda & \lambda & -\lambda \\ 1+\lambda^2 & \lambda^2 & -\lambda^2\end{bmatrix}$,求其 Smith 标准形.

解 $A(\lambda)\xrightarrow{\text{列①+列③}}\begin{bmatrix}1 & \lambda^2 & \lambda \\ 0 & \lambda & -\lambda \\ 1 & \lambda^2 & -\lambda^2\end{bmatrix}\xrightarrow{\text{列②+列①}(-\lambda^2)}\begin{bmatrix}1 & 0 & \lambda \\ 0 & \lambda & -\lambda \\ 1 & 0 & -\lambda^2\end{bmatrix}$

$\xrightarrow{\text{列③+列①}(-\lambda)}\begin{bmatrix}1 & 0 & 0 \\ 0 & \lambda & -\lambda \\ 1 & 0 & -\lambda^2-\lambda\end{bmatrix}\xrightarrow{\text{行③+行①}(-1)}\begin{bmatrix}1 & 0 & 0 \\ 0 & \lambda & -\lambda \\ 0 & 0 & -\lambda^2-\lambda\end{bmatrix}$

$\xrightarrow{\text{列③+列②}}\begin{bmatrix}1 & 0 & 0 \\ 0 & \lambda & 0 \\ 0 & 0 & -\lambda^2-\lambda\end{bmatrix}\xrightarrow{\text{列③}(-1)}\begin{bmatrix}1 & 0 & 0 \\ 0 & \lambda & 0 \\ 0 & 0 & \lambda^2+\lambda\end{bmatrix}$

根据定理 3.8.2 和定理 3.8.3 易得如下关系:

$$D_1(\lambda)=d_1(\lambda)$$
$$D_2(\lambda)=d_1(\lambda)d_2(\lambda)$$
$$\vdots$$
$$D_r(\lambda)=d_1(\lambda)d_2(\lambda)\cdot\cdots\cdot d_r(\lambda)$$

或者可以写成

$$d_1(\lambda)=D_1(\lambda)$$
$$d_2(\lambda)=\frac{D_2(\lambda)}{D_1(\lambda)}$$
$$\vdots$$
$$d_r(\lambda)=\frac{D_r(\lambda)}{D_{r-1}(\lambda)}$$

因此,我们有以下推论.

推论 3.8.1 λ 矩阵的 Smith 标准形是唯一的.

定义 3.8.7(不变因子) 在 λ 矩阵 $A(\lambda)$ 的 Smith 标准形中,$d_1(\lambda),\cdots,d_r(\lambda)$ 由 $A(\lambda)$ 唯一确定的,称为 $A(\lambda)$ 的**不变因子**.

例 3.8.7 求下列 λ 矩阵的不变因子,其中

$$A(\lambda)=\begin{bmatrix}\lambda & 0 \\ 0 & \lambda\end{bmatrix}, \quad B(\lambda)=\begin{bmatrix}\lambda & 1 \\ 0 & \lambda\end{bmatrix}$$

解 对于 $A(\lambda)$,有 $D_1(\lambda)=\lambda,D_2(\lambda)=\lambda^2$,故 $d_1(\lambda)=D_1(\lambda)=\lambda,d_2(\lambda)=D_2(\lambda)/D_1(\lambda)=\lambda$. 对于 $B(\lambda)$,有 $D_1(\lambda)=1,D_2(\lambda)=\lambda^2$,故 $d_1(\lambda)=D_1(\lambda)=1$, $d_2(\lambda)=D_2(\lambda)/D_1(\lambda)=\lambda^2$.

由于 $A(\lambda)$ 和 $B(\lambda)$ 的行列式因子不完全相同,故这两个 λ 矩阵不相抵. 当然,也

可直接通过初等变换知,$A(\lambda)$ 的 Smith 标准形就是它本身,而 $B(\lambda)$ 的 Smith 标准形为 $\mathrm{diag}(1,\lambda^2)$.

推论 3.8.2　λ 矩阵 $A(\lambda)$ 与 $B(\lambda)$ 相抵当且仅当它们有完全一致的不变因子.

注 4：初等变换不改变 λ 矩阵的不变因子. 例如,再考察例 3.8.6:

$$A(\lambda) = \begin{bmatrix} 1-\lambda & \lambda^2 & \lambda \\ \lambda & \lambda & -\lambda \\ 1+\lambda^2 & \lambda^2 & -\lambda^2 \end{bmatrix} \cong \begin{bmatrix} 1 & 0 & 0 \\ 0 & \lambda & 0 \\ 0 & 0 & \lambda(\lambda+1) \end{bmatrix}$$

式中：$A(\lambda)$ 的不变因子可由其 Smith 标准形求得,即 $d_1(\lambda)=1,d_2(\lambda)=\lambda$ 和 $d_3(\lambda)=\lambda(\lambda+1)$. 当然,$A(\lambda)$ 的不变因子也可由其行列式因子求得,利用这两种方法求得的结果一致.

注意到复数域 $\mathbb{C}$ 上的一元多项式可分解成一次因子的幂的乘积形式. 设 $A(\lambda)$ 的不变因子 $d_1(\lambda),\cdots,d_r(\lambda)$ 可分解为

$$\begin{cases} d_1(\lambda) = (\lambda-\lambda_1)^{e_{11}}(\lambda-\lambda_2)^{e_{12}} \cdot \cdots \cdot (\lambda-\lambda_s)^{e_{1s}} \\ d_2(\lambda) = (\lambda-\lambda_1)^{e_{21}}(\lambda-\lambda_2)^{e_{22}} \cdot \cdots \cdot (\lambda-\lambda_s)^{e_{2s}} \\ \quad\quad\vdots \\ d_r(\lambda) = (\lambda-\lambda_1)^{e_{r1}}(\lambda-\lambda_2)^{e_{r2}} \cdot \cdots \cdot (\lambda-\lambda_s)^{e_{rs}} \end{cases} \quad (3.8.1)$$

式中：$\lambda_1,\cdots,\lambda_s$ 互异,$e_{ij}(i=1,\cdots,r;j=1,\cdots,s)$ 为非负整数.

由 $d_i(\lambda) \mid d_{i+1}(\lambda)$ 知,

$$\begin{cases} 0 \leqslant e_{11} \leqslant e_{21} \leqslant \cdots \leqslant e_{r1} \\ 0 \leqslant e_{12} \leqslant e_{22} \leqslant \cdots \leqslant e_{r2} \\ \quad\quad\vdots \\ 0 \leqslant e_{1s} \leqslant e_{2s} \leqslant \cdots \leqslant e_{rs} \end{cases}$$

即序列 $e_{1j},e_{2j},\cdots,e_{rj}$ 是非严格递增的. 由此引出初等因子的概念.

定义 3.8.8(初等因子)　设 λ 矩阵 $A(\lambda)$ 的不变因子为 $d_1(\lambda),\cdots,d_r(\lambda)$,且有分解式(3.8.1),则所有幂指数大于零的因子 $(\lambda-\lambda_j)^{e_{ij}}$,$i=1,\cdots,r;j=1,\cdots,s$,统称为 λ 矩阵 $A(\lambda)$ 的**初等因子(组)**.

例 3.8.8　设 $A(\lambda)=\mathrm{diag}(\lambda(\lambda+1),\lambda^2,(\lambda+1)^2,0)$. 求 $A(\lambda)$ 的初等因子、不变因子和 Smith 标准形.

解　$A(\lambda)$ 的行列式因子为 $D_1(\lambda)=1,D_2(\lambda)=\lambda(\lambda+1),D_3(\lambda)=\lambda^3(\lambda+1)^3$,所以 $A(\lambda)$ 的不变因子为 $d_1(\lambda)=1,d_2(\lambda)=\lambda(\lambda+1),d_3(\lambda)=\lambda^2(\lambda+1)^2$. 因此 $A(\lambda)$ 的 Smith 标准形为

$$\begin{bmatrix} 1 & 0 & 0 & 0 \\ 0 & \lambda(\lambda+1) & 0 & 0 \\ 0 & 0 & \lambda^2(\lambda+1)^2 & 0 \\ 0 & 0 & 0 & 0 \end{bmatrix}$$

根据 Smith 标准形定理得,$A(\lambda)$ 的初等因子为 $\lambda,\lambda+1,\lambda^2,(\lambda+1)^2$.

注 5:若 $A(\lambda)\cong B(\lambda)$,则 $A(\lambda)$ 与 $B(\lambda)$ 有完全一致的各阶行列式因子,进而有相同的不变因子.所以,$A(\lambda)$ 与 $B(\lambda)$ 有完全一致的初等因子.这表明初等变换不改变 $A(\lambda)$ 的初等因子.

【思考】 若 $A(\lambda)$ 与 $B(\lambda)$ 有完全一致的初等因子,则 $A(\lambda)\cong B(\lambda)$ 成立吗?

例 3.8.9 考察 $A(\lambda)$ 与 $B(\lambda)$ 是否相抵,其中

$$A(\lambda)=\begin{bmatrix}1&0&0\\0&(\lambda-2)(\lambda-3)&0\\0&0&0\end{bmatrix},\quad B(\lambda)=\begin{bmatrix}1&0&0\\0&1&0\\0&0&(\lambda-2)(\lambda-3)\end{bmatrix}$$

解 $A(\lambda)$ 与 $B(\lambda)$ 均是 Smith 标准形,但两者不同,故 $A(\lambda)$ 与 $B(\lambda)$ 不相抵.

注意到例 3.8.9 中 $A(\lambda)$ 与 $B(\lambda)$ 有完全相同的初等因子:$(\lambda-2),(\lambda-3)$.因此,$A(\lambda)$ 与 $B(\lambda)$ 有完全一致的初等因子,并不意味着这两个矩阵相抵.

定理 3.8.4 λ 矩阵 $A(\lambda)\cong B(\lambda)$ 当且仅当它们有完全一致的初等因子,且 $\mathrm{rank}(A(\lambda))=\mathrm{rank}(B(\lambda))$.

分析 由 Smith 标准形的唯一性可知,$A(\lambda)$ 与 $B(\lambda)$ 相抵,故 $A(\lambda)$ 与 $B(\lambda)$ 具有完全一致的不变因子和初等因子.另一方面,记 $(\lambda-\lambda_j)^{e_{ij}}(i=1,\cdots,r;j=1,\cdots,s)$ 是 $A(\lambda)$ 与 $B(\lambda)$ 的初等因子,则幂底因子为 $(\lambda-\lambda_j)$ 的最高幂指数初等因子必是不变因子 $d_r(\lambda)$ 的因子.注意到 $A(\lambda)$ 与 $B(\lambda)$ 的秩相同,且初等因子相同,于是它们的不变因子 $d_r(\lambda)$ 也必相同.同理,可依次推断出 $A(\lambda)$ 与 $B(\lambda)$ 具有相同的不变因子 $d_{r-1}(\lambda),\cdots,d_1(\lambda)$.因此,$A(\lambda)$ 与 $B(\lambda)$ 具有相同的 Smith 标准形,即 $A(\lambda)\cong B(\lambda)$.

定理 3.8.5 设 λ 矩阵 $A(\lambda)$ 为对角块矩阵,即
$$A(\lambda)=\mathrm{diag}(A_1(\lambda),\cdots,A_s(\lambda))$$
则 $A_1(\lambda),\cdots,A_s(\lambda)$ 初等因子的全体就是 $A(\lambda)$ 的全部初等因子,其中 $A_i(\lambda)(i=1,\cdots,s)$ 是适当阶数的 λ 矩阵.

由此,在求取 λ 矩阵的 Smith 标准形、不变因子或初等因子时可先将 λ 矩阵作初等变换,使得变换后的矩阵为对角(块)矩阵,然后再利用定理 3.8.5 可方便地求出 λ 矩阵的初等因子,进而求出其 Smith 标准形或不变因子.

再次考察例 3.8.8.由于 $A(\lambda)$ 是对角块 λ 矩阵,故其初等因子为 $\lambda,\lambda+1,\lambda^2,(\lambda+1)^2$.基于此,其不变因子为 $d_3(\lambda)=\lambda^2(\lambda+1)^2,d_2(\lambda)=\lambda(\lambda+1),d_1(\lambda)=1$,进而得出其 Smith 标准形.

例 3.8.10 求特征矩阵 $\lambda I-A$ 的 Smith 标准形,其中

$$A=\begin{bmatrix}0&1&0&0&0\\-1&0&0&0&0\\0&0&0&1&1\\0&0&1&0&1\\0&0&1&1&0\end{bmatrix}$$

解　记 $\boldsymbol{A}=\mathrm{diag}(\boldsymbol{A}_1,\boldsymbol{A}_2)$,其中:

$$\boldsymbol{A}_1=\begin{bmatrix}0&1\\-1&0\end{bmatrix},\quad\boldsymbol{A}_2=\begin{bmatrix}0&1&1\\1&0&1\\1&1&0\end{bmatrix}$$

又知

$$\lambda\boldsymbol{I}-\boldsymbol{A}_1=\begin{bmatrix}\lambda&-1\\1&\lambda\end{bmatrix}\cong\begin{bmatrix}1&0\\0&\lambda^2+1\end{bmatrix}$$

故 λ 矩阵 $\lambda\boldsymbol{I}-\boldsymbol{A}_1$ 的初等因子是 $\lambda+\mathrm{i},\lambda-\mathrm{i}$.

另有

$$\lambda\boldsymbol{I}-\boldsymbol{A}_2=\begin{bmatrix}\lambda&-1&-1\\-1&\lambda&-1\\-1&-1&\lambda\end{bmatrix}\cong\begin{bmatrix}1&0&0\\0&\lambda+1&0\\0&0&(\lambda-2)(\lambda+1)\end{bmatrix}$$

故 λ 矩阵 $\lambda\boldsymbol{I}-\boldsymbol{A}_2$ 的初等因子是 $\lambda+1,\lambda+1,\lambda-2$.

因此,λ 矩阵 $\lambda\boldsymbol{I}-\boldsymbol{A}$ 的初等因子为 $\lambda+\mathrm{i},\lambda-\mathrm{i},\lambda+1,\lambda+1,\lambda-2$.矩阵 $\lambda\boldsymbol{I}-\boldsymbol{A}$ 的 Smith 标准形是

$$\begin{bmatrix}1&&&&\\&1&&&\\&&\mathrm{i}&&\\&&&\lambda+1&\\&&&&(\lambda+\mathrm{i})(\lambda-\mathrm{i})(\lambda+1)(\lambda-2)\end{bmatrix}$$

例 3.8.11　求 $\boldsymbol{A}(\lambda)=\begin{bmatrix}\lambda-a&-1&&&\\&\lambda-a&-1&&\\&&\lambda-a&\ddots&\\&&&\ddots&-1\\&&&&\lambda-a\end{bmatrix}_{n\times n}$ 的初等因子、不变因子和 Smith 标准形.

解　考察 $\boldsymbol{A}(\lambda)$ 的 $(n-1)$ 阶子式

$$\begin{vmatrix}-1&&&\boldsymbol{O}\\\lambda-a&-1&&\\&\ddots&\ddots&\\\boldsymbol{O}&&\lambda-a&-1\end{vmatrix}=(-1)^{n-1}$$

故 $\boldsymbol{A}(\lambda)$ 的 $(n-1)$ 阶子式的不变因子为 $d_{n-1}=1$.

又知 $|\boldsymbol{A}(\lambda)|=(\lambda-a)^n$,故 $\boldsymbol{A}(\lambda)$ 的不变因子为 $d_1=d_2=\cdots=d_{n-1}=1,d_n=(\lambda-a)^n$.相应地,$\boldsymbol{A}(\lambda)$ 的初等因子为 $(\lambda-a)^n$,其 Smith 标准形为

$$A(\lambda) \cong \begin{bmatrix} 1 & & & \\ & 1 & & O \\ & & \ddots & \\ O & & & (\lambda - a)^n \end{bmatrix}$$

定理 3.8.6 复方阵 A 和 B 相似当且仅当它们的特征矩阵相抵.

证明 必要性.若矩阵 A 与 B 相似,则存在可逆矩阵 P 使得 $P^{-1}AP = B$,从而

$$P^{-1}(\lambda I - A)P = \lambda I - P^{-1}AP = \lambda I - B$$

故 $\lambda I - A$ 与 $\lambda I - B$ 相抵.

充分性.由于 $\lambda I - A$ 与 $\lambda I - B$ 相抵,故存在可逆 λ 矩阵 $P(\lambda)$ 和 $Q(\lambda)$ 使得

$$\lambda I - A = P(\lambda)(\lambda I - B)Q(\lambda)$$

于是,有

$$(P(\lambda))^{-1}(\lambda I - A) = (\lambda I - B)Q(\lambda) \tag{3.8.2}$$

根据定理 2.1.3 知,存在 λ 矩阵 $P_1(\lambda)$、$Q_1(\lambda)$ 和数字矩阵 P_0、Q_0 满足

$$P(\lambda) = (\lambda I - A)P_1(\lambda) + P_0 \tag{3.8.3}$$

$$Q(\lambda) = Q_1(\lambda)(\lambda I - A) + Q_0 \tag{3.8.4}$$

将式(3.8.4)代入式(3.8.2),并整理得

$$[P^{-1}(\lambda) - (\lambda I - B)Q_1(\lambda)](\lambda I - A) = (\lambda I - B)Q_0 \tag{3.8.5}$$

比较式(3.8.5)两端得 $T = P^{-1}(\lambda) - (\lambda I - B)Q_1(\lambda)$ 必为数字矩阵.

又知

$$I = P(\lambda)T + P(\lambda)(\lambda I - B)Q_1(\lambda)$$

故将式(3.8.3)代入上式得

$$I = [(\lambda I - A)P_1(\lambda) + P_0]T + (\lambda I - A)[Q(\lambda)]^{-1}Q_1(\lambda)$$

$$= (\lambda I - A)\{P_1(\lambda)T + [Q(\lambda)]^{-1}Q_1(\lambda)\} + P_0 T$$

比较上式两端得

$$P_1(\lambda)T + [Q(\lambda)]^{-1}Q_1(\lambda) = O$$

$$P_0 T = I$$

这表明 T 是可逆的.此时,由式(3.8.5)得

$$(\lambda I - A) = P_0(\lambda I - B)Q_0$$

比较上式两端得

$$P_0 Q_0 = I, \quad A = P_0 B Q_0$$

因此,$A = Q_0^{-1} B Q_0$,即 A 和 B 相似.证毕.

注 6:由定理 3.8.4 知,复方阵 A 和 B 相似的充分必要条件也可以是它们的特征矩阵不变因子相同或初等因子相同.

推论 3.8.3 复方阵 A 是单纯矩阵的充分必要条件是它的特征矩阵 $\lambda I - A$ 的初等因子为一次的.

推论 3.8.4　复方阵 A 是单纯矩阵的充分必要条件是它的特征矩阵 $\lambda I - A$ 的不变因子无重根.

推论 3.8.3 和推论 3.8.4 从初等因子和不变因子的角度给出了矩阵 A 是单纯矩阵的充分必要条件.

例 3.8.12　判断 n 阶方阵 A 是否为单纯矩阵,其中

$$
A = \begin{bmatrix}
a & 1 & & & & \\
 & a & 1 & & \boldsymbol{O} & \\
 & & a & \ddots & & \\
 & & & \ddots & 1 \\
 & \boldsymbol{O} & & & a
\end{bmatrix}_{n \times n}
$$

解　由例 3.8.11 知,特征矩阵 $\lambda I - A$ 的初等因子为 $(\lambda - a)^n$. 故当 $n \geqslant 2$ 时,其初等因子不是一次的,即矩阵 A 不是单纯矩阵.

定义 3.8.9(Jordan 块)　设 $A = [a_{ij}] \in \mathbb{C}^{n \times n}$,其特征矩阵 $\lambda I - A$ 的初等因子为 $(\lambda - \lambda_1)^{n_1}, (\lambda - \lambda_2)^{n_2}, \cdots, (\lambda - \lambda_s)^{n_s}$. 对 $(\lambda - \lambda_i)^{n_i}$ 作 n_i 阶矩阵

$$
J_i = \begin{bmatrix}
\lambda_i & 1 & & & \\
 & \lambda_i & 1 & & \boldsymbol{O} \\
 & & \ddots & \ddots & \\
 & & & \lambda_i & 1 \\
 & \boldsymbol{O} & & & \lambda_i
\end{bmatrix}_{n_i \times n_i}
$$

则称矩阵 $J_i (i = 1, \cdots, s)$ 为矩阵 A 的 **Jordan 块**.

例 3.8.13　判断下列矩阵是否为 Jordan 块,其中

$$
A_1 = \begin{bmatrix} i+1 & 1 & 0 \\ 0 & i+1 & 1 \\ 0 & 0 & i+1 \end{bmatrix}, \quad
A_2 = \begin{bmatrix} 1 & 1 & 0 \\ 0 & 1 & 0 \\ 0 & 0 & 1 \end{bmatrix}
$$

$$
A_3 = \begin{bmatrix} 3 & 0 & 0 & 0 \\ 0 & 3 & 1 & 0 \\ 0 & 0 & 3 & 1 \\ 0 & 0 & 0 & 3 \end{bmatrix}, \quad
A_4 = \begin{bmatrix} 2 & 1 & 0 & 0 \\ 0 & 2 & 1 & 0 \\ 0 & 0 & 3 & 1 \\ 0 & 0 & 0 & 3 \end{bmatrix}
$$

解　根据 Jordan 块定义知,只有矩阵 A_1 是 Jordan 块.

例 3.8.14　求 Jordan 块 $J_i = \begin{bmatrix} \lambda_i & 1 & & \boldsymbol{O} \\ & \ddots & \ddots & \\ & & \ddots & 1 \\ \boldsymbol{O} & & & \lambda_i \end{bmatrix}_{n_i \times n_i}$ 的最小多项式.

解　由矩阵 J_i 的特征多项式为 $f_{J_i}(\lambda) = (\lambda - \lambda_i)^{n_i}$ 知,其最小多项式可能为 $(\lambda - \lambda_i), \cdots, (\lambda - \lambda_i)^{n_i}$. 经计算知,对 $j = 1, \cdots, n_i - 1, (J_i - \lambda_i I)^j \neq \boldsymbol{O}$. 因此,矩阵 J_i

的最小多项式为 $m_{J_i}(\lambda) = (\lambda - \lambda_i)^{n_i}$.

注 7：任一 Jordan 块的最小多项式等于它的特征多项式,也是 Jordan 块所对应的初等因子.从 Jordan 块形式看,给定初等因子所作的最简 λ 矩阵就是 Jordan 块的特征矩阵.

定义 3.8.10(Jordan 标准形)　设 $A = [a_{ij}] \in \mathbb{C}^{n \times n}$,其特征矩阵 $\lambda I - A$ 的初等因子为 $(\lambda - \lambda_1)^{n_1}, \cdots, (\lambda - \lambda_s)^{n_s}$,其对应的 Jordan 块分别记为 $J_1, \cdots, J_s$,则由 s 个 Jordan 块组成的 n 阶对角块矩阵 $J = \mathrm{diag}(J_1, \cdots, J_s)$ 称为矩阵 A 的 **Jordan 标准形**(或 **Jordan 法式**).

例 3.8.15　设 $(\lambda I - A) \cong \mathrm{diag}(\lambda(\lambda+1), \lambda^2, (\lambda+1)^2, 1, 1, 1)$,求矩阵 A 的 Jordan 标准形.

解　$(\lambda I - A)$ 的初等因子为 $\lambda, (\lambda+1), \lambda^2, (\lambda+1)^2$.依次写出对应的 Jordan 块为

$$J_1 = [0], \quad J_2 = [-1], \quad J_3 = \begin{bmatrix} 0 & 1 \\ 0 & 0 \end{bmatrix}, \quad J_4 = \begin{bmatrix} -1 & 1 \\ 0 & -1 \end{bmatrix}$$

因此,矩阵 A 的 Jordan 标准形为

$$J = \begin{bmatrix} 0 & 0 & 0 & 0 & 0 & 0 \\ 0 & -1 & 0 & 0 & 0 & 0 \\ 0 & 0 & 0 & 1 & 0 & 0 \\ 0 & 0 & 0 & 0 & 0 & 0 \\ 0 & 0 & 0 & 0 & -1 & 1 \\ 0 & 0 & 0 & 0 & 0 & -1 \end{bmatrix}$$

当然,也可更换 Jordan 块的顺序,得到其他的标准形,如 $\mathrm{diag}(J_2, J_3, J_4, J_1)$.

定理 3.8.7(Jordan 标准形定理)　设矩阵 J 是复方阵 A 的 Jordan 标准形,则矩阵 A 与矩阵 J 相似.

证明　特征矩阵 $\lambda I - A$ 的初等因子为 $(\lambda - \lambda_1)^{n_1}, \cdots, (\lambda - \lambda_s)^{n_s}$,其对应的 Jordan 块分别为 $J_1, \cdots, J_s$,则 $J = \mathrm{diag}(J_1, \cdots, J_s)$ 是矩阵 A 的 Jordan 标准形.显然,λ 矩阵 $\lambda I - J$ 与 $\lambda I - A$ 的初等因子完全相同.因此,$\lambda I - A$ 与 $\lambda I - J$ 相抵,即矩阵 A 与 J 相似.证毕.

例 3.8.16　求矩阵 A 的 Jordan 标准形 J,并求可逆矩阵 P 使得 $P^{-1}AP = J$,其中

$$A = \begin{bmatrix} -1 & -2 & 6 \\ -1 & 0 & 3 \\ -1 & -1 & 4 \end{bmatrix}$$

解　对矩阵 A 的特征矩阵 $\lambda I - A$ 作初等变换得

$$\lambda \boldsymbol{I} - \boldsymbol{A} \cong \begin{bmatrix} 1 & 0 & 0 \\ 0 & \lambda-1 & 0 \\ 0 & 0 & (\lambda-1)^2 \end{bmatrix}$$

则特征矩阵 $\lambda \boldsymbol{I} - \boldsymbol{A}$ 的初等因子为 $(\lambda-1), (\lambda-1)^2$. 由此,矩阵 $\boldsymbol{A}$ 的 Jordan 标准形为

$$\boldsymbol{J} = \begin{bmatrix} 1 & 0 & 0 \\ 0 & 1 & 1 \\ 0 & 0 & 1 \end{bmatrix}$$

设 $\boldsymbol{P} = [\boldsymbol{p}_1 \quad \boldsymbol{p}_2 \quad \boldsymbol{p}_3]$,则 $\boldsymbol{A}[\boldsymbol{p}_1 \quad \boldsymbol{p}_2 \quad \boldsymbol{p}_3] = [\boldsymbol{p}_1 \quad \boldsymbol{p}_2 \quad \boldsymbol{p}_3]\boldsymbol{J}$. 整理得

$$\begin{cases} \boldsymbol{A}\boldsymbol{p}_1 = \boldsymbol{p}_1 \\ \boldsymbol{A}\boldsymbol{p}_2 = \boldsymbol{p}_2 \\ \boldsymbol{A}\boldsymbol{p}_3 = \boldsymbol{p}_2 + \boldsymbol{p}_3 \end{cases}$$

由 $\boldsymbol{A}\boldsymbol{p}_i = \boldsymbol{p}_i$ 解得两个线性无关的向量为 $\boldsymbol{p}_1 = (3,0,1)^{\mathrm{T}}$ 和 $\boldsymbol{p}_2 = (0,3,1)^{\mathrm{T}}$.

将 $\boldsymbol{p}_2 = (0,3,1)^{\mathrm{T}}$ 代入 $\boldsymbol{A}\boldsymbol{p}_3 = \boldsymbol{p}_2 + \boldsymbol{p}_3$ 发现此方程无解(为什么?). 重新调整方程 $\boldsymbol{A}\boldsymbol{p}_i = \boldsymbol{p}_i$ 的解,经观察得 $\boldsymbol{p}_1 = (3,0,1)^{\mathrm{T}}$ 和 $\boldsymbol{p}_2 = (2,1,1)^{\mathrm{T}}$. 此时,$\boldsymbol{p}_3 = (-1,0,0)^{\mathrm{T}}$.

因此,

$$\boldsymbol{P} = \begin{bmatrix} 3 & 2 & -1 \\ 0 & 1 & 0 \\ 1 & 1 & 0 \end{bmatrix}$$

例 3.8.17　求复方阵 $\boldsymbol{A}$ 的最小多项式.

解　利用矩阵 $\boldsymbol{A}$ 的 Jordan 标准形 $\boldsymbol{J}$ 进行求解. 若标准形 $\boldsymbol{J}$ 仅包含一个 Jordan 块 $\boldsymbol{J}_1$,则由例 3.8.14 知,$m_{\boldsymbol{J}_1}(\lambda) = (\lambda-\lambda_1)^{k_1}$,故 $\boldsymbol{J}_1$ 的最小多项式恰好等于它所对应的初等因子.

当 $\boldsymbol{J}$ 包含两个 Jordan 块 $\boldsymbol{J}_1$ 和 $\boldsymbol{J}_2$ 时,下面分两种情况讨论:

(1) 若 $\lambda_1 = \lambda_2$,此时 $\boldsymbol{J}_1$ 和 $\boldsymbol{J}_2$ 的最小多项式分别为

$$m_{\boldsymbol{J}_1}(\lambda) = (\lambda-\lambda_1)^{k_1}, \quad m_{\boldsymbol{J}_2}(\lambda) = (\lambda-\lambda_2)^{k_2}$$

经计算知,矩阵 $\boldsymbol{J}$ 的最小多项式为 $m_{\boldsymbol{J}_1}(\lambda)$ 和 $m_{\boldsymbol{J}_2}(\lambda)$ 的最小公倍式.

(2) 若 $\lambda_i \neq \lambda_p$,矩阵 $\boldsymbol{J}$ 的最小多项式仍为 $m_{\boldsymbol{J}_i}(\lambda)$ 和 $m_{\boldsymbol{J}_p}(\lambda)$ 的最小公倍式.

将上述结论推广至一般的 Jordan 标准形 $\boldsymbol{J}$ 时,矩阵 $\boldsymbol{J}$ 的最小多项式等于特征矩阵 $\lambda \boldsymbol{I} - \boldsymbol{A}$ 的初等因子的最小公倍式. 又知所有初等因子的最高幂指数必为不变因子 $d_n(\lambda)$ 的因子,因此,矩阵 $\boldsymbol{J}$ 的最小多项式恰为不变因子 $d_n(\lambda)$.

定理 3.8.8(Frobenious 定理)　设 $\boldsymbol{A} \in \mathbb{C}^{n \times n}$,其特征矩阵 $\lambda \boldsymbol{I} - \boldsymbol{A}$ 的 Smith 标准形为 $\mathrm{diag}(d_1(\lambda), \cdots, d_n(\lambda))$,则 $\boldsymbol{A}$ 的最小多项式 $m_{\boldsymbol{A}}(\lambda) = d_n(\lambda)$.

注 8:$\lambda \boldsymbol{I} - \boldsymbol{A}$ 的初等因子的最小公倍式即为矩阵 $\boldsymbol{A}$ 的最小多项式 $m_{\boldsymbol{A}}(\lambda)$

例 3.8.18　求以下矩阵的最小多项式,其中

$$A_1 = \begin{bmatrix} 3 & 0 & 0 & 0 \\ 0 & 3 & 1 & 0 \\ 0 & 0 & 3 & 1 \\ 0 & 0 & 0 & 3 \end{bmatrix}, \quad A_2 = \begin{bmatrix} 2 & 1 & 0 & 0 \\ 0 & 2 & 0 & 0 \\ 0 & 0 & 3 & 1 \\ 0 & 0 & 0 & 3 \end{bmatrix}$$

解 矩阵 $\lambda I - A_1$ 的初等因子为 $\lambda - 3, (\lambda - 3)^3$, 故矩阵 A_1 的最小多项式为 $(\lambda - 3)^3$. 矩阵 $\lambda I - A_2$ 的初等因子为 $(\lambda - 2)^2, (\lambda - 3)^2$, 故矩阵 A_2 的最小多项式为 $(\lambda - 2)^2 (\lambda - 3)^2$.

【思考】 如何求与复方阵 A 相似的最简单的下三角矩阵?

3.9 奇异值分解

尽管 Jordan 分解在理论分析和数值计算中表现出诸多优点, 但它也存在着一定的局限性. 归纳如下:

(1) 矩阵 A 必须是方阵;

(2) 尽管 Jordan 标准形是同一线性变换下最简单的上三角矩阵, 但不一定是对角矩阵;

(3) 相似变换矩阵是一般的可逆矩阵, 非酉矩阵.

【思考】 是否存在一种在一定程度上能够克服上述分解局限性的矩阵分解?

分析 若任给一矩阵 $A \in \mathbb{C}^{m \times n}$, 可构造两个 Hermite 矩阵 AA^H 与 $A^H A$, 则分别存在两个酉矩阵 $U \in \mathbb{C}^{m \times m}$ 与 $V \in \mathbb{C}^{n \times n}$ 使得

$$U^H AA^H U = \Sigma_1 \tag{3.9.1}$$

$$V^H A^H A V = \Sigma_2 \tag{3.9.2}$$

式中: Σ_1 和 Σ_2 分别是 m 阶和 n 阶对角矩阵, 其对角线元素分别是 Hermite 矩阵 AA^H 与 $A^H A$ 的特征值.

通过观察、比较和计算得, 矩阵 A 可分解为

$$A = UDV^H \tag{3.9.3}$$

且须满足

$$DD^H = \Sigma_1, \quad D^H D = \Sigma_2 \tag{3.9.4}$$

式中: $D \in \mathbb{C}^{m \times n}$ 待定.

显然, 只要矩阵方程 (3.9.4) 有解 D, 则分解式 (3.9.3) 存在. 下面详细阐述这一分解的可行性.

引理 3.9.1 设 $A \in \mathbb{C}^{m \times n}$, 则 $A^H A$ 与 AA^H 都是半正定 Hermite 矩阵.

证明 $\forall x \in \mathbb{C}^n$ 且 $x \neq 0$, 有

$$x^H (A^H A) x = (Ax)^H (Ax) \geqslant 0$$

故 $A^H A$ 是半正定 Hermite 矩阵. 同理可证, AA^H 是半正定 Hermite 矩阵.

注 1: 矩阵 A 是半正定 Hermite 矩阵还有以下等价命题:

(1) 对于任意 n 阶可逆矩阵 P，$P^H AP$ 是半正定 Hermite 矩阵；

(2) Hermite 矩阵 A 的 n 个特征值均为非负数；

(3) 存在 n 阶可逆矩阵 P 使得 $P^H AP = \begin{bmatrix} I_r & O \\ O & O \end{bmatrix}$，其中 $r = \mathrm{rank}(A)$；

(4) 存在秩为 $\mathrm{rank}(A)$ 的矩阵 Q 使得 $A = Q^H Q$；

(5) 存在 n 阶 Hermite 矩阵 G 使得 $A = G^2$；

(6) Hermite 矩阵 A 的所有主子式均非负.

证明 记矩阵 A 是半正定 Hermite 矩阵为命题(0).

首先，按照 $(0) \Rightarrow (1) \Rightarrow (2) \Rightarrow (3) \Rightarrow (4) \Rightarrow (0)$ 进行证明.

$(0) \Rightarrow (1)$. 对于任意 n 阶可逆矩阵 P 和任意非零向量 $y \in \mathbb{C}^n$，令 $x = Py$，则向量 x 非零且有

$$y^H (P^H AP) y = x^H Ax \geqslant 0$$

故 $P^H AP$ 是半正定 Hermite 矩阵.

$(1) \Rightarrow (2)$. 对 Hermite 矩阵 A，必存在酉矩阵 U 使得

$$U^H AU = \mathrm{diag}(\lambda_1, \cdots, \lambda_n)$$

其中 $\lambda_1, \cdots, \lambda_n$ 为矩阵 A 的 n 个特征值.

由(1)知 $\mathrm{diag}(\lambda_1, \cdots, \lambda_n)$ 是半正定 Hermite 矩阵，则 $\lambda_1, \cdots, \lambda_n$ 均为非负数.

$(2) \Rightarrow (3)$. 已知矩阵 A 的 n 个特征值均为非负数，不妨设 $\lambda_1 \geqslant \lambda_2 \geqslant \cdots \geqslant \lambda_r > \lambda_{r+1} = \cdots = \lambda_n = 0$，其中 $r = \mathrm{rank}(A)$. 令

$$P_1 = \mathrm{diag}\left(\frac{1}{\sqrt{\lambda_1}}, \cdots, \frac{1}{\sqrt{\lambda_r}}, *, \cdots, * \right)$$

$$P = UP_1$$

式中："$*$" 为任意非零值，则 P 是可逆矩阵，并且由 $U^H AU = \mathrm{diag}(\lambda_1, \cdots, \lambda_n)$ 有

$$P^H AP = \begin{bmatrix} I_r & O \\ O & O \end{bmatrix}, \quad r = \mathrm{rank}(A)$$

$(3) \Rightarrow (4)$. 已知存在 n 阶可逆矩阵 P 使得 $P^H AP = \begin{bmatrix} I_r & O \\ O & O \end{bmatrix}$，则

$$A = (P^H)^{-1} \begin{bmatrix} I_r & O \\ O & O \end{bmatrix} P^{-1} = (P^H)^{-1} \begin{bmatrix} I_r & O \\ O & O \end{bmatrix} \begin{bmatrix} I_r & O \\ O & O \end{bmatrix}^H P^{-1}$$

令

$$Q = \begin{bmatrix} I_r & O \\ O & O \end{bmatrix}^H P^{-1} - \left((P^H)^{-1} \begin{bmatrix} I_r & O \\ O & O \end{bmatrix} \right)^H$$

则有 $A = Q^H Q$，且 $\mathrm{rank}(Q) = \mathrm{rank}\left(P \begin{bmatrix} I_r & O \\ O & O \end{bmatrix} \right) = r = \mathrm{rank}(A)$.

$(4) \Rightarrow (0)$. 由于存在秩为 $\mathrm{rank}(A)$ 的矩阵 Q 使得 $A = Q^H Q$，则对任意非零向量

$x \in \mathbb{C}^n$ 且 $x \neq 0$, 有 $x^H A x = x^H Q^H Q x = (Qx)^H (Qx) \geqslant 0$, 故 A 是半正定矩阵.

又知 $A^H = (Q^H Q)^H = Q^H Q = A$, 故矩阵 A 是半正定 Hermite 矩阵.

其次, 证明 $(0) \Leftrightarrow (5)$.

$(0) \Leftrightarrow (5)$. 由 $U^H A U = \mathrm{diag}(\lambda_1, \cdots, \lambda_n)$ 知

$$A = U \mathrm{diag}(\lambda_1, \cdots, \lambda_n) U^H$$

式中: $\lambda_1, \cdots, \lambda_n$ 为矩阵 A 的非负特征值. 令

$$G = U \mathrm{diag}(\sqrt{\lambda_1}, \cdots, \sqrt{\lambda_n}) U^H$$

则 G 是 n 阶 Hermite 矩阵, 且 $A = G^2$.

$(5) \Rightarrow (0)$. 已知存在 n 阶 Hermite 矩阵 G 使得 $A = G^2 = G^H G$, 类似于 $(4) \Rightarrow (0)$ 证明过程可得 A 是半正定 Hermite 矩阵.

最后, 证明 $(0) \Leftrightarrow (6)$.

$(0) \Rightarrow (6)$. 对矩阵 A 的任一 k 阶主子式

$$|A^{(k)}| = \begin{vmatrix} a_{i_1 i_1} & a_{i_1 i_2} & \cdots & a_{i_1 i_k} \\ a_{i_2 i_1} & a_{i_2 i_2} & \cdots & a_{i_2 i_k} \\ \vdots & \vdots & & \vdots \\ a_{i_k i_1} & a_{i_k i_2} & \cdots & a_{i_k i_k} \end{vmatrix}$$

存在可逆排列矩阵 $P = P_1 P_2 \cdots P_k$, 使得 $P^H A P$ 的 k 阶顺序主子式为 $|A^{(k)}|$, 其中 $P_i (i = 1, 2, \cdots, k)$ 为定义 3.8.4 中的 (1) 第一类初等变换矩阵.

由于 A 是半正定 Hermite 矩阵, 由 (1) 知 $P^H A P$ 也是半正定 Hermite 矩阵. 我们知道, 半正定矩阵的任意阶顺序主子式均非负, 因此 $|A^{(k)}| \geqslant 0$, 即矩阵 A 的所有主子式均非负.

$(6) \Rightarrow (0)$. 对矩阵 A 的阶数作归纳法. 阶数为 1 时结论是显然的.

假设阶数为 $n-1$ 时结论成立, 则对 n 阶矩阵 A 进行分块得

$$A = \begin{bmatrix} A_{n-1} & \alpha \\ \alpha^H & a_{nn} \end{bmatrix}$$

式中: A_{n-1} 为 A 的 $n-1$ 阶顺序主子式矩阵. 于是

$$A = C^H \begin{bmatrix} A_{n-1} & O \\ O^H & b_{nn} \end{bmatrix} C$$

式中: $b_{nn} = a_{nn} - \alpha^H A_{n-1}^{-1} \alpha$, 而

$$C = \begin{bmatrix} I_{n-1} & A_{n-1}^{-1} \alpha \\ O^H & 1 \end{bmatrix}$$

根据归纳假设, 有 A_{n-1} 为半正定矩阵, 于是

$$b_{nn} = \frac{|A_n|}{|A_{n-1}|} > 0 \quad (|A_n| = |A|, |C| = 1)$$

从而矩阵 $\begin{bmatrix} A_{n-1} & O \\ O^H & b_{nn} \end{bmatrix}$ 为半正定矩阵. 由 $A = C^H \begin{bmatrix} A_{n-1} & O \\ O^H & b_{nn} \end{bmatrix} C$ 可以推出 A 也为半正定矩阵. 证毕.

引理 3.9.2 设 $A \in \mathbb{C}_r^{m \times n}$, 则 $A^H A$ 与 AA^H 的所有非零特征值完全相同且非零特征值的个数均为 r.

证明 设 λ 是矩阵 $A^H A$ 的非零特征值, 向量 x 是属于特征值 λ 的特征向量, 则

$$A^H A x = \lambda x \tag{3.9.5}$$

且 $Ax \neq 0$ (若 $Ax = 0$, 则 $A^H Ax = \lambda x = 0$, 进而 $\lambda = 0$). 等式 (3.9.5) 两端同时左乘矩阵 A, 得

$$AA^H (Ax) = \lambda (Ax)$$

上式表明 λ 也是 AA^H 的特征值, 且 Ax 是属于 λ 的特征向量 (注意 $Ax \neq 0$).

同理可证: 若 λ 是 AA^H 的非零特征值, x 是 λ 的特征向量, 则 λ 也是 $A^H A$ 的特征值, $A^H x$ 也是 λ 的特征向量. 因此, $A^H A$ 与 AA^H 具有相同的非零特征值 (不考虑代数重数).

现证明矩阵 $A^H A$ 与 AA^H 的同一非零特征值的代数重数相同. 由命题 3.2.1 知, $\mathrm{rank}(A^H A) = \mathrm{rank}(AA^H) = r$. 又知矩阵 $A^H A$ 和 AA^H 均为单纯矩阵, 故这两个矩阵均有 r 个非零特征值.

不妨设 $\lambda_1, \cdots, \lambda_s$ 是矩阵 $A^H A$ 的 s 个非零且互异的特征值, 它们的代数重数分别为 $d_1, \cdots, d_s$, 则有 $d_1 + \cdots + d_s = r$, 且特征值 λ_i 有 d_i 个线性无关的特征向量. 令 $x_{i1}, \cdots, x_{id_i}$ 是特征值 λ_i 的 d_i 个线性无关的特征向量, 则 $A x_{i1}, \cdots, A x_{id_i}$ 是矩阵 AA^H 的特征值 λ_i 的特征向量. 令

$$k_{i1} A x_{i1} + \cdots + k_{id_i} A x_{id_i} = 0 \tag{3.9.6}$$

式中: $k_{i1}, \cdots, k_{id_i}$ 为待定复数, $i = 1, \cdots, s$.

将式 (3.9.6) 两端左乘 A^H, 整理得

$$\lambda_i (k_{i1} x_{i1} + \cdots + k_{id_i} x_{id_i}) = 0 \tag{3.9.7}$$

注意 $\lambda_i \neq 0$, 故 $k_{i1} x_{i1} + \cdots + k_{id_i} x_{id_i} = 0$. 由于向量组 $x_{i1}, \cdots, x_{id_i}$ 线性无关, 故 $k_{i1}, \cdots, k_{id_i}$ 均等于 0. 由此推导出向量组 $A x_{i1}, \cdots, A x_{id_i}$ 线性无关. 这表明属于矩阵 AA^H 的特征值 λ_i 的特征向量至少有 d_i 个线性无关的特征向量. 对 i 由 1 到 s 加和得, 矩阵 AA^H 的非零特征值数 (计重数) 必不小于 r. 又知 AA^H 的非零特征值数等于 r, 故属于矩阵 AA^H 的特征值 λ_i 的特征向量有且仅有 d_i 个线性无关的特征向量. 换而言之, 矩阵 $A^H A$ 和 AA^H 的同一非零特征值 λ_i 的代数重数相同. 证毕.

例 3.9.1 设 $A = \begin{bmatrix} 1 & 0 & 0 \\ 0 & 1 & 0 \end{bmatrix}$, 计算 $A^H A$ 和 AA^H 的特征值.

解 $A^H A = \mathrm{diag}(1,1,0)$, $AA^H = I_2$. 显然, $A^H A$ 的特征值为 $\lambda_1 = 1, \lambda_2 = 1, \lambda_3 = 0$. AA^H 的特征值为 $\lambda_1 = 1, \lambda_2 = 1$.

注 2：在计算 $A^H A$ 或 AA^H 的特征值时，可优先考虑计算阶数小的矩阵.

现对引理 3.9.2 作进一步扩展，考虑复矩阵 $A \in \mathbb{C}^{m \times n}$ 和 $B \in \mathbb{C}^{n \times m}$ 乘积的特征值问题.不妨设 λ_{AB} 是矩阵 AB 的非零特征值(请思考为什么要求特征值是非零的)，x 是特征值 λ_{AB} 的特征向量，则有 $ABx = \lambda_{AB}x$. 对该式左右两端同时左乘矩阵 B 得

$$BABx = \lambda_{AB}Bx$$

注意到向量 $Bx \neq 0$(请思考为什么)，故 λ_{AB} 是矩阵 BA 的特征值，且 Bx 是矩阵 BA 属于 λ_{AB} 的特征向量.这表明矩阵 AB 的非零特征值一定是矩阵 BA 的特征值;同理可证，矩阵 BA 的非零特征值一定是矩阵 AB 的特征值.因此，AB 和 BA 具有相同的非零特征值.这就是引理 3.9.3.

引理 3.9.3 设 $A \in \mathbb{C}^{m \times n}$，$B \in \mathbb{C}^{n \times m}$，则矩阵 AB 和 BA 具有相同的非零特征值.

引理 3.9.3 可直接采用相抵分解加以证明，这里给出简要过程.不妨设矩阵 A 的秩为 r，且有如下相抵分解式：

$$A = P^{-1} \begin{bmatrix} I_r & O \\ O & O \end{bmatrix} Q^{-1}$$

考虑矩阵 $Q^{-1}BP$(思考为什么要考察这三个矩阵乘积)并按矩阵 A 的相抵标准形作相应分块，得

$$Q^{-1}BP = \begin{bmatrix} B_{11} & B_{12} \\ B_{21} & B_{22} \end{bmatrix}$$

此时，

$$P^{-1}ABP = \begin{bmatrix} B_{11} & B_{12} \\ O & O \end{bmatrix}$$

$$Q^{-1}BAQ = \begin{bmatrix} B_{11} & O \\ B_{21} & O \end{bmatrix}$$

即矩阵 AB 与分块矩阵 $\begin{bmatrix} B_{11} & B_{12} \\ O & O \end{bmatrix}$ 相似，矩阵 BA 与分块矩阵 $\begin{bmatrix} B_{11} & O \\ B_{21} & O \end{bmatrix}$ 相似.这表明，矩阵 BA 的 $n-r$ 个特征值与矩阵 B_{11} 相同，余下 r 个特征值均为零;矩阵 AB 也有类似的结论.因此，矩阵 AB 和 BA 具有相同的非零特征值.实际上，我们还可直接利用如下等式：

$$\begin{bmatrix} I_m & -A \\ O & I_n \end{bmatrix} \begin{bmatrix} AB & O \\ B & O \end{bmatrix} \begin{bmatrix} I_m & A \\ O & I_n \end{bmatrix} = \begin{bmatrix} O & O \\ B & BA \end{bmatrix}$$

直接可得分块矩阵 $\begin{bmatrix} AB & O \\ B & O \end{bmatrix}$ 与 $\begin{bmatrix} O & O \\ B & BA \end{bmatrix}$ 相似，由此可得

$$\lambda^n |\lambda I - AB| = \lambda^m |\lambda I - BA|$$

这表明，不仅矩阵 AB 和 BA 具有相同的非零特征值，而且这两个矩阵具有完全相同代数重数的非零特征值.

定义 3.9.1（奇异值）　设 $A \in \mathbb{C}_r^{m \times n}$，矩阵 $A^H A$ 的特征值满足 $\lambda_1 \geqslant \lambda_2 \geqslant \cdots \geqslant \lambda_r > 0$，$\lambda_{r+1} = \lambda_{r+2} = \cdots = \lambda_n = 0$，称 $\sigma_i = \sqrt{\lambda_i}$，$i = 1, \cdots, n$ 为矩阵 A 的**奇异值**. 特别地，称 σ_i，$i = 1, \cdots, r$ 为矩阵 A 的**正奇异值**.

例 3.9.2　计算矩阵 $A = \begin{bmatrix} 1 & 2 \\ 0 & 1 \\ i & 0 \end{bmatrix}$ 的正奇异值.

解　因为

$$A^H A = \begin{bmatrix} 1 & 0 & -i \\ 2 & 1 & 0 \end{bmatrix} \begin{bmatrix} 1 & 2 \\ 0 & 1 \\ i & 0 \end{bmatrix} = \begin{bmatrix} 2 & 2 \\ 2 & 5 \end{bmatrix}$$

计算 $A^H A$ 的特征多项式为 $|\lambda I - A^H A| = \lambda^2 - 7\lambda + 6$，并求得它的特征值为 $\lambda_1 = 1$，$\lambda_2 = 6$. 由此得到矩阵 A 的正奇异值为

$$\sigma_1 = \sqrt{\lambda_1} = 1, \quad \sigma_2 = \sqrt{\lambda_2} = \sqrt{6}$$

【思考】　复方阵的特征值与奇异值有何异同？

分析　方阵的特征值和奇异值很容易被误认为两者完全相同或模值相同. 实际上，这个结论并不正确. 这里以三个不同矩阵为例进行说明. 考察如下三个矩阵：

$$A = \begin{bmatrix} 0 & 0 \\ 0 & 2 \end{bmatrix}, \quad B = \begin{bmatrix} 0 & k \\ 0 & 1 \end{bmatrix}, \quad C = \begin{bmatrix} 1 & k \\ 0 & 1 \end{bmatrix}$$

分别计算其特征值和奇异值如下：

A 的特征值与奇异值相同，均为 $0, 2$；

B 的特征值为 0 和 1，奇异值为 $\sigma_1 = \sqrt{k^2 + 1}$，$\sigma_2 = 0$；

C 的特征值为 1 和 1，奇异值为 $\sigma_1 = \sqrt{\dfrac{1}{2}(k^2 + 2 + k\sqrt{k^2 + 4})}$，$\sigma_2 = \dfrac{1}{\sigma_1}$.

从计算结果可以看出，同一矩阵的特征值可能与奇异值完全相同（矩阵 A），部分相同（矩阵 B），也可能完全不同（矩阵 C）；对于特征值和奇异值不同的矩阵，其模值也难有显而易见的结果. 常见的结果有：

命题 3.9.1　设 $\sigma_1 \geqslant \sigma_2 \geqslant \cdots \geqslant \sigma_n$ 和 $|\lambda_1| \geqslant |\lambda_2| \geqslant \cdots \geqslant |\lambda_n|$ 分别是 n 阶正规矩阵 A 的奇异值和特征值，则 $\sigma_i = |\lambda_i|$，$i = 1, \cdots, n$.

命题 3.9.2　设 σ_i 和 λ_i（$i = 1, \cdots, n$）分别是 n 阶复方阵 A 的奇异值和特征值，则

$$\sum_{i=1}^{n} |\lambda_i|^2 \leqslant \sum_{i=1}^{n} |\sigma_i|^2$$

命题 3.9.3　设 n 阶非奇异复方阵 A 的特征值和奇异值分别为 $\lambda_1, \cdots, \lambda_n$ 和 $\sigma_1, \cdots, \sigma_n$，则有 $|\lambda_1 \cdot \cdots \cdot \lambda_n| = \sigma_1 \cdot \cdots \cdot \sigma_n$.

上述三个命题的证明留作课后习题，这里就不再展开证明了.

定理 3.9.1(奇异值分解) 设 $A \in \mathbb{C}_r^{m \times n}$,则存在酉矩阵 $U \in \mathbb{C}^{m \times m}$ 和酉矩阵 $V \in \mathbb{C}^{n \times n}$ 使得

$$A = U \begin{bmatrix} \Sigma_r & O \\ O & O \end{bmatrix} V^H$$

式中:$\Sigma_r = \mathrm{diag}(\sigma_1, \cdots, \sigma_r)$,$\sigma_i (i=1, \cdots, r)$ 是矩阵 A 的正奇异值.

证明 由于 AA^H 为 m 阶正规矩阵,故存在酉矩阵 U 使得

$$U^H(AA^H)U = \mathrm{diag}(\sigma_1^2, \cdots, \sigma_r^2, 0, \cdots, 0)$$

式中:$U = [\alpha_1 \quad \cdots \quad \alpha_r \quad \alpha_{r+1} \quad \cdots \quad \alpha_m]$,$\alpha_1, \cdots, \alpha_r$ 分别属于特征值 $\sigma_1^2, \cdots, \sigma_r^2$ 的单位正交特征向量,$\alpha_{r+1}, \cdots, \alpha_m$ 是属于零特征值的 $m-r$ 个单位正交特征向量.

由引理 3.9.2 证明过程知,$A^H\alpha_1, \cdots, A^H\alpha_r$ 分别是矩阵 A^HA 的属于特征值 $\sigma_1^2, \cdots, \sigma_r^2$ 的特征向量. 又知对任意 $i, j = 1, \cdots, r$,有

$$(A^H\alpha_i, A^H\alpha_j) = \alpha_j^H AA^H \alpha_i = \sigma_i^2 \alpha_j^H \alpha_i = \begin{cases} \sigma_i^2, & i = j \\ 0, & i \neq j \end{cases}$$

因此,$\dfrac{A^H\alpha_1}{\sigma_1}, \cdots, \dfrac{A^H\alpha_r}{\sigma_r}$ 是单位正交向量组. 将向量组 $\dfrac{A^H\alpha_1}{\sigma_1}, \cdots, \dfrac{A^H\alpha_r}{\sigma_r}$ 扩充为 $\mathbb{C}^n$ 空间的一组标准正交基,并记为

$$\frac{A^H\alpha_1}{\sigma_1}, \cdots, \frac{A^H\alpha_r}{\sigma_r}, \beta_{r+1}, \cdots, \beta_n$$

由此,分别定义 $U = [U_1 \quad U_2]$ 和 $V = [V_1 \quad V_2]$,其中

$$U_1 = [\alpha_1 \quad \cdots \quad \alpha_r], U_2 = [\alpha_{r+1} \quad \cdots \quad \alpha_m]$$

$$V_1 = \left[\frac{A^H\alpha_1}{\sigma_1} \quad \cdots \quad \frac{A^H\alpha_r}{\sigma_r}\right], \quad V_2 = [\beta_{r+1} \quad \cdots \quad \beta_n]$$

显然,$V_1 = A^H U_1 \Sigma_r^{-1}$. 于是,

$$U \begin{bmatrix} \Sigma_r & O \\ O & O \end{bmatrix} V^H = U_1 \Sigma_r V_1^H = U_1 U_1^H A$$

由于 $A^H U_2 = O$,故 $U_2 U_2^H A = O$. 因此,$U_1 U_1^H A = (U_1 U_1^H + U_2 U_2^H)A = A$. 证毕.

注3: 若 $A = UDV^H$ 是奇异值分解,则酉矩阵 U 的列向量是 AA^H 的特征向量,酉矩阵 V 的列向量是 A^HA 的特征向量.

根据定理 3.9.1 知,矩阵的奇异值分解步骤可归结如下:

(1)计算 AA^H 的 m 个特征值,确定对角矩阵 Σ_r;

(2)计算 AA^H 的 m 个特征向量 $\alpha_1, \cdots, \alpha_m$(其中 $\alpha_1, \cdots, \alpha_r$ 须是属于 AA^H 的非零特征值的特征向量),将其标准化构成酉矩阵 U;

(3)计算 $A^H\alpha_1, \cdots, A^H\alpha_r$,将其扩充为 $\mathbb{C}^n$ 的一组标准正交基,构成酉矩阵 V.

注4:读者也可尝试先构造酉矩阵 V,然后再依据 V 构造酉矩阵 U,由此给出奇异值分解证明和相应的分解步骤.下面用例 3.9.3 进行说明.

例 3.9.3 求矩阵 $\boldsymbol{A} = \begin{bmatrix} 2 & 1 \\ 0 & 2 \\ 1 & 0 \end{bmatrix}$ 的奇异值分解.

解 计算矩阵 $\boldsymbol{A}^H \boldsymbol{A}$ 得

$$\boldsymbol{A}^H \boldsymbol{A} = \begin{bmatrix} 5 & 2 \\ 2 & 5 \end{bmatrix}$$

其特征多项式为 $|\lambda \boldsymbol{I} - \boldsymbol{A}^H \boldsymbol{A}| = (\lambda - 7)(\lambda - 3)$. 显然,$\boldsymbol{A}^H \boldsymbol{A}$ 的特征值为 $\lambda_1 = 7, \lambda_2 = 3$; 其单位特征向量分别为

$$\boldsymbol{v}_1 = \frac{1}{\sqrt{2}} \begin{pmatrix} 1 \\ 1 \end{pmatrix}, \quad \boldsymbol{v}_2 = \frac{1}{\sqrt{2}} \begin{pmatrix} 1 \\ -1 \end{pmatrix}$$

令

$$\boldsymbol{V} = \boldsymbol{V}_1 = \frac{1}{\sqrt{2}} \begin{bmatrix} 1 & 1 \\ 1 & -1 \end{bmatrix}, \quad \boldsymbol{\Sigma}_r = \begin{bmatrix} \sqrt{7} & 0 \\ 0 & \sqrt{3} \end{bmatrix}$$

定义

$$\boldsymbol{U}_1 = \boldsymbol{A} \boldsymbol{V}_1 \boldsymbol{\Sigma}_r^{-1} = \begin{bmatrix} \dfrac{3}{\sqrt{14}} & \dfrac{1}{\sqrt{6}} \\[2mm] \dfrac{2}{\sqrt{14}} & -\dfrac{2}{\sqrt{6}} \\[2mm] \dfrac{1}{\sqrt{14}} & \dfrac{1}{\sqrt{6}} \end{bmatrix} = \begin{bmatrix} \boldsymbol{u}_1 & \boldsymbol{u}_2 \end{bmatrix}$$

并将 $\boldsymbol{U}_1$ 中列向量 $\boldsymbol{u}_1, \boldsymbol{u}_2$ 扩充成 $\mathbb{R}^3$ 中的标准正交基:设 $\boldsymbol{u}_3 = (x_1, x_2, x_3)^T \in \mathbb{R}^3$,由 $\boldsymbol{u}_1, \boldsymbol{u}_2, \boldsymbol{u}_3$ 是单位正交向量组,得到如下方程组:

$$\begin{cases} 3x_1 + 2x_2 + x_3 = 0 \\ x_1 - 2x_2 + x_3 = 0 \\ |x_1|^2 + |x_2|^2 + |x_3|^2 = 1 \end{cases}$$

解得 $\boldsymbol{u}_3 = \dfrac{1}{\sqrt{21}} (2, -1, -4)^T$.

由此得到酉矩阵 $\boldsymbol{U}$

$$\boldsymbol{U} = \begin{bmatrix} \dfrac{3}{\sqrt{14}} & \dfrac{1}{\sqrt{6}} & \dfrac{2}{\sqrt{21}} \\[3mm] \dfrac{2}{\sqrt{14}} & \dfrac{2}{\sqrt{6}} & -\dfrac{1}{\sqrt{21}} \\[3mm] \dfrac{1}{\sqrt{14}} & \dfrac{1}{\sqrt{6}} & -\dfrac{4}{\sqrt{21}} \end{bmatrix}$$

所以,矩阵 $\boldsymbol{A}$ 的奇异值分解为

$$A = \begin{bmatrix} \dfrac{3}{\sqrt{14}} & \dfrac{1}{\sqrt{6}} & \dfrac{2}{\sqrt{21}} \\[2mm] \dfrac{2}{\sqrt{14}} & -\dfrac{2}{\sqrt{6}} & -\dfrac{1}{\sqrt{21}} \\[2mm] \dfrac{1}{\sqrt{14}} & \dfrac{1}{\sqrt{6}} & -\dfrac{4}{\sqrt{21}} \end{bmatrix} \begin{bmatrix} \sqrt{7} & 0 \\ 0 & \sqrt{3} \\ 0 & 0 \end{bmatrix} \begin{bmatrix} \dfrac{1}{\sqrt{2}} & \dfrac{1}{\sqrt{2}} \\[2mm] \dfrac{1}{\sqrt{2}} & -\dfrac{1}{\sqrt{2}} \end{bmatrix}$$

例 3.9.4 求矩阵 $A = \begin{bmatrix} 1 & 0 & 0 & -1 \\ 0 & 1 & 0 & 1 \end{bmatrix}$ 的奇异值分解.

错误示范：首先有

$$AA^{\mathrm{H}} = \begin{bmatrix} 1 & 0 & 0 & -1 \\ 0 & 1 & 0 & 1 \end{bmatrix} \begin{bmatrix} 1 & 0 \\ 0 & 1 \\ 0 & 0 \\ -1 & 1 \end{bmatrix} = \begin{bmatrix} 2 & -1 \\ -1 & 2 \end{bmatrix}$$

计算其特征多项式为 $|\lambda I - AA^{\mathrm{H}}| = (\lambda - 3)(\lambda - 1)$. 由此得到 AA^{H} 的特征值为 $\lambda_1 = 3$, $\lambda_2 = 1$. 分别求出这两个特征值对应的单位特征向量为

$$u_1 = \frac{1}{\sqrt{2}} \begin{pmatrix} 1 \\ -1 \end{pmatrix}, \quad u_2 = \frac{1}{\sqrt{2}} \begin{pmatrix} 1 \\ 1 \end{pmatrix}$$

并定义酉矩阵 $U = \begin{bmatrix} u_1 & u_2 \end{bmatrix}$, $\Sigma_r = \mathrm{diag}(\sqrt{3}, 1)$.

因为矩阵 $A^{\mathrm{H}}A$ 与 AA^{H} 有相同的正特征值, 所以 $A^{\mathrm{H}}A$ 的所有特征值为 $\lambda_1 = 3$, $\lambda_2 = 1, \lambda_3 = \lambda_4 = 0$. 我们分别求得各特征值对应的单位特征向量, 并定义酉矩阵 V:

$$V = \begin{bmatrix} v_1 & v_2 & v_3 & v_4 \end{bmatrix} = \begin{bmatrix} -\dfrac{1}{\sqrt{6}} & \dfrac{1}{\sqrt{2}} & 0 & \dfrac{1}{\sqrt{3}} \\[2mm] \dfrac{1}{\sqrt{6}} & \dfrac{1}{\sqrt{2}} & 0 & -\dfrac{1}{\sqrt{3}} \\[2mm] 0 & 0 & 1 & 0 \\[2mm] \dfrac{2}{\sqrt{6}} & 0 & 0 & \dfrac{1}{\sqrt{3}} \end{bmatrix}$$

此时, $U \begin{bmatrix} \Sigma_r & O \\ O & O \end{bmatrix} V^{\mathrm{H}}$ 是矩阵 A 的奇异值分解吗? 经计算, 得

$$U \begin{bmatrix} \Sigma_r & O \\ O & O \end{bmatrix} V^{\mathrm{H}} = \begin{bmatrix} 0 & 1 & 0 & 1 \\ 1 & 0 & 0 & -1 \end{bmatrix} \neq A$$

显然, 这不是矩阵 A 的奇异值分解. 请大家思考上述分解出现的问题.

尽管矩阵 U 的列向量是矩阵 AA^{H} 的单位正交特征向量, 矩阵 V 的列向量是矩阵 $A^{\mathrm{H}}A$ 的单位正交特征向量, 但酉矩阵 U 和 V 的选择具有一定的相关性: 或者先确定酉矩阵 U, 然后根据 $V_1 = A^{\mathrm{H}} U_1 \Sigma_r^{-1}$ 确定酉矩阵 V 的前 r 列; 或者先确定酉矩阵 V,

然后根据 $U_1=AV_1\Sigma_r^{-1}$ 确定西矩阵 U 的前 r 列.单独计算西矩阵 U 或 V 都可能导致错误分解.

利用矩阵的奇异值分解,我们还可得到矩阵的极分解.具体定理如下:

定理 3.9.2(极分解)　任意复方阵 A 必有如下分解:

$$A=GW \tag{3.9.8}$$

式中:G 为半正定 Hermite 矩阵,W 为西矩阵.当矩阵 A 可逆时,G 是正定 Hermite 矩阵,此时极分解式(3.9.8)唯一.

证明　(1) 对矩阵 A 作奇异值分解,得 $A=UDV^H$,其中,U 和 V 均是西矩阵,D 是半正定对角矩阵并可表示为

$$D=\begin{bmatrix}\begin{bmatrix}\sigma_1 & & O\\ & \ddots & \\ O & & \sigma_r\end{bmatrix} & O\\ O & O\end{bmatrix}$$

式中:$\sigma_i(i=1,\cdots,r)$ 是矩阵 A 的正奇异值.

进一步,由 $U^HU=I$ 得

$$A=UDV^H=UDU^HUV^H$$

定义 $G=UDU^H$,$W=UV^H$,则 G 是半正定 Hermite 矩阵,W 为西矩阵.

(2) 当矩阵 A 是可逆矩阵时,D 为正定对角矩阵,其对角线元素恰为矩阵 A 的 n 个正奇异值.此时极分解 $A=GW$ 中,G 是正定 Hermite 矩阵.

现证明极分解的唯一性.假设矩阵 A 的极分解不唯一,即

$$A=GW=\tilde{G}\tilde{W}$$

式中:G 和 $\tilde{G}$ 是正定 Hermite 矩阵,W 和 $\tilde{W}$ 是西矩阵.

由于 $\tilde{G}$ 是正定 Hermite 矩阵,故存在正定对角矩阵 $\tilde{D}=\mathrm{diag}(\mu_1,\cdots,\mu_n)$ 和西矩阵 $\tilde{U}$ 满足 $\tilde{G}=\tilde{U}\tilde{D}\tilde{U}^H$,其中正实数 $\mu_1,\cdots,\mu_n$ 是矩阵 $\tilde{G}$ 的 n 个特征值.

定义 $\tilde{V}=\tilde{W}^H\tilde{U}$,则矩阵 A 可作如下分解:

$$A=\tilde{U}\tilde{D}\tilde{V}^H \tag{3.9.9}$$

于是,$A=UDV^H$ 和 $A=\tilde{U}\tilde{D}\tilde{V}^H$ 是矩阵 A 的两种不同奇异值分解,且集合 $\{\mu_1,\cdots,\mu_n\}$ 和集合 $\{\sigma_1,\cdots,\sigma_n\}$ 相等,即 $\mu_{i_j}=\sigma_i$,其中 $i,j=1,\cdots,n,i_1,\cdots,i_n$ 是 $1,\cdots,n$ 的一个排列.

将矩阵 A 的两种不同奇异值分解代入 AA^H 得

$$UD^2U^H=\tilde{U}\tilde{D}^2\tilde{U}^H$$

整理上式得

$$D^2U^H\tilde{U}=U^H\tilde{U}\tilde{D}^2$$

令 $U^H\widetilde{U}=[\widetilde{u}_{ij}]_{n\times n}$,则

$$\begin{bmatrix} \sigma_1^2 & & O \\ & \ddots & \\ O & & \sigma_n^2 \end{bmatrix}\begin{bmatrix} \widetilde{u}_{11} & \cdots & \widetilde{u}_{1n} \\ \vdots & & \vdots \\ \widetilde{u}_{n1} & \cdots & \widetilde{u}_{nn} \end{bmatrix}=\begin{bmatrix} \widetilde{u}_{11} & \cdots & \widetilde{u}_{1n} \\ \vdots & & \vdots \\ \widetilde{u}_{n1} & \cdots & \widetilde{u}_{nn} \end{bmatrix}\begin{bmatrix} \mu_1^2 & & O \\ & \ddots & \\ O & & \mu_n^2 \end{bmatrix}$$

上式展开整理得

$$\sigma_i^2\widetilde{u}_{ij}=\mu_j^2\widetilde{u}_{ij},\quad i,j=1,\cdots,n. \tag{3.9.10}$$

显然,当 $\sigma_i\neq\mu_j$ 时,式(3.9.10)成立当且仅当 $\widetilde{u}_{ij}=0$;否则,$\sigma_i=\mu_j$.故

$$\sigma_i\widetilde{u}_{ij}=\mu_j\widetilde{u}_{ij},\quad i,j=1,\cdots,n$$

将上式进一步改写成矩阵形式为 $DU^H\widetilde{U}=U^H\widetilde{U}\widetilde{D}$.整理得 $G=\widetilde{G}$,并推导出 $W=\widetilde{W}$.唯一性得证.

注5:分解式(3.9.8)称为**左极分解**;若 $A=VG$,其中 V 是酉矩阵,G 是半正定 Hermite 矩阵,则称分解式 $A=VG$ 为**右极分解**.

【应用】 奇异值分解不仅在矩阵特征值、广义逆矩阵等矩阵分析和计算方面有重要应用,而且在图像处理、机器学习等领域也有广泛应用.下面以奇异值分解在最小二乘问题和数据压缩的应用为例展开说明.

最小二乘问题 设 $A\in\mathbb{C}^{m\times n}$,$b\in\mathbb{C}^m$,求 $x^*\in\mathbb{C}^n$ 使得

$$\|Ax^*-b\|=\min_{x\in\mathbb{C}^n}\|Ax-b\|$$

一般而言,$b\notin R(A)$;否则必存在 $x^*\in\mathbb{C}^n$,使得 $Ax^*=b$.

设矩阵 A 的奇异值分解为 $A=UDV^H$,则

$$Ax-b=UDV^Hx-b=U(DV^Hx-U^Hb) \tag{3.9.11}$$

令 $y=V^Hx$,$c=U^Hb$,则式(3.9.11)可写为

$$Ax-b=U(Dy-c) \tag{3.9.12}$$

由于 U 是酉矩阵,不改变向量的长度.对式(3.9.12)两边取长度得

$$\|Ax-b\|=\|Dy-c\| \tag{3.9.13}$$

进一步,定义

$$D=\begin{bmatrix} \sigma_1 & & & & & \\ & \ddots & & & O & \\ & & \sigma_r & & & \\ & & & 0 & & \\ & O & & & \ddots & \\ & & & & & 0 \end{bmatrix},\quad y=\begin{pmatrix} y_1 \\ \vdots \\ y_n \end{pmatrix},\quad c=\begin{pmatrix} c_1 \\ \vdots \\ c_m \end{pmatrix}$$

则有 $Dy-c=(\sigma_1y_1-c_1,\cdots,\sigma_ry_r-c_r,-c_{r+1},\cdots,-c_m)^T$,进而有

$$\|Ax-b\|^2=\sum_{i=1}^r(\sigma_iy_i-c_i)^2+\sum_{i=r+1}^m c_i^2 \tag{3.9.14}$$

显然,当 $\sigma_1 y_1 - c_1 = \cdots = \sigma_r y_r - c_r = 0$ 时, $\|Ax - b\|$ 达到最小.由此可解出

$$y_i = \frac{c_i}{\sigma_i}, \quad i = 1, \cdots, r \tag{3.9.15}$$

而 $y_i (i = r+1, \cdots, n)$ 为任意复数.再由 $y = V^H x$ 可解得 $x = Vy$.

图像压缩　假设一幅图像有 $m \times n$ 个像素,若将 mn 个数据一起传送,则数据量往往较大.现希望传送尽可能少的数据,并且在接收端还能利用这些数据重构原图像.为研究这一问题,不妨用矩阵 $A \in \mathbb{C}_r^{m \times n}$ 表示待传送的图像,其中

$$A = \begin{bmatrix} f(1,1) & f(1,2) & \cdots & f(1,n) \\ f(2,1) & f(2,2) & \cdots & f(2,n) \\ \vdots & \vdots & & \vdots \\ f(m,1) & f(m,2) & \cdots & f(m,n) \end{bmatrix} = \begin{bmatrix} a_{11} & a_{12} & \cdots & a_{1n} \\ a_{21} & a_{22} & \cdots & a_{2n} \\ \vdots & \vdots & & \vdots \\ a_{m1} & a_{m2} & \cdots & a_{mn} \end{bmatrix}$$

$f(x,y)$ 表示点 (x,y) 处图像的灰度或强度.

设矩阵 A 的奇异值分解为

$$A = U \begin{bmatrix} \sigma_1 & & & & & & \\ & \ddots & & & O & & \\ & & \sigma_r & & & & \\ & & & 0 & & & \\ & O & & & \ddots & \\ & & & & & 0 \end{bmatrix} V^H$$

式中: $U = [u_1 \ \cdots \ u_m]$, $V = [v_1 \ \cdots \ v_n]^H$,且 $\sigma_1 \geqslant \sigma_2 \geqslant \cdots \geqslant \sigma_r > 0$.

由此,

$$A = [u_1 \ \cdots \ u_m] \begin{bmatrix} \sigma_1 & & & & & & \\ & \ddots & & & O & & \\ & & \sigma_r & & & & \\ & & & 0 & & & \\ & O & & & \ddots & \\ & & & & & 0 \end{bmatrix} \begin{bmatrix} v_1^H \\ \vdots \\ v_n^H \end{bmatrix}$$

$$= \sigma_1 u_1 v_1^H + \cdots + \sigma_r u_r v_r^H$$

若从中选择 $k(k < r)$ 个大奇异值以及这些奇异值对应的左右向量逼近原图像,即

$$\hat{A} = \sum_{i=1}^{k} \sigma_i u_i v_i^H \tag{3.9.16}$$

则可利用 $\hat{A}$ "近似" A 以实现图像的压缩.当然,若 k 值偏小,则重构的图像质量可能不令人满意;反之,过大的 k 值又会降低图像压缩和传送的效率.因此,需要根据实际情况选择合适的 k 值以兼顾图像传送效率和重构质量.图 3.9.1 给出了利用奇异

值分解的一个示例,其中图(a)为原图,图(b)为 $k=20$ 的图像重构,图(c)为 $k=50$ 的图像重构,图(d)为 $k=100$ 的图像重构.

(a) 原　图　　　　　　　　　　(b) $k=20$的图像重构

(c) $k=50$的图像重构　　　　　　　(d) $k=100$的图像重构

图 3.9.1　利用奇异值分解实例

【思考】　若已知矩阵 $\boldsymbol{B}=\begin{bmatrix} 1 & \varepsilon \\ -1 & \varepsilon \end{bmatrix}$ 和 $\boldsymbol{C}=\dfrac{1}{\sqrt{2}}\begin{bmatrix} 1 & 1 \\ -1 & 1 \end{bmatrix}$,如何求矩阵乘积 $\boldsymbol{BC}$ 的奇异值分解?

这是在应用奇异值分解时常会遇到的问题. 我们自然的想法是先求出矩阵乘积 $\boldsymbol{BC}$,然后再对 $\boldsymbol{BC}$ 进行奇异值分解. 在实际计算中,若 $|\varepsilon|$ 小于或大于计算截断误差,$\boldsymbol{BC}$ 的奇异值将会发生明显变化. 请读者思考并提出解决办法.

本章习题

1. 设 $\boldsymbol{A}_1,\boldsymbol{A}_2,\cdots,\boldsymbol{A}_m$ 均为 n 阶复方阵,且 $\boldsymbol{A}_1\cdot\boldsymbol{A}_2\cdot\cdots\cdot\boldsymbol{A}_m=\boldsymbol{O}$,$m\in\mathbb{N}$. 证明:
$$\mathrm{rank}(\boldsymbol{A}_1)+\mathrm{rank}(\boldsymbol{A}_2)+\cdots+\mathrm{rank}(\boldsymbol{A}_m)\leqslant(m-1)n$$

2. 已知 $\boldsymbol{A}\in\mathbb{C}^{m\times n}$,求满足矩阵方程 $\boldsymbol{AXA}=\boldsymbol{A}$ 的所有 $\boldsymbol{X}$,并说明 $\boldsymbol{X}$ 的唯一性条件.(矩阵 $\boldsymbol{A}$ 的减号逆)

3. 设矩阵 $\boldsymbol{AB}=\boldsymbol{BA}=\boldsymbol{O}$,证明存在可逆矩阵 $\boldsymbol{P}$、$\boldsymbol{Q}$ 使得

$$A = P \begin{bmatrix} I_m & O \\ O & O \end{bmatrix} Q, \quad B = Q^{-1} \begin{bmatrix} O & O \\ O & I_n \end{bmatrix} P^{-1}$$

4. 分别求满足条件(1)、(2)的复矩阵 $A \in \mathbb{C}^{n \times n}$，其中

(1) 幂等矩阵 $A^2 = A$；

(2) 幂零矩阵 $A^2 = O$.

5. 求下列矩阵的满秩分解：

(1) $A = \begin{bmatrix} 0 & 1 & -2 & 4 & -i \\ 0 & -1 & 2 & -4 & i \\ 0 & -1 & 1+i & -3 & -i \end{bmatrix}$；

(2) $B = \begin{bmatrix} 1 & 0 & 1 \\ 0 & 1 & 1 \\ 1 & 1 & 2 \\ 1 & 0 & 1 \end{bmatrix}$.

6. 设 A 为 n 阶幂等矩阵，其满秩分解为 $A = BC$，证明 $CB = I$.

7. 设 $A \in \mathbb{C}_r^{m \times n}$，其满秩分解为 $A = BC$，试证明以下结论：

(1) $N(A) = N(C)$；

(2) $N(A^H) = N(B^H)$；

(3) $R(A) = R(B)$；

(4) $R(A^H) = R(C^H)$.

8. 判断矩阵 $A = \begin{bmatrix} 3 & 2 & -1 \\ -1 & 0 & 0 \\ -1 & 3 & 0 \end{bmatrix}$ 与矩阵 $B = \begin{bmatrix} 0 & 2 & -1 \\ -1 & 4 & -1 \\ 1 & 3 & -5 \end{bmatrix}$ 能否进行 LU 分解，

并给出理由.

9. 编写矩阵的 LU 分解算法(C 语言或 Python 语言).

10. 利用 LU 分解求解方程组

$$\begin{cases} 3x_1 + 3x_2 + 4x_3 = 2 \\ x_1 + x_2 + 9x_3 = -7 \\ x_1 + 2x_2 - 6x_3 = 9 \end{cases}$$

试给出 n 阶正定实对称矩阵的 Cholesky 算法，并用编程实现.

11. 平板稳态传热问题的解可近似用非齐次线性方程 $Ax = b$ 的解来逼近，求该方程的解，其中 $b = (5, 15, 0, 10, 0, 10, 20, 30)^T$，矩阵 A 为

$$A = \begin{bmatrix} 4 & -1 & -1 & 0 & 0 & 0 & 0 & 0 \\ -1 & 4 & 0 & -1 & 0 & 0 & 0 & 0 \\ -1 & 0 & 4 & -1 & -1 & 0 & 0 & 0 \\ 0 & -1 & -1 & 4 & 0 & -1 & 0 & 0 \\ 0 & 0 & -1 & 0 & 4 & -1 & -1 & 0 \\ 0 & 0 & 0 & -1 & -1 & 4 & 0 & -1 \\ 0 & 0 & 0 & 0 & -1 & 0 & 4 & -1 \\ 0 & 0 & 0 & 0 & 0 & -1 & -1 & 4 \end{bmatrix}$$

12. 设 A、B 均为 n 阶复方阵,若存在复数 λ 和非零向量 $x \in \mathbb{C}^n$ 使得 $Ax = \lambda Bx$,则称 λ 为广义特征值问题 $Ax = \lambda Bx$ 的特征值,非零向量 x 称为对应于特征值 λ 的特征向量. 在振动理论等应用问题中,A 和 B 均为 Hermite 矩阵,且 B 是正定矩阵,试求广义特征值问题 $Ax = \lambda Bx$ 的特征值与特征向量.

13. 编写矩阵的 QR 分解算法(C 语言或 Python 语言).

14. 求 $A = \begin{bmatrix} 1 & 2 & 2 \\ 2 & 1 & 2 \\ 1 & 2 & 1 \end{bmatrix}$ 的 QR 分解.

15. 利用 QR 分解求解方程组

$$\begin{cases} 3x_1 + 3x_2 + 4x_3 = 2 \\ x_1 + x_2 + 9x_3 = -7 \\ x_1 + 2x_2 - 6x_3 = 9 \end{cases}$$

16. 利用 QR 分解求解优化问题: $\min\limits_{b \in R(A)} \|Ax - b\|_2$,其中,矩阵 $A \in \mathbb{C}^{m \times n} (n \leqslant m)$ 和向量 $b \in \mathbb{C}^m$ 已知,求向量 x.

17. 证明 QR 算法产生的矩阵序列 $\{A_k, k = 1, 2, \cdots\}$ 满足以下两个条件:

(1) $A_{k+1} = (Q_1 \cdot Q_2 \cdot \cdots \cdot Q_k)^T A (Q_1 \cdot Q_2 \cdot \cdots \cdot Q_k)$;

(2) $A^k = (Q_1 \cdot Q_2 \cdot \cdots \cdot Q_k)(R_k \cdot R_{k-1} \cdot \cdots \cdot R_1)$.

18. 证明:对于任意非零列向量 $x \in \mathbb{C}^n$ 及任意单位列向量 $z \in \mathbb{C}^n$,存在 Householder 矩阵 H,使得 $Hx = \|x\|z$.

19. 证明:秩为 1 的矩阵 A 的最小多项式是 $m_A(\lambda) = \lambda^2 - (\text{tr}(A))\lambda$.

20. 求下列矩阵的最小多项式:

(1) $A = \begin{bmatrix} 1 & 0 & 0 \\ 0 & 2 & 1 \\ 0 & 0 & 1 \end{bmatrix}$;

(2) $B = \begin{bmatrix} 1 & 0 & 1 \\ 0 & 1 & 0 \\ 0 & 0 & 1 \end{bmatrix}$;

(3) $\boldsymbol{C} = \begin{bmatrix} 1 & 0 & 1 \\ 0 & 1 & 1 \\ 0 & 0 & 1 \end{bmatrix}$.

21. 求习题 20 中矩阵的逆矩阵.

22. 设 $\boldsymbol{A} \in \mathbb{C}^{n \times n}$ 是首 1 多项式 $f(\lambda)$ 的友矩阵,证明 $m_{\boldsymbol{A}}(\lambda) = f(\lambda)$.

23. 设 5 阶实对称矩阵 $\boldsymbol{A}$ 满足 $(\boldsymbol{A} - 3\boldsymbol{I})^2 (\boldsymbol{A} + 5\boldsymbol{I})^3 = \boldsymbol{O}$,$\mathrm{rank}(\boldsymbol{A} - 3\boldsymbol{I}) = 1$,求矩阵 $\boldsymbol{A}$ 的特征多项式和最小多项式.

24. 已知 $n(n \geqslant 2)$ 阶实奇异矩阵 $\boldsymbol{A}$ 的特征多项式和最小多项式相同,证明:矩阵 $\boldsymbol{A}$ 的伴随矩阵 $\boldsymbol{A}^*$ 的列空间维数 $\dim(R(\boldsymbol{A}^*)) = 1$.

25. 已知矩阵 $\boldsymbol{A} = \begin{bmatrix} 0 & 0 & 1 \\ x & 1 & y \\ 1 & 0 & 0 \end{bmatrix}$ 是单纯矩阵,求 x 与 y.

26. 设 n 阶复方阵 $\boldsymbol{A}$、$\boldsymbol{B}$ 是单纯矩阵,且 $\boldsymbol{AB} = \boldsymbol{BA}$. 证明:存在同一个 n 阶可逆矩阵 $\boldsymbol{P}$ 使得 $\boldsymbol{P}^{-1}\boldsymbol{AP}$ 和 $\boldsymbol{P}^{-1}\boldsymbol{BP}$ 同时为对角矩阵.

27. 设复方阵 $\boldsymbol{A}$ 分别满足如下条件:

(1) $\boldsymbol{A}^2 + \boldsymbol{A} = 2\boldsymbol{I}$;

(2) $\boldsymbol{A}^k = \boldsymbol{I}$;

(3) $\boldsymbol{A}^k = \boldsymbol{O}$ 且 $\boldsymbol{A} \neq \boldsymbol{O}$,

其中,k 为自然数.试判断 $\boldsymbol{A}$ 是否为单纯矩阵.

28. 设 $\boldsymbol{A} = [a_{ij}] \in \mathbb{C}^{n \times n}$,证明:$\boldsymbol{A}$ 是正规矩阵当且仅当 $\sum\limits_{i,j=1}^{n} |a_{ij}|^2 = \sum\limits_{i=1}^{n} |\lambda_i|^2$.

29. 设 $\boldsymbol{A} = [a_{ij}] \in \mathbb{C}^{n \times n}$,证明:$\boldsymbol{A}$ 是正规矩阵当且仅当 $\boldsymbol{A} + k\boldsymbol{I}$ 是正规矩阵,其中 $k \in \mathbb{C}$.

30. 设 $\boldsymbol{A}$、$\boldsymbol{B}$ 均为正规矩阵,且有 $\boldsymbol{AB} = \boldsymbol{BA}$,证明:

(1) $\boldsymbol{A}$、$\boldsymbol{B}$ 至少有一个公共的特征向量;

(2) $\boldsymbol{A}$、$\boldsymbol{B}$ 可同时酉相似于上三角矩阵;

(3) $\boldsymbol{A}$、$\boldsymbol{B}$ 可同时酉相似于对角矩阵;

(4) $\boldsymbol{AB}$ 与 $\boldsymbol{BA}$ 均为正规矩阵.

31. 求 $\boldsymbol{A} = \begin{bmatrix} -2\mathrm{i} & 4 & -2 \\ -4 & -2\mathrm{i} & -2\mathrm{i} \\ 2 & -2\mathrm{i} & -5\mathrm{i} \end{bmatrix}$ 的谱分解.

32. 求 $\boldsymbol{A} = \begin{bmatrix} 1 & 4 & 2 \\ 0 & -3 & 4 \\ 0 & 4 & 3 \end{bmatrix}$ 的谱分解并计算 $\boldsymbol{A}^{100}$.

33. 设 n 阶复矩阵 $\boldsymbol{A}$,$\boldsymbol{B}$,$\boldsymbol{A} - \boldsymbol{B}$ 均为投影矩阵,证明:$\boldsymbol{AB} = \boldsymbol{BA} = \boldsymbol{B}$.

34. 设 $A \in \mathbb{C}_r^{n \times n}$ 满足 $A^2 = A$，若行列式 $|2I - A| = 1$，证明：矩阵 A 只能是单位矩阵.

35. 设 A 是非零实对称矩阵，证明：A 是幂等矩阵的充分必要条件是存在列满秩矩阵 F 使得 $A = F(F^T F)^{-1} F^T$.

36. 求矩阵 $A(\lambda)$ 的行列式因子和 Smith 标准形(利用两种不同方法求 Smith 标准形)，其中

$$A(\lambda) = \begin{bmatrix} \lambda(\lambda+1) & 0 & 0 \\ 0 & \lambda & 0 \\ 0 & 0 & (\lambda+1)^2 \end{bmatrix}$$

37. 求矩阵 $A(\lambda)$ 的初等因子，其中

$$A(\lambda) = \begin{bmatrix} \lambda(\lambda+1) & 0 & 0 \\ 0 & \lambda & 0 \\ 0 & 0 & (\lambda+1)^2 \end{bmatrix}$$

38. 设 $A \in \mathbb{C}^{7 \times 7}$，且其特征矩阵 $\lambda I - A \cong \mathrm{diag}((\lambda+1)^2, 1, (\lambda-2)^2, (\lambda-2)(\lambda+1), (\lambda-2), 1, 1)$，求 $\lambda I - A$ 的初等因子、不变因子及 Smith 标准形、矩阵 A 的最小多项式.

39. 若矩阵 A 的特征值互不相同，且存在矩阵 B 使得 $AB = BA$，证明：B 的特征矩阵 $\lambda I - B$ 的初等因子均为一次的.

40. 实方矩阵 A 和它的转置相似吗? 请说明理由.

41. 证明：任意实方矩阵均可表示为两个对称矩阵的乘积.

42. 求 $A^{100} - 2A^{50}$，其中

$$A = \begin{bmatrix} 3 & 0 & 8 \\ 3 & 1 & 6 \\ -2 & 0 & -5 \end{bmatrix}$$

43. 求 $A = \begin{bmatrix} -4 & 2 & 10 \\ -4 & 3 & 7 \\ -3 & 1 & 7 \end{bmatrix}$ 和 $B = \begin{bmatrix} 2 & -1 & -1 \\ 2 & -1 & -2 \\ -1 & 1 & 2 \end{bmatrix}$ 的 Jordan 标准形及变换矩阵.

44. 证明：设 $\sigma_1 \geqslant \sigma_2 \geqslant \cdots \geqslant \sigma_n$ 和 $|\lambda_1| \geqslant |\lambda_2| \geqslant \cdots \geqslant |\lambda_n|$ 分别是 n 阶正规矩阵 A 的奇异值和特征值，则 $\sigma_i = |\lambda_i|$，$i = 1, \cdots, n$.

45. 证明：设 σ_i 和 $\lambda_i (i = 1, \cdots, n)$ 分别是 n 阶复方阵 A 的奇异值和特征值，则

$$\sum_{i=1}^{n} |\lambda_i|^2 \leqslant \sum_{i=1}^{n} |\sigma_i|^2$$

46. 设 A 是 n 阶实矩阵，证明：$\mathrm{rank}(A - iI) = \mathrm{rank}(A + iI)$.

47. 设 A 是 n 阶矩阵，证明：

(1) 存在正整数 m，使得 $\mathrm{rank}(A^m) = \mathrm{rank}(A^{m+1})$；

(2) 对任意正整数 j，$\operatorname{rank}(\boldsymbol{A}^m) = \operatorname{rank}(\boldsymbol{A}^{m+j})$，其中 m 由 (1) 确定.

48. 证明：若矩阵 $\boldsymbol{A}$ 与矩阵 $\boldsymbol{B}$ 酉相抵，则 $\boldsymbol{A}$ 与 $\boldsymbol{B}$ 有相同的奇异值.

49. 求下列矩阵的奇异值分解：

(1) $\boldsymbol{A} = \begin{pmatrix} 1 \\ 1 \\ 1 \end{pmatrix}$；

(2) $\boldsymbol{B} = \begin{bmatrix} 1 & 1 & 0 \\ 0 & 0 & 1 \end{bmatrix}$.

50. 设 $\boldsymbol{A}$ 是 n 阶 Hermite 矩阵，证明以下表达等价：

(1) $\boldsymbol{A}$ 是正定矩阵；

(2) 对于任意 n 阶可逆矩阵 $\boldsymbol{P}$，矩阵 $\boldsymbol{P}^{\mathrm{H}} \boldsymbol{A} \boldsymbol{P}$ 正定；

(3) $\boldsymbol{A}$ 的 n 个特征值均为正数；

(4) 存在 n 阶可逆矩阵 $\boldsymbol{P}$ 使得 $\boldsymbol{P}^{\mathrm{H}} \boldsymbol{A} \boldsymbol{P} = \boldsymbol{I}$；

(5) 存在 n 阶可逆矩阵 $\boldsymbol{Q}$ 使得 $\boldsymbol{A} = \boldsymbol{Q}^{\mathrm{H}} \boldsymbol{Q}$；

(6) 存在 n 阶可逆 Hermite 矩阵 $\boldsymbol{G}$ 使得 $\boldsymbol{A} = \boldsymbol{G}^2$；

(7) $\boldsymbol{A}$ 的所有顺序主子式为正数.

第 **4** 章

矩阵分析

在初等代数中,我们定义了复数的模,并用模值度量复数的大小(或表示几何意义下的长度),亦可依此计算两复数的距离. 在 n 维内积空间中,向量在内积的基础上有了长度、夹角以及距离等度量概念,这是基于三维现实空间中相应概念的推广. 本章进一步将向量长度的概念推广至更一般的情形,即向量范数. 请读者仔细体会向量范数和向量长度的联系与区别,并掌握基于范数的典型矩阵分析.

4.1   向量范数

定义 4.1.1(向量范数)   设 V 是数域 F 上的线性空间,$\|x\|$ 是以 V 中向量 x 为自变量的实值函数,若满足以下三条性质:

(1) 正定性(或非负性):$\|x\| \geqslant 0$,$\|x\| = 0$ 当且仅当 $x = \boldsymbol{\theta}$;

(2) 齐次性:$\forall k \in F$ 和 $x \in V$,$\|kx\| = |k| \|x\|$;

(3) 三角不等式:$\forall x, y \in V$,$\|x + y\| \leqslant \|x\| + \|y\|$,

则称 $\|x\|$ 是向量 x 的**范数**,V 是数域 F 上的**赋范线性空间**,记为 $(V, \|\cdot\|)$.

注 1:定义 4.1.1 中的三条性质称为**范数的三条公理**,即满足范数公理的实值函数均可定义为向量的范数.

注 2:三角不等式的等价形式为

$$\forall x, y \in V, \quad \left| \|x\| - \|y\| \right| \leqslant \|x - y\|$$

例 4.1.1 $\forall x = (x_1, x_2, \cdots, x_n)^{\mathrm{T}} \in \mathbb{C}^n$,定义

$$\|x\|_1 = \sum_{i=1}^{n} |x_i| \tag{4.1.1}$$

$$\|x\|_\infty = \max_{1 \leqslant i \leqslant n} |x_i| \tag{4.1.2}$$

$$\|x\|_2 = \left(\sum_{i=1}^{n} |x_i|^2 \right)^{\frac{1}{2}} \tag{4.1.3}$$

则 $\|\boldsymbol{x}\|_1$、$\|\boldsymbol{x}\|_\infty$ 和 $\|\boldsymbol{x}\|_2$ 均是向量 $\boldsymbol{x}$ 的范数,分别称为向量 $\boldsymbol{x}$ 的 1-范数、∞-范数和 2-范数(或欧几里得范数).

证明　1. 证明 $\|\boldsymbol{x}\|_1$ 是向量 $\boldsymbol{x}$ 的范数.

(1) 正定性:$\|\boldsymbol{x}\|_1 = \sum\limits_{i=1}^{n} |x_i| \geqslant 0$,且 $\|\boldsymbol{x}\|_1 = 0$ 当且仅当 $\boldsymbol{x} = \boldsymbol{\theta}$;

(2) 齐次性:$\forall k \in \mathbb{C}$,$\|k\boldsymbol{x}\|_1 = \sum\limits_{i=1}^{n} |kx_i| = \sum\limits_{i=1}^{n} |k||x_i| = |k|\|\boldsymbol{x}\|_1$;

(3) 三角不等式:$\forall \boldsymbol{x} = (x_1, x_2, \cdots, x_n)^{\mathrm{T}} \in \mathbb{C}^n$ 和 $\boldsymbol{y} = (y_1, y_2, \cdots, y_n)^{\mathrm{T}} \in \mathbb{C}^n$,有

$$\|\boldsymbol{x} + \boldsymbol{y}\|_1 = \sum\limits_{i=1}^{n} |x_i + y_i| \leqslant \sum\limits_{i=1}^{n} |x_i| + \sum\limits_{i=1}^{n} |y_i| = \|\boldsymbol{x}\|_1 + \|\boldsymbol{y}\|_1$$

因此,$\|\boldsymbol{x}\|_1$ 是向量 $\boldsymbol{x}$ 的范数.

2. 证明 $\|\boldsymbol{x}\|_\infty$ 是向量 $\boldsymbol{x}$ 的范数.

(1) 正定性:$\|\boldsymbol{x}\|_\infty = \max\limits_{1 \leqslant i \leqslant n} |x_i| \geqslant 0$,且 $\|\boldsymbol{x}\|_\infty = 0$ 当且仅当 $\boldsymbol{x} = \boldsymbol{\theta}$;

(2) 齐次性:$\forall k \in \mathbb{C}$,$\|k\boldsymbol{x}\|_\infty = \max\limits_{1 \leqslant i \leqslant n} |kx_i| = |k| \max\limits_{1 \leqslant i \leqslant n} |x_i| = |k|\|\boldsymbol{x}\|_\infty$;

(3) 三角不等式:$\forall \boldsymbol{x} = (x_1, x_2, \cdots, x_n)^{\mathrm{T}} \in \mathbb{C}^n$ 和 $\boldsymbol{y} = (y_1, y_2, \cdots, y_n)^{\mathrm{T}} \in \mathbb{C}^n$,则

$$\|\boldsymbol{x} + \boldsymbol{y}\|_\infty = \max\limits_{1 \leqslant i \leqslant n} |x_i + y_i| \leqslant \max\limits_{1 \leqslant i \leqslant n} |x_i| + \max\limits_{1 \leqslant i \leqslant n} |y_i| = \|\boldsymbol{x}\|_\infty + \|\boldsymbol{y}\|_\infty$$

因此,$\|\boldsymbol{x}\|_\infty$ 是向量 $\boldsymbol{x}$ 的范数.

3. 证明 $\|\boldsymbol{x}\|_2$ 是向量 $\boldsymbol{x}$ 范数.

(1) 正定性:$\|\boldsymbol{x}\|_2 = \left(\sum\limits_{i=1}^{n} |x_i|^2 \right)^{\frac{1}{2}} \geqslant 0$,且 $\|\boldsymbol{x}\|_2 = 0$ 当且仅当 $\boldsymbol{x} = \boldsymbol{\theta}$;

(2) 齐次性:$\forall k \in \mathbb{C}$,

$$\|k\boldsymbol{x}\|_2 = \left(\sum\limits_{i=1}^{n} |kx_i|^2 \right)^{\frac{1}{2}} = \left(\sum\limits_{i=1}^{n} |k|^2 |x_i|^2 \right)^{\frac{1}{2}} = |k|\|\boldsymbol{x}\|_2$$

(3) 三角不等式:$\forall \boldsymbol{x} = (x_1, x_2, \cdots, x_n)^{\mathrm{T}} \in \mathbb{C}^n$ 和 $\boldsymbol{y} = (y_1, y_2, \cdots, y_n)^{\mathrm{T}} \in \mathbb{C}^n$,由定理 1.4.1 Cauchy 不等式得

$$\begin{aligned}\|\boldsymbol{x} + \boldsymbol{y}\|_2^2 &= \|\boldsymbol{x}\|_2^2 + (\boldsymbol{x}, \boldsymbol{y}) + (\boldsymbol{y}, \boldsymbol{x}) + \|\boldsymbol{y}\|_2^2 \\ &\leqslant \|\boldsymbol{x}\|_2^2 + 2\|\boldsymbol{x}\|_2\|\boldsymbol{y}\|_2 + \|\boldsymbol{y}\|_2^2 = (\|\boldsymbol{x}\|_2 + \|\boldsymbol{y}\|_2)^2\end{aligned}$$

由此,

$$\|\boldsymbol{x} + \boldsymbol{y}\|_2 \leqslant \|\boldsymbol{x}\|_2 + \|\boldsymbol{y}\|_2$$

因此,$\|\boldsymbol{x}\|_2$ 是向量 $\boldsymbol{x}$ 的范数.

例 4.1.1 表明同一线性空间可定义多个向量范数.

例 4.1.2　设向量组 $\boldsymbol{\varepsilon}_1, \boldsymbol{\varepsilon}_2, \cdots, \boldsymbol{\varepsilon}_n$ 是 n 维线性空间 V 的一组基,V 中任意向量 $\boldsymbol{\alpha}$ 在这组基下的坐标为 $\boldsymbol{x} = (x_1, x_2, \cdots, x_n)^{\mathrm{T}}$. 由此,我们可定义向量 $\boldsymbol{\alpha}$ 的范数为

$$\|\boldsymbol{\alpha}\| \stackrel{\mathrm{def}}{=\!=} \sqrt{\sum\limits_{i=1}^{n} |x_i|^2} \tag{4.1.4}$$

证明　由式(4.1.4)知,

(1) 正定性：$\|\boldsymbol{\alpha}\| \geqslant 0$，且 $\|\boldsymbol{\alpha}\| = 0$ 当且仅当 $\boldsymbol{\alpha} = \boldsymbol{\theta}$；

(2) 齐次性：$\forall k \in F, \|k\boldsymbol{\alpha}\| = \sqrt{\sum_{i=1}^{n} |kx_i|^2} = |k| \|\boldsymbol{\alpha}\|$；

(3) 三角不等式：设 V 中任意向量 $\boldsymbol{\alpha}$ 和 $\boldsymbol{\beta}$ 在基 $\boldsymbol{\varepsilon}_1, \boldsymbol{\varepsilon}_2, \cdots, \boldsymbol{\varepsilon}_n$ 下的坐标分别为 $\boldsymbol{x} = (x_1, x_2, \cdots, x_n)^{\mathrm{T}}$ 和 $\boldsymbol{y} = (y_1, y_2, \cdots, y_n)^{\mathrm{T}}$，则

$$\|\boldsymbol{\alpha} + \boldsymbol{\beta}\| = \sqrt{\sum_{i=1}^{n} |x_i + y_i|^2}$$

$$\leqslant \sqrt{\sum_{i=1}^{n} |x_i|^2} + \sqrt{\sum_{i=1}^{n} |y_i|^2} = \|\boldsymbol{\alpha}\| + \|\boldsymbol{\beta}\|$$

因此,式(4.1.4)是向量 $\boldsymbol{\alpha}$ 的范数.

【思考】 式(4.1.4)定义的范数是向量 2-范数吗?

分析 尽管从形式上看式(4.1.4)定义的范数和向量 2-范数基本一致,但这两种范数并不相同.向量 2-范数是针对 $\mathbb{C}^n$ 或 $\mathbb{R}^n$ 空间中的向量定义的范数,或理解为向量 $\boldsymbol{\alpha}$ 的 2-范数是基于向量 $\boldsymbol{\alpha}$ 在 $\mathbb{C}^n$ 或 $\mathbb{R}^n$ 空间中的标准基下的坐标 $\boldsymbol{x}$ 定义的(从这个角度看,向量的 2-范数式是式(4.1.4)的特例);而式(4.1.4)则不限定线性空间,只根据向量在一组特定基 $\boldsymbol{\varepsilon}_1, \boldsymbol{\varepsilon}_2, \cdots, \boldsymbol{\varepsilon}_n$ 下的坐标 $\boldsymbol{x}$ 进行定义.

例 4.1.3 设 $1 \leqslant p \leqslant \infty, \forall \boldsymbol{x} = (x_1, x_2, \cdots, x_n)^{\mathrm{T}} \in \mathbb{C}^n$，定义

$$\|\boldsymbol{x}\|_p = \left(\sum_{i=1}^{n} |x_i|^p\right)^{\frac{1}{p}} \tag{4.1.5}$$

则 $\|\boldsymbol{x}\|_p$ 是向量 $\boldsymbol{x}$ 的范数,称为 p-**范数**.

证明 根据向量范数的定义进行证明.

(1) 正定性：显然成立；

(2) 齐次性：$\forall k \in \mathbb{C}$ 和 $\boldsymbol{x} = (x_1, x_2, \cdots, x_n)^{\mathrm{T}} \in \mathbb{C}^n$,有

$$\|k\boldsymbol{x}\|_p = \left(\sum_{i=1}^{n} |kx_i|^p\right)^{\frac{1}{p}} = |k| \left(\sum_{i=1}^{n} |x_i|^p\right)^{\frac{1}{p}} = |k| \|\boldsymbol{x}\|_p$$

(3) 三角不等式：当 $p = 1$ 时,三角不等式显然成立.当 $p > 1$ 时,定义 $q = \dfrac{p}{p-1}$,则 $q > 1$ 且 $\dfrac{1}{p} + \dfrac{1}{q} = 1$.

令 $\boldsymbol{x} = (x_1, x_2, \cdots, x_n)^{\mathrm{T}} \in \mathbb{C}^n$ 和 $\boldsymbol{y} = (y_1, y_2, \cdots, y_n)^{\mathrm{T}} \in \mathbb{C}^n$,则

$$\sum_{i=1}^{n} |x_i + y_i|^p = \sum_{i=1}^{n} |x_i + y_i| \cdot |x_i + y_i|^{p-1}$$

$$\leqslant \sum_{i=1}^{n} |x_i| \cdot |x_i + y_i|^{p-1} + \sum_{i=1}^{n} |y_i| \cdot |x_i + y_i|^{p-1}$$

利用 Holder 不等式,上式可改写为

$$\sum_{i=1}^{n} |x_i + y_i|^p \leqslant \left(\sum_{i=1}^{n} |x_i|^p\right)^{\frac{1}{p}} \cdot \left[\sum_{i=1}^{n} |x_i + y_i|^{(p-1)q}\right]^{\frac{1}{q}} +$$

$$\left(\sum_{i=1}^{n}|y_i|^p\right)^{\frac{1}{p}} \cdot \left[\sum_{i=1}^{n}|x_i+y_i|^{(p-1)q}\right]^{\frac{1}{q}}$$

$$=\left[\left(\sum_{i=1}^{n}|x_i|^p\right)^{\frac{1}{p}}+\left(\sum_{i=1}^{n}|y_i|^p\right)^{\frac{1}{p}}\right] \cdot \left(\sum_{i=1}^{n}|x_i+y_i|^p\right)^{\frac{1}{q}}$$

因此,

$$\left(\sum_{i=1}^{n}|x_i+y_i|^p\right)^{\frac{1}{p}} \leqslant \left(\sum_{i=1}^{n}|x_i|^p\right)^{\frac{1}{p}}+\left(\sum_{i=1}^{n}|y_i|^p\right)^{\frac{1}{p}}$$

即 $\|x+y\|_p \leqslant \|x\|_p + \|y\|_p$. 综上知,$\|x\|_p$ 是 x 的范数.

注 3: 当 $p=1,2$ 时,$\|x\|_p$ 分别是例 4.1.1 中的 1-范数和 2-范数. 当 $p=\infty$ 时,$\|x\|_\infty = \lim\limits_{p \to \infty}\|x\|_p$. 当 $0<p<1$ 时,此时 $\|x\|_p$ 不满足三角不等式.

注 4: 范数证明常涉及两个重要的不等式,分别为

(1) Holder 不等式. 设 $p,q>1$ 且 $\dfrac{1}{p}+\dfrac{1}{q}=1$,则对任意 $x=(x_1,x_2,\cdots,x_n)^{\mathrm{T}} \in \mathbb{C}^n$ 和 $y=(y_1,y_2,\cdots,y_n)^{\mathrm{T}} \in \mathbb{C}^n$,有

$$\sum_{i=1}^{n}|x_iy_i| \leqslant \left(\sum_{i=1}^{n}|x_i|^p\right)^{\frac{1}{p}}\left(\sum_{i=1}^{n}|y_i|^q\right)^{\frac{1}{q}}$$

(2) Minkowski 不等式. $\forall x=(x_1,x_2,\cdots,x_n)^{\mathrm{T}} \in \mathbb{C}^n$ 和 $y=(y_1,y_2,\cdots,y_n)^{\mathrm{T}} \in \mathbb{C}^n$ 以及 $p \geqslant 1$,则

$$\left(\sum_{i=1}^{n}|x_i+y_i|^p\right)^{\frac{1}{p}} \leqslant \left(\sum_{i=1}^{n}|x_i|^p\right)^{\frac{1}{p}}+\left(\sum_{i=1}^{n}|y_i|^p\right)^{\frac{1}{p}}$$

【思考】 内积空间是赋范线性空间吗?

分析　判断内积空间是否为赋范线性空间只须判断内积空间是否定义了符合范数三条公理的实值函数. 显然,内积空间定义的向量长度符合这一要求. 因此,**内积空间是赋范线性空间**. 实际上,内积空间的长度定义不仅满足范数的三条公理,还满足平行四边形法则;而赋范线性空间并不一定满足这一法则.

例 4.1.4　考察线性空间 $\mathbb{R}^2$,若定义

$$\|x\|_p = \sqrt[p]{|x_1|^p+|x_2|^p}$$

其中,$x=(x_1,x_2)^{\mathrm{T}} \in \mathbb{R}^2$,$p \geqslant 1$. 由例 4.1.3 知,在赋范线性空间 $(\mathbb{R}^2,\|\cdot\|_p)$ 中,$\|x\|_p$ 是向量 x 的范数. 当 $p=2$ 时,$\|x\|_2$ 满足平行四边形法则,由此可在 $\mathbb{R}^2$ 中定义一个内积,使得由它定义的长度正是 $\mathbb{R}^2$ 中的 $\|\cdot\|_2$(这是泛函分析中的 Fréchet-Jordan-Von Neumann 定理). 当 $p \neq 2$ 时,若 $\mathbb{R}^2$ 空间可定义内积,使得 $\forall x \in \mathbb{R}^2$,$(x,x)=\|x\|_p^2$,那么对 $x=(x_1,x_2)^{\mathrm{T}}$ 和 $y=(y_1,y_2)^{\mathrm{T}}$,应有

$$\|x+y\|_p^2+\|x-y\|_p^2=2(\|x\|_p^2+\|y\|_p^2)$$

当 $x=e_1,y=e_2$ 时,上式应有 $2^{\frac{2}{p}}+2^{\frac{2}{p}}=4$. 解得 $p=2$. 显然当 $p \neq 2$ 时,由 $\|\cdot\|_p$ 定义的表达式均不是内积.

例 4.1.5 设 $A \in \mathbb{C}^{n \times n}$ 是正定 Hermite 矩阵,$\forall x \in \mathbb{C}^n$,定义 $\|x\|_A = \sqrt{x^H A x}$,则 $\|x\|_A$ 是向量范数,常称为**加权范数**或**椭圆范数**.

证明 由 Cholesky 分解知,存在可逆矩阵 W 使得 $A = W^H W$. 因此,

$$\|x\|_A = \sqrt{x^H A x} = \|Wx\|_2 \tag{4.1.6}$$

由式(4.1.6)容易证明正定性和齐次性.下面证明三角不等式:

$$\|x + y\|_A = \|W(x + y)\|_2 \leqslant \|Wx\|_2 + \|Wy\|_2 = \|x\|_A + \|y\|_A$$

综上所知,$\|x\|_A$ 是向量 x 的范数.

注 5:例 4.1.5 提供了一种借助已有向量范数构造新的向量范数的方法.实际上,可利用定义式(4.1.6)构造更一般的向量范数(见本章习题 3).

【应用】 系统稳定性分析.我们常采用二次型 Lyapunov 函数

$$V(x) = x^H P x = \|x\|_P^2 \tag{4.1.7}$$

研究线性系统乃至非线性系统的稳定性,其中,P 是正定实对称矩阵.

【应用】 **模式分类**.模式分类常通过已知类型属性的观测样本判断未知样本的类型属性,其基本思想是:根据未知样本的模式向量 x 与已知样本的模式向量 $s_1, \cdots, s_M$ 相似度来判断未知样本的类型属性.最简单的方法是用向量间的距离来度量模式向量的相似度,比如经典的欧几里得距离,就是采用向量的 2 -范数:

$$D(x, s_i) = \|x - s_i\|_2 = \sqrt{(x - s_i)^H (x - s_i)} \tag{4.1.8}$$

【思考】 范数的本质是什么?

定理 4.1.1 线性空间 V 中任一范数 $\|x\|$ 都是其坐标的连续函数.

证明 设 V 是 n 维线性空间,$\epsilon_1, \cdots, \epsilon_n$ 是 V 中一组基,则对 V 中任意向量 x 和 y 有

$$x = \xi_1 \epsilon_1 + \cdots + \xi_n \epsilon_n = [\epsilon_1 \quad \cdots \quad \epsilon_n] \xi$$
$$y = \eta_1 \epsilon_1 + \cdots + \eta_n \epsilon_n = [\epsilon_1 \quad \cdots \quad \epsilon_n] \eta$$

式中:$\xi = (\xi_1, \cdots, \xi_n)^T$ 和 $\eta = (\eta_1, \cdots, \eta_n)^T$ 分别是向量 x 和 y 在基 $\epsilon_1, \cdots, \epsilon_n$ 下的坐标.

由 $\|x\| = \|[\epsilon_1 \quad \cdots \quad \epsilon_n] \xi\|$ 知,任一范数 $\|x\|$ 都是向量 x 坐标的函数,故

$$\big| \|x\| - \|y\| \big| \leqslant \|x - y\| = \left\| \sum_{i=1}^n (\xi_i - \eta_i) \epsilon_i \right\|$$

$$\leqslant \sum_{i=1}^n |(\xi_i - \eta_i)| \|\epsilon_i\| \leqslant \kappa \left[\sum_{i=1}^n |(\xi_i - \eta_i)|^2 \right]^{\frac{1}{2}}$$

式中:$\kappa = \left(\sum_{i=1}^n \|\epsilon_i\|^2 \right)^{\frac{1}{2}}$ 是正常数.

当 $\xi_i \to \eta_i (i = 1, \cdots, n)$ 时,$\big| \|x\| - \|y\| \big| \to 0$,即 $\|x\| \to \|y\|$. 因此,$\|x\|$ 是其坐标 ξ 的连续函数.证毕.

例 4.1.6 画出 $\mathbb{R}^2$ 空间不同范数下的"单位圆".

解 图 4.1.1 给出了 $\|x\|_1 = 1$，$\|x\|_2 = 1$，$\|x\|_5 = 1$ 和 $\|x\|_\infty = 1$.

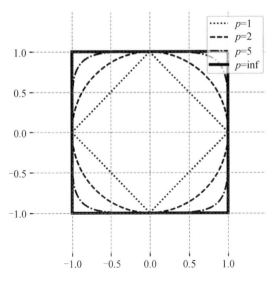

图 4.1.1 $\mathbb{R}^2$ 空间的单位圆

从图 4.1.1 可以看出，同一空间不同范数定义的单位圆是有区别的：1-范数和 ∞-范数的"单位圆"是正方形，2-范数是单位圆. 尽管范数定义不同，但其定义的"单位圆"均是有界闭集.

注 6：有限维赋范线性空间中的"单位圆"具有重要意义. 在几何上，它们相当于实数轴上的单位闭区间或其端点，或三维空间中的单位球或球面. 因此，它们都是有界闭集. 连续函数在有界闭集上一定有最大值和最小值，这是高等数学课程中的一个重要结论. 研究赋范线性空间上的连续函数或变换的一个重要技巧就是设法将函数的定义域限制或转移到"单位圆"上.

定义 4.1.2（范数等价） 设 V 是数域 F 上的有限维线性空间，$\|x\|_\alpha$ 和 $\|x\|_\beta$ 是 V 中任意两个向量范数. 若存在正数 k_1 和 k_2 使得 $\forall x \in V$，都有

$$k_1 \|x\|_\beta \leqslant \|x\|_\alpha \leqslant k_2 \|x\|_\beta$$

则称 $\|x\|_\alpha$ 与 $\|x\|_\beta$ 是**等价**的.

定理 4.1.2 有限维线性空间中的任意向量范数都是等价的.

证明 设向量组 $\epsilon_1, \cdots, \epsilon_n$ 是线性空间 V 中一组基，则对 V 中任意向量 x，有

$$x = \xi_1 \epsilon_1 + \cdots + \xi_n \epsilon_n = [\epsilon_1 \quad \cdots \quad \epsilon_n] \xi$$

式中：$\xi = (\xi_1, \cdots, \xi_n)^{\mathrm{T}}$ 是向量 x 在基 $\epsilon_1, \cdots, \epsilon_n$ 下的坐标.

令 $\|x\|_\alpha$ 与 $\|x\|_\beta$ 是 V 中的两个不同范数. 当 $x = \theta$ 时，$k_1 \|x\|_\beta \leqslant \|x\|_\alpha \leqslant k_2 \|x\|_\beta$ 显然成立.

现考察 $x \neq \theta$ 的情况. 由定理 4.1.1 知，$\|x\|_\alpha$ 与 $\|x\|_\beta$ 均是坐标 ξ 的连续函数. 定义函数 $f(\xi)$ 和集合 S：

$$f(\xi) = \frac{\|x\|_\alpha}{\|x\|_\beta}$$

$$S = \left\{ \eta \in F^n \,\middle|\, \sum_{i=1}^n |\eta_i|^2 = 1 \right\}$$

则 $f(\xi)$ 也是 ξ 的连续函数,集合 S 是 F^n 中的一个单位超球面(或称为 F^n 中的一个 $n-1$ 维闭子流形)且为有界闭集.

注意到

$$\frac{\|x\|_\alpha}{\left(\sum_{i=1}^n |\xi_i|^2\right)^{\frac{1}{2}}} = \left\|\frac{\xi_1 \epsilon_1 + \cdots + \xi_n \epsilon_n}{\left(\sum_{i=1}^n |\xi_i|^2\right)^{\frac{1}{2}}}\right\|_\alpha = \|[\epsilon_1 \quad \cdots \quad \epsilon_n]\xi'\|_\alpha$$

$$\frac{\|x\|_\beta}{\left(\sum_{i=1}^n |\xi_i|^2\right)^{\frac{1}{2}}} = \left\|\frac{\xi_1 \epsilon_1 + \cdots + \xi_n \epsilon_n}{\left(\sum_{i=1}^n |\xi_i|^2\right)^{\frac{1}{2}}}\right\|_\beta = \|[\epsilon_1 \quad \cdots \quad \epsilon_n]\xi'\|_\beta$$

式中:

$$\xi' = \left(\frac{\xi_1}{\left(\sum_{i=1}^n |\xi_i|^2\right)^{\frac{1}{2}}}, \cdots, \frac{\xi_n}{\left(\sum_{i=1}^n |\xi_i|^2\right)^{\frac{1}{2}}}\right)^{\mathrm{T}} \in S$$

此时,$f(\xi)$ 等价为

$$f(\xi') = \frac{\dfrac{\|x\|_\alpha}{\sum_{i=1}^n |\xi_i|^2}}{\dfrac{\|x\|_\beta}{\sum_{i=1}^n |\xi_i|^2}}$$

由于连续函数 $f(\xi')$ 在有界闭集 S 上必有最大值 k_2 和最小值 k_1,则 $k_1\|x\|_\beta \leqslant \|x\|_\alpha \leqslant k_2\|x\|_\beta$.

证毕.

命题 4.1.1(范数等价的性质) 设 V 是数域 F 上的有限维线性空间,若向量范数 $\|x\|_\alpha$ 与 $\|x\|_\beta$ 等价,则满足

(1) 自反性:$1 \cdot \|x\|_\alpha \leqslant \|x\|_\alpha \leqslant 1 \cdot \|x\|_\alpha$;

(2) 对称性:$\dfrac{1}{k_2}\|x\|_\alpha \leqslant \|x\|_\beta \leqslant \dfrac{1}{k_1}\|x\|_\alpha$;

(3) 传递性:若 $\|x\|_\beta$ 与 $\|x\|_\gamma$ 等价,则向量范数 $\|x\|_\alpha$ 与 $\|x\|_\gamma$ 等价.

赋范线性空间中范数等价性结论是后续向量序列和矩阵序列的敛散性证明的重要理论基础,请读者仔细体会.

4.2　矩阵范数

任一 $m\times n$ 阶矩阵均可看作 mn 维向量(矩阵空间 $\mathbb{C}^{m\times n}$ 与向量空间 $\mathbb{C}^{mn}$ 同构),故可将向量范数的定义和性质直接移植至矩阵.

定义 4.2.1(矩阵的向量范数)　对任意矩阵 $A\in\mathbb{C}^{m\times n}$,定义 $\|A\|$ 是对应以矩阵 A 为自变量的实值函数,且满足以下三条性质:

(1) 正定性(或非负性): $\|A\|\geqslant 0$,当且仅当 $A=O$ 时,有 $\|A\|=0$;

(2) 齐次性: $\forall k\in\mathbb{C}$, $\|kA\|=|k|\,\|A\|$;

(3) 三角不等式: $\forall B\in\mathbb{C}^{m\times n}$,有 $\|A+B\|\leqslant\|A\|+\|B\|$,

则称 $\|A\|$ 是矩阵 A 的**向量范数**.

例 4.2.1　设 $A=(a_{ij})\in\mathbb{C}^{m\times n}$,则

$$\|A\|_{v1}=\sum_{i=1}^{m}\sum_{j=1}^{n}|a_{ij}|$$

$$\|A\|_{v\infty}=\max_{\forall i,j}|a_{ij}|$$

$$\|A\|_{v2}=\left(\sum_{i=1}^{m}\sum_{j=1}^{n}|a_{ij}|^2\right)^{\frac{1}{2}}$$

$$\|A\|_{vp}=\left(\sum_{i=1}^{m}\sum_{j=1}^{n}|a_{ij}|^p\right)^{\frac{1}{p}},\quad p\geqslant 1$$

均为矩阵 A 的向量范数.

类似于 4.1 节,对于矩阵的向量范数,我们同样有如下结论.

定理 4.2.1　矩阵 $A=(a_{ij})\in\mathbb{C}^{m\times n}$ 的任一向量范数是 A 的元素的连续函数.

定理 4.2.2　线性空间 $\mathbb{C}^{m\times n}$ 的任意两个向量范数是等价的,即对 $\|A\|_{v\alpha}$ 和 $\|A\|_{v\beta}$ 存在正数 k_1 及 k_2 使得 $\forall A\in\mathbb{C}^{m\times n}$,有

$$k_1\|A\|_{v\beta}\leqslant\|A\|_{v\alpha}\leqslant k_2\|A\|_{v\beta}$$

尽管矩阵可视为拉直的向量,但矩阵和向量还是有所不同,典型的是矩阵有乘法运算.因此,在考虑范数时还须兼顾矩阵的乘法运算.

定义 4.2.2(矩阵范数)　对任意矩阵 $A\in\mathbb{C}^{m\times n}$,定义 $\|A\|$ 均是对应以矩阵 A 为自变量的实值函数,且满足以下四条性质:

(1) 正定性: $\|A\|\geqslant 0$,当且仅当 $A=O$ 时,有 $\|A\|=0$;

(2) 齐次性: $\forall k\in\mathbb{C}$, $\|kA\|=|k|\,\|A\|$;

(3) 三角不等式: $\|A+B\|\leqslant\|A\|+\|B\|$;

(4) 矩阵乘法相容性: $\|AB\|\leqslant\|A\|\|B\|$(须矩阵乘积有意义),

则称 $\|A\|$ 是矩阵 A 的**矩阵范数**.

注 1:若将性质(4)中矩阵乘法相容性的不等式反向,即 $\|AB\|\geqslant\|A\|\|B\|$,此时幂零矩阵(对于 n 阶复方阵 A,若存在正整数 k 使得 $A^k=O$,则称矩阵 A 为**幂零矩**

阵)的矩阵范数将是零,这与矩阵范数的正定性要求矛盾. 矩阵乘法相容性的不等式实际上保证了矩阵幂级数的收敛性(设 $\|A\| \leqslant 1$,则根据矩阵乘法相容性得,当 $k \to \infty$ 时,$\|A^k\| \to 0$).

【思考】 设 $A = (a_{ij}) \in \mathbb{C}^{m \times n}$,$\|A\|_{v\infty} = \max\limits_{i,j} |a_{ij}|$ 是矩阵范数吗?

分析 考察 $A = \begin{bmatrix} 1 & 0 \\ 1 & 1 \end{bmatrix}$,$B = \begin{bmatrix} -1 & 0 \\ -1 & 1 \end{bmatrix}$,则 $AB = \begin{bmatrix} -1 & 0 \\ -2 & 1 \end{bmatrix}$. 又知 $\|A\|_{v\infty} = 1$,$\|B\|_{v\infty} = 1$,$\|AB\|_{v\infty} = 2$,则不等式 $\|AB\| \leqslant \|A\| \|B\|$ 不成立. 因此,$\|A\|_{v\infty}$ 不是矩阵范数.

例 4.2.2 设 $A = (a_{ij}) \in \mathbb{C}^{m \times n}$,证明:

$$\|A\|_{v2} = \left(\sum_{i=1}^{m} \sum_{j=1}^{n} |a_{ij}|^2 \right)^{\frac{1}{2}} = \left[\operatorname{tr}(A^H A) \right]^{\frac{1}{2}}$$

是 A 的矩阵范数.

证明 设 $A = (a_{ij}) \in \mathbb{C}^{m \times n}$,$B = (b_{ij}) \in \mathbb{C}^{n \times p}$ 和 $D = (d_{ij}) \in \mathbb{C}^{m \times n}$,则有 $AB = (c_{ij}) \in \mathbb{C}^{m \times p}$,其中 $c_{ij} = \sum\limits_{k=1}^{n} a_{ik} b_{kj}$.

(1) 正定性:$\|A\|_{v2} = \sqrt{\sum\limits_{i=1}^{m} \sum\limits_{j=1}^{n} |a_{ij}|^2} \geqslant 0$,且 $\|A\|_{v2} = 0 \Leftrightarrow A = O$.

(2) 齐次性:$\forall k \in \mathbb{C}$,有

$$\|kA\|_{v2} = \sqrt{\sum_{i=1}^{m} \sum_{j=1}^{n} |k a_{ij}|^2} = |k| \cdot \|A\|_{v2}$$

(3) 三角不等式:

$$\|A + D\|_{v2} = \sqrt{\sum_{i=1}^{m} \sum_{j=1}^{n} |a_{ij} + d_{ij}|^2}$$

$$\leqslant \sqrt{\sum_{i=1}^{m} \sum_{j=1}^{n} |a_{ij}|^2} + \sqrt{\sum_{i=1}^{m} \sum_{j=1}^{n} |d_{ij}|^2}$$

$$= \|A\|_{v2} + \|D\|_{v2}$$

(4) 乘法相容性:$\|AB\|_{v2}^2 = \sum\limits_{i=1}^{m} \sum\limits_{j=1}^{p} |c_{ij}|^2$,其中

$$|c_{ij}|^2 = \left| \sum_{k=1}^{n} a_{ik} b_{kj} \right|^2 \leqslant \left(\sum_{k=1}^{n} |a_{ik} b_{kj}| \right)^2$$

$$\leqslant \left(\sum_{k=1}^{n} |a_{ik}|^2 \right) \left(\sum_{k=1}^{n} |b_{kj}|^2 \right)$$

$$\|AB\|_{v2}^2 \leqslant \sum_{i,j} \left[\left(\sum_{k=1}^{n} |a_{ik}|^2 \right) \left(\sum_{k=1}^{n} |b_{kj}|^2 \right) \right] = \|A\|_{v2}^2 \|B\|_{v2}^2$$

因此,$\|A\|_{v2}$ 是 A 的矩阵范数.

注 2: $\|A\|_{v2}$ 范数称为Frobenious 范数,简称为F-范数,并常记为 $\|A\|_F$.

例 4.2.2 提供了计算矩阵 A 的 F-范数的两种方法. 实际上, 根据矩阵特征值和迹的关系, 我们有 $\|A\|_F = \sqrt{\sum_{i=1}^{n} \delta_i^2}$, 其中 δ_i 是矩阵 A 的 n 个奇异值.

定理 4.2.3　设 $A = (a_{ij}) \in \mathbb{C}^{m \times n}$ 和 $x \in \mathbb{C}^n$, 则

(1) $\|UA\|_F = \|AV\|_F = \|UAV\|_F = \|A\|_F$, 其中 U 和 V 是酉矩阵;

(2) $\|A\|_F^2 = \sum_{i=1}^{n} \|\boldsymbol{\beta}_i\|_2^2$, 其中矩阵 A 按列分块, 记为

$$A = \begin{bmatrix} \boldsymbol{\beta}_1 & \cdots & \boldsymbol{\beta}_n \end{bmatrix} \quad \text{或} \quad \|A\|_F^2 = \sum_{i=1}^{m} \|\boldsymbol{\alpha}_i\|_2^2$$

其中, 矩阵 A 按行分块, 记为

$$A = \begin{bmatrix} \boldsymbol{\alpha}_1^H \\ \vdots \\ \boldsymbol{\alpha}_m^H \end{bmatrix}$$

(3) $\|Ax\|_2 \leqslant \|A\|_F \|x\|_2$.

证明　(1) 根据 F-范数定义知,

$$\|UA\|_F = \left[\operatorname{tr}((UA)^H (UA)) \right]^{\frac{1}{2}} = \left[\operatorname{tr}(A^H A) \right]^{\frac{1}{2}} = \|A\|_F$$

$$\|AV\|_F = \left[\operatorname{tr}((AV)(AV)^H) \right]^{\frac{1}{2}} = \left[\operatorname{tr}(A^H A) \right]^{\frac{1}{2}} = \|A\|_F$$

$$\|UAV\|_F = \left[\operatorname{tr}(U^H A^H A U) \right]^{\frac{1}{2}} = \left[\operatorname{tr}(A^H A) \right]^{\frac{1}{2}} = \|A\|_F$$

(2) 根据向量 2-范数定义知,

$$\sum_{i=1}^{n} \|\boldsymbol{\beta}_i\|_2^2 = \sum_{i=1}^{m} \sum_{j=1}^{n} |a_{ij}|^2 = \sum_{i=1}^{m} \|\boldsymbol{\alpha}_i\|_2^2$$

因此, $\|A\|_F^2 = \sum_{i=1}^{m} \|\boldsymbol{\alpha}_i\|_2^2 = \sum_{i=1}^{n} \|\boldsymbol{\beta}_i\|_2^2$.

(3) 对矩阵 A 行分块得

$$\|Ax\|_2 = \left\| \begin{bmatrix} \boldsymbol{\alpha}_1^H x \\ \vdots \\ \boldsymbol{\alpha}_m^H x \end{bmatrix} \right\|_2 = \left(\sum_{i=1}^{m} |\boldsymbol{\alpha}_i^H x|^2 \right)^{\frac{1}{2}}$$

根据定理 1.4.1 Cauchy 不等式得 $|\boldsymbol{\alpha}_i^H x| \leqslant \|\boldsymbol{\alpha}_i\|_2 \|x\|_2$, 并将其代入上式得

$$\|Ax\|_2 \leqslant \left(\sum_{i=1}^{m} \|\boldsymbol{\alpha}_i\|_2^2 \right)^{\frac{1}{2}} \|x\|_2 = \|A\|_F \|x\|_2$$

注 3: 定理 4.2.3 性质(1)称为 F-范数的酉不变性.

【思考】　如何根据已有矩阵范数构造新的矩阵范数?

例 4.2.3　设 $A \in \mathbb{C}^{n \times n}$, $\|\cdot\|$ 是某一给定矩阵范数. 定义

$$\|A\|_m = \|P^{-1} A P\|$$

则 $\|\cdot\|_m$ 是矩阵范数, 其中 P 是 n 阶可逆矩阵.

证明 (1)正定性:由定义知,$\|A\|_m \geqslant 0$ 且等号成立的充分必要条件为 $A = O$.

(2)齐次性:$\forall k \in \mathbb{C}, \|kA\|_m = |k| \|P^{-1}AP\| = |k| \|A\|_m$.

(3)三角不等式:$\|A + B\|_m = \|P^{-1}(A + B)P\| \leqslant \|A\|_m + \|B\|_m$.

(4)相容性:$\forall A, B \in \mathbb{C}^{n \times n}$,

$$\|AB\|_m = \|P^{-1}APP^{-1}BP\| \leqslant \|P^{-1}AP\| \|P^{-1}BP\| = \|A\|_m \|B\|_m$$

因此,$\|\cdot\|_m$ 是矩阵范数.

注 4:单位矩阵的矩阵范数必不小于 1.由矩阵乘法的相容性可知,

$$\|I\| = \|I^2\| \leqslant \|I\|^2$$

请注意,单位矩阵的向量范数可以是任意正数.

4.3 相容范数

向量范数与矩阵范数在运算中经常同时出现,这需建立它们之间的关系.因此,我们引入相容范数.

定义 4.3.1(向量范数与矩阵范数相容) 若对任意 $A \in \mathbb{C}^{m \times n}$ 和 $x \in \mathbb{C}^n$,向量范数 $\|x\|_v$ 与矩阵范数 $\|A\|_m$ 满足

$$\|Ax\|_v \leqslant \|A\|_m \|x\|_v$$

则称向量范数 $\|x\|_v$ 与矩阵范数 $\|A\|_m$ **相容**.

例 4.3.1 由定理 4.2.3 知,对任意 $A \in \mathbb{C}^{m \times n}$ 和 $x \in \mathbb{C}^n$,$\|Ax\|_2 \leqslant \|A\|_F \|x\|_2$.由此,向量 2 -范数和矩阵 F -范数是相容的.

【思考】 给定矩阵范数,是否存在与之相容的向量范数?反之,给定向量范数,是否存在与之相容的矩阵范数?

定理 4.3.1 设 $\|A\|_m$ 是 $\mathbb{C}^{n \times n}$ 的一个矩阵范数,则必存在 $\mathbb{C}^n$ 上与之相容的向量范数.

证明 取定非零向量 $\boldsymbol{\alpha} = (\alpha_1, \cdots, \alpha_n)^T \in \mathbb{C}^n$,则对任意向量 $x = (x_1, \cdots, x_n)^T \in \mathbb{C}^n$,定义

$$\|x\|_v = \|x\boldsymbol{\alpha}^T\|_m \tag{4.3.1}$$

因此:

(1)正定性:$\|x\|_v \geqslant 0$ 成立;$\|x\|_v = 0$ 当且仅当 $x\boldsymbol{\alpha}^T = O$,即

$$\alpha_i x_j = 0, \quad i, j = 1, \cdots, n$$

上式成立的充分必要条件为 $x = \boldsymbol{0}$.

(2)齐次性:$\forall k \in \mathbb{C}, \|kx\|_v = |k| \|x\|_v$.

(3)三角不等式:设 $x = (x_1, \cdots, x_n)^T \in \mathbb{C}^n$ 和 $y = (y_1, y_2, \cdots, y_n)^T \in \mathbb{C}^n$,则

$$\|x + y\|_v = \|x\boldsymbol{\alpha}^T + y\boldsymbol{\alpha}^T\|_m \leqslant \|x\boldsymbol{\alpha}^T\|_m + \|y\boldsymbol{\alpha}^T\|_m = \|x\|_v + \|y\|_v$$

(4)相容性:$\forall A \in \mathbb{C}^{n \times n}, \|Ax\|_v = \|Ax\boldsymbol{\alpha}^T\|_m \leqslant \|A\|_m \|x\boldsymbol{\alpha}^T\|_m = \|A\|_m \|x\|_v$.

综上,定义式(4.3.1)是一个向量范数,且与给定的矩阵范数$\|\cdot\|_m$相容.

定理 4.3.2 设$\|x\|_v$是$\mathbb{C}^n$上的一个向量范数,对任意矩阵$A\in\mathbb{C}^{m\times n}$,定义

$$\|A\|=\max_{\|x\|_v=1}\|Ax\|_v \tag{4.3.2}$$

则$\|A\|$是一个与$\|x\|_v$相容的矩阵范数,称矩阵范数(4.3.2)是从属于向量范数$\|\cdot\|_v$的**算子范数**或由向量范数$\|\cdot\|_v$诱导的矩阵范数(或简称**诱导范数**).

分析 注意到定义式(4.3.2)涉及极值问题,故该定理首先须考虑最大值的存在性问题.由于$\|Ax\|_v$是向量x各分量的连续函数,故它在有界闭集$\|x\|_v=1$可取到最大值.因此,定义式(4.3.2)有意义.

证明 (1)正定性:$\|A\|\geqslant 0$显然成立,且有$A=O\Rightarrow\|A\|=0$.$\|A\|=0$意味着对满足$\|x\|_v=1$的任意向量x都有$Ax=0$.此时,齐次线性方程组$Ax=0$的解空间的维数为n.根据定理2.3.6知,$\text{rank}(A)=0$.因此,$A=O$.

(2)齐次性:$\forall k\in\mathbb{C}$,有

$$\|kA\|=\max_{\|x\|_v=1}\|kAx\|_v=|k|\max_{\|x\|_v=1}\|Ax\|_v=|k|\|A\|$$

(3)三角不等式:$\forall B\in\mathbb{C}^{m\times n}$,必存在$\|x\|_v=1$的向量$x_0\in\mathbb{C}^n$满足

$$\|A+B\|=\|(A+B)x_0\|_v\leqslant\|Ax_0\|_v+\|Bx_0\|_v$$
$$\leqslant\max_{\|x\|_v=1}\|Ax\|_v+\max_{\|x\|_v=1}\|Bx\|_v=\|A\|+\|B\|$$

(4)矩阵乘法相容性:对任意矩阵$B\in\mathbb{C}^{m\times p}$和$C\in\mathbb{C}^{p\times n}$,必存在$\|y_0\|=1$的$y_0\in\mathbb{C}^n$满足

$$\|BC\|=\|(BC)y_0\|_v$$

若$\|Cy_0\|_v=0$,则$\|BC\|=0$.性质(4)成立.

若$\|Cy_0\|_v\neq 0$,则有

$$\|BC\|=\|(BC)y_0\|_v=\left\|B\left(\frac{1}{\|Cy_0\|_v}Cy_0\right)\|Cy_0\|_v\right\|_v$$
$$=\left\|B\left(\frac{1}{\|Cy_0\|_v}Cy_0\right)\right\|_v\|Cy_0\|_v$$
$$\leqslant\|B\|\|Cy_0\|_v\leqslant\|B\|\|C\|$$

(5)矩阵范数与向量范数的相容性:若$x=0$,$\|Ax\|_v=\|A\|\|x\|_v=0$.若$x\neq 0$,有

$$\|Ax\|_v=\left\|A\frac{1}{\|x\|_v}x\right\|_v\|x\|_v\leqslant\|A\|\|x\|_v$$

因此,矩阵范数(4.3.2)是从属于向量范数$\|\cdot\|_v$的算子范数.

注1:常用的算子范数有如下等价定义式:

$$\|A\|=\max_{\|x\|_v\neq 0}\frac{\|Ax\|_v}{\|x\|_v} \tag{4.3.3}$$

读者可根据实际情况选择不同的定义式.

常见的向量范数有$\|\boldsymbol{x}\|_1$、$\|\boldsymbol{x}\|_\infty$和$\|\boldsymbol{x}\|_2$,则从属于它们的算子范数分别记为$\|\boldsymbol{A}\|_1$、$\|\boldsymbol{A}\|_\infty$和$\|\boldsymbol{A}\|_2$,并分别称为**列和范数**、**行和范数**和**谱范数**.

定理4.3.3 设$\boldsymbol{A}=(a_{ij})\in\mathbb{C}^{m\times n}$和$\boldsymbol{x}\in\mathbb{C}^n$,$\sigma_{\max}(\boldsymbol{A})$是矩阵$\boldsymbol{A}$的最大奇异值,则从属于向量范数$\|\boldsymbol{x}\|_1$、$\|\boldsymbol{x}\|_\infty$和$\|\boldsymbol{x}\|_2$的算子范数分别为

$$\|\boldsymbol{A}\|_1=\max_{1\leqslant j\leqslant n}\sum_{i=1}^m|a_{ij}|\quad(\text{列和范数})$$

$$\|\boldsymbol{A}\|_\infty=\max_{1\leqslant i\leqslant m}\sum_{j=1}^n|a_{ij}|\quad(\text{行和范数})$$

$$\|\boldsymbol{A}\|_2=\sqrt{\lambda_{\max}(\boldsymbol{A}^{\mathrm{H}}\boldsymbol{A})}=\sigma_{\max}(\boldsymbol{A})\quad(\text{谱范数})$$

分析 定理4.3.3本质上是证明以下三个等式:

$$\max_{\|\boldsymbol{x}\|_1=1}\|\boldsymbol{Ax}\|_1=\max_{1\leqslant j\leqslant n}\sum_{i=1}^m|a_{ij}|\tag{4.3.4}$$

$$\max_{\|\boldsymbol{x}\|_\infty=1}\|\boldsymbol{Ax}\|_\infty=\max_{1\leqslant i\leqslant m}\sum_{j=1}^n|a_{ij}|\tag{4.3.5}$$

$$\max_{\|\boldsymbol{x}\|_2=1}\|\boldsymbol{Ax}\|_2=\sqrt{\lambda_{\max}(\boldsymbol{A}^{\mathrm{H}}\boldsymbol{A})}\tag{4.3.6}$$

以证明式(4.3.4)为例,证明过程应分为两个步骤:首先证明$\|\boldsymbol{Ax}\|_1\leqslant\|\boldsymbol{A}\|_1$再证明存在$\|\boldsymbol{x}_0\|_1=1$的向量$\boldsymbol{x}_0$满足$\|\boldsymbol{A}\|_1=\|\boldsymbol{Ax}_0\|_1$.

证明 (1) $\forall\boldsymbol{x}=(x_1,\cdots,x_n)^{\mathrm{T}}\in\mathbb{C}^n$且$\sum_{k=1}^n|x_k|=1$,有

$$\|\boldsymbol{Ax}\|_1=\sum_{i=1}^m\Big|\sum_{k=1}^n a_{ik}x_k\Big|\leqslant\sum_{i=1}^m\sum_{k=1}^n(|a_{ik}|\cdot|x_k|)$$

$$=\sum_{k=1}^n\Big(|x_k|\sum_{i=1}^m|a_{ik}|\Big)\leqslant\sum_{k=1}^n\Big(|x_k|\max_{1\leqslant j\leqslant n}\sum_{i=1}^m|a_{ij}|\Big)=\|\boldsymbol{A}\|_1$$

设矩阵$\boldsymbol{A}$的第j^*列对$j=1,\cdots,n$满足

$$\sum_{i=1}^m|a_{ij}|\leqslant\sum_{i=1}^m|a_{ij^*}|$$

则取$\boldsymbol{x}_0=\boldsymbol{e}_{j^*}$,有

$$\|\boldsymbol{Ax}_0\|_1=\sum_{i=1}^m|a_{ij^*}|=\|\boldsymbol{A}\|_1$$

上式表明$\|\boldsymbol{Ax}\|_1$的最大值可以取到$\|\boldsymbol{A}\|_1$.因此,式(4.3.4)成立.

(2) $\forall\boldsymbol{x}=(x_1,\cdots,x_n)^{\mathrm{T}}\in\mathbb{C}^n$且$\max_{1\leqslant k\leqslant n}|x_k|=1$,有

$$\|\boldsymbol{Ax}\|_\infty=\max_{1\leqslant i\leqslant m}\Big|\sum_{k=1}^n a_{ik}x_k\Big|\leqslant\max_{1\leqslant i\leqslant m}\sum_{k=1}^n(|a_{ik}||x_k|)$$

$$\leqslant\max_{1\leqslant i\leqslant m}\sum_{k=1}^n|a_{ik}|=\|\boldsymbol{A}\|_\infty$$

设矩阵$\boldsymbol{A}$的第i^*行满足

2

$$\sum_{j=1}^{n} |a_{ij}| \leqslant \sum_{j=1}^{n} |a_{i^*j}|, \quad \forall i = 1, \cdots, m$$

定义

$$\mu_j = \begin{cases} \dfrac{|a_{i^*j}|}{a_{i^*j}}, & a_{i^*j} \neq 0 \\ 1, & a_{i^*j} = 0 \end{cases}, \quad j = 1, \cdots, n$$

并取 $\boldsymbol{x}_0 = (\mu_1, \cdots, \mu_n)^{\mathrm{T}}$，则 $\|\boldsymbol{x}_0\|_{\infty} = 1$. 由此，考察

$$\|\boldsymbol{A}\boldsymbol{x}\|_{\infty} = \max_{1 \leqslant i \leqslant n} \left| \sum_{j=1}^{n} a_{ij}\mu_j \right| = \sum_{j=1}^{n} |a_{i^*j}| = \|\boldsymbol{A}\|_{\infty}$$

上式表明，$\|\boldsymbol{A}\boldsymbol{x}\|_{\infty}$ 的最大值可以取到 $\|\boldsymbol{A}\|_{\infty}$. 因此，式(4.3.5)成立.

（3）设 $\lambda_1 \geqslant \lambda_2 \geqslant \cdots \geqslant \lambda_n$ 是 Hermite 矩阵 $\boldsymbol{A}^{\mathrm{H}}\boldsymbol{A}$ 的 n 个非负特征值，$\boldsymbol{x}_1, \cdots, \boldsymbol{x}_n$ 是属于特征值 $\lambda_1, \cdots, \lambda_n$ 的单位正交特征向量，则向量组 $\boldsymbol{x}_1, \cdots, \boldsymbol{x}_n$ 是 $\mathbb{C}^n$ 空间的一组标准正交基，且 $\forall \boldsymbol{x} \in \mathbb{C}^n$，有

$$\boldsymbol{x} = k_1 \boldsymbol{x}_1 + \cdots + k_n \boldsymbol{x}_n \tag{4.3.7}$$

式中：$(k_1, \cdots, k_n)^{\mathrm{T}}$ 是向量 $\boldsymbol{x}$ 在基 $\boldsymbol{x}_1, \cdots, \boldsymbol{x}_n$ 下的坐标.

将式(4.3.7)代入 $\|\boldsymbol{x}\|_2$，得

$$\|\boldsymbol{x}\|_2 = (\boldsymbol{x}^{\mathrm{H}}\boldsymbol{x})^{\frac{1}{2}} = \left(\sum_{i=1}^{n} |k_i|^2 \right)^{\frac{1}{2}}$$

又知

$$\|\boldsymbol{A}\boldsymbol{x}\|_2^2 = \boldsymbol{x}^{\mathrm{H}}\boldsymbol{A}^{\mathrm{H}}\boldsymbol{A}\boldsymbol{x} = \left(\sum_{i=1}^{n} k_i\boldsymbol{x}_i \right)^{\mathrm{H}} \boldsymbol{A}^{\mathrm{H}}\boldsymbol{A} \left(\sum_{i=1}^{n} k_i\boldsymbol{x}_i \right)$$

$$= \sum_{i=1}^{n} |k_i|^2 \lambda_i \leqslant \lambda_1 \sum_{k=1}^{n} |k_i|^2 = \lambda_1 \|\boldsymbol{x}\|_2^2$$

由此，$\|\boldsymbol{A}\boldsymbol{x}\|_2^2 \leqslant \lambda_1 \|\boldsymbol{x}\|_2^2$. 取 $\boldsymbol{x} = \boldsymbol{x}_1$，则 $\|\boldsymbol{A}\boldsymbol{x}_1\|_2^2 = \lambda_1$，即不等式 $\|\boldsymbol{A}\boldsymbol{x}\|_2^2 \leqslant \lambda_1 \|\boldsymbol{x}\|_2^2$ 可以取到等号. 因此，式(4.3.6)成立. 证毕.

注 2：由定理 4.2.3 知，$\|\boldsymbol{A}\|_F$ 与 $\|\boldsymbol{x}\|_2$ 是相容的，而 $\|\boldsymbol{A}\|_2$ 作为从属于 $\|\boldsymbol{x}\|_2$ 的算子范数，自然也是相容的，所以相容于同一向量范数的矩阵范数有多个. 事实上，我们总有 $\|\boldsymbol{A}\|_2 \leqslant \|\boldsymbol{A}\|_F$，请读者自行证明.

注 3：若存在常数 M 使得对任意向量 $\boldsymbol{x} \in \mathbb{C}^n$，有 $\|\boldsymbol{A}\boldsymbol{x}\|_v \leqslant M\|\boldsymbol{x}\|_v$，则 $\|\boldsymbol{A}\|_v \leqslant M$，即从属于范数 $\|\boldsymbol{x}\|_v$ 的算子范数 $\|\boldsymbol{A}\|_v$ 是使不等式 $\|\boldsymbol{A}\boldsymbol{x}\|_v \leqslant M\|\boldsymbol{x}\|_v$ 成立的最小常数.

例 4.3.2　设 $\boldsymbol{A} = \begin{bmatrix} 2 & -1 & 0 \\ 0 & 2 & 3 \\ 1 & 2 & 0 \end{bmatrix}$，分别计算 $\|\boldsymbol{A}\|_1$、$\|\boldsymbol{A}\|_{\infty}$、$\|\boldsymbol{A}\|_2$ 和 $\|\boldsymbol{A}\|_F$.

解　由 $\|\boldsymbol{A}\|_1$、$\|\boldsymbol{A}\|_{\infty}$ 和 $\|\boldsymbol{A}\|_F$ 定义计算得 $\|\boldsymbol{A}\|_1 = 5$，$\|\boldsymbol{A}\|_{\infty} = 5$，$\|\boldsymbol{A}\|_F = \sqrt{23}$；对于 $\|\boldsymbol{A}\|_2$，有

$$\boldsymbol{A}^{\mathrm{H}}\boldsymbol{A} = \begin{bmatrix} 5 & 0 & 0 \\ 0 & 9 & 6 \\ 0 & 6 & 9 \end{bmatrix}$$

计算该矩阵特征值分别为 3、5 和 15. 因此,$\|\boldsymbol{A}\|_2 = \sqrt{15}$.

由例 4.3.2 看出,计算 $\|\boldsymbol{A}\|_1$、$\|\boldsymbol{A}\|_\infty$ 和 $\|\boldsymbol{A}\|_F$ 相对比较容易,而计算 $\|\boldsymbol{A}\|_2$ 则比较复杂. 不可否认的是,$\|\boldsymbol{A}\|_2$ 对矩阵元素变化比较敏感. 因此,在诸多不等式放缩时常采用矩阵谱范数.

注 4: 设 $\lambda_1 \geqslant \lambda_2 \geqslant \cdots \geqslant \lambda_n$ 是 Hermite 矩阵 $\boldsymbol{A}$ 的 n 个特征值,则由谱范数证明过程知,

$$\lambda_n \leqslant R(\boldsymbol{x}) \leqslant \lambda_1 \tag{4.3.8}$$

式中:$R(\boldsymbol{x})$ 的定义为

$$R(\boldsymbol{x}) = \frac{\boldsymbol{x}^{\mathrm{H}}\boldsymbol{A}\boldsymbol{x}}{\boldsymbol{x}^{\mathrm{H}}\boldsymbol{x}}, \quad \forall \boldsymbol{x} \neq \boldsymbol{0}$$

称 $R(\boldsymbol{x})$ 为 Hermite 矩阵 $\boldsymbol{A}$ 的 **Rayleigh 商**.

推论 4.3.1 设 $\lambda_1 \geqslant \lambda_2 \geqslant \cdots \geqslant \lambda_n$ 是 Hermite 矩阵 $\boldsymbol{A}$ 的 n 个特征值,则

$$\lambda_1 = \max_{\forall \boldsymbol{x} \neq 0} R(\boldsymbol{x}), \quad \lambda_n = \min_{\forall \boldsymbol{x} \neq 0} R(\boldsymbol{x})$$

基于 Rayleigh 商,有如下著名的极大极小或极小极大定理.

定理 4.3.4 设 $\lambda_1 \geqslant \lambda_2 \geqslant \cdots \geqslant \lambda_n$ 是 Hermite 矩阵 $\boldsymbol{A}$ 的 n 个特征值,V_i 是 $\mathbb{C}^n$ 中 i 维线性子空间,则 $\forall i = 1, \cdots, n$,有

$$\lambda_i = \max_{\forall V_i} \min_{\substack{\boldsymbol{x} \in V_i, \\ \boldsymbol{x} \neq 0}} R(\boldsymbol{x})$$

$$\lambda_i = \min_{\forall V_{n-i+1}} \max_{\substack{\boldsymbol{x} \in V_{n-i+1}, \\ \boldsymbol{x} \neq 0}} R(\boldsymbol{x})$$

证明 这里仅证明 $\lambda_i = \max\limits_{\forall V_i} \min\limits_{\substack{\boldsymbol{x} \in V_i, \\ \boldsymbol{x} \neq 0}} R(\boldsymbol{x})$,另一公式可采用类似方法加以证明.

设 V_i 是 $\mathbb{C}^n$ 中任一 i 维子空间,它的一组标准正交基为 $\boldsymbol{y}_1, \cdots, \boldsymbol{y}_i$. 令 $\boldsymbol{x}_1, \cdots, \boldsymbol{x}_n$ 是属于特征值 $\lambda_1, \cdots, \lambda_n$ 的单位正交特征向量,并定义 $n - i + 1$ 维子空间 W_{n-i+1} 为

$$W_{n-i+1} = \mathrm{span}(\boldsymbol{x}_i, \boldsymbol{x}_{i+1}, \cdots, \boldsymbol{x}_n)$$

由于 $\dim(V_i) + \dim(W_{n-i+1}) = n + 1 > n$,则 V_i 和 W_{n-i+1} 的交空间必存在非零向量. 不妨假设 $\tilde{\boldsymbol{x}}_0 \in V_i \bigcap W_{n-i+1}$,则 $\tilde{\boldsymbol{x}}_0$ 可表示为

$$\tilde{\boldsymbol{x}}_0 = k_i \boldsymbol{x}_i + k_{i+1} \boldsymbol{x}_{i+1} + \cdots + k_n \boldsymbol{x}_n$$

其中,$k_j \in \mathbb{C}, j = i, i+1, \cdots, n$.

相应地,有

$$R(\tilde{\boldsymbol{x}}_0) = \frac{\displaystyle\sum_{j=i}^{n} |k_j|^2 \lambda_j}{\displaystyle\sum_{j=i}^{n} |k_j|^2} \leqslant \lambda_i$$

由此，$\min\limits_{\substack{x\in V_i,\\ x\neq 0}} R(x)\leqslant\lambda_i$. 另一方面，考虑 V_i 的一种特殊情况：

$$V_i=\mathrm{span}(x_1,\cdots,x_i)$$

则对 V_i 中任意向量 x，必存在一组常数 $k_1,\cdots,k_i$，使得 $x=k_1x_1+\cdots+k_ix_i$，并有

$$R(x)=\frac{\sum\limits_{j=1}^{i}|k_j|^2\lambda_j}{\sum\limits_{j=1}^{i}|k_j|^2},\quad j=1,\cdots,i$$

显然，对 V_i 中任意向量 x，有 $R(x)\geqslant\lambda_i$. 因此，$\lambda_i=\max\limits_{V_i}\min\limits_{\substack{x\in V_i,\\ x\neq 0}} R(x)$.

【应用】　利用极大极小定理可研究 Hermite 矩阵特征值的扰动问题（讨论 Hermite 矩阵元素发生变化时相应矩阵特征值的变化范围）.

定理 4.3.5　设 A 和 E 均为 n 阶 Hermite 复方阵，则对 $i=1,\cdots,n$，有

$$\lambda_i(A)+\lambda_n(E)\leqslant\lambda_i(A+E)\leqslant\lambda_i(A)+\lambda_1(E)$$

式中：$\lambda_i(A)$ 是矩阵 A 的第 i 大特征值.

证明　设 $x_1,\cdots,x_n$ 分别属于矩阵 A 的特征值 $\lambda_1,\cdots,\lambda_n$ 的单位正交特征向量. 由向量组 $x_1,\cdots,x_n$ 中取前 i 个向量，并定义 $V_{n-i+1}=\mathrm{span}(x_i,\cdots,x_n)$.

根据定理 4.3.4 知，

$$\lambda_i(A+E)\leqslant\max\limits_{\substack{x\in V_{n-i+1},\\ x\neq 0}}\frac{x^H(A+E)x}{x^Hx}$$

$$\leqslant\max\limits_{\substack{x\in V_{n-i+1},\\ x\neq 0}}\frac{x^HAx}{x^Hx}+\max\limits_{\substack{x\in V_{n-i+1},\\ x\neq 0}}\frac{x^HEx}{x^Hx}$$

式中：

$$\max\limits_{\substack{x\in V_{n-i+1},\\ x\neq 0}}\frac{x^HAx}{x^Hx}=\lambda_i(A)$$

$$\max\limits_{\substack{x\in V_{n-i+1},\\ x\neq 0}}\frac{x^HEx}{x^Hx}\leqslant\lambda_1(E)$$

因此，$\lambda_i(A+E)\leqslant\lambda_i(A)+\lambda_1(E)$. 另一方面，将该不等式中的 A 用 $A+E$、E 用 $-E$ 替换，于是有

$$\lambda_i(A)\leqslant\lambda_i(A+E)+\lambda_1(-E)$$

式中：$\lambda_1(-E)=-\lambda_n(E)$. 此时有 $\lambda_i(A)+\lambda_n(E)\leqslant\lambda_i(A+E)$. 证毕.

如无特殊说明，我们遇到矩阵和向量同时出现时，总是假设矩阵范数和向量范数是相容的.

定理 4.3.6　设 $A\in\mathbb{C}^{n\times n}$，$\|A\|$ 是某一矩阵范数. 若 $\|A\|<1$，试证明 $I-A$ 非奇异，且

$$\| (I-A)^{-1} \| \leqslant \frac{\| I \|}{1 - \| A \|}$$

证明 采用反证法.假设矩阵 $I-A$ 奇异,则齐次线性方程组 $(I-A)x=0$ 有非零解,即存在非零向量 x_0 使得 $(I-A)x_0=0$.进一步整理得

$$A x_0 = x_0$$

对上式两端取与矩阵范数 $\| \cdot \|$ 相容的向量范数,得

$$\| x_0 \| = \| A x_0 \| \leqslant \| A \| \| x_0 \|$$

由于 $x_0 \neq 0$,故 $\| x_0 \| \neq 0$.由此, $\| A \| \geqslant 1$,这与 $\| A \| < 1$ 矛盾.因此,假设不成立,即 $I-A$ 非奇异.

另一方面,根据 $(I-A)(I-A)^{-1}=I$ 得

$$(I-A)^{-1} = I + A(I-A)^{-1}$$

对上式两端取矩阵范数,得

$$\begin{aligned}
\| (I-A)^{-1} \| &= \| I + A(I-A)^{-1} \| \\
&\leqslant \| I \| + \| A \| \| (I-A)^{-1} \|
\end{aligned}$$

整理即得结论.

由定理 3.9.1,对矩阵 $A \in \mathbb{C}_r^{m \times n}$,有如下的奇异值分解

$$A = UDV^{\mathrm{H}} = U \begin{bmatrix} \Sigma_r & O \\ O & O \end{bmatrix} V^{\mathrm{H}}$$

式中: $\Sigma_r = \mathrm{diag}(\sigma_1, \cdots, \sigma_r)$, $U = [\alpha_1 \quad \cdots \quad \alpha_m]$, $V = [\beta_1 \quad \cdots \quad \beta_n]$.

奇异值分解可将 A 分解为 r 个秩为 1 的矩阵"片段"的线性组合,即

$$A = \sum_{i=1}^{r} \sigma_i \alpha_i \beta_i^{\mathrm{H}} = \sum_{i=1}^{r} \sigma_i E_i$$

式中: $\mathrm{rank}(E_i)=1$.根据奇异值的大小,还可以将这些矩阵"片段" E_i 的重要性进行排序.选取正整数 $k < r$,则矩阵 $A_k = \sum_{i=1}^{k} \sigma_i E_i$.此时有如下的定理.

定理 4.3.7(Eckart-Young-Mirsky 定理) 对任意矩阵 $B \in \mathbb{C}_k^{m \times n}$,矩阵 A_k 是所有秩为 k 的矩阵中,对矩阵 A 的最佳逼近,即

$$\min_{B \in \mathbb{C}_k^{m \times n}} \| A - B \| = \| A - A_k \|$$

证明 这里我们只证明矩阵谱范数的情况,其他范数(如 F-范数),请有兴趣的读者自行证明.

设

$$A = \sum_{i=1}^{r} \sigma_i U_i V_i^{\mathrm{H}} = \sum_{i=1}^{r} \sigma_i E_i$$

$$A_k = \sum_{i=1}^{k} \sigma_i E_i$$

且 A 的奇异值分别为 $\sigma_1 \geqslant \sigma_2 \geqslant \cdots \geqslant \sigma_r > \sigma_{r+1} = \cdots = \sigma_p = 0$,则 $A - A_k$ 的前 k 个奇异

值为 0,其余 $p-k$ 个奇异值为 $\sigma_{k+1},\cdots,\sigma_p$.

因为 $\|A\|_2=\sigma_1=\sigma_{\max}$,所以 $\|A-A_k\|_2=\sigma_{k+1}$.

接下来,需要证明最优解均不大于其余任何解,即 $\|A-B\|_2\geqslant\|A-A_k\|_2$.

由于 $\mathrm{rank}(B)=k$,$\dim(N(B))=n-k$,则必存在 $n-k$ 个标准正交向量 $x_1,\cdots$, x_{n-k},使得 $N(B)=\mathrm{span}(x_1,\cdots,x_{n-k})$.

又因为
$$\dim(\mathrm{span}(x_1,\cdots,x_{n-k}))+\dim(\mathrm{span}(V_1,\cdots,V_{k+1}))=n+1>n$$
所以
$$\mathrm{span}(x_1,\cdots,x_{n-k})\bigcap\mathrm{span}(V_1,\cdots,V_{k+1})\neq\{0\}$$
故存在 $\|z\|=1$,使得 $Bz=0$ 且 $z\in\mathrm{span}(V_1,\cdots,V_{k+1})$,从而有 $z=\sum_{i=1}^{k+1}k_iV_i$ 且 $\sum_{i=1}^{k+1}k_i^2=1$.

因此
$$\begin{aligned}\|A-B\|_2&=\|A-B\|_2\|z\|\geqslant\|(A-B)z\|=\|Az\|=\|U\Sigma V^{\mathrm{H}}z\|=\|\Sigma V^{\mathrm{H}}z\|\\&=\sum_{i=1}^p(\sigma_iV_i^{\mathrm{H}}z)^2=\sum_{i=1}^{k+1}(\sigma_iV_i^{\mathrm{H}}z)^2\geqslant\sigma_{k+1}\sum_{i=1}^{k+1}(V_i^{\mathrm{H}}z)^2\\&=\sigma_{k+1}\sum_{i=1}^{k+1}k_i^2=\sigma_{k+1}=\|A-A_k\|_2\end{aligned}$$
即
$$\min_{B\in\mathbb{C}_k^{m\times n}}\|A-B\|=\|A-A_k\|$$

证毕.

例 4.3.3　若矩阵 $A=\mathrm{diag}(1,2,3)$,则在所有秩为 2 的矩阵中,对矩阵 A 的最佳逼近矩阵为 $A_2=\mathrm{diag}(0,2,3)$.选取
$$B=\begin{bmatrix}1&1&0\\0&2&0\\0&0&0\end{bmatrix}$$
则 $\|A-A_2\|_2=1$,$\|A-B\|_2=3$.若
$$B=\begin{bmatrix}0&0&0\\0&2&1\\0&0&3\end{bmatrix}$$
则 $\|A-B\|_2=1$.可见对于固定的 k,矩阵 A 的最佳逼近矩阵并不唯一.这与定理 1.5.5 并不矛盾,因为所有秩为 k 的 $m\times n$ 维矩阵所组成的集合并非线性空间.

4.4　矩阵扰动分析

为解决科学与工程技术中的实际问题,一般先依据物理、电学、力学等规律建立数学模型,然后基于数学模型给出求解模型的数值计算方法.在模型求解过程中,通

常存在两类误差影响计算结果的精度,即数值计算方法引起的截断误差和计算环境引起的舍入误差.为分析这些误差对模型解的影响,人们将其归结为原始数据的扰动(或摄动)对解的影响.

例 4.4.1 考察线性方程组 $Ax = b$,其中 $x = (x_1, x_2)^T$,

$$A = \begin{bmatrix} 1 & 0.99 \\ 0.99 & 0.98 \end{bmatrix}, \quad b = \begin{pmatrix} 1 \\ 1 \end{pmatrix}$$

通过计算得,该方程组的精确解为 $x_1 = 100, x_2 = -100$.

若系数矩阵 A 有一扰动 $\begin{bmatrix} 0 & 0 \\ 0 & 0.01 \end{bmatrix}$,并且右端项 b 也有一扰动 $\begin{pmatrix} 0 \\ 0.001 \end{pmatrix}$,则扰动后的线性方程组为

$$\begin{bmatrix} 1 & 0.99 \\ 0.99 & 0.99 \end{bmatrix} \begin{pmatrix} x_1 \\ x_2 \end{pmatrix} = \begin{pmatrix} 1 \\ 1.001 \end{pmatrix}$$

通过计算得,该方程组的精确解为 $x_1 = -\dfrac{1}{10}, x_2 = \dfrac{10}{9}$.

对比两组解向量知,系数矩阵和右端项的微小扰动会引起解的强烈变化.同时,注意例 4.4.1 本身并没有截断误差和舍入误差,因此原始数据的扰动对问题解的影响程度取决于问题本身的固有性质.

定义 4.4.1(病态问题) **病态问题**是指输出结果相对于输入非常敏感的问题,输入数据中哪怕是极少(或者极微妙)的扰动也会导致输出的较大改变.相反,对于输入不敏感的问题,则称为**良态问题**.

矩阵扰动分析就是研究矩阵元素的变化对矩阵问题解的影响,它对矩阵理论和矩阵计算都具有重要意义.这里仅简要介绍矩阵 A 的逆矩阵,并对以 A 为系数矩阵的线性方程组的解的扰动进行分析.为讨论方便,假定 $\|\cdot\|$ 为 $\mathbb{C}^{n \times n}$ 上满足 $\|I\| = 1$ 的相容矩阵范数.

设矩阵 A 为 n 阶非奇异复方阵,经扰动变为 $A + E$,其中 $E \in \mathbb{C}^{n \times n}$ 称为**扰动矩阵**.我们需要解决:

(1) 什么条件下矩阵 $A + E$ 非奇异?

(2) 当 $A + E$ 非奇异时,$(A + E)^{-1}$ 与 A^{-1} 的近似程度.

定理 4.4.1 设 $A, E \in \mathbb{C}^{n \times n}$,$B = A + E$.若 A 与 B 均非奇异,则

$$\frac{\|B^{-1} - A^{-1}\|}{\|A^{-1}\|} \leqslant \|A\| \|B^{-1}\| \frac{\|E\|}{\|A\|} \tag{4.4.1}$$

证明 由

$$B^{-1} - A^{-1} = A^{-1}(A - B)B^{-1} = -A^{-1}EB^{-1} \tag{4.4.2}$$

对式(4.4.2)两端取矩阵范数,得

$$\|B^{-1} - A^{-1}\| \leqslant \|A^{-1}\| \|B^{-1}\| \|E\|$$

于是

$$\frac{\|B^{-1}-A^{-1}\|}{\|A^{-1}\|} \leqslant \|B^{-1}\|\|E\| = \|A\|\|B^{-1}\|\frac{\|E\|}{\|A\|}$$

定理 4.4.2 设 $A \in \mathbb{C}^{n\times n}$ 是非奇异矩阵,$E \in \mathbb{C}^{n\times n}$,且满足条件

$$\|A^{-1}E\| < 1 \tag{4.4.3}$$

则 $A+E$ 非奇异,且有

$$\|(A+E)^{-1}\| \leqslant \frac{\|A^{-1}\|}{1-\|A^{-1}E\|} \tag{4.4.4}$$

$$\frac{\|(A+E)^{-1}-A^{-1}\|}{\|A^{-1}\|} \leqslant \frac{\|A^{-1}E\|}{1-\|A^{-1}E\|} \tag{4.4.5}$$

证明 因为 $A+E = A(I+A^{-1}E)$,其中 $\|A^{-1}E\| < 1$,则由定理 4.3.6 知,$I + A^{-1}E$ 非奇异.因此,$A+E$ 也是非奇异矩阵.

另由定理 4.3.6 知

$$\|(I+A^{-1}E)^{-1}\| \leqslant \frac{1}{1-\|A^{-1}E\|}$$

则有

$$\begin{aligned}
\|(A+E)^{-1}\| &= \|(I+A^{-1}E)^{-1}A^{-1}\| \\
&\leqslant \|(I+A^{-1}E)^{-1}\|\|A^{-1}\| \\
&\leqslant \frac{\|A^{-1}\|}{1-\|A^{-1}E\|}
\end{aligned}$$

又知

$$(A+E)^{-1}-A^{-1} = [(I+A^{-1}E)^{-1}-I]A^{-1}$$

则

$$\|(A+E)^{-1}-A^{-1}\| \leqslant \|(I+A^{-1}E)^{-1}-I\|\|A^{-1}\|$$

由定理 4.4.1 可得

$$\|(I+A^{-1}E)^{-1}-I\| \leqslant \|(I+A^{-1}E)^{-1}\|\|A^{-1}E\| \leqslant \frac{\|A^{-1}E\|}{1-\|A^{-1}E\|}$$

因此,

$$\|(A+E)^{-1}-A^{-1}\| \leqslant \frac{\|A^{-1}\|\|A^{-1}E\|}{1-\|A^{-1}E\|}$$

由于 $\|A^{-1}E\| \leqslant \|A^{-1}\|\|E\|$,所以由定理 4.4.2 可得如下推论:

推论 4.4.1 设 $A \in \mathbb{C}^{n\times n}$ 是非奇异矩阵,$E \in \mathbb{C}^{n\times n}$ 满足条件 $\|A^{-1}\|\|E\| < 1$,则 $A+E$ 非奇异,并有估计式

$$\frac{\|(A+E)^{-1}-A^{-1}\|}{\|A^{-1}\|} \leqslant \frac{\kappa(A)\dfrac{\|E\|}{\|A\|}}{1-\kappa(A)\dfrac{\|E\|}{\|A\|}} \tag{4.4.6}$$

其中,$\kappa(A) = \|A\|\|A^{-1}\|$.

估计式(4.4.6)表明,$\kappa(A)$反映了A^{-1}对于A的扰动的敏感性.$\kappa(A)$愈大, $(A+E)^{-1}$与A^{-1}的相对误差就愈大.在例4.4.1中,当矩阵范数取1-范数,2-范数或∞-范数时,$\kappa(A)$均等于39 601.

定义 4.4.2(条件数) 设n阶矩阵A非奇异,称$\kappa(A)=\|A\|\|A^{-1}\|$为$A$关于求逆的条件数,也称为求解线性方程组$Ax=b$的条件数.

注1:条件数是用来衡量输出相对于输入敏感度的指标.良态问题和病态问题就是靠这个指标进行区分的:如果$\kappa(A)$很大,则矩阵A关于求逆是病态的.

现考察线性方程组

$$Ax=b \tag{4.4.7}$$

如果系数矩阵A和右端项b分别有扰动E和δb,则扰动后方程组为

$$(A+E)(x+\delta x)=b+\delta b \tag{4.4.8}$$

且有如下定理.

定理 4.4.3 设$A\in\mathbb{C}^{n\times n}$是非奇异矩阵,$b$和$\delta b\in\mathbb{C}^n$,$x$是线性方程组(4.4.7)的解.若$E\in\mathbb{C}^{n\times n}$满足条件$\|A^{-1}\|\|E\|<1$,则方程组(4.4.8)有唯一解$x+\delta x$,且有估计式

$$\frac{\|\delta x\|}{\|x\|}\leqslant\frac{\kappa(A)}{1-\kappa(A)\dfrac{\|E\|}{\|A\|}}\left(\frac{\|E\|}{\|A\|}+\frac{\|\delta b\|}{\|b\|}\right) \tag{4.4.9}$$

证明 因为$\|A^{-1}\|\|E\|<1$,由推论4.4.1知,矩阵$A+E$非奇异.此时方程组(4.4.8)有唯一解$x+\delta x$.

由式(4.4.7)和式(4.4.8)分别得,$x=A^{-1}b$和$x+\delta x=(A+E)^{-1}(b+\delta b)$.于是

$$\begin{aligned}
\delta x &=(A+E)^{-1}(b+\delta b)-x\\
&=(A+E)^{-1}\delta b-x+(I+A^{-1}E)^{-1}A^{-1}b\\
&=(A+E)^{-1}\delta b-[I-(I+A^{-1}E)^{-1}]x\\
&=(A+E)^{-1}\delta b-(I+A^{-1}E)^{-1}A^{-1}Ex
\end{aligned}$$

由$\|A^{-1}E\|\leqslant\|A^{-1}\|\|E\|$、定理4.3.6和定理4.4.2可得

$$\|\delta x\|\leqslant\frac{\|A^{-1}\|\|\delta b\|}{1-\|A^{-1}E\|}+\frac{\|A^{-1}E\|\|x\|}{1-\|A^{-1}E\|}$$

$$\leqslant\frac{\|A^{-1}\|\|x\|}{1-\|A^{-1}\|\|E\|}\left(\frac{\|\delta b\|}{\|x\|}+\|E\|\right)$$

注意到$\|b\|\leqslant\|A\|\|x\|$,故由上式得

$$\frac{\|\delta x\|}{\|x\|}\leqslant\frac{\|A^{-1}\|}{1-\|A^{-1}\|\cdot\|E\|}\left(\frac{\|\delta b\|}{\|x\|}+\|E\|\right)$$

$$\leqslant\frac{\kappa(A)}{1-\kappa(A)\dfrac{\|E\|}{\|A\|}}\left(\frac{\|\delta b\|}{\|b\|}+\frac{\|E\|}{\|A\|}\right)$$

估计式(4.4.9)表明,$\kappa(\boldsymbol{A})$反映了线性方程组(4.4.7)的解 $\boldsymbol{x}$ 的相对误差对于 $\boldsymbol{A}$ 和 $\boldsymbol{b}$ 的相对误差的依赖程度.由定理 4.4.3 知,如果 $\kappa(\boldsymbol{A})$ 很大,则线性方程组(4.4.7)是病态的.在求矩阵的逆或求解线性方程组时,可以通过**变换降低矩阵的条件数**,即所谓**预处理**或**预条件**.

例 4.4.2 考察线性方程组

$$\begin{bmatrix} 1 & 10^5 \\ 1 & 1 \end{bmatrix} \begin{pmatrix} x_1 \\ x_2 \end{pmatrix} = \begin{pmatrix} 10^5 \\ 2 \end{pmatrix}$$

的求解问题.

分析 由系数矩阵 $\boldsymbol{A} = \begin{bmatrix} 1 & 10^5 \\ 1 & 1 \end{bmatrix}$,计算得

$$\boldsymbol{A}^{-1} = \frac{1}{10^5 - 1} \begin{bmatrix} -1 & 10^5 \\ 1 & -1 \end{bmatrix}$$

取矩阵行和范数,则

$$\kappa(\boldsymbol{A}) = \frac{(1 + 10^5)^2}{10^5 - 1} \approx 10^5$$

因此矩阵 $\boldsymbol{A}$ 求逆和求解方程组 $\boldsymbol{Ax} = \boldsymbol{b}$ 都是病态的.此时,可用条件数 10^5 除方程组的第一个方程,得

$$\begin{bmatrix} 10^{-5} & 1 \\ 1 & 1 \end{bmatrix} \begin{pmatrix} x_1 \\ x_2 \end{pmatrix} = \begin{pmatrix} 1 \\ 2 \end{pmatrix}$$

此时 $\kappa \approx 4$,于是上面方程组是良态的.

注 2:条件数 $\kappa(\boldsymbol{A})$ 大的两个常见原因:矩阵的列之间的相关性过大(此时矩阵为奇异或接近奇异的,见例 4.4.1)和矩阵的特征值差异大(见例 4.4.2).

4.5 特征值估计

本节讨论矩阵元素的变化对矩阵特征值的影响.由于一元多项式的根是其系数的连续函数,且矩阵特征多项式的系数是矩阵元素的连续函数,因此矩阵的特征值必然是矩阵元素的连续函数.

定义 4.5.1(谱和谱半径) 给定复方阵 $\boldsymbol{A}$,记

$$S_p(\boldsymbol{A}) = \{\lambda \mid \lambda \text{ 是 } \boldsymbol{A} \text{ 的特征值}\}$$

则称 $S_p(\boldsymbol{A})$ 是矩阵 $\boldsymbol{A}$ 的**谱**,称 $\boldsymbol{A}$ 的特征值模的最大值为 $\boldsymbol{A}$ 的**谱半径**,记为 $\rho(\boldsymbol{A})$.

例 4.5.1 求 $\boldsymbol{A} = \begin{bmatrix} 1 & 0 \\ 2 & 2i \end{bmatrix}$ 的谱半径 $\rho(\boldsymbol{A})$.

解 矩阵 $\boldsymbol{A}$ 的特征值为 1 和 2i,所以谱半径 $\rho(\boldsymbol{A}) = 2$.

【思考】 矩阵的谱半径可定义矩阵范数吗?

分析 矩阵范数的正定性要求范数等于零的充分必要条件是矩阵本身为零矩

阵.考察矩阵 $A=\begin{bmatrix} 0 & 1 \\ 0 & 0 \end{bmatrix}$,其谱半径为 0,但 A 为非零矩阵.显然,谱半径不可以定义为矩阵范数.

例 4.5.2 计算 $A=\begin{bmatrix} 1 & 2 \\ 2 & 2 \end{bmatrix}$ 的谱半径 $\rho(A)$,$\|A\|_1$,$\|A\|_\infty$,$\|A\|_2$,$\|A\|_F$.

解 $\rho(A)=3.5616$,$\|A\|_1=4$,$\|A\|_\infty=4$,$\|A\|_2=3.5616$,$\|A\|_F=3.605$.

由例 4.5.2 计算结果知,矩阵的范数均不小于其谱半径.这是有理论依据的.

定理 4.5.1 复方阵的谱半径不大于它的任一矩阵范数.

证明 设 λ 是复方阵 A 的任一特征值,x 是属于 λ 的特征向量,则 $Ax=\lambda x$.对任意矩阵范数 $\|\cdot\|$,有

$$|\lambda|\|x\|=\|\lambda x\|=\|Ax\|\leqslant\|A\|\|x\|$$

注意到 $x\neq 0$,则有 $|\lambda|\leqslant\|A\|$,即 $\rho(A)\leqslant\|A\|$.证毕.

定理 4.5.2 设 $A\in\mathbb{C}^{n\times n}$,任取正常数 ϵ,则必存在某个矩阵范数 $\|\cdot\|$ 使得 $\|A\|\leqslant\rho(A)+\epsilon$.

证明 由 Jordan 标准形定理知,存在非奇异矩阵 $P\in\mathbb{C}^{n\times n}$ 使得 $P^{-1}AP=J$,其中,J 是矩阵 A 的 Jordan 标准形,其对角线元素为 A 矩阵的 n 个特征值 λ_1,λ_2,$\cdots$,λ_n.

令 $\Lambda=\text{diag}(\lambda_1,\lambda_2,\cdots,\lambda_n)$,并定义 $\tilde{I}=J-\Lambda$,则有

$$\tilde{I}=\begin{bmatrix} 0 & \delta_1 & & & \\ & 0 & \delta_2 & & \\ & & \ddots & \ddots & \\ & & & 0 & \delta_{n-1} \\ & & & & 0 \end{bmatrix}$$

式中:$\delta_i=0$ 或 1,$i=1,2,\cdots,n-1$.

任给正常数 ϵ,令 $Q=\text{diag}(1,\epsilon,\cdots,\epsilon^{n-1})$,则

$$(PQ)^{-1}A(PQ)=Q^{-1}JQ=\Lambda+\epsilon\tilde{I}$$

令 $S=PQ$,则矩阵 S 可逆且有

$$\|S^{-1}AS\|_1=\|\Lambda+\epsilon\tilde{I}\|_1\leqslant\rho(A)+\epsilon$$

定义 $\|A\|_m=\|S^{-1}AS\|_1$,易证 $\|A\|_m$ 是矩阵范数.因此,结论成立.

注 1:定理 4.5.2 中构造的矩阵范数与给定矩阵 A 有关.因此,当用矩阵 A 构造的矩阵范数来计算矩阵 B($B\neq A$)的矩阵范数时,不等式 $\|B\|\leqslant\rho(B)+\epsilon$ 不一定成立.

定理 4.5.1 和定理 4.5.2 从不同角度提供了谱半径与矩阵范数之间的关系.我们常用定理 4.5.1 来粗略估算矩阵的特征值,通常选取易于计算的矩阵列和范数、行和范数或 F-范数,此时可将矩阵的所有特征值限定在复平面的某一圆盘内.不难发

现,这种估计方法简单但较粗糙.为此,引入盖尔圆盘来改进特征值的估计方法.

定义 4.5.2(盖尔圆盘)　设 $A = (a_{ij}) \in \mathbb{C}^{n \times n}$,令

$$\delta_i = \sum_{j=1, j \neq i}^{n} |a_{ij}|, \quad i = 1, \cdots, n$$

并定义

$$G_i = \{z \in \mathbb{C} \mid |z - a_{ii}| \leqslant \delta_i\}, \quad i = 1, \cdots, n$$

即 G_i 是复平面上以 a_{ii} 为圆心、δ_i 为半径的闭圆盘,称为矩阵 A 的一个盖尔圆盘.

例 4.5.3　计算矩阵 $A = \begin{bmatrix} 1 & 0.02 & 0.11 \\ 0.01 & i & 0.14 \\ 0.02 & 0.01 & 0.5 \end{bmatrix}$ 的盖尔圆盘.

解　矩阵 A 的三个盖尔圆盘(见图 4.5.1)分别为

$$G_1 = \{z \in \mathbb{C} \mid |z - 1| \leqslant 0.13\}$$
$$G_2 = \{z \in \mathbb{C} \mid |z - i| \leqslant 0.15\}$$
$$G_3 = \{z \in \mathbb{C} \mid |z - 0.5| \leqslant 0.03\}$$

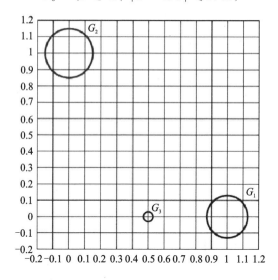

图 4.5.1　例 4.5.3 矩阵 A 的盖尔圆盘图示

定理 4.5.3(盖尔圆盘定理)　设 $A = (a_{ij}) \in \mathbb{C}^{n \times n}$ 的 n 个盖尔圆盘为 $G_1, \cdots, G_n$,则矩阵 A 的任一特征值 $\lambda \in \bigcup_{i=1}^{n} G_i$.

证明　设 λ 是矩阵 A 的任一特征值,$x = (x_1, \cdots, x_n)^{\mathrm{T}}$ 是属于特征值 λ 的特征向量,则有

$$a_{i1}x_1 + \cdots + a_{in}x_n = \lambda x_i, \quad i = 1, \cdots, n \qquad (4.5.1)$$

整理式(4.5.1)得

$$(\lambda - a_{ii})x_i = \sum_{k=1, k \neq i}^{n} a_{ik}x_k \qquad (4.5.2)$$

定义

$$|x_\sigma| = \max_{1 \leq i \leq n} |x_i| > 0, \quad \sigma \in \{1, \cdots, n\}$$

并考察式(4.5.2)的第 σ 个方程,得

$$|\lambda - a_{\sigma\sigma}| \, |x_\sigma| = \left| \sum_{k=1, k \neq \sigma}^{n} a_{\sigma k}x_k \right|$$

注意到 $|x_\sigma| > 0$,则上式可改写为

$$|\lambda - a_{\sigma\sigma}| = \left| \sum_{k=1, k \neq \sigma}^{n} a_{\sigma k} \frac{x_k}{|x_\sigma|} \right|$$

$$\leq \sum_{k=1, k \neq \sigma}^{n} \left(|a_{\sigma k}| \frac{|x_k|}{|x_\sigma|} \right) \leq \sum_{k=1, k \neq \sigma}^{n} |a_{\sigma k}|$$

上式表明,特征值 λ 必在矩阵 A 的盖尔圆盘 G_σ 内.因此,矩阵 A 的任一特征值必在 $\bigcup\limits_{i=1}^{n} G_i$ 内.

证毕.

例 4.5.4 试利用盖尔圆盘定理估计矩阵 $A = \begin{bmatrix} 2 & -1 & -2 & 0 \\ -1 & 3 & 2i & 0 \\ 0 & -i & 10 & i \\ -2 & 0 & 0 & 6i \end{bmatrix}$ 的特征值

分布.

解 由盖尔圆盘定理知,矩阵 A 的特征值 $\lambda \in \bigcup\limits_{i=1}^{4} G_i$,其中 $G_1: |z-2| \leq 3$;$G_2: |z-3| \leq 3$;$G_3: |z-10| \leq 2$;$G_4: |z-6i| \leq 2$,如图 4.5.2 所示.

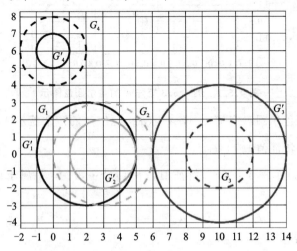

图 4.5.2 例 4.5.4 矩阵 A 与 A^{T} 的盖尔圆盘

由于 $\boldsymbol{A}^{\mathrm{T}}$ 与 $\boldsymbol{A}$ 具有相同的特征值,故可利用 $\boldsymbol{A}^{\mathrm{T}}$ 来估计 $\boldsymbol{A}$ 的特征值.计算例 4.5.4 中 $\boldsymbol{A}^{\mathrm{T}}$ 的 4 个盖尔圆分别为:$G_1':|z-2|\leqslant 3$;$G_2':|z-3|\leqslant 2$;$G_3':|z-10|\leqslant 4$;$G_4':|z-6\mathrm{i}|\leqslant 1$.根据盖尔圆盘定理知,矩阵 $\boldsymbol{A}$ 的 4 个特征值必在 $\bigcup\limits_{i=1}^{4} G_i'$ 中(见图 4.5.2).

观察图 4.5.2 发现,$\boldsymbol{A}^{\mathrm{T}}$ 与 $\boldsymbol{A}$ 的盖尔圆盘不尽相同,因此矩阵 $\boldsymbol{A}$ 的特征值满足 $\lambda \in (\bigcup\limits_{i=1}^{n} G_i) \cap (\bigcup\limits_{i=1}^{n} G_i')$.这表明,可以结合矩阵转置操作来进一步提高特征值的估算精度.

注 2:设 $\boldsymbol{A}^{\mathrm{T}}$ 的盖尔圆盘为 $G_1',\cdots,G_n'$,则 G_i 与 G_i' 有相同的圆心.因此,矩阵 $\boldsymbol{A}$ 的特征值必满足

$$\lambda \in (\bigcup\limits_{i=1}^{n} G_i) \cap (\bigcup\limits_{i=1}^{n} G_i')$$

【思考】 n 阶复方阵 $\boldsymbol{A}$ 的 n 个特征值是否恰好落入它的 n 个盖尔圆盘内?

例 4.5.5 考察矩阵 $\boldsymbol{A} = \begin{bmatrix} 0 & -0.4 \\ 0.9 & 1 \end{bmatrix}$,其盖尔圆盘为

$$G_1:|z|\leqslant 0.4, \quad G_2:|z-1|\leqslant 0.9$$

经解析计算得,矩阵 $\boldsymbol{A}$ 的特征值为 $\lambda_{1,2}=\dfrac{1\pm\mathrm{i}\sqrt{0.44}}{2}$.由图 4.5.3 可以看出,矩阵 $\boldsymbol{A}$ 的所有特征值均在 G_2 内,而 G_1 未包含任何特征值.所以,并非每个盖尔圆盘内都恰好有一个特征值.

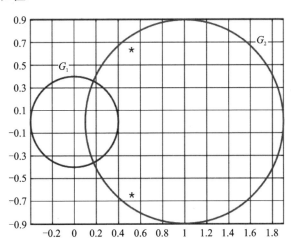

图 4.5.3　例 4.5.5 矩阵 $\boldsymbol{A}$ 的盖尔圆盘

定理 4.5.4(盖尔圆盘定理续) 设 $\boldsymbol{A}=(a_{ij})\in \mathbb{C}^{n\times n}$ 的盖尔圆盘为 $G_1,\cdots,G_n$,若其中的 k 个盖尔圆盘的并集形成一个连通区域,且该区域与其余 $n-k$ 个圆盘都不相交,则此连通区域内恰有 k 个特征值.特别地,孤立盖尔圆盘内有且仅有一个特征值.

证明 设 $\boldsymbol{D}=\mathrm{diag}(a_{11},\cdots,a_{nn})\in\mathbb{C}^{n\times n}$ 和 $\boldsymbol{B}=\boldsymbol{A}-\boldsymbol{D}$,并令 $\boldsymbol{A}(\varepsilon)=\boldsymbol{D}+\varepsilon\boldsymbol{B}$,其中, $\varepsilon\in[0,1]$.显然, $\boldsymbol{A}(0)=\boldsymbol{D}$, $\boldsymbol{A}(1)=\boldsymbol{A}$,且 $\boldsymbol{A}(\varepsilon)$ 与 $\boldsymbol{A}$ 矩阵的盖尔圆有相同的圆心,但前者的半径是后者的 ε 倍.由于 $\varepsilon\in[0,1]$,故 $\boldsymbol{A}(\varepsilon)$ 的任一盖尔圆都在 $\boldsymbol{A}$ 的相应盖尔圆内.

当 ε 从 0 连续地变为 1 时,矩阵 $\boldsymbol{A}(\varepsilon)$ 的 n 个特征值将连续变化,即特征值函数(以 ε 为自变量)在复平面上是 n 条连续的曲线,每条曲线的起点分别为 $\boldsymbol{A}$(或 $\boldsymbol{D}$)的对角元素,即某一盖尔圆的圆心,曲线终点为 $\boldsymbol{A}$ 的某一特征值.由定理 4.5.3 知,这 n 条连续曲线不能超出所有的盖尔圆.因此, $\boldsymbol{A}$ 的 k 个盖尔圆盘所围的连通区域中有且仅有 k 条曲线,即有且仅有 $\boldsymbol{A}$ 的 k 个特征值.当 $k=1$ 时,此连通域内有且仅有一个特征值.证毕.

推论 4.5.1 设矩阵 $\boldsymbol{A}\in\mathbb{C}^{n\times n}$ 的 n 个盖尔圆盘为 $G_1,\cdots,G_n$,若原点 $0\notin\bigcup_{i=1}^{n}G_i$,则矩阵 $\boldsymbol{A}$ 必为非奇异矩阵.

推论 4.5.2 设 $\boldsymbol{A}=(a_{ij})\in\mathbb{C}^{n\times n}$ 是对角占优矩阵,即对 $i=1,\cdots,n$,有

$$|a_{ii}|>\sum_{i=1,j\neq i}^{n}|a_{ij}| \quad \text{(列对角占优)}$$

或

$$|a_{ii}|>\sum_{j=1,j\neq i}^{n}|a_{ij}| \quad \text{(行对角占优)}$$

则矩阵 $\boldsymbol{A}$ 非奇异.

推论 4.5.3 若复方阵 $\boldsymbol{A}$ 有 k 个孤立的盖尔圆,则它至少有 k 个互异特征值.特别地,若矩阵 $\boldsymbol{A}$ 的所有盖尔圆两两互不相交,则 $\boldsymbol{A}$ 是单纯矩阵.

推论 4.5.4 若实方阵 $\boldsymbol{A}$ 有 k 个孤立的盖尔圆,则它至少有 k 个互异的实特征值.特别地,若矩阵 $\boldsymbol{A}$ 的所有盖尔圆两两互不相交,则它有 n 个互异的实特征值.

例 4.5.6 证明 n 阶矩阵 $\boldsymbol{A}$ 是单纯矩阵,其中

$$\boldsymbol{A}=\begin{bmatrix} 2 & \frac{1}{n} & \frac{1}{n} & \cdots & \frac{1}{n} \\ \frac{1}{n} & 4 & \frac{1}{n} & \cdots & \frac{1}{n} \\ \vdots & \vdots & \vdots & & \vdots \\ \frac{1}{n} & \frac{1}{n} & \frac{1}{n} & \cdots & 2n \end{bmatrix}$$

证明 矩阵 $\boldsymbol{A}$ 的 n 个盖尔圆盘为

$$G_1:|z-2|\leqslant 1-\frac{1}{n}$$

$$G_2:|z-4|\leqslant 1-\frac{1}{n}$$

$$\vdots$$

$$G_n : |z - 2n| \leqslant 1 - \frac{1}{n}$$

由于矩阵 A 的任意两个盖尔圆的圆心距都大于或等于 2,而它的任一盖尔圆的半径小于 1,故 A 的 n 个盖尔圆均是孤立的. 由盖尔圆盘定理知,矩阵 A 有 n 个互异的实特征值. 因此,A 是单纯矩阵.

例 4.5.7　证明矩阵 A 至少有两个实特征值,其中

$$A = \begin{bmatrix} 9 & 1 & -2 & 1 \\ 0 & 8 & 1 & 1 \\ -1 & 0 & 4 & 0 \\ 1 & 0 & 0 & 1 \end{bmatrix}$$

证明　矩阵 A 的 4 个盖尔圆盘为 $G_1 : |z - 9| \leqslant 4, G_2 : |z - 8| \leqslant 2, G_3 : |z - 4| \leqslant 1, G_4 : |z - 1| \leqslant 1$. 如图 4.5.4 所示,$G_4$ 为孤立盖尔圆,表明矩阵 A 至少有一个实特征值;$G_1 \cup G_2 \cup G_3$ 中含有矩阵 A 的另外 3 个特征值,这表明矩阵 A 要么有 3 个实特征值,要么有 1 对共轭复根和 1 个实特征值. 因此,矩阵 A 至少有 2 个实特征值.

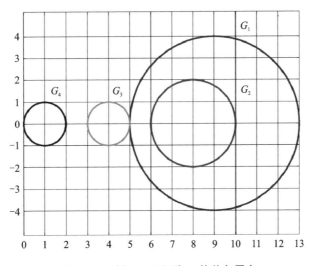

图 4.5.4　例 4.5.7 矩阵 A 的盖尔圆盘

注 3:在使用盖尔圆估计矩阵 A 的特征值时,总希望获得更多的孤立圆,这时可采取如下方法:

取合适的非零实数 $d_1, \cdots, d_n$,并令 $D = \mathrm{diag}(d_1, \cdots, d_n)$,则

$$B = DAD^{-1} = \left(a_{ij} \frac{d_i}{d_j} \right)_{n \times n}$$

显然,矩阵 A 与 B 相似,它们具有完全相同的特征值. 我们可依据矩阵 B 的盖尔圆来估计矩阵 A 的特征值. 通常 d_i 的选取办法如下:

（1）若取 $d_i < 1$，其余元素为 1，则第 i 个盖尔圆盘 G_i 会缩小，其余所有盖尔圆盘会放大；

（2）若取 $d_i > 1$，其余元素为 1，则第 i 个盖尔圆盘 G_i 会放大，而其余所有盖尔圆盘会缩小.

例 4.5.8 估计复方阵 $A = \begin{bmatrix} 9 & 1 & 1 \\ 1 & i & 1 \\ 1 & 1 & 3 \end{bmatrix}$ 的特征值分布范围.

解 矩阵 A 的 3 个盖尔圆盘为 $G_1: |z-9| \leqslant 2, G_2: |z-i| \leqslant 2, G_3: |z-3| \leqslant 2$. 若选取

$$D = \begin{bmatrix} 0.5 & 0 & 0 \\ 0 & 1 & 0 \\ 0 & 0 & 1 \end{bmatrix}$$

则有

$$B = DAD^{-1} = \begin{bmatrix} 9 & 0.5 & 0.5 \\ 2 & i & 1 \\ 2 & 1 & 3 \end{bmatrix}$$

此时，矩阵 B 的 3 个盖尔圆盘分别为 $G_1': |z-9| \leqslant 1, G_2': |z-i| \leqslant 3, G_3': |z-3| \leqslant 3$.

由图 4.5.5 左图中可以看出 G_1' 缩小，而 G_2' 和 G_3' 都在放大.

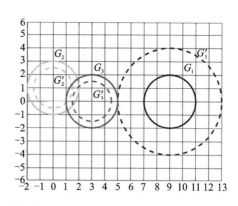

图 4.5.5 例 4.5.8 矩阵 B 的盖尔圆盘

若选取

$$D = \begin{bmatrix} 2 & 0 & 0 \\ 0 & 1 & 0 \\ 0 & 0 & 1 \end{bmatrix}$$

则有

$$B = DAD^{-1} = \begin{bmatrix} 9 & 2 & 2 \\ 0.5 & i & 1 \\ 0.5 & 1 & 3 \end{bmatrix}$$

此时,B 的 3 个盖尔圆盘为 G_1': $|z-9| \leqslant 4$,G_2': $|z-i| \leqslant 1.5$,G_3': $|z-3| \leqslant 1.5$.由图 4.5.5 右图知,尽管 G_1' 放大,但 G_2' 和 G_3' 都在缩小,且变成了两个孤立的盖尔圆.此时说明 A 是单纯矩阵.

例 4.5.9 利用盖尔圆定理考察矩阵 $A = \begin{bmatrix} 0 & -1 \\ 1 & 0 \end{bmatrix}$ 的特征值分布.

解 取 $D = \mathrm{diag}(k,1)$,则有

$$B = DAD^{-1} = \begin{bmatrix} 0 & -k \\ \dfrac{1}{k} & 0 \end{bmatrix}$$

矩阵 B 的盖尔圆盘为 G_1: $|z| \leqslant k$,G_2: $|z| \leqslant \dfrac{1}{k}$.当 $k > 1$ 时,$G_1 = G_1 \bigcup G_2$;当 $k < 1$ 时,$G_2 = G_1 \bigcup G_2$.无论何种情况,矩阵 B 的盖尔圆盘都包含 A 的盖尔圆盘.这说明对于某些特殊的矩阵,利用对角矩阵 D 来改变矩阵的盖尔圆盘的方法会失效.

对于 Hermite 矩阵的特征值估计可结合定理 4.3.4 和定理 4.3.5 进行讨论,这里不再展开.

4.6 矩阵级数

与高等数学一样,矩阵分析理论也是以极限理论为基础的,其内容丰富,是研究诸多工程问题的重要工具.本节首先讨论向量序列敛散性问题,然后推广至矩阵序列的极限运算,最后介绍矩阵级数.

定义 4.6.1(向量序列按范数收敛) 设 $(V, \|\cdot\|_a)$ 是 n 维赋范线性空间,x_1,$x_2 \cdots, x_k, \cdots$ 是 V 中的一个向量序列,记为 $\{x_k\}$.若存在 V 中向量 x 满足

$$\lim_{k \to \infty} \|x_k - x\|_a = 0$$

则称向量序列 $\{x_k\}$ 按范数 $\|\cdot\|_a$ 收敛于 x,记作

$$\lim_{k \to \infty} x_k = x \quad \text{或} \quad x_k \xrightarrow{a} x$$

不收敛的向量序列称为**发散**的.

例 4.6.1 设 $V = \mathbb{R}$,$\|\cdot\|_a$ 取为绝对值,则定义 4.6.1 中敛散性与高等数学中的相关概念一致.

定理 4.6.1 设 $(V, \|\cdot\|)$ 是 n 维赋范线性空间,$\{x_k\}$ 是 V 的一个向量序列.若序列 $\{x_k\}$ 按某种范数收敛于 x,则序列 $\{x_k\}$ 按任意范数收敛于 x,即有限维空间中按范数收敛是等价的.

证明 设 $\|\cdot\|_\alpha$ 和 $\|\cdot\|_\beta$ 是 V 中任意两种范数,则对 V 中任意向量 y 存在正常数 k 使得

$$\|y\|_\beta \leqslant k\|y\|_\alpha$$

由此,

$$0 \leqslant \|x_k - x\|_\beta \leqslant k\|x_k - x\|_\alpha$$

若 $\lim\limits_{k\to\infty}\|x_k - x\|_\alpha = 0$,则由高等数学的夹逼定理知

$$\lim_{k\to\infty}\|x_k - x\|_\beta = 0$$

即序列 $\{x_k\}$ 按 β 范数收敛于 x,反之亦然.

定义 4.6.2(向量序列按坐标收敛) 设 $(V, \|\cdot\|_\alpha)$ 是 n 维赋范线性空间,$\epsilon_1, \cdots, \epsilon_n$ 是 V 中一组基;$\{x_k\}$ 是 V 中一个向量序列,并记向量序列 $\{x_k\}$ 中的任一向量 x_k 在基 $\epsilon_1, \cdots, \epsilon_n$ 下坐标为 $\xi_k = (\xi_1^{(k)}, \cdots, \xi_n^{(k)})^{\mathrm{T}} \in F^n$. 若存在向量 $\xi = (\xi_1, \cdots, \xi_n)^{\mathrm{T}} \in F^n$ 满足

$$\lim_{k\to\infty} \xi_i^{(k)} = \xi_i, \quad i = 1, \cdots, n$$

则称向量序列 $\{x_k\}$ 按坐标收敛于 x,其中 ξ 是向量 x 在基 $\epsilon_1, \cdots, \epsilon_n$ 下的坐标.

定理 4.6.2 设 $(V, \|\cdot\|)$ 是 n 维赋范线性空间,$\{x_k\}$ 是 V 中的一个向量序列且 $x \in V$. 向量序列 $\{x_k\}$ 按范数收敛于向量 x 当且仅当它按坐标收敛于 x.

证明 根据式 $(4.1.4)$ 定义向量范数

$$\|x_k\| = \sqrt{\sum_{i=1}^n |\xi_i^{(k)}|^2}$$

则对任意 $i = 1, \cdots, n$,有

$$\lim_{k\to\infty}\|x_k - x\| = 0 \Leftrightarrow \lim_{k\to\infty}\|\xi_k - \xi\| = 0 \Leftrightarrow \lim_{k\to\infty}\xi_i^{(k)} = \xi_i$$

上式表明,序列 $\{x_k\}$ 按范数收敛于 x 当且仅当它按坐标收敛于 x. 证毕.

将 $m \times n$ 矩阵看作 mn 维向量即可定义矩阵序列的敛散性.

定义 4.6.3(矩阵序列按坐标收敛) 设矩阵序列 $\{A_k\}$,其中矩阵 $A_k = (a_{ij}^{(k)}) \in \mathbb{C}^{m\times n}$,$k = 1, 2, \cdots$,若当 $k \to \infty$ 时,矩阵 A_k 的每一个元素 $a_{ij}^{(k)}$ 都有极限 $a_{ij}^{(0)}$,即

$$\lim_{k\to\infty} a_{ij}^{(k)} = a_{ij}^{(0)}, \quad 1 \leqslant i \leqslant m, 1 \leqslant j \leqslant n$$

则称**矩阵序列按元素收敛或按坐标收敛**(或简称为**矩阵序列 $\{A_k\}$ 收敛**),$A_0 = (a_{ij}^{(0)})$ 称为**矩阵序列的极限**,记为 $\lim\limits_{k\to\infty} A_k = A_0$.

例 4.6.2 设 $A_k = \begin{bmatrix} \dfrac{2k^2+k+1}{k^2} & \dfrac{\sin k}{k} \\ \mathrm{e}^{-k}\sin k & \left(1+\dfrac{1}{2k}\right)^k \end{bmatrix}$,求极限 $\lim\limits_{k\to\infty} A_k$.

解 $\lim\limits_{k\to\infty} a_{11}^{(k)} = 2, \lim\limits_{k\to\infty} a_{12}^{(k)} = 0, \lim\limits_{k\to\infty} a_{21}^{(k)} = 0, \lim\limits_{k\to\infty} a_{22}^{(k)} = \mathrm{e}^{\frac{1}{2}}$. 因此,

$$\lim_{k \to \infty} \boldsymbol{A}_k = \begin{bmatrix} 2 & 0 \\ 0 & \mathrm{e}^{\frac{1}{2}} \end{bmatrix}$$

命题 4.6.1　设矩阵序列 $\{\boldsymbol{A}_k\}$ 和 $\{\boldsymbol{B}_k\}$ 分别收敛于复矩阵 $\boldsymbol{A}$ 和 $\boldsymbol{B}$，则 $\forall c_1, c_2 \in \mathbb{C}$，有

（1）$\lim\limits_{k \to \infty}(c_1 \boldsymbol{A}_k + c_2 \boldsymbol{B}_k) = c_1 \boldsymbol{A} + c_2 \boldsymbol{B}$，其中 $\boldsymbol{A}_k, \boldsymbol{B}_k \in \mathbb{C}^{m \times n}$；

（2）$\lim\limits_{k \to \infty}(\boldsymbol{A}_k \boldsymbol{B}_k) = \boldsymbol{A}\boldsymbol{B}$，其中 $\boldsymbol{A}_k \in \mathbb{C}^{m \times n}$，$\boldsymbol{B}_k \in \mathbb{C}^{n \times p}$；

（3）若 $\boldsymbol{A}_k$ 和 $\boldsymbol{A}$ 为可逆矩阵，则 $\lim\limits_{k \to \infty} \boldsymbol{A}_k^{-1} = \boldsymbol{A}^{-1}$.

推论 4.6.1　设 $\|\cdot\|$ 是 $\mathbb{C}^{m \times n}$ 上任一矩阵范数，$\mathbb{C}^{m \times n}$ 中矩阵序列 $\{\boldsymbol{A}_k\}$ 收敛于矩阵 $\boldsymbol{A}_0$ 的充分必要条件是 $\lim\limits_{k \to \infty} \|\boldsymbol{A}_k - \boldsymbol{A}_0\| = 0$.

推论 4.6.1 表明矩阵序列 $\{\boldsymbol{A}_k\}$ 按坐标收敛于 $\boldsymbol{A}_0$ 当且仅当它按范数收敛于 $\boldsymbol{A}_0$.

推论 4.6.2　复方阵 $\boldsymbol{A}$ 的某一范数满足 $\|\boldsymbol{A}\| < 1$，则 $\lim\limits_{k \to \infty} \boldsymbol{A}^k = \boldsymbol{O}$.

证明　由不等式 $\|\boldsymbol{A}^k\| \leqslant \|\boldsymbol{A}\|^k$ 知，当 $k \to \infty$ 时，$\|\boldsymbol{A}^k\| \to 0$. 根据推论 4.6.1 得，$\lim\limits_{k \to \infty} \boldsymbol{A}^k = \boldsymbol{O}$.

【思考】　若 $\lim\limits_{k \to \infty} \boldsymbol{A}^k = \boldsymbol{O}$，则 $\|\boldsymbol{A}\| < 1$ 成立吗？

分析　考察矩阵 $\boldsymbol{A} = \begin{bmatrix} 0.1 & 0 \\ 1 & 0.1 \end{bmatrix}$，显然，$\|\boldsymbol{A}\|_1 = 1.1 > 1$. 又知

$$\boldsymbol{A}^k = \begin{bmatrix} 0.1^k & 0 \\ k\,0.1^{k-1} & 0.1^k \end{bmatrix}$$

当 $k \to \infty$，$\boldsymbol{A}^k \to \boldsymbol{O}$. 因此，上述结论不成立.

定理 4.6.3　设 $\boldsymbol{A} = (a_{ij}) \in \mathbb{C}^{n \times n}$，$\lim\limits_{k \to \infty} \boldsymbol{A}^k = \boldsymbol{O}$ 的充分必要条件是 $\rho(\boldsymbol{A}) < 1$.

证明　对任一 n 阶矩阵 $\boldsymbol{A}$，必存在可逆矩阵 $\boldsymbol{P}$ 使得 $\boldsymbol{P}^{-1} \boldsymbol{A} \boldsymbol{P} = \boldsymbol{J}$，其中 $\boldsymbol{J}$ 为矩阵 $\boldsymbol{A}$ 的 Jordan 标准形，可表示为 $\boldsymbol{J} = \mathrm{diag}(\boldsymbol{J}_1, \cdots, \boldsymbol{J}_s)$

$$\boldsymbol{J}_i = \begin{bmatrix} \lambda_i & 1 & & & & \\ & \lambda_i & 1 & & \boldsymbol{O} & \\ & & \ddots & \ddots & & \\ & & & \lambda_i & 1 \\ & \boldsymbol{O} & & & \lambda_i \end{bmatrix}_{n_i \times n_i}$$

$\boldsymbol{J}_i (i=1, \cdots, s)$ 为矩阵 $\boldsymbol{A}$ 的 Jordan 块. 此时，$\boldsymbol{A}^k = \boldsymbol{P} \boldsymbol{J}^k \boldsymbol{P}^{-1}$，其中，$\boldsymbol{J}^k = \mathrm{diag}(\boldsymbol{J}_1^k, \cdots, \boldsymbol{J}_s^k)$，$\boldsymbol{J}_i^k (i=1, \cdots, s)$ 满足

$$\boldsymbol{J}_i^k = \begin{bmatrix} \lambda_i^k & \mathrm{C}_k^1 \lambda_i^{k-1} & \mathrm{C}_k^2 \lambda_i^{k-2} & \cdots & \mathrm{C}_k^{n_i-1} \lambda_i^{k-n_i+1} \\ & \lambda_i^k & \mathrm{C}_k^1 \lambda_i^{k-1} & \cdots & \mathrm{C}_k^{n_i-2} \lambda_i^{k-n_i+2} \\ & & \lambda_i^k & \ddots & \vdots \\ & & & \ddots & \mathrm{C}_k^1 \lambda_i^{k-1} \\ & \boldsymbol{O} & & & \lambda_i^k \end{bmatrix}$$

当 $k \rightarrow \infty$ 时,

$$\lim_{k \rightarrow \infty} \boldsymbol{A}^k = \boldsymbol{O} \Leftrightarrow \lim_{k \rightarrow \infty} \boldsymbol{J}^k = \boldsymbol{O} \Leftrightarrow \lim_{k \rightarrow \infty} \boldsymbol{J}_i^k = \boldsymbol{O}, \quad \forall i \Leftrightarrow \rho(\boldsymbol{A}) < 1$$

例 4.6.3 设 $\boldsymbol{A} = \begin{bmatrix} c & 2c \\ 3c & 2c \end{bmatrix}$,其中 c 为实数. 求 $\lim\limits_{k \rightarrow \infty} \boldsymbol{A}^k = \boldsymbol{O}$ 的充分必要条件.

解 由矩阵 $\boldsymbol{A}$ 的特征多项式 $f(\lambda) = (\lambda - 4c)(\lambda + c)$ 得,$\boldsymbol{A}$ 的特征值为 $\lambda_1 = 4c$, $\lambda_2 = -c$. 故 $\boldsymbol{A}$ 的谱半径为 $\rho(\boldsymbol{A}) = |4c|$. 为使 $\lim\limits_{k \rightarrow \infty} \boldsymbol{A}^k = \boldsymbol{O}$ 成立,须满足 $\rho(\boldsymbol{A}) = |4c| < 1$,即 $-\dfrac{1}{4} < c < \dfrac{1}{4}$.

推论 4.6.3 若复方阵 $\boldsymbol{A}$ 的某一矩阵范数满足 $\|\boldsymbol{A}\| < 1$,则矩阵序列 $\{\boldsymbol{A}^k\}$ 收敛于零矩阵.

定义 4.6.4(矩阵级数) 设矩阵序列 $\{\boldsymbol{A}_k \in \mathbb{C}^{m \times n}\}$,称 $\sum\limits_{k=1}^{\infty} \boldsymbol{A}_k$ 为**矩阵级数**. 令 $\boldsymbol{S}_N = \sum\limits_{k=1}^{N} \boldsymbol{A}_k$,称 $\boldsymbol{S}_N$ 为**矩阵级数的部分和**. 若矩阵序列 $\{\boldsymbol{S}_N\}$ 收敛且有极限 $\boldsymbol{S}$,即 $\lim\limits_{N \rightarrow \infty} \boldsymbol{S}_N = \boldsymbol{S}$,则称矩阵级数 $\sum\limits_{k=1}^{\infty} \boldsymbol{A}_k$ 收敛且有和 $\boldsymbol{S}$. 不收敛的矩阵级数称为**发散级数**.

例 4.6.4 设 $\boldsymbol{A}_k = \begin{bmatrix} \dfrac{1}{k(k+1)} & 0 \\ 0 & \dfrac{2k}{3^k} \end{bmatrix}$,$k = 1, 2, \cdots$. 求级数 $\sum\limits_{k=1}^{\infty} \boldsymbol{A}_k$.

解 首先判断级数 $\sum\limits_{k=1}^{\infty} \boldsymbol{A}_k$ 的敛散性. 令 $a_{11}^{(k)} = \dfrac{1}{k(k+1)}$,$a_{22}^{(k)} = \dfrac{2k}{3^k}$,则有

$$\sum_{k=1}^{\infty} a_{11}^{(k)} = \sum_{k=1}^{\infty} \left(\frac{1}{k} - \frac{1}{k+1} \right) = 1$$

$$\sum_{k=1}^{\infty} a_{22}^{(k)} = \sum_{k=1}^{\infty} \frac{2k}{3^k}$$

回顾当 $|x| < 1$ 时,

$$\sum_{k=1}^{\infty} k x^k = \frac{x}{(1-x)^2}$$

进而,

$$\sum_{k=1}^{\infty} \frac{2k}{3^k} = 2 \sum_{k=1}^{\infty} k \left(\frac{1}{3} \right)^k = \frac{3}{2}$$

因此,$\sum\limits_{k=1}^{\infty} \boldsymbol{A}_k = \text{diag}\left(1, \dfrac{3}{2} \right)$.

命题 4.6.2 设 $\boldsymbol{A}_k \in \mathbb{C}^{m \times n}$,则以下命题成立:

(1) $\sum\limits_{k=1}^{\infty} \boldsymbol{A}_k$ 收敛 $\Leftrightarrow mn$ 个数值级数 $\sum\limits_{k=1}^{\infty} a_{ij}^{(k)}$ 收敛;

（2）$\sum\limits_{k=1}^{\infty}\boldsymbol{A}_k$ 发散 $\Leftrightarrow mn$ 个数值级数 $\sum\limits_{k=1}^{\infty}a_{ij}^{(k)}$ 中至少有一个级数发散；

（3）$\sum\limits_{k=1}^{\infty}\boldsymbol{A}_k$ 收敛 $\Rightarrow \lim\limits_{k\to\infty}\boldsymbol{A}_k=\boldsymbol{O}\Leftrightarrow\lim\limits_{k\to\infty}\|\boldsymbol{A}_k\|=0.$

定义 4.6.5（矩阵级数绝对收敛）　设 $\boldsymbol{A}_k\in\mathbb{C}^{m\times n}$，若矩阵级数 $\sum\limits_{k=1}^{\infty}\boldsymbol{A}_k$ 所对应的 mn 个数值级数 $\sum\limits_{k=1}^{\infty}a_{ij}^{(k)},1\leqslant j\leqslant n,1\leqslant i\leqslant m$，均绝对收敛，则称矩阵级数 $\sum\limits_{k=1}^{\infty}\boldsymbol{A}_k$ **绝对收敛**.

命题 4.6.3　设 $\boldsymbol{A}_k\in\mathbb{C}^{m\times n}$，则以下命题成立：

（1）若矩阵级数 $\sum\limits_{k=1}^{\infty}\boldsymbol{A}_k$ 绝对收敛，则 $\sum\limits_{k=1}^{\infty}\boldsymbol{A}_k$ 收敛. 但 $\sum\limits_{k=1}^{\infty}\boldsymbol{A}_k$ 收敛并不蕴含 $\sum\limits_{k=1}^{\infty}\boldsymbol{A}_k$ 绝对收敛.

（2）若矩阵级数 $\sum\limits_{k=1}^{\infty}\boldsymbol{A}_k$ 绝对收敛于 $\boldsymbol{S}$，对 $\sum\limits_{k=1}^{\infty}\boldsymbol{A}_k$ 任意重组重排得矩阵级数 $\sum\limits_{k=1}^{\infty}\boldsymbol{B}_k$，则 $\sum\limits_{k=1}^{\infty}\boldsymbol{B}_k$ 绝对收敛于 $\boldsymbol{S}$.

（3）对任意常矩阵 $\boldsymbol{P}\in\mathbb{C}^{p\times m}$ 和 $\boldsymbol{Q}\in\mathbb{C}^{n\times q}$，若矩阵级数 $\sum\limits_{k=1}^{\infty}\boldsymbol{A}_k$（绝对）收敛，则矩阵级数 $\sum\limits_{k=1}^{\infty}\boldsymbol{P}\boldsymbol{A}_k\boldsymbol{Q}$（绝对）收敛；反之，则不然.

例 4.6.5　考察矩阵级数 $\sum\limits_{k=1}^{\infty}\boldsymbol{A}_k$ 的敛散性，其中

$$\boldsymbol{A}_k=\begin{bmatrix}(-1)^{k+1}\dfrac{1}{k}&0\\[2mm]0&0\end{bmatrix}$$

解　$\sum\limits_{k=1}^{\infty}(-1)^{k+1}\dfrac{1}{k}$ 是交错调和级数，故该级数收敛但不绝对收敛. 因此，$\sum\limits_{k=1}^{\infty}\boldsymbol{A}_k$ 收敛但不绝对收敛.

定理 4.6.4　设 $\boldsymbol{A}_k=(a_{ij}^{(k)})\in\mathbb{C}^{m\times n}$，则矩阵级数 $\sum\limits_{k=1}^{\infty}\boldsymbol{A}_k$ 绝对收敛当且仅当对任意矩阵范数，数值级数 $\sum\limits_{k=1}^{\infty}\|\boldsymbol{A}_k\|$ 收敛.

证明　充分性. 由级数 $\sum\limits_{k=1}^{\infty}\|\boldsymbol{A}_k\|_1$ 收敛知，

$$\lim_{N\to\infty}\sum_{k=1}^{N}\left(\max_{1\leqslant j\leqslant n}\sum_{i=1}^{m}|a_{ij}^{(k)}|\right)=0$$

上式表明

$$\lim_{N\to\infty}\sum_{k=1}^{N}|a_{ij}^{(k)}|=0,\quad 1\leqslant j\leqslant n,1\leqslant i\leqslant m$$

即矩阵级数 $\sum\limits_{k=1}^{\infty}\boldsymbol{A}_k$ 绝对收敛.

必要性. 若矩阵级数 $\sum\limits_{k=1}^{\infty}\boldsymbol{A}_k$ 绝对收敛,则容易证明 $\sum\limits_{k=1}^{\infty}\|\boldsymbol{A}_k\|_1$ 收敛. 由范数等价性知,对任意矩阵范数 $\|\cdot\|$ 存在正常数 k_1 满足 $\|\boldsymbol{A}_k\|_1\geqslant k_1\|\boldsymbol{A}_k\|$,进而

$$0\leqslant\sum_{k=1}^{\infty}\|\boldsymbol{A}_k\|\leqslant\frac{1}{k_1}\sum_{k=1}^{\infty}\|\boldsymbol{A}_k\|_1$$

由比较原理得到 $\sum\limits_{k=1}^{\infty}\|\boldsymbol{A}_k\|$ 收敛. 证毕.

例 4.6.6 考察矩阵级数 $\sum\limits_{k=1}^{\infty}\boldsymbol{A}_k$ 的敛散性,其中

$$\boldsymbol{A}_k=\begin{bmatrix}\dfrac{1}{3^k} & 0 \\ 0 & \dfrac{1}{k(k+1)}\end{bmatrix}$$

解 由 $\|\boldsymbol{A}_k\|_1=\dfrac{1}{k(k+1)}$ 知,数值级数 $\sum\limits_{k=1}^{\infty}\|\boldsymbol{A}_k\|_1$ 收敛,故矩阵级数 $\sum\limits_{k=1}^{\infty}\boldsymbol{A}_k$ 绝对收敛.

倘若

$$\boldsymbol{A}_k=\begin{bmatrix}(-1)^{k-1}\dfrac{1}{k} & 0 \\ 0 & \dfrac{1}{k(k+1)}\end{bmatrix}$$

则 $\|\boldsymbol{A}_k\|_1=\dfrac{1}{k}$. 由于调和级数发散,故矩阵级数 $\sum\limits_{k=1}^{\infty}\boldsymbol{A}_k$ 不绝对收敛. 此时无法利用定理 4.6.4 判定矩阵级数 $\sum\limits_{k=1}^{\infty}\boldsymbol{A}_k$ 是否收敛,只能利用定义判断该矩阵范数是收敛但不是绝对收敛的.

定义 4.6.6(矩阵幂级数) 设 $\boldsymbol{A}\in\mathbb{C}^{n\times n}$,定义矩阵级数 $\sum\limits_{m=0}^{\infty}c_m\boldsymbol{A}^m$,其中 $\boldsymbol{A}^0=\boldsymbol{I}$,则称该级数为**矩阵幂级数**.

对于复变量幂级数,我们常用到 Abel 定理判定其敛散性. 这里作简单回顾.

引理 4.6.1 设 $z\in\mathbb{C}$,若幂级数 $\sum\limits_{m=0}^{\infty}c_mz^m$ 在 $z=z_0$ 点收敛,则对满足不等式 $|z|<|z_0|$ 的幂级数都绝对收敛. 反之,若幂级数 $\sum\limits_{m=0}^{\infty}c_mz^m$ 在 $z=z_0$ 点发散,则对于

$|z|>|z_0|$ 的幂级数都发散.

若存在非负实数或无穷大数 r 满足 $|z|<r$ 时,幂级数 $\sum\limits_{m=0}^{\infty} c_m z^m$ 收敛;而 $|z|>r$ 时,幂级数 $\sum\limits_{m=0}^{\infty} c_m z^m$ 都发散,则称 r 为**收敛半径**.

定理 4.6.5(Abel 型定理)　设复变量幂级数 $\sum\limits_{m=0}^{\infty} c_m z^m$ 的收敛半径为 r,矩阵 $A\in \mathbb{C}^{n\times n}$ 的谱半径为 $\rho(A)$,则

(1) 当 $\rho(A)<r$ 时,$\sum\limits_{m=0}^{\infty} c_m A^m$ 绝对收敛;

(2) 当 $\rho(A)>r$ 时,$\sum\limits_{m=0}^{\infty} c_m A^m$ 发散.

证明　当 $\rho(A)<r$ 时,必存在正常数 ε 使得 $\rho(A)+\varepsilon<r$. 又知对给定正常数 ε,必存在某一矩阵范数 $\|\cdot\|$ 使得 $\|A\|<\rho(A)+\varepsilon$,即 $\|A\|<r$.

由不等式

$$\|c_m A^m\| \leqslant |c_m|\,\|A\|^m < |c_m|\,r^m$$

和当 $|z|<r$ 时数值幂级数 $\sum\limits_{m=0}^{\infty} c_m z^m$ 收敛知,$\sum\limits_{m=0}^{\infty} \|c_m A^m\|$ 收敛,即 $\sum\limits_{m=0}^{\infty} c_m A^m$ 绝对收敛.

当 $\rho(A)>r$ 时,设 $|\lambda_0|=\rho(A)$,x_0 为属于 λ_0 的单位特征向量,则有 $Ax_0=\lambda_0 x_0$. 假设矩阵级数 $\sum\limits_{m=0}^{\infty} c_m A^m$ 收敛,则级数 $x_0^H\left(\sum\limits_{m=0}^{\infty} c_m A^m\right)x_0$ 收敛. 此时,

$$x_0^H\left(\sum\limits_{m=0}^{\infty} c_m A^m\right)x_0 = \sum\limits_{m=0}^{\infty} c_m x_0^H A^m x_0$$

$$= \sum\limits_{m=0}^{\infty} c_m x_0^H \lambda_0^m x_0 = \sum\limits_{m=0}^{\infty} c_m \lambda_0^m$$

注意到数值级数 $\sum\limits_{m=0}^{\infty} c_m \lambda_0^m$ 发散,故级数 $x_0^H\left(\sum\limits_{m=0}^{\infty} c_m A^m\right)x_0$ 发散,这与假设矛盾.因此,矩阵幂级数 $\sum\limits_{m=0}^{\infty} c_m A^m$ 发散.

注 1:当 $\rho(A)=r$ 时,矩阵幂级数 $\sum\limits_{m=0}^{\infty} c_m A^m$ 的敛散性无法由 Abel 型定理判断,只能根据矩阵级数的定义进行判断.

例 4.6.7　设 $A=\begin{bmatrix} -1 & 1 \\ 0 & -1 \end{bmatrix}$,判断 $\sum\limits_{k=1}^{\infty} \dfrac{1}{k} A^k$ 的敛散性.

解　幂级数 $\sum\limits_{k=1}^{\infty} \dfrac{1}{k} z^k$ 的收敛半径为 1,矩阵 A 的谱半径也为 1.因此无法利用 Abel 型定理判断该幂级数的敛散性.现利用矩阵幂级数敛散性的定义进行判定.

由于矩阵 $\boldsymbol{A}$ 是 Jordan 标准形,易得

$$\boldsymbol{A}^k = \begin{bmatrix} (-1)^k & (-1)^{k+1}k \\ 0 & (-1)^k \end{bmatrix}$$

此时,幂级数 $\displaystyle\sum_{k=1}^{\infty} \frac{1}{k}\boldsymbol{A}^k$ 写为如下表达式:

$$\sum_{k=1}^{\infty} \frac{1}{k}\boldsymbol{A}^k = \begin{bmatrix} \displaystyle\sum_{k=1}^{\infty} \frac{1}{k}(-1)^k & \displaystyle\sum_{k=1}^{\infty} (-1)^{k+1} \\ 0 & \displaystyle\sum_{k=1}^{\infty} \frac{1}{k}(-1)^k \end{bmatrix}$$

式中: $\displaystyle\sum_{k=1}^{\infty} \frac{1}{k}(-1)^k$ 收敛,而 $\displaystyle\sum_{k=1}^{\infty} (-1)^{k+1}$ 发散,故 $\displaystyle\sum_{k=1}^{\infty} \frac{1}{k}\boldsymbol{A}^k$ 发散.

注 2:实际上,矩阵级数 $\displaystyle\sum_{k=1}^{\infty} \frac{1}{k}\boldsymbol{A}^k$ 不是标准的矩阵幂级数(矩阵幂级数序列编号从 0 开始),但有限项的缺失或增加并不影响矩阵级数的敛散性.因此,我们仍可以借助矩阵幂级数的结论来判断非标准形的矩阵幂级数的敛散性.

推论 4.6.4 若幂级数 $\displaystyle\sum_{m=0}^{\infty} c_m z^m$ 在整个复平面上都收敛,则对任意复方阵 $\boldsymbol{A}$,有矩阵幂级数 $\displaystyle\sum_{m=0}^{\infty} c_m \boldsymbol{A}^m$ 收敛.

例 4.6.8 已知 $e^z = \displaystyle\sum_{k=0}^{\infty} \frac{1}{k!}z^k$ 对任意复数 z 都收敛,则对任意复方阵 $\boldsymbol{A}$,矩阵幂级数 $\displaystyle\sum_{k=0}^{\infty} \frac{1}{k!}\boldsymbol{A}^k$ 收敛.

推论 4.6.5(Neumann 级数) 矩阵幂级数 $\displaystyle\sum_{m=0}^{\infty} \boldsymbol{A}^m$ 收敛,当且仅当 $\rho(\boldsymbol{A}) < 1$,此时 $\displaystyle\sum_{m=0}^{\infty} \boldsymbol{A}^m = (\boldsymbol{I}-\boldsymbol{A})^{-1}$.

证明 由于幂级数 $\displaystyle\sum_{m=0}^{\infty} z^m$ 的收敛半径为 1,故当 $\rho(\boldsymbol{A}) < 1$ 时,$\displaystyle\sum_{m=0}^{\infty} \boldsymbol{A}^m$ 绝对收敛. 反之,若幂级数 $\displaystyle\sum_{m=0}^{\infty} \boldsymbol{A}^m$ 收敛,必有当 $k \to \infty$ 时,矩阵序列 $\boldsymbol{A}^k \to \boldsymbol{O}$. 又知,矩阵序列 $\boldsymbol{A}^k \to \boldsymbol{O}$ 成立的充分必要条件为 $\rho(\boldsymbol{A}) < 1$,故当矩阵幂级数 $\displaystyle\sum_{m=0}^{\infty} \boldsymbol{A}^m$ 收敛时,必有 $\rho(\boldsymbol{A}) < 1$.

令 $\boldsymbol{S}_N = \displaystyle\sum_{k=0}^{N-1} \boldsymbol{A}^k$,则 $\boldsymbol{S}_N(\boldsymbol{I}-\boldsymbol{A}) = \boldsymbol{I}-\boldsymbol{A}^N$. 又知,当 $\rho(\boldsymbol{A}) < 1$ 时,矩阵 $\boldsymbol{I}-\boldsymbol{A}$ 可逆,则有

$$\boldsymbol{S}_N = (\boldsymbol{I}-\boldsymbol{A})^{-1} - \boldsymbol{A}^N(\boldsymbol{I}-\boldsymbol{A})^{-1}$$

注意到当 $N \to \infty$ 时,有 $\lim\limits_{N \to \infty} \boldsymbol{A}^N = \boldsymbol{O}$. 因此,$\lim\limits_{N \to \infty} \boldsymbol{S}_N = (\boldsymbol{I} - \boldsymbol{A})^{-1}$. 证毕.

注 3: 可逆矩阵 $(\boldsymbol{I} - \boldsymbol{A})^{-1}$ 与矩阵 $\boldsymbol{A}$ 的乘积可交换,即 $(\boldsymbol{I} - \boldsymbol{A})^{-1} \boldsymbol{A} = \boldsymbol{A}(\boldsymbol{I} - \boldsymbol{A})^{-1}$. 这是基于幂级数的定义推导的. 实际上,所有可展开成幂级数的矩阵都具有这一性质. 例如,当 $|z| < 1$ 时,有 $\sum\limits_{k=0}^{\infty} k z^k = \dfrac{z}{(1-z)^2}$. 相应的,令 $\rho(\boldsymbol{A}) < 1$,则有矩阵幂级数

$$\sum_{k=0}^{\infty} k \boldsymbol{A}^k = \boldsymbol{A}(\boldsymbol{I} - \boldsymbol{A})^{-2} = (\boldsymbol{I} - \boldsymbol{A})^{-2} \boldsymbol{A} = (\boldsymbol{I} - \boldsymbol{A})^{-1} \boldsymbol{A}(\boldsymbol{I} - \boldsymbol{A})^{-1}$$

例 4.6.9　判断幂级数 $\sum\limits_{m=1}^{\infty} \boldsymbol{A}^m$ 的敛散性,其中

$$\boldsymbol{A} = \begin{bmatrix} 0.2 & 0.5 & 0.2 \\ 0.1 & 0.5 & 0.3 \\ 0.1 & 0.4 & 0.2 \end{bmatrix}$$

解　矩阵 $\boldsymbol{A}$ 的行和范数为 $\|\boldsymbol{A}\|_1 = 0.9$,故 $\rho(\boldsymbol{A}) < 1$. 此时,$\sum\limits_{m=0}^{\infty} \boldsymbol{A}^m$ 收敛.

4.7　矩阵函数

实际上,收敛的矩阵幂级数定义了一种特殊的映射,我们将其称为**矩阵函数**. 它在控制理论、力学、信号处理等学科具有重要的应用.

定义 4.7.1(矩阵函数)　设幂级数 $\sum\limits_{m=0}^{\infty} c_m z^m$ 的收敛半径 r,$z \in \mathbb{C}$. 当 $|z| < r$ 时,幂级数收敛于函数 $f(z)$,即

$$f(z) = \sum_{m=0}^{\infty} c_m z^m, \quad |z| < r$$

若复方阵 $\boldsymbol{A}$ 满足 $\rho(\boldsymbol{A}) < r$,称收敛的矩阵幂级数 $\sum\limits_{m=0}^{\infty} c_m \boldsymbol{A}^m$ 为**矩阵函数**,记为 $f(\boldsymbol{A})$.

常见矩阵函数有

$$\mathrm{e}^{\boldsymbol{A}} = \sum_{m=0}^{\infty} \frac{1}{m!} \boldsymbol{A}^m, \quad \forall \boldsymbol{A} \in \mathbb{C}^{n \times n}$$

$$\sin \boldsymbol{A} = \sum_{m=0}^{\infty} \frac{(-1)^m}{(2m+1)!} \boldsymbol{A}^{2m+1}, \quad \forall \boldsymbol{A} \in \mathbb{C}^{n \times n}$$

$$\cos \boldsymbol{A} = \sum_{m=0}^{\infty} \frac{(-1)^m}{(2m)!} \boldsymbol{A}^{2m}, \quad \forall \boldsymbol{A} \in \mathbb{C}^{n \times n}$$

$$(\boldsymbol{I} - \boldsymbol{A})^{-1} = \sum_{m=0}^{\infty} \boldsymbol{A}^m, \quad \forall \rho(\boldsymbol{A}) < 1$$

$$\ln(\boldsymbol{I} + \boldsymbol{A}) = \sum_{m=0}^{\infty} \frac{(-1)^m}{m+1} \boldsymbol{A}^{m+1}, \quad \forall \rho(\boldsymbol{A}) < 1$$

我们通常称 e^{A} 为矩阵指数函数,$\sin A$ 为矩阵正弦函数,$\cos A$ 为矩阵余弦函数.

命题 4.7.1 设 $A \in \mathbb{C}^{n \times n}$,则以下结论成立:

(1) $\cos(-A) = \cos A$,$\sin(-A) = -\sin A$;

(2) $e^{iA} = \cos A + i\sin A$;

(3) $\cos A = \dfrac{1}{2}(e^{iA} + e^{-iA})$;

(4) $\sin A = \dfrac{1}{2i}(e^{iA} - e^{-iA})$.

证明 前两条性质可由矩阵函数定义直接证明,具体如下:

$$\cos(-A) = \sum_{m=0}^{\infty} \frac{(-1)^m}{(2m)!}(-A)^{2m}$$

$$= \sum_{m=0}^{\infty} \frac{(-1)^m}{(2m)!}A^{2m} = \cos A$$

$$\sin(-A) = \sum_{m=0}^{\infty} \frac{(-1)^m}{(2m+1)!}(-A)^{2m+1} = -\sin A$$

$$e^{iA} = \sum_{m=0}^{\infty} \frac{(-1)^m}{(2m)!}A^{2m} + i\sum_{m=0}^{\infty} \frac{(-1)^m}{(2m+1)!}A^{2m+1}$$

$$= \cos A + i(\sin A)$$

根据性质(1)、(2),有

$$e^{iA} = \cos A + i(\sin A), \quad e^{-iA} = \cos A - i(\sin A)$$

求解上式可得性质(3)、(4).

注1:尽管指数函数满足 $e^a e^b = e^{a+b} = e^b e^a$,但该性质对矩阵指数函数一般不成立.

例 4.7.1 已知 $A = \begin{bmatrix} 1 & -1 \\ 0 & 0 \end{bmatrix}$ 和 $B = \begin{bmatrix} 1 & 1 \\ 0 & 0 \end{bmatrix}$,分别计算 e^{A}、e^{B}、e^{A+B}、$e^{A}e^{B}$ 和 $e^{B}e^{A}$,并比较 e^{A+B}、$e^{A}e^{B}$ 和 $e^{B}e^{A}$.

解 矩阵 A 和 B 的最小多项式均为 $m_A(\lambda) = m_B(\lambda) = \lambda(\lambda - 1)$,故

$$A(A - I) = O, \quad B(B - I) = O$$

即 $A^k = A$,$B^k = B$,$k = 1, 2, \cdots$.

因此,根据矩阵指数函数的定义得

$$e^{A} = \sum_{m=0}^{\infty} \frac{1}{m!}A^m = I + \sum_{m=1}^{\infty} \frac{1}{m!}A$$

$$= I + (e-1)A = \begin{bmatrix} e & 1-e \\ 0 & 1 \end{bmatrix}$$

同理可得

$$e^{B} = I + (e-1)B = \begin{bmatrix} e & e-1 \\ 0 & 1 \end{bmatrix}$$

由此，$e^A e^B = \begin{bmatrix} e^2 & (e-1)^2 \\ 0 & 1 \end{bmatrix}$，$e^B e^A = \begin{bmatrix} e^2 & -(e-1)^2 \\ 0 & 1 \end{bmatrix}$.

又知 $A+B = \mathrm{diag}(2,0)$，易求得 $\forall\, m \geqslant 1$，

$$(A+B)^m = \begin{bmatrix} 2^m & 0 \\ 0 & 0 \end{bmatrix}.$$

故 $e^{A+B} = \mathrm{diag}(e^2, 1)$. 显然，$e^{A+B}$、$e^A e^B$ 和 $e^B e^A$ 互不相等.

注 2：矩阵函数的定义式提供了一种计算矩阵函数的方法. 在采用定义法计算矩阵函数时应巧妙地应用矩阵的最小多项式进行简化计算.

定理 4.7.1　设 $A, B \in \mathbb{C}^{n \times n}$，若 $AB = BA$，则 $e^A e^B = e^B e^A = e^{A+B}$.

证明　由 $AB = BA$ 知，

$$(A+B)^m = \sum_{k=0}^{m} C_m^k A^{m-k} B^k$$

所以

$$e^{A+B} = \sum_{m=0}^{\infty} \frac{1}{m!} \sum_{k=0}^{m} C_m^k A^{m-k} B^k$$

$$= \sum_{m=0}^{\infty} \sum_{k=0}^{m} \frac{1}{k!(m-k)!} A^{m-k} B^k$$

$$= \left(\sum_{m=0}^{\infty} \frac{1}{m!} A^m \right) \left(\sum_{k=0}^{\infty} \frac{1}{k!} B^k \right) = e^A e^B$$

由定理 4.7.1 可得以下推论：

推论 4.7.1　设 $A \in \mathbb{C}^{n \times n}$，则 $e^A e^{-A} = e^{-A} e^A = I$，即 $(e^A)^{-1} = e^{-A}$.

推论 4.7.2　设 $A \in \mathbb{C}^{n \times n}$，则 $\sin^2 A + \cos^2 A = I$.

注 3：推论 4.7.1 表明，无论矩阵 A 是否可逆，矩阵指数函数 e^A 必可逆，且其逆矩阵为 e^{-A}.

若矩阵函数 $f(A)$ 的自变量由矩阵 A 换成 At，其中 t 为标量参数，则有矩阵函数表达式为

$$f(At) = \sum_{m=0}^{\infty} c_m (At)^m = \sum_{m=0}^{\infty} c_m t^m A^m, \quad |t| \rho(A) < r$$

我们称之为**含参矩阵函数**. 这类矩阵函数在线性常微分方程求解等应用中常会遇到.

例 4.7.2　设 $A = \begin{bmatrix} 0 & 1 \\ -1 & 0 \end{bmatrix}$，求 e^{At}.

解　由 $|\lambda I - A| = \lambda^2 + 1$ 知，$A^2 + I = O$. 由此，可得

$$A^2 = -I, \quad A^3 = -A, \quad A^4 = I, \quad A^5 = A, \quad \cdots$$

进而写出递归关系式 $A^{2k} = (-1)^k I, A^{2k+1} = (-1)^k A, k-1, 2, \cdots$.

此时，

$$e^{At} = \sum_{k=0}^{\infty} \frac{1}{k!} (At)^k$$

$$= \left(1 - \frac{t^2}{2!} + \frac{t^4}{4!} - \cdots\right)\boldsymbol{I} + \left(t - \frac{t^3}{3!} + \frac{t^5}{5!} - \cdots\right)\boldsymbol{A}$$

$$= (\cos t)\boldsymbol{I} + (\sin t)\boldsymbol{A} = \begin{bmatrix} \cos t & \sin t \\ -\sin t & \cos t \end{bmatrix}$$

从例 4.7.2 看出,$\mathrm{e}^{\boldsymbol{A}t} = (\cos t)\boldsymbol{I} + (\sin t)\boldsymbol{A}$. 这表明,尽管矩阵函数 $f(\boldsymbol{A})$ 是关于矩阵 $\boldsymbol{A}$ 的幂级数,但由于 $\boldsymbol{A}$ 矩阵最小多项式 $m_A(\lambda)$ 的存在,矩阵函数 $f(\boldsymbol{A})$ 总可以表示成 $\boldsymbol{I}$ 和 $\boldsymbol{A}$ 的线性组合. 这一结论对一般的矩阵函数同样成立.

当然,若矩阵 $\boldsymbol{A}$ 的最小多项式 $m_A(\lambda)$ 未知,则可利用矩阵 $\boldsymbol{A}$ 的特征多项式 $f(\lambda)$ 或它的任一零化多项式进行化简.

例 4.7.3 设 $\boldsymbol{A} \in \mathbb{C}^{4\times4}$ 的特征值分别为 π、$-\pi$ 和 0(代数重数为 2),求 $\sin \boldsymbol{A}$ 和 $\cos \boldsymbol{A}$.

解 由矩阵 $\boldsymbol{A}$ 的特征多项式 $|\lambda\boldsymbol{I} - \boldsymbol{A}| = \lambda^2(\lambda - \pi)(\lambda + \pi) = \lambda^4 - \pi^2\lambda^2$ 知,$\boldsymbol{A}^4 = \pi^2\boldsymbol{A}^2$. 故对 $m = 1, 2, \cdots$,有 $\boldsymbol{A}^{2m+1} = \pi^{2(m-1)}\boldsymbol{A}^3$,并将该式代入 $\sin \boldsymbol{A}$ 的定义式,得

$$\sin \boldsymbol{A} = \sum_{m=0}^{\infty} \frac{(-1)^m}{(2m+1)!}\boldsymbol{A}^{2m+1}$$

$$= \boldsymbol{A} + \sum_{m=1}^{\infty} \frac{(-1)^m \pi^{2(m-1)}}{(2m+1)!}\boldsymbol{A}^3$$

$$= \boldsymbol{A} - \frac{1}{\pi^2}\boldsymbol{A}^3 + \frac{1}{\pi^3}\sum_{m=0}^{\infty}\frac{(-1)^m \pi^{2m+1}}{(2m+1)!}\boldsymbol{A}^3$$

$$= \boldsymbol{A} + \frac{\sin \pi - \pi}{\pi^3}\boldsymbol{A}^3 = \boldsymbol{A} - \pi^{-2}\boldsymbol{A}^3$$

同理,可求得 $\cos \boldsymbol{A} = \boldsymbol{I} - \dfrac{2}{\pi^2}\boldsymbol{A}^2$.

尽管定义法结合矩阵的零化多项式可简化矩阵函数的计算,但该方法还是比较烦琐. 计算矩阵函数有两种常见方法:方法一是利用矩阵的相似变换;方法二是利用谱上一致性. 这里首先介绍方法一.

定理 4.7.2 设复方阵 $\boldsymbol{A}$ 与 $\boldsymbol{B}$ 相似,即存在可逆矩阵 $\boldsymbol{P}$ 使得 $\boldsymbol{P}^{-1}\boldsymbol{A}\boldsymbol{P} = \boldsymbol{B}$. 若 $f(\boldsymbol{A})$ 是矩阵函数,则 $f(\boldsymbol{A}) = \boldsymbol{P}f(\boldsymbol{B})\boldsymbol{P}^{-1}$.

证明 直接利用矩阵函数 $f(\boldsymbol{A})$ 的定义进行证明. 根据矩阵函数 $f(\boldsymbol{A})$ 的定义知

$$f(\boldsymbol{A}) = \sum_{m=0}^{\infty} c_m \boldsymbol{A}^m = \sum_{m=0}^{\infty} c_m (\boldsymbol{P}\boldsymbol{B}\boldsymbol{P}^{-1})^m$$

$$= \boldsymbol{P}\left(\sum_{m=0}^{\infty} c_m \boldsymbol{B}^m\right)\boldsymbol{P}^{-1} = \boldsymbol{P}f(\boldsymbol{B})\boldsymbol{P}^{-1}$$

基于定理 4.7.2,我们对矩阵 $\boldsymbol{A}$ 分两种情况讨论:(1) $\boldsymbol{A}$ 是单纯矩阵;(2) $\boldsymbol{A}$ 不是单纯矩阵.

(1) 若 $\boldsymbol{A}$ 是单纯矩阵,则存在可逆矩阵 $\boldsymbol{P}$ 使得 $\boldsymbol{P}^{-1}\boldsymbol{A}\boldsymbol{P} = \mathrm{diag}(\lambda_1, \cdots, \lambda_n)$,进而

$$f(\boldsymbol{A}) = \boldsymbol{P} \operatorname{diag}(f(\lambda_1), \cdots, f(\lambda_n)) \boldsymbol{P}^{-1} \qquad (4.7.1)$$

$$f(\boldsymbol{A}t) = \boldsymbol{P} \operatorname{diag}(f(\lambda_1 t), \cdots, f(\lambda_n t)) \boldsymbol{P}^{-1} \qquad (4.7.2)$$

此时,矩阵函数 $f(\boldsymbol{A})$ 和含参矩阵函数 $f(\boldsymbol{A}t)$ 仍是单纯矩阵.特别地,

$$\mathrm{e}^{\boldsymbol{A}} = \boldsymbol{P} \operatorname{diag}(\mathrm{e}^{\lambda_1}, \cdots, \mathrm{e}^{\lambda_n}) \boldsymbol{P}^{-1}$$

$$\sin \boldsymbol{A} = \boldsymbol{P} \operatorname{diag}(\sin \lambda_1, \cdots, \sin \lambda_n) \boldsymbol{P}^{-1}$$

例 4.7.4　设矩阵 $\boldsymbol{A} = \begin{bmatrix} 1 & 2 \\ 0 & 2 \end{bmatrix}$,求矩阵函数 $\sin \boldsymbol{A}$.

解　由于 $\lambda_1 = 1, \lambda_2 = 2$,故矩阵 $\boldsymbol{A}$ 是单纯矩阵.分别计算变换矩阵及其逆矩阵为

$$\boldsymbol{P} = \begin{bmatrix} 1 & 2 \\ 0 & 1 \end{bmatrix}, \quad \boldsymbol{P}^{-1} = \begin{bmatrix} 1 & -2 \\ 0 & 1 \end{bmatrix}$$

因此,

$$\sin \boldsymbol{A} = \begin{bmatrix} 1 & 2 \\ 0 & 1 \end{bmatrix} \begin{bmatrix} \sin 1 & 0 \\ 0 & \sin 2 \end{bmatrix} \begin{bmatrix} 1 & -2 \\ 0 & 1 \end{bmatrix}$$

$$= \begin{bmatrix} \sin 1 & 2\sin 2 - 2\sin 1 \\ 0 & \sin 2 \end{bmatrix}$$

注 4:利用单纯矩阵的谱分解式也可以方便地计算矩阵函数.设单纯矩阵 $\boldsymbol{A}$ 有如下谱分解式:

$$\boldsymbol{A} = \sum_{i=1}^{k} \lambda_i \boldsymbol{E}_i \qquad (4.7.3)$$

式中: $\lambda_1, \cdots, \lambda_k$ 是矩阵 $\boldsymbol{A}$ 的 k 个互异特征值, $\boldsymbol{E}_1, \cdots, \boldsymbol{E}_k$ 是对应的谱阵.

将谱分解式(4.7.3)代入矩阵函数 $f(\boldsymbol{A})$ 的定义式,得

$$f(\boldsymbol{A}) = \sum_{m=0}^{\infty} c_m \boldsymbol{A}^m = \sum_{i=1}^{k} f(\lambda_i) \boldsymbol{E}_i \qquad (4.7.4)$$

相比于式(4.7.1),式(4.7.4)不需要求解变换矩阵,也不需要三个矩阵相乘.利用谱分解再次考察例 4.7.4,由推论 3.7.2 可计算出矩阵 $\boldsymbol{A}$ 的谱阵,分别为

$$\boldsymbol{E}_1 = \frac{1}{1-2}(\boldsymbol{A} - 2\boldsymbol{I}) = \begin{bmatrix} 1 & -2 \\ 0 & 0 \end{bmatrix}$$

$$\boldsymbol{E}_2 = \frac{1}{2-1}(\boldsymbol{A} - \boldsymbol{I}) = \begin{bmatrix} 0 & 2 \\ 0 & 1 \end{bmatrix}$$

因此,

$$\sin \boldsymbol{A} = (\sin 1) \boldsymbol{E}_1 + (\sin 2) \boldsymbol{E}_2$$

$$= \begin{bmatrix} \sin 1 & 2\sin 2 - 2\sin 1 \\ 0 & \sin 2 \end{bmatrix}$$

(2)若矩阵 $\boldsymbol{A}$ 不是单纯矩阵,则存在可逆矩阵 $\boldsymbol{P}$ 使得 $\boldsymbol{P}^{-1}\boldsymbol{A}\boldsymbol{P} = \boldsymbol{J}$,其中 $\boldsymbol{J}$ 为矩阵 $\boldsymbol{A}$ 的 Jordan 标准形,可表示为 $\boldsymbol{J} = \operatorname{diag}(\boldsymbol{J}_1, \cdots, \boldsymbol{J}_s)$,其中

$$J_i = \begin{bmatrix} \lambda_i & 1 & & & & \\ & \lambda_i & 1 & & \boldsymbol{O} & \\ & & \ddots & \ddots & & \\ & & & \lambda_i & 1 \\ & \boldsymbol{O} & & & \lambda_i \end{bmatrix}_{n_i \times n_i} \tag{4.7.5}$$

$J_i(i=1,\cdots,s)$ 为 Jordan 块,此时,$\boldsymbol{A}^k = \boldsymbol{P}\boldsymbol{J}^k\boldsymbol{P}^{-1}$,其中,$\boldsymbol{J}^k = \mathrm{diag}(\boldsymbol{J}_1^k,\cdots,\boldsymbol{J}_s^k)$,且 $\boldsymbol{J}_i^k(i=1,\cdots,s)$ 满足

$$\boldsymbol{J}_i^k = \begin{bmatrix} \lambda_i^k & \mathrm{C}_k^1\lambda_i^{k-1} & \mathrm{C}_k^2\lambda_i^{k-2} & \cdots & \mathrm{C}_k^{n_i-1}\lambda_i^{k-n_i+1} \\ & \lambda_i^k & \mathrm{C}_k^1\lambda_i^{k-1} & \cdots & \mathrm{C}_k^{n_i-2}\lambda_i^{k-n_i+2} \\ & & \ddots & \ddots & \vdots \\ & & & \lambda_i^k & \mathrm{C}_k^1\lambda_i^{k-1} \\ & \boldsymbol{O} & & & \lambda_i^k \end{bmatrix}$$

将上式代入矩阵函数 $f(\boldsymbol{A}) = \sum\limits_{m=0}^{\infty} c_m \boldsymbol{A}^m$,得

$$f(\boldsymbol{A}) = \boldsymbol{P}\,\mathrm{diag}(f(\boldsymbol{J}_1),\cdots,f(\boldsymbol{J}_s))\boldsymbol{P}^{-1}$$

$$f(\boldsymbol{J}_i) = \begin{bmatrix} \sum\limits_{m=0}^{\infty} c_m \lambda_i^m & \sum\limits_{m=0}^{\infty} c_m \mathrm{C}_m^1 \lambda_i^{m-1} & \cdots & \sum\limits_{m=0}^{\infty} c_m \mathrm{C}_m^{n_i-1} \lambda_i^{m-n_i+1} \\ & \sum\limits_{m=0}^{\infty} c_m \lambda_i^m & \ddots & \vdots \\ & & \ddots & \sum\limits_{m=0}^{\infty} c_m \mathrm{C}_m^1 \lambda_i^{m-1} \\ & \boldsymbol{O} & & \sum\limits_{m=0}^{\infty} c_m \lambda_i^m \end{bmatrix}$$

注意到当 $j > m$ 时,$\sum\limits_{m=0}^{\infty} c_m \mathrm{C}_m^j \lambda_i^{m-j} = 0$;否则

$$\sum\limits_{m=0}^{\infty} c_m \mathrm{C}_m^j \lambda_i^{m-j} = \frac{1}{j!} f^{(j)}(\lambda_i)$$

因此,

$$f(\boldsymbol{A}) = \boldsymbol{P} \begin{bmatrix} f(J_1) & \cdots & 0 \\ \vdots & & \vdots \\ 0 & \cdots & f(J_s) \end{bmatrix} \boldsymbol{P}^{-1} \tag{4.7.6}$$

$$
f(\boldsymbol{J}_i) = \begin{bmatrix} f(\lambda_i) & f'(\lambda_i) & \cdots & \dfrac{1}{(n_i-1)!}f^{(n_i-1)}(\lambda_i) \\ & f(\lambda_i) & \ddots & \vdots \\ & & \ddots & f'(\lambda_i) \\ \boldsymbol{O} & & & f(\lambda_i) \end{bmatrix}_{n_i \times n_i} \tag{4.7.7}
$$

式(4.7.6)和式(4.7.7)称为 Sylvester 公式.

例 4.7.5　设矩阵 $\boldsymbol{A} = \begin{bmatrix} 0 & 1 & 0 \\ 0 & 0 & 1 \\ 2 & -5 & 4 \end{bmatrix}$,求矩阵函数 $e^{\boldsymbol{A}}$.

解　由 $|\lambda \boldsymbol{I} - \boldsymbol{A}| = (\lambda-1)^2(\lambda-2)$ 知,矩阵 $\boldsymbol{A}$ 的特征值为 $\lambda_1 = \lambda_2 = 1, \lambda_3 = 2$. 又知 $\mathrm{rank}(\boldsymbol{I} - \boldsymbol{A}) = 2$,故 λ_1 的几何重数为 1. 因此,矩阵 $\boldsymbol{A}$ 不是单纯矩阵.

依次求得 $\boldsymbol{A}$ 阵的 Jordan 标准形 $\boldsymbol{J}$ 及变换矩阵 $\boldsymbol{P}$ 为

$$
\boldsymbol{J} = \begin{bmatrix} 2 & 0 & 0 \\ 0 & 1 & 1 \\ 0 & 0 & 1 \end{bmatrix}, \quad \boldsymbol{P} = \begin{bmatrix} 1 & 1 & 0 \\ 2 & 1 & 1 \\ 4 & 1 & 2 \end{bmatrix}, \quad \boldsymbol{P}^{-1} = \begin{bmatrix} 1 & -2 & 1 \\ 0 & 2 & -1 \\ -2 & 3 & -1 \end{bmatrix}
$$

由 Sylvester 公式,得

$$
f(\boldsymbol{J}_1) = e^2, \quad f(\boldsymbol{J}_2) = \begin{bmatrix} e & e \\ 0 & e \end{bmatrix}
$$

因此,

$$
f(\boldsymbol{A}) = \boldsymbol{P} \begin{bmatrix} f(\boldsymbol{J}_1) & \boldsymbol{O} \\ \boldsymbol{O} & f(\boldsymbol{J}_2) \end{bmatrix} \boldsymbol{P}^{-1} = \begin{bmatrix} e^2-2e & -2e^2+5e & e^2-2e \\ 2e^2-4e & -4e^2+8e & 2e^2-3e \\ 4e^2-6e & -8e^2+11e & 4e^2-4e \end{bmatrix}
$$

推论 4.7.3　设矩阵 $\boldsymbol{A} \in \mathbb{C}^{n \times n}$ 的特征值为 $\lambda_1, \cdots, \lambda_n$, $f(z) = \sum\limits_{m=0}^{\infty} c_m z^m$ 的收敛半径为 r. 当 $\rho(\boldsymbol{A}) < r$ 时,矩阵函数 $f(\boldsymbol{A})$ 的特征值为 $f(\lambda_1), \cdots, f(\lambda_n)$.

推论 4.7.4　设矩阵 $\boldsymbol{A} \in \mathbb{C}^{n \times n}$ 有分解式 $\boldsymbol{A} = \boldsymbol{P} \boldsymbol{J} \boldsymbol{P}^{-1}$,其中 $\boldsymbol{J} = \mathrm{diag}(\boldsymbol{J}_1, \cdots, \boldsymbol{J}_s)$, $\boldsymbol{J}_i (i = 1, \cdots, s)$ 如式(4.7.5)所示,幂级数 $f(z) = \sum\limits_{m=0}^{\infty} c_m z^m$ 的收敛半径为 r. 当 $t\rho(\boldsymbol{A}) < r$ 时,含参矩阵函数 $f(\boldsymbol{A}t) = \boldsymbol{P} \mathrm{diag}(f(\boldsymbol{J}_1(\lambda_1 t)), \cdots, f(\boldsymbol{J}_s(\lambda_s t))) \boldsymbol{P}^{-1}$,其中

$$
f(\boldsymbol{J}_i(\lambda_i t)) = \begin{bmatrix} f(\lambda_i t) & tf'(\lambda_i t) & \cdots & \dfrac{t^{n_i-1}}{(n_i-1)!}f^{(n_i-1)}(\lambda_i t) \\ & f(\lambda_i t) & \ddots & \vdots \\ & & \ddots & tf'(\lambda_i t) \\ \boldsymbol{O} & & & f(\lambda_i t) \end{bmatrix}_{n_i \times n_i} \tag{4.7.8}
$$

例 4.7.6 设矩阵 $A = \begin{bmatrix} 2 & 1 \\ 0 & 2 \end{bmatrix}$,求矩阵函数 $\cos(At)$.

解 已知 $f(\lambda_i t) = \cos 2t$, $t f'(\lambda_i t) = t \dfrac{\mathrm{d}}{\mathrm{d}x} \cos x |_{x=2t} = -t \sin 2t$,故由推论 4.7.4 知

$$\cos(At) = \begin{bmatrix} \cos 2t & -t \sin 2t \\ 0 & \cos 2t \end{bmatrix}$$

尽管 Sylvester 公式非常漂亮,但利用 Sylvester 公式计算矩阵函数有一定的计算难度,主要表现在:(1) 相似变换矩阵 P 及其逆 P^{-1} 难求;(2) 3 个矩阵相乘 $P f(J) P^{-1}$ 计算烦琐.为解决这一问题,我们换个角度考虑矩阵函数的计算问题.我们已知晓任一矩阵函数(须有定义)总可以表示为次数不超过 $l-1$ 的矩阵多项式.该矩阵多项式由 l 个系数唯一确定,若能确定这 l 个系数,我们自然就可以确定出矩阵函数.这就是矩阵函数的第二种计算方法.

定理 4.7.3 设矩阵 $A \in \mathbb{C}^{n \times n}$ 的最小多项式次数为 l,幂级数 $f(z) = \sum_{m=0}^{\infty} c_m z^m$ 的收敛半径为 r.若 $\rho(A) < r$,定义矩阵函数 $f(A)$,则必存在唯一的 $l-1$ 次矩阵多项式 $p(A) = \beta_0 I + \beta_1 A + \cdots + \beta_{l-1} A^{l-1}$ 使得 $f(A) = p(A)$.

证明 对于多项式 $f(\lambda) = \lambda^m$ 和 $m_A(\lambda)$,必存在 $q_m(\lambda)$ 以及 $p_m(\lambda)$ 使得

$$\lambda^m = m_A(\lambda) q_m(\lambda) + p_m(\lambda)$$

其中,$\deg(p_m(\lambda)) < l$.

因此,

$$A^m = m_A(A) q_m(A) + p_m(A) = p_m(A)$$

将上式代入矩阵函数 $f(A)$ 的定义式,得

$$f(A) = \sum_{m=0}^{\infty} c_m A^m = \sum_{m=0}^{\infty} c_m p_m(A) \tag{4.7.9}$$

由于矩阵函数 $f(A)$ 绝对收敛,所以对式(4.7.9)右端级数改变求和顺序仍会绝对收敛.因此,对式(4.7.9)右端矩阵多项式按 $I, A, \cdots, A^{l-1}$ 分别求和,整理得

$$f(A) = \beta_0 I + \beta_1 A + \cdots + \beta_{l-1} A^{l-1} \tag{4.7.10}$$

式中:系数 $\beta_0, \beta_1, \cdots, \beta_{l-1}$ 必存在.这表明,必存在 $l-1$ 次矩阵多项式 $p(A) = \beta_0 I + \beta_1 A + \cdots + \beta_{l-1} A^{l-1}$ 使得 $f(A) = p(A)$.

现证明矩阵多项式 $p(A)$ 的唯一性.假设存在两个 $l-1$ 次矩阵多项式 $p(A)$ 和 $q(A)$ 满足 $f(A) = p(A)$ 和 $f(A) = q(A)$,则 $p(A) = q(A)$.

定义 $g(\lambda) = p(\lambda) - q(\lambda)$,则 $g(\lambda)$ 是矩阵 A 的零化多项式,其次数为 $l-1$,这显然与 A 的最小多项式次数为 l 相矛盾.因此假设不成立,即 $p(A)$ 唯一.

定理 4.7.3 从理论上保证了 $l-1$ 次矩阵多项式 $p(A)$ 的存在性和唯一性.为确定矩阵多项式 $p(A)$ 的系数,需列出 l 个方程.为此,引入谱上给定和谱上一致概念.

定义 4.7.2(谱上给定) 设 $\lambda_1, \cdots, \lambda_s$ 是 n 阶复方阵 A 的 s 个互异特征值,并设

$$m_A(\lambda) = (\lambda - \lambda_1)^{n_1} (\lambda - \lambda_2)^{n_2} \cdot \cdots \cdot (\lambda - \lambda_s)^{n_s}$$

是 A 的最小多项式,$\deg(m_A(\lambda)) = l$. 若复函数 $f(z)$ 及其各阶导数 $f^{(j)}(z)$ 在 $z = \lambda_i$ 处的 n_i 个值 $f^{(j)}(\lambda_i)$ 均有界,$j = 0, 1, \cdots, n_i - 1$,则称 $f(z)$ 在矩阵 A 的谱上给定(或谱上有定义),并称 $\lambda_1, \cdots, \lambda_s$ 为**谱点**,$f^{(j)}(\lambda_i)$ 为 $f(z)$ 在矩阵 A 上的**谱值**.

例 4.7.7　考察函数 $f(z)$ 在矩阵 A 的谱上是否有定义,其中

$$f(z) = \frac{1}{(z-3)(z-4)}, \quad A = \begin{bmatrix} 2 & 0 & 0 \\ 0 & 1 & 1 \\ 0 & 0 & 1 \end{bmatrix}$$

解　矩阵 A 的最小多项式为 $m_A(\lambda) = (\lambda - 2)(\lambda - 1)^2$,其谱点分别为 $\lambda_1 = 2$,$\lambda_2 = 1$;相应的谱值为

$$f(2) = \frac{1}{2}, \quad f(1) = \frac{1}{6}, \quad f'(1) = \frac{5}{36}$$

因此,$f(z)$ 在矩阵 A 的谱上给定.

若将例 4.7.7 中矩阵 A 替换为

$$A = \begin{bmatrix} 3 & 1 & 0 \\ 0 & 3 & 0 \\ 0 & 0 & 1 \end{bmatrix}$$

则矩阵 A 的最小多项式为 $m_A(\lambda) = (\lambda - 1)(\lambda - 3)^2$,其谱点分别为 $\lambda_1 = 1$,$\lambda_2 = 3$;相应谱值为 $f(1) = \frac{1}{6}$,$f(3)$ 无界. 所以 $f(z)$ 在 A 的谱上无定义.

定义 4.7.3(谱上一致)　设复方阵 A 的最小多项式为 $m_A(\lambda) = (\lambda - \lambda_1)^{n_1} \cdot (\lambda - \lambda_2)^{n_2} \cdot \cdots \cdot (\lambda - \lambda_s)^{n_s}$,$\deg(m_A(\lambda)) = l$. 若函数 $f(\lambda)$ 与 $p(\lambda)$ 在 A 的谱上给定且满足

$$\begin{cases} f(\lambda_i) = p(\lambda_i) \\ f'(\lambda_i) = p'(\lambda_i) \\ \quad\quad \vdots \\ f^{(n_i - 1)}(\lambda_i) = p^{(n_i - 1)}(\lambda_i) \end{cases}, \quad i = 1, 2, \cdots, s$$

则称函数 $f(\lambda)$ 与 $p(\lambda)$ 在矩阵 A 的**谱上一致**.

例 4.7.8　考察函数 $f(z)$ 与 $p(z)$ 在矩阵 A 的谱上一致条件,其中

$$f(z) = \mathrm{e}^z, \quad p(z) = \beta_0 + \beta_1 z, \quad A = \begin{bmatrix} 1 & 0 \\ 0 & 2 \end{bmatrix}$$

解　矩阵 A 的最小多项式为 $m_A(\lambda) = (\lambda - 1)(\lambda - 2)$,其谱点分别为 $\lambda_1 = 1, \lambda_2 = 2$;相应谱值为 $f(1) = \mathrm{e}, f(2) = \mathrm{e}^2; p(1) = \beta_0 + \beta_1, p(2) = \beta_0 + 2\beta_1$.

根据谱上一致条件,得

$$\begin{cases} \beta_0 + \beta_1 = \text{e} \\ \beta_0 + 2\beta_1 = \text{e}^2 \end{cases}$$

解得 $\beta_0 = 2\text{e} - \text{e}^2$，$\beta_1 = \text{e}^2 - \text{e}$. 此时，

$$f(\boldsymbol{A}) = \begin{bmatrix} \text{e} & 0 \\ 0 & \text{e}^2 \end{bmatrix} = p(\boldsymbol{A})$$

定理 4.7.4 设 $\boldsymbol{A} \in \mathbb{C}^{n \times n}$，幂级数 $f(z) = \sum\limits_{m=0}^{\infty} c_m z^m$ 与多项式 $p(z) = \sum\limits_{i=0}^{k} \beta_i z^i$ 在矩阵 $\boldsymbol{A}$ 的谱上给定，则 $f(\boldsymbol{A}) = p(\boldsymbol{A})$ 的充分必要条件是 $f(z)$ 与 $p(z)$ 在矩阵 $\boldsymbol{A}$ 的谱上一致.

证明 设矩阵 $\boldsymbol{A}$ 有分解式 $\boldsymbol{A} = \boldsymbol{P}\boldsymbol{J}\boldsymbol{P}^{-1}$，其中，$\boldsymbol{J} = \text{diag}(\boldsymbol{J}_1, \cdots, \boldsymbol{J}_s)$，$\boldsymbol{J}_i (i = 1, \cdots, s)$ 为 Jordan 块，如式(4.7.5)所示，于是

$$f(\boldsymbol{A}) = p(\boldsymbol{A}) \Leftrightarrow \text{diag}(f(\boldsymbol{J}_1), \cdots, f(\boldsymbol{J}_s)) = \text{diag}(p(\boldsymbol{J}_1), \cdots, p(\boldsymbol{J}_s))$$

即对 $i = 1, \cdots, s$，有

$$f(\boldsymbol{J}_i) = p(\boldsymbol{J}_i) \tag{4.7.11}$$

由 Sylvester 公式知，式(4.7.11)成立的充分必要条件为

$$\begin{bmatrix} f(\lambda_i) & \cdots & \dfrac{1}{(n_i - 1)!} f^{n_i - 1}(\lambda_i) \\ & \ddots & \vdots \\ \boldsymbol{O} & & f(\lambda_i) \end{bmatrix} = \begin{bmatrix} p(\lambda_i) & \cdots & \dfrac{1}{(n_i - 1)!} p^{n_i - 1}(\lambda_i) \\ & \ddots & \vdots \\ \boldsymbol{O} & & p(\lambda_i) \end{bmatrix}$$

进而，对 $i = 1, 2, \cdots, s$，有

$$\begin{cases} f(\lambda_i) = p(\lambda_i) \\ f'(\lambda_i) = p'(\lambda_i) \\ \quad\vdots \\ f^{(n_i - 1)}(\lambda_i) = p^{(n_i - 1)}(\lambda_i) \end{cases}$$

上式表明 $f(z)$ 与 $p(z)$ 在矩阵 $\boldsymbol{A}$ 的谱上是一致的. 证毕.

根据定理 4.7.4 的谱上一致性条件，可列出 l 个独立方程. 由此可求解出定理 4.7.3 中的 l 个系数 $\beta_0, \beta_1, \cdots, \beta_{l-1}$. 这就是计算矩阵函数的第二种方法，我们称之为**谱上一致性方法**.

例 4.7.9 设矩阵 $\boldsymbol{A} = \begin{bmatrix} 1 & 0 & 0 \\ 0 & 2 & 0 \\ 0 & 0 & 3 \end{bmatrix}$，求矩阵函数 $\text{e}^{\boldsymbol{A}}$.

解 由矩阵 $\boldsymbol{A}$ 的最小多项式 $m_A(\lambda) = (\lambda - 3)(\lambda - 2)(\lambda - 1)$ 定义多项式

$$p(\lambda) = a_2 \lambda^2 + a_1 \lambda + a_0$$

根据谱上一致性条件，得

$$\begin{cases} f(1)=p(1) \\ f(2)=p(2) \\ f(3)=p(3) \end{cases} \Rightarrow \begin{cases} a_2+a_1+a_0=\mathrm{e} \\ 4a_2+2a_1+a_0=\mathrm{e}^2 \\ 9a_2+3a_1+a_0=\mathrm{e}^3 \end{cases}$$

将其代入 $p(\boldsymbol{A})$，得

$$p(\boldsymbol{A})=\begin{bmatrix} a_2+a_1+a_0 & 0 & 0 \\ 0 & 4a_2+2a_1+a_0 & 0 \\ 0 & 0 & 9a_2+3a_1+a_0 \end{bmatrix}=\begin{bmatrix} \mathrm{e} & 0 & 0 \\ 0 & \mathrm{e}^2 & 0 \\ 0 & 0 & \mathrm{e}^3 \end{bmatrix}$$

因此，$f(\boldsymbol{A})=\mathrm{diag}(\mathrm{e},\mathrm{e}^2,\mathrm{e}^3)$.

例 4.7.10　设矩阵 $\boldsymbol{A}=\begin{bmatrix} 0 & 1 & 0 \\ 0 & 0 & 1 \\ 2 & -5 & 4 \end{bmatrix}$，求矩阵函数 $\mathrm{e}^{\boldsymbol{A}}$.

解　由矩阵 $\boldsymbol{A}$ 的最小多项式 $m_{\boldsymbol{A}}(\lambda)=(\lambda-2)(\lambda-1)^2$ 定义多项式

$$p(\lambda)=a_2\lambda^2+a_1\lambda+a_0$$

根据谱上一致性条件，得

$$\begin{cases} f(2)=p(2) \\ f(1)=p(1) \\ f'(1)=p'(1) \end{cases} \Rightarrow \begin{cases} 4a_2+2a_1+a_0=\mathrm{e}^2 \\ a_2+a_1+a_0=\mathrm{e} \\ 2a_2+a_1=\mathrm{e} \end{cases}$$

解得

$$\begin{cases} a_2=\mathrm{e}^2-2\mathrm{e} \\ a_1=-2\mathrm{e}^2+5\mathrm{e}. \\ a_0=\mathrm{e}^2-2\mathrm{e} \end{cases}$$

因此，

$$p(\boldsymbol{A})=a_2\boldsymbol{A}^2+a_1\boldsymbol{A}+a_0\boldsymbol{I}$$

$$=\begin{bmatrix} a_0 & a_1 & a_2 \\ 2a_2 & -5a_2+a_0 & 4a_2+a_1 \\ 8a_2+2a_1 & -18a_2-5a_1 & 11a_2+4a_1+a_0 \end{bmatrix}$$

$$=\begin{bmatrix} \mathrm{e}^2-2\mathrm{e} & -2\mathrm{e}^2+5\mathrm{e} & \mathrm{e}^2-2\mathrm{e} \\ 2\mathrm{e}^2-4\mathrm{e} & -4\mathrm{e}^2+8\mathrm{e} & 2\mathrm{e}^2-3\mathrm{e} \\ 4\mathrm{e}^2-6\mathrm{e} & -8\mathrm{e}^2+11\mathrm{e} & 4\mathrm{e}^2-4\mathrm{e} \end{bmatrix}$$

注 5：利用谱上一致性方法计算矩阵函数不仅适用于单纯矩阵，也适用于非单纯矩阵. 若需计算含参矩阵函数，则仍可以利用谱上一致性方法计算. 相关结论如下.

设 $f(\boldsymbol{A}t)=\sum_{m=0}^{\infty}c'_m\boldsymbol{A}^m$，其中，$c'_m=c_mt^m$. 故含参矩阵函数 $f(\boldsymbol{A}t)$ 仍可以唯一地由 $l-1$ 次矩阵多项式 $p_t(\boldsymbol{A})$ 表示，即

$$f(\mathbf{A}t) = \alpha_0(t)\mathbf{I} + \alpha_1(t)\mathbf{A} + \cdots + \alpha_{l-1}(t)\mathbf{A}^{l-1} = p_t(\mathbf{A})$$

式中：$\alpha_i(t)(i=0,1,\cdots,l-1)$ 为待定含参系数.

利用 Sylvester 公式，可得如下方程组：

$$p_t^{(j)}(\lambda_i) = t^j f^{(j)}(\lambda_i t), \quad j = 0, \cdots, n_i - 1; i = 1, \cdots, s \qquad (4.7.12)$$

通过求解方程组(4.7.12)可确定待定的 l 个系数 $\alpha_i(t), i = 0,1,\cdots,l-1$.

例 4.7.11 设矩阵 $\mathbf{A} = \begin{bmatrix} 2 & 1 & 0 \\ 0 & 2 & 1 \\ 0 & 0 & 2 \end{bmatrix}$，求矩阵函数 $\mathrm{e}^{\mathbf{A}t}$.

解 由矩阵 $\mathbf{A}$ 的最小多项式 $m_{\mathbf{A}}(\lambda) = (\lambda - 2)^3$ 定义 $f(\lambda t) = \mathrm{e}^{\lambda t}$ 和多项式

$$p_t(\lambda) = \alpha_0(t) + \alpha_1(t)\lambda + \alpha_2(t)\lambda^2$$

依据式(4.7.12)建立如下方程组：

$$\begin{cases} \alpha_0(t) + 2\alpha_1(t) + 4\alpha_2(t) = \mathrm{e}^{2t} \\ \alpha_1(t) + 4\alpha_2(t) = t\,\mathrm{e}^{2t} \\ 2\alpha_2(t) = t^2\,\mathrm{e}^{2t} \end{cases}$$

解得 $\alpha_2(t) = \dfrac{t^2}{2}\mathrm{e}^{2t}, \alpha_1(t) = \mathrm{e}^{2t}(t - 2t^2), \alpha_0(t) = \mathrm{e}^{2t}(1 - 2t + 2t^2)$. 故

$$\mathrm{e}^{\mathbf{A}t} = \alpha_0(t)\mathbf{I}_3 + \alpha_1(t)\mathbf{A} + \alpha_2(t)\mathbf{A}^2$$

$$= \begin{bmatrix} \alpha_0 + 2\alpha_1 + 4\alpha_2 & \alpha_1 + 4\alpha_2 & \alpha_2 \\ 0 & \alpha_0 + 2\alpha_1 + 4\alpha_2 & \alpha_1 + 4\alpha_2 \\ 0 & 0 & \alpha_0 + 2\alpha_1 + 4\alpha_2 \end{bmatrix}$$

$$= \begin{bmatrix} \mathrm{e}^{2t} & t\,\mathrm{e}^{2t} & \dfrac{t^2}{2}\mathrm{e}^{2t} \\ 0 & \mathrm{e}^{2t} & t\,\mathrm{e}^{2t} \\ 0 & 0 & \mathrm{e}^{2t} \end{bmatrix}$$

注6：利用谱上一致性方法计算矩阵函数时，可以不选用矩阵的最小多项式，而选用矩阵的任一零化多项式. 此时须把选用的零化多项式当作矩阵的最小多项式，然后仿照上面的方法求解即可.

再次考虑例 4.7.3. 由矩阵特征多项式 $g(\lambda) = \lambda^4 - \pi^2\lambda^2$ 得，令 $f(\lambda) = \sin\lambda$ 和 $p(\lambda) = \beta_0 + \beta_1\lambda + \beta_2\lambda^2 + \beta_3\lambda^3$，则有

$$\begin{cases} \beta_0 + \beta_1\pi + \beta_2\pi^2 + \beta_3\pi^3 = 0 \\ \beta_0 - \beta_1\pi + \beta_2\pi^2 - \beta_3\pi^3 = 0 \\ \beta_0 = \sin 0 \\ \beta_1 = \cos 0 \end{cases}$$

解得 $\beta_0 = 0, \beta_1 = 1, \beta_2 = 0, \beta_3 = -\dfrac{1}{\pi^2}$. 因此，$\sin\mathbf{A} = \mathbf{A} - \dfrac{1}{\pi^2}\mathbf{A}^3$.

例 4.7.12 设函数 $f(z) = \dfrac{1}{z}$，矩阵 $\boldsymbol{A} = \begin{bmatrix} 2 & 1 & 0 \\ 0 & 2 & 1 \\ 0 & 0 & 2 \end{bmatrix}$，求矩阵函数 $f(\boldsymbol{A})$.

分析 因为 $f(z)$ 无法在 $z=0$ 处展开成幂级数形式，所以无法根据定义 4.7.1 计算 $f(\boldsymbol{A})$. 换而言之，在定义 4.7.1 下，$f(\boldsymbol{A})$ 不能称为矩阵函数.

忽略定义 4.7.1 中对矩阵函数的收敛性要求，分别采用方法一 Sylvester 公式和方法二谱上一致性方法进行计算.

解法一 Sylvester 公式. 由 Sylvester 公式知，

$$f(2) = \frac{1}{2}, \quad f'(2) = -\frac{1}{z^2}\bigg|_{z=2} = -\frac{1}{4}$$

$$\frac{1}{(3-1)!}f^{(2)}(2) = \frac{1}{z^3}\bigg|_{z=2} = \frac{1}{8}$$

因此，

$$f(\boldsymbol{A}) = \begin{bmatrix} \dfrac{1}{2} & -\dfrac{1}{4} & \dfrac{1}{8} \\[2mm] 0 & \dfrac{1}{2} & -\dfrac{1}{4} \\[2mm] 0 & 0 & \dfrac{1}{2} \end{bmatrix}$$

解法二 谱上一致性方法. 由矩阵 $\boldsymbol{A}$ 的最小多项式 $m_{\boldsymbol{A}}(\lambda) = (\lambda-2)^3$ 定义多项式

$$p(z) = \alpha_0 + \alpha_1 z + \alpha_2 z^2$$

则根据谱上一致性条件可得如下方程组：

$$\begin{cases} \alpha_0 + 2\alpha_1 + 4\alpha_2 = \dfrac{1}{2} \\[2mm] \alpha_1 + 4\alpha_2 = -\dfrac{1}{4} \\[2mm] 2\alpha_2 = \dfrac{1}{4} \end{cases}$$

解得 $\alpha_0 = \dfrac{3}{2}$，$\alpha_1 = -\dfrac{3}{4}$ 和 $\alpha_2 = \dfrac{1}{8}$，故

$$f(\boldsymbol{A}) = \frac{3}{2}\boldsymbol{I} - \frac{3}{4}\boldsymbol{A} + \frac{1}{8}\boldsymbol{A}^2 = \begin{bmatrix} \dfrac{1}{2} & -\dfrac{1}{4} & \dfrac{1}{8} \\[2mm] 0 & \dfrac{1}{2} & -\dfrac{1}{4} \\[2mm] 0 & 0 & \dfrac{1}{2} \end{bmatrix}$$

由上述计算结果知，两种方法都可以求解出相同的 $f(\boldsymbol{A})$，求得的 $f(\boldsymbol{A})$ 就是矩阵 $\boldsymbol{A}$ 的逆矩阵. 这表明例 4.7.12 定义的 $f(\boldsymbol{A})$ 也是有意义的，也可以称为矩阵函

数. 同时说明定义 4.7.1 是有局限性的. 该定义要求函数 $f(z)$ 能够在 $z=0$ 处展开为幂级数,即要求满足以下两个条件:

(1) $f^{(k)}(0)$ 存在,$k=0,1,\cdots$;

(2) $\lim\limits_{k\to\infty}\dfrac{f^{(k+1)}(\xi)}{(k+1)!}z^{k+1}=0.$

Sylvester 公式和谱上一致性方法所需条件均为 $f(z)$ 在矩阵 A 的谱上给定(尽管在定义或结论中仍要求矩阵的谱半径小于收敛半径,实际上我们可移除这一条件). 谱上给定条件比定义 4.7.1 的幂级数要求弱. 因此,可拓宽定义 4.7.1 矩阵函数的定义.

定义 4.7.4(矩阵函数) 设复方阵 A 的最小多项式为

$$m_A(\lambda)=(\lambda-\lambda_1)^{n_1}(\lambda-\lambda_2)^{n_2}\cdot\cdots\cdot(\lambda-\lambda_s)^{n_s},\quad \deg(m_A(\lambda))=l$$

若函数 $f(\lambda)$ 在矩阵 A 的谱上给定,则矩阵函数 $f(A)$ 定义为 $f(A)=p(A)$,其中,$p(A)=\beta_0 I+\beta_1 A+\cdots+\beta_{l-1}A^{l-1}$,$l$ 个系数 $\beta_0,\beta_1,\cdots,\beta_{l-1}$ 由以下方程组确定:

$$\begin{cases} f(\lambda_i)=p(\lambda_i)\\ f'(\lambda_i)=p'(\lambda_i)\\ \vdots\\ f^{(n_i-1)}(\lambda_i)=p^{(n_i-1)}(\lambda_i)\end{cases},\quad i=1,2,\cdots,s$$

注 7:矩阵函数也可以利用 Sylvester 公式定义,这里就不再赘述了. 特别地,当函数 $f(z)$ 能够展开为"z"的幂级数时,矩阵函数的定义 4.7.1 和定义 4.7.4 一致.

例 4.7.13 考察齐次线性差分方程

$$u_{k+3}+u_{k+2}-u_{k+1}-u_k=0$$

当 $k<0$ 时,$u_k=0$ 且有 $u_1=0,u_2=1,u_3=0$. 求 $\{u_k\}$.

解 定义

$$\boldsymbol{x}_k=\begin{pmatrix}u_k\\u_{k+1}\\u_{k+2}\end{pmatrix}\in\mathbb{R}^3,\quad \boldsymbol{A}=\begin{bmatrix}0&1&0\\0&0&1\\1&1&-1\end{bmatrix}$$

则有

$$\boldsymbol{x}_{k+1}=\boldsymbol{A}\boldsymbol{x}_k,\quad \boldsymbol{x}_1=(0,1,0)^{\mathrm{T}}$$

对上述进行迭代得

$$\boldsymbol{x}_{k+1}=\boldsymbol{A}^k\boldsymbol{x}_1,\quad k=1,2,\cdots$$

由于 A 是友矩阵,我们可直接写出它的最小多项式 $m_A(\lambda)=(\lambda+1)^2(\lambda-1)$. 现利用谱上一致性求解矩阵函数 $\boldsymbol{A}^k$. 定义 $f(\lambda)=\lambda^k$ 和 $p(\lambda)=a_2\lambda^2+a_1\lambda+a_0$,则有如下方程组:

$$\begin{cases}a_2+a_1+a_0=1\\a_2-a_1+a_0=(-1)^k\\-2a_2+a_1=k(-1)^{k-1}\end{cases}$$

解得 $a_2 = \dfrac{1}{4} - \dfrac{1}{4}(1-2k)(-1)^k$，$a_1 = \dfrac{1}{2} - \dfrac{1}{2}(-1)^k$，$a_0 = \dfrac{1}{4} + \dfrac{1}{4}(3-2k)(-1)^k$.

由此，求得

$$A^k = \begin{bmatrix} a_0 & a_2 + a_1 & 2a_2 \\ -2a_2 & 3a_2 + a_0 & a_1 \\ -a_2 - a_1 & -3a_2 + a_1 & -a_2 + a_1 + a_0 \end{bmatrix}$$

于是，

$$x_k = A^{k-1} x_1 = \begin{pmatrix} a_2 + a_1 \\ 3a_2 + a_0 \\ -3a_2 + a_1 \end{pmatrix}$$

因此，

$$u_k = a_2 + a_1 = \dfrac{3}{4} - \dfrac{1}{4}(3-2k)(-1)^k$$

4.8　函数矩阵

定义 4.8.1（函数矩阵）　以变量 t 的函数为元素的矩阵 $A(t) = [a_{ij}(t)]_{m \times n}$ 称为**函数（值）矩阵**；若矩阵 $A(t)$ 的每个元素 $a_{ij}(t)$ 在 $[a, b]$ 上都连续、可微或可积时，则称 $A(t)$ 在 $[a, b]$ 上连续、可微或可积，并定义

$$A'(t) = \dfrac{\mathrm{d}}{\mathrm{d}t} A(t) = [a'_{ij}(t)]_{m \times n}$$

$$\int_a^b A(t)\, \mathrm{d}t = \left[\int_a^b a_{ij}(t)\, \mathrm{d}t\right]_{m \times n}$$

例 4.8.1　求函数矩阵 $A(t) = \begin{bmatrix} \sin t & \cos t & t \\ \mathrm{e}^t & \mathrm{e}^{2t} & \mathrm{e}^{3t} \\ 0 & 1 & t^2 \end{bmatrix}$ 的导数.

解

$$\dfrac{\mathrm{d}}{\mathrm{d}t} A(t) = \begin{bmatrix} \cos t & -\sin t & 1 \\ \mathrm{e}^t & 2\mathrm{e}^{2t} & 3\mathrm{e}^{3t} \\ 0 & 0 & 2t \end{bmatrix}$$

命题 4.8.1　设 $A(t)$ 和 $B(t)$ 是适当阶的可微矩阵，则

(1) $\dfrac{\mathrm{d}}{\mathrm{d}t}[A(t) + B(t)] = \dfrac{\mathrm{d}}{\mathrm{d}t} A(t) + \dfrac{\mathrm{d}}{\mathrm{d}t} B(t)$；

(2) 当 $\lambda(t)$ 为可微函数时，有 $\dfrac{\mathrm{d}}{\mathrm{d}t}[\lambda(t) A(t)] = \dfrac{\mathrm{d}\lambda(t)}{\mathrm{d}t} A(t) + \lambda(t) \dfrac{\mathrm{d}}{\mathrm{d}t} A(t)$；

(3) $\dfrac{\mathrm{d}}{\mathrm{d}t}[A(t)B(t)]=\dfrac{\mathrm{d}A(t)}{\mathrm{d}t}B(t)+A(t)\dfrac{\mathrm{d}B(t)}{\mathrm{d}t}$;

(4) 当 $u=f(t)$ 可微时,有 $\dfrac{\mathrm{d}}{\mathrm{d}t}[A(u)]=f'(t)\dfrac{\mathrm{d}}{\mathrm{d}t}A(t)$;

(5) 当 $A(t)$ 是可逆矩阵时,有 $\dfrac{\mathrm{d}}{\mathrm{d}t}[A^{-1}(t)]=-A^{-1}(t)\left[\dfrac{\mathrm{d}}{\mathrm{d}t}A(t)\right]A^{-1}(t)$.

证明 (1) 令 $A(t)=[a_{ij}(t)]_{m\times n}$,$B(t)=[b_{ij}(t)]_{m\times n}$,则

$$\begin{aligned}\frac{\mathrm{d}}{\mathrm{d}t}[A(t)+B(t)]&=\frac{\mathrm{d}}{\mathrm{d}t}\{[a_{ij}(t)]_{m\times n}+[b_{ij}(t)]_{m\times n}\}\\&=[a'(t)]_{m\times n}+[b'(t)]_{m\times n}\\&=\frac{\mathrm{d}}{\mathrm{d}t}A(t)+\frac{\mathrm{d}}{\mathrm{d}t}B(t)\end{aligned}$$

(2) 令 $A(t)=[a_{ij}(t)]_{m\times n}$,则

$$\begin{aligned}\frac{\mathrm{d}}{\mathrm{d}t}[\lambda(t)A(t)]&=\frac{\mathrm{d}}{\mathrm{d}t}[\lambda(t)a_{ij}(t)]_{m\times n}\\&=\frac{\mathrm{d}\lambda(t)}{\mathrm{d}t}[a_{ij}(t)]_{m\times n}+\lambda(t)[a'_{ij}(t)]_{m\times n}\\&=\frac{\mathrm{d}\lambda(t)}{\mathrm{d}t}A(t)+\lambda(t)\frac{\mathrm{d}}{\mathrm{d}t}A(t)\end{aligned}$$

(3) 令 $A(t)=[a_{ij}(t)]_{m\times n}$,$B(t)=[b_{ij}(t)]_{n\times p}$,则

$$\begin{aligned}\frac{\mathrm{d}}{\mathrm{d}t}[A(t)B(t)]&=\frac{\mathrm{d}}{\mathrm{d}t}\left[\sum_{k=1}^{n}a_{ik}(t)b_{kj}(t)\right]_{m\times p}\\&=\left\{\sum_{k=1}^{n}\left[\frac{\mathrm{d}}{\mathrm{d}t}a_{ik}(t)\right]b_{kj}(t)+\sum_{k=1}^{n}a_{ik}(t)\left[\frac{\mathrm{d}}{\mathrm{d}t}b_{kj}(t)\right]\right\}_{m\times p}\\&=\frac{\mathrm{d}A(t)}{\mathrm{d}t}B(t)+A(t)\frac{\mathrm{d}B(t)}{\mathrm{d}t}\end{aligned}$$

(4) $\dfrac{\mathrm{d}}{\mathrm{d}t}[A(u)]=[a'_{ij}(u)]_{m\times n}=u'[a'(t)]_{m\times n}=f'(t)\dfrac{\mathrm{d}}{\mathrm{d}t}A(t)$.

(5) 等式 $A(t)A^{-1}(t)=I$($A(t)$ 为方阵)两端对 t 求导,得

$$\left[\frac{\mathrm{d}}{\mathrm{d}t}A(t)\right]A^{-1}(t)+A(t)\left[\frac{\mathrm{d}}{\mathrm{d}t}A^{-1}(t)\right]=O$$

从而

$$\left[\frac{\mathrm{d}}{\mathrm{d}t}A^{-1}(t)\right]=-A^{-1}(t)\left[\frac{\mathrm{d}}{\mathrm{d}t}A(t)\right]A^{-1}(t)$$

命题 4.8.2 设 $A\in\mathbb{C}^{n\times n}$,则有

(1) $\dfrac{\mathrm{d}}{\mathrm{d}t}\mathrm{e}^{At}=A\mathrm{e}^{At}=\mathrm{e}^{At}A$;

(2) $\dfrac{\mathrm{d}}{\mathrm{d}t}\sin \boldsymbol{A}t = \boldsymbol{A}\cos \boldsymbol{A}t = (\cos \boldsymbol{A}t)\boldsymbol{A}$;

(3) $\dfrac{\mathrm{d}}{\mathrm{d}t}\cos \boldsymbol{A}t = -\boldsymbol{A}\sin \boldsymbol{A}t = -(\sin \boldsymbol{A}t)\boldsymbol{A}$.

推论 4.8.1　设 $\boldsymbol{A}\in \mathbb{C}^{n\times n}$，则有

(1) $\displaystyle\int_{t_0}^{t}\boldsymbol{A}\mathrm{e}^{\boldsymbol{A}s}\mathrm{d}s = \mathrm{e}^{\boldsymbol{A}t} - \mathrm{e}^{\boldsymbol{A}t_0}$;

(2) $\displaystyle\int_{t_0}^{t}\boldsymbol{A}\sin \boldsymbol{A}s\,\mathrm{d}s = \cos \boldsymbol{A}t_0 - \cos \boldsymbol{A}t$;

(3) $\displaystyle\int_{t_0}^{t}\boldsymbol{A}\cos \boldsymbol{A}s\,\mathrm{d}s = \sin \boldsymbol{A}t - \sin \boldsymbol{A}t_0$.

命题 4.8.3　设 $\boldsymbol{A}(t)$ 和 $\boldsymbol{B}(t)$ 是 $[a,b]$ 上适当阶的可积矩阵，$\lambda \in \mathbb{C}$，则有

(1) $\displaystyle\int_{a}^{b}[\boldsymbol{A}(t)+\boldsymbol{B}(t)]\mathrm{d}t = \int_{a}^{b}\boldsymbol{A}(t)\mathrm{d}t + \int_{a}^{b}\boldsymbol{B}(t)\mathrm{d}t$;

(2) $\displaystyle\int_{a}^{b}\lambda \boldsymbol{A}(t)\mathrm{d}t = \lambda \int_{a}^{b}\boldsymbol{A}(t)\mathrm{d}t$;

(3) 若 $\boldsymbol{A}(t)$ 在 $[a,b]$ 上连续，则 $\forall t\in(a,b)$ 有 $\dfrac{\mathrm{d}}{\mathrm{d}t}\left[\displaystyle\int_{a}^{t}\boldsymbol{A}(\tau)\mathrm{d}\tau\right] = \boldsymbol{A}(t)$;

(4) 若 $\boldsymbol{A}(t)$ 在 $[a,b]$ 上可微，则有 $\displaystyle\int_{a}^{b}\boldsymbol{A}'(\tau)\mathrm{d}\tau = \boldsymbol{A}(b)-\boldsymbol{A}(a)$.

定义 4.8.2（矩阵对矩阵的导数）　设 $\boldsymbol{F}(\boldsymbol{X})=[f_{ij}(\boldsymbol{X})]\in \mathbb{C}^{m\times n}$ 是 $\boldsymbol{X}\in \mathbb{C}^{p\times q}$ 的函数矩阵，$f_{ij}(\boldsymbol{X})(i=1,\cdots,m;j=1,\cdots,n)$ 作为 $\boldsymbol{X}\in \mathbb{C}^{p\times q}$ 的多元函数是可微的. 令

$$\frac{\mathrm{d}\boldsymbol{F}(\boldsymbol{X})}{\mathrm{d}\boldsymbol{X}} = \left(\frac{\partial \boldsymbol{F}}{\partial x_{ij}}\right)_{mp\times nq} = \begin{bmatrix} \dfrac{\partial \boldsymbol{F}}{\partial x_{11}} & \dfrac{\partial \boldsymbol{F}}{\partial x_{12}} & \cdots & \dfrac{\partial \boldsymbol{F}}{\partial x_{1q}} \\[2mm] \dfrac{\partial \boldsymbol{F}}{\partial x_{21}} & \dfrac{\partial \boldsymbol{F}}{\partial x_{22}} & \cdots & \dfrac{\partial \boldsymbol{F}}{\partial x_{2q}} \\[2mm] \vdots & \vdots & & \vdots \\[2mm] \dfrac{\partial \boldsymbol{F}}{\partial x_{p1}} & \dfrac{\partial \boldsymbol{F}}{\partial x_{p2}} & \cdots & \dfrac{\partial \boldsymbol{F}}{\partial x_{pq}} \end{bmatrix}$$

式中：$\dfrac{\partial \boldsymbol{F}}{\partial x_{ij}} = \left(\dfrac{\partial f_{kl}(\boldsymbol{X})}{\partial x_{ij}}\right)(k=1,\cdots,m;l=1,\cdots,n)$，称 $\dfrac{\mathrm{d}\boldsymbol{F}(\boldsymbol{X})}{\mathrm{d}\boldsymbol{X}}$ 为 $\boldsymbol{F}(\boldsymbol{X})$ 对 $\boldsymbol{X}$ 的导数.

注 1：定义 4.8.2 既是对定义 4.8.1 中矩阵函数导数的扩展，也隐含着向量对向量、向量对矩阵、矩阵对向量和矩阵对矩阵的导数定义.

例 4.8.2　设 $f(\boldsymbol{x})=f(x_1,\cdots,x_n)$ 是 n 元实可微函数，则

$$\frac{\mathrm{d}f}{\mathrm{d}\boldsymbol{x}} = \left(\frac{\partial f}{\partial x_1},\frac{\partial f}{\partial x_2},\cdots,\frac{\partial f}{\partial x_n}\right)$$

式中：$\boldsymbol{x}=(x_1,\cdots,x_n)$. 一般称 $\dfrac{\mathrm{d}f}{\mathrm{d}\boldsymbol{x}}$ 为 f 的**梯度向量**，常记为 $\nabla(f)$.

例 4.8.3 设 $f(x)=(f_1,f_2,\cdots,f_m)^{\mathrm{T}}\in F^m$ 是 n 元可微向量函数,即每个 n 元函数 $f_i(x)=f_i(x_1,\cdots,x_n),1\leqslant i\leqslant m$ 均为可微函数,其中 $x=(x_1,\cdots,x_n)$ 为行向量.

$$\frac{\mathrm{d}f}{\mathrm{d}x}=\begin{bmatrix}\dfrac{\partial f_1}{\partial x_1}&\dfrac{\partial f_1}{\partial x_2}&\cdots&\dfrac{\partial f_1}{\partial x_n}\\[2mm]\dfrac{\partial f_2}{\partial x_1}&\dfrac{\partial f_2}{\partial x_2}&\cdots&\dfrac{\partial f_2}{\partial x_n}\\[2mm]\vdots&\vdots&&\vdots\\[2mm]\dfrac{\partial f_m}{\partial x_1}&\dfrac{\partial f_m}{\partial x_2}&\cdots&\dfrac{\partial f_m}{\partial x_n}\end{bmatrix}$$

矩阵 $\dfrac{\mathrm{d}f}{\mathrm{d}x}$ 常称为向量函数 f 的 Jacobian 矩阵.

例 4.8.4 设常矩阵 $A\in\mathbb{R}^{n\times n}$ 和未定元向量 $x\in\mathbb{R}^n$,求 $\dfrac{\mathrm{d}Ax}{\mathrm{d}x^{\mathrm{T}}}$.

解 令 $y=Ax=(y_1,\cdots,y_n)^{\mathrm{T}},x=(x_1,\cdots,x_n)^{\mathrm{T}}$,其中 $y_i=\sum\limits_{j=1}^n a_{ij}x_j$,则

$$\frac{\mathrm{d}y}{\mathrm{d}x^{\mathrm{T}}}=\begin{bmatrix}\dfrac{\partial y_1}{\partial x_1}&\cdots&\dfrac{\partial y_1}{\partial x_n}\\[2mm]\vdots&&\vdots\\[2mm]\dfrac{\partial y_n}{\partial x_1}&\cdots&\dfrac{\partial y_n}{\partial x_n}\end{bmatrix}=\begin{bmatrix}a_{11}&\cdots&a_{1n}\\\vdots&&\vdots\\a_{n1}&\cdots&a_{nn}\end{bmatrix}=A$$

例 4.8.5 设常矩阵 $A\in\mathbb{R}^{n\times n}$,向量 $x,b\in\mathbb{R}^n$,求 $\dfrac{\mathrm{d}}{\mathrm{d}x}(b^{\mathrm{T}}x)$ 和 $\dfrac{\mathrm{d}}{\mathrm{d}x}(x^{\mathrm{T}}Ax)$.

解 设 $x=(x_1,\cdots,x_n)^{\mathrm{T}},b=(b_1,\cdots,b_n)^{\mathrm{T}},A=(a_{ij})$,则

$$b^{\mathrm{T}}x=\sum_{i=1}^n b_i x_i$$

$$x^{\mathrm{T}}Ax=\sum_{i,j=1}^n a_{ij}x_i x_j$$

于是,

$$\frac{\mathrm{d}}{\mathrm{d}x}(b^{\mathrm{T}}x)=\begin{pmatrix}\dfrac{\partial(b^{\mathrm{T}}x)}{\partial x_1}\\[2mm]\dfrac{\partial(b^{\mathrm{T}}x)}{\partial x_2}\\[2mm]\vdots\\[2mm]\dfrac{\partial(b^{\mathrm{T}}x)}{\partial x_n}\end{pmatrix}=\begin{pmatrix}b_1\\b_2\\\vdots\\b_n\end{pmatrix}=b$$

$$\frac{\mathrm{d}}{\mathrm{d}\boldsymbol{x}}(\boldsymbol{x}^{\mathrm{T}}\boldsymbol{A}\boldsymbol{x})=\begin{bmatrix}\dfrac{\partial(\boldsymbol{x}^{\mathrm{T}}\boldsymbol{A}\boldsymbol{x})}{\partial x_1}\\[2mm]\dfrac{\partial(\boldsymbol{x}^{\mathrm{T}}\boldsymbol{A}\boldsymbol{x})}{\partial x_2}\\[1mm]\vdots\\[1mm]\dfrac{\partial(\boldsymbol{x}^{\mathrm{T}}\boldsymbol{A}\boldsymbol{x})}{\partial x_n}\end{bmatrix}=\begin{bmatrix}\sum\limits_{i=1}^{n}a_{i1}x_i+\sum\limits_{j=1}^{n}a_{1j}x_j\\[2mm]\sum\limits_{i=1}^{n}a_{i2}x_i+\sum\limits_{j=1}^{n}a_{2j}x_j\\[1mm]\vdots\\[1mm]\sum\limits_{i=1}^{n}a_{in}x_i+\sum\limits_{j=1}^{n}a_{nj}x_j\end{bmatrix}=(\boldsymbol{A}^{\mathrm{T}}+\boldsymbol{A})\boldsymbol{x}$$

常见的矩阵对矩阵求导公式见表 4.8.1.

表 4.8.1 常见的矩阵对矩阵求导公式

序 号	函数矩阵求导	结 果
1	$\dfrac{\mathrm{d}(\boldsymbol{b}^{\mathrm{T}}\boldsymbol{x})}{\mathrm{d}\boldsymbol{x}}$	$\boldsymbol{b}$
2	$\dfrac{\mathrm{d}}{\mathrm{d}\boldsymbol{x}}(\boldsymbol{x}^{\mathrm{T}}\boldsymbol{A}\boldsymbol{x})$	$(\boldsymbol{A}^{\mathrm{T}}+\boldsymbol{A})\boldsymbol{x}$
3	$\dfrac{\mathrm{d}^2}{\mathrm{d}\boldsymbol{x}^2}(\boldsymbol{x}^{\mathrm{T}}\boldsymbol{A}\boldsymbol{x})$	$\boldsymbol{A}+\boldsymbol{A}^{\mathrm{T}}$
4	$\dfrac{\mathrm{d}\|\boldsymbol{x}-\boldsymbol{a}\|_2}{\mathrm{d}\boldsymbol{x}}$	$\dfrac{\boldsymbol{x}-\boldsymbol{a}}{\|\boldsymbol{x}-\boldsymbol{a}\|_2}$
5	$\dfrac{\mathrm{d}(\boldsymbol{a}^{\mathrm{T}}\boldsymbol{x}\boldsymbol{b})}{\mathrm{d}\boldsymbol{x}}$	$\boldsymbol{b}\boldsymbol{a}^{\mathrm{T}}$
6	$\dfrac{\mathrm{d}(\mathrm{tr}(\boldsymbol{A}\boldsymbol{X}))}{\mathrm{d}\boldsymbol{X}}$	$\boldsymbol{A}^{\mathrm{T}}$
7	$\dfrac{\mathrm{d}(\mathrm{tr}(\boldsymbol{X}^{\mathrm{T}}\boldsymbol{A}\boldsymbol{X}))}{\mathrm{d}\boldsymbol{X}}$	$(\boldsymbol{A}+\boldsymbol{A}^{\mathrm{T}})\boldsymbol{X}$
8	$\dfrac{\mathrm{d}(\|\boldsymbol{X}\|)}{\mathrm{d}\boldsymbol{X}}$	$(\boldsymbol{X}^{*})^{\mathrm{T}}$
9	$\dfrac{\mathrm{d}(\|\boldsymbol{X}^n\|)}{\mathrm{d}\boldsymbol{X}}$	$n\|\boldsymbol{X}^{n-1}\|(\boldsymbol{X}^{*})^{\mathrm{T}}$

【应用】 求解最小二乘问题

$$\min_{\boldsymbol{x}\in\mathbb{R}^n}\|\boldsymbol{A}\boldsymbol{x}-\boldsymbol{b}\|_2^2=\|\boldsymbol{A}\boldsymbol{\lambda}-\boldsymbol{b}\|_2^2 \tag{4.8.1}$$

式中：$\boldsymbol{A}\in\mathbb{R}^{m\times n}$ 和 $\boldsymbol{b}\in\mathbb{R}^m$ 给定，$\boldsymbol{x}\in\mathbb{R}^n$ 待定向量.

引理 4.8.1（无约束极值的必要条件） 设 $\boldsymbol{X}\in\mathbb{R}^{m\times n}$，$f(\boldsymbol{X})$ 是关于矩阵变量 $\boldsymbol{X}$ 的二阶连续可导函数. 若 $\boldsymbol{X}_0$ 是 $f(\boldsymbol{X})$ 的一个极值点,则

$$\frac{\mathrm{d}f(\boldsymbol{X})}{\mathrm{d}\boldsymbol{X}}\bigg|_{\boldsymbol{x}=\boldsymbol{x}_0}=0$$

若 $f(\boldsymbol{X})$ 还是关于矩阵变量 $\boldsymbol{X}$ 的凸函数,则 $f(\boldsymbol{X})$ 的极值点必是最值点.

由引理 4.8.1 知,最小二乘问题(4.8.1)的极小值点须满足

$$\frac{\mathrm{d}}{\mathrm{d}\boldsymbol{x}}(\|\boldsymbol{A}\boldsymbol{x}-\boldsymbol{b}\|_2^2)=0$$

整理得

$$\frac{\mathrm{d}}{\mathrm{d}\boldsymbol{x}}(\boldsymbol{x}^{\mathrm{T}}\boldsymbol{A}^{\mathrm{T}}\boldsymbol{A}\boldsymbol{x}-2\boldsymbol{b}^{\mathrm{T}}\boldsymbol{A}\boldsymbol{x}+\boldsymbol{b}^{\mathrm{T}}\boldsymbol{b})=0 \tag{4.8.2}$$

式中:

$$\frac{\mathrm{d}}{\mathrm{d}\boldsymbol{x}}(\boldsymbol{x}^{\mathrm{T}}\boldsymbol{A}^{\mathrm{T}}\boldsymbol{A}\boldsymbol{x})=2\boldsymbol{A}^{\mathrm{T}}\boldsymbol{A}\boldsymbol{x}$$

$$\frac{\mathrm{d}}{\mathrm{d}\boldsymbol{x}}(\boldsymbol{b}^{\mathrm{T}}\boldsymbol{A}\boldsymbol{x})=\boldsymbol{A}^{\mathrm{T}}\boldsymbol{b}$$

故式(4.8.2)等价为

$$\boldsymbol{A}^{\mathrm{T}}\boldsymbol{A}\boldsymbol{x}=\boldsymbol{A}^{\mathrm{T}}\boldsymbol{b} \tag{4.8.3}$$

因此,最小二乘问题(4.8.1)的解必满足方程(4.8.3).

【思考】 某些时候,求解最小二乘问题的方程(4.8.3)是病态的(常见情况是 $\boldsymbol{A}$ 为列满秩,因计算 $(\boldsymbol{A}^{\mathrm{T}}\boldsymbol{A})^{-1}$ 导致方程(4.8.3)的解有较大误差),此时如何获得最小二乘问题更可靠的解?

提示:若 $\boldsymbol{A}$ 为列满秩,可考虑对矩阵 $\boldsymbol{A}$ 进行 QR 分解.

【应用】 考察一阶线性常系数微分方程组的求解问题:

$$\begin{cases} \dfrac{\mathrm{d}x_1(t)}{\mathrm{d}t}=a_{11}x_1(t)+\cdots+a_{1n}x_n(t)+f_1(t) \\ \qquad\vdots \\ \dfrac{\mathrm{d}x_n(t)}{\mathrm{d}t}=a_{n1}x_1(t)+\cdots+a_{nn}x_n(t)+f_n(t) \end{cases} \tag{4.8.4}$$

方程(4.8.4)满足初始条件 $x_i(t_0)=c_i, i=1,\cdots,n$. 由微分方程的理论知,上述方阵的解存在且唯一.

方程(4.8.4)可改写为

$$\begin{cases} \dfrac{\mathrm{d}\boldsymbol{x}(t)}{\mathrm{d}t}=\boldsymbol{A}\boldsymbol{x}(t)+\boldsymbol{f}(t) \\ \boldsymbol{x}(t_0)=\boldsymbol{c} \end{cases} \tag{4.8.5}$$

式中: $\boldsymbol{x}(t)=(x_1(t),\cdots,x_n(t))^{\mathrm{T}}, \boldsymbol{f}(t)=(f_1(t),\cdots,f_n(t))^{\mathrm{T}}, \boldsymbol{c}=(c_1,\cdots,c_n)^{\mathrm{T}}$ 和 $\boldsymbol{A}=(a_{ij})_{n\times n}$.

对式(4.8.5)积分得

$$\int_{t_0}^{t}\frac{\mathrm{d}(\mathrm{e}^{-\boldsymbol{A}t}\boldsymbol{x}(t))}{\mathrm{d}t}\mathrm{d}t=\int_{t_0}^{t}\mathrm{e}^{-\boldsymbol{A}t}\boldsymbol{f}(t)\mathrm{d}t \tag{4.8.6}$$

即

$$e^{-At} \boldsymbol{x}(t) - e^{-At_0} \boldsymbol{x}(t_0) = \int_{t_0}^{t} e^{-At} \boldsymbol{f}(t) \mathrm{d}t$$

由此,方程(4.8.5)的解为

$$\boldsymbol{x}(t) = e^{A(t-t_0)} \boldsymbol{c} + e^{At} \int_{t_0}^{t} e^{-At} \boldsymbol{f}(t) \mathrm{d}t \qquad (4.8.7)$$

或

$$\boldsymbol{x}(t) = e^{A(t-t_0)} \boldsymbol{c} + \int_{t_0}^{t} e^{A(t-\tau)} \boldsymbol{f}(\tau) \mathrm{d}\tau \qquad (4.8.8)$$

特别地,当 $\boldsymbol{f}(t) \equiv \boldsymbol{0}$ 时,即齐次线性方程组的解为

$$\boldsymbol{x}(t) = e^{A(t-t_0)} \boldsymbol{c} \qquad (4.8.9)$$

例 4.8.6　已知方程(4.8.5)中的参数分别为

$$A = \begin{bmatrix} 2 & 0 & 0 \\ 1 & 1 & 1 \\ 1 & -1 & 3 \end{bmatrix}, \quad \boldsymbol{f}(t) = (1, -t, t)^{\mathrm{T}}, \quad \boldsymbol{c} = (1, 0, -1)^{\mathrm{T}}$$

求该方程组的解.

解　由 $\lambda \boldsymbol{I} - \boldsymbol{A} \cong \begin{bmatrix} 1 & 0 & 0 \\ 0 & \lambda-2 & 0 \\ 0 & 0 & (\lambda-2)^2 \end{bmatrix}$ 知, $m_A(\lambda) = (\lambda-2)^2$.

令 $p_t(\lambda) = \alpha_0(t) + \alpha_1(t)\lambda$,则有 $\alpha_0(t) + 2\alpha_1(t) = e^{2t}$, $\alpha_1(t) = te^{2t}$,并解得 $\alpha_0(t) = (1-2t)e^{2t}$, $\alpha_1(t) = te^{2t}$. 因此,

$$e^{At} = \alpha_0(t)\boldsymbol{I} + \alpha_1(t)\boldsymbol{A} = e^{2t} \begin{bmatrix} 1 & 0 & 0 \\ t & 1-t & t \\ t & -t & 1+t \end{bmatrix}$$

此时,方程的解为

$$\boldsymbol{x}(t) = e^{2t} \begin{bmatrix} \dfrac{3}{2} - \dfrac{1}{2} 2e^{-2t} \\ \dfrac{1}{2}(t^2 + t - 2) + \left(-\dfrac{t^2}{2} + \dfrac{3t}{2} + 1\right)e^{-2t} \\ \left(2t^2 + t + \dfrac{1}{2}\right)e^{-2t} - \dfrac{3}{2} \end{bmatrix}$$

再考察 n 阶常系数微分方程的求解问题. 设

$$y^{(n)} + a_{n-1}y^{(n-1)} + \cdots + a_0 y = u(t) \qquad (4.8.10)$$

式中: $a_0, \cdots, a_{n-1}$ 为常数, $u(t)$ 为已知函数. 若 $u(t) \neq 0$,则称方程(4.8.10)为**非齐次微分方程**,否则称为**齐次微分方程**.

定义

$$\begin{cases} x_1 = y \\ x_2 = \dot{y} \\ \quad\vdots \\ x_n = y^{(n-1)} \end{cases} \tag{4.8.11}$$

由此,得到如下方程:

$$\dot{\boldsymbol{x}} = \boldsymbol{A}\boldsymbol{x} + \boldsymbol{f}(\boldsymbol{x}) \tag{4.8.12}$$

式中:

$$\boldsymbol{x}(t) = \begin{pmatrix} x_1(t) \\ \vdots \\ x_n(t) \end{pmatrix} \in \mathbb{R}^n$$

$$\boldsymbol{A} = \begin{bmatrix} 0 & 1 & 0 & \cdots & 0 \\ 0 & 0 & 1 & \cdots & 0 \\ \vdots & \vdots & \vdots & & 0 \\ 0 & 0 & 0 & \cdots & 1 \\ -a_0 & -a_1 & -a_2 & \cdots & -a_{n-1} \end{bmatrix}$$

$$\boldsymbol{f}(t) = \begin{pmatrix} 0 \\ \vdots \\ 0 \\ u(t) \end{pmatrix}$$

式(4.8.12)在现代控制理论中称为**状态方程**,$\boldsymbol{x}(t)$称为**状态向量**,$\boldsymbol{A}$ 为**系统矩阵**. 此时,可将 n 阶常系数微分方程(4.8.10)转化为状态方程(4.8.12)进行求解.

例 4.8.7 求解非齐次微分方程组

$$y^{(3)} - 6\ddot{y} + 11\dot{y} - 6y = \sin t$$

式中:$\ddot{y}(0) = \dot{y}(0) = y(0) - 0$.

解 令 $y = x_1, \dot{y} = x_2, \ddot{y} = x_3$,则原方程可改写为 $\dot{\boldsymbol{x}} = \boldsymbol{A}\boldsymbol{x} + \boldsymbol{f}(\boldsymbol{x})$,其中 $\boldsymbol{x}(t) = (x_1(t), x_2(t), x_3(t))^{\mathrm{T}}$ 且 $\boldsymbol{x}(0) = (0,0,0)^{\mathrm{T}}$,

$$\boldsymbol{A} = \begin{bmatrix} 0 & 1 & 0 \\ 0 & 0 & 1 \\ 6 & -11 & 6 \end{bmatrix}, \quad \boldsymbol{f}(\boldsymbol{x}) = \begin{pmatrix} 0 \\ 0 \\ \sin t \end{pmatrix}$$

由此,

$$\boldsymbol{x}(t) = \mathrm{e}^{\boldsymbol{A}t}\boldsymbol{x}(0) + \int_0^t \mathrm{e}^{\boldsymbol{A}(t-\tau)}\boldsymbol{f}(\tau)\,\mathrm{d}\tau = \int_0^t \mathrm{e}^{\boldsymbol{A}(t-\tau)} \begin{pmatrix} 0 \\ 0 \\ \sin\tau \end{pmatrix} \mathrm{d}\tau$$

计算矩阵函数 $\mathrm{e}^{\boldsymbol{A}t}$ 得

$$e^{At} = \begin{bmatrix} 1 & 1 & 1 \\ 1 & 2 & 3 \\ 1 & 4 & 9 \end{bmatrix} \begin{bmatrix} e^t & 0 & 0 \\ 0 & e^{2t} & 0 \\ 0 & 0 & e^{3t} \end{bmatrix} \begin{bmatrix} 3 & -2.5 & 0.5 \\ -3 & 4 & -1 \\ 1 & -1.5 & 0.5 \end{bmatrix}$$

因此,

$$\boldsymbol{x}(t) = \frac{1}{20} \begin{bmatrix} 5e^t - 4e^{2t} + e^{3t} - 2\cos t \\ 5e^t - 8e^{2t} + 3e^{3t} + 2\sin t \\ 5e^t - 16e^{2t} + 9e^{3t} + 2\cos t \end{bmatrix}$$

即 $y(t) = x_1(t) = \frac{1}{20}(5e^t - 4e^{2t} + e^{3t} - 2\cos t)$.

【应用】　系统的可控性是指对任意给定的系统初始状态,均存在一个合适的控制输入,使得系统状态在有限时间转移至状态零点. 它表征了系统输入对系统状态的有效控制能力,是现代控制理论的基础性概念. 例 4.8.8 即为线性定常系统(即采用线性常微分方程描述的系统)可控的充分必要条件.

例 4.8.8　n 阶 Hermite 矩阵 $\boldsymbol{W}(0,t_1)$ 是正定的当且仅当矩阵 $\mathrm{rank}(\boldsymbol{C}) = n$,其中

$$\boldsymbol{W}(0,t_1) = \int_0^{t_1} e^{-At} \boldsymbol{B} \boldsymbol{B}^{\mathrm{T}} e^{-A^{\mathrm{T}}t} \mathrm{d}t$$

$$\boldsymbol{C} = \begin{bmatrix} \boldsymbol{B} & \boldsymbol{AB} & \cdots & \boldsymbol{A}^{n-1}\boldsymbol{B} \end{bmatrix}$$

$\boldsymbol{A} \in \mathbb{R}^{n \times n}$ 是线性定常系统的系统矩阵,$\boldsymbol{B} \in \mathbb{R}^{n \times p}$ 是线性定常系统的输入矩阵,t_1 是给定的正常数.

证明　充分性. 采用反证法证明. 假设矩阵 $\boldsymbol{W}(0,t_1)$ 不是正定的. 由 $\boldsymbol{W}(0,t_1)$ 表达式知,对任意非零向量 $\boldsymbol{x} \in \mathbb{R}^n$,有

$$\boldsymbol{x}^{\mathrm{T}} \boldsymbol{W}(0,t_1) \boldsymbol{x} = \int_0^{t_1} (\boldsymbol{B}^{\mathrm{T}} e^{-A^{\mathrm{T}}t} \boldsymbol{x}, \boldsymbol{B}^{\mathrm{T}} e^{-A^{\mathrm{T}}t} \boldsymbol{x}) \mathrm{d}t \geqslant 0$$

因此,必存在一非零向量 $\boldsymbol{\alpha}$ 满足 $\boldsymbol{\alpha}^{\mathrm{T}} \boldsymbol{W}(0,t_1) \boldsymbol{\alpha} = 0$,于是

$$\int_0^{t_1} (\boldsymbol{B}^{\mathrm{T}} e^{-A^{\mathrm{T}}t} \boldsymbol{\alpha}, \boldsymbol{B}^{\mathrm{T}} e^{-A^{\mathrm{T}}t} \boldsymbol{\alpha}) \mathrm{d}t = 0$$

即对 $t \in [0,t_1]$,

$$\boldsymbol{\alpha}^{\mathrm{T}} e^{-At} \boldsymbol{B} = \boldsymbol{0}$$

对上式求导直至 $(n-1)$ 次后,再令 $t = 0$ 得(此处也可以利用矩阵函数定义 4.7.4 进行讨论)

$$\boldsymbol{\alpha}^{\mathrm{T}} \boldsymbol{A}^i \boldsymbol{B} = \boldsymbol{0}, \quad i = 0,1,\cdots,n-1$$

进一步整理得 $\boldsymbol{\alpha}^{\mathrm{T}} \boldsymbol{C} = \boldsymbol{0}$,即 $\boldsymbol{C}^{\mathrm{T}} \boldsymbol{\alpha} = \boldsymbol{0}$. 这意味着齐次线性方程组 $\boldsymbol{C}^{\mathrm{T}} \boldsymbol{\alpha} = \boldsymbol{0}$ 有非零解,由亏加秩定理知,$\mathrm{rank}(\boldsymbol{C}) < n$. 这与已知矛盾,故矩阵 $\boldsymbol{W}(0,t_1)$ 是正定的.

必要性. 假设 $\mathrm{rank}(\boldsymbol{C}) < n$,则必存在一非零向量 $\boldsymbol{\alpha}$ 满足 $\boldsymbol{\alpha}^{\mathrm{T}} \boldsymbol{C} = \boldsymbol{0}$. 于是有

$$\boldsymbol{\alpha}^{\mathrm{T}} \boldsymbol{A}^i \boldsymbol{B} = \boldsymbol{0}, \quad i = 0,1,\cdots,n-1$$

由定义 4.7.4 知,

$$\mathrm{e}^{-At} = \beta_0(t)\boldsymbol{I} + \beta_1(t)\boldsymbol{A} + \cdots + \beta_{n-1}(t)\boldsymbol{A}^{n-1}$$

式中：$\beta_i(t)(i=0,1,\cdots,n-1)$由矩阵 $\boldsymbol{A}$ 唯一确定.

此时,

$$\boldsymbol{\alpha}^{\mathrm{T}}\mathrm{e}^{-At}\boldsymbol{B} = \beta_0(t)\boldsymbol{\alpha}^{\mathrm{T}}\boldsymbol{B} + \cdots + \beta_{n-1}(t)\boldsymbol{A}\boldsymbol{\alpha}^{\mathrm{T}n-1}\boldsymbol{B} = \boldsymbol{0}$$

即

$$\int_0^{t_1}(\boldsymbol{B}^{\mathrm{T}}\mathrm{e}^{-\boldsymbol{A}^{\mathrm{T}}t}\boldsymbol{\alpha}, \boldsymbol{B}^{\mathrm{T}}\mathrm{e}^{-\boldsymbol{A}^{\mathrm{T}}t}\boldsymbol{\alpha})\,\mathrm{d}t = 0$$

这表明矩阵 $\boldsymbol{W}(0,t_1)$ 不是正定的,与已知矛盾. 故 $\mathrm{rank}(\boldsymbol{C})=n$. 证毕.

4.9 应用：主元分析法

算法的复杂度和数据维数往往有着密切关系,甚至与数据维数呈指数关联.实际中,处理成千上万甚至几十万维的数据情况也并不罕见,此时的消耗可能难以接受,需要对数据进行降维.数据降维直观地好处是降低维数便于计算和可视化,更深层次的意义在于有效信息的提取、综合及无用信息的摒弃.

主元分析法是一种常用的数据降维方法,其目的是在"信息损失"较小的前提下,将高维数据转换到低维.基于此,我们给出这一问题的数学描述.

假设一组数据有 n 个样本,即 $\boldsymbol{x}_1,\cdots,\boldsymbol{x}_n$,其中,$\boldsymbol{x}_i \in \mathbb{R}^p$ 表示每个样本向量(或随机变量).设降维后的样本向量为 $\boldsymbol{y}_i \in \mathbb{R}^q(q<p$,否则失去降维的意义),则线性空间 $\mathrm{span}(\boldsymbol{y}_1,\cdots,\boldsymbol{y}_n)$ 应与线性空间 $\mathrm{span}(\boldsymbol{x}_1,\cdots,\boldsymbol{x}_n)$ 同构. 由此,存在同构映射 f,使得原像 $\boldsymbol{x}_i$ 与像 $\boldsymbol{y}_i$ 满足

$$\boldsymbol{y}_i = f(\boldsymbol{x}_i)$$

式中：f 为待定映射. 由于 f 是线性映射,故上式可等价表示为

$$\boldsymbol{y}_i = \boldsymbol{W}\boldsymbol{x}_i = \begin{bmatrix} \boldsymbol{w}_1^{\mathrm{T}}\boldsymbol{x}_i \\ \vdots \\ \boldsymbol{w}_p^{\mathrm{T}}\boldsymbol{x}_i \end{bmatrix}$$

式中：矩阵 $\boldsymbol{W} \in \mathbb{R}^{q\times p}$,$\boldsymbol{w}_i \in \mathbb{R}^p$ 为待定向量.

考察表达式 $\boldsymbol{w}_k^{\mathrm{T}}\boldsymbol{x}_i$. 在欧氏空间中,

$$\boldsymbol{w}_k^{\mathrm{T}}\boldsymbol{x}_i = (\boldsymbol{w}_k, \boldsymbol{x}_i)$$

若选取 $\|\boldsymbol{w}_k\|=1$,则上式表示向量 $\boldsymbol{x}_i$ 在向量 $\boldsymbol{w}_k$ 的正交投影的长度. 由此,我们选定 $\boldsymbol{w}_i(i=1,\cdots,q)$ 的长度为 1,则 $\boldsymbol{y}_i$ 的每一个分量即是原像 $\boldsymbol{x}_i$ 在矩阵 $\boldsymbol{W}$ 行向量的正交投影. 为了保证像 $\boldsymbol{y}_i$ 尽量继承原始变量的特征,应选择 $\boldsymbol{w}_i(i=1,\cdots,q)$ 是正交向量组. 所以,矩阵 $\boldsymbol{W}$ 是行正交规范矩阵,即向量组 $\boldsymbol{w}_i,i=1,\cdots,q$,是单位正交向量组.

为刻画"信息损失"较小,我们考察二维平面的一个例子. 在图 4.9.1 中,点 $\boldsymbol{x}_1$,$\boldsymbol{x}_2,\boldsymbol{x}_3,\boldsymbol{x}_4$ 表示样本向量;若将样本向量降为一维,则待定向量(组)w 是二维平面的

一条过原点的直线. 当直线 w 绕原点旋转时, 样本向量 x_1, x_2, x_3, x_4 在直线 w 上的正交投影也会随之变化. 当 w 取为直线 w_1 时, 样本向量 x_1, x_2, x_3, x_4 在直线 w 上的正交投影重叠为一点, 此时降维后的样本就没有意义了 (只剩下一个样本向量, 而其他样本信息全部丢失). 所以, 我们应反其道而行之, 要保证信息损失最小就要使它在直线 w 上的正交投影尽可能地 "散开". 显然, 当 w 取为直线 w_2 时, 样本向量 x_1, x_2, x_3, x_4 在直线 w 上的正交投影 "散开" 最大.

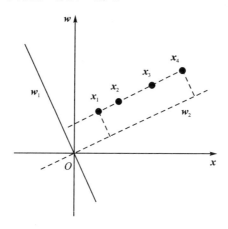

图 4.9.1　二维平面信息损失示例

在数学上, 可以用方差来表述样本分散的程度. 于是, 优化目标可表达为

$$\hat{w} = \arg \max_{w} \frac{1}{n} \sum_{i=1}^{n} (w^{\mathrm{T}} x_i - \mu)^2 \tag{4.9.1}$$

式中: μ 是样本投用的均值, 其定义式为

$$\mu = \frac{1}{n} \sum_{i=1}^{n} w^{\mathrm{T}} x_i$$

注意到

$$\begin{aligned}
\sigma^2 &= \frac{1}{n} \sum_{i=1}^{n} (w^{\mathrm{T}} x_i - \mu)^2 \\
&= \frac{1}{n} \sum_{i=1}^{n} [w^{\mathrm{T}} (x_i - \bar{x})]^2 \\
&= \frac{1}{n} \sum_{i=1}^{n} w^{\mathrm{T}} (x_i - \bar{x})(x_i - \bar{x})^{\mathrm{T}} w \\
&= w^{\mathrm{T}} \left[\frac{1}{n} \sum_{i=1}^{n} (x_i - \bar{x})(x_i - \bar{x})^{\mathrm{T}} \right] w
\end{aligned}$$

并定义矩阵

$$x = \begin{bmatrix} x_1 - \bar{x} & x_2 - \bar{x} & \cdots & x_n - \bar{x} \end{bmatrix} \in \mathbb{R}^{p \times n}$$

则方差 σ^2 可进一步改写为

$$\sigma^2 = \boldsymbol{w}^{\mathrm{T}} \left[\frac{1}{n} \sum_{i=1}^{n} (\boldsymbol{x}_i - \bar{\boldsymbol{x}}) (\boldsymbol{x}_i - \bar{\boldsymbol{x}})^{\mathrm{T}} \right] \boldsymbol{w} = \boldsymbol{w}^{\mathrm{T}} \boldsymbol{C} \boldsymbol{w} \qquad (4.9.2)$$

式中:$\boldsymbol{C} = \dfrac{1}{n} \boldsymbol{x} \boldsymbol{x}^{\mathrm{T}} \in \mathbb{R}^{p \times p}$ 是随机变量 $\boldsymbol{x}_1, \cdots, \boldsymbol{x}_n$ 的协方差矩阵.

由引理 3.9.2 知,$\boldsymbol{C}$ 是半正定实对称矩阵,故

$$\sigma^2 = R(\boldsymbol{w}) \qquad (4.9.3)$$

式中:$R(\boldsymbol{w})$ 是协方差矩阵 $\boldsymbol{C}$ 的 Rayleigh 商.

解法一 为讨论方便,设 $\lambda_1 > \lambda_2 > \cdots > \lambda_m$ 是矩阵 $\boldsymbol{C}$ 的 m 个互异特征值,其代数重数分别为 $d_1, d_2, \cdots, d_l$ 且有 $d_1 + d_2 + \cdots + d_l = p$. 根据定理 4.3.4 知,

$$R(\boldsymbol{w}) \leqslant \lambda_1$$

上式等号成立的条件为向量 $\boldsymbol{w}$ 取为属于特征值 λ_1 的 d_1 个单位正交特征向量组中的一个向量. 由此,我们找到了 d_1 个 $\boldsymbol{w}$ 向量. 那么余下的 $q - d_1$ 个 $\boldsymbol{w}$ 向量应如何确定呢?

应在特征值为 $\lambda_2, \cdots, \lambda_m$ 的特征子空间的和空间来寻找(为什么? 请读者思考),即

$$\hat{\boldsymbol{w}} = \arg \max_{\boldsymbol{w} \in \left(\substack{\oplus E(\lambda_i) \\ i=2,\cdots,m} \right)} R(\boldsymbol{w}) \qquad (4.9.4)$$

根据定理 4.3.4 知,

$$\max_{\boldsymbol{w} \in \left(\substack{\oplus E(\lambda_i) \\ i=2,\cdots,m} \right)} R(\boldsymbol{w}) \leqslant \lambda_2$$

上式等号成立的条件为向量 $\boldsymbol{w}$ 取为属于特征值 λ_2 的 d_2 个单位正交特征向量组中的一个向量. 由此,我们找到了 d_2 个 $\boldsymbol{w}$ 向量. 依次类推,我们可以找到 q 个满足要求的向量 $\boldsymbol{w}$. 这 q 个向量 $\boldsymbol{w}$ 恰好是协方差矩阵 $\boldsymbol{C}$ 的属于前 q 个最大特征值(计重数)的单位正交特征向量.

解法二 由 Lagrange 乘子法构造目标函数:

$$L(\boldsymbol{w}, \lambda) = \boldsymbol{w}^{\mathrm{T}} \boldsymbol{C} \boldsymbol{w} + \lambda (1 - \boldsymbol{w}^{\mathrm{T}} \boldsymbol{w}) \qquad (4.9.5)$$

对 $L(\boldsymbol{w}, \mu)$ 求偏导数,得

$$\frac{\partial L(\boldsymbol{w}, \mu)}{\partial \boldsymbol{w}} = 2\boldsymbol{C}\boldsymbol{w} - 2\lambda\boldsymbol{w}$$

令上式为零,得以下极值条件

$$\boldsymbol{C}\boldsymbol{w} = \lambda \boldsymbol{w}$$

上式表明,λ 是协方差矩阵 $\boldsymbol{C}$ 的特征值,$\boldsymbol{w}$ 是属于特征值 λ 的单位特征向量.

求解目标函数 $\boldsymbol{C}\boldsymbol{w} = \lambda\boldsymbol{w}$,得

$$\sigma^2 = \lambda \qquad (4.9.6)$$

为保证方差最大,只要我们对矩阵 $\boldsymbol{C}$ 的特征值进行排序,然后选取属于前 q 个最大特征值(计重数)的单位正交特征向量即可得到 $\boldsymbol{W}$. 式(4.9.6)表明**投影后的方程就是协方差矩阵的特征值**.

MNIST 数据库(见 http://yann.lecun.com/exdb/mnist/)是由 Yann 提供的手写数字数据库文件,训练数据集包含 60 000 个样本,测试数据集包含 10 000 个样本.数据集中的每张图片由 28×28 个像素点构成,每个像素点用一个灰度值表示.为说明主元分析法对降维的影响,选取 28×28 像素进行列展开,得到样本列向量 $\boldsymbol{x}_i (i = 1, \cdots, 60\ 000)$.选取 $q = 87$(此时,前 87 个特征值之和与 $\boldsymbol{C}$ 的所有特征值之和的比值超过 0.9).利用 K-近邻算法将训练好的模型在测试集上识别,准确率为 97.28%,识别所有测试样本所需时间为 85.34 s;若直接用 K-近邻算法进行训练,得出训练好的模型在测试集上识别,准确率为 96.88%,而识别所有测试样本所需时间为 688.90 s.这表明主元分析法对原始图像的降维处理不仅能提高识别速度,还能提高识别效率,减少过拟合现象.

本章习题

1. 设 $\boldsymbol{x} = \begin{pmatrix} 2\mathrm{i} \\ -2 \\ \mathrm{i} \end{pmatrix}$,计算 $\|\boldsymbol{x}\|_1, \|\boldsymbol{x}\|_2$.

2. 证明 $\lim\limits_{p \to \infty} \|\boldsymbol{x}\|_p = \|\boldsymbol{x}\|_\infty$.

3. 设 $\|\boldsymbol{x}\|_a$ 是 $\mathbb{C}^m$ 上的向量范数,给定矩阵 $\boldsymbol{A} \in \mathbb{C}^{m \times n}$,定义
$$\|\boldsymbol{x}\|_\beta = \|\boldsymbol{A}\boldsymbol{x}\|_a, \quad \boldsymbol{x} \in \mathbb{C}^n$$

问 $\|\cdot\|_\beta$ 是 $\mathbb{C}^n$ 上的向量范数吗? 若是,请给出证明;若不是,请补充对矩阵 $\boldsymbol{A}$ 的要求使其成为 $\mathbb{C}^n$ 上的向量范数,并证明之.

4. 设 $\boldsymbol{u} \in \mathbb{R}^n (n > 1)$ 为一单位列向量,令 $\boldsymbol{A} = \boldsymbol{I} - \boldsymbol{u}\boldsymbol{u}^{\mathrm{T}}$,证明下列命题:

(1) $\|\boldsymbol{A}\|_2 = 1$.

(2) $\forall \boldsymbol{x} \in \mathbb{R}^n$,若有 $\boldsymbol{A}\boldsymbol{x} \neq \boldsymbol{x}$,则 $\|\boldsymbol{A}\boldsymbol{x}\|_2 < \|\boldsymbol{x}\|_2$.

5. 设 $\boldsymbol{x}$ 为 n 维向量($n > 1$),对于任意的 $0 < p < 1$,定义
$$\boldsymbol{y} = \left(\sum_{i=1}^n |x_i|^p \right)^{\frac{1}{p}}$$

问 $\boldsymbol{y}$ 是 $\mathbb{C}^n$ 上的向量范数吗? 说明理由.

6. 设 $\|\boldsymbol{\alpha}\|_a$ 与 $\|\boldsymbol{\alpha}\|_b$ 是 $\mathbb{C}^n$ 上的两种范数,k_1, k_2 是正常数,证明下列函数是 $\mathbb{C}^n$ 上的范数:

(1) $\max(\|\boldsymbol{\alpha}\|_a, \|\boldsymbol{\alpha}\|_b)$.

(2) $k_1 \|\boldsymbol{\alpha}\|_a + k_2 \|\boldsymbol{\alpha}\|_b$.

7. 设 $\boldsymbol{x} \in \mathbb{C}^n$,证明:

(1) $\|\boldsymbol{x}\|_\infty \leqslant \|\boldsymbol{x}\|_1 \leqslant n \|\boldsymbol{x}\|_\infty$.

(2) $\|\boldsymbol{x}\|_2 \leqslant \|\boldsymbol{x}\|_1 \leqslant \sqrt{n} \|\boldsymbol{x}\|_2$.

(3) $\|x\|_\infty \leqslant \|x\|_2 \leqslant \sqrt{n} \|x\|_\infty$.

8. 设 $x \in \mathbb{C}^n$, U 为 n 阶酉矩阵, 判断以下命题正确性: $\|Ux\|_2 = \|x\|_2$.

9. 设 $\alpha, \beta \in \mathbb{C}^n$, 证明 $\|\alpha + \beta\|_2 = \|\alpha\|_2 + \|\beta\|_2$ 的充分必要条件是 α 与 β 线性相关, 且 $\alpha^T \beta = 0$.

10. 设 $A = (a_{ij}) \in \mathbb{C}^{n \times n}$, $\|A\|_{v1} = \sum\limits_{i,j=1}^{n} |a_{ij}|$ 是矩阵范数吗? 请说明理由.

11. 设 $A = (a_{ij}) \in \mathbb{C}^{n \times n}$, $\|A\|_{m\infty} = n \max\limits_{i,j} |a_{ij}|$ 是矩阵范数吗? 请说明理由.

12. 给定 $\mathbb{C}^{n \times n}$ 中的矩阵范数 $\|\cdot\|$, 选取可逆矩阵 P, 使得 $|P| = 1$. 对于 $A \in \mathbb{C}^{n \times n}$, 定义实数 $\|A\|_m = \|AP^{-1}\|$, 则 $\|A\|_m$ 是矩阵范数吗? 请说明理由.

13. 设 $A \in \mathbb{C}^{n \times n}$, 证明 $\|A\|_2 \leqslant \|A\|_F$.

14. 设非零矩阵 $A \in \mathbb{R}^{n \times n}$, $\mathrm{tr}(A) = 0$ 且 $\|A\|_2 = \|A\|_F$, 则下列说法不正确的是:

A. A 是单纯矩阵

B. A 是秩一矩阵

C. A 的最小多项式为 λ^2

D. A 的所有特征值均为 0

15. 试证明对于任意矩阵 $A \in \mathbb{C}^{m \times n}$, 有

(1) $\|A^H\|_1 = \|A^T\|_1 = \|A\|_\infty$;

(2) $\|A^H\|_2 = \|A^T\|_2 = \|A\|_2$;

(3) $\|A^H A\|_2 = \|A\|_2^2$;

(4) $\|A\|_2^2 \leqslant \|A\|_1 \|A\|_\infty$.

16. 若 L_1 和 L_2 是两个无向无权图的拉普拉斯矩阵, 且 0 是这两个矩阵的单特征值, 证明:
$$\lambda_{n-1}(L_1 + L_2) \geqslant \lambda_{n-1}(L_1) + \lambda_{n-1}(L_2)$$
式中, $\lambda_{n-1}(L_1)$ 是矩阵 L_1 的次小特征值.

17. 设 $A, B \in \mathbb{C}^{n \times n}$ 且 A 可逆, 若 $\|A^{-1}B\| < 1$, 证明:

(1) $(A + B)$ 可逆;

(2) $\|I - (I + A^{-1}B)^{-1}\| \leqslant \dfrac{\|A^{-1}B\|}{1 - \|A^{-1}B\|}$, 其中 $\|I\| = 1$.

18. 设 A 和 $B \in \mathbb{C}^{n \times n}$ 且都为可逆矩阵, 若齐次方程组 $(A+B)x = 0$ 有非零解, 证明: 对于 $\mathbb{C}^{n \times n}$ 中任何矩阵范数 $\|\cdot\|$ 都有 $\|A^{-1}B\| \geqslant 1$, $\|AB^{-1}\| \geqslant 1$.

19. 当矩阵范数取定为谱范数时, 求线性方程组 $Ax = b$ 的条件数.

20. 设 $A = \begin{bmatrix} 2\lambda & \lambda \\ 1 & 1 \end{bmatrix}$, 证明当 $\lambda = \pm \dfrac{2}{3}$ 时, 条件数 $\kappa_\infty(A) = \|A\|_\infty \|A^{-1}\|_\infty$ 有最小值.

21. 设 A 为复方阵, 定义 $B = \begin{bmatrix} O & A \\ A^H & O \end{bmatrix}$, 证明 A 与 B 的谱范数相等.

22. 设 $A \in \mathbb{C}^{n \times n}$，$\|A\|$ 是矩阵范数. 若 $\|A\| < 1$，试利用盖尔圆盘定理证明 $I - A$ 非奇异.

23. 设 $A \in \mathbb{C}^{n \times n}$ 为正规矩阵，证明 A 的谱半径 $\rho(A) = \|A\|_2$.

24. 设 A 为 n 阶复方阵，且 $\rho(A^H A) < 1$，判断幂序列 $I, A, A^2, \cdots$ 的敛散性.

25. 设 $A = \begin{bmatrix} \dfrac{1}{4} & \dfrac{1}{4} & \dfrac{1}{4} & \dfrac{1}{4} \\[2mm] \dfrac{1}{5} & \dfrac{2}{5} & \dfrac{1}{5} & \dfrac{1}{5} \\[2mm] \dfrac{1}{6} & \dfrac{1}{6} & \dfrac{3}{6} & \dfrac{1}{6} \\[2mm] \dfrac{1}{7} & \dfrac{1}{7} & \dfrac{1}{7} & \dfrac{3}{7} \end{bmatrix}$，$B = \begin{bmatrix} \dfrac{1}{4} & \dfrac{1}{4} & \dfrac{1}{4} & \dfrac{1}{4} \\[2mm] \dfrac{1}{5} & \dfrac{2}{5} & \dfrac{1}{5} & \dfrac{1}{5} \\[2mm] \dfrac{1}{6} & \dfrac{1}{6} & \dfrac{3}{6} & \dfrac{1}{6} \\[2mm] \dfrac{1}{7} & \dfrac{1}{7} & \dfrac{1}{7} & \dfrac{4}{7} \end{bmatrix}$，证明 $\rho(A) < 1$，

$\rho(B) = 1$.

26. 设 $A = \begin{bmatrix} 20 & 3 & 2.8 \\ 4 & 10 & 2 \\ 0.5 & 1 & 10i \end{bmatrix}$，试用盖尔圆盘定理证明该矩阵是单纯矩阵.

27. 设 A 为 n 阶实矩阵，若 A 的 n 个盖尔圆盘彼此分离，判断下列命题是否为真:

(1) A 所有特征值均为实数.

(2) A 是单纯矩阵.

28. 设 A, B 为实对称矩阵，且 A 的所有特征值均在区间 $[a, b]$ 上，B 的所有特征值均在区间 $[c, d]$ 上，证明矩阵 $A + B$ 的所有特征值均在区间 $[a + c, b + d]$ 上.

29. 设 A 是 4 阶复矩阵，定义 $\|A\| = \left(\sum\limits_{i,j=1}^{4} |a_{ij}|^2 \right)^{\frac{1}{2}}$，且 $A^H A$ 的非零特征值分别为 $4, 5, 7$，计算 $\|A\|$.

30. 设 $A \in \mathbb{C}^{n \times n}$ 且 $\rho(A) < 1$，试求 $\sum\limits_{k=1}^{\infty} k A^k$ 及 $\sum\limits_{k=1}^{\infty} k^2 A^k$.

31. 若 $A = \begin{bmatrix} -2 & 1 & -1 \\ 0 & 1 & 0 \\ 1 & 1 & 0 \end{bmatrix}$，判断 $\sum\limits_{k=1}^{\infty} k^2 A^k$ 的敛散性.

32. 设 $A = \begin{bmatrix} \dfrac{1}{2} & 0 \\[2mm] 0 & \dfrac{2}{3} \end{bmatrix}$，判断 $\sum\limits_{k=1}^{\infty} \dfrac{1}{k} A^k$ 的敛散性.

33. 设 $A = \begin{bmatrix} -1 & 0 \\ 2 & -1 \end{bmatrix}$，判断 $\sum\limits_{k=1}^{\infty} \dfrac{1}{k^2} A^k$ 的敛散性.

34. 设 $A = \begin{bmatrix} 1 & 1 \\ 0 & 1 \end{bmatrix}$,判断 $\sum_{k=1}^{\infty} \frac{(-1)^k}{k^2} A^k$ 的敛散性.

35. 证明 $|e^A| = e^{\mathrm{tr}(A)}$.

36. 设 n 阶矩阵 A 可逆,证明 $\int_0^t e^{At} \mathrm{d}t = A^{-1} e^{At} - A^{-1}$.

37. 设 n 阶矩阵 A 不可逆,则 $\cos A$ 是否一定不可逆? 若不是,给出反例.

38. 设 A 为 n 阶矩阵,证明 $\sin(A + 2\pi I) = \sin A$.

39. 设 A 为 4 阶矩阵,其 Jordan 标准型由两个二阶非零 Jordan 块构成,且 $A^2 = 0$,证明 $\sin A = A$.

40. 试用定义 4.7.1 计算矩阵函数 $\arcsin \frac{A}{4}$,其中 $A = \begin{bmatrix} 0 & -1 \\ 4 & 4 \end{bmatrix}$.

41. 试分别用 Sylvester 公式和谱上一致性计算下列矩阵函数:

(1) $A = \begin{bmatrix} 2 & 1 & 0 \\ 0 & 0 & 1 \\ 0 & 1 & 0 \end{bmatrix}$,求 $A^{\frac{1}{2}}$ 和 $\ln A$(提示:$\ln(-1) = (2k+1)\pi i$);

(2) $A = \begin{bmatrix} 0 & -1 \\ 4 & 4 \end{bmatrix}$,求 $\arcsin \frac{A}{4}$.

42. 求 $\frac{\mathrm{d}}{\mathrm{d}t}(e^{At} Q e^{A^H t})$,其中 A 和 Q 为常复方阵.

43. 设矩阵函数 $A(t) = \begin{bmatrix} \sin t & \cos t & 0 \\ t & e^t & t^2 \\ 1 & 0 & t^3 \end{bmatrix}$,求 $\frac{\mathrm{d}A(t)}{\mathrm{d}t}, \frac{\mathrm{d}|A(t)|}{\mathrm{d}t}, \left|\frac{\mathrm{d}A(t)}{\mathrm{d}t}\right|$.

44. 设 $X \in \mathbb{R}^{n \times n}$,求 $\frac{\mathrm{d}}{\mathrm{d}X} \mathrm{tr}(X), \frac{\mathrm{d}}{\mathrm{d}X} \mathrm{tr}(XX^T), \frac{\mathrm{d}}{\mathrm{d}X} \mathrm{tr}(X^T X), \frac{\mathrm{d}}{\mathrm{d}X} \mathrm{tr}(AX), \frac{\mathrm{d}}{\mathrm{d}X} \mathrm{tr}(X^T BX)$.

45. 设 $y(t) = (y_1(t), y_2(t), \cdots, y_n(t))^T$,证明 $\frac{\mathrm{d}}{\mathrm{d}t} \|y\|_2^2 = 2y^T \frac{\mathrm{d}y}{\mathrm{d}t}$.

46. 设 $X \in \mathbb{R}^{n \times n}$,且 $|X| \neq 0$,证明 $\frac{\mathrm{d}}{\mathrm{d}X^T} |X|^{-1} = -\frac{1}{|X|} X^{-1}$.

47. 设 $X = (x_{ij})_{n \times n} \in \mathbb{R}^{n \times n}$,计算 $\frac{\mathrm{d}}{\mathrm{d}X} \mathrm{tr}(X), \frac{\mathrm{d}}{\mathrm{d}X} \det(X)$(用 I, X 表示).

48. $\begin{cases} \dfrac{\mathrm{d}x(t)}{\mathrm{d}t} = Ax(t) \\ x(0) = (0,1)^T \end{cases}$,$A = \begin{bmatrix} 0 & 1 \\ -2 & -3 \end{bmatrix}$,求 $x(t)$.

49. 设 $\boldsymbol{Z}(t)$ 是非齐次常系数微分方程组

$$\dot{\boldsymbol{X}}(t) = \boldsymbol{A}\boldsymbol{X}(t) + \boldsymbol{f}(t)$$

的一个解,证明满足初始条件 $\boldsymbol{X}(t_0)$ 的解为

$$\boldsymbol{X}(t) = \boldsymbol{Z}(t) + \mathrm{e}^{\boldsymbol{A}(t-t_0)}\big[\boldsymbol{X}(t_0) - \boldsymbol{Z}(t_0)\big]$$

50. 在主元分析法中,优化目标为 $\max\limits_{\boldsymbol{w}} \dfrac{1}{n}\boldsymbol{w}^{\mathrm{T}}\boldsymbol{x}\boldsymbol{x}^{\mathrm{T}}\boldsymbol{w}$. 若对 $\boldsymbol{x}$ 作奇异值分解,则主元分析法结果会有何异同?

第 **5** 章

广义逆矩阵

在线性代数中,我们清楚地知道只有行列式不为零的方阵才是可逆方阵.可逆方阵的存在让我们在解决诸多矩阵问题时可类似地引入"除法"运算.例如,可逆方阵在求解线性方程组时就非常简单,只需方程组两端同时左乘系数矩阵的逆(可理解为方程组两端同时"除以"系数矩阵)即可得到方程组的解.然而,对于一般的 $m \times n$ 阶系数矩阵 A,则难以利用可逆方阵的"除法"方便地求解线性方程组.本章引入的广义逆矩阵概念就是扩展了可逆矩阵的概念.

广义逆矩阵是矩阵理论的一个重要分支,已广泛应用于控制理论、系统识别、优化理论和密码学等领域.本章首先主要介绍广义逆矩阵的定义,然后依次介绍四种典型的广义逆矩阵(减号逆、极小范数广义逆、最小二乘广义逆和加号逆)及其在线性方程组、正交投影等方面的应用.

5.1 基本概念

1920 年,E. H. Moore 首先提出了广义逆矩阵的概念,但其后 30 年间并未引起重视.直到 1955 年,R. Penrose 利用四个矩阵方程给出了广义逆矩阵更加简明实用的定义,从此广义逆矩阵才进入了新的研究时期.

定义 5.1.1(广义逆矩阵) 设 $A \in \mathbb{C}^{m \times n}$,若 $X \in \mathbb{C}^{n \times m}$ 满足以下四个 Penrose 方程的全部或者部分,则称矩阵 X 是矩阵 A 的广义逆矩阵.

(1) $AXA = A$;

(2) $XAX = X$;

(3) $(AX)^H = AX$;

(4) $(XA)^H = XA$.

注 1:满足定义 5.1.1 中一个、两个、三个或四个 Penrose 方程的广义逆矩阵共计 15 种.若矩阵 G 是满足第 i 个 Penrose 方程的广义逆矩阵,则记为

$$G = A^{(i)}, \quad i = 1,2,3,4$$

若矩阵 G 是满足第 i 和第 j 个 Penrose 方程的广义逆矩阵,则记为

$$G = A^{(i,j)}, \quad i,j = 1,2,3,4 \text{ 且 } i \neq j$$

若矩阵 G 是满足第 i、第 j 和第 k 个 Penrose 方程的广义逆矩阵,则记为

$$G = A^{(i,j,k)}, \quad i,j,k = 1,2,3,4 \text{ 且 } i,j,k \text{ 互不相等}$$

若矩阵 G 满足全部四个 Penrose 方程,则记为

$$G = A^{(1,2,3,4)} \text{ 或 } A^+$$

并称之为**加号逆**或**伪逆**,或 Moore-Penrose 广义逆. 我们将在后续章节中说明,矩阵 A 的加号逆唯一,其余各类广义逆矩阵一般不唯一.

每一广义逆矩阵都包含一类矩阵,分别用集合记为 $A\{i\}, A\{i,j\}, A\{i,j,k\}$. 故有 $A^{(i)} \in A\{i\}, A^{(i,j)} \in A\{i,j\}, A^{(i,j,k)} \in A\{i,j,k\}$.

常见的广义逆有 $A^{(1)}, A^{(1,3)}, A^{(1,4)}$ 和 A^+,其中 $A^{(1)}$ 称为**减号逆**,记为 A^-;$A^{(1,3)}$ 称为**最小二乘广义逆**,记为 A_l^-;$A^{(1,4)}$ 为**极小范数广义逆**,记为 A_m^-.

5.2 矩阵方程 $AXB = D$

广义逆矩阵面临的基础问题是其存在性问题. 对此,本节主要讨论一般的矩阵方程 $AXB = D$ 的求解问题.

已知矩阵 $A \in \mathbb{C}_{r_A}^{m \times n}$,$B \in \mathbb{C}_{r_B}^{p \times q}$,$D \in \mathbb{C}_{r_D}^{m \times q}$,待定矩阵 $X \in \mathbb{C}_{r_X}^{n \times p}$,定义矩阵方程为

$$AXB = D \tag{5.2.1}$$

定义 5.2.1(相容方程) 若存在矩阵 $X \in \mathbb{C}_{r_X}^{n \times p}$,使得矩阵方程(5.2.1)成立,则称方程(5.2.1)为**相容方程**,否则称为**不相容方程**或**矛盾方程**.

下面采用三类不同方法讨论方程(5.2.1)的求解问题.

方法一:利用矩阵分解求解

由于矩阵 A,B 和 D 是适当阶数的任意矩阵,所以在利用矩阵分解求解方程(5.2.1)时,应优先考虑相抵分解、满秩分解或奇异值分解. 注意到,矩阵 A,B 和 D 并无关联,因此利用矩阵分解求解一般的矩阵方程(5.2.1)比较困难. 为讨论方便,这里仅考察 $r_A = r_B$ 这一情况.

假设 $r_A = r_B = r$,并对矩阵 A 和 B 作相抵分解得

$$P_A A Q_A = \begin{bmatrix} I_r & O \\ O & O \end{bmatrix}, \quad P_B B Q_B = \begin{bmatrix} I_r & O \\ O & O \end{bmatrix} \tag{5.2.2}$$

式中:P_A,Q_A,P_B 和 Q_B 是适当阶数的可逆矩阵.

将式(5.2.2)代入式(5.2.1),得

$$\begin{bmatrix} I_r & O \\ O & O \end{bmatrix} Q_A^{-1} X P_B^{-1} \begin{bmatrix} I_r & O \\ O & O \end{bmatrix} = P_A D Q_B \tag{5.2.3}$$

定义 $Y=Q_A^{-1}XP_B^{-1}$ 和 $J=P_ADQ_B$,并对其分块得

$$Y=\begin{bmatrix}Y_{11}&Y_{12}\\Y_{21}&Y_{22}\end{bmatrix},\quad J=\begin{bmatrix}J_{11}&J_{12}\\J_{21}&J_{22}\end{bmatrix}$$

式中:Y_{11} 和 $J_{11}\in\mathbb{C}^{r\times r}$.

由此,式(5.2.3)可化简为

$$\begin{bmatrix}Y_{11}&O\\O&O\end{bmatrix}=\begin{bmatrix}J_{11}&J_{12}\\J_{21}&J_{22}\end{bmatrix}$$

因此,我们有如下定理:

定理 5.2.1 考察矩阵方程(5.2.1),若存在非奇异矩阵 P_i 和 $Q_i(i=A,B)$ 满足式(5.2.2),则方程(5.2.1)相容的充分必要条件是

$$P_ADQ_B=\begin{bmatrix}J_{11}&O\\O&O\end{bmatrix}$$

此时,方程(5.2.1)的解为

$$X=Q_A\begin{bmatrix}J_{11}&Y_{12}\\Y_{21}&Y_{22}\end{bmatrix}P_B$$

式中:$J_{11}\in\mathbb{C}^{r\times r}$;$Y_{12}$,$Y_{21}$ 和 Y_{22} 是适当阶数的任意矩阵.

注 1:若 $r_A=r_B=r$,由定理 5.2.1 知,方程(5.2.1)相容的必要条件为 $r_D\leqslant r$.

利用定理 5.2.1 可求解 Penrose 方程(1),并有如下推论:

推论 5.2.1 考察矩阵方程 $AXA=A$,则矩阵 G 是该方程解的充分必要条件为

$$G=Q\begin{bmatrix}I_r&K\\L&M\end{bmatrix}P$$

式中:K,L 和 M 是适当阶数的任意矩阵,可逆阵 P 和 Q 满足 $PAQ=\begin{bmatrix}I_r&O\\O&O\end{bmatrix}$. 当 A 为可逆矩阵时,G 唯一.

注 2:推论 5.2.1 表明矩阵方程 $AXA=A$ 一定是相容方程.

例 5.2.1 求解矩阵方程 $AXA=A$,其中 $A=\begin{bmatrix}1&0&1\\0&1&1\end{bmatrix}$.

解

$$[A\ I]=\begin{bmatrix}1&0&1&1&0\\0&1&1&0&1\\1&0&0&*&*\\0&1&0&*&*\\0&0&1&*&*\end{bmatrix}\xrightarrow{初等变换}\begin{bmatrix}1&0&0&1&0\\0&1&0&0&1\\1&0&-1&*&*\\0&1&-1&*&*\\0&0&1&*&*\end{bmatrix}$$

式中:"$*$"为任意复数.

由此,解得

$$P = \begin{bmatrix} 1 & 0 \\ 0 & 1 \end{bmatrix}, \quad Q = \begin{bmatrix} 1 & 0 & -1 \\ 0 & 1 & -1 \\ 0 & 0 & 1 \end{bmatrix}$$

故方程 $AXA = A$ 的解可表示为

$$G = Q \begin{bmatrix} 1 & 0 \\ 0 & 1 \\ a & b \end{bmatrix} P = \begin{bmatrix} 1-a & -b \\ -a & 1-b \\ a & b \end{bmatrix}$$

式中：a、b 为任意复数.

　　注 3：推论 5.2.1 中可逆矩阵 P 和 Q 可通过初等变换求解，即

$$\begin{bmatrix} P & O \\ O & I \end{bmatrix} \begin{bmatrix} A & I \\ I & * \end{bmatrix} \begin{bmatrix} Q & O \\ O & I \end{bmatrix} = \begin{bmatrix} PAQ & P \\ Q & * \end{bmatrix}$$

　　同样地，利用奇异值分解也可以方便地求解 $r_A = r_B$ 时的矩阵方程(5.2.1)，并有如下定理：

　　定理 5.2.2　考察矩阵方程(5.2.1)，若矩阵 A 和 B 有奇异值分解

$$A = U_A \begin{bmatrix} \Sigma_r & O \\ O & O \end{bmatrix} V_A^H, \quad B = U_B \begin{bmatrix} \Lambda_r & O \\ O & O \end{bmatrix} V_B^H$$

则方程(5.2.1)相容的充分必要条件为

$$U_A^H D V_B = \begin{bmatrix} J_{11} & O \\ O & O \end{bmatrix}$$

此时，方程(5.2.1)的解为

$$X = V_A \begin{bmatrix} \Sigma_r^{-1} J_{11} \Lambda_r^{-1} & Y_{12} \\ Y_{21} & Y_{22} \end{bmatrix} U_B^H$$

式中：Σ_r 和 Λ_r 均为 r 阶对角矩阵，其对角线元素分别为矩阵 A 和 B 的正奇异值；$J_{11} \in \mathbb{C}^{r \times r}$；$Y_{12}$，$Y_{21}$ 和 Y_{22} 是适当阶数的任意矩阵.

　　推论 5.2.2　考察矩阵方程 $AXA = A$，若矩阵 A 有奇异值分解 $A = U \begin{bmatrix} \Sigma_r & O \\ O & O \end{bmatrix} V^H$，

则矩阵 G 是该方程解的充分必要条件为

$$G = V \begin{bmatrix} \Sigma_r^{-1} & K \\ L & M \end{bmatrix} U^H$$

式中：Σ_r 是 r 阶对角矩阵，其对角线元素是矩阵 A 的 r 个正奇异值；K, L, M 是适当阶数的任意矩阵. 当 A 为可逆矩阵时，G 唯一.

　　具体证明留作课后习题，这里不再赘述.

　　再考察例 5.2.1.将矩阵 A 作奇异值分解，得

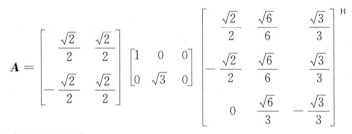

则矩阵 A 的减号逆可写为

$$
G = \begin{bmatrix} \dfrac{\sqrt{2}}{2} & \dfrac{\sqrt{6}}{6} & \dfrac{\sqrt{3}}{3} \\ -\dfrac{\sqrt{2}}{2} & \dfrac{\sqrt{6}}{6} & \dfrac{\sqrt{3}}{3} \\ 0 & \dfrac{\sqrt{6}}{3} & -\dfrac{\sqrt{3}}{3} \end{bmatrix} \begin{bmatrix} 1 & 0 \\ 0 & \dfrac{\sqrt{3}}{3} \\ \dfrac{\sqrt{6}}{2}(a-b) & \dfrac{\sqrt{6}}{2}(a+b) \end{bmatrix} \begin{bmatrix} \dfrac{\sqrt{2}}{2} & \dfrac{\sqrt{2}}{2} \\ -\dfrac{\sqrt{2}}{2} & \dfrac{\sqrt{2}}{2} \end{bmatrix}^{H}
$$

$$
= \begin{bmatrix} -\dfrac{2}{3}+a & -\dfrac{1}{3}+b \\ -\dfrac{1}{3}+a & \dfrac{2}{3}+b \\ \dfrac{1}{3}-a & \dfrac{1}{3}-b \end{bmatrix}
$$

式中,a、b 为任意数.

方法二:利用 Penrose 定理求解

定理 5.2.3(Penrose 定理) 矩阵方程(5.2.1)相容的充分必要条件为 $AA^{(1)}DB^{(1)}B=D$,其中 $A^{(1)}\in A\{1\}$,$B^{(1)}\in B\{1\}$;此时方程(5.2.1)的通解为

$$
X = A^{(1)}DB^{(1)} + Y - A^{(1)}AYBB^{(1)}
$$

式中:Y 为任一 $n\times p$ 矩阵.

证明 若 $AA^{(1)}DB^{(1)}B=D$ 成立,则 $X=A^{(1)}DB^{(1)}$ 是方程(5.2.1)的一个解,故矩阵方程相容. 若方程(5.2.1)相容,不妨设 X 是方程(5.2.1)的一个解. 由推论 5.2.1 知,任一矩阵的减号逆必存在,故存在 $A^{(1)}$ 和 $B^{(1)}$ 满足

$$
AA^{(1)}A=A, \quad BB^{(1)}B=B \tag{5.2.4}
$$

将式(5.2.4)代入方程(5.2.1),得

$$
AA^{(1)}AXBB^{(1)}B=D \tag{5.2.5}
$$

再将方程(5.2.1)代入式(5.2.5)得,$AA^{(1)}DB^{(1)}B=D$. 必要性得证.

通解的充分性.将解 $X=A^{(1)}DB^{(1)}+Y-A^{(1)}AYBB^{(1)}$ 代入方程(5.2.1)左端得

$$
AXB = AA^{(1)}DB^{(1)}B + AYB - AA^{(1)}AYBB^{(1)}B
$$
$$
= D + AYB - AYB = D
$$

故 $X=A^{(1)}DB^{(1)}+Y-A^{(1)}AYBB^{(1)}$ 是方程(5.2.1)的解.

通解的必要性. 设 X 是方程(5.2.1)的任一解, 则
$$X = A^{(1)} D B^{(1)} + X - A^{(1)} D B^{(1)} \tag{5.2.6}$$
将方程(5.2.1)代入式(5.2.6)得
$$X = A^{(1)} D B^{(1)} + X - A^{(1)} A X B B^{(1)} \tag{5.2.7}$$
显然, 方程(5.2.1)的任一解均可写成定理 5.2.3 中通解形式. 证毕.

【应用】　利用 Penrose 定理可求解非齐次线性方程组和矩阵的减号逆.

推论 5.2.3　非齐次线性方程组 $Ax = b$ 相容的充分必要条件是 $AA^{(1)}b = b$, 其通解为 $x = A^{(1)}b + (I - A^{(1)}A)y, \forall y \in \mathbb{C}^n$.

推论 5.2.4　齐次线性方程组 $Ax = 0$ 的通解为 $x = (I - A^{(1)}A)y, \forall y \in \mathbb{C}^n$.

推论 5.2.5　设 $A \in \mathbb{C}^{m \times n}$, 则 $A\{1\} = A^{(1)} + Z - A^{(1)}AZAA^{(1)}$, 其中, Z 为任意 $n \times m$ 矩阵.

证明　令式(5.2.1)中 $B = D = A$, 并由 Penrose 定理得 X 通解为
$$X = A^{(1)} A A^{(1)} + Y - A^{(1)} A Y A A^{(1)}, \qquad \forall Y \in \mathbb{C}^{n \times m}$$
对任意 $Z \in \mathbb{C}^{n \times m}$, 令 $Y = A^{(1)} + Z$ 并代入上式得
$$A\{1\} = A^{(1)} + Z - A^{(1)}AZAA^{(1)}$$

特别注意的是, 推论 5.2.3～推论 5.2.5 中出现的 $A^{(1)}$ 是指矩阵 A 的任一确定的减号逆, 该减号逆可通过推论 5.2.1 和推论 5.2.2 求解. 尽管选定的减号逆不同, 但并不影响解的通式.

例 5.2.2　求线性方程组 $\begin{cases} x_1 + x_3 = 1 \\ x_2 + x_3 = 2 \end{cases}$ 的通解.

解　令 $A = \begin{bmatrix} 1 & 0 & 1 \\ 0 & 1 & 1 \end{bmatrix}, b = \begin{bmatrix} 1 \\ 2 \end{bmatrix}$.

解法一　由例 5.2.1 计算知,
$$A^{(1)} = \begin{bmatrix} 1 & 0 \\ 0 & 1 \\ 0 & 0 \end{bmatrix}$$
又知
$$AA^{(1)}b = \begin{bmatrix} 1 & 0 & 1 \\ 0 & 1 & 1 \end{bmatrix} \begin{bmatrix} 1 & 0 \\ 0 & 1 \\ 0 & 0 \end{bmatrix} \begin{bmatrix} 1 \\ 2 \end{bmatrix} = \begin{bmatrix} 1 \\ 2 \end{bmatrix} = b$$
故方程组相容. 此时, 该方程组的通解为
$$x = \begin{bmatrix} 1 \\ 2 \\ 0 \end{bmatrix} + \begin{bmatrix} 0 & 0 & -1 \\ 0 & 0 & -1 \\ 0 & 0 & 1 \end{bmatrix} \begin{bmatrix} c_1 \\ c_2 \\ c_3 \end{bmatrix} = \begin{bmatrix} 1 - c_3 \\ 2 - c_3 \\ c_3 \end{bmatrix}$$
式中: c_1, c_2, c_3 为任意复数.

解法二　根据推论 5.2.2 计算出 A 的一个减号逆为

$$A^{(1)} = \begin{bmatrix} \dfrac{2}{3} & -\dfrac{1}{3} \\[2mm] -\dfrac{1}{3} & \dfrac{2}{3} \\[2mm] \dfrac{1}{3} & \dfrac{1}{3} \end{bmatrix}$$

则有

$$AA^{(1)}b = \begin{bmatrix} 1 & 0 & 1 \\ 0 & 1 & 1 \end{bmatrix} \begin{bmatrix} \dfrac{2}{3} & -\dfrac{1}{3} \\[2mm] -\dfrac{1}{3} & \dfrac{2}{3} \\[2mm] \dfrac{1}{3} & \dfrac{1}{3} \end{bmatrix} \begin{bmatrix} 1 \\ 2 \end{bmatrix} = \begin{bmatrix} 1 \\ 2 \end{bmatrix} = b$$

故方程组相容. 此时,该方程组通解为

$$\tilde{x} = \begin{bmatrix} 0 \\ 1 \\ 1 \end{bmatrix} + \begin{bmatrix} \dfrac{1}{3} & \dfrac{1}{3} & -\dfrac{1}{3} \\[2mm] \dfrac{1}{3} & \dfrac{1}{3} & -\dfrac{1}{3} \\[2mm] -\dfrac{1}{3} & -\dfrac{1}{3} & \dfrac{1}{3} \end{bmatrix} \begin{bmatrix} k_1 \\ k_2 \\ k_3 \end{bmatrix} = \begin{bmatrix} \dfrac{1}{3}(k_1 + k_2 - k_3) \\[2mm] 1 + \dfrac{1}{3}(k_1 + k_2 - k_3) \\[2mm] 1 - \dfrac{1}{3}(k_1 + k_2 - k_3) \end{bmatrix}$$

式中：k_1, k_2, k_3 为任意复数.

注意比较上述两种方法得到的通解是等价的.

方法三：利用直积和矩阵拉直求解

定义 5.2.2(Kronecker 积) 设 $A = (a_{ij}) \in \mathbb{C}^{m \times n}$,$B = (b_{ij}) \in \mathbb{C}^{p \times q}$,称如下分块矩阵：

$$A \otimes B = \begin{bmatrix} a_{11}B & a_{12}B & \cdots & a_{1n}B \\ a_{21}B & a_{22}B & \cdots & a_{2n}B \\ \vdots & \vdots & & \vdots \\ a_{m1}B & a_{m2}B & \cdots & a_{mn}B \end{bmatrix} \in \mathbb{C}^{mp \times nq}$$

为 A 与 B 的 Kronecker 积(或直积、张量积),简记为 $A \otimes B = (a_{ij}B)$.

例 5.2.3 计算 $A \otimes B$ 和 $B \otimes A$,其中

$$A = \begin{bmatrix} 1 & -1 \\ 0 & 1 \end{bmatrix}, \quad B = \begin{bmatrix} -1 & 1 \end{bmatrix}$$

解 $A \otimes B = \begin{bmatrix} -1 & 1 & 1 & -1 \\ 0 & 0 & -1 & 1 \end{bmatrix}$, $B \otimes A = \begin{bmatrix} -1 & 1 & 1 & -1 \\ 0 & -1 & 0 & 1 \end{bmatrix}$.

由上例看出,尽管 $A \otimes B$ 和 $B \otimes A$ 是同阶矩阵,但一般来说 $A \otimes B \neq B \otimes A$,即 Kronecker 积不满足交换律.

命题 5.2.1（直积的性质）　矩阵的 Kronecker 积具有以下性质：

(1) 对任意复数 k，有 $(k\boldsymbol{A})\otimes\boldsymbol{B}=\boldsymbol{A}\otimes(k\boldsymbol{B})=k(\boldsymbol{A}\otimes\boldsymbol{B})$；

(2) $(\boldsymbol{A}\otimes\boldsymbol{B})\otimes\boldsymbol{C}=\boldsymbol{A}\otimes(\boldsymbol{B}\otimes\boldsymbol{C})$；

(3) $\boldsymbol{A}\otimes(\boldsymbol{B}+\boldsymbol{C})=\boldsymbol{A}\otimes\boldsymbol{B}+\boldsymbol{A}\otimes\boldsymbol{C}$；

(4) $(\boldsymbol{A}\otimes\boldsymbol{B})^{\mathrm{H}}=\boldsymbol{A}^{\mathrm{H}}\otimes\boldsymbol{B}^{\mathrm{H}}$；

(5) 若矩阵 $\boldsymbol{A}$ 和 $\boldsymbol{C}$，矩阵 $\boldsymbol{B}$ 和 $\boldsymbol{D}$ 均可相乘，则 $(\boldsymbol{A}\otimes\boldsymbol{B})(\boldsymbol{C}\otimes\boldsymbol{D})=(\boldsymbol{AC})\otimes(\boldsymbol{BD})$；

(6) $\mathrm{rank}(\boldsymbol{A}\otimes\boldsymbol{B})=\mathrm{rank}(\boldsymbol{A})\mathrm{rank}(\boldsymbol{B})$；

(7) $(\boldsymbol{A}\otimes\boldsymbol{B})^{+}=\boldsymbol{A}^{+}\otimes\boldsymbol{B}^{+}$.

定理 5.2.4　设 $f(x,y)=\displaystyle\sum_{i,j=0}^{k}c_{ij}x^{i}y^{j}$ 是变量 x,y 的复二元多项式，对任意矩阵 $\boldsymbol{A}\in\mathbb{C}^{m\times m}$ 和 $\boldsymbol{B}\in\mathbb{C}^{n\times n}$，定义矩阵

$$f(\boldsymbol{A},\boldsymbol{B})=\sum_{i,j=0}^{k}c_{ij}(\boldsymbol{A}^{i}\otimes\boldsymbol{B}^{j})\in\mathbb{C}^{mn\times mn}$$

式中：$\boldsymbol{A}^{0}=\boldsymbol{I}_{m}$，$\boldsymbol{B}^{0}=\boldsymbol{I}_{n}$. 若 $\boldsymbol{A}$ 和 $\boldsymbol{B}$ 的特征值分别为 $\lambda_{1},\cdots,\lambda_{m}$ 和 $\mu_{1},\cdots,\mu_{n}$，则 $f(\boldsymbol{A},\boldsymbol{B})$ 的特征值为 $f(\lambda_{i},\mu_{j})$，$i=1,\cdots,m$；$j=1,\cdots,n$.

证明　由定理 3.5.2 Schur 引理知，存在酉矩阵 $\boldsymbol{P}$ 和 $\boldsymbol{Q}$ 使得 $\boldsymbol{P}^{\mathrm{H}}\boldsymbol{A}\boldsymbol{P}=\boldsymbol{A}_{1}$ 和 $\boldsymbol{Q}^{\mathrm{H}}\boldsymbol{B}\boldsymbol{Q}=\boldsymbol{B}_{1}$，其中，$\boldsymbol{A}_{1}$ 和 $\boldsymbol{B}_{1}$ 分别是对角元素为 $\lambda_{1},\cdots,\lambda_{m}$ 和 $\mu_{1},\cdots,\mu_{n}$ 的上三角矩阵. 于是，

$$(\boldsymbol{P}\otimes\boldsymbol{Q})^{\mathrm{H}}f(\boldsymbol{A},\boldsymbol{B})(\boldsymbol{P}\otimes\boldsymbol{Q})=\sum_{i,j=0}^{k}c_{ij}(\boldsymbol{P}\otimes\boldsymbol{Q})^{\mathrm{H}}(\boldsymbol{A}^{i}\otimes\boldsymbol{B}^{j})(\boldsymbol{P}\otimes\boldsymbol{Q})$$

$$=\sum_{i,j=0}^{k}c_{ij}(\boldsymbol{P}^{\mathrm{H}}\boldsymbol{A}^{i}\boldsymbol{P})\otimes(\boldsymbol{Q}^{\mathrm{H}}\boldsymbol{B}^{j}\boldsymbol{Q})$$

$$=\sum_{i,j=0}^{k}c_{ij}(\boldsymbol{A}_{1}^{i}\otimes\boldsymbol{B}_{1}^{j})=f(\boldsymbol{A}_{1},\boldsymbol{B}_{1})$$

式中：$f(\boldsymbol{A}_{1},\boldsymbol{B}_{1})$ 是上三角矩阵，且与 $f(\boldsymbol{A},\boldsymbol{B})$ 有相同的特征值. 又因为

$$\boldsymbol{A}_{1}^{i}\otimes\boldsymbol{B}_{1}^{j}=\begin{bmatrix}\lambda_{1}^{i}\boldsymbol{B}_{1}^{j}&*&*\\\boldsymbol{O}&\ddots&*\\\boldsymbol{O}&\boldsymbol{O}&\lambda_{m}^{i}\boldsymbol{B}_{1}^{j}\end{bmatrix}$$

$$\lambda_{p}^{i}\boldsymbol{B}_{1}^{j}=\begin{bmatrix}\lambda_{p}^{i}\mu_{1}^{j}&*&*\\\boldsymbol{O}&\ddots&*\\\boldsymbol{O}&\boldsymbol{O}&\lambda_{p}^{i}\mu_{n}^{j}\end{bmatrix}$$

式中：$p=1,\cdots,m$.

所以，$f(\boldsymbol{A},\boldsymbol{B})$ 的特征值为 $f(\lambda_{i},\mu_{j})$，$i-1,\cdots,m$；$j=1,\cdots,n$. 证毕.

由定理 5.2.4 可得以下常用结论：

推论 5.2.6　设 $\boldsymbol{A}\in\mathbb{C}^{m\times m}$，$\boldsymbol{B}\in\mathbb{C}^{n\times n}$，其特征值分别为 $\lambda_{1},\cdots,\lambda_{m}$ 和 $\mu_{1},\cdots,\mu_{n}$，则有

(1) $A \otimes B$ 的特征值为 $\lambda_i \mu_j$, $i = 1, \cdots, m$; $j = 1, \cdots, n$.

(2) $A \otimes I_n + I_m \otimes B$ 的特征值为 $\lambda_i + \mu_j$, $i = 1, \cdots, m$; $j = 1, \cdots, n$.

定义 5.2.3(列拉直) 设 $A = (a_{ij}) \in \mathbb{C}^{m \times n}$, 并记 $\boldsymbol{a}_i = (a_{1i}, a_{2i}, \cdots, a_{mi})^{\mathrm{T}}$, $i = 1, 2, \cdots, n$. 令

$$\mathrm{vec}(\boldsymbol{A}) = \begin{bmatrix} \boldsymbol{a}_1 \\ \boldsymbol{a}_2 \\ \vdots \\ \boldsymbol{a}_n \end{bmatrix}$$

则称 $\mathrm{vec}(\boldsymbol{A})$ 为矩阵 $\boldsymbol{A}$ 的列拉直(或列展开).

类似地,我们可定义矩阵的行拉直(行展开).

定理 5.2.5 设 $A \in \mathbb{C}^{m \times n}$, $B \in \mathbb{C}^{n \times p}$ 和 $C \in \mathbb{C}^{p \times q}$, 则

$$\mathrm{vec}(ABC) = (C^{\mathrm{T}} \otimes A) \mathrm{vec}(B)$$

证明 记 $\boldsymbol{B} = [\boldsymbol{b}_1 \quad \boldsymbol{b}_2 \quad \cdots \quad \boldsymbol{b}_p]$, $\boldsymbol{C} = [\boldsymbol{c}_1 \quad \boldsymbol{c}_2 \quad \cdots \quad \boldsymbol{c}_q]$, 则

$$\mathrm{vec}(ABC) = \mathrm{vec}(AB\boldsymbol{c}_1, AB\boldsymbol{c}_2, \cdots, AB\boldsymbol{c}_q) = \begin{bmatrix} AB\boldsymbol{c}_1 \\ AB\boldsymbol{c}_2 \\ \vdots \\ AB\boldsymbol{c}_q \end{bmatrix}$$

而 $AB\boldsymbol{c}_i = c_{1i}A\boldsymbol{b}_1 + c_{2i}A\boldsymbol{b}_2 + \cdots + c_{pi}A\boldsymbol{b}_p = [c_{1i}\boldsymbol{A} \quad c_{2i}\boldsymbol{A} \quad \cdots \quad c_{pi}\boldsymbol{A}] \mathrm{vec}(\boldsymbol{B})$, 故

$$\mathrm{vec}(ABC) = \begin{bmatrix} c_{11}\boldsymbol{A} & c_{21}\boldsymbol{A} & \cdots & c_{p1}\boldsymbol{A} \\ c_{21}\boldsymbol{A} & c_{22}\boldsymbol{A} & \cdots & c_{p2}\boldsymbol{A} \\ \vdots & \vdots & & \vdots \\ c_{1q}\boldsymbol{A} & c_{2q}\boldsymbol{A} & \cdots & c_{pq}\boldsymbol{A} \end{bmatrix} \mathrm{vec}(\boldsymbol{B})$$

$$= (\boldsymbol{C}^{\mathrm{T}} \otimes \boldsymbol{A}) \mathrm{vec}(\boldsymbol{B})$$

根据上述定义和结论,有如下定理:

定理 5.2.6 矩阵方程(5.2.1)相容的充分必要条件为

$$\mathrm{rank}(\boldsymbol{B}^{\mathrm{T}} \otimes \boldsymbol{A}, \mathrm{vec}(\boldsymbol{D})) = \mathrm{rank}(\boldsymbol{B}^{\mathrm{T}} \otimes \boldsymbol{A})$$

证明 对矩阵方程(5.2.1)等式两端列拉直,并利用定理 5.2.5,有

$$(\boldsymbol{B}^{\mathrm{T}} \otimes \boldsymbol{A}) \mathrm{vec}(\boldsymbol{X}) = \mathrm{vec}(\boldsymbol{D}) \tag{5.2.8}$$

定义 $x = \mathrm{vec}(X)$, $G = (\boldsymbol{B}^{\mathrm{T}} \otimes \boldsymbol{A})$, 则式(5.2.8)可简写为 $Gx = \mathrm{vec}(D)$. 显然,该方程组相容的充分必要条件为 $\mathrm{rank}(G, \mathrm{vec}(D)) = \mathrm{rank}(G)$. 证毕.

注 4: 定理 5.2.3 和定理 5.2.6 分别给出了矩阵方程(5.2.1)相容的充分必要条件. 显然,这两个条件应该是互为等价的. 为讨论方便,我们利用 A^+ 进行讨论(关于加号逆的具体性质详见本章 5.6 节). 选取 A^+ 作为 A 的一个已知减号逆,由推论 5.2.3 知,线性方程组 $Ax = b$ 相容的充分必要条件为 $AA^+b = b$, 其通解为

$$x = A^+ b + (I - A^+ A) y, \quad \forall y \in \mathbb{C}^n$$

由此,线性方程组(5.2.8)相容的充分必要条件为

$$(B^{\mathrm{T}} \otimes A)(B^{\mathrm{T}} \otimes A)^+ \mathrm{vec}(D) = \mathrm{vec}(D)$$

由命题 5.2.1 得

$$\mathrm{vec}(D) = [(B^+ B)^{\mathrm{T}} \otimes (AA^+)] \mathrm{vec}(D) = \mathrm{vec}(AA^+ DB^+ B)$$

即 $AA^+ DB^+ B = D$. 该条件与定理 5.2.3 的相容充分必要条件一致.

由线性方程组 $Ax = b$ 通解得到方程(5.2.8)的通解为

$$\mathrm{vec}(X) = (B^{\mathrm{T}} \otimes A)^+ \mathrm{vec}(D) + [I - (B^{\mathrm{T}} \otimes A)^+ [B^{\mathrm{T}} \otimes A]] \mathrm{vec}(Y)$$
$$= [(B^+)^{\mathrm{T}} \otimes A^+] \mathrm{vec}(D) + \mathrm{vec}(Y) - [(BB^+)^{\mathrm{T}} \otimes (A^+ A)] \mathrm{vec}(Y)$$
$$= \mathrm{vec}(A^+ DB^+) + \mathrm{vec}(Y) - \mathrm{vec}(AA^+ DB^+ B)$$

因此,方程(5.2.8)的通解式为 $X = A^+ DB^+ + Y - AA^+ DB^+ B$,该条件与定理 5.2.3 一致.

【应用】 Lyapunov 矩阵方程定义为

$$AX + XA^{\mathrm{H}} = -Q \tag{5.2.9}$$

方程(5.2.9)在控制理论、通信和动力系统中起着非常重要的作用. 我们常根据 Lyapunov 矩阵方程的解来检测系统的稳定性、可控性和可观测性等问题.

定理 5.2.7 设 $A \in \mathbb{C}^{n \times n}$, $Q \in \mathbb{C}^{n \times n}$,若矩阵 A 的所有特征值均具有负实部,则矩阵方程(5.2.9)有唯一解,且解 $X \in \mathbb{C}^{n \times n}$ 可表示为

$$X = \int_0^{+\infty} \mathrm{e}^{At} Q \mathrm{e}^{A^{\mathrm{H}} t} \mathrm{d}t \tag{5.2.10}$$

进一步,若 Q 是(半正定、正定)Hermite 矩阵,则解 X 也是(半正定、正定)Hermite 矩阵.

证明 对矩阵方程(5.2.9)两端进行列展开,得

$$(I_n \otimes A + A^{\mathrm{H}} \otimes I_n) \mathrm{vec}(X) = -\mathrm{vec}(Q) \tag{5.2.11}$$

由于矩阵 $(I_n \otimes A + A^{\mathrm{H}} \otimes I_n)$ 的特征值为矩阵 A 的任意两个特征值之和(推论 5.2.6),故 $(I_n \otimes A + A^{\mathrm{H}} \otimes I_n)$ 的特征值均具有负实部. 相应地,矩阵 $(I_n \otimes A + A^{\mathrm{H}} \otimes I_n)$ 必可逆,故方程(5.2.11)有唯一解.

又知

$$\frac{\mathrm{d}}{\mathrm{d}t}(\mathrm{e}^{At} Q \mathrm{e}^{A^{\mathrm{H}} t}) = A \mathrm{e}^{At} Q \mathrm{e}^{A^{\mathrm{H}} t} + \mathrm{e}^{At} Q \mathrm{e}^{A^{\mathrm{H}} t} A^{\mathrm{H}}$$

两端对 t 从 0 到 ∞ 积分,得

$$(\mathrm{e}^{At} Q \mathrm{e}^{A^{\mathrm{H}} t}) \big|_0^{+\infty} = A \int_0^{+\infty} \mathrm{e}^{At} Q \mathrm{e}^{A^{\mathrm{H}} t} \mathrm{d}t + \int_0^{+\infty} \mathrm{e}^{At} Q \mathrm{e}^{A^{\mathrm{H}} t} A^{\mathrm{H}} \mathrm{d}t$$

经整理可得到矩阵方程(5.2.9),这表明式(5.2.10)是矩阵方程(5.2.9)的解.

若 Q 是 Hermite 矩阵,则由 $(\mathrm{e}^{At})^{\mathrm{H}} = \mathrm{e}^{A^{\mathrm{H}} t}$ 及式(5.2.10)知,解 X 也是 Hermite 矩阵. 若 Q 是(非负定、正定)Hermite 矩阵且 e^{At} 是可逆矩阵,则 $\mathrm{e}^{At} Q \mathrm{e}^{A^{\mathrm{H}} t}$ 是(非负

定、正定)Hermite 矩阵. 因此,解 X 也是(半正定、正定)Hermite 矩阵. 证毕.

实际上,利用直积和矩阵拉直方法也可讨论诸如 $AX + XB = C$ 和 $X - AXB = C$ 等矩阵方程的求解问题. 有兴趣的读者可自行求解,这里就不再赘述.

5.3 减号逆

推论 5.2.1 和推论 5.2.2 给出了矩阵减号逆的存在性结论,并指出任一矩阵的减号逆必存在. 推论 5.2.5 也提供了矩阵减号逆的通解. 此外,我们还可以利用满秩分解给出减号逆的一个特解. 特别地,若 $A \in \mathbb{C}_n^{m \times n}$,则 A 的左逆 $(A^H A)^{-1} A^H \in A\{1\}$; 若 $A \in \mathbb{C}_m^{m \times n}$,则 A 的右逆 $A^H (AA^H)^{-1} \in A\{1\}$.

例 5.3.1 求矩阵 $A = \begin{bmatrix} 1 & 0 & 1 \\ 0 & 1 & 1 \end{bmatrix}$ 的一个减号逆.

解 由于 A 是行满秩矩阵,则 $A^H (AA^H)^{-1} \in A\{1\}$.

$$A^H (AA^H)^{-1} = \begin{bmatrix} \dfrac{2}{3} & -\dfrac{1}{3} \\ -\dfrac{1}{3} & \dfrac{2}{3} \\ \dfrac{1}{3} & \dfrac{1}{3} \end{bmatrix}$$

尽管利用奇异值分解或满秩分解(如例 5.3.1)求解矩阵减号逆的表达式比较简洁,但利用相抵分解(如例 5.2.1)求解的计算量相对较小.

命题 5.3.1(减号逆的性质)

(1) $\operatorname{rank}(A) \leqslant \operatorname{rank}(A^-)$;

(2) AA^- 和 A^-A 均为幂等矩阵,且 $\operatorname{rank}(AA^-) = \operatorname{rank}(A^-A) = \operatorname{rank}(A)$;

(3) 若 $B = P^{-1} A Q^{-1}$,则 $QA^-P \in B\{1\}$.

证明 由推论 5.2.1 知

$$A^- = Q \begin{bmatrix} I_r & K \\ L & M \end{bmatrix} P$$

式中:K, L 和 M 是适当阶数的任意矩阵,可逆阵 P 和 Q 满足 $PAQ = \begin{bmatrix} I_r & O \\ O & O \end{bmatrix}$.

(1) 由矩阵 P, Q 可逆知,$\operatorname{rank}(A^-) = \operatorname{rank}\begin{bmatrix} I_r & K \\ L & M \end{bmatrix} \geqslant r = \operatorname{rank}(A)$

(2) 由矩阵 P, Q 可逆知

$$\operatorname{rank}(AA^-) = \operatorname{rank}(PAA^-) = \operatorname{rank}\left(PAQ \begin{bmatrix} I_r & K \\ L & M \end{bmatrix} P\right)$$

$$= \operatorname{rank}\left(\begin{bmatrix} I_r & O \\ O & O \end{bmatrix} \begin{bmatrix} I_r & K \\ L & M \end{bmatrix}\right) = \operatorname{rank}\left(\begin{bmatrix} I_r & O \\ O & O \end{bmatrix}\right) = r$$

同理，$\mathrm{rank}(A^-A)=\mathrm{rank}(A^-AQ)=\mathrm{rank}\left(\begin{bmatrix} I_r & O \\ O & O \end{bmatrix}\right)=r.$

综上，$\mathrm{rank}(AA^-)=\mathrm{rank}(A^-A)=\mathrm{rank}(A).$

（3）
$$B(QA^-P)B=P^{-1}AQ^{-1}(QA^-P)P^{-1}AQ^{-1}$$
$$=P^{-1}A(Q^{-1}Q)A^-(PP^{-1})AQ^{-1}$$
$$=P^{-1}(AA^-A)Q^{-1}=P^{-1}AQ^{-1}=B$$

【应用】　考察非齐次线性方程组

$$Ax=b \tag{5.3.1}$$

式中：$A\in\mathbb{C}^{m\times n}$ 和 $b\in\mathbb{C}^m$ 给定，$x\in\mathbb{C}^n$ 为待定向量.

首先讨论 $A^{(1)}$ 与方程组 $Ax=b$ 相容性的关系.

命题 5.3.2（线性方程组相容条件）　设 $A\in\mathbb{C}^{m\times n}$，$b\in\mathbb{C}^m$，则以下表达等价：

（1）$\mathrm{rank}(A)=\mathrm{rank}(A,b)$；

（2）$b\in R(A)$；

（3）$AA^{(1)}b=b$.

命题 5.3.2 中的三个命题均是方程(5.3.1)相容的充分必要条件，其中：条件(1)是众所周知的方程相容条件，该条件亦可用条件(2)表示；条件(3)是推论 5.2.1 给出的充分必要条件.下面简单说明条件(3)与条件(2)等价.由命题 5.3.1 知，$AA^{(1)}$ 是幂等矩阵.根据定理 3.7.2 知，$b\in R(A)$ 当且仅当 $AA^{(1)}b=b$，即条件(2)与条件(3)等价.

定理 5.3.1（减号逆与方程解的关系）　设 $A\in\mathbb{C}^{m\times n}$，则 $G\in A\{1\}$ 的充分必要条件为 $x=Gb$ 是相容方程组 $Ax=b$ 的解.

证明　必要性.若 $G\in A\{1\}$，则方程组 $Ax=b$ 相容的充分必要条件为 $AGb=b$.这表明 $x=Gb$ 必为相容方程组 $Ax=b$ 的解.

充分性.由于方程组 $Ax=b$ 相容，故 $b\in R(A)$.换而言之，必存在向量 $y\in\mathbb{C}^n$，使得 $b=Ay$.已知条件表明，对任意向量 $b\in\mathbb{C}^m$，$x=Gb$ 是相容方程组 $Ax=b$ 的解.因此，对任意向量 $y\in\mathbb{C}^n$，$x=GAy$ 是相容方程组 $Ax=b$ 的解.将其代入相容方程组 $Ax=b$，得

$$AGAy=Ay \tag{5.3.2}$$

注意：式(5.3.2)对 $\mathbb{C}^n$ 中任意向量 y 都成立.因此，$AGA=A$，即 $G\in A\{1\}$.

【思考】　定理 5.3.1 表明了具有 $x=Gb$ 形式的解与减号逆的关系.那么，相容方程组(5.3.1)的解是否一定可以表示为 $x=Gb$ 这种形式呢？

分析　由推论 5.2.3 知，相容方程组(5.3.1)的通解式为

$$x=A^{(1)}b+(I-A^{(1)}A)y,\quad \forall y\in\mathbb{C}^n \tag{5.3.3}$$

从式(5.3.3)看，相容方程组(5.3.1)的解似乎并不一定可表示为 $x=Gb$ 这种形式，因为式(5.3.3)还包含了 $(I-A^{(1)}A)y$.对此，定义 $G=A^{(1)}+Z-A^{(1)}AZAA^{(1)}$ 和 $x=Gb$，则有

$$x = A^{(1)}b + Zb - A^{(1)}AZAA^{(1)}b$$
$$= A^{(1)}b + (I - A^{(1)}A)Zb \tag{5.3.4}$$

式中：Z 为任一 $n \times m$ 矩阵.

显然，若对任意给定的向量 y 和 b，方程 $Zb = y$ 都能找到解矩阵 Z，则式(5.3.4) 等价于相容方程(5.3.1)的通解式(5.3.3)；此时，相容方程(5.3.1)的解一定可以表示为 $x = Gb$ 的形式，其中 $G \in A\{1\}$.

根据定理 5.2.3 知，方程 $Zb = y$ 相容当且仅当 $yb^{(1)}b = y$. 又知 $b^{(1)}b = 1$ 当且仅当 $b \neq 0$. 故方程 $Zb = y$ 相容的充分必要条件为 $b \neq 0$，并有如下推论：

推论 5.3.1 设 $A \in \mathbb{C}^{m \times n}$，非零向量 $b \in \mathbb{C}^m$，则相容方程组 $Ax = b$ 的解一定可以用 $x = Gb$ 表示，其中 $G \in A\{1\}$.

例 5.3.2 考察 $x = A^{(1)}b$ 与相容方程组 $Ax = b$ 解的关系，其中

$$A = \begin{bmatrix} 1 & 0 & 0 \\ 0 & 1 & 0 \end{bmatrix}, \quad b = \begin{bmatrix} 1 \\ 0 \end{bmatrix}$$

解 由于 $b \in R(A)$，故方程组 $Ax = b$ 相容. 易求得该方程组的解为 $x = (1, 0, c)^T$，$\forall c \in \mathbb{C}$.

另由减号逆的定义求得

$$A^{(1)} = \begin{bmatrix} 1 & 0 \\ 0 & 1 \\ a & d \end{bmatrix}, \quad \forall a, d \in \mathbb{C}$$

则有 $x = A^{(1)}b = (1, 0, a)^T$. 因此，相容方程组 $Ax = b$ 的解一定可以表示为 $x = A^{(1)}b$.

若 $b = 0$，则不论 $A^{(1)}$ 取何矩阵，方程解都为 $x = A^{(1)}b = 0$；而齐次方程组的解为 $x = (0, 0, c)^T$，$\forall c \in \mathbb{C}$. 此时，相容方程组 $Ax = b$ 不能用 $x = A^{(1)}b$ 表示.

定理 5.3.2(相容线性方程组有唯一解的条件) 设 $A \in \mathbb{C}^{m \times n}$，$A^{(1)}A = I_n$ 当且仅当矩阵 A 是列满秩的. 此时，相容方程组 $Ax = b$ 有唯一解.

证明 充分性. $A^{(1)}A$ 是幂等矩阵，其特征值只能是 0 或 1. 由 A 是列满秩矩阵知，$A^{(1)}A$ 是可逆矩阵，故 $A^{(1)}A$ 无零特征值，所有特征值均为 1. 由此，$A^{(1)}A$ 相似于单位矩阵，即 $A^{(1)}A = I_n$.

必要性. 由 $A^{(1)}A = I_n$ 知，矩阵 A 有左逆 $A^{(1)}$. 根据定理 3.2.3，A 是列满秩矩阵. 证毕.

注 1：若 A 是列满秩矩阵，此时它的任一减号逆 $A^{(1)}$ 都是 A 的左逆. 同理，若 A 是行满秩矩阵，则它的任一减号逆 $A^{(1)}$ 都是 A 的右逆.

例 5.3.3 求向量 $b \in \mathbb{C}^m$ 在 $R(A)$ 上的正交投影，其中 $A \in \mathbb{C}^{m \times n}$.

分析 回顾例 3.7.2，若 A 为列满秩矩阵，则向量 b 在 $R(A)$ 上的正交投影为

$$\text{Proj}_{R(A)}b = A(A^H A)^{-1}A^H b$$

而本例并未限定 A 为列满秩矩阵，故 $(A^H A)^{-1}$ 不一定存在，进而无法定义正交投影

矩阵为 $A(A^{\mathrm{H}}A)^{-1}A^{\mathrm{H}}$. 现将正交投影矩阵中的求逆运算改为减号逆,并定义

$$P = A^{\mathrm{H}}(AA^{\mathrm{H}})^{-}A \tag{5.3.5}$$

显然,若式(5.3.5)中的 P 是正交投影矩阵,则 Pb 必是向量 b 在 $R(A)$ 空间上的正交投影.

定理 5.3.3 对任意矩阵 $A \in \mathbb{C}^{m \times n}$,$A(A^{\mathrm{H}}A)^{-}A^{\mathrm{H}}$ 是正交投影矩阵.

证明 设矩阵 A 有奇异值分解:

$$A = U \begin{bmatrix} \boldsymbol{\Sigma}_r & O \\ O & O \end{bmatrix} V^{\mathrm{H}}$$

则

$$A^{\mathrm{H}}A = V \begin{bmatrix} \boldsymbol{\Sigma}_r^2 & O \\ O & O \end{bmatrix} V^{\mathrm{H}}$$

式中:U、V 分别为 m 阶和 n 阶的酉矩阵,$\boldsymbol{\Sigma}_r$ 是 r 阶正定对角矩阵.

再由推论 5.2.2 知,$A^{\mathrm{H}}A$ 的任一减号逆矩阵必可以表示为

$$G = V \begin{bmatrix} (\boldsymbol{\Sigma}_r^2)^{-1} & K \\ L & M \end{bmatrix} V^{\mathrm{H}}$$

式中:K,L 和 M 是适当阶数的任意矩阵.

由此,

$$AGA^{\mathrm{H}} = U \begin{bmatrix} I_r & O \\ O & O \end{bmatrix} U^{\mathrm{H}}$$

即 AGA^{H} 是 Hermite 幂等矩阵;换而言之,$A(A^{\mathrm{H}}A)^{-}A^{\mathrm{H}}$ 是正交投影矩阵.

注 2:对一般的矩阵 A,有 $(AA^{\mathrm{H}})^{-} \neq (A^{\mathrm{H}})^{-}A^{-}$.

推论 5.3.2 对任意矩阵 $A \in \mathbb{C}^{m \times n}$,有 $A(A^{\mathrm{H}}A)^{-}A^{\mathrm{H}}A = A$.

证明 将矩阵 A 进行列分块,并记为 $A = \begin{bmatrix} a_1 & \cdots & a_n \end{bmatrix}$,则 $a_i \in R(A)$,$i = 1, \cdots,$ m. 由 $A(A^{\mathrm{H}}A)^{-}A^{\mathrm{H}}$ 是幂等矩阵知,$A(A^{\mathrm{H}}A)^{-}A^{\mathrm{H}}a_i = a_i$. 因此,

$$A(A^{\mathrm{H}}A)^{-}A^{\mathrm{H}} \begin{bmatrix} a_1 & \cdots & a_n \end{bmatrix} = \begin{bmatrix} a_1 & \cdots & a_n \end{bmatrix}$$

即 $A(A^{\mathrm{H}}A)^{-}A^{\mathrm{H}}A = A$.

例 5.4.4(最小二乘问题) 考察线性方程组 $Ax = b$,其中,矩阵 $A \in \mathbb{C}^{m \times n}$ 和向量 $b \in \mathbb{C}^m$ 给定,向量 $x \in \mathbb{C}^n$ 待定.求向量 x 使得 $\|Ax - b\|_2$ 最小.

解 由例 3.7.4 知,求向量 x 使得 $\|Ax - b\|_2$ 最小可等价转化为求解方程组

$$Ax = \mathrm{Proj}_{R(A)} b \tag{5.3.6}$$

式中:b 在 $R(A)$ 的正交投影为 $\mathrm{Proj}_{R(A)} b = A(A^{\mathrm{H}}A)^{-}A^{\mathrm{H}}b$. 因此,式(5.3.6)可等价写为

$$Ax = A(A^{\mathrm{H}}A)^{-}A^{\mathrm{H}}b \tag{5.3.7}$$

显然,$x = (A^{\mathrm{H}}A)^{-}A^{\mathrm{H}}b$ 是方程(5.3.7)的一个解,故该方程是相容的(也可以利用相容充分必要条件验证).其通解为

$$x = A^- A (A^H A)^- A^H b + (I - A^- A) y, \quad \forall y \in \mathbb{C}^n \tag{5.3.8}$$

回顾例 3.7.4 得到的使 $\|Ax - b\|_2$ 最小的等价方程组为

$$A^H A x = A^H b \tag{5.3.9}$$

实际上,方程组(5.3.7)、(5.3.9)均相容且为同解方程组. 这是一个非常有趣的结果. 尽管线性方程组 $Ax = b$ 不一定相容,但方程两端同时左乘 A^H,得到的新方程(5.3.9)必相容,且该方程的任一解 x 左乘以矩阵 A 得到的向量恰为向量 b 在 $R(A)$ 空间的正交投影.

5.4 极小范数广义逆

$A^{(1,4)}$ 是矩阵 A 的极小范数广义逆,其存在性有如下定理:

定理 5.4.1 设矩阵 $A \in \mathbb{C}^{m \times n}$ 的奇异值分解为

$$A = U \begin{bmatrix} \Sigma_r & O \\ O & O \end{bmatrix} V^H$$

则 $G \in A\{1,4\}$ 的充分必要条件是

$$G = V \begin{bmatrix} \Sigma_r^{-1} & K \\ O & M \end{bmatrix} U^H$$

式中:K 和 M 为适当阶数的任意矩阵.

定理 5.4.1 利用奇异值分解给出了矩阵 A 的极小范数广义逆的矩阵通式(请思考能否利用相抵分解给出极小范数广义逆的通式). 该定理表明,矩阵的极小范数广义逆一定存在,且通常不唯一.

注 1:若 $A \in \mathbb{C}_n^{m \times n}$,则 $(A^H A)^{-1} A^H \in A\{1,4\}$;若 $A \in \mathbb{C}_m^{m \times n}$,则 $A^H (A A^H)^{-1} \in A\{1,4\}$.

【思考】 能否利用 Penrose 定理求解矩阵的极小范数广义逆?

分析 $A^{(1,4)}$ 同时满足 $A A^{(1,4)} A = A$ 和 $(A^{(1,4)} A)^H = A^{(1,4)} A$ 两个方程,其中第一个方程可由 Penrose 定理求解,而另一方程则难以直接利用 Penrose 定理求解. 为解决这一问题,引入下面定理.

定理 5.4.2 设 $A \in \mathbb{C}^{m \times n}$,则 $A\{1,4\} = \{X \in \mathbb{C}^{n \times m} \mid X A = A_m^- A\}$.

证明 设矩阵 X 满足 $X A = A_m^- A$,则有 $A X A = A A_m^- A = A$.

又知 $(X A)^H = (A_m^- A)^H = A_m^- A = X A$,从而得到 $X \in A\{1,4\}$. 另一方面,若 $X \in A\{1,4\}$,则有

$$A_m^- A = A_m^- A X A = (A_m^- A)^H (X A)^H = A^H (A_m^-)^H A^H X^H = (X A)^H = X A$$

综上所述,$A\{1,4\} = \{X \in \mathbb{C}^{n \times m} \mid X A = A_m^- A\}$.

定理 5.4.3 设 $A_m^- \in A\{1,4\}$,则 $A\{1,4\} = \{A_m^- + Z(I - A A_m^-) \mid Z \in \mathbb{C}^{n \times m}\}$.

证明 由 Penrose 定理得方程 $X A = A_m^- A$ 的通解为

$$X = A_m^- A A_m^- + Y - Y A A_m^-, \quad \forall Y \in \mathbb{C}^{n \times m}$$

设 Z 是 $\mathbb{C}^{n \times m}$ 中的任意矩阵,将 $Y = A_m^- + Z$ 代入上式得

$$X = A_m^- + Z(I - A A_m^-)$$

因此,$A\{1,4\} = \{A_m^- + Z(I - A A_m^-) \mid Z \in \mathbb{C}^{n \times m}\}$.

【应用】　矩阵的极小范数广义逆与相容线性方程组的解有密切关系. 考察相容线性方程组

$$A x = b \tag{5.4.1}$$

式中:$A \in \mathbb{C}^{m \times n}$ 和 $b \in \mathbb{C}^m$ 给定,$x \in \mathbb{C}^n$ 为待定向量.

当相容方程组(5.4.1)有多个解时,往往需从中挑选一个合适的解. 此时,一般挑选所有解中范数最小的解(或其中之一),即定义如下优化问题:

$$\min_{\substack{Ax=b \\ AA^{(1)}b=b}} \|x\|_2 \tag{5.4.2}$$

我们将满足优化问题(5.4.2)的解称为相容线性方程组(5.4.1)的**极小范数解**.

已知相容方程(5.4.1)的通解为 $x = A^{(1)} b + (I - A^{(1)} A) y, \forall y \in \mathbb{C}^n$,则优化问题(5.4.2)可等价为求矩阵 A 的某一(类)特定减号逆 G,使得 $\|Gb + (I - GA)y\|_2$ 最小.

为此,定义矩阵 G 是矩阵 A 的某一待定减号逆,则方程(5.4.1)的通解可表示为

$$x = Gb + (I - GA) y, \quad \forall y \in \mathbb{C}^n \tag{5.4.3}$$

将式(5.4.3)代入 $\|x\|_2^2$,得

$$\|x\|_2^2 = \|Gb\|_2^2 + \|(I - GA) y\|_2^2 +$$
$$(Gb)^H (I - GA) y + ((I - GA) y)^H Gb \tag{5.4.4}$$

注1:等式(5.4.4)右端第一项和第二项均为非负实数,而由向量 y 的任意性导致无法判断第三项和第四项之和的正负. 对此,考察条件

$$(Gb)^H (I - GA) = 0 \tag{5.4.5}$$

由于方程组(5.4.1)是相容的,则对任意 $b \in R(A)$,必存在 $z \in \mathbb{C}^n$,使得 $Az = b$. 将其代入式(5.4.5),得

$$GAz = A^H G^H GAz \tag{5.4.6}$$

式中:向量 z 未知.

不难得到式(5.4.6)成立的一个充分条件为

$$GA = A^H G^H GA \tag{5.4.7}$$

由式(5.4.7)易得 $GA = (GA)^H$,即 $G \in A\{1,4\}$ 当且仅当式(5.4.7)成立. 因此,我们选用 $G \in A\{1,4\}$ 表示相容方程组(5.4.1)的通解,则有

$$\|x\|_2^2 = \|Gb\|_2^2 + \|(I - GA) y\|_2^2 \tag{5.4.8}$$

显然,$\|x\|_2 \geqslant \|Gb\|_2$,等号成立的条件为当且仅当 $y = 0$. 这表明 $x = Gb$ 是相容方程组(5.4.1)的一个极小范数解,并有如下定理:

定理 5.4.4　矩阵 $G \in A\{1,4\}$ 的充分必要条件为 $x = Gb$ 是相容方程组(5.4.1)

的极小范数解.

证明 必要性证明可根据上述分析整理.下面仅给出充分性证明.

若 $x = Gb$ 是相容方程组(5.4.1)的极小范数解,则由定理 5.3.1 知,$G \in A\{1\}$. 又知 Gb 是相容方程组(5.4.1)的极小范数解,则对任意向量 b 和 y,有

$$\|Gb\|_2 \leqslant \|Gb + (I - GA)y\|_2 \tag{5.4.9}$$

令 $b = Az$,$z \in \mathbb{C}^n$,则式(5.4.9)改写为

$$\|GAz\|_2 \leqslant \|GAz + (I - GA)y\|_2 \tag{5.4.10}$$

将等式(5.4.10)两端平方后,整理得

$$\|(I - GA)y\|_2^2 + (GAz)^H(I - GA)y + ((I - GA)y)^H GAz \geqslant 0 \tag{5.4.11}$$

欲使不等式(5.4.11)对任意向量 z 和 y 恒成立,则有如下充分必要条件:

$$(GA)^H(I - GA) = O \tag{5.4.12}$$

由式(5.4.12)容易证得 $G \in A\{1,4\}$. 证毕.

尽管定理 5.4.4 解决了相容方程组(5.4.1)的极小范数解的存在性问题.但也很容易引发疑问:选取不同的极小范数广义逆 G 所计算的 $\|Gb\|_2$ 结果相同吗?若不相同,是否还须从集合 $A\{1,4\}$ 中再选取某一特定 $G \in A\{1,4\}$ 使得 $\|Gb\|_2$ 最小?下面的推论给出了解答.

推论 5.4.1 相容方程(5.4.1)的极小范数解是唯一的.

证明 设 $G_1 b$ 和 $G_2 b$ 是方程(5.4.1)的极小范数解,则 $G_1, G_2 \in A\{1,4\}$. 又知方程(5.4.1)是相容的,则对任意向量 $b \in R(A)$,必存在向量 $z \in \mathbb{C}^n$,使得 $Az = b$. 此时有

$$G_1 b = G_1 Az, \quad G_2 b = G_2 Az$$

根据定理 5.4.2 知,$G_1 A = G_2 A$. 因此,$G_1 b = G_2 b$,即相容方程(5.4.1)的极小范数解是唯一的.证毕.

例 5.4.1 求相容方程组 $Ax = b$ 的极小范数解,其中

$$A = \begin{bmatrix} 1 & 2 & 0 \\ 2 & 0 & 2 \end{bmatrix}, \quad b = \begin{bmatrix} 1 \\ 1 \end{bmatrix}$$

解法一 由于矩阵 A 行满秩,故 $A^H(AA^H)^{-1} \in A\{1,4\}$.

$$A^H(AA^H)^{-1} = \begin{bmatrix} \dfrac{1}{9} & \dfrac{2}{9} \\[2mm] \dfrac{4}{9} & -\dfrac{1}{9} \\[2mm] -\dfrac{1}{9} & \dfrac{5}{18} \end{bmatrix}$$

此时,$x = Gb = \left(\dfrac{1}{3}, \dfrac{1}{3}, \dfrac{1}{6}\right)^T$ 是方程组的极小范数解.

解法二 对矩阵 A 进行奇异值分解,得

$$A = \begin{bmatrix} \dfrac{1}{\sqrt{5}} & \dfrac{2}{\sqrt{5}} \\[3mm] \dfrac{2}{\sqrt{5}} & -\dfrac{1}{\sqrt{5}} \end{bmatrix} \begin{bmatrix} 3 & 0 & 0 \\ 0 & 2 & 0 \end{bmatrix} \begin{bmatrix} \dfrac{\sqrt{5}}{3} & 0 & -\dfrac{2}{3} \\[3mm] \dfrac{2\sqrt{5}}{15} & \dfrac{2\sqrt{5}}{5} & \dfrac{1}{3} \\[3mm] \dfrac{4\sqrt{5}}{15} & -\dfrac{\sqrt{5}}{5} & \dfrac{2}{3} \end{bmatrix}^{H}$$

于是，A 的一个极小范数解为

$$G = \begin{bmatrix} \dfrac{\sqrt{5}}{3} & 0 & -\dfrac{2}{3} \\[3mm] \dfrac{2\sqrt{5}}{15} & \dfrac{2\sqrt{5}}{5} & \dfrac{1}{3} \\[3mm] \dfrac{4\sqrt{5}}{15} & -\dfrac{\sqrt{5}}{5} & \dfrac{2}{3} \end{bmatrix} \begin{bmatrix} \dfrac{1}{3} & 0 \\[3mm] 0 & \dfrac{1}{2} \\[3mm] 0 & 0 \end{bmatrix} \begin{bmatrix} \dfrac{1}{\sqrt{5}} & \dfrac{2}{\sqrt{5}} \\[3mm] \dfrac{2}{\sqrt{5}} & -\dfrac{1}{\sqrt{5}} \end{bmatrix}^{H} = \begin{bmatrix} \dfrac{1}{9} & \dfrac{2}{9} \\[3mm] \dfrac{4}{9} & -\dfrac{1}{9} \\[3mm] -\dfrac{1}{9} & \dfrac{5}{18} \end{bmatrix}$$

此时，$x = Gb = \left(\dfrac{1}{3}, \dfrac{1}{3}, \dfrac{1}{6} \right)^{T}$ 是方程组的极小范数解.

例 5.4.2　求向量 $b \in \mathbb{C}^{m}$ 在 $R(A^{H})$ 上的正交投影，其中 $A \in \mathbb{C}^{m \times n}$.

解　由定理 5.3.3 定义正交投影矩阵 $P = A^{H}(AA^{H})^{-}A$. 则向量 $b \in \mathbb{C}^{m}$ 在 $R(A^{H})$ 上的正交投影为

$$\mathrm{Proj}_{R(A^{H})} b = Pb = A^{H}(AA^{H})^{-}Ab \tag{5.4.13}$$

现对矩阵 A 进行奇异值分解，即 $A = U \begin{bmatrix} \Sigma_r & O \\ O & O \end{bmatrix} V^{H}$. 则 AA^{H} 的任一极小范数广义逆可表示为

$$(AA^{H})^{-} = U \begin{bmatrix} \Sigma_r^{-2} & K \\ O & M \end{bmatrix} U^{H}$$

式中：K 和 M 为适当阶数的任意矩阵.

由此，正交投影矩阵 P 为

$$P = V \begin{bmatrix} I_r & O \\ O & O \end{bmatrix} V^{H}$$

又知 A 的任一极小范数广义逆可表示为

$$A_m^{-} = V \begin{bmatrix} \Sigma_r^{-1} & L \\ O & N \end{bmatrix} U^{H}$$

进而

$$A_m^{-}A = V \begin{bmatrix} I_r & O \\ O & O \end{bmatrix} V^{H}$$

式中：L 和 N 为适当阶数的任意矩阵.

因此，$P = A_m^{-}A$. 也就是说，向量 $b \in \mathbb{C}^{m}$ 在 $R(A^{H})$ 上的正交投影可以用 A 的极小

范数广义逆表示,即

$$\text{Proj}_{R(A)}\boldsymbol{b}=\boldsymbol{A}_m^-\boldsymbol{A}\boldsymbol{b}$$

5.5 最小二乘广义逆

$\boldsymbol{A}^{(1,3)}$ 是矩阵 $\boldsymbol{A}$ 的最小二乘广义逆,其存在性有如下定理:

定理 5.5.1 设 $\boldsymbol{A}\in\mathbb{C}_r^{m\times n}$ 的奇异值分解为

$$\boldsymbol{A}=\boldsymbol{U}\begin{bmatrix}\boldsymbol{\Sigma}_r & \boldsymbol{O}\\ \boldsymbol{O} & \boldsymbol{O}\end{bmatrix}\boldsymbol{V}^{\text{H}}$$

则 $\boldsymbol{G}\in\boldsymbol{A}\{1,3\}$ 的充分必要条件是

$$\boldsymbol{G}=\boldsymbol{V}\begin{bmatrix}\boldsymbol{\Sigma}_r^{-1} & \boldsymbol{O}\\ \boldsymbol{L} & \boldsymbol{M}\end{bmatrix}\boldsymbol{U}^{\text{H}}$$

式中:$\boldsymbol{L}$ 和 $\boldsymbol{M}$ 为适当阶数的任意矩阵.

定理 5.5.1 利用奇异值分解给出了矩阵 $\boldsymbol{A}$ 的最小二乘广义逆的矩阵通式.该定理表明矩阵的最小二乘广义逆一定存在,且通常不唯一.

注 1: 若 $\boldsymbol{A}\in\mathbb{C}_n^{m\times n}$,则 $(\boldsymbol{A}^{\text{H}}\boldsymbol{A})^{-1}\boldsymbol{A}^{\text{H}}\in\boldsymbol{A}\{1,3\}$;若 $\boldsymbol{A}\in\mathbb{C}_m^{m\times n}$,则 $\boldsymbol{A}^{\text{H}}(\boldsymbol{A}\boldsymbol{A}^{\text{H}})^{-1}\in\boldsymbol{A}\{1,3\}$.

在利用 Penrose 定理求解矩阵最小二乘广义逆通式时,我们遇到了与求解极小范数广义逆类似的问题.对此,引入以下定理:

定理 5.5.2 设 $\boldsymbol{A}\in\mathbb{C}^{m\times n}$,则 $\boldsymbol{A}\{1,3\}=\{\boldsymbol{X}\in\mathbb{C}^{n\times m}|\boldsymbol{A}\boldsymbol{X}=\boldsymbol{A}\boldsymbol{A}_l^-\}$.

证明 假设矩阵 $\boldsymbol{X}$ 满足 $\boldsymbol{A}\boldsymbol{X}=\boldsymbol{A}\boldsymbol{A}_l^-$,则有 $\boldsymbol{A}\boldsymbol{X}\boldsymbol{A}=\boldsymbol{A}\boldsymbol{A}_l^-\boldsymbol{A}=\boldsymbol{A}$.又知 $(\boldsymbol{A}\boldsymbol{X})^{\text{H}}=(\boldsymbol{A}\boldsymbol{A}_l^-)^{\text{H}}=\boldsymbol{A}\boldsymbol{A}_l^-=\boldsymbol{A}\boldsymbol{X}$,从而 $\boldsymbol{X}\in\boldsymbol{A}\{1,3\}$.

另一方面,

$$\boldsymbol{A}\boldsymbol{A}_l^-=\boldsymbol{A}\boldsymbol{X}\boldsymbol{A}\boldsymbol{A}_l^-=(\boldsymbol{A}\boldsymbol{X})^{\text{H}}(\boldsymbol{A}\boldsymbol{A}_l^-)^{\text{H}}=\boldsymbol{X}^{\text{H}}\boldsymbol{A}^{\text{H}}(\boldsymbol{A}_l^-)^{\text{H}}\boldsymbol{A}^{\text{H}}=(\boldsymbol{A}\boldsymbol{X})^{\text{H}}=\boldsymbol{A}\boldsymbol{X}$$

综上所述,$\boldsymbol{A}\{1,3\}=\{\boldsymbol{X}\in\mathbb{C}^{n\times m}|\boldsymbol{A}\boldsymbol{X}=\boldsymbol{A}\boldsymbol{A}_l^-\}$.

定理 5.5.3 设 $\boldsymbol{A}_l^-\in\boldsymbol{A}\{1,3\}$,则 $\boldsymbol{A}\{1,3\}=\{\boldsymbol{A}_l^-+(\boldsymbol{I}-\boldsymbol{A}_l^-\boldsymbol{A})\boldsymbol{Z}|\boldsymbol{Z}\in\mathbb{C}^{n\times m}\}$.

证明 由 Penrose 定理得方程 $\boldsymbol{A}\boldsymbol{X}=\boldsymbol{A}\boldsymbol{A}_l^-$ 的通解为

$$\boldsymbol{X}=\boldsymbol{A}_l^-\boldsymbol{A}\boldsymbol{A}_l^-+\boldsymbol{Y}-\boldsymbol{A}_l^-\boldsymbol{A}\boldsymbol{Y},\quad\forall\boldsymbol{Y}\in\mathbb{C}^{n\times m}$$

令 $\boldsymbol{Z}$ 是 $\mathbb{C}^{n\times m}$ 中的任意矩阵,将 $\boldsymbol{Y}=\boldsymbol{A}_l^-+\boldsymbol{Z}$ 代入上式得

$$\boldsymbol{X}=\boldsymbol{A}_l^-+(\boldsymbol{I}-\boldsymbol{A}_l^-\boldsymbol{A})\boldsymbol{Z}$$

因此,$\boldsymbol{A}\{1,3\}=\{\boldsymbol{A}_l^-+(\boldsymbol{I}-\boldsymbol{A}_l^-\boldsymbol{A})\boldsymbol{Z}|\boldsymbol{Z}\in\mathbb{C}^{n\times m}\}$.

【应用】 矩阵的最小二乘广义逆与最小二乘问题有着密切关系.考察线性方程组

$$\boldsymbol{A}\boldsymbol{x}=\boldsymbol{b} \tag{5.5.1}$$

式中:$\boldsymbol{A}\in\mathbb{C}^{m\times n}$ 和 $\boldsymbol{b}\in\mathbb{C}^m$ 给定,$\boldsymbol{x}\in\mathbb{C}^n$ 为待定向量.

若方程组(5.5.1)不相容,则它没有通常意义的解.对此,我们退而求其次,求使得残量范数(向量 2 范数)最小的解,即求向量 x,使得 $\|Ax-b\|_2$ 最小.通常将这一优化问题称为线性最小二乘问题(例 1.5.8 和例 3.7.4 已分别讨论),向量 x 为不相容方程组(5.5.1)的最小二乘解.

从几何角度看,求解不相容方程组(5.5.1)的最小二乘解的核心问题是求解向量 b 在 $R(A)$ 的正交投影.由例 5.3.4 知,向量 b 在 $R(A)$ 的正交投影可由矩阵 A 的减号逆表示,即 $\mathrm{Proj}_{R(A)}b = A(A^H A)^- A^H b$.这里采用矩阵的最小二乘广义逆来表示正交投影矩阵.

定理 5.5.4　对任意矩阵 $A \in \mathbb{C}^{m \times n}$,$AA_l^-$ 是正交投影矩阵.

证明　由于 A_l^- 是 A 的一个减号逆且 AA_l^- 是幂等矩阵,故 AA_l^- 是幂等矩阵.又知 $AA_l^- = (AA_l^-)^H$,故 AA_l^- 是正交投影矩阵.

推论 5.5.1　向量 b 在 $R(A)$ 的正交投影为 $AA_l^- b$,其中 $A \in \mathbb{C}^{m \times n}$ 和 $b \in \mathbb{C}^m$.

推论 5.5.2　给定 $A \in \mathbb{C}^{m \times n}$ 和 $b \in \mathbb{C}^m$,$A(A^H A)^- A^H b = AA_l^- b$.

定理 5.5.5　矩阵 $G \in A\{1,3\}$ 的充分必要条件为 $x = Gb$ 是不相容方程(5.5.1)的最小二乘解.

证明　必要性.设 $G \in A\{1,3\}$,则 $\forall x \in \mathbb{C}^n$,有

$$\|Ax-b\|_2^2 = \|(AGb-b)+A(x-Gb)\|_2^2$$
$$= \|Ax-AGb\|_2^2 + \|b-AGb\|_2^2 +$$
$$(Ax-AGb)^H(b-AGb) +$$
$$(b-AGb)^H(Ax-AGb) \qquad (5.5.2)$$

由于 $G \in A\{1,3\}$,则 $A^H = (AGA)^H = A^H(AG)^H = A^H AG$.由此,

$$(Ax-AGb)^H(b-AGb) = (x-Gb)^H A^H(I-AG)b = 0$$

对上式左右两端进行共轭转置得

$$(b-AGb)^H(Ax-AGb) = 0$$

因此,

$$\|Ax-b\|_2^2 = \|Ax-AGb\|_2^2 + \|b-AGb\|_2^2 \geqslant \|b-AGb\|_2^2$$

这表明 $x = Gb$ 是不相容方程组 $Ax = b$ 的最小二乘解.

充分性.若 $x = Gb$ 是不相容方程组 $Ax = b$ 的最小二乘解,则对任意向量 $x \in \mathbb{C}^n$ 和 $b \in \mathbb{C}^m$,有

$$\|Ax-b\|_2 \geqslant \|AGb-b\|_2$$

对上述不等式两端平方,并由式(5.5.2)知,上述不等式恒成立的充分必要条件是对任意向量 $x \in \mathbb{C}^n$ 和 $b \in \mathbb{C}^m$,$(Ax-AGb)^H(b-AGb) = 0$.由向量 b 和向量 $x-Gb$ 的任意性,可得 $A^H = A^H AG$,进而 $G \in A\{1,3\}$.证毕.

推论 5.5.3　向量 x 是不相容方程(5.5.1)的最小二乘解当且仅当 x 是相容方程组 $Ax = AA_l^- b$ 的解,且 $Ax = b$ 的最小二乘解的通式为

$$x = A_l^- b + (I - A_l^- A) y, \quad \forall y \in \mathbb{C}^n$$

注2：方程组 $Ax = AA_l^- b$，$Ax = A(A^H A)^- A^H b$ 和 $A^H Ax = A^H b$ 均是相容同解方程组.

例 5.5.1 求方程组 $Ax = b$ 的最小二乘解通式，其中

$$A = \begin{bmatrix} 1 & 2 & 0 \\ 2 & 4 & 0 \end{bmatrix}, \quad b = \begin{bmatrix} 1 \\ 1 \end{bmatrix}$$

解 矩阵 A 的奇异值分解为

$$A = \begin{bmatrix} -\dfrac{\sqrt{5}}{5} & \dfrac{2\sqrt{5}}{5} \\[2mm] -\dfrac{2\sqrt{5}}{5} & \dfrac{\sqrt{5}}{5} \end{bmatrix} \begin{bmatrix} 5 & 0 & 0 \\ 0 & 0 & 0 \end{bmatrix} \begin{bmatrix} -\dfrac{\sqrt{5}}{5} & -\dfrac{2\sqrt{5}}{5} & 0 \\[2mm] -\dfrac{2\sqrt{5}}{5} & \dfrac{\sqrt{5}}{5} & 0 \\[2mm] 0 & 0 & 1 \end{bmatrix}^H$$

则取 A 的最小二乘广义逆为

$$A_l^- = \begin{bmatrix} -\dfrac{\sqrt{5}}{5} & -\dfrac{2\sqrt{5}}{5} & 0 \\[2mm] -\dfrac{2\sqrt{5}}{5} & \dfrac{\sqrt{5}}{5} & 0 \\[2mm] 0 & 0 & 1 \end{bmatrix} \begin{bmatrix} \dfrac{1}{5} & 0 \\[2mm] 0 & 0 \\[2mm] 0 & 0 \end{bmatrix} \begin{bmatrix} -\dfrac{\sqrt{5}}{5} & \dfrac{2\sqrt{5}}{5} \\[2mm] -\dfrac{2\sqrt{5}}{5} & \dfrac{\sqrt{5}}{5} \end{bmatrix}^H = \begin{bmatrix} \dfrac{1}{25} & \dfrac{2}{25} \\[2mm] \dfrac{2}{25} & \dfrac{4}{25} \\[2mm] 0 & 0 \end{bmatrix}$$

由此，方程组的最小二乘通解为

$$x = A_l^- b + (I - A_l^- A) y = \begin{bmatrix} \dfrac{3}{25} \\[2mm] \dfrac{6}{25} \\[2mm] 0 \end{bmatrix} + \begin{bmatrix} \dfrac{4}{5} & -\dfrac{2}{5} & 0 \\[2mm] -\dfrac{2}{5} & \dfrac{1}{5} & 0 \\[2mm] 0 & 0 & 1 \end{bmatrix} \begin{bmatrix} y_1 \\ y_2 \\ y_3 \end{bmatrix}$$

式中：y_1、y_2 和 y_3 为任意实数.

定理 5.5.6 不相容方程组 $Ax = b$ 具有唯一的最小二乘解当且仅当 A 是列满秩矩阵.

证明 由定理 5.3.1 知，A 是列满秩矩阵当且仅当相容方程组 $Ax = AA_l^- b$ 有唯一解. 再由推论 5.5.3 知，A 是列满秩矩阵当且仅当不相容方程组 $Ax = b$ 具有唯一的最小二乘解.

例 5.5.2 求方程组 $Ax = b$ 最小二乘解的通式，其中

$$A = \begin{bmatrix} 1 & 2 \\ 2 & 1 \\ 1 & 1 \end{bmatrix}, \quad b = \begin{bmatrix} 1 \\ 0 \\ 0 \end{bmatrix}$$

分析 由 $\mathrm{rank}(A) = 2$，$\mathrm{rank}(A \mid b) = 3$ 知，方程组不相容. 又因为 A 是列满秩矩阵，故 $Ax = b$ 具有唯一的最小二乘解.

解法一　由 $A \in \mathbb{C}_n^{m \times n}$ 知,$(A^H A)^{-1} A^H \in A\{1,3\}$,则

$$(A^H A)^{-1} A^H = \begin{bmatrix} -\dfrac{4}{11} & \dfrac{7}{11} & \dfrac{1}{11} \\[2mm] \dfrac{7}{11} & -\dfrac{4}{11} & \dfrac{1}{11} \end{bmatrix} \in A\{1,3\}$$

因此,方程组的最小二乘解为

$$x = (A^H A)^{-1} A^H b = \begin{bmatrix} -\dfrac{4}{11} \\[2mm] \dfrac{7}{11} \end{bmatrix}$$

解法二　对矩阵 A 进行奇异值分解,得

$$A = \begin{bmatrix} \dfrac{3}{\sqrt{22}} & \dfrac{1}{\sqrt{2}} & \dfrac{1}{\sqrt{11}} \\[2mm] \dfrac{3}{\sqrt{22}} & -\dfrac{1}{\sqrt{2}} & \dfrac{1}{\sqrt{11}} \\[2mm] \dfrac{2}{\sqrt{22}} & 0 & -\dfrac{3}{\sqrt{11}} \end{bmatrix} \begin{bmatrix} \sqrt{11} & 0 \\ 0 & 1 \\ 0 & 0 \end{bmatrix} \begin{bmatrix} \dfrac{1}{\sqrt{2}} & \dfrac{1}{\sqrt{2}} \\[2mm] -\dfrac{1}{\sqrt{2}} & \dfrac{1}{\sqrt{2}} \end{bmatrix}$$

于是,A 的一个最小二乘逆为

$$G = \begin{bmatrix} \dfrac{1}{\sqrt{2}} & -\dfrac{1}{\sqrt{2}} \\[2mm] \dfrac{1}{\sqrt{2}} & \dfrac{1}{\sqrt{2}} \end{bmatrix} \begin{bmatrix} \dfrac{1}{\sqrt{11}} & 0 & 0 \\[2mm] 0 & 1 & 0 \end{bmatrix} \begin{bmatrix} \dfrac{3}{\sqrt{22}} & \dfrac{3}{\sqrt{22}} & \dfrac{2}{\sqrt{22}} \\[2mm] \dfrac{1}{\sqrt{2}} & -\dfrac{1}{\sqrt{2}} & 0 \\[2mm] \dfrac{1}{\sqrt{11}} & \dfrac{1}{\sqrt{11}} & -\dfrac{3}{\sqrt{11}} \end{bmatrix}$$

$$= \begin{bmatrix} -\dfrac{4}{11} & \dfrac{7}{11} & \dfrac{1}{11} \\[2mm] \dfrac{7}{11} & \dfrac{4}{11} & \dfrac{1}{11} \end{bmatrix}$$

则方程组的最小二乘解为

$$x = Gb = \begin{bmatrix} -\dfrac{4}{11} \\[2mm] \dfrac{7}{11} \end{bmatrix}$$

5.6　加号逆

$A^{(1,2,3,4)}$(或 A^+)是矩阵 A 的加号逆,其存在性有如下定理:

定理 5.6.1(加号逆存在性定理)　设矩阵 $A \in \mathbb{C}_r^{m \times n}$ 的奇异值分解为

$$A = U \begin{bmatrix} \boldsymbol{\Sigma}_r & \boldsymbol{O} \\ \boldsymbol{O} & \boldsymbol{O} \end{bmatrix} V^{\mathrm{H}}$$

则

$$G = V \begin{bmatrix} \boldsymbol{\Sigma}_r^{-1} & \boldsymbol{O} \\ \boldsymbol{O} & \boldsymbol{O} \end{bmatrix} U^{\mathrm{H}}$$

是 A 的一个加号逆.

证明　将矩阵 A 和 G 依次代入四个 Penrose 方程,得

$$AGA = U \begin{bmatrix} \boldsymbol{\Sigma}_r & \boldsymbol{O} \\ \boldsymbol{O} & \boldsymbol{O} \end{bmatrix} V^{\mathrm{H}} = A$$

$$GAG = V \begin{bmatrix} \boldsymbol{\Sigma}_r^{-1} & \boldsymbol{O} \\ \boldsymbol{O} & \boldsymbol{O} \end{bmatrix} U^{\mathrm{H}} = G$$

$$(AG)^{\mathrm{H}} = U \begin{bmatrix} \boldsymbol{I} & \boldsymbol{O} \\ \boldsymbol{O} & \boldsymbol{O} \end{bmatrix} U^{\mathrm{H}} = AG$$

$$(GA)^{\mathrm{H}} = V \begin{bmatrix} \boldsymbol{I} & \boldsymbol{O} \\ \boldsymbol{O} & \boldsymbol{O} \end{bmatrix} V^{\mathrm{H}} = GA$$

因此,矩阵 G 是矩阵 A 的一个加号逆.

定理 5.6.1 利用奇异值分解给出了矩阵 A 的加号逆的一个特解. 该定理表明矩阵的加号逆一定存在,这也表明矩阵的任一广义逆矩阵都存在.

定理 5.6.2(加号逆唯一性定理)　任给矩阵 $A \in \mathbb{C}^{m \times n}$,其加号逆 A^+ 唯一.

证明　A^+ 存在性由定理 5.6.1 给出. 这里假设矩阵 A 的加号逆不唯一,即矩阵 X 和 Y 均满足四个 Penrose 方程,则

$$X = XAX = XAYAX = (XA)^{\mathrm{H}}(YA)^{\mathrm{H}}X = A^{\mathrm{H}}X^{\mathrm{H}}A^{\mathrm{H}}Y^{\mathrm{H}}X = (AXA)^{\mathrm{H}}Y^{\mathrm{H}}X$$
$$= A^{\mathrm{H}}Y^{\mathrm{H}}X = YAX = YAYAX = Y(AY)^{\mathrm{H}}(AX)^{\mathrm{H}} = YY^{\mathrm{H}}A^{\mathrm{H}}X^{\mathrm{H}}A^{\mathrm{H}}$$
$$= YY^{\mathrm{H}}(AXA)^{\mathrm{H}} = YY^{\mathrm{H}}A^{\mathrm{H}} = YAY = Y$$

下面分别利用奇异值分解和满秩分解来计算矩阵的加号逆.

方法一：利用奇异值分解计算

定理 5.6.1 已提供了基于奇异值分解的加号逆计算方法.现对这一结果作进一步改进,并有如下定理:

定理 5.6.3　设矩阵 $A = (a_{ij}) \in \mathbb{C}_r^{m \times n}$，则

$$A^+ = V_1 (\Sigma_r^2)^{-1} V_1^H A^H$$

式中，$\Sigma_r = \mathrm{diag}(\sigma_1, \cdots, \sigma_r)$，$\sigma_1, \cdots, \sigma_r$ 是矩阵 A 的 r 个正奇异值，$V_1 \in \mathbb{C}^{n \times r}$ 是由 $A^H A$ 的属于特征值 $\sigma_1^2, \cdots, \sigma_r^2$ 的 r 个单位正交特征向量构成.

证明　设 $V_2 \in \mathbb{C}^{n \times (n-r)}$ 是由 $A^H A$ 的属于特征值 0 的 $n-r$ 个单位正交特征向量构成，并定义 $V = (V_1, V_2)$，则矩阵 $A \in \mathbb{C}_r^{m \times n}$ 的奇异值分解为

$$A = \begin{bmatrix} U_1 & U_2 \end{bmatrix} \begin{bmatrix} \Sigma_r & O \\ O & O \end{bmatrix} \begin{bmatrix} V_1^H \\ V_2^H \end{bmatrix} \tag{5.6.1}$$

式中：$U_1 = A V_1 \Sigma_r^{-1}$，$U_2 \in \mathbb{C}^{m \times (m-r)}$ 是由 $A A^H$ 的属于特征值 0 的 $m-r$ 个单位正交特征向量组成.

根据定理 5.6.1 知，

$$A^+ = \begin{bmatrix} V_1 & V_2 \end{bmatrix} \begin{bmatrix} \Sigma_r^{-1} & O \\ O & O \end{bmatrix} \begin{bmatrix} U_1^H \\ U_2^H \end{bmatrix} = V_1 \Sigma_r^{-1} U_1^H = V_1 (\Sigma_r^2)^{-1} V_1^H A^H$$

例 5.6.1　已知矩阵 $A = \begin{bmatrix} -1 & 0 & 1 \\ 2 & 0 & -2 \end{bmatrix}$，求 A^+.

解　矩阵 A 的奇异值分解为

$$A = \begin{bmatrix} -\dfrac{\sqrt{5}}{5} & \dfrac{2\sqrt{5}}{5} \\ \dfrac{2\sqrt{5}}{5} & \dfrac{\sqrt{5}}{5} \end{bmatrix} \begin{bmatrix} \sqrt{10} & 0 & 0 \\ 0 & 0 & 0 \end{bmatrix} \begin{bmatrix} \dfrac{\sqrt{2}}{2} & -\dfrac{\sqrt{2}}{2} & 0 \\ 0 & 0 & 1 \\ -\dfrac{\sqrt{2}}{2} & -\dfrac{\sqrt{2}}{2} & 0 \end{bmatrix}^H$$

则矩阵 A 的加号逆为

$$A^+ = \begin{bmatrix} \dfrac{\sqrt{2}}{2} & -\dfrac{\sqrt{2}}{2} & 0 \\ 0 & 0 & 1 \\ -\dfrac{\sqrt{2}}{2} & -\dfrac{\sqrt{2}}{2} & 0 \end{bmatrix} \begin{bmatrix} \dfrac{\sqrt{10}}{10} & 0 \\ 0 & 0 \\ 0 & 0 \end{bmatrix} \begin{bmatrix} -\dfrac{\sqrt{5}}{5} & \dfrac{2\sqrt{5}}{5} \\ \dfrac{2\sqrt{5}}{5} & \dfrac{\sqrt{5}}{5} \end{bmatrix}^H = \dfrac{1}{10} \begin{bmatrix} -1 & 2 \\ 0 & 0 \\ 1 & -2 \end{bmatrix}$$

考察一种特殊情况：$A \in \mathbb{C}_1^{m \times n}$，则矩阵 A 有且仅有一个正奇异值，不妨设 $\sigma_1 > 0$. 则 σ_1^2 是矩阵 $A^H A$ 唯一的非零特征值，且 $(\Sigma_r^2)^{-1} = \sigma_1^{-2}$.

另一方面，根据特征值与矩阵迹的关系，得

$$\sigma_1^2 = \mathrm{tr}(A^H A) = \sum_{i,j} |a_{ij}|^2$$

将上式代入 $A^+ = V_1 (\Sigma_r^2)^{-1} V_1^H A^H$，得

$$A^+ = \frac{1}{\sum\limits_{i,j} |a_{ij}|^2} V_1 V_1^H A^H$$

由于 $A^H A V_2 = O$，故 $A V_2 = O$. 又知 $V_1 V_1^H + V_2 V_2^H = I_n$，则

$$A^+ = \frac{1}{\sum\limits_{i,j} |a_{ij}|^2} (V_1 V_1^H + V_2 V_2^H) A^H = \frac{1}{\sum\limits_{i,j} |a_{ij}|^2} A^H$$

因此，$A^+ = \dfrac{1}{\sum\limits_{i,j} |a_{ij}|^2} A^H$，并有如下推论：

推论 5.6.1(秩 1 公式) 设 $A = (a_{ij}) \in \mathbb{C}_1^{m \times n}$，则 $A^+ = \dfrac{1}{\sum\limits_{i,j} |a_{ij}|^2} A^H$.

由推论 5.6.1 知，例 5.6.1 中的加号逆 A^+ 可直接写为

$$A^+ = \frac{1}{10} \begin{bmatrix} -1 & 2 \\ 0 & 0 \\ 1 & -2 \end{bmatrix}$$

方法二：利用满秩分解计算.

定理 5.6.4 设矩阵 $A \in \mathbb{C}_r^{m \times n}$ 有满秩分解 $A = BC$，其中，$B \in \mathbb{C}_r^{m \times r}$，$C \in \mathbb{C}_r^{r \times n}$，则

$$A^+ = C^H (CC^H)^{-1} (B^H B)^{-1} B^H = C^H (B^H A C^H)^{-1} B^H.$$

证明 将 $A = BC$ 和 $G = C^H (CC^H)^{-1} (B^H B)^{-1} B^H$ 依次代入四个 Penrose 方程，得

$$AGA = BC = A$$
$$GAG = C^H (CC^H)^{-1} (B^H B)^{-1} B^H = G$$
$$(AG)^H = B(B^H B)^{-1} B^H = AG$$
$$(GA)^H = C^H (CC^H)^{-1} C = GA$$

因此，矩阵 G 是矩阵 A 的加号逆.

推论 5.6.2 若 $A \in \mathbb{C}_n^{m \times n}$，则 $A^+ = (A^H A)^{-1} A^H$；若 $A \in \mathbb{C}_m^{m \times n}$，则 $A^+ = A^H (AA^H)^{-1}$.

例 5.6.2 求 $A = \begin{bmatrix} 1 & 2 & 1 & 2 \\ 2 & 4 & 2 & 4 \\ 1 & 0 & 0 & 2 \end{bmatrix}$ 的伪逆.

解 对矩阵 A 进行满秩分解，得

$$A = \begin{bmatrix} 1 & 2 \\ 2 & 4 \\ 1 & 0 \end{bmatrix} \begin{bmatrix} 1 & 0 & 0 & 2 \\ 0 & 1 & \dfrac{1}{2} & 0 \end{bmatrix}$$

因此，矩阵 A 的加号逆为

$$A^+ = C^H (B^H A C^H)^{-1} B^H = \begin{bmatrix} 0 & 0 & \dfrac{1}{5} \\[2mm] \dfrac{2}{25} & \dfrac{4}{25} & -\dfrac{2}{5} \\[2mm] \dfrac{1}{25} & \dfrac{2}{25} & -\dfrac{1}{5} \\[2mm] 0 & 0 & \dfrac{2}{5} \end{bmatrix}$$

命题 5.6.1(加号逆的性质) 设 $A \in \mathbb{C}^{m \times n}$,则有如下性质:

(1) $(A^+)^+ = A$;

(2) $(A^H)^+ = (A^+)^H$;

(3) $(A^T)^+ = (A^+)^T$;

(4) $\mathrm{rank}(A^+) = \mathrm{rank}(A)$;

(5) $(A^H A)^+ = A^+ (A^H)^+$, $(A A^H)^+ = (A^H)^+ A^+$;

(6) $A^+ = (A^H A)^+ A^H = A^H (A A^H)^+$.

证明 性质(1)~(4)和性质(6)均可利用加号逆的定义进行证明,这里仅以性质(5)为例进行说明.

由于

$$A^H A (A^+ (A^H)^+) A^H A = A^H (A A^+)^H (A^+)^H A^H A$$
$$= (A A^+)^H (A A^+)^H A = A^H A A^+ A = A^H A$$
$$(A^+ (A^H)^+) A^H A (A^+ (A^H)^+) = A^+ (A A^+)^H (A A^+)^H (A^+)^H$$
$$= A^+ A A^+ (A^+ A A^+)^H = A^+ (A^+)^H = A^+ (A^H)^+$$

故 $A^+ (A^H)^+ \in (A^H A)^{\{1,2\}}$.

又知

$$(A^H A A^+ (A^H)^+)^H = A^+ (A^H)^+ A^H A = A^+ (A A^+)^H A = A^+ A A^+ A = A^+ A$$
$$A^H A A^+ (A^H)^+ = A^H (A A^+)^H (A^H)^+ = (A^+ A A^+ A)^H = A^+ A$$

故 $(A^H A A^+ (A^H)^+)^H = A^H A A^+ (A^H)^+$,即 $A^+ (A^H)^+ \in (A^H A)^{\{3\}}$.

$$(A^+ (A^H)^+ A^H A)^H = A^H A A^+ (A^+)^H = A^H (A A^+)^H (A^+)^H$$
$$= (A^+ A A^+ A)^H = A^+ A A^+ (A^H)^+ A^H A$$
$$= A^+ A A^+ A = A^+ A$$

故 $(A^+ (A^H)^+ A^H A)^H = A^+ (A^H)^+ A^H A$,即 $A^+ (A^H)^+ \in (A^H A)^{\{4\}}$.

综上所述, $A^+ (A^H)^+ = (A^H A)^+$.同理可证 $(A A^H)^+ = (A^H)^+ A^+$.

注 1:对于一般的矩阵 A 和 B, $(AB)^+ \neq B^+ A^+$, $A^+ A \neq A A^+ \neq I$.

注 2:式中,$\{1,2\}$、$\{3\}$、$\{4\}$表示满足对应 Penrose 方程的广义逆矩阵.

【应用】 加号逆与线性方程组的关系.考察线性方程组

$$Ax = b \qquad\qquad (5.6.2)$$

式中:$A\in\mathbb{C}^{m\times n}$和$b\in\mathbb{C}^m$给定,$x\in\mathbb{C}^n$为待定向量.

由前面章节内容,总结以下结论.

推论 5.6.3 线性方程(5.6.2)相容的充分必要条件为$AA^+b=b$,此时通解为

$$x=A^+b+(I-A^+A)y,\quad\forall y\in\mathbb{C}^n \tag{5.6.3}$$

若方程(5.6.2)不相容,则式(5.6.3)为其最小二乘解通式.

一般而言,方程(5.6.2)的最小二乘解并不唯一,我们通常把范数最小的一个解称为方程(5.6.2)的极小(范数)最小二乘解(或最佳逼近解).

定理 5.6.5 向量$x=A^+b$既是相容方程(5.6.2)的唯一极小范数解,也是不相容方程(5.6.2)的唯一最佳逼近解.

证明 $A^+\in A\{1,4\}$,故$x=A^+b$是相容方程(5.6.2)的唯一极小范数解.

由推论 5.5.3 知,不相容方程(5.6.2)的最小二乘解当且仅当是相容方程$Ax=AA^+b$的解.又知相容方程$Ax=AA^+b$的极小范数解唯一且可表示为

$$x=A^+AA^+b=A^+b$$

因此,$x=A^+b$是不相容方程组(5.6.2)的唯一最佳逼近解.证毕.

例 5.6.3 求线性方程(5.6.2)的极小范数解或最佳逼近解,其中

$$A=\begin{bmatrix}1&0&-1&1\\0&2&2&2\\-1&4&5&3\end{bmatrix},\quad b=\begin{pmatrix}4\\-2\\-2\end{pmatrix}$$

解 A 的满秩分解为

$$A=FG=\begin{bmatrix}1&0\\0&2\\-1&4\end{bmatrix}\begin{bmatrix}1&0&-1&1\\0&1&1&1\end{bmatrix}$$

于是

$$A^+=G^H(GG^H)^{-1}(F^HF)^{-1}F^H=\frac{1}{18}\begin{bmatrix}5&2&-1\\1&1&1\\-4&-1&2\\6&3&0\end{bmatrix}$$

由于$AA^+b=(3,0,-3)^T\neq b$,所以方程$Ax=b$不相容,它的最佳逼近解为

$$x_0=A^+b=(1,0,-1,1)^T$$

例 5.6.4 求向量$b\in\mathbb{C}^n$在$R(A)$和$N(A)$上的正交投影,其中$A\in\mathbb{C}^{n\times n}$.

解 由于AA^+是正交投影矩阵,且$AA^+b\in R(A)$,故$\text{Proj}_{R(A)}b=AA^+b$.又知$N(A)\oplus R(A^H)=\mathbb{C}^n$是正交直和分解,则$b\in\mathbb{C}^n$在$N(A)$上的正交投影为

$$\text{Proj}_{N(A)}b=[I-A^H(A^H)^+]b=(I-A^+A)b$$

5.7 应用:区间线性规划

线性规划模型诞生于 20 世纪 40 年代,最早被称为生产组织与计划中的数学方

法.60 年代初,L. V. Kantorovich 和 T. Koopmans 应用线性规划模型提出了资源最优分配理论,并凭此荣获诺贝尔经济学奖;自此,线性规划模型受到诸多科学和工程领域的广泛关注.

区间线性规划模型(带双边约束的线性规划模型)作为线性规划模型的一种特殊形式,更适用于解决部分拥有特殊性质的规划问题.例如,在交通规划问题中:若给定一个道路集,我们要限制各条道路上车的总量不能过多,否则会造成该集中道路的拥堵,同时也不能让这个道路集上的车过少,这样才能为其他道路集疏解压力.我们可以定义约束条件中过多部分为资源分配问题,即要求所有个体所占用的资源和小于总资源数;定义约束条件中过少部分为成本收益问题,即要求每个个体的贡献和大于某一成本.既要考虑资源分配,又要考虑成本收益的问题,我们称之为带双边约束的规划问题,可通过区间线性规划模型进行求解.

定义 5.7.1(区间线性规划)　设 $A = (a_{ij}) \in \mathbb{R}^{m \times n}$, $a = (a_1, \cdots, a_m)^{\mathrm{T}}$ 和 $b = (b_1, \cdots, b_m)^{\mathrm{T}} \in \mathbb{R}^m$, c 和 $x \in \mathbb{R}^n$,则线性规划问题

$$\max c^{\mathrm{T}} x$$

$$\text{s. t. } a_i \leqslant \sum_{j=1}^n a_{ij} x_j \leqslant b_i, \quad i = 1, \cdots, m \tag{5.7.1}$$

称为**区间线性规划**(或**带双边约束的线性规划**).

若用 $a \leqslant b$ 表示 $a_i \leqslant b_i, i = 1, \cdots, m$,则该线性规划问题可简记为

$$\max c^{\mathrm{T}} x \tag{5.7.2}$$

$$\text{s. t. } a \leqslant Ax \leqslant b$$

若向量 x 满足约束条件 $a \leqslant Ax \leqslant b$,则称 x 为规划问题(5.7.2)的一个**可行解**.记

$$S = \{x \in \mathbb{R}^n \mid a \leqslant Ax \leqslant b\}$$

称 S 为规划问题(5.7.2)的**可行解集**.若 S 非空,则称该规划问题是可行的.若

$$\max\{c^{\mathrm{T}} x, x \in S\} < \infty$$

则称该规划问题是**有界**的;若存在 $x_0 \in S$ 使得

$$c^{\mathrm{T}} x_0 = \max\{c^{\mathrm{T}} x, x \in S\}$$

则称 x_0 为区间线性规划问题(5.7.2)的**最优解**.

下面两个定理通过广义逆矩阵刻画了区间线性规划问题(5.7.2)的有界性及最优解集.

定理 5.7.1　区间线性规划问题(5.7.2)有界,当且仅当 $c \in R(A^{\mathrm{T}})$,或等价于 $c^{\mathrm{T}} A^- A = c^{\mathrm{T}}$.

证明　设 x 为任一可行解, $u \in N(A)$,则容易验证 $x + u \in S$.这表明

$$S + N(A) = S$$

进一步,有

$$\max\{c^{\mathrm{T}} x, x \in S\} = \max\{c^{\mathrm{T}} x, x \in [S + N(A)]\}$$

又知

$$c^{\mathrm{T}}x = c^{\mathrm{T}}A^{+}Ax + c^{\mathrm{T}}(I - A^{+}A)x$$

则

$$\max\{c^{\mathrm{T}}x, x \in [S + N(A)]\} = l_1 + l_2$$

式中:

$$l_1 = \max\{c^{\mathrm{T}}A^{+}Ax, x \in S\}$$

$$l_2 = \max\{c^{\mathrm{T}}(I - A^{+}A)x, x \in N(A)\}$$

显然,l_1 是有限的. 另一方面,l_2 有限 $\Leftrightarrow \forall x \in N(A), c^{\mathrm{T}}x = 0 \Leftrightarrow c \in N(A)^{\perp}$. 由定理 1.5.3 知,$N(A)^{\perp} = R(A^{\mathrm{T}})$. 故区间线性规划问题(5.7.2)有界,当且仅当 $c \in R(A^{\mathrm{T}})$. 根据命题 5.3.2 知,$c \in R(A^{\mathrm{T}})$ 等价于 $c^{\mathrm{T}}A^{-}A = c^{\mathrm{T}}$. 证毕.

定理 5.7.2 假设区间线性规划问题(5.7.2)是可行有解的,$\mathrm{rank}(A) = m$,则该问题的最优解集为

$$x = A^{-}u + (I - A^{-}A)v \tag{5.7.3}$$

式中: 任意向量 $v \in \mathbb{R}^n, u = (u_1, \cdots, u_m)^{\mathrm{T}} \in \mathbb{R}^m$ 满足

$$u_i = \begin{cases} a_i, & \text{若}(c^{\mathrm{T}}A^{-})_i < 0 \\ b_i, & \text{若}(c^{\mathrm{T}}A^{-})_i > 0 \\ \theta_i a_i + (1 - \theta_i)b_i, & \text{若}(c^{\mathrm{T}}A^{-})_i = 0 \end{cases} \tag{5.7.4}$$

$(c^{\mathrm{T}}A^{-})_i$ 表示行向量 $c^{\mathrm{T}}A^{-}$ 的第 i 个分量,$0 \leqslant \theta_i \leqslant 1$.

证明 由于 $A^{-}A$ 是幂等矩阵,故 $R(A^{-}A) \dotplus R(I - A^{-}A) = \mathbb{R}^n$. 由此,$\mathbb{R}^n$ 的任一向量 x 都可以表示为

$$x = A^{-}Aw + (I - A^{-}A)v$$

式中: $w \in \mathbb{R}^n, v \in \mathbb{R}^n$.

根据该规划问题的有界性,利用定理 5.7.1 知,$c \in R(A^{\mathrm{T}})$,于是

$$c^{\mathrm{T}}(I - A^{-}A)v = 0$$

进一步,

$$c^{\mathrm{T}}x = c^{\mathrm{T}}[A^{-}Aw + (I - A^{-}A)v] = c^{\mathrm{T}}A^{-}Aw$$

由于 $\mathrm{rank}(A) = m$,故 $AA^{-} = I_m$. 此时,

$$AA^{-}u = u$$

上式表明,若向量 u 已知,方程组 $Aw = u$ 是相容方程组.

定义 $u = Aw$,则 $c^{\mathrm{T}}x = c^{\mathrm{T}}A^{-}u$. 此时易知 u 选取如式(5.7.4)所示,则 $c^{\mathrm{T}}x$ 取最大值;相应地,对于给定如式(5.7.4)所示的向量 u,必可以找到向量 w. 这表明 $c^{\mathrm{T}}x$ 的最大值可以取到. 证毕.

关于广义逆在一般规划问题中应用的更广泛的结果,请读者参阅文献[24]及其后引用文献.

例 5.7.1 为缓解交通压力,某市政府对 A,B,C 3 个区进行交通管控. 已知 A 区有 1 条高速路,2 条普通公路;B 区有 2 条高速路,4 条普通公路;C 区有 3 条高速路,

5 条普通公路.假设 3 个区高速路上车辆数量相同,3 个区普通公路上数量也相同.现分别要求 A,B,C 的车辆承载量分别为 $[20,30]$, $[30,40]$, $[40,80]$,求此市所能容纳的最大车辆数.

解　上述问题可转化为区间线性规划问题(5.7.1),其中 $a=(20,30,40)^{\mathrm{T}}$, $b=(30,40,80)^{\mathrm{T}}$, $c=(6,11)^{\mathrm{T}}$,则

$$A=\begin{bmatrix}1 & 2\\2 & 4\\3 & 5\end{bmatrix}$$

由此求出矩阵 A 的一个减号逆 A^{-} 为

$$A^{-}=\begin{bmatrix}-5 & 0 & 2\\3 & 0 & -1\end{bmatrix}$$

经计算

$$c^{\mathrm{T}}A^{-}A=c^{\mathrm{T}}=(6,11)$$

故该区间线性规划问题有界.又知 $c^{\mathrm{T}}A^{-}=(3,0,1)$,由定理 5.7.2 得

$$u=\begin{pmatrix}30\\30\theta_2+40(1-\theta_2)\\80\end{pmatrix}$$

由式(5.7.3)可得该问题的最优解为 $x_0=\begin{pmatrix}10\\10\end{pmatrix}$,此时该市所能容纳的最大车辆数为 $c^{\mathrm{T}}x_0=170$.

本章习题

1. 矩阵左逆和右逆是广义逆矩阵吗？请说明理由.

2. 证明推论 5.2.2.

3. 试用满秩分解给出矩阵方程 $AXA=A$ 的一个特解.

4. 证明命题 5.2.1.

5. 设 $X\in\mathbb{C}^{n\times n}$, $A=\begin{bmatrix}1 & -1\\-1 & 1\end{bmatrix}$, $B=\begin{bmatrix}1 & 0 & -1\\2 & 1 & 0\end{bmatrix}$, $D=\begin{bmatrix}0 & 1 & -1\\-1 & 0 & 1\end{bmatrix}$.采用不同方法判断矩阵方程 $AXB=D$ 的相容性;若相容,求其通解.

6. 设 $A=\begin{bmatrix}a & 0\\2 & b\end{bmatrix}$, $B=\begin{bmatrix}2 & 1\\0 & 3\end{bmatrix}$,计算张量积 $A\otimes B$ 的全部特征根.

7. 设二阶矩阵 A 的特征值是 $1,-1$,三阶矩阵 B 的特征值是 $2,3,4$,计算 $|e^{A\otimes B}|$.

8. 设 A, B 是酉矩阵,证明 $A\otimes B$ 也是酉矩阵.

9. 判断如下命题是否为真:设 A, B 分别是 m, n 阶可逆方阵,则 $(A\otimes B)^{-1}=$

$B^{-1} \otimes A^{-1}$. 若该命题为假,请给出反例.

10. 设向量 x,y 分别是方阵 A,B 的特征向量,证明 $x \otimes y$ 是 $A \otimes B$ 的特征向量.

11. 判断如下命题是否为真:若 A,B 分别是 m,n 阶方阵,I_n,I_m 分别是 n,m 阶单位矩阵,则 $A \otimes I_n - I_m \otimes B$ 可逆的充分必要条件是 A 与 B 没有公共特征值.

12. 求解矩阵方程 $XA = B$,其中

$$A = \begin{bmatrix} 1 & 1 & -1 \\ 0 & 2 & 2 \\ 1 & -1 & 0 \end{bmatrix}, \quad B = \begin{bmatrix} 1 & -1 & 1 \\ 1 & 1 & 0 \\ 2 & 1 & 1 \end{bmatrix}$$

13. 设 $A = \begin{bmatrix} 0 & -a_3 & a_2 \\ a_3 & 0 & -a_1 \\ -a_2 & a_1 & 0 \end{bmatrix}$ 为非零实矩阵,试判断 $-(a_1^2 + a_2^2 + a_3^2)^{-1} A$ 是否为 A 的一个广义逆矩阵.

14. 设 $A \in \mathbb{C}^{n \times n}$,证明 $(A^-)^T \in A^T\{1\}$.

15. 若 $A \in \mathbb{C}^{m \times n}$,$B$ 是 n 阶可逆矩阵,证明 $B^{-1} A^- \in AB\{1\}$.

16. 试用两种不同方法求矩阵 $A = \begin{bmatrix} 2 & 1 & 0 & 1 \\ 1 & 0 & 1 & 1 \\ 1 & 0 & 1 & 1 \end{bmatrix}$ 的一个减号逆.

17. 设 G 为矩阵 $A \in \mathbb{C}_r^{m \times n} (r < n)$ 的广义逆 A^-,$A = BD$ 为 A 的满秩分解,证明 $\mathrm{rank}(DGB) = r$.

18. 求 $Ax = b$ 的通解,其中

$$A = \begin{bmatrix} 2 & 1 & 0 & 1 \\ 1 & 0 & 1 & 1 \\ 1 & 0 & 1 & 1 \end{bmatrix}, \quad b = (2,1,1)^T.$$

19. 若矩阵 $A \in \mathbb{C}_m^{m \times n}$,证明 $AA^- = I_m$.

20. 若矩阵 $A \in \mathbb{C}_m^{m \times n}$ 且 $A \neq O$,$(AA^-)^H = AA^-$,判断 $\|AA^-\|_2$ 与下列哪一项的值相等:

A. $\mathrm{rank}(A)$ B. 1   C. n D. $n - \mathrm{rank}(A)$

21. 设矩阵 $A \in \mathbb{C}_r^{m \times n}$,若存在 m 阶可逆矩阵 P 和 n 阶置换矩阵(每行每列都只有一个元素为 1,其余元素为 0 的矩阵)T,使得

$$PAT = \begin{bmatrix} I_r & S \\ O & O \end{bmatrix}, \quad S \in \mathbb{C}^{r \times (m-r)}$$

证明:$\forall L \in \mathbb{C}^{(m-r) \times (n-r)}$,矩阵 $G = T \begin{bmatrix} I_r & O \\ O & L \end{bmatrix} P$ 是 A 的一个减号逆,且若取 $L = O$,则有 $G \in A\{1,2\}$.

22. 证明方程组(5.3.7)和(5.3.9)是相容的,且是同解方程组.

23. 设 $A \in \mathbb{C}^{m \times n}$,若 A 行满秩,证明其极小范数广义逆唯一.

24. 试用不同方法求矩阵 $A=\begin{bmatrix} 2 & 1 & 0 & 1 \\ 1 & 0 & 1 & 1 \\ 1 & 0 & 1 & 1 \end{bmatrix}$ 的一个极小范数广义逆.

25. 利用满秩分解给出矩阵的一个极小范数广义逆.

26. 求方程组 $Ax=b$ 的极小范数解,其中

$$A=\begin{bmatrix} 2 & 1 & 0 & 1 \\ 1 & 0 & 1 & 1 \\ 1 & 0 & 1 & 1 \end{bmatrix}, \quad b=(2,1,1)^{\mathrm{T}}$$

27. 设有一组实验数据 $(x_1,y_1),(x_2,y_2),\cdots,(x_n,y_n)$,希望由实验数据拟合曲线使其误差

$$E(a,b)=\sum_{i=1}^{n}(y_i-ax_i-b)^2$$

最小,假定拟合曲线为 $y=ax+b$.试求 a 和 b.

28. 求矩阵 $A=\begin{bmatrix} 1 & 0 & 1 & 1 \\ 2 & 1 & 2 & 1 \\ 2 & 0 & 2 & 2 \\ 4 & 2 & 4 & 2 \end{bmatrix}$ 的最小二乘广义逆.

29. 证明 $Ax=AA_l^- b$ 和 $A^{\mathrm{H}}Ax=A^{\mathrm{H}}b$ 是相容的,且为同解方程组.

30. 证明 $AA_l^- =A(A^{\mathrm{H}}A)^- A^{\mathrm{H}}$.

31. 设 $A\in\mathbb{C}^{m\times n}$,则下列数值与 rank($A$)不一定相等的是:

A. rank(A^-)   B. dim($R(A)$)

C. rank(AA^+)   D. rank(A^+)

32. 设 $A\in\mathbb{C}^{m\times n}$,证明 $A^+=A^{(1,4)}AA^{(1,3)}$.

33. 判断如下命题是否为真:设 $A,B\in\mathbb{C}^{n\times n}$ 的奇异值分别为 $\sigma_1\geq\sigma_2\geq\cdots\geq\sigma_n>0$, $\sigma_1'\geq\sigma_2'\geq\cdots\geq\sigma_n'>0$,若 $\sigma_i\geq\sigma_i'(i=1,2,\cdots,n)$,则 $\|A^+\|>\|B^+\|$.

34. 设 $A\in\mathbb{C}^{n\times n}$ 是正规矩阵,证明 $A^+A=AA^+$.

35. 设 A 是 n 阶可逆矩阵,试计算矩阵 $\begin{bmatrix} O & A \\ O & O \end{bmatrix}$ 的伪逆(用 A,A^{-1} 表示).

36. 设 A 是 n 阶可逆矩阵,试计算矩阵 $\begin{bmatrix} A & A \\ A & A \end{bmatrix}$ 的伪逆(用 A,A^{-1} 表示).

37. 判断如下命题是否为真:设 A,B 为任意矩阵,则 $(A\otimes B)^{\mathrm{H}}=A^{\mathrm{H}}\otimes B^{\mathrm{H}}$ 且 $(A\otimes B)^+=A^+\otimes B^+$.

38. 判断如下命题是否为真:设 $x_0=A^+b$,则 $A^{\mathrm{H}}Ax_0=A^{\mathrm{H}}b$.

39. 定义 $W=\{A\in\mathbb{R}^{2\times2},\mathrm{tr}(A)=0\}$,$T(A)=A+A^+$,$\forall A\in W$,判断 T 是否为 W 上的线性变换.

40. 设 $A\in\mathbb{C}^{n\times n}$,证明 $N(A)=N(A^{\mathrm{H}})$.

41. 设 $A\in\mathbb{R}^{m\times n}$,且 A 的 n 列为标准正交的,则下列命题中错误的是:

A. $\boldsymbol{A}^{+}=\boldsymbol{A}^{\mathrm{T}}$

B. $\boldsymbol{A}^{\mathrm{T}}$ 为正交矩阵

C. $\boldsymbol{A}^{\mathrm{T}}\boldsymbol{A}=\boldsymbol{I}_{n}$

D. 非齐次相容线性方程组 $\boldsymbol{Ax}=\boldsymbol{b}$ 存在唯一解

42. 设 $\boldsymbol{A}\in\mathbb{C}^{m\times n}$,判断下列等式是否恒成立:

(1) $\boldsymbol{A}^{\mathrm{H}}\boldsymbol{A}\boldsymbol{A}^{+}=\boldsymbol{A}^{\mathrm{H}}$;

(2) $\boldsymbol{A}^{+}\boldsymbol{A}\boldsymbol{A}^{\mathrm{H}}=\boldsymbol{A}^{\mathrm{H}}$;

(3) $(\boldsymbol{A}^{\mathrm{H}}\boldsymbol{A})^{+}\boldsymbol{A}^{\mathrm{H}}=\boldsymbol{A}^{+}$;

(4) $(\boldsymbol{A}^{\mathrm{H}}\boldsymbol{A})^{+}\boldsymbol{A}^{\mathrm{H}}=\boldsymbol{A}^{\mathrm{H}}$.

43. 设方阵 $\boldsymbol{A}$ 是正交投影矩阵,判断下列命题是否为真:

(1) 向量 $\boldsymbol{b}$ 在 $R(\boldsymbol{A})$ 中的正交投影为 $\boldsymbol{Ab}$;

(2) $\mathrm{rank}(\boldsymbol{A})=\mathrm{tr}(\boldsymbol{A})$;

(3) $\boldsymbol{A}^{+}=\boldsymbol{A}$;

(4) $\boldsymbol{A}$ 的初等因子次数均为 1.

44. 设 $\boldsymbol{A}\in\mathbb{C}_{r}^{m\times n},\lambda\in\mathbb{C}$,判断下列命题是否为真:

(1) $\mathrm{rank}(\boldsymbol{A}^{+})=\mathrm{rank}(\boldsymbol{A})$;

(2) $(\lambda\boldsymbol{A})^{+}=\lambda^{+}\boldsymbol{A}^{+}$;

(3) 若 $\boldsymbol{U}$ 和 $\boldsymbol{V}$ 是 m 和 n 阶酉矩阵,则 $(\boldsymbol{UAV})^{+}=\boldsymbol{V}^{\mathrm{H}}\boldsymbol{A}^{+}\boldsymbol{U}^{\mathrm{H}}$;

(4) 若 $\boldsymbol{A}$ 是正规矩阵,则对于任意正整数 k,有 $(\boldsymbol{A}^{+})^{k}=(\boldsymbol{A}^{k})^{+}$.

45. 设 $\boldsymbol{A}\in\mathbb{C}^{n\times n}$,$\boldsymbol{P},\boldsymbol{Q}$ 为 n 阶可逆矩阵,判断矩阵 $\boldsymbol{Q}^{-}\boldsymbol{A}^{+}\boldsymbol{P}^{-}$ 是否为矩阵 $\boldsymbol{PAQ}$ 的伪逆,若不是,试判断 $\boldsymbol{Q}^{-}\boldsymbol{A}^{+}\boldsymbol{P}^{-}$ 是否为 $\boldsymbol{A}$ 的广义逆.

46. 设 $\boldsymbol{A}$ 为可逆正规矩阵,且 $\boldsymbol{A}$ 的谱分解为 $\boldsymbol{A}=\sum_{i=1}^{k}\lambda_{i}\boldsymbol{E}_{i}$,求 $\boldsymbol{A}^{+}$ 的谱分解.

47. 若 $\boldsymbol{AB}=\boldsymbol{0}$,证明 $\boldsymbol{B}^{+}\boldsymbol{A}^{+}=\boldsymbol{0}$.

48. 设 $\boldsymbol{A}\in\mathbb{C}^{m\times n}$,$\mathrm{rank}(\boldsymbol{A})=1$,证明下列命题:

(1) 存在向量 $\boldsymbol{\alpha}=(a_{1},a_{2},\cdots,a_{m})$,$\boldsymbol{\beta}=(b_{1},b_{2},\cdots,b_{n})$ 使得 $\boldsymbol{A}=\boldsymbol{\alpha}^{\mathrm{T}}\boldsymbol{\beta}$;

(2) $\boldsymbol{A}^{+}=\dfrac{1}{\boldsymbol{\beta}\boldsymbol{\alpha}^{\mathrm{T}}}\boldsymbol{A}^{\mathrm{H}}$.

49. 某养鸡场现有 1 000 只小鸡,用黄豆和玉米混合饲料喂养.每只鸡每天吃1～1.3 kg 饲料.从营养角度看,每只鸡每天需要 0.004 ～ 0.006 kg 的钙,且至少需要 0.21～ 0.23 kg 的蛋白质.已知黄豆的蛋白质含量为48%～52%,钙含量为0.5%～0.8%,其价格为 0.38～0.42 元/kg;玉米的蛋白质含量为8.5%～11.5%,钙含量为0.3%,其价格为 0.2 元/kg.问每天如何配料最节省?

50. 解非线性方程组常采用 Newton 迭代法,其中所需的 Jacobi 矩阵要满足可逆条件.若 Jacobi 矩阵不可逆,能否用广义逆矩阵来代替它的普通逆?请思考并尝试解决.

第6章

非负矩阵

元素都是非负实数的矩阵称为非负矩阵. 这类矩阵在数理经济学、概率论、系统微振动理论等诸多领域都有重要的应用. 随着非负矩阵应用的日益扩展, 它的基本特征已被认为是矩阵理论的经典内容之一. 为此, 本章将介绍与非负矩阵的一些基本性质(包括著名的 Perron 定理和 Frobenius 定理), 以及与非负矩阵有密切联系而又有特别重要应用价值的 Minkovski 矩阵(M 矩阵)等有关的主要结果.

6.1 非负矩阵的性质

定义 6.1.1(非负矩阵) 设矩阵 $A = [a_{ij}] \in \mathbb{R}^{m \times n}$, $B = [b_{ij}] \in \mathbb{R}^{m \times n}$, 如果 A, B 的对应元素满足 $a_{ij} \geqslant b_{ij}$, 则称 $A \geqslant B$. 特别地, 如果 $A \geqslant O$, 则称 A 是**非负矩阵**, 其中 O 是零矩阵; 如果 $A < O$, 则称 A 是**正矩阵**.

类似地, 可以定义非负向量: 设 $x = (x_1, x_2, \cdots, x_n)^T \in \mathbb{R}^n$, 如果向量 x 的每个分量 $x_i \geqslant 0 (x_i > 0)$, 则称 x 是非负向量(正向量), 记作 $x \geqslant 0 (x > 0)$.

对复矩阵 $A = [a_{ij}] \in \mathbb{C}^{m \times n}$ 的每个元素取模都可以得到一个非负矩阵, 即

$$|A| = (|a_{ij}|)$$

注 1: 在本章中, $|A|$ 不表示矩阵 A 的行列式.

定理 6.1.1(非负矩阵的性质) 设矩阵 $A, B, C, D \in \mathbb{R}^{m \times n}$, 则

(1) $|A| \geqslant 0$, $|A| = 0$ 当且仅当 $A = O$;

(2) $|aA| = a|A|$, $a \in \mathbb{R}$;

(3) $|A + B| \leqslant |A| + |B|$;

(4) 如果 $A \geqslant O$, $B \geqslant O$, a, b 是任意两个非负实数, 则 $aA + bB \geqslant O$;

(5) 如果 $A \geqslant B$, $C \geqslant D$, 则 $A + C \geqslant B + D$;

(6) 如果 $A \geqslant B$, $B \geqslant C$, 则 $A \geqslant C$.

注 2: 如果矩阵 $A \geqslant O$ 且 $A \neq O$, 并不一定有 $A > O$.

矩阵与矩阵或者矩阵与向量可以做乘积运算,关于这方面的性质和矩阵范数有如下定理:

定理 6.1.2 设矩阵 $A,B,C,D\in\mathbb{C}^{n\times n}$, $x\in\mathbb{C}^n$, k 是任意正整数,则

(1) $|Ax|\leqslant|A||x|$;

(2) $|AB|\leqslant|A||B|$;

(3) $|A^k|\leqslant|A|^k$;

(4) 如果 $A\geqslant B\geqslant O$, $C\geqslant D\geqslant O$,则 $AC\geqslant AD\geqslant BD\geqslant O$;

(5) 如果 $A\geqslant B\geqslant O$,则 $A^k\geqslant B^k$;

(6) 如果 $A>O$,则 $A^k>O$;

(7) 如果 $A>O$, $x\geqslant 0$ 且 $x\neq 0$,则 $Ax>O$;

(8) 如果 $A\geqslant|B|$,则 $\|A\|_2\geqslant\||B|\|_2\geqslant\|B\|_2$.

证明 这里只证明(4)和(8).

先证明(4):因为 $C\geqslant D$,所以 $C-D\geqslant O$.容易看到,两个非负矩阵的乘积仍然是非负矩阵,所以 $A(C-D)\geqslant O$,即 $AC-AD\geqslant O$,因此 $AC\geqslant AD$. 同理可得 $AD\geqslant BD\geqslant O$.

下面证明(8):假设 $A=[a_{ij}]\in\mathbb{R}^{n\times n}$, $B=[b_{ij}]\in\mathbb{C}^{n\times n}$,则对任意 $x\in\mathbb{C}^n$ 有

$$|Bx|\leqslant|B||x|\leqslant A|x|$$

于是

$$\|Bx\|_2=\||Bx|\|_2\leqslant\||B||x|\|_2\leqslant\|A|x|\|_2$$

从而

$$\max_{\|x\|_2=1}\|Bx\|_2=\max_{\|x\|_2=1}\||Bx|\|_2\leqslant\max_{\|x\|_2=1}\||B||x|\|_2\leqslant\max_{\|x\|_2=1}\|A|x|\|_2$$

则 $\|A\|_2\geqslant\||B|\|_2\geqslant\|B\|_2$.

证毕.

以下介绍非负矩阵的谱半径的性质.

定理 6.1.3 设矩阵 $A\in\mathbb{C}^{n\times n}$, $\|A\|$ 是任意一个相容矩阵范数,则谱半径

$$\rho(A)=\lim_{k\to\infty}\|A^k\|^{\frac{1}{k}}$$

证明 因为矩阵的谱半径小于或等于它的任一矩阵范数,有

$$\rho(A)^k=\rho(A^k)\leqslant\|A^k\|$$

因此 $\rho(A)\leqslant\|A^k\|^{\frac{1}{k}}$,取极限得

$$\rho(A)\leqslant\lim_{k\to\infty}\|A^k\|^{\frac{1}{k}}\tag{6.1.1}$$

另一方面,任给 $\varepsilon>0$,令 $B=\dfrac{A}{\rho(A)+\varepsilon}$,则 $\rho(B)<1$,故有

$$\lim_{k\to\infty}\|B^k\|=0$$

所以当 k 充分大时 $\|B^k\|<1$,从而

$$\|A^k\|<[\rho(A)+\varepsilon]^k$$

或者
$$\|\boldsymbol{A}^k\|^{\frac{1}{k}} < \rho(\boldsymbol{A}) + \varepsilon$$

由 ε 的任意性和式(6.1.1)即可得结论成立. 证毕.

关于非负矩阵的谱半径有如下定理:

定理 6.1.4　设矩阵 $\boldsymbol{A}, \boldsymbol{B} \in \mathbb{C}^{n \times n}$, 如果 $\boldsymbol{A} \geq |\boldsymbol{B}|$, 则 $\rho(\boldsymbol{B}) \leq \rho(|\boldsymbol{B}|) \leq \rho(\boldsymbol{A})$, 如果 $\boldsymbol{A} \geq \boldsymbol{B} \geq \boldsymbol{O}$, 则 $\rho(\boldsymbol{B}) \leq \rho(\boldsymbol{A})$.

证明　由已知条件和定理 6.1.2 知, $\boldsymbol{A}^k \geq |\boldsymbol{B}|^k \geq |\boldsymbol{B}^k| \geq \boldsymbol{O}$, 其中 k 是任意正整数, 所以
$$\|\boldsymbol{A}^k\|_2 \geq \||\boldsymbol{B}|^k\|_2 \geq \|\boldsymbol{B}^k\|_2$$

从而
$$\|\boldsymbol{A}^k\|_2^{\frac{1}{k}} \geq \||\boldsymbol{B}|^k\|_2^{\frac{1}{k}} \geq \|\boldsymbol{B}^k\|_2^{\frac{1}{k}}$$

由定理 6.1.3 可得 $\rho(\boldsymbol{B}) \leq \rho(|\boldsymbol{B}|) \leq \rho(\boldsymbol{A})$.

同理, 由已知条件和定理 6.1.2 知, $\boldsymbol{A}^k \geq \boldsymbol{B}^k \geq \boldsymbol{O}$, 其中 k 是任意正整数, 所以
$$\|\boldsymbol{A}^k\|_2 \geq \|\boldsymbol{B}^k\|_2$$

由定理 6.1.3 可得 $\rho(\boldsymbol{A}) \geq \rho(\boldsymbol{B})$. 证毕.

推论 6.1.1　设矩阵 $\boldsymbol{D}_k$ 是 $\boldsymbol{A} \in \mathbb{R}^{n \times n}$ 的任一 k 阶主子式, 如果 $\boldsymbol{A} \geq \boldsymbol{O}$, 则 $\rho(\boldsymbol{A}) \geq \rho(\boldsymbol{D}_k)$.

证明　将 $\boldsymbol{A}$ 中 $\boldsymbol{D}_k$ 以外的元素改为零所得到的矩阵记为 $\boldsymbol{B}$, 则 $\boldsymbol{A} \geq \boldsymbol{B} \geq \boldsymbol{O}$. 由定理 6.1.4 知 $\rho(\boldsymbol{A}) \geq \rho(\boldsymbol{B})$.

另一方面, 显然有 $\|\boldsymbol{B}\|_2 = \|\boldsymbol{D}_k\|_2$, 由定理 6.1.3 得 $\rho(\boldsymbol{B}) = \rho(\boldsymbol{D}_k)$, 所以 $\rho(\boldsymbol{A}) \geq \rho(\boldsymbol{D}_k)$. 证毕.

注 3: 由推论 6.1.1 知, 对于非负矩阵 $\boldsymbol{A} = [a_{ij}] \in \mathbb{R}^{n \times n}$, 则 $\rho(\boldsymbol{A}) \geq a_{ii}$, 其中 $i = 1, 2 \cdots, n$.

例 6.1.1　设矩阵 $\boldsymbol{A} = \dfrac{1}{1+\varepsilon}\begin{bmatrix} -1 & 1 \\ \varepsilon^2 & 1 \end{bmatrix}$, $\boldsymbol{B} = \begin{bmatrix} -1 & 1 \\ \varepsilon^2 & 1 \end{bmatrix}$, $(\varepsilon > 0)$. 计算并比较矩阵 $\boldsymbol{A}, \boldsymbol{B}$ 的特征值.

解　显然 $\boldsymbol{B} \geq |\boldsymbol{A}|$. 计算得
$$\rho(\boldsymbol{A}) = \frac{\sqrt{1+\varepsilon^2}}{1+\varepsilon}, \quad \rho(|\boldsymbol{A}|) = 1, \quad \rho(\boldsymbol{B}) = 1 + \varepsilon$$

满足定理 6.1.4 的结论是 $\rho(\boldsymbol{A}) \leq \rho(|\boldsymbol{A}|) \leq \rho(\boldsymbol{B})$.

下面的 Frobenius 定理将介绍非负矩阵谱半径与矩阵元素的关系.

定理 6.1.5　设矩阵 $\boldsymbol{A} = [a_{ij}] \in \mathbb{R}^{n \times n}$ 是非负矩阵, 向量 $\boldsymbol{x} = (x_1, x_2, \cdots, x_n)^{\mathrm{T}} > \boldsymbol{0}$, 则

(1) $\displaystyle\min_i \sum_{j=1}^n a_{ij} \leq \rho(\boldsymbol{A}) \leq \max_i \sum_{j=1}^n a_{ij}$,

$\displaystyle\min_j \sum_{i=1}^n a_{ij} \leq \rho(\boldsymbol{A}) \leq \max_j \sum_{i=1}^n a_{ij}$;

(2) $\min_i \dfrac{1}{x_i}\sum_{j=1}^n a_{ij}x_j \leqslant \rho(\boldsymbol{A}) \leqslant \max_i \dfrac{1}{x_i}\sum_{j=1}^n a_{ij}x_j,$

$\min_i x_j\sum_{j=1}^n a_{ij}\dfrac{1}{x_i} \leqslant \rho(\boldsymbol{A}) \leqslant \max_i x_j\sum_{j=1}^n a_{ij}\dfrac{1}{x_i};$

(3) 如果 $\boldsymbol{Ax}=\lambda\boldsymbol{x}$，则 $\rho(\boldsymbol{A})=\lambda$.

证明 (1) 首先显然有 $\rho(\boldsymbol{A})\leqslant\|\boldsymbol{A}\|_\infty=\max_i\sum_{j=1}^n a_{ij}$，其次令

$$\alpha=\min_i\sum_{j=1}^n a_{ij},\quad b_{ij}=a_{ij}\dfrac{\alpha}{\sum_{j=1}^n a_{ij}}$$

则有 $b_{ij}\leqslant a_{ij}$；如果令 $\boldsymbol{B}=[b_{ij}]\in\mathbb{R}^{n\times n}$，则 $\boldsymbol{A}\geqslant\boldsymbol{B}\geqslant\boldsymbol{O}$，从而由定理 6.1.4 知，

$$\rho(\boldsymbol{A})\geqslant\rho(\boldsymbol{B})$$

另外，由 $\boldsymbol{B}$ 的定义可知，其每一行元素之和 $\sum_{j=1}^n b_{ij}=\alpha$ 是一个正常数 $(i=1,2,\cdots,n)$. 设向量 $\boldsymbol{y}=(1,1,\cdots,1)^\mathrm{T}$，则

$$\boldsymbol{By}=\alpha\boldsymbol{y}$$

即 α 是 $\boldsymbol{B}$ 的一个特征值，所以 $\alpha=\min_i\sum_{j=1}^n a_{ij}\leqslant\rho(\boldsymbol{B})\leqslant\rho(\boldsymbol{A})$. 这样，就证明了

$$\min_i\sum_{j=1}^n a_{ij}\leqslant\rho(\boldsymbol{A})\leqslant\max_i\sum_{j=1}^n a_{ij}$$

注意到 $\rho(\boldsymbol{A}^\mathrm{T})=\rho(\boldsymbol{A})$，同理可证，$\min_j\sum_{i=1}^n a_{ij}\leqslant\rho(\boldsymbol{A})\leqslant\max_j\sum_{i=1}^n a_{ij}$

(2) 设 $\boldsymbol{D}=\mathrm{diag}(x_1,x_2,\cdots,x_n)$，有

$$\boldsymbol{D}^{-1}\boldsymbol{AD}=(x_i^{-1}a_{ij}x_j)\geqslant\boldsymbol{O}$$

因为 $\rho(\boldsymbol{D}^{-1}\boldsymbol{AD})=\rho(\boldsymbol{A})$，注意到上式，由结论(1)即可得结论(2)成立.

(3) 对比等式 $\boldsymbol{Ax}=\lambda\boldsymbol{x}$ 两端的向量可得

$$\lambda=\dfrac{1}{x_i}\sum_{j=1}^n a_{ij}x_j\geqslant 0,\quad i=1,2,\cdots,n$$

由结论(2)得

$$\lambda=\min_i\dfrac{1}{x_i}\sum_{j=1}^n a_{ij}x_j\leqslant\rho(\boldsymbol{A})\leqslant\max_i\dfrac{1}{x_i}\sum_{j=1}^n a_{ij}x_j=\lambda$$

即 $\rho(\boldsymbol{A})=\lambda$.

证毕.

注 4：由定理 6.1.5 中的结论(3)可知，非负矩阵 $\boldsymbol{A}$ 如果有一个正特征向量，则该特征向量对应的特征值就是 $\boldsymbol{A}$ 的谱半径.

由定理 6.1.5 可直接得到如下推论：

推论 6.1.2 设矩阵 $\boldsymbol{A}=[a_{ij}]\in\mathbb{R}^{n\times n}$ 是非负矩阵，则 $\gamma\leqslant\rho(\boldsymbol{A})\leqslant|\boldsymbol{A}|_\infty,\delta\leqslant$

$\rho(\boldsymbol{A}) \leqslant |\boldsymbol{A}|_1$,其中 γ 等于 $\boldsymbol{A}$ 的最小行和,δ 等于 $\boldsymbol{A}$ 的最小列和.

在推论 6.1.2 中,如果非负矩阵 $\boldsymbol{A}$ 的最小行和或者最小列和大于零,则 $\rho(\boldsymbol{A}) > 0$. 特别地,如果 $\boldsymbol{A} > 0$,则 $\rho(\boldsymbol{A}) > 0$.

推论 6.1.3　设矩阵 $\boldsymbol{A} = [a_{ij}] \in \mathbb{R}^{n \times n}$ 是非负矩阵,向量 $\boldsymbol{x} = (x_1, x_2, \cdots, x_n)^{\mathrm{T}} > \boldsymbol{0}$, 如果存在正数 α, β 满足 $\alpha \boldsymbol{x} \leqslant \boldsymbol{A}\boldsymbol{x} \leqslant \beta \boldsymbol{x}$ ($\alpha \boldsymbol{x} < \boldsymbol{A}\boldsymbol{x} < \beta \boldsymbol{x}$),则

$$\alpha \leqslant \rho(\boldsymbol{A}) \leqslant \beta \quad (\alpha < \rho(\boldsymbol{A}) < \beta)$$

证明　由 $\alpha \boldsymbol{x} \leqslant \boldsymbol{A}\boldsymbol{x}$ 得

$$\alpha \leqslant \min_i \frac{1}{x_i} \sum_{j=1}^{n} a_{ij} x_j$$

再应用定理 6.1.5 有 $\alpha \leqslant \rho(\boldsymbol{A})$.同理可以证明 $\rho(\boldsymbol{A}) \leqslant \beta$.

如果 $\alpha \boldsymbol{x} < \boldsymbol{A}\boldsymbol{x}$,则存在 $\gamma > \alpha$,使得 $\gamma \boldsymbol{x} \leqslant \boldsymbol{A}\boldsymbol{x}$.应用上述结论得

$$\alpha < \gamma \leqslant \rho(\boldsymbol{A})$$

同理可以证明,如果 $\boldsymbol{A}\boldsymbol{x} < \beta \boldsymbol{x}$,则 $\rho(\boldsymbol{A}) < \beta$.证毕.

例 6.1.2　设 $\boldsymbol{A} = \begin{bmatrix} 1 & 2 & 0 \\ 1 & 1 & 0 \\ 0 & 2 & 2 \end{bmatrix}$,试估计 $\boldsymbol{A}$ 的谱半径的界.

解　根据定理 6.1.5 结论(1),按行和估计得 $2 \leqslant \rho(\boldsymbol{A}) \leqslant 4$,按列和估计得 $2 \leqslant \rho(\boldsymbol{A}) \leqslant 5$,所以有 $2 \leqslant \rho(\boldsymbol{A}) \leqslant 4$.选取 $\boldsymbol{x} = (1, 2, 1)^{\mathrm{T}}$,由定理 6.1.5 结论(2)得 $1.5 \leqslant \rho(\boldsymbol{A}) \leqslant 4$,$2 \leqslant \rho(\boldsymbol{A}) \leqslant 3$.总结得 $2 \leqslant \rho(\boldsymbol{A}) \leqslant 3$.由此可见,可以通过选取正向量改进对谱半径的估计,实际上 $\rho(\boldsymbol{A}) = 1 + \sqrt{2} \approx 2.414$.

下面的 Perron 定理给出了正矩阵的谱半径的性质.该定理是由德国数学家 Perron 在 1907 年研究正矩阵的影谱(即矩阵的特征值与特征向量)性质时所得.

定理 6.1.6(Perron 定理)　设正矩阵 $\boldsymbol{A} = [a_{ij}] \in \mathbb{R}^{n \times n}$ 的谱半径为 $\rho(\boldsymbol{A})$,则

(1) $\rho(\boldsymbol{A})$ 是 $\boldsymbol{A}$ 的正特征值,它对应一个正特征向量;

(2) $\boldsymbol{A}$ 的任意其他特征值的模都小于 $\rho(\boldsymbol{A})$;

(3) $\rho(\boldsymbol{A})$ 是 $\boldsymbol{A}$ 的单特征值.

证明　(1) 设 λ 是 $\boldsymbol{A}$ 的特征值中模最大者,向量 $\boldsymbol{x} = (x_1, x_2, \cdots, x_n)^{\mathrm{T}}$ 是 λ 对应的特征向量,即

$$\boldsymbol{A}\boldsymbol{x} = \lambda \boldsymbol{x}, \quad \text{且} \ |\lambda| = \rho(\boldsymbol{A})$$

从而

$$\lambda x_i - \sum_{j=1}^{n} a_{ij} x_j, \quad i = 1, 2, \cdots, n$$

对上式两端取模得

$$|\lambda| |x_i| = \left| \sum_{j=1}^{n} a_{ij} x_j \right| \leqslant \sum_{j=1}^{n} a_{ij} |x_j|, \quad i = 1, 2, \cdots, n \tag{6.1.2}$$

所以
$$\rho(A)\,|\,x\,|\leqslant A\,|\,x\,|$$

式中：$|\,x\,|=(|\,x_1\,|,|\,x_2\,|,\cdots,|\,x_n\,|)^{\mathrm{T}}$. 令 $y=[A-\rho(A)I]\,|\,x\,|$，则 $y\geqslant 0$. 如果 $y=0$，则

$$A\,|\,x\,|=\rho(A)\,|\,x\,| \tag{6.1.3}$$

从而证明了结论(1)成立，其中 $|\,x\,|$ 就是 A 的属于特征值 $\rho(A)$ 的正特征向量.

如果 $y\neq 0$，因为 A 是正矩阵，由定理 6.1.2 结论(7)得 $Ay>0$. 另外，注意到 x 是非零向量，所以 $A\,|\,x\,|>0$. 因此存在充分小的 $\varepsilon>0$ 使得 $Ay>\varepsilon A\,|\,x\,|$. 由 y 的定义得

$$Ay=A[A-\rho(A)I]\,|\,x\,|$$

从而

$$A^2\,|\,x\,|=Ay+\rho(A)A\,|\,x\,|\geqslant[\rho(A)+\varepsilon]A\,|\,x\,|$$

即

$$\frac{A^2}{\rho(A)+\varepsilon}\,|\,x\,|\geqslant A\,|\,x\,|$$

令 $B=\dfrac{A}{\rho(A)+\varepsilon}$，则 $BA\,|\,x\,|\geqslant A\,|\,x\,|$. 因为 $B>O$，由定理 6.1.2 结论(4)得

$$B^n A\,|\,x\,|\geqslant A\,|\,x\,|,\quad n=1,2,\cdots$$

对上式取极限并注意到 $\rho(B)<1$，因此有 $A\,|\,x\,|\leqslant 0$，这是不可能的.

(2) 用反证法. 假设 A 有一个特征值 μ 满足 $|\,\mu\,|=\rho(A)$，并假设 $\xi=(y_1,y_2,\cdots,y_n)^{\mathrm{T}}$ 是 μ 对应的特征向量，即

$$A\xi=\mu\xi,\quad \xi\neq 0$$

与式(6.1.2)和式(6.1.3)的推导类似，有

$$|\,\mu\,|\,|\,y_i\,|=\Big|\sum_{j=1}^{n}a_{ij}y_j\Big|\leqslant\sum_{j=1}^{n}a_{ij}\,|\,y_j\,|,\quad i=1,2,\cdots,n \tag{6.1.4}$$

$$A\,|\,\xi\,|=\rho(A)\,|\,\xi\,|=|\,\mu\,|\,|\,\xi\,| \tag{6.1.5}$$

对比式(6.1.5)两端得

$$|\,\mu\,|\,|\,y_i\,|=\sum_{j=1}^{n}a_{ij}\,|\,y_j\,|,\quad i=1,2,\cdots,n$$

注意到式(6.1.4)，有

$$\Big|\sum_{j=1}^{n}a_{ij}y_j\Big|=\sum_{j=1}^{n}a_{ij}\,|\,y_j\,|,\quad i=1,2,\cdots,n$$

因为 $a_{ij}>0$，所以 $y_1,y_2,\cdots,y_n$ 有相同的辐角，不妨设为 θ，即

$$y_j=|\,y_j\,|\,\mathrm{e}^{\mathrm{i}\theta},\quad \mathrm{i}=\sqrt{-1},\quad j=1,2,\cdots,n$$

从而向量 $|\,\xi\,|=\mathrm{e}^{\mathrm{i}\theta}\xi$，代入式(6.1.5)得 $A\xi=|\,\mu\,|\xi=\rho(A)\xi$，即 ξ 也是矩阵 A 的属于特征值 $\rho(A)$ 的特征向量. 但是我们知道，不同特征值对应的特征向量线性无关，所以

不可能相同,因此 $\mu=\rho(\mathbf{A})$,结论(2)成立.

（3）不妨假设 $\rho(\mathbf{A})=1$,否则只需用 $\dfrac{\mathbf{A}}{\rho(\mathbf{A})}$ 来代替 $\mathbf{A}$.下面证明 $\mathbf{A}$ 的特征值 1 是单根.首先假设存在可逆矩阵 $\mathbf{P}$ 使得 $\mathbf{P}^{-1}\mathbf{A}\mathbf{P}=\mathbf{J}$,其中 $\mathbf{J}$ 是 $\mathbf{A}$ 的 Jordan 标准形.下面只需要证明在 $\mathbf{J}$ 中特征值 1 只对应一个一阶的 Jordan 块即可.

设 $\boldsymbol{\eta}=(z_1,z_2,\cdots,z_n)^{\mathrm{T}}>\mathbf{0}$ 是属于矩阵 $\mathbf{A}$ 的特征值 1 的特征向量,即 $\mathbf{A}\boldsymbol{\eta}=\boldsymbol{\eta}$.对于任意正整数 k,有

$$\mathbf{A}^k\boldsymbol{\eta}=\boldsymbol{\eta} \tag{6.1.6}$$

记 $z_1,z_2,\cdots,z_n$ 中最大者为 z_s,最小者为 z_t,由式(6.1.6)得

$$z_s\geqslant z_i=\sum_{l=1}^{n}a_{il}^{(k)}z_l\geqslant a_{ij}^{(k)}z_j\geqslant a_{ij}^{(k)}z_t$$

式中:$a_{ij}^{(k)}$ 是 $\mathbf{A}^k$ 的第 (i,j) 元素,因此对 $1\leqslant i,j\leqslant n$ 有

$$a_{ij}^{(k)}\leqslant\frac{z_s}{z_t}$$

从而对于所有正整数 k,$\mathbf{A}^k$ 有界.

假设在 $\mathbf{J}$ 中特征值 1 对应的 Jordan 块的阶数大于 1,不妨设为 2,则根据假设,有

$$\mathbf{A}^k=\mathbf{P}\begin{bmatrix}1 & k & & & & \\ & 1 & & & & \\ & & J_1^k(\lambda_1) & & & \\ & & & \ddots & & \\ & & & & J_m^k(\lambda_m)\end{bmatrix}\mathbf{P}^{-1}$$

这与 $\mathbf{A}^k$ 有界矛盾,所以在 $\mathbf{J}$ 中特征值 1 对应的 Jordan 块的阶数等于 1.

假设在 $\mathbf{J}$ 中特征值 1 对应的 1 阶 Jordan 块有 r 个,即

$$\mathbf{J}=\begin{bmatrix}\mathbf{I}_r & & & \\ & J_1(\lambda_1) & & \\ & & \ddots & \\ & & & J_v(\lambda_v)\end{bmatrix}$$

式中:$\mathbf{I}_r$ 是 r 阶单位矩阵,且 $\lambda_1,\cdots,\lambda_v$ 的模都小于 1.由前面的假设可知,$\boldsymbol{\eta}$ 是线性方程组 $\mathbf{A}x=x$ 的解,也就是 $\boldsymbol{\eta}\in N(\mathbf{A}-\mathbf{I})=N(\mathbf{A}-\mathbf{I})$,其中 $N(\mathbf{A}-\mathbf{I})$ 是 $\mathbf{A}-\mathbf{I}$ 的核空间.由亏加秩定理得 $r=\dim N(\mathbf{A}-\mathbf{I})$.若 $r>1$,则 $\mathbf{A}x=x$ 还存在一个与 $\boldsymbol{\eta}$ 线性无关的解,设为 $\boldsymbol{\xi}=(y_1,y_2,\cdots,y_n)^{\mathrm{T}}$.由(2)的证明过程知,消去一个共同的辐角因子后可设 $\boldsymbol{\xi}=(y_1,y_2,\cdots,y_n)^{\mathrm{T}}>\mathbf{0}$.令

$$d=\max_{1\leqslant i\leqslant n}\frac{y_i}{z_i}$$

则 $d\boldsymbol{\xi}\geqslant\boldsymbol{\eta}$,且等号不成立,由定理 6.1.2 结论(7)得,$\mathbf{A}(d\boldsymbol{\xi}-\boldsymbol{\eta})>\mathbf{0}$,从而

$$d\boldsymbol{\xi}-\boldsymbol{\eta}>\mathbf{0}$$

对比上式每一个分量得 $d>\dfrac{y_i}{z_i}$,这与 d 的定义矛盾,故 $r=1$.

证毕.

注 5:由定理 6.1.6 知,正矩阵 $\boldsymbol{A}$ 的谱半径不仅是 $\boldsymbol{A}$ 的特征值,而且是唯一具有最大模的特征值,并且其代数重数和几何重数都是 1.

从定理 6.1.6 的证明过程,我们可以得到关于正矩阵的特征值和特征向量的一些性质.

定理 6.1.7 设正矩阵 $\boldsymbol{A}=[a_{ij}]\in\mathbb{R}^{n\times n}$ 的谱半径为 $\rho(\boldsymbol{A})$,如果 $\boldsymbol{Ax}=\lambda\boldsymbol{x}$,其中

$$\boldsymbol{x}=(x_1,x_2,\cdots,x_n)^{\mathrm{T}}\neq\boldsymbol{0},\quad|\lambda|=\rho(\boldsymbol{A})$$

则 $\rho(\boldsymbol{A})|\boldsymbol{x}|=|\lambda\boldsymbol{x}|=|\boldsymbol{A}||\boldsymbol{x}|$ 且存在 $\theta\in\mathbb{R}$,使得

$$\mathrm{e}^{-\mathrm{i}\theta}\boldsymbol{x}=|\boldsymbol{x}|>\boldsymbol{0}\quad\text{或}\quad\boldsymbol{x}=\mathrm{e}^{\mathrm{i}\theta}|\boldsymbol{x}|>\boldsymbol{0}$$

证明 由已知

$$\rho(\boldsymbol{A})|\boldsymbol{x}|=|\lambda\boldsymbol{x}|=|\boldsymbol{Ax}| \tag{6.1.7}$$

与定理 6.1.6 的结论(1)的证明类似,我们可以得到 $\boldsymbol{A}|\boldsymbol{x}|=\rho(\boldsymbol{A})|\boldsymbol{x}|$,再由式(6.1.7)得

$$\rho(\boldsymbol{A})|x_i|=\left|\sum_{j=1}^{n}a_{ij}x_j\right|\leqslant\sum_{j=1}^{n}a_{ij}|x_j|=\rho(\boldsymbol{A})|x_i|,\quad i=1,2,\cdots,n$$

从而

$$\left|\sum_{j=1}^{n}a_{ij}x_j\right|=\sum_{j=1}^{n}a_{ij}|x_j|,\quad i=1,2,\cdots,n$$

于是,非零复数 $a_{ij}x_j,j=1,2,\cdots,n$ 位于复平面的同一条射线上,设它们的公共辐角为 θ,则

$$a_{ij}x_j=|a_{ij}x_j|\mathrm{e}^{\mathrm{i}\theta},\quad j=1,2,\cdots,n$$

注意到 $a_{ij}>0$,得 $\mathrm{e}^{-\mathrm{i}\theta}\boldsymbol{x}=|\boldsymbol{x}|>\boldsymbol{0}$.证毕.

推论 6.1.4 设正矩阵 $\boldsymbol{A}=[a_{ij}]\in\mathbb{R}^{n\times n}$ 的谱半径为 $\rho(\boldsymbol{A})$,如果 $\boldsymbol{Ax}=\rho(\boldsymbol{A})\boldsymbol{x}$,$\boldsymbol{Ay}=\rho(\boldsymbol{A})\boldsymbol{y}$,其中 $\boldsymbol{x},\boldsymbol{y}$ 是非零向量,则存在 $a\in\mathbb{C}$,使得 $\boldsymbol{y}=a\boldsymbol{x}$.

证明 由定理 6.1.6 知 $\rho(\boldsymbol{A})>0$ 且是 $\boldsymbol{A}$ 的单特征值,特征值 $\rho(\boldsymbol{A})$ 的几何重数也是 1,即 $\boldsymbol{A}$ 的特征值 $\rho(\boldsymbol{A})$ 的特征子空间的维数为 1,从而 $\boldsymbol{x},\boldsymbol{y}$ 线性相关.结论成立.证毕.

推论 6.1.4 告诉我们对于正矩阵 $\boldsymbol{A}=[a_{ij}]\in\mathbb{R}^{n\times n}$,存在唯一的正向量 $\boldsymbol{x}$,满足 $\boldsymbol{Ax}=\rho(\boldsymbol{A})\boldsymbol{x}$ 且 $\|\boldsymbol{x}\|_1=1$(证明留作习题).

在非负矩阵的一些应用场景中,比如 Markov 链理论中,会遇到非负矩阵的幂的极限问题.

定理 6.1.8 设正矩阵 $\boldsymbol{A}=[a_{ij}]\in\mathbb{R}^{n\times n}$ 的谱半径为 $\rho(\boldsymbol{A})$,并令 $\boldsymbol{B}=\rho(\boldsymbol{A})^{-1}\boldsymbol{A}$,则

$$\lim_{m\to\infty}\boldsymbol{B}^m=\boldsymbol{L}=\boldsymbol{xy}^{\mathrm{T}}$$

式中:$\boldsymbol{x},\boldsymbol{y}$ 是正向量,且满足 $\boldsymbol{Ax}=\rho(\boldsymbol{A})\boldsymbol{x},\boldsymbol{A}^{\mathrm{T}}\boldsymbol{y}=\rho(\boldsymbol{A})\boldsymbol{y},\boldsymbol{x}^{\mathrm{T}}\boldsymbol{y}=1$.

证明 设 A 的特征值按模大小排列如下：

$$|\lambda_1| \leqslant |\lambda_2| \leqslant \cdots \leqslant |\lambda_{n-1}| < \lambda_n = \rho(A)$$

由已知条件得

$$L^m = L, \quad A^m L = L A^m = \lambda_n^m L, \quad m = 1, 2, \cdots$$

从而

$$L(A - \lambda_n L) = LA - \lambda_n L^2 = 0 \tag{6.1.8}$$

$$(A - \lambda_n L)^m = A^m - \lambda_n^m L, \quad m = 1, 2, \cdots \tag{6.1.9}$$

设 μ 是 $A - \lambda_n L$ 的非零特征值，且存在非零向量 z，使得 $(A - \lambda_n L)z = \mu z$. 由式(6.1.8)得

$$L(A - \lambda_n L)z = 0 = \mu L z$$

注意到 $\mu \neq 0, Lz = 0$，所以

$$(A - \lambda_n L)z = Az = \mu z$$

即 $A - \lambda_n L$ 的非零特征值也是 A 的特征值，且对应相同的特征向量. 如果

$$\mu = \lambda_n = \rho(A)$$

则由推论 6.1.4 知，存在非零常数 $a \in \mathbb{C}$，使得 $z = ax$，注意到 $x^\mathrm{T} y = 1$，有

$$(A - \lambda_n L)z = (A - \lambda_n L)ax = a(Ax - \lambda_n Lx) = a\lambda_n(x - Lx) = 0$$

即 $\mu z = 0$，这是不可能的，因而 $\rho(A)$ 不是 A 的特征值. 综上可得

$$\rho(A - \lambda_n L) \leqslant |\lambda_{n-1}| < \lambda_n = \rho(A)$$

故 $\rho[\lambda_n^{-1}(A - \lambda_n L)] = \dfrac{\rho(A - \lambda_n L)}{\lambda_n} < 1$. 由式(6.1.9)得

$$\left(\frac{1}{\lambda_n}A\right)^m - L = [\lambda_n^{-1}(A - \lambda_n L)]^m$$

两端取极限，得

$$\lim_{m \to \infty}\left[\frac{1}{\rho(A)}A\right]^m = L$$

证毕.

例 6.1.3 设矩阵 $A = \begin{bmatrix} 1-\alpha & \beta \\ \alpha & 1-\beta \end{bmatrix}$，其中 $0 < \alpha, \beta < 1$. 试验证 Perron 定理和定理 6.1.8，并计算 $\lim\limits_{k \to \infty} A^k$.

解 显然 A 是正矩阵，经过计算 A 的特征值为 $\lambda_1 = 1, \lambda_2 = 1 - \alpha - \beta$. 因此 $\rho(A) = 1 > 0$ 是单特征值，其对应的正特征向量为 $x = (\beta, \alpha)^\mathrm{T}$. A 的另一个特征值 λ_2 的模 $|1 - \alpha - \beta| < \rho(A)$. 此时

$$Ax = \rho(A)x, \quad A^\mathrm{H} y = \rho(A)y, \quad x^\mathrm{H} y = 1$$

式中：$y = \left(\dfrac{1}{\alpha+\beta}, \dfrac{1}{\alpha+\beta}\right)^\mathrm{T}$，于是

$$\lim_{k \to \infty} A^k = \lim_{k \to \infty}\left[\frac{1}{\rho(A)}A\right]^k = xy^\mathrm{T} = \frac{1}{\alpha+\beta}\begin{bmatrix} \beta & \beta \\ \alpha & \alpha \end{bmatrix}$$

推论 6.1.5 设正矩阵 $A = [a_{ij}] \in \mathbb{R}^{n \times n}$ 的谱半径为 $\rho(A)$,并令 $B = \rho(A)^{-1}A$,则

$$\lim_{m \to \infty} B^m = L = (y^T x)^{-1} xy^T$$

式中: x, y 是正向量,且满足 $Ax = \rho(A)x$,$A^T y = \rho(A)y$.

证明 令 $x' = (y^T x)^{-1} x$,则 $Ax' = \rho(A)x'$ 且 $x'^T y = 1$,由定理 6.1.8 可得结论成立.

例 6.1.3 验证了 Perron 定理(定理 6.1.6)的结论对于正矩阵是成立的,但是对于非负矩阵,其结论不一定成立.

例 6.1.4 设矩阵 $A = \begin{bmatrix} 0 & 1 & 0 \\ 1 & 0 & 0 \\ 0 & 0 & 1 \end{bmatrix}$,讨论 A 的特征值、谱半径与特征向量.

解 通过计算可得 A 的特征值为 $\lambda_1 = \lambda_2 = 1$,$\lambda_3 = -1$,谱半径 $\rho(A) = 1$,$\rho(A)$ 是 A 的特征值(不是单根),其对应的两个特征向量为 $(1,1,0)^T$,$(0,0,1)^T$.另外,A 有别的特征值 -1,其模等于 A 的谱半径 $\rho(A)$.

对于非负矩阵,有如下定理:

定理 6.1.9(广义 Perron 定理) 设 $A = [a_{ij}] \in \mathbb{R}^{n \times n}$ 是非负矩阵,则 $\rho(A)$ 是 A 的特征值,且它对应一个非负特征向量.

证明 如果 A 是正矩阵,则结论显然成立.如果 A 有元素等于零,则构造一个矩阵序列 $B_k = (b_{ij}^k) \in \mathbb{R}^{n \times n}$,其中

$$b_{ij}^k = \begin{cases} a_{ij}, & \text{当 } a_{ij} \neq 0 \text{ 时} \\ \dfrac{1}{k}, & \text{当 } a_{ij} = 0 \text{ 时} \end{cases}$$

显然,$O \leqslant A \leqslant B_{k+1} \leqslant B_k$ 且 $B_k > O$,$k = 1, 2, \cdots$,由定理 6.1.4 得

$$0 \leqslant \rho(A) \leqslant \rho(B_{k+1}) \leqslant \rho(B_k)$$

$\rho(B_k)$ 单调递减有下界,故存在极限 $\lim\limits_{k \to \infty} \rho(B_k) = \lambda$,且

$$\rho(A) \leqslant \lambda \tag{6.1.10}$$

注意到 B_k 是正矩阵,由定理 6.1.6 知存在单位正向量 x_k 满足

$$B_k x_k = \rho(B_k) x_k, \quad \|x_k\|_2 = 1$$

令 $S = \{x \geqslant 0 \mid x \in \mathbb{R}^n, \|x\|_2 = 1\}$,$S$ 是有界闭集且序列 $\{x_k\} \subseteq S$,故 $\{x_k\}$ 存在收敛子序列 $\{x_{k_m}\}$,即

$$\lim_{m \to \infty} x_{k_m} = x \in S$$

所以

$$Ax = \lim_{m \to \infty} B_{k_m} \lim_{m \to \infty} x_{k_m} = \lim_{m \to \infty} (B_{k_m} x_{k_m}) = \lim_{m \to \infty} (\rho(B_{k_m}) x_{k_m}) = \lambda x$$

于是 x 是 A 的特征值 λ 对应的非负特征向量,且 $\lambda \leqslant \rho(A)$.注意到式(6.1.10)得 $\rho(A) = \lambda$.证毕.

6.2　不可约非负矩阵

本节将 Perron 定理推广到不可约非负矩阵.

定义 6.2.1（可约矩阵与不可约矩阵）　设 $A\in\mathbb{R}^{n\times n}(n\geq 2)$，如果存在 n 阶置换矩阵 P（即 P 的每一行和每一列都只有一个元素 1，其余元素为 0），使得

$$PAP^\top=\begin{bmatrix}B & C\\ O & D\end{bmatrix} \tag{6.2.1}$$

式中：$B\in\mathbb{R}^{k\times k}(1\leq k\leq n-1)$，则称 A 为**可约矩阵**，否则称 A 为**不可约矩阵**.

根据定义容易发现，正矩阵和非负素矩阵都是不可约矩阵，零矩阵是可约矩阵. 事实上，如果 $A>O,P$ 是同阶的置换矩阵，则 $PAP^\top>O$. 如果 A 是非负素矩阵，则存在正整数 m，使得 $A^m>O$，则

$$PA^mP^\top>O \tag{6.2.2}$$

如果 A 为可约矩阵，则式（6.2.1）成立，两端取 m 次方，注意到 $P^\top=P^{-1}$，得

$$PA^mP^\top=\begin{bmatrix}B_1 & C_1\\ O & D_1\end{bmatrix}$$

这与式（6.2.2）矛盾. 下面给出一个可约矩阵的例子.

例 6.2.1　设 $A=\begin{bmatrix}1 & 1 & 1\\ 0 & 1 & 0\\ 1 & 1 & 1\end{bmatrix}$，取置换矩阵 $P=\begin{bmatrix}1 & 0 & 0\\ 0 & 0 & 1\\ 0 & 1 & 0\end{bmatrix}$，则 $PAP^\top=\begin{bmatrix}1 & 1 & 1\\ 1 & 1 & 1\\ 0 & 0 & 1\end{bmatrix}$，即 A 为可约矩阵.

例 6.2.2　设非负矩阵 $A=[a_{ij}]\in\mathbb{R}^{n\times n}$ 是不可约矩阵，非负向量 $x=(x_1,x_2,\cdots,x_n)^\top\in\mathbb{R}^n$，满足 $Ax=0$，则 $x=0$.

证明　假设 $x_k>0$，由已知

$$0=(Ax)_i=\sum_{j=1}^n a_{ij}x_j\geq a_{ik}x_k$$

所以 $a_{ik}=0,i=1,2,\cdots$，即 A 的第 k 列的元素全为零，A 是可约矩阵，这与 A 是不可约矩阵矛盾，因此 $x=0$. 证毕.

定理 6.2.1　n 阶非负矩阵 A 是不可约矩阵的充分必要条件是

$$(I+A)^{n-1}>O \tag{6.2.3}$$

证明　充分性. 假设 A 是可约矩阵，则存在 n 阶置换矩阵 P 使得

$$PAP^\top=\begin{bmatrix}B & C\\ O & D\end{bmatrix}$$

式中：$B\in\mathbb{R}^{k\times k}(1\leq k\leq n-1)$，则

$$P(I+A)^{n-1}P^{\mathrm{T}} = (I+PAP^{\mathrm{T}})^{n-1} = \begin{bmatrix} I+B & C \\ O & I+D \end{bmatrix}^{n-1}$$

有零元素,从而$(I+A)^{n-1}$有零元素,这与式(6.2.3)矛盾,所以A是不可约矩阵.

必要性. 当A是不可约矩阵时,只需要证明对任意的向量$x\geqslant 0, x \neq 0$,有

$$(I+A)^{n-1}x > 0 \tag{6.2.4}$$

就可以证明式(6.2.3)成立. 为此,先证明$y=(I+A)x$中零元素的个数M少于x中零元素的个数N. 注意到A是非负矩阵,$x\geqslant 0$,且$y=x+Ax$,所以$M\leqslant N$.

假设$M=N$,则存在置换矩阵P使得

$$Px = \begin{pmatrix} u \\ 0 \end{pmatrix}, \quad Py = \begin{pmatrix} v \\ 0 \end{pmatrix}$$

式中:$u>0, v>0$是相同维数的列向量,则

$$Py = P(x+Ax) = Px + PAP^{\mathrm{T}}Px$$

设

$$PAP^{\mathrm{T}} = \begin{bmatrix} A_{11} & A_{12} \\ A_{21} & A_{22} \end{bmatrix}$$

则

$$\begin{pmatrix} v \\ 0 \end{pmatrix} = \begin{pmatrix} u \\ 0 \end{pmatrix} + \begin{bmatrix} A_{11} & A_{12} \\ A_{21} & A_{22} \end{bmatrix} \begin{pmatrix} u \\ 0 \end{pmatrix}$$

即$A_{21}u=0$. 注意到$u>0$,从而$A_{21}=O$,这与A是不可约矩阵矛盾. 这样,就证明了$M<N$. 因为$x\geqslant 0, x\neq 0$,所以$N\leqslant n-1$. 让x每左乘一次$I+A$,向量中零元素的个数至少减少1,故式(6.2.4)成立.

证毕.

由定理6.2.1可得下面的推论:

推论6.2.1 n阶非负矩阵A是不可约矩阵的充分必要条件是,存在正整数$m\leqslant n-1$,使得

$$(I+A)^m > O$$

例6.2.3 非负矩阵$A = \begin{bmatrix} 0 & 1 & 0 \\ 1 & 0 & 1 \\ 1 & 1 & 0 \end{bmatrix}$和$B = \begin{bmatrix} 0 & 1 & 1 \\ 1 & 0 & 1 \\ 1 & 1 & 0 \end{bmatrix}$是不可约矩阵,因为

$$(I+A)^2 = \begin{bmatrix} 1 & 1 & 0 \\ 1 & 1 & 1 \\ 1 & 1 & 1 \end{bmatrix}^2 = \begin{bmatrix} 2 & 2 & 1 \\ 3 & 3 & 2 \\ 3 & 3 & 2 \end{bmatrix} > O$$

$$I+B = \begin{bmatrix} 1 & 1 & 1 \\ 1 & 1 & 1 \\ 1 & 1 & 1 \end{bmatrix} > O$$

引理6.2.1 设$A\in\mathbb{C}^{n\times n}$,则$\rho(A+I)\leqslant\rho(A)+1$,如果$A\in\mathbb{R}^{n\times n}$是非负矩阵,则$\rho(A+I)=\rho(A)+1$.

证明　设 $\lambda_k(1\leqslant k\leqslant n)$ 是 A 的特征值,则 λ_k+1 是 $A+I$ 的特征值,从而

$$\rho(A+I)=\max_{1\leqslant k\leqslant n}\mid\lambda_k+1\mid\leqslant\max_{1\leqslant k\leqslant n}\mid\lambda_k\mid+1=\rho(A)+1$$

当 A 是非负矩阵时,$\rho(A)\geqslant0$,由定理 6.1.9 知,$\rho(A)$ 是 A 的特征值,此时上式可写为

$$\rho(A+I)=\max_{1\leqslant k\leqslant n}\mid\lambda_k+1\mid=\max_{1\leqslant k\leqslant n}\mid\lambda_k\mid+1=\rho(A)+1$$

引理得证.

定理 6.2.2　设 $A\in\mathbb{R}^{n\times n}$ 是非负矩阵,如果存在某个正整数 k 使得 $A^k>O$,则 $\rho(A)$ 是 A 的单特征值.

证明　设 $\lambda_j(1\leqslant j\leqslant n)$ 是 A 的特征值,则 $\lambda_j^k(1\leqslant j\leqslant n)$ 是 A^k 的特征值.由 A 是非负矩阵知,$\rho(A)$ 是 A 的特征值.若 $\rho(A)$ 是重根,则 $\rho(A^k)=\rho(A)^k$ 是 A^k 的重特征值.但是由于 $A^k>O$,由定理 6.1.6 得到矛盾,所以 $\rho(A)$ 是 A 的单特征值.证毕.

1912 年,Frobenius 把 Perron 定理推广到不可约非负矩阵的情形.

定理 6.2.3　设 $A\in\mathbb{R}^{n\times n}$ 是不可约非负矩阵,则

(1) $\rho(A)$ 是 A 的正特征值,它对应一个正的特征向量;

(2) $\rho(A)$ 是 A 的单特征值.

证明　(1) 因为不可约矩阵没有零行或者零列,否则就可以通过置换矩阵变成 $\begin{bmatrix}B&C\\O&D\end{bmatrix}$ 的形式,所以由定理 6.1.5 可得 $\rho(A)>0$.根据定理 6.1.9 得,$\rho(A)$ 是 A 的正特征值,它对应一个非负特征向量 $x(x\neq0)$,使得 $Ax=\rho(A)x$.

由定理 6.2.1 知,$(I+A)^{n-1}>O$,令 $B=I+A$,由引理 6.2.1 得

$$B^{n-1}x=[1+\rho(A)]^{n-1}x$$

注意到 $B^{n-1}>O$,由定理 6.1.2 得 $B^{n-1}x>0$,所以

$$x=[1+\rho(A)]^{-n+1}B^{n-1}x>0$$

(2) 由已知 $(I+A)^{n-1}>O$,应用引理 6.2.1 和定理 6.2.2 得,$\rho(A)+1$ 是 $I+A$ 的单正特征值,因 $\rho(A)$ 是 A 的单正特征值.

证毕.

注：在定理 6.2.3 中,我们并不能得到 A 的其余特征值的模都小于 $\rho(A)$.例如

$$A=\begin{bmatrix}0&1\\1&0\end{bmatrix}$$

是一个不可约非负矩阵,A 的特征值为 $1,-1$,故 $\rho(A)=1$.但是我们有如下推论:

推论 6.2.2　设不可约非负矩阵 $A\in\mathbb{R}^{n\times n}$ 有 k 个不同特征值 $\lambda_i(1\leqslant i\leqslant k)$ 满足

$$\mid\lambda_i\mid=\rho(A),\quad 1\leqslant i\leqslant k$$

则 $\lambda_i(1\leqslant i\leqslant k)$ 是方程 $z^k=\rho(A)^k$ 的 k 个根.

在 6.1 节讨论了非负矩阵的谱半径的估计,如果将非负矩阵加强为不可约非负矩阵,则会得到更好的性质.

定理 6.2.4　设 $A\in\mathbb{R}^{n\times n}$ 是不可约非负矩阵,如果存在正向量 x 使得 $Ax=\lambda x$,

则 $\lambda = \rho(\boldsymbol{A})$.

证明 应用定理 6.1.5 可得结论成立.

定理 6.2.5 设 $\boldsymbol{A} \in \mathbb{R}^{n \times n}$ 是不可约非负矩阵,则

$$\rho(\boldsymbol{A}) = \max_{x>0} \min_{1 \le i \le n} \frac{1}{x_i} \sum_{j=1}^{n} a_{ij} x_j = \min_{x>0} \max_{1 \le i \le n} \frac{1}{x_i} \sum_{j=1}^{n} a_{ij} x_j$$

证明 因为 $\boldsymbol{A}$ 是不可约非负矩阵,由定理 6.2.3 知,$\rho(\boldsymbol{A})$ 是 $\boldsymbol{A}$ 的正特征值,它对应一个正的特征向量,由本章习题 9 可得结论成立.

定理 6.2.6 设 $\boldsymbol{A} \in \mathbb{R}^{n \times n}$ 是不可约非负矩阵,设 $\boldsymbol{B} \in \mathbb{C}^{n \times n}$ 满足 $\boldsymbol{A} \ge |\boldsymbol{B}|$,则 $\rho(\boldsymbol{A}) \ge \rho(\boldsymbol{B})$,如果 $\rho(\boldsymbol{A}) = \rho(\boldsymbol{B})$ 且 $\lambda = \mathrm{e}^{i\varphi} \rho(\boldsymbol{B})$ 是 $\boldsymbol{B}$ 的特征值,则存在 $\theta_k (1 \le k \le n) \in \mathbb{R}$ 使得

$$\boldsymbol{B} = \mathrm{e}^{i\varphi} \boldsymbol{D} \boldsymbol{A} \boldsymbol{D}^{-1}$$

式中:$\boldsymbol{D} = \mathrm{diag}(\mathrm{e}^{i\theta_1}, \mathrm{e}^{i\theta_2}, \cdots, \mathrm{e}^{i\theta_n})$.

证明 由定理 6.1.4 知,$\boldsymbol{A} \ge |\boldsymbol{B}|$ 得 $\rho(\boldsymbol{A}) \ge \rho(\boldsymbol{B})$. 若 $\rho(\boldsymbol{A}) = \rho(\boldsymbol{B})$,则存在非零向量 $\boldsymbol{x}$ 使得

$$\boldsymbol{B} \boldsymbol{x} = \lambda \boldsymbol{x}, \quad |\lambda| = \rho(\boldsymbol{A}) = \rho(\boldsymbol{B})$$

所以

$$\rho(\boldsymbol{A}) |\boldsymbol{x}| = |\lambda \boldsymbol{x}| = |\boldsymbol{B} \boldsymbol{x}| \le |\boldsymbol{B}||\boldsymbol{x}| \le \boldsymbol{A}|\boldsymbol{x}| \tag{6.2.5}$$

由于 $\boldsymbol{A}$ 是不可约非负矩阵,$\boldsymbol{A}^{\mathrm{T}}$ 也是不可约矩阵,根据定理 6.2.3,存在正向量 $\boldsymbol{y}$ 使得

$$\boldsymbol{A}^{\mathrm{T}} \boldsymbol{y} = \rho(\boldsymbol{A}) \boldsymbol{y}$$

从而

$$\boldsymbol{y}^{\mathrm{T}} [\boldsymbol{A} |\boldsymbol{x}| - \rho(\boldsymbol{A}) |\boldsymbol{x}|] = \rho(\boldsymbol{A}) \boldsymbol{y}^{\mathrm{T}} |\boldsymbol{x}| - \rho(\boldsymbol{A}) \boldsymbol{y}^{\mathrm{T}} |\boldsymbol{x}| = \boldsymbol{0}$$

即 $\boldsymbol{A}|\boldsymbol{x}| = \rho(\boldsymbol{A})|\boldsymbol{x}|$,由式(6.2.5)得

$$|\boldsymbol{B} \boldsymbol{x}| = |\boldsymbol{B}||\boldsymbol{x}| = \boldsymbol{A}|\boldsymbol{x}|$$

即 $(\boldsymbol{A} - |\boldsymbol{B}|)|\boldsymbol{x}| = 0$. 因为 $\boldsymbol{A} - |\boldsymbol{B}|$ 是非负矩阵,所以

$$\boldsymbol{A} = |\boldsymbol{B}| \tag{6.2.6}$$

定义 $\mathrm{e}^{i\theta_1} = \dfrac{x_k}{|x_k|}$,$1 \le k \le n$,并令

$$\boldsymbol{D} = \mathrm{diag}(\mathrm{e}^{i\theta_1}, \mathrm{e}^{i\theta_2}, \cdots, \mathrm{e}^{i\theta_n})$$

则 $\boldsymbol{x} = \boldsymbol{D}|\boldsymbol{x}|$,代入 $\lambda \boldsymbol{x} = \boldsymbol{B} \boldsymbol{x}$ 得

$$\lambda \boldsymbol{x} = \mathrm{e}^{i\varphi} \rho(\boldsymbol{B}) \boldsymbol{D}|\boldsymbol{x}| = \mathrm{e}^{i\varphi} \rho(\boldsymbol{A}) \boldsymbol{D}|\boldsymbol{x}| = \boldsymbol{B} \boldsymbol{D}|\boldsymbol{x}| = \boldsymbol{B} \boldsymbol{x}$$

即

$$\mathrm{e}^{-i\varphi} \boldsymbol{D}^{-1} \boldsymbol{B} \boldsymbol{D}|\boldsymbol{x}| = \rho(\boldsymbol{A})|\boldsymbol{x}| = \boldsymbol{A}|\boldsymbol{x}|$$

由式(6.2.6),得 $|\mathrm{e}^{-i\varphi} \boldsymbol{D}^{-1} \boldsymbol{B} \boldsymbol{D}| = \boldsymbol{A}$. 因为 $|\boldsymbol{x}| \ge 0$,$|\boldsymbol{x}| \ne 0$,由上式得

$$\boldsymbol{A} = \mathrm{e}^{-i\varphi} \boldsymbol{D}^{-1} \boldsymbol{B} \boldsymbol{D}$$

定理得证.

定理 6.2.6 表明,非负不可约矩阵 $\boldsymbol{A}$ 的谱半径关于其 n^2 个元素是严格递增的.

推论 6.2.3 设 $A=[a_{ij}]\in\mathbb{R}^{n\times n}$ 是不可约非负矩阵，$B\geqslant A$，$B\neq A$，则 $\rho(B)>\rho(A)$.

证明 显然，有 $\rho(B)\geqslant\rho(A)$，如果 $\rho(B)=\rho(A)$. 设 $B=[b_{ij}]\in\mathbb{R}^{n\times n}$，由定理 6.2.6 得

$$b_{ij}=a_{ij}e^{i\theta_{ij}}$$

注意到 b_{ij} 是实数，所以 $b_{ij}=a_{ij}$，结论成立.

在 6.1 节 Perron 定理中，讨论过正矩阵的幂收敛问题，即如果 A 是正矩阵，令 $B=\rho(A)^{-1}A$，则

$$\lim_{m\to\infty}B^m=L$$

式中：L 是秩为 1 的矩阵. 这个结论对于非负不可约矩阵不一定成立.

假设不可约非负矩阵 $A=\begin{bmatrix}0&1\\1&0\end{bmatrix}$ 如注 1 中所给，则 $\rho(A)=1$，且 $B=\rho(A)^{-1}A=A$，通过计算得

$$A^{2m}=\begin{bmatrix}1&0\\0&1\end{bmatrix},\quad A^{2m+1}=\begin{bmatrix}0&1\\1&0\end{bmatrix},\quad m=1,2,\cdots$$

所以 $\lim\limits_{m\to\infty}B^m$ 不存在. 证毕.

6.3 素矩阵

素矩阵是一类特殊的非负矩阵，本节主要讨论素矩阵对应的 Perron 定理.

定义 6.3.1（素矩阵） 设矩阵 $A=[a_{ij}]\in\mathbb{R}^{n\times n}$ 是非负矩阵，如果存在正整数 m 使得 $A^m>O$，则称 A 是**素矩阵**（或**本原矩阵**）.

根据定义，正矩阵都是素矩阵，但是素矩阵不一定是正矩阵. 例如，取 $A=\begin{bmatrix}1&1\\1&0\end{bmatrix}$，则 A 是素矩阵，因为 $A^2=\begin{bmatrix}2&1\\1&1\end{bmatrix}>O$.

定理 6.3.1（素矩阵的性质） 设 $A\in\mathbb{R}^{n\times n}$ 是素矩阵，则

（1）A^T 是素矩阵；

（2）对任意正整数 k，A^k 是素矩阵；

（3）对任意非负矩阵 $B\in\mathbb{R}^{n\times n}$，$A+B$ 是素矩阵.

证明 只证明（3）. 因为 A 是素矩阵，故存在正整数 m 使得 $A^m>O$. 先考虑

$$(A+B)^m=A^m+f(A,B)$$

式中：$f(A,B)\geqslant O$ 是关于 A，B 的多项式. 因此 $A^m+f(A,B)>O$，即 $A+B$ 是素矩阵. 证毕.

例 6.3.1 素矩阵的乘积可能是可约的，例如取 $A=\begin{bmatrix}1&1\\1&0\end{bmatrix}$，$B=\begin{bmatrix}0&1\\1&1\end{bmatrix}$，则

$$A^2=\begin{bmatrix}2&1\\1&1\end{bmatrix}>O,\quad B^2=\begin{bmatrix}1&1\\1&2\end{bmatrix}>O$$

即 A，B 都是素矩阵，但是

$$AB = \begin{bmatrix} 1 & 2 \\ 0 & 1 \end{bmatrix}$$

是可约矩阵.

例 6.3.2 非负可约矩阵的乘积可能是正矩阵，例如取 $A = \begin{bmatrix} 1 & 1 \\ 0 & 1 \end{bmatrix}$，$B = \begin{bmatrix} 1 & 0 \\ 1 & 1 \end{bmatrix}$，则 A，B 都是可约矩阵，而

$$AB = \begin{bmatrix} 2 & 1 \\ 1 & 1 \end{bmatrix} > O$$

定理 6.3.2 设 A 是素矩阵，则 A^k 是不可约矩阵，$k = 1, 2, \cdots$.

证明 由定义存在正整数 m，使得

$$A^s > O, \quad s = m, m+1, \cdots$$

假设存在某个 k，A^k 是可约矩阵，则 A^k 的幂仍然是可约矩阵，即 A 的某些充分大的幂中有零元素，这与上式矛盾. 证毕.

注：由定理 6.3.2 知，A 是素矩阵，则 A 是不可约矩阵.

下面给出素矩阵对应的 Perron 定理.

定理 6.3.3 设 $A \in \mathbb{R}^{n \times n}$ 是素矩阵，则

(1) $\rho(A)$ 是 A 的正特征值，它对应一个正的特征向量；

(2) A 的任意其他特征值的模都小于 $\rho(A)$；

(3) $\rho(A)$ 是 A 的单特征值.

证明 (1) 由已知条件知，存在正整数 m 使得 $A^m > O$，由定理 6.1.6 可知，存在正向量 x 使得

$$A^m x = \rho(A^m) x, \quad \rho(A^m) > 0 \tag{6.3.1}$$

令

$$\tilde{x} = x + [\rho(A)]^{-1} Ax + \cdots + [\rho(A)]^{-(m-1)} A^{m-1} x$$

则 $\tilde{x} > 0$，注意到 $\rho(A^m) = [\rho(A)]^m$ 对所有正整数 k 都成立，则有

$$\begin{aligned} A\tilde{x} &= Ax + [\rho(A)]^{-1} A^2 x + \cdots + [\rho(A)]^{-(m-1)} A^m \\ &= Ax + [\rho(A)]^{-1} A^2 x + \cdots + [\rho(A)]^{-(m-1)} \rho(A^m) x \\ &= Ax + [\rho(A)]^{-1} A^2 x + \cdots + [\rho(A)]^{-(m-2)} A^{m-1} x + \rho(A) x \\ &= \rho(A) \{ [\rho(A)]^{-1} Ax + [\rho(A)]^{-2} A^2 x + \cdots + [\rho(A)]^{-(m-1)} A^{m-1} x + x \} \\ &= \rho(A) \tilde{x} \end{aligned}$$

这说明 $\rho(A)$ 是 A 的特征值，$\tilde{x}$ 是 $\rho(A)$ 对应的正特征向量. 因为

$$A^m x = [\rho(A)]^m x = \rho(A^m) \tilde{x}$$

所以 $\tilde{x}$ 也是 A^m 的单特征值 $\rho(A^m)$ 对应的正特征向量，因此 $\tilde{x}$ 与 x 线性相关. 也就是说，x 也是 A 的特征值 $\rho(A)$ 对应的正特征向量.

（2）假设 A 有一个特征值 λ，其模 $|\lambda|=\rho(A)$，则存在非零向量 y 使得 $Ay=\lambda y$，即

$$A^m y=\lambda^m y$$

于是 $|\lambda^m|=|\lambda|^m=[\rho(A)]^m=\rho(A^m)$. 因为 $A^m>O$，所以 $\lambda^m=\rho(A^m)$，因此

$$A^m y=\rho(A^m)y$$

注意到式（6.3.1）且 $\rho(A^m)$ 是 A^m 的单特征值，x 与 y 线性相关. 由（1）知，x 是 A 的特征值 $\rho(A)$ 对应的正特征向量，所以 y 也是 A 的特征值 $\rho(A)$ 对应的正特征向量，即 $\lambda=\rho(A)$.

（3）因为 A 的特征值 $\rho(A)$ 的代数重数不超过 A^m 的特征值 $\rho(A^m)=[\rho(A)]^m$ 的代数重数，而 $\rho(A^m)$ 是 A^m 的单特征值，所以 $\rho(A)$ 也是 A 的单特征值.

证毕.

类似于定理 6.1.8，可以证明如下定理：

定理 6.3.4　设 $A\in\mathbb{R}^{n\times n}$ 是非负素矩阵，并设 x,y 是正向量，满足 $Ax=\rho(A)x$，$A^T y=\rho(A)y$，$x^T y=1$，则 $\lim\limits_{k\to\infty}B^k=xy^T$，其中 $B=\rho(A)^{-1}A$.

证明　因为 A 是非负素矩阵，故存在正整数 m 使得 $A^m>O$. 由定理 6.2.2 知 $\rho(A)>0$，因此 $\rho(A^m)=\rho(A)^m>0$. 容易证明 $A^m x=\rho(A)^m x$，$(A^m)^T y=\rho(A)^m y$，由定理 6.1.8 得

$$\lim_{k\to\infty}(\rho(A^m)^{-1}A^m)^k=\lim_{k\to\infty}B^{mk}=xy^T$$

注意到上式，可以证明 $\lim\limits_{k\to\infty}B^k=xy^T$，这是因为当 $1\leqslant j\leqslant m-1$ 时，有

$$\lim_{k\to\infty}B^{mk+j}=B^j\lim_{k\to\infty}B^{mk}=B^j xy^T=xy^T$$

定理得证.

对于素矩阵 A，我们比较关注使得 $A^m>O$ 的最小次数，为此引入素数指数的定义.

定义 6.3.2（素数指数）　设 $A\in\mathbb{R}^{n\times n}$ 是素矩阵，使得 $A^m>O$ 的最小正整数 m 称为 A 的**素数指数**（或**本原指数**），记作 $Y(A)$.

关于素数指数的上界的估计是一个热点问题，它推动了图论等学科的发展，下面介绍几个结论供读者参考.

定理 6.3.5　设 $A\in\mathbb{R}^{n\times n}$ 是素矩阵，则 $Y(A)\leqslant(n-1)^2+1$.

定理 6.3.6　设 $A\in\mathbb{R}^{n\times n}$ 是素矩阵，且 $A+A^2+\cdots+A^k$ 至少有 $d(>0)$ 个正对角元素，则 $Y(A)\leqslant n-d+(n-1)k$.

对非负矩阵 $A=\begin{bmatrix}1&1\\1&0\end{bmatrix}$，由定理 6.2.4，取 $n=2,k=1$，则 $d=1$，所以

$$Y(A)\leqslant n-d+(n-1)k=2$$

通过计算 $A^2=\begin{bmatrix}2&1\\1&1\end{bmatrix}>O$.

定理 6.3.7　设非负矩阵 $A\in\mathbb{R}^{n\times n}$ 是素矩阵的充分必要条件是 $A^{n^2-2n+2}>O$.

6.4　随机矩阵

本节将介绍一种重要的非负矩阵——随机矩阵.随机矩阵经常出现在概率论、统计学和线性代数中,也在计算机科学和群体遗传学中使用.

定义 6.4.1(随机矩阵与双随机矩阵)　如果非负矩阵 $A\in\mathbb{R}^{n\times n}$ 的每一行的行和都是 1,则称 A 是一个**随机矩阵**,如果 A 与 A^T 都是随机矩阵,则称 A 是一个**双随机矩阵**.

显然,双随机矩阵的行和与列和都等于 1.在有限事件的 Markov 链中,条件概率矩阵 $P=[p_{ij}]\in\mathbb{R}^{n\times n}$ 就是一个随机矩阵,因为它满足

$$p_{ij}\geqslant 0,\quad \sum_{j=1}^{n}p_{ij}=1,\quad i=1,2,\cdots,n$$

另外,非负正交矩阵是一个双随机矩阵.

随机矩阵是一类特殊的非负矩阵,前面讲的非负矩阵的性质和结论对随机矩阵都适用,这里只讨论它的其他性质.

容易验证,同阶随机矩阵的乘积仍然是随机矩阵.根据定义 6.4.1 不难发现,随机矩阵 A 有一个特征值 1,并且特征值 1 对应一个正特征向量 $x=(1,1,\cdots,1)^T$.反之,如果一个非负矩阵有一个特征向量 $x=(1,1,\cdots,1)^T$,则 A 是一个随机矩阵.于是得到如下定理:

定理 6.4.1　非负矩阵 $A\in\mathbb{R}^{n\times n}$ 是随机矩阵的充分必要条件是 $Ax=x$,其中 $x=(1,1,\cdots,1)^T$.

根据定理 6.4.1 和定理 6.1.5,如果 $A\in\mathbb{R}^{n\times n}$ 是随机矩阵,则 $\rho(A)=1$,即 1 是 A 的极大模特征值(其他特征值的模不超过 1).下面给出具有正极大特征值以及正特征向量的非负矩阵与随机矩阵之间的联系.

定理 6.4.2　如果非负矩阵 $A=[a_{ij}]\in\mathbb{R}^{n\times n}$ 有一个正特征向量,即存在 $y=(y_1,y_2,\cdots,y_n)^T$,使得 $Ay=\lambda y$,则 $\rho(A)>0$,且存在一个随机矩阵 P 使得

$$B^{-1}AB=\rho(A)P$$

式中: $B=\mathrm{diag}(y_1,y_2,\cdots,y_n)$.

证明　由定理 6.1.5 得 $\lambda=\rho(A)>0$,从而 $Ay=\rho(A)y$,即

$$\sum_{j=1}^{n}a_{ij}y_j=\rho(A)y_i,\quad i=1,2,\cdots,n \tag{6.4.1}$$

令

$$P=\frac{1}{\rho(A)}B^{-1}AB=[p_{ij}]$$

则 P 是一个非负矩阵,且

$$p_{ij}=\frac{1}{\rho(A)}y_i^{-1}a_{ij}y_j$$

代入式(6.4.1)可得

$$\sum_{j=1}^{n} p_{ij} = 1, \quad i = 1, 2, \cdots, n$$

即 $\boldsymbol{P}$ 是一个随机矩阵,定理得证.

注 1:定理 6.4.2 中的条件"存在正特征向量"是必不可少的,例如矩阵

$$\boldsymbol{A} = \begin{bmatrix} 1 & 1 \\ 0 & 1 \end{bmatrix}$$

$\rho(\boldsymbol{A}) = 1$,但 $\boldsymbol{A}$ 不相似于任何随机矩阵.

定理 6.4.3　设 $\boldsymbol{A}$ 是 n 阶随机矩阵,λ 是 $\boldsymbol{A}$ 的模等于 1 的特征值,则 λ 对应的 Jordan 块必是一阶的.

证明　反证法.假设 λ 对应的 Jordan 块不是一阶的,不妨设为二阶,则存在可逆矩阵 $\boldsymbol{P}$,使得

$$\boldsymbol{A} = \boldsymbol{P} \begin{bmatrix} \lambda & 1 & & & & \\ 0 & \lambda & & & & \\ & & \boldsymbol{I}_r & & & \\ & & & \boldsymbol{J}_1(\lambda_1) & & \\ & & & & \ddots & \\ & & & & & \boldsymbol{J}_s(\lambda_s) \end{bmatrix} \boldsymbol{P}^{-1}$$

式中:$\boldsymbol{I}_r$ 是单位矩阵,$\boldsymbol{J}_k(\lambda_k)$ 是 Jordan 块,且 $|\lambda_k| < 1 (1 \leqslant k \leqslant s)$,则对于正整数 m 有

$$\boldsymbol{A}^m = \boldsymbol{P} \begin{bmatrix} \lambda^m & m\lambda^{m-1} & & & & \\ 0 & \lambda^m & & & & \\ & & \boldsymbol{I}_r & & & \\ & & & \boldsymbol{J}_1^m(\lambda_1) & & \\ & & & & \ddots & \\ & & & & & \boldsymbol{J}_s^m(\lambda_s) \end{bmatrix} \boldsymbol{P}^{-1}$$

因为 $\boldsymbol{A}^m$ 是随机矩阵,所以有界,这与上式矛盾,定理得证.

考虑随机矩阵 $\boldsymbol{A}$ 的幂序列 $\boldsymbol{A}^m$ 的收敛性是一个常见的问题.因为随机矩阵 $\boldsymbol{A}$ 有特征值 1,且 $\rho(\boldsymbol{A}) = 1$,由定理 6.4.3 得,如果 $|\lambda| = 1 (\lambda \neq 1)$ 是 $\boldsymbol{A}$ 的特征值,则 λ 对应的 Jordan 块必是一阶的.故有如下定理:

定理 6.4.4　如果 $\boldsymbol{A}$ 是随机矩阵,则极限 $\lim_{m \to \infty} \boldsymbol{A}^m$ 存在的充分必要条件是 $\boldsymbol{A}$ 的特征值等于 1 或者模小于 1.

证明　类似于定理 6.4.3 的证明,存在可逆矩阵 $\boldsymbol{P}$ 使得

$$A = P \begin{bmatrix} I_r & & & & \\ & J_1(\lambda_1) & & & \\ & & \ddots & & \\ & & & J_s(\lambda_s) \end{bmatrix} P^{-1}$$

式中：I_r 是单位矩阵，$J_k(\lambda_k)$ 是 Jordan 块，且 $|\lambda_k| \leqslant 1 (1 \leqslant k \leqslant s)$，则对于正整数 m 有

$$A^m = P \begin{bmatrix} I_r & & & & \\ & J_1^m(\lambda_1) & & & \\ & & \ddots & & \\ & & & J_s^m(\lambda_s) \end{bmatrix} P^{-1}$$

通过上式容易得到，$\lim\limits_{m \to \infty} A^m$ 存在的充分必要条件是 $|\lambda_k| < 1 (1 \leqslant k \leqslant s)$. 证毕.

注 2：设 A 是随机矩阵，由定理 6.4.4 可知，$\lim\limits_{m \to \infty} A^m$ 存在的充分必要条件是 A 的模等于 1 的特征值只有 1.

对于不可约随机矩阵有如下定理：

定理 6.4.5 设 A 是不可约随机矩阵，且 $Ax = x$，$A^T y = y$，其中 $x > 0$，$y > 0$，$x^T y = 1$. 如果 A 是素矩阵，则极限 $\lim\limits_{m \to \infty} A^m = xy^T$.

证明可参考文献[1].

例 6.4.1 若随机矩阵 $A = \begin{bmatrix} 0 & \dfrac{1}{2} & \dfrac{1}{2} \\ \dfrac{1}{2} & 0 & \dfrac{1}{2} \\ \dfrac{1}{2} & \dfrac{1}{2} & 0 \end{bmatrix}$，讨论 $\lim\limits_{m \to \infty} A^m$ 的极限问题.

解 显然 $I + A > O$，且 $A^2 = \begin{bmatrix} \dfrac{1}{2} & \dfrac{1}{4} & \dfrac{1}{4} \\ \dfrac{1}{4} & \dfrac{1}{2} & \dfrac{1}{4} \\ \dfrac{1}{4} & \dfrac{1}{4} & \dfrac{1}{4} \end{bmatrix} > O$，所以 A 是不可约素矩阵.

令 $x = (1,1,1)^T$，$y = \dfrac{1}{3}(1,1,1)^T$，则 $Ax = x$，$A^T y = y$，且 $x^T y = 1$. 由定理 6.4.4 知，$\lim\limits_{m \to \infty} A^m = xy^T = \dfrac{1}{3} \begin{bmatrix} 1 & 1 & 1 \\ 1 & 1 & 1 \\ 1 & 1 & 1 \end{bmatrix}$.

下面给出随机矩阵的特征值的估计.

定理 6.4.6 设 $A = [a_{ij}]$ 是随机矩阵，$\theta = \min\limits_{1 \leqslant i \leqslant n} a_{ii}$，则 A 的任意特征值 λ 满足

$$| \lambda - \theta | \leqslant 1 - \theta$$

证明　设 λ 是 A 的特征值,非零向量 $\boldsymbol{y} = (y_1, y_2, \cdots, y_n)^{\mathrm{T}}$ 是属于 λ 的特征向量,即

$$\boldsymbol{A}\boldsymbol{y} = \lambda \boldsymbol{y}$$

记 $|y_k| = \max_i |y_i|$,显然 $|y_k| > 0$. 由上式得

$$\lambda y_k = \sum_{j=1}^{n} a_{kj} y_j$$

即

$$\lambda - a_{kk} = \sum_{\substack{j=1, \\ j \neq k}}^{n} a_{kj} \frac{y_j}{y_k}$$

因为 A 是随机矩阵,得

$$| \lambda - a_{kk} | \leqslant \sum_{\substack{j=1, \\ j \neq k}}^{n} a_{kj} \left| \frac{y_j}{y_k} \right| \leqslant \sum_{\substack{j=1, \\ j \neq k}}^{n} a_{kj} = 1 - a_{kk}$$

所以

$$| \lambda - \theta | = | \lambda - a_{kk} + a_{kk} - \theta | \leqslant | \lambda - a_{kk} | + | a_{kk} - \theta |$$
$$\leqslant 1 - a_{kk} + a_{kk} - \theta = 1 - \theta$$

定理成立.

6.5　M 矩阵

Minkowski 矩阵虽然不是非负矩阵,但是它可以用非负矩阵表示,其逆矩阵(若存在)是非负矩阵. Minkowski 矩阵在许多领域,如计算数学、生物学、物理学、智能科学和经济学等都有广泛的应用. 例如,Minkowski 矩阵法常用于处理奇异摄动微分方程中的对流流动问题. 此外,Minkowski 矩阵在计算机图形学中也有广泛应用,其可以将模型上的顶点在模型空间的坐标进行变换,得到该顶点在世界空间的坐标.

定义 6.5.1　设 n 阶实矩阵 $\boldsymbol{A} = s\boldsymbol{I} - \boldsymbol{B}$,其中 $s > 0$,$\boldsymbol{B}$ 是 n 阶非负矩阵. 当 $s \geqslant \rho(\boldsymbol{B})$ 时,称 $\boldsymbol{A}$ 为**Minkowski 矩阵**或简称 **M 矩阵**,当 $s > \rho(\boldsymbol{B})$ 时,称 $\boldsymbol{A}$ 为**非奇异 M 矩阵**.

下面给出一类特殊矩阵 Z 矩阵的记号:

$$Z^{n \times n} = \{ \boldsymbol{A} = (a_{ij}) \in \mathbb{R}^{n \times n} \mid a_{ij} \leqslant 0, i \neq j \}$$

显然 n 阶 M 矩阵包含在集合 $Z^{n \times n}$ 中.

下面的定理给出了非奇异 M 矩阵的性质.

定理 6.5.1　设 $\boldsymbol{A}$ 是 n 阶非奇异 M 矩阵,$\boldsymbol{D} \in Z^{n \times n}$ 满足 $\boldsymbol{D} \geqslant \boldsymbol{A}$,则

（1）$\boldsymbol{A}^{-1}, \boldsymbol{D}^{-1}$ 存在且 $\boldsymbol{A}^{-1} \geqslant \boldsymbol{D}^{-1} \geqslant \boldsymbol{O}$;

（2）$\boldsymbol{D}$ 的每个实特征值都是正数;

（3）$\det \boldsymbol{D} \geqslant \det \boldsymbol{A} > 0$.

证明 (1)因为 A 是 n 阶非奇异 M 矩阵,故存在 n 阶非负矩阵 B,使得

$$A = sI - B$$

其中 $s > \rho(B)$. 设 $\lambda(A)$ 是 A 的任一实特征值,由上式得,一定存在 B 的实特征值 $\lambda(B)$ 满足

$$\lambda(A) = s - \lambda(B)$$

由 $|\lambda(B)| < s$ 得 $\lambda(A) > 0$,即 A 的每个实特征值都是正数.

由已知 $D \in Z^{n \times n}$,存在充分小的 $\varepsilon > 0$ 使得 $R = I - \varepsilon D \geqslant O$. 设 $S = I - \varepsilon A$,则

$$S \geqslant R \geqslant O \tag{6.5.1}$$

由定理 6.1.9 得,$\rho(S)$ 是 S 的非负特征值,且

$$\det[(1 - \rho(S)]I - \varepsilon A) = \det[S - \rho(S)I] = 0$$

从而 $\dfrac{1 - \rho(S)}{\varepsilon}$ 为 A 的特征值,故 $\dfrac{1 - \rho(S)}{\varepsilon} > 0$,即 $0 \leqslant \rho(S) < 1$,因此

$$(\varepsilon A)^{-1} = (I - S)^{-1} = I + S + S^2 + \cdots \geqslant O$$

从而 A^{-1} 存在且非负. 由式(6.5.1)得 $0 \leqslant \rho(R) \leqslant \rho(S) < 1$ 且 $S^k \geqslant R^k \geqslant O$, $k = 1, 2, 3, \cdots$,所以

$$(\varepsilon D)^{-1} = (I - R)^{-1} = I + R + R^2 + \cdots \geqslant O$$

且 $I + S + S^2 + \cdots \geqslant I + R + R^2 + \cdots \geqslant O$,因此 $O \leqslant (\varepsilon D)^{-1} \leqslant (\varepsilon A)^{-1}$,即 $A^{-1} \geqslant D^{-1} \geqslant O$.

(2)对任意的 $t > 0$ 有 $D + tI \geqslant A$,即 $D + tI$ 是非奇异矩阵,从而 D 的每个实特征值都是正数. 因为如果 D 有一个负特征值 $\lambda(D)$,则选择 $t = -\lambda(D)$,$D - \lambda(D)I$ 有特征值 0,所以它是奇异矩阵,矛盾.

(3)对矩阵的阶数用归纳法. 若 $n = 1$,则(3)显然成立. 设(3)对 $k (1 \leqslant k \leqslant n-1)$ 阶矩阵成立,考虑 n 阶矩阵情况,令 A_1, D_1 分别为 A, D 的前 $n-1$ 阶顺序主子矩阵,则 A_1, D_1 为 Z 矩阵且 $A_1 \leqslant D_1$. 由于

$$\widetilde{A} = \begin{bmatrix} A_1 & 0 \\ 0 & a_{nn} \end{bmatrix} \in Z^{n \times n}$$

且满足 $A \leqslant \widetilde{A}$,由(2)知 $\widetilde{A}$ 的所有实特征值均为正数,从而 A_1 的所有实特征值也均为正数. 由归纳法,假设有 $\det D_1 \geqslant \det A_1 > 0$. 由(1)知 $A^{-1} \geqslant D^{-1} \geqslant O$,从而有 $(A^{-1})_{nn} \geqslant (D^{-1})_{nn}$,其中 $(\cdot)_{nn}$ 表示矩阵第 n 行第 n 列位置的元素,即

$$\frac{\det A_1}{\det A} \geqslant \frac{\det D_1}{\det D} \geqslant 0$$

因此,$\det A, \det D > 0$,并且

$$\det D \geqslant \det D_1 \frac{\det A_1}{\det A} \geqslant \det A > 0$$

证毕.

下面给出对角占优矩阵的定义.

定义 6.5.2 （1）若

$$|a_{ii}| \geqslant \sum_{j=1, j \neq i}^{n} |a_{ij}| \left(|a_{ii}| \geqslant \sum_{j=1, j \neq i}^{n} |a_{ji}| \right)$$

则对称矩阵 $A = [a_{ij}]$ 为**行（列）对角占优的**；

（2）若上述不等号是严格的,则称矩阵 $A = [a_{ij}]$ 为**严格对角占优的**.

定理 6.5.2 设 A 为 Z 矩阵,则下列条件是等价的：

（1）存在 $x \geqslant 0$,使得 $Ax > 0$；

（2）存在 $x > 0$,使得 $Ax > 0$；

（3）存在正对角矩阵 D,使得 AD 为严格对角占优的,并且所有对角元素都是正数；

（4）矩阵 A 的每个实特征值均为正数；

（5）A 为非奇异 M 矩阵；

（6）存在矩阵 A 的一种正则分解 $A = P - Q$,其中 P^{-1}, Q 为非负矩阵,使得 $\rho(P^{-1}Q) < 1$；

（7）矩阵 A 为非奇异的且 $A^{-1} \geqslant O$；

（8）对矩阵 A 的任意分解 $A = P - Q$,若 P^{-1}, Q 为非负矩阵,即分解是正则的,则 $\rho(P^{-1}Q) < 1$；

（9）若 B 为 Z 矩阵且 $B \geqslant A$,则 B 为非奇异的；

（10）矩阵 A 的任意主子矩阵的每个实特征值均为正数.

证明 （1）$\Rightarrow$（2）.设 $x \geqslant 0, Ax > 0$. 令 $y = (1, 1, \cdots, 1)^{\mathrm{T}}$,则对某 $\varepsilon > 0$ 有 $Ax + \varepsilon Ay > 0$,即 $A(x + \varepsilon y) > 0$.

（2）$\Rightarrow$（3）.设 $x = (x_1, x_2, \cdots, x_n)^{\mathrm{T}} > 0, Ax > 0$. 令 $D = \mathrm{diag}(x_1, x_2, \cdots, x_n)$,则由 A 为 Z 矩阵得

$$a_{ii}x_i > -\sum_{j=1, j \neq i}^{n} a_{ij}x_j \geqslant 0, \quad i = 1, 2, \cdots, n$$

注意到

$$-\sum_{j=1, j \neq i}^{n} a_{ij}x_j = \sum_{j=1, j \neq i}^{n} |a_{ij}| x_j = \sum_{j=1, j \neq i}^{n} |a_{ij}x_j| \geqslant 0$$

$$a_{ii}x_i = |a_{ii}x_i|, \quad i = 1, 2, \cdots, n$$

则 AD 为严格对角占优的,并且其所有对角元素都是正数.

（3）$\Rightarrow$（4）.设 $D = \mathrm{diag}(d_1, d_2, \cdots, d_n)$ $(d_i > 0, i = 1, 2, \cdots, n)$,使得 AD 为对角占优的,并且其所有对角元素都是正数. 于是 $a_{ii} > 0$ 且

$$a_{ii} > -\sum_{j=1, j \neq i}^{n} a_{ij} \frac{d_j}{d_i}, \quad i = 1, 2, \cdots, n$$

即 $D^{-1}AD$ 也是严格对角占优矩阵.由盖尔圆盘定理得,矩阵 A 的特征值 λ 的实部都是正数,特别地,如果 A 的特征值 λ 是实数,则为正实数.

（4）$\Rightarrow$（5）.设 $A = sI - B$,其中 $s > 0$, B 为非负矩阵, $s - \rho(B)$ 为矩阵 A 的实特征

值. 由(4)知 $s-\rho(\boldsymbol{B})>0$, 即 $s>\rho(\boldsymbol{B})$. 所以, $\boldsymbol{A}$ 为非奇异 M 矩阵.

(5)$\Rightarrow$(6). 取 $\boldsymbol{P}=s\boldsymbol{I}$, $\boldsymbol{Q}=\boldsymbol{B}$, 则 $\boldsymbol{A}=\boldsymbol{P}-\boldsymbol{Q}$, $\boldsymbol{P}^{-1}=\dfrac{1}{s}\boldsymbol{I}$, $\boldsymbol{Q}$ 为非负矩阵,

$$\rho(\boldsymbol{P}^{-1}\boldsymbol{Q})=\frac{1}{s}\rho(\boldsymbol{B})<1$$

(6)$\Rightarrow$(7). 设(6)成立, 则 $\boldsymbol{A}=\boldsymbol{P}(\boldsymbol{I}-\boldsymbol{C})$, 其中 $\boldsymbol{C}=\boldsymbol{P}^{-1}\boldsymbol{Q}$. 由于 $\rho(\boldsymbol{C})<1$, 所以 $\boldsymbol{I}-\boldsymbol{C}$ 可逆且

$$\boldsymbol{A}^{-1}=(\boldsymbol{I}-\boldsymbol{C})^{-1}\boldsymbol{P}^{-1}=(\boldsymbol{I}+\boldsymbol{C}+\boldsymbol{C}^2+\cdots)\boldsymbol{P}^{-1}$$

因为 $\boldsymbol{C}=\boldsymbol{P}^{-1}\boldsymbol{Q}\geqslant\boldsymbol{O}$, 所以 $\boldsymbol{A}^{-1}\geqslant\boldsymbol{O}$.

(7)$\Rightarrow$(1). 令 $\boldsymbol{x}=\boldsymbol{A}^{-1}\boldsymbol{y}$, 其中 $\boldsymbol{y}=(1,1,\cdots,1)^{\mathrm{T}}$. 由(7)知, $\boldsymbol{A}^{-1}\geqslant\boldsymbol{O}$, 从而 $\boldsymbol{x}\geqslant\boldsymbol{0}$, $\boldsymbol{Ax}=\boldsymbol{y}>\boldsymbol{0}$.

(7)$\Rightarrow$(8). 设 $\boldsymbol{A}=\boldsymbol{P}-\boldsymbol{Q}$, 使得 $\boldsymbol{P}^{-1}$, $\boldsymbol{Q}$ 为非负矩阵, 则 $\boldsymbol{P}^{-1}\boldsymbol{Q}\geqslant\boldsymbol{O}$. 于是, 存在 $\boldsymbol{z}\geqslant\boldsymbol{0}$, $\boldsymbol{z}\neq\boldsymbol{0}$, 使得 $\boldsymbol{P}^{-1}\boldsymbol{Q}\boldsymbol{z}=\beta\boldsymbol{z}$, $\beta=\rho(\boldsymbol{P}^{-1}\boldsymbol{Q})$, 从而 $\boldsymbol{Q}\boldsymbol{z}=\beta\boldsymbol{P}\boldsymbol{z}$. 若 $\beta\geqslant1$, 则

$$\boldsymbol{Az}=(\boldsymbol{P}-\boldsymbol{Q})\boldsymbol{z}=\left(\frac{1}{\beta}-1\right)\boldsymbol{Qz}\leqslant\boldsymbol{0}$$

但由于 $\boldsymbol{A}^{-1}\geqslant\boldsymbol{O}$, 故 $\boldsymbol{A}^{-1}\boldsymbol{Az}=\boldsymbol{z}\leqslant\boldsymbol{0}$, 从而 $\boldsymbol{z}=\boldsymbol{0}$. 矛盾.

(8)$\Rightarrow$(5). 取正数 s, 使得 $s\geqslant\max\limits_{1\leqslant i\leqslant n}a_{ii}$. 令 $\boldsymbol{B}=s\boldsymbol{I}-\boldsymbol{A}$, 则 $\boldsymbol{P}=s\boldsymbol{I}$, $\boldsymbol{Q}=\boldsymbol{B}$ 满足(5)的假设, 从而

$$\rho(\boldsymbol{P}^{-1}\boldsymbol{Q})=\rho\left(\frac{1}{s}\boldsymbol{B}\right)=\frac{\rho(\boldsymbol{B})}{s}<1$$

即 $s>\rho(\boldsymbol{B})$. 因此, $\boldsymbol{A}$ 为非奇异 M 矩阵.

(5)$\Rightarrow$(9). 由定理 6.5.1(3)即得.

(10)$\Rightarrow$(9). 由定理 6.5.1(1)即得.

(9)$\Rightarrow$(10). 设 $\boldsymbol{A}_1$ 为矩阵 $\boldsymbol{A}$ 的任意主子矩阵, 它由 $\boldsymbol{A}$ 的第 $i_1,i_2,\cdots,i_k$ 行和 i_1, $i_2,\cdots,i_k$ 列交叉位置元素组成, 并且元素的相对位置不变, λ 为 $\boldsymbol{A}_1$ 的任意一个实特征值.

下面证明 $\lambda>0$. 若 $\lambda\leqslant0$, 定义 Z 矩阵 $\boldsymbol{B}=(b_{ij})$, 其中

$$b_{ij}=\begin{cases}a_{ii}-\lambda, & i=j\\a_{ij}, & i,j\in\{i_1,i_2,\cdots,i_k\}, i\neq j\\0, & \text{其他}\end{cases}$$

则易见 $\boldsymbol{B}\geqslant\boldsymbol{A}$, 从而由(9)知, $\boldsymbol{B}$ 为非奇异矩阵.

另一方面,

$$\det\boldsymbol{B}=\prod_{i\neq i_1,i_2,\cdots,i_k}b_{ii}\det\boldsymbol{B}_1$$

式中: $\boldsymbol{B}_1$ 为 $\boldsymbol{B}$ 中对应于第 $i_1,i_2,\cdots,i_k$ 行和第 $i_1,i_2,\cdots,i_k$ 列的主子矩阵. 因为 $\boldsymbol{B}_1=\boldsymbol{A}_1-\lambda\boldsymbol{I}_k$, 并且 λ 为 $\boldsymbol{A}_1$ 的特征值, 因此 $\det\boldsymbol{B}_1=0$, 从而 $\det\boldsymbol{B}=0$. 矛盾, 故 $\lambda>0$.

(10)$\Rightarrow$(5). 由(10)知, $\boldsymbol{A}$ 的每个实特征值均为正数. 设 $\boldsymbol{A}=s\boldsymbol{I}-\boldsymbol{B}$, 其中 $s>0$, $\boldsymbol{B}$

为非负矩阵,则 $s-\rho(\boldsymbol{B})$ 为矩阵 $\boldsymbol{A}$ 的实特征值,因此 $s-\rho(\boldsymbol{B})>0$,即 $s>\rho(\boldsymbol{B})$.因此, $\boldsymbol{A}$ 为非奇异 M 矩阵.

证毕.

非奇异 M 矩阵之外的 M 矩阵称为**一般 M 矩阵**.关于一般 M 矩阵,有如下定理:

定理 6.5.3　设 $\boldsymbol{A}$ 为 Z 矩阵,则下列条件是等价的:

(1) $\boldsymbol{A}$ 为 M 矩阵;

(2) $\boldsymbol{A}+\varepsilon\boldsymbol{I}(\varepsilon>0)$ 为非奇异 M 矩阵;

(3) 矩阵 $\boldsymbol{A}$ 的任意主子矩阵的每个实特征值均为非负的;

(4) $\boldsymbol{A}$ 的所有主子式非负;

(5) $\boldsymbol{A}$ 的所有 k 阶主子式之和是非负实数;

(6) $\boldsymbol{A}$ 的每个实特征值非负.

证明　(1)$\Rightarrow$(2).因为 $\boldsymbol{A}$ 为 M 矩阵,故 $\boldsymbol{A}=s\boldsymbol{I}-\boldsymbol{B}$,其中 $s\geqslant\rho(\boldsymbol{B})$,$\boldsymbol{B}$ 为非负矩阵.所以

$$\boldsymbol{A}+\varepsilon\boldsymbol{I}=(s+\varepsilon)\boldsymbol{I}-\boldsymbol{B}$$

显然有 $s+\varepsilon>\rho(\boldsymbol{B})$,即 $\boldsymbol{A}+\varepsilon\boldsymbol{I}$ 是非奇异 M 矩阵.

(2)$\Rightarrow$(3).设 $\boldsymbol{A}_1$ 为矩阵 $\boldsymbol{A}$ 的任意 k 阶主子矩阵,λ 为 $\boldsymbol{A}_1$ 的实特征值.若 λ 为负实数,则 $\boldsymbol{B}=\lambda\boldsymbol{I}-\boldsymbol{A}$ 为非奇异 M 矩阵,从而对应的 k 阶主子矩阵 $\boldsymbol{B}_1$ 的实特征值为正数.而 0 是 $\boldsymbol{B}_1-(\lambda\boldsymbol{I})_1$ 的特征值,矛盾.故 $\lambda\geqslant0$,其中 $\boldsymbol{A}_1$ 同定理 6.5.2(10),$\boldsymbol{B}_1$、$(\lambda\boldsymbol{I})_1$ 的描述与 $\boldsymbol{A}_1$ 相同.

(3)$\Rightarrow$(4).因为 $\boldsymbol{A}$ 的主子式等于对应主子式的所有特征值的乘积,而非实特征值的乘积为正数(因为是实矩阵,虚特征值共轭成对出现),实特征值的乘积非负,所以(4)成立.

(4)$\Rightarrow$(5).显然成立.

(5)$\Rightarrow$(6).因为

$$|\boldsymbol{A}-\lambda\boldsymbol{I}|=(-\lambda)^n+k_{n-1}(-\lambda)^{n-1}+\cdots+k_0$$

式中:k_j 是 $\boldsymbol{A}$ 的所有 j 阶主子式之和,由(5)知,$k_j\geqslant0(j=0,1,\cdots,n-1)$,上式不可能有负实根,即 $\boldsymbol{A}$ 的每个实特征值非负.

(6)$\Rightarrow$(1).由(3)知,$\boldsymbol{A}$ 的每个实特征值均为非负的.设 $\boldsymbol{A}=s\boldsymbol{I}-\boldsymbol{B}$,其中 $s>0$,$\boldsymbol{B}$ 为非负矩阵,则 $s-\rho(\boldsymbol{B})$ 为矩阵 $\boldsymbol{A}$ 的实特征值,于是 $s-\rho(\boldsymbol{B})\geqslant0$,即 $s\geqslant\rho(\boldsymbol{B})$.因此, $\boldsymbol{A}$ 为 M 矩阵.

证毕.

推论 6.5.1　设 $\boldsymbol{A}$ 为 Z 矩阵,并且存在 $\boldsymbol{x}>\boldsymbol{0}$,使得 $\boldsymbol{Ax}\geqslant\boldsymbol{0}$,则 $\boldsymbol{A}$ 为 M 矩阵.

证明　由定理 6.5.3(2),存在 $\boldsymbol{x}>\boldsymbol{0}$,使得 $(\boldsymbol{A}+\varepsilon\boldsymbol{I})\boldsymbol{x}>\boldsymbol{0}$,因此,$\boldsymbol{A}+\varepsilon\boldsymbol{I}$ 为非奇异 M 矩阵,故 $\boldsymbol{A}$ 为 M 矩阵,证毕.

上述推论的逆命题不成立.例如,对矩阵 $\boldsymbol{A}=\begin{bmatrix}0&-1\\0&2\end{bmatrix}$,谱为 $\{0,2\}$,从而 $\boldsymbol{A}$ 为 M

矩阵. 但对任意的 $\boldsymbol{x}=(x_1,x_2)^T$, 由 $\boldsymbol{Ax}\geqslant\boldsymbol{0}$ 总有 $x_1x_2\leqslant0$.

例 6.5.1 设矩阵 $\boldsymbol{A}=\begin{bmatrix}1 & \alpha \\ -0.5 & 1\end{bmatrix}$, 当 α 取何值时, $\boldsymbol{A}$ 是 M 矩阵?

解 当 $\alpha>0$ 时, $\boldsymbol{A}$ 不是 Z 矩阵, 也不是 M 矩阵.

当 $\alpha\leqslant0$ 时, 所有一阶主子矩阵的特征值都非负, 而二阶矩阵也就是 $\boldsymbol{A}$ 的特征值为

$$\lambda=1\pm\sqrt{\frac{-\alpha}{2}}$$

当特征值非负时, 即 $-2<\alpha\leqslant0$ 时, $\boldsymbol{A}$ 是 M 矩阵.

6.6 应用: 人口迁移问题

假设有 $n(\geqslant2)$ 个城市 $E_1,E_2,\cdots,E_n$, 每年的人口迁移情况如下: 城市 E_j 按固定比例 a_{ij} 迁往城市 $E_i(i\neq j)$, 城市 E_j 留下的人口比例为 $a_{jj}(1\leqslant i,j\leqslant n)$. 设 $p_i^{(m)}$ 表示城市 E_i 在第 m 天的人口, 则有如下递推关系式:

$$p_i^{(m+1)}=a_{i1}p_1^{(m)}+a_{i2}p_2^{(m)}+\cdots+a_{in}p_n^{(m)}, \quad i=1,2,\cdots n; m=0,1,2,\cdots$$

令 $\boldsymbol{A}=[a_{ij}]\in\mathbb{R}^{n\times n}$ 表示城市人口迁移系数矩阵, $\boldsymbol{p}^{(m)}=(p_1^{(m)},p_2^{(m)},\cdots,p_n^{(m)})^T$ 表示第 m 天的人口分布向量. 显然有

$$0\leqslant a_{ij}\leqslant1, \quad 1\leqslant i,j\leqslant n$$

$$\sum_{i=1}^{n}a_{ij}=1, \quad 1\leqslant j\leqslant n$$

所以矩阵 $\boldsymbol{A}^T$ 是一个随机矩阵, 且有

$$\boldsymbol{p}^{(m+1)}=\boldsymbol{Ap}^{(m)}=\boldsymbol{A}^2\boldsymbol{p}^{(m-1)}=\cdots=\boldsymbol{A}^{m+1}\boldsymbol{p}^{(0)}, \quad m=0,1,2,\cdots$$

当 $n=2$ 时, 矩阵 $\boldsymbol{A}$ 具有如下形式:

$$\boldsymbol{A}=\begin{bmatrix}a & 1-b \\ 1-a & b\end{bmatrix}, \quad 0\leqslant a,b\leqslant1$$

对于城市管理者来说, 需要预测人口的长期分布情况, 也就是要了解当 m 充分大时 $\boldsymbol{p}^{(m)}$ 的渐近情况, 这就引导我们研究 $\boldsymbol{A}^m$ 的取值情况.

例 6.6.1 假设三个小孩 A, B, C 分别有 $20,40,60$ 个玻璃珠, 这三个小孩每天同时把自己的玻璃珠给另外两个小孩各 $\frac{1}{2}$, 问很多天以后他们三人的玻璃珠期望值是多少?

解 根据上述人口迁移问题, 此时玻璃珠变动的系数矩阵为

$$A = \begin{bmatrix} 0 & \dfrac{1}{2} & \dfrac{1}{2} \\ \dfrac{1}{2} & 0 & \dfrac{1}{2} \\ \dfrac{1}{2} & \dfrac{1}{2} & 0 \end{bmatrix}$$

初值条件是 $p^{(0)} = (20, 40, 60)^{\mathrm{T}}$.

由例 6.4.1 知 $\lim\limits_{m \to \infty} A^m = \dfrac{1}{3} \begin{bmatrix} 1 & 1 & 1 \\ 1 & 1 & 1 \\ 1 & 1 & 1 \end{bmatrix}$, 所以

$$\lim_{m \to \infty} p^{(m)} = \frac{1}{3} \begin{bmatrix} 1 & 1 & 1 \\ 1 & 1 & 1 \\ 1 & 1 & 1 \end{bmatrix} p^{(0)} = \begin{bmatrix} 40 \\ 40 \\ 40 \end{bmatrix}$$

即三人的玻璃珠期望值是 $40, 40, 40$.

本章习题

1. 设矩阵 $A, B, C, D \in \mathbb{C}^{n \times n}$, $x, y \in \mathbb{C}^n$, k 是任意正整数, 证明

(1) 若 $|A| \leqslant |B|$, 则范数 $\|A\|_F \leqslant \|B\|_F$, $\|A\|_1 \leqslant \|B\|_1$;

(2) $\|A\|_F = \|(|A|)\|_F$, $\|A\|_1 = \|(|A|)\|_1$, $\|A\|_\infty \leqslant \|(|A|)\|_\infty$.

2. 设 $A, B \in \mathbb{C}^{n \times n}$, $x \in \mathbb{C}^n$, 证明

(3) $|Ax| \leqslant |A||x|$;

(4) $|AB| \leqslant |A||B|$; $|A^m| \leqslant |A|^m$ (m 为正整数);

(5) 若 $O \leqslant A \leqslant B$, 则 $O \leqslant A^m \leqslant B^m$ (m 为正整数).

3. 设 $A \in \mathbb{C}^{n \times n}$, 则

$$\|A\|_2 = \|(|A|)\|_2$$

4. 设 A 为 n 阶实矩阵, x, y 是 n 维向量, 证明:

(1) 如果 $A > O, x \geqslant 0$, 且 $x \neq 0$, 则 $Ax > 0$;

(2) 如果 $A > O, x \geqslant y$, 则 $Ax \geqslant Ay$;

(3) 如果对所有 $x \geqslant 0$ 都有 $Ax \geqslant 0$, 则 $A \geqslant O$.

5. 非负矩阵 $A(\neq O)$ 有正特征向量, 则 $\rho(A) > 0$.

6. 非负矩阵 A 满足 $A^k > O$, 其中 k 是正整数, 则 $\rho(A) > 0$.

7. 如果 A 是 n 阶非负素矩阵, 则 $\rho(A) > 0$.

8. 设 $A = \begin{bmatrix} 1 & 0 & 4 \\ 1 & 1 & 0 \\ 1 & 2 & 2 \end{bmatrix}$, 试估计 A 的谱半径的界.

9. 求矩阵

$$A = \begin{bmatrix} 1 & 2 & 0 & 0 & 3 \\ 0 & 0 & 4 & 0 & 0 \\ 0 & 0 & 0 & 2 & 0 \\ 0 & 8 & 0 & 0 & 0 \\ 4 & 0 & 0 & 0 & 0 \end{bmatrix}$$

的谱半径.

10. 设 $A = \begin{bmatrix} 1 & 0 & 3 \\ 1 & 1 & 0 \\ 5 & 0 & 2 \end{bmatrix}$,试用 Perron 定理计算 $\lim\limits_{m \to \infty} \left[\dfrac{1}{\rho(A)} A \right]^m$.

11. 设 A 为 n 阶正矩阵,若存在某个 $x \in \mathbb{C}^n, x \geq 0, x \neq 0, Ax = \lambda x$,试证 x 为 Perron 向量的倍数且 $\lambda = r(A)$.

12. 试构造一个相似于矩阵

$$A = \begin{bmatrix} 0 & 1 \\ 0 & 0 \end{bmatrix}$$

的矩阵,且不含零元. 它的谱半径是什么? 它是非负矩阵吗?

13. 设 $A, B \in \mathbb{C}^{n \times n}, O \leq A < B$,则 $r(A) < r(B)$.

14. 若 $A \geq O$,且对某个 $k, A^k > O$,则 $r(A) > 0$.

15. 给出一个 2 阶矩阵 A,使得 $A \geq O, A$ 不是正的,且 $A^2 > O$.

16. 证明矩阵

$$A = \begin{bmatrix} 0 & 1 \\ 1 & 1 \end{bmatrix}$$

是素矩阵,它的特征值是什么? 给出 $\gamma(A)$ 的界,$\gamma(A)$ 的精确值是什么?

17. 设 $A = \begin{bmatrix} 1 & 2 & 2 \\ 2 & 1 & 2 \\ 2 & 2 & 1 \end{bmatrix}$,求 $\lim\limits_{m \to \infty} \left[\dfrac{1}{\rho(A)} A \right]^m$.

18. 设 $A = \begin{bmatrix} 7 & 2 & 2 \\ 2 & 1 & 1 \\ 4 & 2 & 2 \end{bmatrix}$,求 $\rho(A)$ 和 $\lim\limits_{n \to \infty} \left[\dfrac{1}{\rho(A)} A \right]^n$.

19. 证明随机矩阵的乘积仍然是随机矩阵.

20. 设矩阵 $A = [a_{ij}] \in \mathbb{R}^{n \times n}$ 是非负矩阵,则 $(I-A)^{-1}$ 存在且 $(I-A)^{-1} \geq O$ 的充分必要条件是 $\rho(A) < 1$.

21. 设矩阵 $A = [a_{ij}] \in \mathbb{R}^{n \times n}$ 是正矩阵,非零向量 x, y 满足 $Ax = \rho(A)x, Ay = \rho(A)y$,证明存在常数 $a \in \mathbb{C}$ 使得 $x = ay$.

22. 设矩阵 $\boldsymbol{A} = [a_{ij}] \in \mathbb{R}^{n \times n}$ 是非负矩阵,若其有一个正特征向量,证明

$$\rho(\boldsymbol{A}) = \max_{\boldsymbol{x} > \boldsymbol{0}} \min_{1 \leqslant i \leqslant n} \frac{1}{x_i} \sum_{j=1}^{n} a_{ij} x_j = \min_{\boldsymbol{x} > \boldsymbol{0}} \max_{1 \leqslant i \leqslant n} \frac{1}{x_i} \sum_{j=1}^{n} a_{ij} x_j$$

23. 设非负矩阵 $\boldsymbol{A} \in \mathbb{R}^{n \times n}$,若 $\boldsymbol{A}$ 有正特征向量 $\boldsymbol{x}$,则对所有 $m = 1, 2, \cdots$ 和 $i = 1, 2, \cdots, n$,有

$$\sum_{j=1}^{n} a_{ij}^{(m)} \leqslant \left[\frac{\max\limits_{1 \leqslant k \leqslant m} x_k}{\min\limits_{1 \leqslant k \leqslant m} x_k} \right] \mathrm{r}(\boldsymbol{A})^m ;$$

$$\left[\frac{\min\limits_{1 \leqslant k \leqslant m} x_k}{\max\limits_{1 \leqslant k \leqslant m} x_k} \right] \mathrm{r}(\boldsymbol{A})^m \leqslant \sum_{j=1}^{n} a_{ij}^{(m)}$$

其中 $\boldsymbol{A}^m = [a_{ij}^{(m)}]$. 特别是,若 $\mathrm{r}(\boldsymbol{A}) > 0$,则对 $m = 1, 2, \cdots, [\mathrm{r}(\boldsymbol{A})^{-1} \boldsymbol{A}]^m$ 各元素一致有界.

24. 设 $\boldsymbol{A} \in \mathbb{R}^{n \times n}, \lambda > 0$ 为 $\boldsymbol{A}$ 的一个单特征值,且 $\boldsymbol{A}$ 的其他 $n - 1$ 个特征值的模都小于 λ. 证明: $\lim\limits_{k \to \infty} \left[\dfrac{1}{\rho(\boldsymbol{A})} \boldsymbol{A} \right]^k$ 存在,并且若 $\boldsymbol{x}$ 是 $\boldsymbol{A}$ 对应于 λ 的任一特征向量,$\boldsymbol{y}$ 是 $\boldsymbol{A}^{\mathrm{T}}$ 对应于 λ 的任一特征向量,则

$$\lim_{k \to \infty} [\lambda^{-1} \boldsymbol{A}]^k = (\boldsymbol{y}^{\mathrm{T}} \boldsymbol{x})^{-1} \boldsymbol{x} \boldsymbol{y}^{\mathrm{T}}.$$

25. 若 $\boldsymbol{A}$ 为 n 阶正矩阵,证明

$$\mathrm{r}(\boldsymbol{A}) = \max_{\boldsymbol{x} > \boldsymbol{0}} \min_{1 \leqslant i \leqslant n} \frac{1}{x_i} \sum_{j=1}^{n} a_{ij} x_j = \min_{\boldsymbol{x} > \boldsymbol{0}} \max_{1 \leqslant i \leqslant n} \frac{1}{x_i} \sum_{j=1}^{n} a_{ij} x_j .$$

26. 设 $\boldsymbol{A} \in \mathbb{R}^{n \times n}$,且 $\boldsymbol{A} \geqslant \boldsymbol{O}$. 证明:对任意正向量 $\boldsymbol{x} \in \mathbb{R}^n$,有

$$\min_{1 \leqslant i \leqslant n} \frac{1}{x_i} \sum_{j=1}^{n} a_{ij} x_j \leqslant \rho(\boldsymbol{A}) \leqslant \max_{1 \leqslant i \leqslant n} \frac{1}{x_i} \sum_{j=1}^{n} a_{ij} x_j$$

$$\min_{1 \leqslant i \leqslant n} x_i \sum_{j=1}^{n} \frac{a_{ij}}{x_i} \leqslant \rho(\boldsymbol{A}) \leqslant \max_{1 \leqslant i \leqslant n} x_i \sum_{j=1}^{n} \frac{a_{ij}}{x_i}$$

27. 设 $\boldsymbol{A} \in \mathbb{R}^{n \times n}, \boldsymbol{x} \in \mathbb{R}^n$ 且 $\boldsymbol{A} \geqslant \boldsymbol{O}$ 和 $\boldsymbol{x} > \boldsymbol{0}$. 证明:如果存在 $\alpha \geqslant 0, \beta \geqslant 0$ 使得 $\alpha \boldsymbol{x} \leqslant \boldsymbol{A} \boldsymbol{x} \leqslant \beta \boldsymbol{x}$,则 $\alpha \leqslant \rho(\boldsymbol{A}) \leqslant \beta$;如果 $\alpha \boldsymbol{x} < \boldsymbol{A} \boldsymbol{x}$,则 $\alpha < \rho(\boldsymbol{A})$;如果 $\boldsymbol{A} \boldsymbol{x} < \beta \boldsymbol{x}$,则 $\rho(\boldsymbol{A}) < \beta$.

28. 设 $\boldsymbol{A} \in \mathbb{R}^{n \times n}$,且 $\boldsymbol{A} \geqslant \boldsymbol{O}$. 证明:如果 λ 为 $\boldsymbol{A}$ 的任一具有正特征向量的特征值,则 $\lambda = \rho(\boldsymbol{A})$.

29. 设 $\boldsymbol{A} \in \mathbb{R}^{n \times n}$,且 $\boldsymbol{A} \geqslant \boldsymbol{O}$. 对 $m = 1, 2, \cdots$,记 $\boldsymbol{A}^m = [a_{ij}^{(m)}]$,证明:如果 $\boldsymbol{A}$ 有正特征向量 $\boldsymbol{x}$,则对 $i = 1, 2, \cdots, n$,

(1) 对 $m = 1, 2, \cdots$,有 $\dfrac{1}{n} \rho(\boldsymbol{A})^m \dfrac{\min\limits_{1 \leqslant k \leqslant n} x_k}{\max\limits_{1 \leqslant k \leqslant n} x_k} \leqslant \max\limits_{1 \leqslant j \leqslant n} [a_{ij}^{(m)}]^2$;

(2) $\lim\limits_{m \to \infty} \left[\sum\limits_{j=1}^{n} a_{ij}^{(m)} \right]^{\frac{1}{m}} = \rho(\boldsymbol{A})$.

30. 若 $A \geqslant O$ 和 $A^k > O$,则

$$A^m > O, \quad \forall m \geqslant k$$

若 A 是素矩阵,则对任意正整数 k,A^k 是素矩阵.

31. 证明:不可约矩阵不可能有零行或零列.

32. 设 A 是 n 阶不可约负对称矩阵,证明:A 是素矩阵的充分必要条件是 $A + \rho(A)I$ 非奇异.

33. 设 A 是 n 阶不可约负矩阵,证明:当 $\lambda > \rho(A)$ 时,有 $(\lambda I - A)^{-1} > O$.

34. 设 A 是 n 阶不可约负矩阵,证明:$\lim\limits_{m \to \infty} \left[\dfrac{1}{\rho(A)} A \right]^m$ 存在的充分必要条件是 A 为素矩阵.

35. 设 A 是 n 阶不可约负矩阵,证明:如果 A 的所有对角元均为正数,则 $A^{n-1} > O$.

36. 证明:如果双随机矩阵 A 是可约的,则存在排列矩阵 P 使得 $PAP^{\mathrm{T}} = \begin{bmatrix} O & A_{12} \\ A_{21} & O \end{bmatrix}$.

参考文献

[1] Horn R A, Johnson C R. Matrix Analysis[M]. Cambridge：Cambridge University Press, 2012.

[2] 张绍飞, 赵迪. 矩阵论教程. 2 版[M]. 北京：机械工业出版社, 2012.

[3] 戴华. 矩阵论. 北京：科学出版社[M], 2001.

[4] 张跃辉. 矩阵理论与应用[M]. 北京：科学出版社, 2011.

[5] Lay D C, Lay S R, McDonald J J. 线性代数及其应用[M]. 刘深泉, 张万芹, 陈玉珍, 等译. 北京：机械工业出版社, 2018.

[6] 张贤达. 矩阵分析与应用. 2 版[M]. 北京：清华大学出版社, 2013.

[7] 程云鹏, 张凯院, 徐仲. 矩阵论[M]. 西安：西北工业大学出版社, 1999.

[8] 陈祖明, 周家胜. 矩阵论引论[M]. 北京：北京航空航天大学出版社, 1998.

[9] 庞晶, 周凤玲, 张余. 矩阵论[M]. 北京：化学工业出版社, 2013.

[10] 陈公宁. 矩阵理论与应用[M]. 北京：高等教育出版社, 1990.

[11] 徐树方. 矩阵计算的理论与方法[M]. 北京：北京大学出版社, 1995.

[12] 史荣昌, 魏丰. 矩阵分析. 3 版[M]. 北京：北京理工大学出版社, 2010.

[13] 李乔, 张晓东. 矩阵论十讲[M]. 合肥：中国科技大学出版社, 2015.

[14] 胡寿松. 自动控制原理. 6 版[M]. 北京：科学出版社, 2013.

[15] 冯康. 数值计算方法[M]. 北京：国防工业出版社, 1978.

[16] 林成森. 数值计算方法. 2 版[M]. 北京：科学出版社, 2005.

[17] Bapat R B. 图与矩阵[M]. 吴少川, 译. 哈尔滨：哈尔滨工业大学出版社, 2014.

[18] 殷剑宏, 吴开亚. 图论及其算法[M]. 合肥：中国科学技术大学出版社, 2003.

[19] Denton P B, Parke S J, Tao T, et al. Eigenvectors from Eigenvalues：a survey of a basic identity in linear algebra[J]. 2019.

[20] Belkin M, Niyogi P. Laplacian Eigenmaps for Dimensionality Reduction and Data Representation[J]. Neural Computation, 2003, 15(6)：1373-1396.

［21］Girvan M,Newman M E J. Community structure in social and biological net-works［J］. Proceedings of the National Academy of Sciences of the United States of America,2001,99(12)：7821-7826.

［22］Newman M E J. Fast algorithm for detecting community structure in networks ［J］. Physical Review E,2004,69(6)：066133.

［23］Gene G,*Frank* U. The QR algorithm：50 years later its genesis by John Francis and Vera Kublanovskaya and subsequent developments［J］. IMA Journal of Numerical Analysis,2009,29：467-485.

［24］王松桂,杨振海.广义逆矩阵及其应用［M］.北京：北京工业大学出版社,2006.

［25］Nashed M Z(eds). Generalized inversres to and applications［M］. New York：Academic Press,1976.

［26］Noble B,Daniel J W. Applied linear algebra. 3rd［M］. Englewood Cliffs：Prentice-Hall,1988.

汉英名称索引